AIRCRAFT MAINTENANCE

한 권으로 끝내는

항공정비사 실기
구술평가 표준서 해설

이형진 · 채성병 지음

BM (주)도서출판 성안당

■ 도서 A/S 안내

성안당에서 발행하는 모든 도서는 저자와 출판사, 그리고 독자가 함께 만들어 나갑니다.

좋은 책을 펴내기 위해 많은 노력을 기울이고 있으나 혹시라도 내용상의 오류나 오탈자 등이 발견되면 "좋은 책은 나라의 보배"로서 우리 모두가 함께 만들어 간다는 마음으로 연락주시기 바랍니다. 수정 보완하여 더 나은 책이 되도록 최선을 다하겠습니다.

성안당은 늘 독자 여러분들의 소중한 의견을 기다리고 있습니다. 좋은 의견을 보내주시는 분께는 성안당 쇼핑몰의 포인트(3,000포인트)를 적립해 드립니다.

잘못 만들어진 책이나 부록이 파손된 경우에는 교환해 드립니다.

도서 문의 e-mail : hjinlee8@naver.com(이형진)

본서 기획자 e-mail : coh@cyber.co.kr(최옥현)

홈페이지 : http://www.cyber.co.kr   전화 : 031) 950-6300

항공정비 분야에 종사하기 위해서는 기본면장인 '항공정비사' 자격증명이 필수이다. 항공정비사 자격증명을 취득하기 위하여 필기시험 합격 후 응시하는 실기시험에 도움을 주고자 발간한 본 교재는 한국교통안전공단에서 공개한 항공정비사 자격증명 《실기시험표준서》에 제시된 세부 과목별 평가항목을 국토교통부에서 발간한 항공정비사 표준교재(2020)와 경상남도교육청에서 발간한 고등학교 교과서(2014)를 참고해서 정리하였으며, 그 외에 FAA Aviation Maintenance Technician Handbook(2018)과 보잉(Boeing) 737 NG의 매뉴얼 일부를 참고하였다. 본 교재에서 이해가 잘 안 되는 부분은 아래의 참고도서를 참고하기 바란다.

- 국내 항공법규, 동법 시행령 및 시행규칙과 부속서
- 국토교통부 발간 항공종사자(항공정비사) 표준교재
- 고등교육법에 의한 공업계 고등학교의 기술교육 교재
- 미연방항공청(FAA) 발행 기술도서 및 부속서(Advisory Circular)
- 항공기 및 부분품 제작회사 발행 기술도서 및 기술회보

항공정비사 자격증명 실기시험에 응시하고자 하는 수험생들은 본 교재의 각 과목별 평가항목에 대한 내용을 숙지하여 실기시험관이 질문하는 평가항목의 핵심내용을 간단하고도 명확하게 답변할 수 있도록 실력을 갖추어야 한다.

본 교재가 항공정비사 자격증명 실기시험을 준비하는 수험생 여러분에게 좋은 지침서가 되기를 바란다.

끝으로 이 교재의 출간을 허락하여 주신 성안당출판사 이종춘 회장님과 출판에 도움을 주신 차정욱 이사님에게 진심으로 감사의 마음을 전한다.

저자를 대표하여
이형진

➤ 실기시험 시험과목 및 범위(항공안전법 시행규칙 제82조 제1항 및 별표 5)

자격 종류	범위
항공정비사 종류한정	• 기체동력장치나 그 밖에 장비품의 취급·정비와 검사방법 • 항공기 탑재중량의 배분과 중심위치의 계산 • 해당 자격의 수행에 필요한 기술
항공정비사 전자·전기·계기 분야	• 전자·전기·계기의 취급·정비·개조와 검사방법 • 해당 자격의 수행에 필요한 기술

합격기준 채점 항목의 모든 항목에서 'S'등급 이상 합격

➤ 실기시험 면제기준(항공안전법 시행규칙 제88조 및 별표 7, 제89조)

• 경력 충족의 경우

응시하고자 하는 자격	해당 사항	면제 범위
항공정비사 종류한정	해당 종류 5년 이상의 정비실무 경력	실작업 면제(구술시험만 실시)
항공정비사 정비분야 한정	해당 정비분야 5년 이상의 정비실무 경력	실작업 면제(구술시험만 실시)

• 전문교육기관을 이수한 경우

응시하고자 하는 자격	해당 사항	면제 범위
항공정비사 종류한정	항공정비사/해당 종류 과정 이수	실작업 면제(구술시험만 실시)
항공정비사 정비분야 한정	항공정비사/전자·전기·계기 과정 이수	실작업 면제(구술시험만 실시)

➤ 실기시험 면제 유형 변경(항공안전법 시행규칙 제88조)

• 신청 대상/기간/제출 서류

- 변경담당 : 054) 459-7411
- 대상자 : 실작업형 실기시험으로 응시자격을 부여받은 경우
- 신청기간 : 실기시험 접수 전까지
- 제출서류 : 응시경력확인서 1부 또는 전문교육기관이수증명서 1부
- 변경
  • 전화 : 공단 홈페이지 [응시자격 신청] – [사진/증명서 등록] 후 담당자 전화 신청
  • 방문 : 항공자격처 사무실(평일 09:00~18:00)
- 주소 : 서울 마포구 구룡길 15(상암동 1733번지) 상암자동차검사소 3층

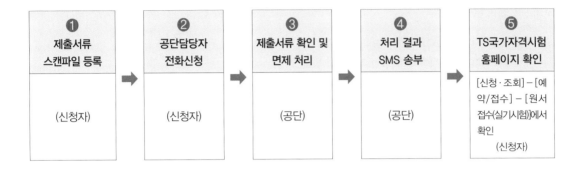

🛫 실기시험 접수기간(항공안전법 시행규칙 제84조)

접수기간	접수방법
• 접수담당 : 02) 3151-1506 • 접수일자 : 연간 시험일정 참조 • 접수 시작시간 : 접수 시작일 20:00 • 접수 마감시간 : 접수 마감일 23:59 • 접수 변경 : 시험일자를 변경하고자 하는 경우 환불 후 재접수	• 인터넷 : TS국가자격시험 홈페이지 • 사진은 그림파일(JPG)로 스캔하여 등록하여야 접수 가능(6개월 이내 촬영한 3.5cm×4.5cm 반명함 컬러사진) • 결제수단 : 인터넷(신용카드, 계좌이체) • 접수제한 : 정원제 접수에 따른 접수인원 제한 • 응시제한 : 이미 접수한 시험의 결과가 발표된 이후 다음 시험 접수 가능 *목적 : 응시자 누구에게나 공정한 응시기회 제공

🛫 응시 수수료(항공안전법 시행규칙 제321조)

자격 종류		응시수수료 (부가세 포함)	비고
항공정비사 종류한정	구술시험만 시행	106,700원	–
	실작업으로 시행	139,700원	(실작업 비용 포함)
항공정비사 정비분야 한정	구술시험만 시행	106,700원	–
	실작업으로 시행	139,700원	(실작업 비용 포함)

인터넷 접수 시 온라인 결제(신용카드 및 체크카드, 실시간 계좌이체)로 납부

🛫 사회적 약자 수수료 감면(항공안전법 시행규칙 제321조 및 별표 47)

– 적용 대상 : 국민기초생활 보장법에 따른 수급자, 한부모가족지원법에 따른 보호대상자
– 적용 수수료 : 증명서 (재)교부 및 수시면제를 제외한 항공시험 응시 수수료 50% 감면

- **수수료 감면 신청방법**

  – 공단 홈페이지 내 증명서 관리에 수수료 감면 증빙자료 업로드 후 담당자 유선으로 등록 요청

  – 공단에서 증빙자료 삭제/확인 후 유선 또는 SMS 발송

  – 대상자 등록 유선 확인 또는 SMS를 받은 후, 시험 접수 시 50% 감면 금액으로 접수

  ※한 번 등록하면 3개월간 효력이 있으며, 기간 만료 시 증빙서류 재업로드 후 유선 확인

  ※등록 후 3개월 이내에 적용 대상이 아니게 된 경우, 항공자격처 담당자(02–3151–1500)에게 통보, 적용 대상이 아님에도 수수료 감면을 받은 사실이 적발되면 향후 수수료 감면분 징수

➤ 실기시험 환불안내(항공안전법 시행규칙 제321조)

환불기준	환불방법
• 환불기준 : 수수료를 과오납한 경우, 공단의 귀책사유 등으로 시험을 시행하지 못한 경우, • 실기시험 시행일자 기준 6일 전날 23:59까지 또는 접수 가능 기간까지 취소하는 경우 *예시 : 시험일(1월 10일), 환불마감일(1월 4일 23:59까지) ※근거 : 민법 제6장 기간(제155조부터 제161조) • 환불금액 : 100% 전액 • 환불시기 : 신청 즉시(실제 환불확인은 카드사나 은행에 따라 5~6일 소요)	• 환불담당 : 02) 3151–1500 • 환불장소 : TS국가자격시험 홈페이지 • 환불종료 : 환불마감일의 23:59까지 • 환불방법 : 홈페이지 [신청·조회] – [접수확인] 메뉴에서 접수 취소(환불신청) • 환불절차 : 응시자 환불 신청(인터넷) → 공단 시스템에서 즉시 환불 → 공단 결제시스템회사에 해당 결제내역 취소 → 은행 결제내역 취소 확인 → 응시자 결제내역 실제 환불 확인

➤ 실기시험 장소(항공안전법 시행규칙 제84조)

시험장소	주소	면제범위
구술시험장	항공자격시험장(서울 마포구 구룡길 15) 3층	02) 3151–1503
실작업시험장	항공자격시험장(서울 마포구 구룡길 15) 지하 2층	02) 3151–1503

➤ 실기시험 시행방법(항공안전법 제43조 및 시행규칙 제82조, 제84조)

  – 시험담당 : 02) 3151–1506

  – 시행방법

  • 구술형 시험 : 구술시험을 실기시험표준서에 의해 실시

  • 실작업형 시험 : 실작업시험과 구술시험을 실기시험표준서에 의해 실시

  • 시작시간 : 공단에서 확정 통보된 시작시간(시험접수 후 별도 SMS 통보)

[응시제한 및 부정행위 처리]

- 사전 허락 없이 시험 시작시간 이후에 시험장에 도착한 사람은 응시 불가
- 시험위원 허락 없이 시험 도중 무단으로 퇴장한 사람은 해당 시험 종료 처리
- 부정행위 또는 주의사항이나 시험감독의 지시에 따르지 아니하는 사람은 즉각 퇴장조치 및 무효처리하며, 향후 2년간 공단에서 시행하는 자격시험의 응시자격 정지

⊙ 실기시험 합격발표(항공안전법 시행규칙 제83조, 제85조)

- 합격 판정 : 채점항목의 모든 항목에서 'S'등급 이상 합격
- 합격 발표 : 시험종료 후 인터넷 홈페이지에서 확인(시험당일 18:00)
- 합격 취소 : 응시자격 미달 또는 부정한 방법으로 시험에 합격한 경우 합격 취소

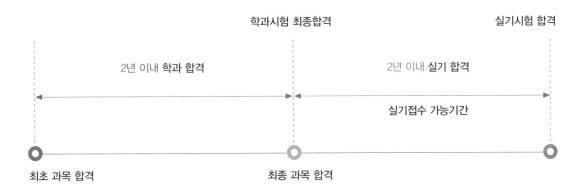

⊙ 수험표 및 영수증 출력

- 예약 접수 시 수험표 출력을 잊거나 분실한 경우 수험표를 다시 출력할 수 있다.
- 자격시험 응시수수료를 결제한 경우 영수증을 다시 출력할 수 있다

Ⅰ 항공종사자 자격증명 실기시험 표준서

Ⅱ 항공정비사(비행기) 실기시험 채점표

AIRCRAFT MAINTENANCE

Ⅲ 실기시험 표준서 해설

AIRCRAFT MAINTENANCE

I

항공종사자
자격증명
실기시험 표준서

AIRCRAFT MAINTENANCE

□ **실기영역 세부기준**

[Part 1. 항공기 기체 및 발동기]

1 법규 및 관계 규정

가. 정비작업 범위

1) 항공종사자의 자격 (구술평가)

가) 자격증명 업무범위(항공안전법 제36조, 별표)

나) 자격증명의 한정(항공안전법 제37조)

다) 정비확인 행위 및 의무(항공안전법 제32조, 제33조)

2) 작업 구분 (구술평가)

가) 감항증명 및 감항성 유지(항공안전법 제23조, 제24조), 수리와 개조(항공안전법 제30조), 항공기 등의 검사 등(항공안전법 제31조)

나) 항공기정비업(항공사업법 제2절), 항공기취급업(항공사업법 제3절)

나. 정비방식

1) 항공기 정비방식 (구술평가)

가) 비행 전후 점검, 주기점검(A, B, C, D 등)

나) calendar 주기, flight time 주기

2) 부분품 정비방식 (구술평가)

가) 하드타임(hardtime) 방식

나) 온컨디션(on condition) 방식

다) 컨디션 모니터링(condition monitoring) 방식

3) 발동기 정비방식 (구술평가)

가) HSI(Hot Section Inspection)

나) CSI(Cold Section Inspection)

2 기본작업

가. 판금작업

1) 리벳의 식별 (구술 또는 실작업 평가)

가) 사용목적, 종류, 특성
나) 열처리 리벳의 종류 및 열처리 이유

2) 구조물 수리작업 (구술 또는 실작업 평가)

가) 스톱홀(stop hole)의 목적, 크기, 위치 선정
나) 리벳 선택(크기, 종류)
다) 카운터 성크(counter sunk)와 딤플(dimple)의 사용 구분
라) 리벳의 배치(ED, pitch)
마) 리벳작업 후의 검사
바) 용접 및 작업 후 검사

3) 판재 절단, 굽힘작업 (구술 또는 실작업 평가)

가) 패치(patch)의 재질 및 두께 선정기준
나) 굽힘 반경(bending radius)
다) 셋백(setback)과 굽힘 허용치(BA)

4) 도면의 이해 (구술 또는 실작업 평가)

가) 3면도 작성
나) 도면 기호 식별

5) 드릴 등 벤치공구 취급 (구술 또는 실작업 평가)

가) 드릴 절삭, 에지각, 선단각, 절삭속도
나) 톱, 줄, 그라인더, 리마, 탭, 다이스
다) 공구 사용 시의 자세 및 안전수칙

나. 연결작업

1) 호스, 튜브작업 (구술 또는 실작업 평가)

가) 사이즈 및 용도 구분

나) 손상검사 방법

다) 연결 피팅(fitting, union)의 종류 및 특성

라) 장착 시 주의사항

2) 케이블 조정 작업(rigging) (구술 또는 실작업 평가)

가) 텐션미터(tensionmeter)와 라이저(riser)의 선정

나) 온도 보정표에 의한 보정

다) 리깅 후 점검

라) 케이블 손상의 종류와 검사방법

3) 안전결선(safety wire) 사용 작업 (구술 또는 실작업 평가)

가) 사용목적, 종류

나) 안전결선 장착 작업(볼트 혹은 너트)

다) 싱글랩(single wrap) 방법과 더블랩(double wrap) 방법 사용 구분

4) 토크(torque) 작업 (구술 또는 실작업 평가)

가) 토크의 확인 목적 및 확인 시 주의사항

나) 익스텐션(extension) 사용 시 토크 환산법

다) 덕트 클램프(clamp) 장착작업

라) cotter pin 장착작업

5) 볼트, 너트, 와셔 (구술평가)

가) 형상, 재질, 종류 분류

나) 용도 및 사용처

다. 항공기재료 취급

1) 금속재료 (구술평가)

가) Al합금의 분류, 재질 기초 식별

나) Al합금판(alclad) 취급(표면손상 보호)

다) steel 합금의 분류, 재질 기호

라) alodine 처리

2) 비금속재료 (구술평가)

가) 열가소성과 열경화성 구분
나) 고무제품의 보관
다) 실런트 등 접착제의 종류와 취급
라) 복합소재의 구성 및 취급

3) 비파괴검사 (구술평가)

가) 비파괴검사의 종류와 특징
나) 비파괴검사 방법 및 주의사항

3 항공기 정비작업

가. 기체 취급

1) station number 구별 (구술평가)

가) station no. 및 zone no. 의미와 용도
나) 위치 확인 요령

2) 잭업(jack up) 작업 (구술평가)

가) 자중(empty weight), zero fuel weight, payload 관계
나) 웨잉(weighing) 작업 시 준비 및 안전절차

3) 무게중심(CG) (구술 또는 실작업 평가)

가) 무게중심의 한계의 의미
나) 무게중심 산출작업(계산)

나. 조종계통

1) 주조종장치(aileron, elevator, rudder) (구술 또는 실작업 평가)

가) 조작 및 점검사항 확인

2) 보조조종장치(flap, slat, spoiler, horizontal stabilizer 등) (구술평가)

가) 종류 및 기능
나) 작동 시험 요령

다. 연료계통

1) 연료보급 (구술평가)

가) 연료량 확인 및 보급절차 체크
나) 연료의 종류 및 차이점

2) 연료탱크 (구술평가)

가) 연료 탱크의 구조, 종류
나) 누설(leak) 시 처리 및 수리방법
다) 탱크 작업 시 안전 주의사항

라. 유압계통

1) 주요 부품의 교환 작업 (구술 또는 실작업 평가)

가) 구성품의 장탈착 작업 시 안전 주의사항 준수 여부
나) 작업의 실시 요령

2) 작동유 및 accumulator air 보충 (구술평가)

가) 작동유의 종류 및 취급 요령
나) 작동유의 보충작업

마. 착륙장치계통

1) 착륙장치 (구술평가)

가) 메인 스트럿(main strut or oleo cylinder)의 구조 및 작동원리
나) 작동유 보충시기 판정 및 보급방법

2) 제동계통 (구술 또는 실작업 평가)

가) 브레이크 점검(마모 및 작동유 누설)

나) 브레이크 작동 점검

다) 랜딩기어에 휠과 타이어 부속품 제거, 교환 장착

3) 타이어계통 (구술 또는 실작업 평가)

가) 타이어 종류 및 부분품 명칭

나) 마모, 손상 점검 및 판정기준 적용

다) 압력 보충 작업(사용 기체 종류)

라) 타이어 보관

4) 조향장치 (구술평가)

가) 조향장치 구조 및 작동원리

나) 시미댐퍼(shimmy damper) 역할 및 종류

바. 추진계통

1) 프로펠러 (구술평가)

가) 블레이드(blade) 구조 및 수리 방법

나) 작동절차(작동 전 점검 및 안전사항 준수)

다) 세척과 방부처리 절차

2) 동력전달장치 (구술평가)

가) 주요 구성품 및 기능점검

나) 주요 점검사항 확인

사. 발동기계통

1) 왕복엔진 (구술 또는 실작업 평가)

가) 작동원리, 주요 구성품 및 기능

나) 점화장치 작업 및 작업안전사항 준수 여부

다) 윤활장치 점검(기능, 작동유 점검 및 보충)

라) 주요 지시계기 및 경고장치 이해

마) 연료계통 기능(점검, 고장탐구 등)

바) 흡입, 배기 계통

2) 가스터빈엔진 (구술 또는 실작업 평가)

가) 작동원리, 주요 구성품 및 기능

나) 점화장치 작업 및 작업안전사항 준수 여부

다) 윤활장치 점검(기능, 작동유 점검 및 보충)

라) 주요 지시계기 및 경고장치 이해

마) 연료계통 기능(점검, 고장탐구 등)

바) 흡입 및 공기흐름 계통

사) exhaust 및 reverser 시스템

아) 세척과 방부처리 절차

자) 보조동력장치계통(APU)의 기능과 작동

아. 항공기 취급

1) 시운전 절차(engine run up) (구술평가)

가) 시동절차 개요 및 준비사항

나) 시운전 실시

다) 시운전 도중 비상사태 발생 시(화재 등) 응급조치 방법

라) 시운전 종료 후 마무리 작업 절차

2) 동절기 취급절차(cold weather operation) (구술평가)

가) 제빙유 종류 및 취급 요령(주의사항)

나) 제빙유 사용법(혼합률, 방빙 지속 시간)

다) 제빙작업 필요성 및 절차(작업안전 수칙 등)

라) 표면처리(세척과 방부처리) 절차

3) 지상운전과 정비 (구술 또는 실작업 평가)

가) 항공기 견인(towing) 일반절차

나) 항공기 견인 시 사용 중인 활주로 횡단 시 관제탑에 알려야 할 사항

다) 항공기 시동 시 지상운영 taxing의 일반절차 및 관련된 위험요소 방지절차

라) 항공기 시동 시 및 지상작동(taxing 포함) 상황에서 표준 수신호 또는 지시봉(light wand) 신호
   의 사용 및 응답방법

[Part 2. 항공전자·전기·계기]

1 법규 및 관계 규정

가. 법규 및 규정

1) 항공기 비치서류 (구술평가)

　가) 감항증명서 및 유효기간
　나) 기타 비치서류(항공안전법 제52조 및 시행규칙 제113조)

2) 항공일지 (구술평가)

　가) 중요 기록사항(항공안전법 제52조 및 시행규칙 제108조)
　나) 비치장소

3) 정비규정 (구술평가)

　가) 정비 규정의 법적 근거(항공안전법 제93조)
　나) 기재사항의 개요
　다) MEL, CDL

나. 감항증명

1) 감항증명 (구술평가)

　가) 항공법규에서 정한 항공기
　나) 감항검사 방법
　다) 형식증명과 감항증명의 관계

2) 감항성 개선명령 (구술평가)

　가) 감항성개선지시(airworthiness directive)의 정의 및 법적 효력
　나) 처리결과 보고절차

2 기본작업

가. 벤치작업

1) 기본 공구의 사용 (구술 또는 실작업 평가)

　가) 공구 종류 및 용도
　나) 기본자세 및 사용법

2) 전자전기 벤치작업 (구술 또는 실작업 평가)

　가) 배선작업 및 결함 검사
　나) 전기회로 스위치 및 전기회로 보호장치
　다) 전기회로의 전선규격 선택 시 고려사항
　라) 전기 시스템 및 구성품의 작동상태 점검

나. 계측작업

1) 계측기 취급 (구술 또는 실작업 평가)

　가) 국가교정제도의 이해(법령, 단위계)
　나) 유효기간의 확인
　다) 계측기의 취급, 보호

2) 계측기 사용법 (구술 또는 실작업 평가)

　가) 계측(부척)의 원리
　나) 계측 대상에 따른 선정 및 사용절차
　다) 측정치의 기입 요령

다. 전기전자작업

1) 전기선 작업 (구술 또는 실작업 평가)

　가) 와이어 스트립(strip) 방법
　나) 납땜(soldering) 방법
　다) 터미널 크림핑(crimping) 방법

라) 스플라이스(splice) 크림핑 방법

마) 전기회로 스위치 및 전기회로 보호장치 장착

2) 솔리드 저항, 권선 등의 저항 측정 (구술 또는 실작업 평가)

가) 멀티미터(multimeter) 사용법

나) 메가테스터(megatester) 사용법

다) 휘트스톤 브리지(wheatstone bridge) 사용법

3) ESDS 작업 (구술평가)

가) ESDS 부품 취급 요령

나) 작업 시 주의사항

4) 디지털회로 (구술평가)

가) 아날로그 회로와의 차이

5) 위치표시 및 경고계통 (구술평가)

가) anti-skid 시스템 기본구성

나) landing gear 위치/경고 시스템 기본 구성품

3　항공기 정비작업

가. 공기조화계통

1) 공기순환식 공기조화계통(air cycle air conditioning system) (구술평가)

가) 공기순환기(air cycle machine)의 작동원리

나) 온도 조절방법

2) 증기승환식 공기조화계통(vapor cycle air conditioning system) (구술평가)

가) 주요 부품의 구성 및 기능

나) 냉매(refrigerant) 종류 및 취급 요령(보관, 보충)

3) 여압조절장치(cabin pressure control system) (구술평가)

가) 주요 부품의 구성 및 작동원리

나) 지시계통 및 경고장치

나. 객실계통

1) 장비현황(조종실, 객실, 주방, 화장실, 화물실 등) (구술평가)

가) seat의 구조물 명칭
나) PSU(Pax Service Unit) 기능
다) emergency equipment 목록 및 위치
라) 객실여압 시스템과 시스템 구성품의 검사

다. 화재탐지 및 소화계통

1) 화재탐지 및 경고장치 (구술 또는 실작업 평가)

가) 종류 및 작동원리
나) 계통(cartridge, circuit) 점검방법 체크

2) 소화기계통 (구술평가)

가) 종류(A, B, C, D) 및 용도 구분
나) 유효기간 확인 및 사용방법 체크

라. 산소계통

1) 산소장치작업(crew, passenger, portable ox. bottle) (구술평가)

가) 주요 구성부품의 위치
나) 취급상의 주의사항
다) 사용처

마. 동결방지계통

1) 시스템 개요(날개, 엔진, 프로펠러 등) (구술평가)

가) 방·제빙하고 있는 장소와 그 열원 등
나) 작동시기 및 이유

다) pitot 및 static 계통, 결빙방지계통 검사

라) 전기 wind shield 작동 점검

마) pneumatic de-icing boot 정비 및 수리

바. 통신항법계통

1) 통신장치(HF, VHF, UHF 등) (구술 또는 실작업 평가)

가) 사용처 및 조작방법

나) 법적 규제에 대한 지식

다) 부분품 교환작업

라) 항공기에 장착된 안테나의 위치 및 확인

2) 항법장치(ADF, VOR, DME, ILS/GS, INS/GPS 등) (구술평가)

가) 작동원리

나) 용도

다) 자이로(gyro)의 원리

라) 위성통신의 원리

마) 일반적으로 사용되는 통신/항법 시스템 안테나 확인방법

바) 충돌방지등과 위치지시등의 검사 및 점검

사. 전기조명계통

1) 전원장치(AC, DC) (구술평가)

가) 전원의 구분과 특징, 발생원리

나) 발전기의 주파수 조정장치

2) 배터리 취급 (구술 또는 실작업 평가)

가) 배터리 용액 점검 및 보충작업

나) 세척 시 작업안전 주의사항 준수 여부

다) 배터리 정비 및 장·탈착 작업

라) 배터리 시스템에서 발생하는 일반적인 결함

3) 비상등 (구술평가)

　가) 종류 및 위치

아. 전자계기계통

1) 전자계기류 취급 (구술 또는 실작업 평가)

　가) 전자계기류 종류
　나) 전자계기 장·탈착 및 취급 시 주의사항 준수 여부

2) 동정압(pitot-static tube) 계통 (구술평가)

　가) 계통 점검 수행 및 점검 내용 체크
　나) 누설 확인 작업
　다) vacuum/pressure, 전기적으로 작동하는 계기의 동력 시스템 검사 고장탐구

II

항공정비사 (비행기) 실기시험 채점표

AIRCRAFT MAINTENANCE

실기시험 채점표

항공정비사(비행기)

등급표기
S : 만족(Satisfactory)
U : 불만족(Unsatisfactory)

응시자 성명		판정	
시험일자		시험장소	

구분 / 순번	영역 및 과목	등급
[Part 1. 항공기체 · 발동기]		
법규 및 관계 규정		
1	정비작업 범위	
2	정비방식	
기본작업		
3	판금작업	
4	연결작업	
5	항공기재료 취급	
항공기 정비작업		
6	기체 취급	
7	조종계통	
8	연료계통	
9	유압계통	
10	착륙장치계통	
11	추진계통	
12	발동기계통	
13	항공기 취급	

[Part 2. 항공전자 · 전기 · 계기]		
법규 및 관계 규정		
14	법규 및 규정	
15	감항증명	
기본작업		
16	벤치작업	
17	계측작업	
18	전기 · 전자 작업	
항공기 정비작업		
19	공기조화계통	
20	객실계통	
21	화재탐지 및 소화계통	
22	산소계통	
23	동결방지계통	
24	통신항법계통	
25	전기조명계통	
26	전자계기계통	

실기시험위원 의견

실기시험위원		자격증명번호	

실기시험
표준서 해설

AIRCRAFT MAINTENANCE

SECTION 01 | 법규 및 관계 규정

가 정비작업 범위

1) 항공종사자의 자격 (구술평가)

가) 자격증명 업무범위(항공안전법 제36조, 별표)

⊙ 항공정비사 업무범위

[항공안전법 제36조(업무범위)]

① 자격증명의 종류에 따른 업무범위는 별표와 같다.

■ 항공안전법 [별표]

자격증명별 업무범위(제36조 제1항 관련)

자격	업무 범위
운송용 조종사	항공기에 탑승하여 다음 각 호의 행위를 하는 것 1. 사업용 조종사의 자격을 가진 사람이 할 수 있는 행위 2. 항공운송사업의 목적을 위하여 사용하는 항공기를 조종하는 행위
사업용 조종사	항공기에 탑승하여 다음 각 호의 행위를 하는 것 1. 자가용 조종사의 자격을 가진 사람이 할 수 있는 행위 2. 무상으로 운항하는 항공기를 보수를 받고 조종하는 행위 3. 항공기사용사업에 사용하는 항공기를 조종하는 행위 4. 항공운송사업에 사용하는 항공기(1명의 조종사가 필요한 항공기만 해당한다)를 조종하는 행위 5. 기장 외의 조종사로서 항공운송사업에 사용하는 항공기를 조종하는 행위
자가용 조종사	부상으로 운항하는 항공기를 보수를 받지 아니하고 조종하는 행위
부조종사	비행기에 탑승하여 다음 각 호의 행위를 하는 것 1. 자가용 조종사의 자격을 가진 사람이 할 수 있는 행위 2. 기장 외의 조종사로서 비행기를 조종하는 행위

자격	업무 범위
항공사	항공기에 탑승하여 그 위치 및 항로의 측정과 항공상의 자료를 산출하는 행위
항공기관사	항공기에 탑승하여 발동기 및 기체를 취급하는 행위(조종장치의 조작은 제외한다)
항공교통관제사	항공교통의 안전·신속 및 질서를 유지하기 위하여 항공기 운항을 관제하는 행위
항공정비사	다음 각 호의 행위를 하는 것 1. 제32조 제1항에 따라 정비 등을 한 항공기 등, 장비품 또는 부품에 대하여 감항성을 확인하는 행위 2. 제108조 제4항에 따라 정비를 한 경량항공기 또는 그 장비품·부품에 대하여 안전하게 운용할 수 있음을 확인하는 행위
운항관리사	항공운송사업에 사용되는 항공기 또는 국외운항항공기의 운항에 필요한 다음 각 호의 사항을 확인하는 행위 1. 비행계획의 작성 및 변경 2. 항공기 연료 소비량의 산출 3. 항공기 운항의 통제 및 감시

② 자격증명을 받은 사람은 그가 받은 자격증명의 종류에 따른 업무범위 외의 업무에 종사해서는 아니 된다.

③ 다음 각 호의 어느 하나에 해당하는 경우에는 제1항 및 제2항을 적용하지 아니한다.

1. 국토교통부령으로 정하는 항공기에 탑승하여 조종(항공기에 탑승하여 그 기체 및 발동기를 다루는 것을 포함한다. 이하 같다)하는 경우

2. 새로운 종류, 등급 또는 형식의 항공기에 탑승하여 시험비행 등을 하는 경우로서 국토교통부령으로 정하는 바에 따라 국토교통부장관의 허가를 받은 경우

⊙ 항공정비사의 업무범위

항공정비사의 업무범위는 항공안전법 제32조 제1항에 따라 정비 등을 한 항공기 등, 장비품 또는 부품에 대하여 감항성을 확인하는 행위와 항공안전법 제108조 제4항에 따라 정비를 한 경량항공기 또는 그 장비품, 부품에 대하여 안전하게 운용할 수 있음을 확인하는 행위를 말한다.

> 감항성(airworthiness)이란 항공기를 고장 없이 안전하게 운용할 수 있는 성능을 말한다.
> 「항공정보포털시스템」 항공용어사전에서는 성능, 구조, 강도, 진동 등의 관점에서 고려했을 때 항공기가 비행에 적합한 안전성과 신뢰성이 있다는 것을 의미한다.

⊙ 항공정비사

항공정비사는 항공안전법에 따라 정비 등을 한 항공기가 감항성이 있는지 확인하는 항공종사자를 말한다.

항공업무와 관련된 자격증명의 종류

항공안전법 제35조(자격증명의 종류)에 따르면 자격증명의 종류는 다음과 같이 구분한다.

1. 운송용 조종사   2. 사업용 조종사   3. 자가용 조종사
4. 부조종사   5. 항공사   6. 항공기관사
7. 항공교통관제사   8. 항공정비사   9. 운항관리사

[항공안전법 제34조(항공종사자 자격증명 등)]

① 항공업무에 종사하려는 사람은 국토교통부령으로 정하는 바에 따라 국토교통부장관으로부터 항공종사자 자격증명(이하 "자격증명"이라 한다)을 받아야 한다. 다만, 항공업무 중 무인항공기의 운항업무인 경우에는 그러하지 아니하다.

② 다음 각 호의 어느 하나에 해당하는 사람은 자격증명을 받을 수 없다.

　1. 다음 각 목의 구분에 따른 나이 미만인 사람

　　가. 자가용 조종사 자격: 17세(제37조에 따라 자가용 조종사의 자격증명을 활공기에 한정하는 경우에는 16세)

　　나. 사업용 조종사, 부조종사, 항공사, 항공기관사, 항공교통관제사 및 항공정비사 자격: 18세

　　다. 운송용 조종사 및 운항관리사 자격: 21세

　2. 제43조 제1항에 따른 자격증명 취소처분을 받고 그 취소일부터 2년이 지나지 아니한 사람 (취소된 자격증명을 다시 받는 경우에 한정한다)

③ 제1항 및 제2항에도 불구하고 「군사기지 및 군사시설 보호법」을 적용받는 항공작전기지에서 항공기를 관제하는 군인은 국방부장관으로부터 자격인정을 받아 항공교통관제 업무를 수행할 수 있다.

항공종사자

항공안전법 제2조(정의) 제14항에 의하면 "항공종사자"란 제34조 제1항에 따른 항공종사자 자격증명을 받은 사람을 말한다.

항공안전법에서 정한 항공업무

항공안전법 제2조 제5항(정의)에 따르면 다음과 같은 업무가 있다.

① 항공기의 운항업무

② 항공교통관제업무

③ 항공기의 운항관리업무

④ 정비·수리·개조된 항공기·발동기·프로펠러, 장비품 또는 부품에 대하여 안전하게 운용할 수 있는 성능이 있는지를 확인하는 업무 및 경량항공기 또는 그 장비품·부품의 정비사항을

확인하는 업무

나) 자격증명의 한정 (항공안전법 제37조)

[항공안전법 제37조(자격증명의 한정)]

① 국토교통부장관은 다음 각 호의 구분에 따라 자격증명에 대한 한정을 할 수 있다.

　1. 운송용 조종사, 사업용 조종사, 자가용 조종사, 부조종사 또는 항공기관사 자격의 경우: 항공기의 종류, 등급 또는 형식

　2. 항공정비사 자격의 경우: 항공기·경량항공기의 종류 및 정비분야

② 제1항에 따라 자격증명의 한정을 받은 항공종사자는 그 한정된 종류, 등급 또는 형식 외의 항공기·경량항공기나 한정된 정비분야 외의 항공업무에 종사해서는 아니 된다.

③ 제1항에 따른 자격증명의 한정에 필요한 세부사항은 국토교통부령으로 정한다.

[항공안전법 시행규칙 제81조(자격증명의 한정)]

① 국토교통부장관은 법 제37조 제1항 제1호에 따라 항공기의 종류·등급 또는 형식을 한정하는 경우에는 자격증명을 받으려는 사람이 실기시험에 사용하는 항공기의 종류·등급 또는 형식으로 한정하여야 한다.

② 제1항에 따라 한정하는 항공기의 종류는 비행기, 헬리콥터, 비행선, 활공기 및 항공우주선으로 구분한다.

③ 제1항에 따라 한정하는 항공기의 등급은 다음 각 호와 같이 구분한다. 다만, 활공기의 경우에는 상급(활공기가 특수 또는 상급 활공기인 경우) 및 중급(활공기가 중급 또는 초급 활공기인 경우)으로 구분한다.

　1. 육상 항공기의 경우: 육상단발 및 육상다발

　2. 수상 항공기의 경우: 수상단발 및 수상다발

④ 제1항에 따라 한정하는 항공기의 형식은 다음 각 호와 같이 구분한다.

　1. 조종사 자격증명의 경우에는 다음 각 목의 어느 하나에 해당하는 형식의 항공기

　　가. 비행교범에 2명 이상의 조종사가 필요한 것으로 되어 있는 항공기

　　나. 가목 외에 국토교통부장관이 지정하는 형식의 항공기

　2. 항공기관사 자격증명의 경우에는 모든 형식의 항공기

⑤ 국토교통부장관이 법 제37조 제1항 제2호에 따라 한정하는 항공정비사 자격증명의 항공기·경량항공기의 종류는 다음 각 호와 같다.

　1. 항공기의 종류

　　가. 비행기 분야. 다만, 비행기에 대한 정비업무경력이 4년(국토교통부장관이 지정한 전문교육기관에서 비행기 정비에 필요한 과정을 이수한 사람은 2년) 미만인 사람은 최대이륙중량 5,700킬로그램 이하의 비행기로 제한한다.

나. 헬리콥터 분야. 다만, 헬리콥터 정비업무경력이 4년(국토교통부장관이 지정한 전문교육기관에서 헬리콥터 정비에 필요한 과정을 이수한 사람은 2년) 미만인 사람은 최대이륙중량 3,175킬로그램 이하의 헬리콥터로 제한한다.

2. 경량항공기의 종류

가. 경량비행기 분야: 조종형 비행기, 체중이동형 비행기 또는 동력패러슈트

나. 경량헬리콥터 분야: 경량헬리콥터 또는 자이로플레인

⑥ 국토교통부장관이 법 제37조 제1항 제2호에 따라 한정하는 항공정비사의 자격증명의 정비분야는 전자·전기·계기 관련 분야로 한다.

✈ 항공정비사의 자격증명을 한정하는 정비분야

항공안전법 시행규칙 제81조(자격증명의 한정) 제6항에 따르면 국토교통부장관이 법 제37조 제1항 제2호에 따라 항공정비사의 자격증명을 한정하는 정비분야 범위는 전자·전기·계기 관련 분야가 있다.

✈ 항공기 종류, 등급, 형식

항공안전법 제37조(자격증명의 한정)에서는 다음과 같이 구분한다.

① 항공기의 종류는 비행기, 헬리콥터, 비행선, 활공기 및 항공우주선으로 구분한다.

② 항공기의 등급은 육상 항공기의 경우 육상단발 및 육상다발, 수상 항공기의 경우 수상단발 및 수상다발, 활공기의 경우에는 상급 및 중급으로 구분한다.

③ 항공기 형식은 B747-400과 같이 항공기 제작사, 기종, 시리즈 번호를 말한다.

다) 정비확인 행위 및 의무(항공안전법 제32조, 제33조)

[항공안전법 제32조(항공기 등의 정비 등의 확인)]

① 소유자등은 항공기 등, 장비품 또는 부품에 대하여 정비 등(국토교통부령으로 정하는 경미한 정비 및 제30조 제1항에 따른 수리·개조는 제외한다. 이하 이 조에서 같다)을 한 경우에는 제35조 제8호의 항공정비사 자격증명을 받은 사람으로서 국토교통부령으로 정하는 자격요건을 갖춘 사람으로부터 그 항공기 등, 장비품 또는 부품에 대하여 국토교통부령으로 정하는 방법에 따라 감항성을 확인받지 아니하면 이를 운항 또는 항공기등에 사용해서는 아니 된다. 다만, 감항성을 확인받기 곤란한 대한민국 외의 지역에서 항공기 등, 장비품 또는 부품에 대하여 정비 등을 하는 경우로서 국토교통부령으로 정하는 자격요건을 갖춘 자로부터 그 항공기 등, 장비품 또는 부품에 대하여 감항성을 확인받은 경우에는 이를 운항 또는 항공기 등에 사용할 수 있다.

② 소유자 등은 항공기 등, 장비품 또는 부품에 대한 정비 등을 위탁하려는 경우에는 제97조 제1항에 따른 정비조직인증을 받은 자 또는 그 항공기 등, 장비품 또는 부품을 제작한 자에게 위탁하여야 한다.

[항공안전법 제33조(항공기 등에 발생한 고장, 결함 또는 기능장애 보고 의무)]

① 형식증명, 부가형식증명, 제작증명, 기술표준품형식승인 또는 부품 등 제작자증명을 받은 자는 그가 제작하거나 인증을 받은 항공기 등, 장비품 또는 부품이 설계 또는 제작의 결함으로 인하여 국토교통부령으로 정하는 고장, 결함 또는 기능장애가 발생한 것을 알게 된 경우에는 국토교통부령으로 정하는 바에 따라 국토교통부장관에게 그 사실을 보고하여야 한다.

② 항공운송사업자, 항공기사용사업자 등 대통령령으로 정하는 소유자등 또는 제97조 제1항에 따른 정비조직인증을 받은 자는 항공기를 운영하거나 정비하는 중에 국토교통부령으로 정하는 고장, 결함 또는 기능장애가 발생한 것을 알게 된 경우에는 국토교통부령으로 정하는 바에 따라 국토교통부장관에게 그 사실을 보고하여야 한다.

[항공안전법 시행규칙 제68조(경미한 정비의 범위)]

법 제32조 제1항 본문에서 "국토교통부령으로 정하는 경미한 정비"란 다음 각 호의 어느 하나에 해당하는 작업을 말한다.

1. 간단한 보수를 하는 예방작업으로서 리깅(rigging) 또는 간극의 조정작업 등 복잡한 결합작용을 필요로 하지 아니하는 규격장비품 또는 부품의 교환작업
2. 감항성에 미치는 영향이 경미한 범위의 수리작업으로서 그 작업의 완료 상태를 확인하는 데에 동력장치의 작동 점검과 같은 복잡한 점검을 필요로 하지 아니하는 작업
3. 그 밖에 윤활유 보충 등 비행 전후에 실시하는 단순하고 간단한 점검작업

⊙ 경미한 정비의 범위

① 간단한 보수를 하는 예방작업으로서 리깅(rigging) 또는 간극의 조정작업 등 복잡한 결합작용을 필요로 하지 아니하는 규격장비품 또는 부품의 교환작업
② 감항성에 미치는 영향이 경미한 범위의 수리작업으로서 그 작업의 완료 상태를 확인하는 데에 동력장치의 작동 점검과 같은 복잡한 점검을 필요로 하지 아니하는 작업
③ 그 밖에 윤활유 보충 등 비행 전후에 실시하는 단순하고 간단한 점검작업 등을 말한다.

2) 작업구분 (구술평가)

가) - (1) 감항증명 및 감항성 유지

■ 나. 감항증명, 1) 감항증명, 다) 형식증명과 감항증명의 관계 참조

가) - (2) 수리와 개조(항공안전법 제30조)

[항공안전법 제30조(수리·개조승인)]

① 감항증명을 받은 항공기의 소유자등은 해당 항공기 등, 장비품 또는 부품을 국토교통부령으

로 정하는 범위에서 수리하거나 개조하려면 국토교통부령으로 정하는 바에 따라 그 수리·개조가 항공기기술기준에 적합한지에 대하여 국토교통부장관의 승인(이하 "수리·개조승인"이라 한다)을 받아야 한다.

② 소유자등은 수리·개조승인을 받지 아니한 항공기등, 장비품 또는 부품을 운항 또는 항공기등에 사용해서는 아니 된다.

③ 제1항에도 불구하고 다음 각 호의 어느 하나에 해당하는 경우로서 항공기기술기준에 적합한 경우에는 수리·개조승인을 받은 것으로 본다.

  1. 기술표준품형식승인을 받은 자가 제작한 기술표준품을 그가 수리·개조하는 경우
  2. 부품등제작자증명을 받은 자가 제작한 장비품 또는 부품을 그가 수리·개조하는 경우
  3. 제97조 제1항에 따른 정비조직인증을 받은 자가 항공기 등, 장비품 또는 부품을 수리·개조하는 경우

➤ 수리와 개조의 정의와 차이점

① 수리(repair)는 고장이나 파손된 상태(강도, 구조, 성능 등)를 원래 상태로 회복시키는 행위를 말한다. 수리는 감항성에 미치는 영향에 따라 대수리(major repair)와 소수리(minor repair)로 구분한다. 대수리는 중량 및 평형, 구조, 강도, 비행성능, 동력장치의 작동과 관련되어 감항성에 영향을 주는 수리를 말한다. 소수리는 대수리를 제외한 수리를 말한다.

② 개조(alteration)는 항공기 등, 장비품, 부품의 규격이나 설계에 명시되지 않은 항목을 변경하는 작업을 말한다. 개조는 대개조(major alteration)와 소개조(minor alteration)로 구분한다. 대개조는 중량 및 평형, 구조, 강도, 비행성능, 동력장치의 작동과 관련되어 감항성에 영향을 주는 작업을 말한다. 소개조는 대개조를 제외한 개조를 말한다.

➤ 수리·개조에 대한 정비기록

수리·개조·정비에 관한 기록은 항공안전법 시행규칙 제108조(항공일지)에 따라 항공일지에 기록한다.

  ■ 가. 법규 및 규정, 2) 항공일지, 가) 중요 기록사항(항공안전법 제52조 및 규칙 제108조) 참조

가) - (3) 항공기 등의 검사 등(항공안전법 제31조)

[항공안전법 제31조(항공기등의 검사 등)]

① 국토교통부장관은 제20조부터 제25조까지, 제27조, 제28조, 제30조 및 제97조에 따른 증명·승인 또는 정비조직인증을 할 때에는 국토교통부장관이 정하는 바에 따라 미리 해당 항공기 등 및 장비품을 검사하거나 이를 제작 또는 정비하려는 조직, 시설 및 인력 등을 검사하여야 한다.

② 국토교통부장관은 제1항에 따른 검사를 하기 위하여 다음 각 호의 어느 하나에 해당하는 사

람 중에서 항공기등 및 장비품을 검사할 사람(이하 '검사관'이라 한다)을 임명 또는 위촉한다.

1. 제35조 제8호의 항공정비사 자격증명을 받은 사람
2. 「국가기술자격법」에 따른 항공분야의 기사 이상의 자격을 취득한 사람
3. 항공기술 관련 분야에서 학사 이상의 학위를 취득한 후 3년 이상 항공기의 설계, 제작, 정비 또는 품질보증 업무에 종사한 경력이 있는 사람
4. 국가기관 등 항공기의 설계, 제작, 정비 또는 품질보증 업무에 5년 이상 종사한 경력이 있는 사람

③ 국토교통부장관은 국토교통부 소속 공무원이 아닌 검사관이 제1항에 따른 검사를 한 경우에는 예산의 범위에서 수당을 지급할 수 있다.

⊙ 항공기등 및 장비품을 검사하는 '검사관'의 자격

항공안전법 제31조(항공기등의 검사 등)의 제2항에 따르면

① 항공안전법 제35조 제8호의 항공정비사 자격증명을 받은 사람
② 「국가기술자격법」에 따른 항공분야의 기사 이상의 자격을 취득한 사람
③ 항공기술 관련 분야에서 학사 이상의 학위를 취득한 후 3년 이상 항공기의 설계, 제작, 정비 또는 품질보증 업무에 종사한 경력이 있는 사람
④ 국가기관 등 항공기의 설계, 제작, 정비 또는 품질보증 업무에 5년 이상 종사한 경력이 있는 사람 등이 있다.

나) – (1) 항공기정비업(항공사업법 제2절)

[항공사업법 제42조(항공기정비업의 등록)]

① 항공기정비업을 경영하려는 자는 국토교통부령으로 정하는 바에 따라 국토교통부장관에게 등록하여야 한다. 등록한 사항 중 국토교통부령으로 정하는 사항을 변경하려는 경우에는 국토교통부장관에게 신고하여야 한다.
② 제1항에 따른 항공기정비업을 등록하려는 자는 다음 각 호의 요건을 갖추어야 한다.
　　1. 자본금 또는 자산평가액이 3억 원 이상으로서 대통령령으로 정하는 금액 이상일 것
　　2. 정비사 1명 이상 등 대통령령으로 정하는 기준에 적합할 것
　　3. 그 밖에 사업 수행에 필요한 요건으로서 국토교통부령으로 정하는 요건을 갖출 것
③ 다음 각 호의 어느 하나에 해당하는 자는 항공기정비업의 등록을 할 수 없다.
　　1. 제9조 제2호부터 제6호(법인으로서 임원 중에 대한민국 국민이 아닌 사람이 있는 경우는 제외한다)까지의 어느 하나에 해당하는 자
　　2. 항공기정비업 등록의 취소처분을 받은 후 2년이 지나지 아니한 자. 다만, 제9조 제2호에 해당하여 제43조 제7항에 따라 항공기정비업 등록이 취소된 경우는 제외한다.

항공기정비업을 등록하려는 사람이 갖추어야 할 조건

항공사업법 제42조(항공기정비업의 등록) 제2항에 의거하여 다음과 같은 조건을 갖추어야 한다.

① 자본금 또는 자산평가액이 3억 원 이상으로서 대통령령으로 정하는 금액 이상일 것

② 정비사 1명 이상 등 대통령령으로 정하는 기준에 적합할 것

③ 그 밖에 사업 수행에 필요한 요건으로서 국토교통부령으로 정하는 요건을 갖출 것 등이다.

[항공안전법 제97조(정비조직인증 등)]

② 국토교통부장관은 정비조직인증을 하는 경우에는 정비 등의 범위·방법 및 품질관리절차 등을 정한 세부 운영기준을 정비조직인증서와 함께 해당 항공기정비업자에게 발급하여야 한다.

③ 항공기등, 장비품 또는 부품에 대한 정비 등을 하는 경우에는 그 항공기등, 장비품 또는 부품을 제작한 자가 정하거나 국토교통부장관이 인정한 정비 등에 관한 방법 및 절차 등을 준수하여야 한다.

정비조직인증의 발급

항공안전법 제97조(정비조직인증 등)의 제2항에 의거하여 국토교통부장관은 정비조직인증을 하는 경우에는 정비 등의 범위·방법 및 품질관리절차 등을 정한 세부 운영기준을 정비조직인증서와 함께 해당 항공기정비업자에게 발급하여야 한다.

[항공안전법 시행규칙 제270조(정비조직인증을 받아야 하는 대상 업무)]

법 제97조 제1항 본문에서 "국토교통부령으로 정하는 업무"란 다음 각 호의 어느 하나에 해당하는 업무를 말한다.

　　1. 항공기등 또는 부품 등의 정비 등의 업무

　　2. 제1호의 업무에 대한 기술관리 및 품질관리 등을 지원하는 업무

항공기정비업

'항공기정비업'이란 타인의 수요에 맞추어 항공기등, 장비품 또는 부품을 정비·수리 또는 개조하는 업무나 이러한 업무에 대한 기술관리 및 품질관리 등을 지원하는 업무를 하는 사업을 말한다.

[항공안전법 제97조(정비조직인증 등)]

① 제8조에 따라 대한민국 국적을 취득한 항공기와 이에 사용되는 발동기, 프로펠러, 장비품 또는 부품의 정비 등의 업무 등 국토교통부령으로 정하는 업무를 하려는 항공기정비업자 또는 외국의 항공기정비업자는 그 업무를 시작하기 전까지 국토교통부장관이 정하여 고시하는 인력, 설비 및 검사체계 등에 관한 기준(이하 '정비조직인증기준'이라 한다)에 적합한 인력, 설비 등을 갖추어 국토교통부장관의 인증(이하 '정비조직인증'이라 한다)을 받아야 한다. 다만, 대한민국과 정비조직인증에 관한 항공안전협정을 체결한 국가로부터 정비조직인증을 받은 자는 국토교통부장관의 정비조직인증을 받은 것으로 본다.

정비조직인증(AMO): A(Approved), M(Maintenance), O(Organization)

🧭 정비조직인증제도와 처리 절차

① '정비조직'이란 영어로 Maintenance Organization이며 국제민간항공기구(ICAO) 협약 부속서 6(항공기 운영) Part 1의 8.7 Approved Maintenance Organization(AMO) 섹션에서 유래한 제도이다. 항공사(부정기, 사용사업체 포함)의 항공기 정비와 정비확인 행위는 정비조직인증을 받은 자만이 할 수 있도록 규정하고 있다.

② 국내에서는 항공안전법 제97조에 정비조직인증제도를 규정하고 있으며 정비를 수행하고자 하는 자는 인력, 시설, 장비, 공구, 정비 매뉴얼, 정비조직절차교범 등을 구비하여 인증을 받도록 하고 있다.

[항공안전법 제98조(정비조직인증의 취소 등)]

① 국토교통부장관은 정비조직인증을 받은 자가 다음 각 호의 어느 하나에 해당하는 경우에는 정비조직인증을 취소하거나 6개월 이내의 기간을 정하여 그 효력의 정지를 명할 수 있다. 다만, 제1호 또는 제5호에 해당하는 경우에는 그 정비조직인증을 취소하여야 한다.

1. 거짓이나 그 밖의 부정한 방법으로 정비조직인증을 받은 경우

2. 제58조 제2항을 위반하여 다음 각 목의 어느 하나에 해당하는 경우

    가. 업무를 시작하기 전까지 항공안전관리시스템을 마련하지 아니한 경우

    나. 승인을 받지 아니하고 항공안전관리시스템을 운용한 경우

    다. 항공안전관리시스템을 승인받은 내용과 다르게 운용한 경우

    라. 승인을 받지 아니하고 국토교통부령으로 정하는 중요 사항을 변경한 경우

3. 정당한 사유 없이 정비조직인증기준을 위반한 경우

4. 고의 또는 중대한 과실에 의하거나 항공종사자에 대한 관리·감독에 관하여 상당한 주의 의무를 게을리함으로써 항공기사고가 발생한 경우

5. 이 조에 따른 효력 정지기간에 업무를 한 경우

② 제1항에 따른 처분의 기준은 국토교통부령으로 정한다.

🧭 정비조직인증의 취소 사유

항공안전법 제98조(정비조직인증의 취소 등)에 의거하여 다음과 같은 경우가 있다.

1. 거짓이나 그 밖의 부정한 방법으로 정비조직인증을 받은 경우

2. 제58조 제2항을 위반하여 다음 각 목의 어느 하나에 해당하는 경우

    가. 업무를 시작하기 전까지 항공안전관리시스템을 마련하지 아니한 경우

    나. 승인을 받지 아니하고 항공안전관리시스템을 운용한 경우

    다. 항공안전관리시스템을 승인받은 내용과 다르게 운용한 경우

라. 승인을 받지 아니하고 국토교통부령으로 정하는 중요 사항을 변경한 경우

3. 정당한 사유 없이 정비조직인증기준을 위반한 경우

4. 고의 또는 중대한 과실에 의하거나 항공종사자에 대한 관리·감독에 관하여 상당한 주의 의무를 게을리함으로써 항공기사고가 발생한 경우

5. 이 조에 따른 효력정지기간에 업무를 한 경우

나) – (2) 항공기취급업 (항공사업법 제3절)

[항공사업법 제44조(항공기취급업의 등록)]

① 항공기취급업을 경영하려는 자는 국토교통부령으로 정하는 바에 따라 신청서에 사업계획서와 그 밖에 국토교통부령으로 정하는 서류를 첨부하여 국토교통부장관에게 등록하여야 한다. 등록한 사항 중 국토교통부령으로 정하는 사항을 변경하려는 경우에는 국토교통부장관에게 신고하여야 한다.

② 제1항에 따른 항공기취급업을 등록하려는 자는 다음 각 호의 요건을 갖추어야 한다.

1. 자본금 또는 자산평가액이 3억 원 이상으로서 대통령령으로 정하는 금액 이상일 것

2. 항공기 급유, 하역, 지상조업을 위한 장비 등이 대통령령으로 정하는 기준에 적합할 것

3. 그 밖에 사업 수행에 필요한 요건으로서 국토교통부령으로 정하는 요건을 갖출 것

③ 다음 각 호의 어느 하나에 해당하는 자는 항공기취급업의 등록을 할 수 없다.

1. 제9조 제2호부터 제6호(법인으로서 임원 중에 대한민국 국민이 아닌 사람이 있는 경우는 제외한다)까지의 어느 하나에 해당하는 자

2. 항공기취급업 등록의 취소처분을 받은 후 2년이 지나지 아니한 자. 다만, 제9조 제2호에 해당하여 제45조 제7항에 따라 항공기취급업 등록이 취소된 경우는 제외한다.

[항공사업법 시행규칙 제5조(항공기취급업의 구분)]

법 제2조 제19호에 따른 항공기취급업은 다음 각 호와 같이 구분한다.

1. 항공기 급유업: 항공기에 연료 및 윤활유를 주유하는 사업

2. 항공기 하역업: 화물이나 수하물(手荷物)을 항공기에 싣거나 항공기에서 내려서 정리하는 사업

3. 지상조업사업: 항공기 입항·출항에 필요한 유도, 항공기 탑재 관리 및 동력 지원, 항공기 운항정보 지원, 승객 및 승무원의 탑승 또는 출입국 관련 업무, 장비대여 또는 항공기의 청소 등을 하는 사업

✈ 항공기취급업

'항공기취급업'이란 타인의 수요에 맞추어 항공기에 대한 급유, 항공화물 또는 수하물의 하역과 그 밖에 국토교통부령으로 정하는 지상조업(地上操業)을 하는 사업을 말한다.

⊙ 항공기취급업의 구분

항공사업법 시행규칙 제5조(항공기취급업의 구분)에 따르면,

① 항공기 급유업: 항공기에 연료 및 윤활유를 주유하는 사업

② 항공기 하역업: 화물이나 수하물(手荷物)을 항공기에 싣거나 항공기에서 내려서 정리하는 사업

③ 지상조업사업: 항공기 입항·출항에 필요한 유도, 항공기 탑재 관리 및 동력 지원, 항공기 운항정보 지원, 승객 및 승무원의 탑승 또는 출입국 관련 업무, 장비대여 또는 항공기의 청소 등을 하는 사업 등이 있다.

나 정비방식

1) 항공기 정비방식 (구술평가)

가) 비행 전후 점검, 주기점검(A, B, C, D 등)

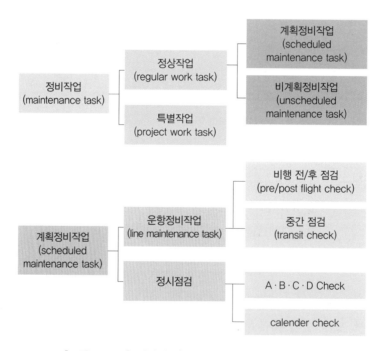

[그림 1-1-1] 정비작업(maintenance task)의 구분

⊙ 계획정비와 비계획정비

① 계획정비는 결함 유무에 관계없이 정해진 주기마다 반복하는 정비작업이다. 운항정비작업

과 정시점검이 있다. 정시점검은 일정 주기마다 항공기를 점검하는 것을 말한다. 정시점검에는 A, B, C, D Check와 내부구조 검사(ISI, Internal Structure Inspection), CAL 점검(CAL, Calendar Check)이 있다.

② 비계획정비는 비행 중 발생한 결함이나 계획정비 시 발견된 결함을 수정하는 작업으로, 불시에 수행하는 정비작업이다. 예를 들면 비행 후 점검에서 타이어의 손상이 확인되어 타이어를 교환하는 작업이 비계획정비이다.

> 특별작업은 성능 향상을 위한 개조작업이나 감항성 개선지시 등에 따라 계획적으로 수행하는 작업
> (항법장치 추가 장착, 객실 개조, 여객기를 화물기로 전환하는 개조 등)을 말한다.

⊙ 운항정비

운항정비(line maintenance)는 항공기가 운항상태(operating environment)에 있을 때 현장 교환가능부품(LRU, Line Replaceable Unit) 교환이나 간단한 수리, 사전에 정해진 반복적인(routine) 점검을 하는 작업이다. 운항정비는 다음과 같은 점검이 있다.

① 비행 전 점검(PR, Pre-flight check)은 그날의 첫 비행 전에 항공기의 출발태세를 확인하는 점검이다. 기체 내·외부 청소, 탑재물 하역, 기체와 액체 보급 및 상태 확인, 연료량을 확인하고 경미한 결함을 교정하는 점검이다. 윤활유량, 연료량, 타이어 공기압, 착륙장치, 피토관, 안테나 등의 상태를 확인한다.

② 비행 후 점검(PO, Post-flight check)은 그날의 마지막 비행을 마치고 하는 점검이다. 기체 내·외부 청소, 탑재물 하역, 기체와 액체의 보급상태 확인, 비행 중 발생한 결함을 교정한다.

③ 중간 점검(transit check)은 항공기가 목적지에 도착하고 다음 목적지로 가기 전에 출발태세를 확인하는 점검이다. 연료와 기체 및 액체를 보급하고 항공기 외부를 검사한다.

④ 주간 점검(weekly check)은 7일마다 하는 점검이다. 항공기 내외의 손상, 누설, 부품 손실, 마모 등의 상태를 점검한다.

⊙ A, B, C, D Check

① A Check는 운항에 직접 관련해서 가장 빈도가 높은 단계로, walk around inspection, 액체 및 기체류의 보충, 결함 수정, 기내 청소, 외부 세척, 특별장비의 육안점검 등을 하는 점검을 말한다. A Check의 주기는 조금씩 다른데, 비행시간 기준(time in service)으로 약 200~300시간이나 400~600시간이다.

> 엔진오일, 산소 등을 보충하고 이착륙 횟수나 비행시간에 따라 손상되기 쉬운 날개, 타이어, 브레이크, 엔진 등을 중심으로 운항하는 사이의 시간을 이용해서 육안으로 하는 검사를 말한다.
> (항공정보포털시스템 항공용어사전 인용)

② B Check는 A Check의 점검사항을 포함해서 실시할 수 있으며, A Check에 추가로 장비품의 상태 및 작동 점검, 엔진과 관련된 점검을 한다. B Check의 주기는 보통 6~8개월이다.

③ C Check는 A, B Check의 점검사항을 포함해서 실시할 수 있으며, 제한된 범위 안에서 기체구조와 계통검사, 계통 및 구성품의 작동 점검, 계획된 보기 교환 등을 수행한다. C Check 주기는 20~24개월이다.

④ D Check는 기체 점검의 최고 단계로, 인가된 점검 주기 한계 안에서 기체구조 점검과 오버홀(overhaul)을 수행하는 점검이다. 대부분의 장비품, 엔진, 착륙장치를 장탈해서 점검하고 도장(painting)을 다시 하기도 한다. D Check의 주기는 약 6년에서 10년이다.

⑤ 내부 구조 검사(ISI, Internal Structure Inspection)는 감항성에 일차적인 영향을 미치는 기체 내부 구조를 중점적으로 검사한다. 이때 표본검사(sampling inspection) 방법으로 한다.

> 표본검사는 표본 수를 정해서 검사해서 전체를 검사하는 데 필요한 인력, 물자, 시간의 소모를 줄이고, 표본을 통해 전체 신뢰도를 검토하고 판단하는 검사방법을 말한다.

⊙ 운항정비와 기지정비

[표 1-1-1] 운항정비와 기지정비의 종류

운항정비(line maintenance)	기지정비 또는 중정비(base or heavy maintenance)
비행 전/후 점검(pre/post flight check)	C Check
중간 점검(transit check)	D Check
주간 점검(weekly check)	
A Check, B Check	

> A Check와 B Check도 운항 중 항공기가 지상에 있는 시간을 활용하므로 운항정비에 포함된다.

⊙ 공장정비

공장정비는 벤치 체크(bench check), 수리(repair), 오버홀(overhaul) 단계로 진행한다.

① 벤치 체크는 항공기에서 장탈한 구성품의 작동과 기능을 시험장비로 점검해서 사용 가능한지, 수리나 오버홀이 필요한지 판단하는 작업이다.

② 수리는 고장이나 파손된 상태(강도, 구조, 성능 등)를 원래 상태로 회복시키는 작업이다.

③ 오버홀은 분해, 세척, 수리, 교환, 조립, 시험 단계를 거쳐 새것과 같은 상태로 만들어서 사용 시간을 '0'으로 환원하는 작업이다.

나) Calendar 주기, Flight Time 주기

✈ Calendar 주기와 Flight Time 주기

① Calendar 주기점검(Calendar Check)은 A~D Check에 속하지 않는 정비요목(Maintenance Task)으로, 고유의 비행시간, 비행횟수 또는 날짜 주기마다 하는 점검이다.

② Flight Time 주기점검은 1000시간 비행 후 점검과 같이 Flight Time을 기준으로 하는 점검을 말한다. 비행시간이 설정한 시간에 도달하면 점검하는 방식이다.

✈ Flight Time, Block Time, Time In Service

① Flight Time은 항공기가 이륙하기 위해 자력으로 움직이기 시작한 시각부터 목적지의 주기장에 완전히 정지할 때까지의 시간을 말한다.

② Block Time은 비행을 목적으로 고임목(chock)을 제거하고 비행이 끝난 뒤 고임목을 설치할 때까지의 시간으로, 일반적으로 Flight Time과 같은 용어로 사용한다. 승무원들의 근무 및 비행시간을 산출하는 기준이자 항공권(air ticket)에 명시된 시간이다.

③ Time in Service는 항공기가 이륙해서 바퀴가 활주로를 벗어날 때부터 착륙해서 접지할 때까지의 시간을 말한다. 점검 주기나 부품의 수명을 계산할 때는 이 시간을 기준으로 한다.

✈ 정비교범에 나오는 Caution, Warning, Note

① Caution은 작업 시 주의하지 않으면 장비가 손상될 수 있다는 뜻이다. 장비나 항공기가 손상되는 것을 방지하기 위해 지켜야 할 방법과 절차를 제시할 때 사용하는 표현이다.

② Warning은 작업 시 주의하지 않으면 사람이 다치거나 목숨을 잃을 수도 있다는 뜻이다. 이를 방지하기 위해 지켜야 할 방법과 절차를 제시할 때 사용하는 표현이다.

③ Note는 본문의 내용을 강조하거나 보충할 때 사용한다.

✈ ATA Chapter

ATA Chapter는 항공기 제작사가 정비교범(AMM, Aircraft Maintenance Manual)을 만들 때 내용을 적는 순서가 표준화되도록 미국항공운송협회(ATA, Air Transport Association)에서 발행한 체계이다.

ATA Chapter를 통해 정비사는 제작사에 관계없이 매뉴얼에서 특정 계통에 관한 정보를 쉽게 찾을 수 있다.

✈ ATA Specification 100

ATA란 Air Transportation Association of America(미국항공운송협회)의 약자로서, 이 협회에서 항공운송에 관한 여러 기준을 설정하는데, 기술자료의 기준 설정은 ATA Specification 100에 수록되어 있다. 원래의 규격서는 ATA Spec 100이었고 최근에는 ATA Spec 2100이 전자문서로서 개발되었다. 이들 두 가지 규격서는 ATA iSpec 2200이라고 부르는 하나의 문서로 통합 발전되었다.

✈ ATA Chapter 각 번호가 의미하는 것

ATA numbering system은 다음과 같다.

① Manual은 3개 단위의 숫자를 사용하여 Chapter, Section, 그리고 Subject로 나누어진다.

② 첫 번째 단위 숫자는 Chapter 또는 주요 System으로 정의되며 ATA 규정에 의해 지정된다.

③ 두 번째 단위 숫자는 Sub-system 또는 Section으로 정의되며, 또한 ATA 규정에 의해 지정된다.

④ 세 번째 단위 숫자는 Unit 또는 Subject로 정의되며 제작자에 의해 지정된다.

⑤ page들은 다음과 같이 부여된다.

- Description and Operation: 1 ~ 100 page
- Troubleshooting: 101 ~ 200 page
- Maintenance Practices: 201 ~ 300 page
- Servicing: 301 ~ 400 page
- Removal/Installation: 401 ~ 500 page
- Adjustment/Test: 501 ~ 600 page
- Inspection/Check: 601 ~ 700 page
- Cleaning/Painting: 701~ 800 page
- Approved Repair: 801 ~ 900 page

✈ ATA Chapter NO.

[표 1-1-2] ATA Chapter NO.

ATA	계 통	ATA	계 통
AIRCRAFT GENERAL			
05	Time Limits/Maintenance Checks	06	Dimensions And Areas
07	Lifting And Shoring	08	Leveling And Weighing
09	Towing And Taxiing	10	Parking, Mooring, Storage And Return To Service
11	Placards And Markings	12	Servicing – Routine Maintenance
AIRFRAME SYSTEM			
20	Standard Practices – Airframe	21	Air Conditioning And Pressurization
22	Auto Flight	23	Communications
24	Electrical Power	25	Equipment/Furnishings
26	Fire Protection	27	Flight Controls

[표 1-1-2] ATA Chapter NO. (계속)

ATA	계 통	ATA	계 통
28	Fuel	29	Hydraulic Power
30	Ice And Rain Protection	31	Indicating / Recording System
32	Landing Gear	33	Lights
34	Navigation	35	Oxygen
36	Pneumatic	37	Vacuum
38	Water/Waste	39	Electrical − Electronic Panels
40	Multi System	41	Water Ballast
42	Integrated Modular Avionics	44	Cabin System
45	Central Maintenance System	46	Information Systems
47	Nitrogen Generation System	48	In-flight Fuel Dispensing
49	Airborne Auxiliary Power	50	Cargo and Accessory Compartment

STRUCTURE

ATA	계 통	ATA	계 통
51	Standard Practices & Structures − General		
52	Doors	53	Fuselage
54	Nacelles / Pylons	55	Stabilizers
56	Windows	57	Wings

POWER PLANT

ATA	계 통	ATA	계 통
61	Propellers	71	Power Plant
72	Engine	73	Engine − Fuel and Control
74	Ignition	75	Bleed Air
76	Engine Controls	77	Engine Indicating
78	Exhaust	79	Oil
80	Starting	81	Turbines
82	Engine Water Injection	83	Accessory Gearbox
84	Propulsion Augmentation	91	Others

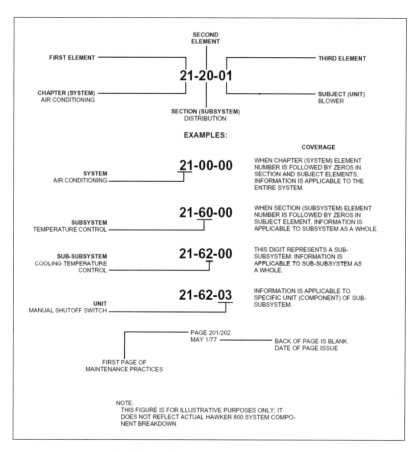

[그림 1-1-2] ATA Numbering System

🧭 ATA Chapter NO 번호 부여(예)

35 – 54 – 23 → Chapter – Section – Subject

Page 201/202 → Page NO(Maintenance Practices)

May. 1/21 → 발행 월 일 년(2021년 5월 1일)

2) 부분품 정비방식 (구술평가)

가) 하드 타임(Hard Time) 방식

🧭 Hard Time

하드 타임 방식은 부분품이 설정한 사용시간 한계에 도달하면 수리, 교환, 오버홀 또는 폐기 (discard)하는 정비방식을 말한다. 항공기의 신뢰성을 확보할 수 있다는 장점이 있지만, 아직 사용할 수 있는데 교환해서 낭비가 생기고, 장·탈착, 분해할 때 고장이 발생할 수 있다는 단점이 있다.

나) 온 컨디션(On Condition) 방식

🎯 On Condition

온 컨디션 방식은 주기적으로 상태를 점검해서 다음 주기까지 감항성을 유지할 수 있다고 판단되면 계속 사용하고, 결함이 발견되면 수리·교환하는 정비방식을 말한다. 하드 타임 방식의 단점을 보완한 정비방식으로, 정비에 필요한 시간과 비용을 줄일 수 있다는 장점이 있다.

> 하드 타임 방식보다 부품을 더 오래 사용할 수 있어서 시간과 비용을 절약할 수 있다. 온 컨디션 방식을 사용할 때는 감항성 유지에 필요한 적절한 점검과 작업방식을 적용해야 하고, 효과가 없으면 컨디션 모니터링 방식으로 관리할 수 있다.

다) 컨디션 모니터링(Condition Monitoring) 방식

🎯 Condition Monitoring

컨디션 모니터링 방식은 주기적인 검사를 하는 대신에 항공기를 지속적으로 감시해서 성능이 일정 수준을 벗어나면 원인을 찾아서 제거하는 정비방식이다. 자료를 계속 수집하고 분석해서 파라미터(parameter)가 정상이면 교환이나 수리하지 않아도 되므로 시간과 비용을 아낄 수 있다.

이 방식은 전자장비와 같이 back-up system을 가져서 감항성에 직접적인 영향을 주지 않는 항목에 사용하는 정비방식이다. CM에 필요한 자료는 QAR(Quick Access Recorder)을 통해 얻을 수 있다.

정비프로그램 개발 지침[국토교통부 고시 제2013-531호, 2013. 9. 2. 제정]
제4조(정의) 이 지침에서 사용하는 용어의 뜻은 다음과 같다.

3. "정비프로그램(Maintenance Program)"이란 항공기의 감항성 유지를 위해 예상 가동률을 고려, 수행되어야 할 계획된 정비요목과 점검주기 등을 서술한 문서로서 운영자는 항공당국의 승인을 받은 정비프로그램을 정비 및 관련 운항 직원들이 사용할 수 있도록 제공하고 이에 따라 항공기 정비가 수행됨을 보증하여야 한다.

5. "개별 정비요목(Maintenance Task)"이란 운영자의 항공기 정비프로그램에 따라 항공기의 안전성과 신뢰성을 유지하기 위하여 수행되는 정비작업의 시기 및 방법 등을 정한 것을 말하며 항공기 사용시간, 비행횟수 또는 날수(calendar day)에 의하여 정해진 주기를 갖는다.

7. "정시점검 단계"란 항공기의 효율적인 정비작업을 위해 개별 정비요목을 유사한 점검주기 단위로 그룹화한 것을 말하며 정형화된 정비방식의 제작사 설정 문자점검(Letter check, 'A', 'C' & 'D' check 등)과 비정형화된 정비방식(개별 정비방식) 정비요목들을 그룹화한 항공사 고유의 점검그룹으로 구분한다.

8. "정비기법(MSG-2)"이란 항공기 고유의 설계 신뢰도를 유지할 수 있도록 미국의 항공운송협회(ATA)에서 개발한 정비프로그램 개발 분석기법을 말하며, 장비품의 내구력 감소 발견 방법으로부터 분석을 시작하는 상향식 접근방식(bottom up approach)의 분석기법을 사용하여 HT, OC, CM으로 구분하여 정한다.

9. "정비기법(MSG-3)"이란 MSG-2를 개선한 정비요목(Maintenance Task) 위주의 정비프로그램 개발 분석기법을 말하며, 항공기의 계통, 기체구조 및 부위를 기능상실(functional failure)의 영향으로부터 분석하는 하향식 접근방식(top down approach)의 분석기법을 사용하여 HT, OC, CM이 아닌 servicing, operational check, functional check, restoration, inspection 및 discard 등의 task로 구성되며 최근 제작된 항공기에 적용된다.

⊙ MSG(Maintenance Steering Group)

MSG란 항공기를 효율적으로 정비해서 비용을 최소로 하는 정비프로그램을 개발하기 위한 분석기법이다. MSG-1에서 시작해 MSG-2를 거쳐 MSG-3까지 발전했다.

① MSG-1은 1968년 B747-100의 정비프로그램을 개발하기 위해 FAA, 항공사, 제작사가 참여해서 항공운송협회(ATA) 산하에 구성한 Maintenance Steering Group에서 만든 분석기법이다. MSG-1에서는 기존의 하드 타임 방식에 온 컨디션이라는 새로운 개념을 추가한다.

② MSG-2는 1970년대 초반, MSG-1을 다른 항공기에도 적용하기 위해 보완한 분석기법이다. MSG-2는 의사결정 논리(decision logic)를 통해 HT, OC, CM의 세 가지 정비방식(maintenance process) 중 하나를 결정한 다음 구체적인 정비요목을 정해서 점검한다. 정비요목에는 보충(servicing), 검사(inspection), 시험(testing), 교정(calibration), 교환(replacement) 등이 있다.

③ MSG-3는 MSG-2를 발전시킨 분석기법으로, 1979년 ATA에서 전담기구(Task Force)를 구성해서 만들었다. MSG-3는 MSG-1, 2와 다른 개념의 분석기법으로, 현재 대부분의 상용 항공기의 정비프로그램 개발에 사용하고 있다.

같은 형식의 항공기의 분석기법을 MSG-2에서 MSG-3로 바꿨을 때 일반적으로 정비비용이 15~25% 정도 감소한다.

⊙ MSG-2와 3의 차이점

① 접근방법이 다르다. MSG-2는 상향식 접근방법(bottom up approach)을, MSG-3는 시스템 단위에서 시작하는 하향식 접근방법(top-down approach)을 통해 정비요목을 설정한다.

㉮ 상향식 접근방법은 각 부분품이 정상적으로 작동하면 그 부분품이 구성하는 시스템이 정상적으로 작동할 것이라는 접근방법이다. 즉 최소 단위인 부분품단계(component level)의 정비방식을 설정해서 상위 단계인 시스템 단계의 감항성을 보장하는 정비프로그램을 만드는 방식이다.

㉯ 하향식 접근방법은 부분품 단위가 아닌 시스템 단위로 자료를 수집하고 분석해서 시스템이 정상적으로 작동하면 하위 부분품이 정상적인 기능을 수행하고 있다고 가정한 접근방법이다.

② MSG-2는 의사결정 논리를 통해 HT, OC, CM의 정비방식을 설정하지만 MSG-3는 LU, SV, OP, VC, IN, FC, RS, DS와 같은 정비요목(maintenance task)을 설정한다.

③ MSG-3는 구역점검 프로그램(zonal analysis program)이 추가되었다. MSG-2에서는 정비요목이 설정된 계통(system)과 기체구조(structure)를 제외하면 그 외에 대한 점검은 불분명해서 정비의 사각지대가 있었다. 이를 해결하고자 MSG-3에서는 구역점검 프로그램을 도입해서 항공기 전체 구성품과 구조에 대한 점검이 이루어질 수 있도록 했다.

④ 1993년 개정(Revision)된 MSG-3 Rev 2부터는 부식방지 제어 프로그램(CPCP, Corrosion Prevention Control Program)에 대한 지침(guideline)이 추가되었다.

3) 발동기 정비방식 **(구술평가)**

가) HSI(Hot Section Inspection)

⊙ Hot Section Inspection

Hot Section은 가스터빈엔진에서 높은 열을 받는 부분(combustion chamber, turbine section, exhaust section)을 말한다. Hot Section은 높은 열을 받기 때문에 내구성이 약해서 일정 주기마다 점검해야 한다. 정비방식은 기종에 따라 차이가 있지만, 일반적인 절차는 다음과 같다.

① 연소실은 보어스코프로 연소실 내부와 점화 플러그, 연료 노즐의 상태를 검사한다.

㉮ 보어스코프로 연소실 내부를 검사해서 허용한계를 초과한 균열, 그을림, 열점현상이 발견되면 엔진을 분해해서 수리한다.

㉯ 점화 플러그에 탄소 찌꺼기가 생겼는지, 균열이 없는지 확인해서 불량한 것은 교체한다.

㉰ 연료 노즐의 상태와 분사가 잘 이뤄지는지 점검한다. 연료 분사에 이상이 있으면 열점 현상이 발생하거나 EGT가 비정상적으로 올라가서 시동 시 과열 시동(hot start)이 일어날 수 있다.

② 터빈은 터빈깃(vane, blade)의 손상을 주로 점검한다.

㉮ 터빈깃의 간격을 측정하고 깃 외부 손상을 점검한다. 터빈 블레이드의 경미한 손상은 블렌딩 수리(blended by stoning and polishing)를 할 수 있다. 허용한계를 초과한 찍힘(nick)과 찌그러짐(dent)이 생긴 깃은 교환한다. 허용 개수 이상으로 깃이 손상되었다면 새로운 터빈 어셈블리로 교체한다. 블렌딩 수리는 숫돌, 줄, 사포로 블레이드를 매끈하게 갈아내는 작업이다.

㉯ 균열이 생긴 블레이드를 교환할 때는 무게가 같은 것으로 바꾼다. 고속으로 회전하는 블

레이드의 무게중심이 다르면 큰 진동이 발생한다.

  ⑭ 과열로 변형이 생긴 터빈 블레이드는 길이가 얼마나 늘어났는지(stretch) 검사한다.

 ③ 배기 노즐은 고온으로 인한 비틀림, 균열과 열전쌍식 온도계의 작동을 점검한다.

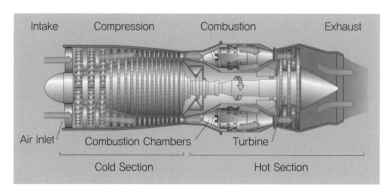

[그림 1-1-3] gas turbine engine 단면도

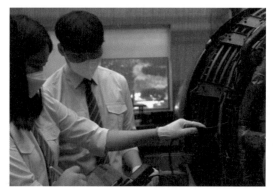

[그림 1-1-4] borescope inspection

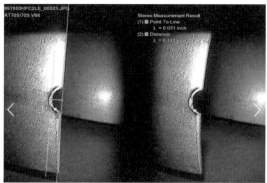

[그림 1-1-5] engine 내부 촬영 사진

⊙ 보어스코프 검사(borescope inspection)

 보어스코프 검사는 육안검사의 일종으로서, 복잡한 구조물을 파괴 또는 분해하지 않고 내부의 결함을 외부에서 직접 육안으로 관찰함으로써 분해 검사에서 오는 번거로움과 시간 및 인건비 등의 제반 비용을 절감하는 효과가 있다.

 왕복기관의 실린더 내부와 가스터빈기관의 압축기, 연소실 및 터빈 부분의 내부를 관찰하여, 결함이 있을 경우에 미리 발견하여 정비함으로써 기관의 수명을 연장하고, 사고를 미연에 방지하는 데 있다.

나) CSI(Cold Section Inspection)

⊙ Cold Section Inspection

 Cold Section은 가스터빈엔진에서 높은 열을 받지 않는 부분(air intake section, compressor section, diffuser section)을 말한다. 정비방식은 기종에 따라 차이가 있지만, 일반적인 절차는 다음과 같다.

① 공기 흡입구 부분은 팬 블레이드와 케이스 주변을 검사한다. 손전등으로 흡입 안내깃(IGV, Inlet Guide Vane)의 상태와 흡입구 부분에 뒤틀림, 균열과 같은 변형이 있는지 검사하고, 압축기 전방 부분에 윤활유 누설 흔적이 없는지 검사한다.

② 압축기 부분은 보어스코프로 압축기깃의 상태를 검사해서 결함이 발견되면 엔진을 장탈해서 결함 정도에 따라 수리하거나 교환한다. 압축기 블레이드의 경미한 손상은 블렌딩 수리할 수 있지만, 손상부위가 수리 허용한계(allowable repair limit)를 초과하면 교환한다.

③ 압축기 실속을 방지하기 위해 설치한 bleed valve와 가변 스테이터 베인(VSV, Variable Stator Vane)의 작동을 점검해서 이상이 있으면 리깅 작업을 한다.

④ 디퓨저(diffuser) 부분에 압축 공기가 빠져나갈 수 있는 균열이 있는지 검사한다.

SECTION 02 | 기본 작업

가 판금작업

1) 리벳의 식별 (구술 또는 실작업 평가)

가) 사용 목적, 종류, 특성

⚐ 리벳의 종류

리벳은 판재를 영구적으로 결합할 때 사용하는 부품으로, 높은 강도를 유지할 수 있어서 항공기에 많이 사용하고 있다. 항공기에 사용하는 리벳은 일반적으로 사용하는 솔리드 섕크 리벳과 특수 리벳에 속하는 블라인드 리벳으로 구분할 수 있다.

① 솔리드 섕크 리벳(solid shank rivet)은 항공기 구조에 주로 사용하는 리벳이며, 머리 모양과 재질에 따라 구분한다.

② 블라인드 리벳(blind rivet)은 버킹 바(bucking bar)를 댈 수 없거나 한쪽 면에서만 작업할 수 있는 곳에 사용하는 특수 리벳이다. 블라인드 리벳은 제작사마다 특징이 있어서 사용 공구, 체결 절차, 제거 절차가 다르다. 대표적인 블라인드 리벳으로 체리 리벳, 리브너트, 폭발 리벳이 있다.

[표 1-2-1] 리벳의 명칭과 규격 및 사용처

명 칭	규 격	사용처
둥근머리 리벳(round-head rivet)	AN430 MS20430	높은 강도를 요구하는 구조부
접시머리 리벳(100°)(countersunk-head rivet)	AN426 MS20426	공기 저항이 작아야 하는 외피
납작머리 리벳(flat-head rivet)	AN442	높은 강도를 요구하는 구조부
브래시어 머리 리벳(brazier-head rivet)	AN455	외피와 공기 흐름에 노출된 얇은 판
유니버설 머리 리벳(universal-head rivet)	AN470 MS20470	항공기 내·외부에 다른 리벳 대신에 많이 사용

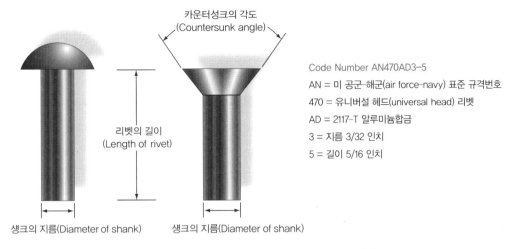

Code Number AN470AD3-5

AN = 미 공군-해군(air force-navy) 표준 규격번호

470 = 유니버설 헤드(universal head) 리벳

AD = 2117-T 알루미늄합금

3 = 지름 3/32 인치

5 = 길이 5/16 인치

[그림 1-2-1] solid shank rivet 규격 표시방법

⊙ 리벳 표시방법

① 머리 모양에 따라 둥근머리(round-head), 접시머리(countersunk-head), 납작머리(flat-head), 브래지어 머리(brazier-head), 유니버설 머리(universal-head)로 구분한다.

② 재질에 따라 1100(A), 2117(AD), 2017(D), 2024(DD), 5056(B) 등으로 구분한다. 리벳의 재질은 머리 표시(head marking)로 알 수 있다.

Material	Head Marking		AN Material Code	Material	Head Marking		AN Material Code
1100	Plain		A	Carbon Steel	Recessed Triangle		
2117T	Recessed Dot		AD	Corrosion Resistant Steel	Recessed Dash		F
2017T	Raised Dot		D	Copper	Plain		C
2017T-HD	Raised Dot		D	Monel	Plain		M
2024T	Raised Double Dash		DD	Monel(Nickel-Copper Alloy)	Recessed Double Dots		C
5056T	Raised Cross		B	Brass	Plain		
7075-T73	Three Raised Dashes			Titanium	Recessed Large and Small Dot		

[그림 1-2-2] 리벳 머리 표시와 재질

[표 1-2-2] 리벳의 재질기호와 합금원소 및 특징

합금번호	재질기호	머리 표시	합금원소	특 징
1100	A	표시 없음	순수 알루미늄	높은 강도를 요구하지 않는 곳에 사용
2117	AD	중앙 오목	Al-Cu 합금	재열처리 없이 상온에서 바로 사용 가능
2017	D	1점 돌출	Al-Cu 합금	2117보다 강도가 높음. 사용 전 냉장 보관
2024	DD	쌍대시 돌출	Al-Cu 합금	2017보다 강도가 높음. 사용 전 냉장 보관
5056	B	+ 돌출	Al-Mg 합금	내식성이 좋아 마그네슘 합금 구조에 사용

blind rivet의 종류

블라인드 리벳에는 체리 리벳(cherry rivet), 리브너트(rivnut), 폭발 리벳(explosive rivet)이 있다.

① 체리 리벳은 일반적으로 많이 사용하는 블라인드 리벳이다. 공구로 리벳의 머리를 누르면서 스템을 잡아당기면 스템의 돌출된 부분이 리벳 샤크를 눌러서 판재를 고정하고, 스템에 작용하는 인장력이 한계에 다다르면 스템의 홈 부분이 끊어지게 되어 있다.

② 리브너트는 샤크 내부에 암나사가 있는 리벳으로, 제빙부츠의 장착 등에 사용하는 리벳이다. 암나사에 공구를 끼워서 시계방향으로 돌리면 샤크가 압축되면서 판재를 체결한다.

③ 폭발 리벳은 샤크 안에 화약을 넣고 가열된 인두를 리벳 머리에 갖다 대서 폭발시키는 리벳이다. 화약이 폭발하면 리벳 하단부를 부풀려서 판재를 고정한다.

블라인드 리벳을 사용하면 안 되는 곳

블라인드 리벳은 유체의 기밀을 요구하는 곳, 큰 하중이 작용하는 곳, 리벳 머리에 틈(gap)이 생길 수 있는 곳, 진동과 소음이 발생하는 장소에는 사용하면 안 된다.

특수파스너(special fastener)

특수파스너는 경량으로 고강도를 만들어내고, 전통적인 AN 볼트와 너트를 대신하여 사용할 수 있다. 또한 압착되는 칼라에 의해 고정하기 때문에 헐거운 결합이 생기지 않으며, 장착 시에 볼트에서처럼 인장하중이 작용하지 않는다. 또한, 특수파스너는 경량항공기에 광범위하게 사용하며, 항상 항공기 제작사의 요구사항을 따라야만 한다.

한편, 특수파스너의 종류는 다음과 같다.

① 고강도 전단 리벳(hi-shear rivet)은 전단응력만 작용하는 곳에 사용하는 리벳으로, 전단강도가 보통 리벳보다 3배 정도 강하다. 칼라(collar)와 핀(pin)으로 구성되고, 그립 길이가 샤크 지름보다 작은 곳에 사용하면 안 된다.

② 조 볼트(jo-bolt)는 내부에 나사가 있는 리벳으로, 보통 리벳보다 가볍고 진동에 강하다.

③ 하이 토크(hi-tigue) 특수파스너는 파스너의 샤크 아래쪽을 둘러싼 비드(bead)를 갖고 있다. 접

합 강도를 증가시키는 비드는 그것이 채워진 구멍에 프리로드(pre-load)가 발생한다. 체결하면, 비드는 구멍의 옆벽에 압력을 가하고, 주변을 강화시키는 원주방향 힘이 발생한다. 프리로드가 작용하고 있기 때문에, 접합부분이 일정한 순환작용에 의해 냉간가공되고 결국 고장이 발생하는 것을 막아준다. 하이 토크 파스너는 알루미늄(aluminum), 티타늄(titanium), 스테인리스강합금(stainless steel alloy) 등으로 제작한다. 칼라(collar)는 밀봉형(sealing type)과 비밀봉형(non-sealing type) 두 가지 종류가 있으며, 호환되는 금속으로 제작한다. 하이 로크(hi-lock)처럼 이 하이 토크도 알렌 렌치(allen wrench)와 박스 엔드 렌치(box-end wrench)를 이용하여 장착할 수 있다.

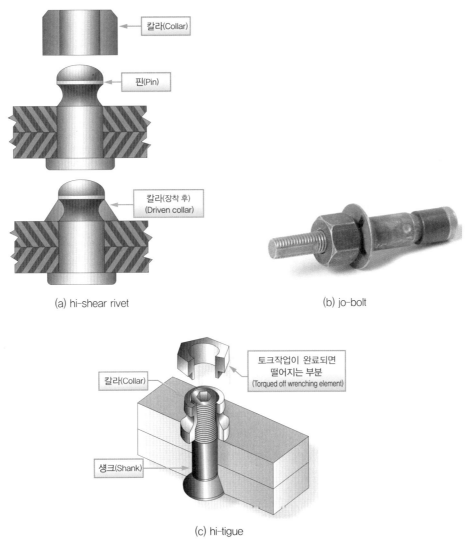

(a) hi-shear rivet

(b) jo-bolt

(c) hi-tigue

[그림 1-2-3] special fastener 종류

🎯 리벳 제거 절차

리벳을 제거할 때는 판재에 손상이 가지 않도록 하고, 구멍의 지름과 모양을 유지해야 한다. 작업 순서는 다음과 같다.

① 제거할 리벳의 머리를 줄질해서 평평하게 만든 뒤 리벳 중심에 펀칭 작업을 한다.

② 펀칭한 리벳 머리 중간을 드릴로 뚫는다. 드릴 날은 리벳 지름보다 한 치수 작은 것을 사용한다.

③ 드릴 작업을 하고 나서 리벳 머리를 핀 펀치로 제거한다.

④ 생크 부분에 핀 펀치를 대고 해머로 쳐서 리벳을 제거한다.

🎯 리벳 작업 시 주의사항

① 보안경과 귀마개를 착용한다.

② 리벳 건과 버킹 바를 수직으로 대고 작업한다.

③ 공기압은 적정압력(90~100 psi)을 유지한다.

④ 리벳 머리 모양과 맞는 리벳 세트를 사용한다.

⑤ 판재 표면에 상처가 나지 않도록 주의해야 한다.

나) 열처리 리벳의 종류 및 열처리 이유

🎯 리벳을 열처리한 후 냉장 보관하는 이유

열처리 리벳의 종류에는 2017(D)과 2024(DD)가 있다. 열처리 리벳은 풀림(annealing) 처리 후 풀림 상태를 유지하기 위해 냉장 보관하기 때문에 아이스박스(icebox) 리벳이라고 한다. 리벳을 냉장 보관하는 이유는 시효경화 특성을 가진 리벳을 사용할 때까지 경화되는 것을 지연시키기 위해서이다.

리벳을 열처리하는 이유는 열처리하지 않고 리벳을 사용하면 너무 단단해서 리벳작업이 어렵고 판재에 균열이 생길 수 있기 때문이다.

2017(D)은 아이스박스에서 꺼낸 후 1시간 이내에 작업해야 하며 구조부재에 사용한다.

2024(DD)는 냉동고에서 꺼낸 후 10~20분 이내에 작업해야 한다. 2017보다 전단응력과 인장응력에 강하고, 구조부재에 사용한다.

시간 내에 사용하지 못한 리벳은 재열처리한 후 냉장 보관한다.

아이스박스 리벳의 보관 기간은 $-50°F(-45.6℃)$에서는 수 주일, $30°F(-1℃)$에서는 24시간이다.

[표 1-2-3] 2017T와 2024T rivet 풀림처리 시간

heating time-air furnace			heating time-salt bath		
rivet alloy	time at temperature	heat treating temperature	rivet alloy	time at temperature	heat treating temperature
2024	1 hour	910℉~930℉	2024	30 minutes	910℉~930℉
2017	1 hour	925℉~950℉	2017	30 minutes	925℉~950℉

⦿ 알루미늄합금의 시효경화

시효경화란 2017, 2024 리벳과 같이 열처리한 다음 시간이 지남에 따라 강도와 경도가 증가하는 특성을 말한다. 상온시효는 상온에 그대로 방치하는 것이고 인공시효는 100℃~200℃ 정도의 온도로 처리하는 방법이다.

⦿ 강의 열처리 종류와 방법

열처리는 금속을 가열하고 냉각해서 기계적 성질을 바꾸는 작업이다. 열처리는 금속을 더 단단하게 만들거나 연하게 만들 수도 있다. 열처리 종류에는 담금질(quenching), 뜨임(tempering), 풀림(annealing), 불림(normalizing)이 있다.

① 담금질은 특정 온도까지 가열한 뒤 물이나 기름에 담가서 빠르게 냉각하는 작업이다. 담금질은 금속의 강도와 경도를 높여주지만, 취성도 늘어난다. 작업 후 취성을 줄이기 위해 뜨임 처리를 한다.

② 뜨임은 내부 변형으로 인한 응력과 취성을 줄이기 위한 작업이다. 강을 노(furnace)에 넣고 정해진 온도로 가열한 다음 공기 중에서 냉각하거나 물, 용액에 담가서 냉각한다.

③ 풀림은 단단한 금속을 쉽게 성형하기 위해 부드럽게 만드는 작업이다. 금속을 규정 온도까지 가열하고 일정 시간 동안 유지한 다음, 노 안에서나 상온에서 서서히 냉각한다.

④ 불림은 열처리나 가공한 금속의 잔류응력을 제거하기 위한 작업이다. 적당한 온도까지 가열하고, 균일하게 가열될 때까지 그 온도를 유지한 다음 공기 중에서 냉각한다.

2) 구조물 수리작업 (구술 또는 실작업 평가)

가) 스톱 홀(stop hole)의 목적, 크기, 위치 선정

⦿ stop hole 작업의 목적과 크기 그리고 위치 선정

스톱 홀(stop hole)은 판재에 균열(crack)이 생겼을 때 균열의 진행을 막거나 늦추기 위해 균열 끝부분을 드릴로 뚫는 구멍을 말한다.

스톱 홀의 크기는 재질과 두께에 따라 달라서 매뉴얼을 보고 결정한다. 스톱 홀의 위치는 균열 끝에서 진행 방향으로 연장선상에 1/16 in 떨어진 곳에 구멍을 뚫는다. 육안으로 균열을 확인했을

때 NDI로 균열이 어디까지 진행되었는지 확인한 다음, 스톱 홀을 뚫고 부식방지를 위해 알로다인 처리를 한다. 스톱 홀을 뚫어도 균열이 더 진행될 수 있어서 작업 후 균열 부위를 계속 관찰해야 한다.

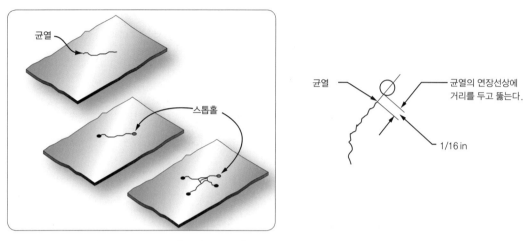

[그림 1-2-4] stop hole의 위치 선정

🢂 **판금작업에 적용하는 홀의 종류와 작업 절차**

판금작업에 사용되는 홀의 종류에는 스톱 홀(stop hole), 릴리프 홀(relief hole), 라이트닝 홀(lightening hole), 파일럿 홀(pilot hole)이 있다.

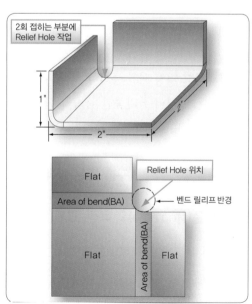

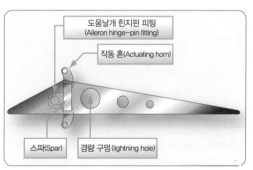

[그림 1-2-5] lightening hole과 relief hole

① 스톱 홀은 판재에 균열이 생겼을 때 균열의 진행을 막거나 늦추기 위해 뚫는 구멍이다.

② 릴리프 홀은 판재를 굽힐 때 두 개 이상의 굽힘이 교차하는 곳에 응력이 집중되는 것을 막고 균열을 방지하기 위해 뚫는 구멍을 말한다. 일반적인 릴리프 홀의 지름은 1/8 in 이상이다.

③ 라이트닝 홀은 무게를 줄이기 위해 판재나 구조재에 뚫는 구멍을 말한다. 무게를 줄이면서 필요한 강도는 유지하기 위해 설계 규격서를 보고 구멍의 크기를 결정한다.

④ 파일럿 홀은 지름이 큰 구멍을 뚫을 때 정확하게 뚫기 위해 일차적으로 뚫는 구멍을 말한다. 처음에는 파일럿 드릴 날로 구멍을 뚫은 후 지름이 작은 드릴부터 단계적으로 뚫어 나가서 최종적으로 치수에 맞는 드릴 날을 선택해서 뚫는다.

➤ 구조 수리의 원칙

기체구조 수리(structure repair)는 외피나 구조부재의 손상을 수리하는 작업을 말한다. 관련 문서로 제작사에서 발행하는 기체구조 수리 교범(SRM, Structure Repair Manual)이 있다.

구조물 수리작업은 감항성을 유지하기 위해서 구조 수리의 원칙을 지켜야 한다.

① 원래 강도를 유지

② 원래 윤곽을 유지

③ 최소 무게를 유지

④ 부식에 대한 보호 처리

➤ 페일세이프(fail-safe) 구조

페일세이프 구조란 구조의 일부분이 파손되더라도 나머지 구조가 하중을 담당해서 감항성을 유지할 수 있는 구조를 말한다. 다경로 하중 구조, 이중구조, 대치구조, 하중 경감 구조가 있다.

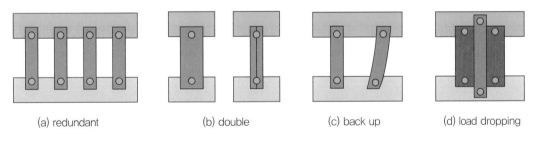

(a) redundant   (b) double   (c) back up   (d) load dropping

[그림 1-2-6] fail-safe structure 종류

① 다경로 하중 구조(redundant structure)는 여러 개의 부재를 통해 하중을 전달해서 부재 하나가 손상되더라도 나머지 부재가 하중을 담당하는 구조이다.

② 이중구조(double structure)는 같은 강도를 가진 2개의 작은 부재로 하나의 부재를 만들어서 둘 중 하나가 손상되더라도 전체가 파손되는 것을 방지하는 구조이다.

③ 대치구조(back up structure)는 부재가 파손될 때를 대비해서 예비 부재를 추가한 구조이다.

④ 하중 경감 구조(load dropping structure)는 2개의 부재가 동시에 하중을 받다가 한 부재가 파손 되기 시작하면 나머지 부재가 많은 하중을 담당하게 하는 구조이다.

나) 리벳 선택(크기, 종류)

◉ 리벳의 길이

리벳 작업을 할 때 리벳의 크기는 판재의 두께를, 재질은 판재의 재질을 고려해서 선정한다. 두 께가 다른 두 판재에 리벳 작업을 할 때는 판재를 보강하기 위해 리벳 머리를 얇은 판에 놓는다.

① 리벳 지름(D)은 결합하려는 판재 중 두꺼운 판재의 두께(T)의 3배로 한다.
② 리벳 길이(L)는 결합하려는 판재의 전체 두께에 1.5D를 더한다.
③ bucktail의 최소 지름은 리벳 지름의 1.5배(1.5D)이다.
④ bucktail의 높이는 리벳 지름의 0.5배(0.5D)이다.

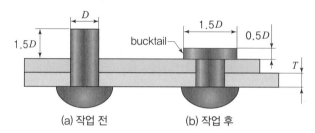

[그림 1-2-7] 리벳의 길이와 지름 결정 및 작업 후의 bucktail

다) 카운터 성크(counter sunk)와 딤플(dimple)의 사용 구분

◉ counter sunk와 dimple 작업의 차이

① 카운터 싱킹 작업은 접시머리리벳을 사용할 때 리벳 머리가 판재 위로 튀어나오지 않도록 판 재 표면에 홈을 파서 리벳 머리가 홈에 들어가도록 하는 작업을 말한다. 카운터 싱킹은 작업 할 판재 중 한 장의 두께가 리벳 머리 길이보다 두꺼울 때 사용한다.
② 딤플링은 카운터 싱킹 작업을 할 수 없는 0.040 in 이하의 얇은 판재에 접시머리를 파는 대신 딤플링 공구로 판재의 구멍 주위를 움푹 들어가게 만드는 작업이다.

◉ 카운터 싱킹 작업 시 사용하는 공구

카운터 싱킹 작업 시 사용하는 공구는 마이크로 스톱(micro stop)과 커터(cutter)이다. 마이크로 스 톱은 가공 깊이를 0.001in 단위로 조절하고, 커터는 원뿔 모양의 홀을 가공한다. 판재 재질과 가공 하고자 하는 형상에 맞게 선택해서 사용해야 한다.

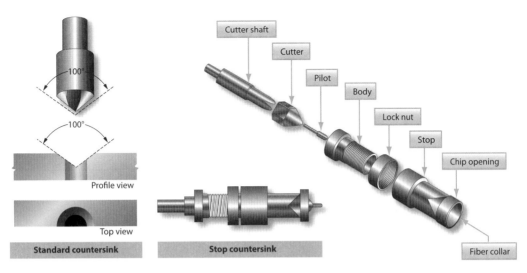

[그림 1-2-8] counter sink 작업 시 사용하는 공구

◈ 딤플 작업 시 사용하는 공구

핀치(pinch)와 다이(die)를 사용하거나 숫형틀(male die)과 암형틀(female die)을 사용한다.

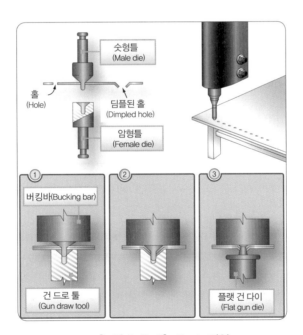

[그림 1-2-9] dimple 작업

◈ 딤플링과 카운터 싱킹 작업 시 주의사항

① 딤플링을 할 때 한 번에 여러 장의 판재를 겹쳐서 작업해서는 안 된다.

② 딤플링을 하고 나서 반대 방향으로 다시 딤플링을 해서는 안 된다.

③ 딤플 작업 시 강도가 높은 7000 계열의 알루미늄합금, 마그네슘 합금, 티타늄 합금은 균열을 방지하기 위해 가열된 딤플링 다이를 사용하는 핫 딤플링(hot dimpling)을 한다.

④ 카운터 싱킹 작업 시 리벳머리가 들어가서 매끄러운 표면을 만들 정도의 깊이로만 홈을 판다. 판재 표면을 과도하게 깎아내면 리벳머리와 만나는 부분의 강도가 떨어진다. 아래 판재까지 홈을 파는 것은 허용되지 않는다.

라) 리벳의 배치(ED, pitch)

◉ 판금작업 시 리벳의 간격 기준

판재를 결합할 때 리벳은 리벳의 피치(pitch), 열간 간격(transverse pitch), 연거리(edge distance)를 고려해서 배치한다.

① 리벳 피치는 같은 열에서 인접한 리벳 중심 간 거리를 말한다. 범위는 $3 \sim 12D$이고 보통 $6 \sim 8D$를 사용한다.

② 횡단 피치(transverse pitch, 열간 간격)는 리벳 열과 열 사이의 거리를 말한다. 보통 리벳 간격의 75% 정도인 $4.5 \sim 6D$를 사용한다. 최소 열간 간격은 $2.5D$이다.

③ 연거리(edge distance)는 판재의 끝에서 가장 가까운 리벳 중심까지의 거리를 말한다. 보통 $2 \sim 4D$ 사이에 놓고 최소 거리는 $2D$이다. 접시머리리벳은 $2.5 \sim 4D$ 사이에 놓고 최소 거리는 $2.5D$이다.

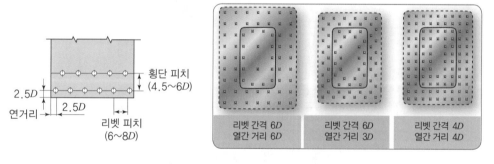

[그림 1-2-10] 리벳의 배치도

◉ 리벳의 배치방법

일반적인 리벳 배치방법에는 1열 배치, 2열 배치, 3열 배치 방법이 있다.

① 1열 배치일 경우 우선 열의 양 끝에서 연거리를 정한 뒤 리벳 피치를 표시하고 작업한다.

② 2열 배치일 경우 1열 배치방법으로 1열을 결정하고 1열에서 횡단 피치만큼 띄운 다음 2열을 그리는데, 이때 1열에 배치한 리벳 사이사이에 리벳을 배치한다.

③ 3열 배치일 경우 1열과 3열에 리벳을 배치한 뒤에 자를 사용해서 2열 리벳 위치를 결정한다.

판재에 장착되는 리벳 수의 결정 요인

① 판재의 두께

② 리벳 직경

③ 판재의 손상 길이

마) 리벳 작업 후의 검사

리벳 작업을 완료한 다음에 검사절차

리벳 작업을 완료한 후 작업한 모든 리벳의 머리, 벅테일, 판재에 변형이 있는지 확인한다. 부적절하게 체결된 리벳은 제거하고 새로운 리벳을 체결한다. 리벳을 제거할 때는 절차대로 작업해서 판재와 구멍이 손상되지 않도록 조심해서 제거한다. 리벳을 교환할 때는 기존에 체결된 리벳과 같은 규격의 리벳을 사용한다.

리벳 작업 시 결함 원인

리벳 작업 시 결함이 발생하는 원인은 다음과 같다.

① 리벳 건 사용이나 버킹 바 조작이 미숙해서

② 부적절한 버킹 바와 리벳 세트를 사용해서

③ 판재가 제대로 고정되지 않아서

④ 리벳에 과도한 힘을 가해서

⑤ 작업 자세가 잘못되었거나 리벳과 리벳 구멍의 크기와 각도가 정확하지 않아서

바) 용접 및 작업 후 검사

용접작업의 종류

용접(welding)은 두 재료의 접합할 부분에 열을 가해서 붙이는 작업이다. 용접작업에는 융접(fusion welding), 압접(pressure welding), 납땜(soldering)이 있다.

융접 중 용접을 하는 방법에는 가스용접, 아크용접, 아크용접의 종류인 텅스텐 불활성가스(Tungsten Inert Gas, TIG) 아크용접과 금속 불활성가스(Metal Inert Gas, MIG) 아크용접이 있다.

가스용접

가스용접은 아세틸렌과 같은 가연성 가스와 산소를 혼합한 혼합가스로 금속을 용융해서 접합하는 용접을 말한다. 산소-아세틸렌 용접을 가장 많이 사용한다. 아세틸렌은 황색통에, 산소는 녹색통에 보관한다. 산소-아세틸렌의 혼합비에 따라 불꽃의 형태가 중성불꽃, 탄화불꽃, 산화불꽃으로 나타난다. 중성불꽃은 일반적으로 사용하는 불꽃이고, 탄화불꽃은 스테인리스강, 알루미늄, 모넬 용접에 사용하고, 산화불꽃은 황동과 청동 용접에 사용한다. 그리고 용접할 때 토치와 용접봉을 어느 방향으로 움직이느냐에 따라 좌진법과 우진법으로 나눈다. 좌진법은 용접봉 소비가 적고 용

접시간이 짧지만, 변형이 크고 용접 가능한 판두께가 얇다는 단점이 있다. 우진법은 두꺼운 판재를 용접할 수 있고 용접부의 기계적 성질이 우수하다는 장점이 있지만, 용접봉 소비가 많고 시간이 오래 걸린다는 단점이 있다.

🧭 아크용접

아크용접은 전극 케이블과 연결된 용접봉을 모재에 붙였다가 바로 떼면 생기는 고온의 아크로 용접봉과 모재를 녹여서 접합하는 방법으로, 가장 널리 사용되고 있다. TIG 용접은 비소모성의 텅스텐 전극과 모재 사이에 생기는 아크열로 용접봉을 녹여서 접합하는 방법이다. MIG 용접은 텅스텐 대신 피복을 입히지 않은 금속 와이어를 토치에 자동으로 공급해서 모재와 와이어 사이에 아크를 만들고, 그 주위를 불활성가스로 이물질이 들어오지 않도록 보호하면서 용접하는 방법이다. 아크용접 시 용접속도와 전류 크기에 따라 언더컷(undercut)과 오버랩(overlap) 현상이 발생한다. 언더컷은 용접속도가 빠르고 전류가 높을 때 모재 일부가 지나치게 녹아서 오목한 부분이 생기는 것을 말한다. 오버랩은 용접속도가 느리고 전류가 낮을 때 용융된 금속이 모재와 잘 융합되지 않고 표면에 덮인 상태를 말한다.

🧭 항공기 제작에 용접보다 리벳을 사용하는 이유

항공기를 제작할 때 용접보다 리벳을 사용하는 이유는 우선 리벳작업이 용접보다 쉽고 빠르기 때문이다. 리벳작업은 구멍을 뚫고 리벳을 넣은 뒤 머리를 만들면 되지만, 용접은 상당한 기술과 숙련도가 필요하다. 또 다른 이유는 리벳작업이 용접보다 검사가 쉽기 때문이다. 리벳은 작업 후 눈으로 빠르게 검사할 수 있지만, 용접은 육안으로 작업 결과를 검사하기가 어렵다.

🧭 용접작업의 장점과 유의사항

용접작업은 작업공정을 줄일 수 있으며, 이음효율을 향상시킬 수 있다. 또, 주물의 파손부 등의 보수와 수리가 쉽고, 이종 재료의 접합이 가능하다. 그러나 열로 인하여 제품의 변형과 잔류응력이 발생할 수 있고, 품질검사가 곤란하며, 작업 안전에 유의하여야 한다.

🧭 용접작업 후 검사

용접부 검사에는 방사선 검사, 초음파 검사, 자분검사, 형광검사 등이 널리 사용되고, 용접 결함 부위 검사에는 파면검사, 마크로 조직검사, 천공검사, 음향검사와 같은 방법이 이용된다.

용접한 부위의 외관은 용접 품질 판정의 중요한 길잡이 역할을 하며, 적절한 이음용접 부위는 모재보다 더 강하다. 또한 용입의 길이는 용해의 깊이이고, 용입은 모재의 두께, 용접봉의 크기, 용접작업 등에 영향을 받는다. 맞대기 용접에서 비드의 크기는 모재 두께의 100%이어야 하고, T형 용접에서 비드 크기는 두께의 25~25%이다.

① 균열(crack): 균열은 용접부에 생기는 것과 모재의 변질부에 생기는 것이 있다. 용착금속 내에 생기는 균열은 용접부 중앙을 용접선에 따라 생기거나 용접선과 어떤 각도로 나타난다. 그리

고 모재의 변질부에 생기는 균열은 재료의 경화, 적열취성 등에서 생긴다.

② 변형 및 잔류응력: 용접할 때 모재와 용착금속은 열을 받아서 팽창하고 냉각하면 수축하여 모재가 변형되므로 용접부에 변형이 생기지 않도록 모재를 고정한다. 또한 용접하면 모재의 내부에 응력이 생기는데 이것을 구속응력이라 하고, 자유로운 상태에서도 용접에 의한 응력 이 생기는데 이것을 잔류응력이라고 한다.

③ 언더컷(under cut): 모재 용접부의 일부가 지나치게 용해되거나 녹아서 흠 또는 오목한 부분이 생기는데, 이를 언더컷이라고 한다. 용접 표면에 노치 효과를 생기게 하여 용접부의 강도가 떨어지고, 용재(slag)가 남는 경우가 많다.

[그림 1-2-11] 기본적인 이음(basic joints)

④ 오버랩(overlap): 운봉이 불량하여 용접봉의 용융점이 모재의 용융점보다 낮을 때에는 용입부 에 과잉 용착금속이 남게 되는데, 이러한 현상을 오버랩이라고 한다.

⑤ 블로홀(blow hole): 용착금속 내부에 기공이 생긴 것을 말하며, 구상 또는 원주상으로 존재한 다. 블로홀은 용착금속의 탈산이 불충분하여 응고할 때 탄산가스로 생긴 것과 수분이 함유된 용제를 사용하였을 때 수소가스 등이 발생의 원인이다.

⑥ 피시아이(fish eye): 용착금속을 인장시험이나 벤딩 시험한 시편 파단면에 0.5~3.2 mm 정도 크기의 타원형의 결함을 말한다. 기공이나 불순물로 둘러싸인 반점 형태의 결함으로, 물고 기의 눈과 같아 피시아이 또는 은점이라고 한다. 저수소 용접봉을 사용하면 이를 방지할 수 있다.

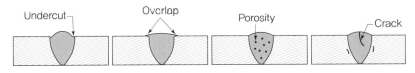

[그림 1-2-12] 용접작업 결함의 종류

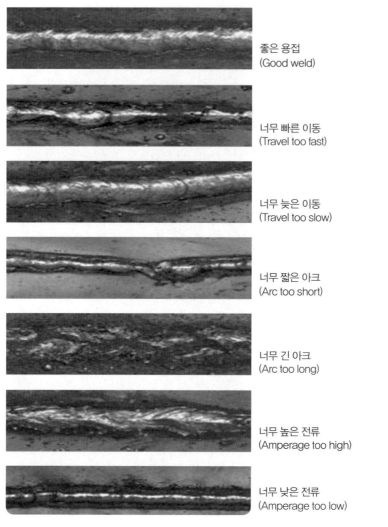

좋은 용접
(Good weld)

너무 빠른 이동
(Travel too fast)

너무 늦은 이동
(Travel too slow)

너무 짧은 아크
(Arc too short)

너무 긴 아크
(Arc too long)

너무 높은 전류
(Amperage too high)

너무 낮은 전류
(Amperage too low)

[그림 1-2-13] 양호한 스틱용접과 불량 스틱용접(examples of good and bad stick welds)

3) 판재 절단, 굽힘작업 (구술 또는 실작업 평가)

가) 패치(patch)의 재질 및 두께 선정기준

⊘ patch의 재질 및 두께 선정기준

패치(patch) 작업은 손상 부위를 판재로 덧대서 수리하는 작업이다. 판재를 덧댈 때는 리벳이나 접착제를 사용한다. 패치의 재질은 손상 부위와 같은 재질을 사용하고 원래 재질과 다를 때는 판재의 두께, 강도, 부식 영향을 고려해서 정한다. 판재 두께는 원래 두께와 같거나 한 치수 큰 것을 사용한다. 패치를 이용한 수리방법에는 패치 모양에 따라 8각 패치방법과 원형 패치방법이 있고, 작업 방법에 따라 랩(lap) 또는 스캡 패치(scab patch), 플러시 패치(flush patch)가 있다.

⊙ patch의 수리방법

① 8각 패치 수리방법: 응력의 작용 방향을 확실하게 알 때 사용한다. 응력이 집중되는 부분에 리벳을 집중적으로 배치해서 응력의 위험성을 감소시킬 수 있고, 리벳 배치가 쉽다.

② 원형 패치 수리방법: 손상 부분이 작고 응력의 방향을 모를 때 사용한다. 2열 배치방법과 3열 배치방법이 있는데, 3열 배치방법은 작업에 필요한 전체 리벳 수가 최소 리벳 피치로 배치해도 다 배치할 수 없을 정도로 많을 때 사용하는 방법이다.

③ 랩(lap) 또는 스캡 패치(scab patch) 유형의 수리방법: 패치의 가장 자리와 외판이 서로 중복되는 곳에 있는 외부 패치이다. 패치의 오버랩 부분은 외판에 리벳으로 장착된다. 랩 패치는 공기역학적인 매끄러움이 중요하지 않은 대부분의 지역에서 사용된다.

④ 플러시 패치(flush patch) 수리방법: 외판과 동일 평면인 필러(filler) 패치이다. 이 방법은 사용할 때 보강판으로 지지하고 리베팅된다. 즉, 외판의 안쪽에 교대로 리벳된다. 보강재는 내부의 공간으로 삽입되고 그것이 외판 아랫부분에 장착되도록 한다. 충전재는 원래 외판과 동일한 두께와 재료를 사용하고, 보강재는 외판보다 한 게이지 더 두꺼운 재료로 장착한다.

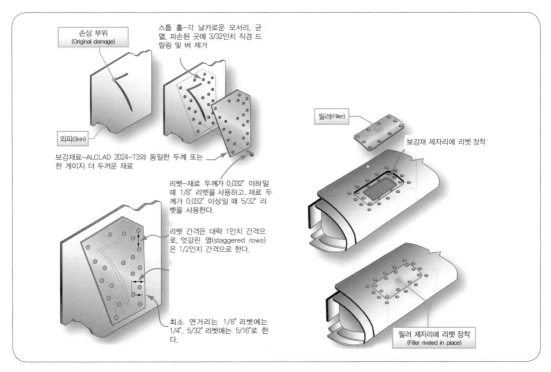

[그림 1-2-14] 랩(lap) 또는 스캡 패치(scab patch)와 플러시 패치(flush patch)

⊙ 비여압지역의 패치 설계

비여압지역에서 항공기 외판의 손상은 매끄러운 외판 표면이 필요한 곳에서 플러시 패치로, 비임계영역에서는 외부 패치로 수리할 수 있다. 첫 번째 단계는 손상을 제거하는 것이다. 원형, 타원형, 또는 직사각형으로 손상을 절단한다. 0.5 in의 최소반경으로 직사각형 판재조각의 모든 모서리를 둥글게 작업한다. 적용되는 최소 연거리는 직경의 2배이다. 그리고 리벳 간격은 대표적으로 직경의 4~6배로 한다. 재료는 손상된 외판과 동일한 재료로 하되, 손상된 외판보다 하나 더 큰 두께로 한다. 보강재의 크기는 연거리와 리벳 간격에 따른다. 삽입물은 손상된 외판과 동일한 재료와 두께로 제작한다. 리벳의 크기와 유형은 항공기에서 유사한 접합에 사용된 리벳과 동일해야 한다. 구조수리 매뉴얼은 사용하는 리벳의 크기와 유형이 어떤 것인지 명시되어 있다.

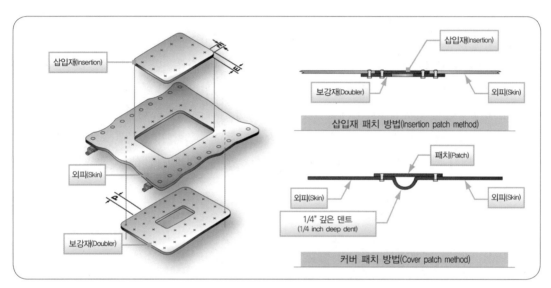

[그림 1-2-15] 비여압 지역의 패치 수리

나) 굽힘 반지름(bending radius)

⟩ 굽힘 반지름

굽힘가공(bending)은 판재를 수공구나 기계로 굽히는 작업을 말한다.

① 굽힘 반지름은 굽힌 재료의 안쪽에서 측정한 반지름을 말한다.

② 최소 굽힘 반지름은 판재를 원래 강도를 유지한 상태로 굽힐 수 있는 최소 반지름을 말한다. 최소 굽힘 반지름을 정하는 이유는 굽힘 반지름이 너무 작으면 굽히는 부분에서 응력 변형이 생겨 판재가 약해지기 때문이다.

③ 중립선(neutral line)은 판재를 구부리면 바깥쪽은 인장을 받아 늘어나고, 안쪽은 압축되어 줄어드는데, 판재를 구부려도 인장응력과 압축응력의 영향을 받지 않는 영역을 말한다.

다) 세트백(setback)과 굽힘 허용값(BA, Bending Allowance)

⟩ 세트백과 굽힘 허용값(BA)

① 세트백은 굽힘 접선에서 성형점까지의 길이다. 성형점은 판재 외형선의 연장선이 만나는 점

을 말하고, 굽힘 접선은 굽힘의 시작점과 끝점에서의 접선을 말한다.

② 굽힘 허용치는 판재를 구부릴 때 필요한 길이를 말한다.

③ 세트백과 굽힘 허용치를 구하는 공식은 다음과 같다.

$$SB = \tan \frac{\theta}{2}(R+T) \qquad\qquad BA = \frac{2\pi\left(R+\frac{1}{2}T\right)\theta}{360°}$$

여기서, R : 굽힘 반지름, T : 재료의 두께, θ : 굽힘 각도

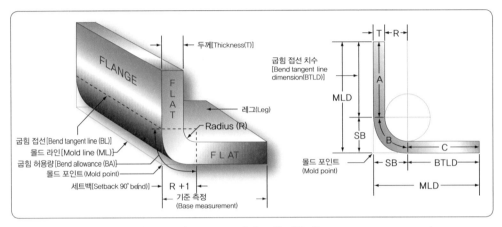

[그림 1-2-16] 세트백(SB, Setback)과 굽힘 허용치(BA, Bending Allowance)

굽힘 허용치(BA)를 구하는 이유

굽힘 허용치를 구하는 이유는 굽힘작업에 필요한 재료의 전체 길이를 계산하기 위해서이다.

U채널 도면을 참고하여 전체 길이(TDW, Total Developed Width) 구하기 (단위: in)

① 전체 길이(TDW)는 다음과 같이 구한다.

㉮ flat 1에서 SB를 구한 다음 길이 1 in에서 뺀다.

T = 0.04 in
R = 0.16 in

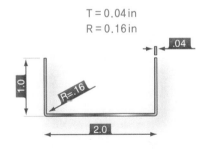

[그림 1-2-17] U채널 도면

㉯ flat 2에서 동일하게 실시한다. 단, 양면이므로 SB를 두 군데서 빼준다.

㉰ flat 3에서 flat 1과 동일하게 구한다.

㉱ 두 군데의 굽힘 허용치(BA)를 구한다.

㉲ flat 1, 2, 3의 구한 길이 값에 두 군데의 BA를 더하여 전체 길이를 구한다.

② 몰드 라인 치수(MLD, Mold Line Dimension)에서 SB를 뺀다.

㉮ flat 1 = $1.00 - 0.2 = 0.8$ in

㉯ flat 2 = $2.00 - (2 \times 0.2) = 1.6$ in

㉰ flat 3 = $1.00 - 0.2 = 0.8$ in

③ 두 군데의 굽힘 허용치(BA)를 구한다.

BA = $2 \times 3.14(0.16+0.02) \times 90/360 = 0.28$ in

④ 전체 길이(TDW)를 구한다.

TDW = flat 1+flat 2+flat 3+$(2 \times BA)$

TDW = $0.8+1.6+0.8+(2 \times 0.28)$

TDW = 3.76 in

⑤ U채널 전체 길이(TDW) = 3.76 in

4) 도면의 이해 (구술 또는 실작업 평가)

가) 3면도 작성

설계도면의 종류

도면은 설계자, 제작자, 작업자 사이에 정보를 전달하고, 저장하고, 선·기호·문자 등으로 아이디어를 구체적으로 나타내는 기능을 한다. 도면의 종류에는 상세도면(detail drawing), 조립도면(assembly drawing), 장착도면(installation drawing), 단면도(sectional view drawing)가 있다.

① 상세도면은 부품 하나를 제작하는 데 필요한 정보를 상세하게 나타낸 도면이다.

② 조립도면은 2개 이상의 부품을 결합하는 방법과 절차를 설명하는 도면이다.

③ 장착도면은 부품을 항공기에 장착하는 데 필요한 정보를 나타낸 도면이다.

④ 단면도는 물체 내부의 보이지 않는 부분을 나타내기 위해 물체를 절단한 내부의 모양을 그린 도면을 말한다.

3면도

3면도는 정면도, 평면도, 측면도를 말한다. 도면은 투영도의 수를 최소한으로 하기 위해 대상의 형상, 기능, 특징을 가장 잘 나타내는 면을 정면도로 나타낸다. 정면도만으로 나타낼 수 없을 때 필요에 따라 평면도와 측면도를 사용한다.

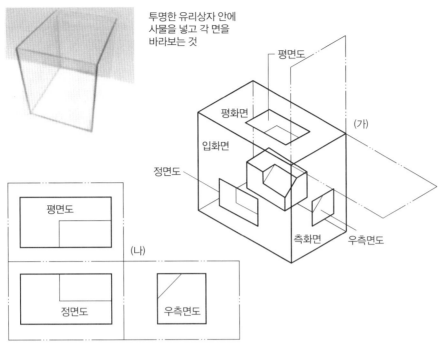

투명한 유리상자 안에
사물을 넣고 각 면을
바라보는 것

[그림 1-2-18] 3면도

나) 도면 기호 식별

⊘ 축이나 선의 대칭면을 표시하는 선의 명칭

긴 선 다음에 점선 그리고 다시 긴 선 다음에 점선이 계속 이어진 선은 중심선이다(—·—·—).

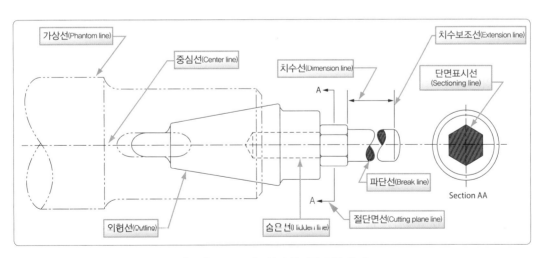

[그림 1-2-19] 선의 올바른 적용의 예

[표 1-2-4] 기하공차의 종류와 기호

작용하는 형체	기하공차의 종류		기호
단독 형체	모양공차	진직도(straightness)	—
		평면도(flatness)	▱
		진원도(circularity, roundness)	○
		원통도(cylindricity)	⌀
단독 형체 또는 관련 형체		선의 윤곽도(profile of a line)	⌒
		면의 윤곽도(profile of a surface)	⌓
관련 형체	자세공차	평행도(parallelism)	//
		직각도(perpendicularity, squareness)	⊥
		경사도(angularity)	∠
	위치공차	위치도(position)	⊕
		동심도(concentricity), 동축도(coaxiality)	◎
		대칭도(symmetry)	⩵
	흔들림공차	원주 흔들림(circular run out)	↗
		온 흔들림(total run out)	⫽

[표 1-2-5] 선의 종류와 용도

선의 명칭	표시	용도
외형선	——————	보이는 부분에 대한 물체의 형상을 나타내는 선(굵은 실선)
은선(숨은선)	– – – – –	보이지 않는 부분의 형상 표시
중심선	—·—·—·—	축이나 선에 대칭면을 표시
가는 1점쇄선	⌐	물체 내부를 여러 방향으로 절단하여 투영할 필요가 있을 때 사용
가는 2점쇄선	—··—··—	가상적인 위치나 상태 표시(물체 이동 전후의 위치, 장착 상태 등)
치수선	⇄	치수 기입을 위한 선
치수보조선	———————	치수가 표시될 부분을 연장하는 선(가는 실선)
지시선	←———	기호나 수치를 기입하기 위해 사용
투영 표시선	↓ ↓ ⊥ ⊥	물체를 원하는 방향으로 절단하여 단면을 투영하거니 보조투영을 딴 곳에 표시하기 위해 사용

[표 1-2-5] 선의 종류와 용도 (계속)

선의 명칭	표시	용도
단면표시선	////////	물체의 절단된 표면을 나타내는 선
파단선	∿∿∿	물체의 부분 생략 및 중간 생략을 위해 사용
바느질선	··············	바느질을 표시

5) 드릴 등 벤치공구 취급 (구술 또는 실작업 평가)

가) 드릴 절삭, 에지각, 선단각, 절삭속도

드릴작업(drilling)

드릴작업은 회전하는 드릴을 사용해서 판재에 구멍을 뚫는 작업을 말한다. 항공기에 드릴작업을 할 때는 일반적으로 공기 드릴(air drill)을 사용하고 적정압력은 90~100 psi이다.

① 에지각(chisel edge angle)은 치즐 에지(chisel edge)와 커팅 립(cutting lip) 사이의 각을 말한다.

② 선단각(point angle) 또는 날끝각은 드릴의 절삭날이 이루는 각도를 말한다. 재료의 종류와 두께에 따라 선단각이 다른 드릴을 사용하지만, 일반적으로 118°를 사용하고 드릴날은 고속도 강으로 만든다. 작업하는 재료에 따라 적절한 선단각을 가진 드릴을 사용해야 한다.

③ 트위스트 드릴의 직경은 분수, 문자, 숫자의 세 가지 방법 중 하나로 구분된다. 분수로 구분하는 방법은 1/16 in, 1/32 in, 1/64 in로 구분한다. 분수로 구분하는 방법보다 좀더 정밀한 방법으로 문자로 구분하는 방법이 있는데 A(0.234 in) ~ Z(0.413 in)로 구분한다. 이보다 더 정밀한 구분법은 숫자로 표기하는 방법으로 No.80(0.0314 in) ~ No.1(0.228 in)로 구분한다.

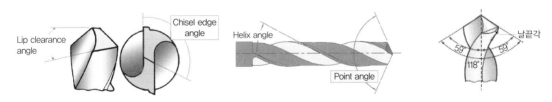

[그림 1-2-20] 에지각(chisel edge angle)과 선단각(point angle)

[표 1-2-6] 금속의 종류에 따른 선단각

금속의 종류	선단각	금속의 종류	선단각	금속의 종류	선단각
일반 재질	118°	구리 계열	118~125°	복합 재료	90~118°
강	118°	알루미늄	90°	스테인리스강	140°

금속 재질에 따른 드릴의 절삭속도

드릴의 절삭속도는 RPM으로 측정한다. 작업할 재료가 단단하거나 얇은 판은 선단각이 큰 드릴을 사용하고 절삭압력은 크게, 절삭속도는 느리게 작업한다. 재료가 연질이거나 두꺼운 판은 선단각이 작은 드릴을 선택해서 절삭압력은 작게, 절삭속도는 빠르게 작업한다.

나) 톱, 줄, 그라인더, 리머, 탭, 다이스

톱, 줄, 그라인더, 리머, 탭, 다이스

① 보통 쇠톱(saw)의 구성은 날, 틀, 손잡이로 되어 있다. 날의 양 끝에 구멍이 있어 틀에 걸 수 있게 되어 있다. 날을 틀에 끼울 때는 잇날의 끝이 앞을 향하게 한다. 날이 구부러지거나 휘청거리지 않도록 날의 장력을 조절한다. 절단작업 시 사용한다.

② 대부분의 줄(file)은 표면 경화 및 담금질 처리된 공구강으로 만든다. 줄의 tooth를 선택할 때는 작업 종류와 피가공물의 재질이 고려되어야 한다. 줄은 모서리를 직각으로 또는 둥글게 가공하거나 피가공물 burr의 제거, 구멍이나 홈을 내는 작업, 불규칙한 면을 매끄럽게 하는 작업 등에 사용한다.

③ 그라인딩(grinding)은 연삭숫돌의 고속 회전에 의한 입자의 절삭작용으로 가공하는 방법으로서 금속 표면의 정밀도를 높이는 가공이다. 연삭가공은 bite나 cutter와 같은 절삭공구에 의한 가공에 비하여 금속 제거율이 낮으나 연삭숫돌 입자의 경도가 높기 때문에 다른 절삭공구로 가공이 어려운 경화강과 같은 경질 재료의 가공이 용이하며, 생성되는 chip이 매우 작아 가공 정밀도가 높다. 연삭숫돌 입자가 무뎌져 연삭 저항이 증가하면 숫돌입자가 탈락되는 자생작용을 하므로 작업 중 재연마를 할 필요가 없어 연삭작업을 계속할 수 있다.

④ 드릴 등으로 가공된 홀(hole)은 정밀도나 가공면이 좋지 않기 때문에 처음 홀은 드릴 등으로 가공하고, 이 기본 홀에 따라 구멍의 직경을 소정의 치수로 넓힘과 동시에 홀 지름의 치수 정밀도, 표면의 조도 등을 높이는 가공을 리밍(reaming)이라고 한다. 홀을 보다 정확하게 리밍하기 위해서는 드릴 가공된 홀을 보링 엔드밀(boring endmill)로 확장한 후 리밍을 해야 하며, 절삭속도는 드릴보다 느리고 이송은 2~3배 빠르게 한다.

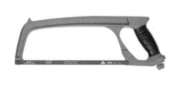 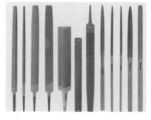 

| (a) 톱 | (b) 줄 | (c) 탁상 그라인더 |

[그림 1-2-21] 톱, 줄, 탁상 그라인더

⑤ 태핑(tapping)은 탭을 사용하여 암나사를 가공하는 것을 말한다. 탭홀(tap hole)은 나사의 골지름보다 다소 크게 뚫어야 하며, 이때 사용하는 드릴을 탭드릴(tap drill)이라고 한다. 탭을 내기 위한 홀이 너무 작으면 절삭저항이 커져 가공된 나사면이 좋지 않고 탭이 부러질 우려가 있으며, 반대로 탭홀이 너무 크면 완전한 나사산이 가공되지 않고 나사강도가 저하된다.

⑥ 다이스(dies) 작업은 다이(die)를 이용하여 수나사를 가공하는 것을 말한다.

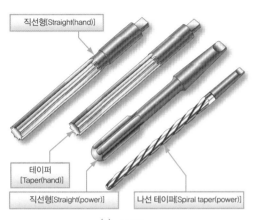

(a) reamer

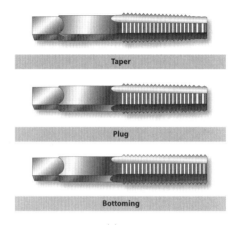

(b) taps

(c) dies

[그림 1-2-22] reamer, taps, dies

다) 공구 사용 시의 자세 및 안전수칙

⊙ 공구 사용 시의 안전수칙

① 압력을 사용하는 장비는 규정된 압력으로 사용한다.

② 동력 공구를 사용할 때는 반드시 보호장구를 착용해야 한다.

③ 드릴을 사용할 때는 장갑을 껴서는 안 된다.

④ 동력 공구를 손질할 때는 반드시 전원을 끄고 작업한다.

⑤ 작업복 주머니에 공구를 넣고 다니지 않는다.

⑥ 작업이 끝나면 분실된 공구가 없는지 확인하고 상태를 점검한 뒤 제자리에 놓는다.

나 연결작업

1) 호스, 튜브 작업 (구술 또는 실작업 평가)

가) 사이즈 및 용도 구분

✈ 항공기에 사용하는 배관

항공기에 사용하는 배관은 작동유, 연료, 압축공기와 같은 유체를 전달하는 역할을 한다. 항공기 배관작업은 호스, 튜브, 피팅 등을 성형하고 설치하는 작업을 말한다. 상대운동을 하지 않는 두 지점 사이의 배관은 튜브를 사용하고 움직이는 두 지점이나 진동이 심한 부분에는 호스를 사용한다.

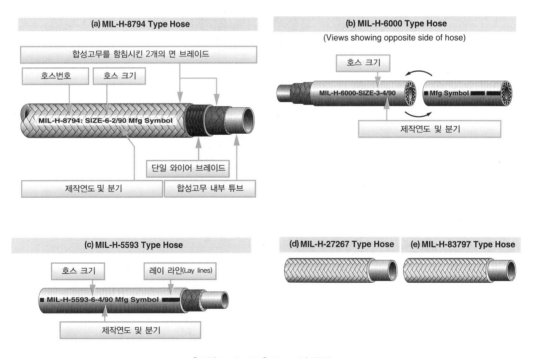

[그림 1-2-23] hose의 종류

🧭 호스의 사용처와 종류

호스는 항공기에서 움직이는 두 지점이나 진동이 심한 곳을 배관할 때 사용하며, 표면에 인쇄된 선, 문자, 숫자를 보고 식별한다. 호스 표면에는 종류와 제작사, 제작연도 및 분기, 호스가 꼬이는 것을 방지하기 위한 선(lay line)이 인쇄되어 있다. 호스의 크기는 호스의 안지름을 1/16 in 단위의 분수로 나타내며, No. 9 호스는 안지름이 9/16 in인 호스를 말한다.

호스는 사용하는 압력에 따라 저압용, 중압용, 고압용으로 나눈다.

① 저압용: 300 psi 이하

② 중압용: 1,500~3,000 psi

③ 고압용: 3,000 psi 이상

호스에 많이 사용하는 재료로는 부나-N, 네오프렌, 부틸, 테플론이 있다. 이 중에서 테플론 호스는 호스 위에 스테인리스강 철사가 감겨 있고, 사용 가능한 온도 범위가 넓으며 거의 모든 액체에 사용할 수 있다. 그리고 유체 흐름에 저항을 주지 않으며, 고무보다 부피의 변형이 적고 수명도 반영구적이다.

🧭 튜브의 사용처와 사이즈 표시

튜브는 상대운동을 하지 않는 두 지점 사이를 배관할 때 사용한다. 재질은 알루미늄합금이나 스테인리스강을 많이 사용한다. 금속 튜브의 크기는 바깥지름을 1/16 in 단위의 분수로 표시한다. 따라서 No. 6 튜브는 6/16 in 또는 3/8 in 튜브이고, No.8 튜브는 8/16 in 또는 1/2 in 튜브이다.

튜브를 장착할 때는 재질과 바깥지름뿐만 아니라 튜브의 두께를 아는 것이 매우 중요하다. 튜브의 두께는 1/1000 in 단위를 소수로 튜브 표면에 인쇄된다. 튜브의 안지름을 알기 위해서는 바깥지름으로부터 벽두께의 2배를 빼면 된다. 예를 들어, 벽두께가 0.063 in인 No.10 튜브의 안지름은 $0.625 - 2 \times 0.063 = 0.499$ in이다.

🧭 유체라인의 식별

항공기에 사용하는 모든 유체라인은 색 코드, 단어, 기하학적 부호(symbol)를 사용해서 내용물을 표시해서 식별한다. 배관에 유체라인을 식별하기 위해 1 in 크기의 테이프나 데칼(decal)을 부착한다. 테이프나 데칼을 사용할 수 없는 곳은 철제 태그를 붙이기도 하고, 엔진 흡입구로 빨려 들어갈 수 있는 라인에는 페인트로 표시하기도 한다.

🧭 알루미늄합금 튜브의 재질 식별

알루미늄합금 튜브 재질은 튜브에 표시된 식별 기호로 알 수 있다. 대형 튜브는 식별 기호를 튜브 표면에 스탬프로 표시한다. 소형 튜브는 스탬프로 표시하거나 튜브의 양 끝이나 중간에 폭이 4 in 이하인 색띠로 표시한다.

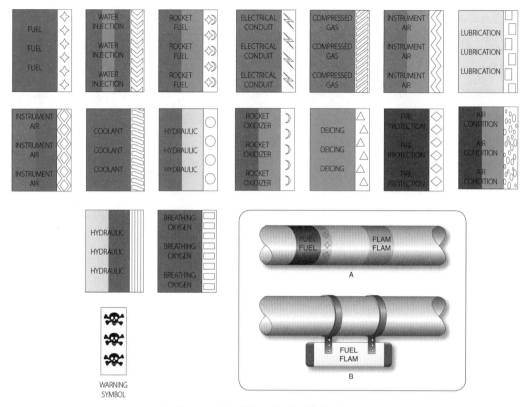

[그림 1-2-24] 항공기 유체라인 식별 코드

[표 1-2-7] 알루미늄합금 튜브 식별에 사용되는 색상 코드

알루미늄합금 번호	식별 색띠	알루미늄합금 번호	식별 색띠
1100	white	5052	purple
3003	green	6053	black
2014	gray	6061	blue and yellow
2024	red	7075	brown and yellow

나) 손상 검사방법

⊘ 튜브의 수리 기준

① 알루미늄합금 튜브는 구부러진 부분을 제외한 나머지 부분에 생긴 두께 10% 미만의 찍힘 (nick)이나 긁힘(scratch)은 수공구로 연마해서 수리할 수 있다. 10%를 넘으면 튜브를 교환 한다.

② 튜브의 구부러진 부분을 제외한 나머지 부분에 생긴 지름 20% 미만의 찌그러짐(dent)은 사용 할 수 있다. 찌그러짐을 수리할 때는 총알(bullet) 모양의 추를 케이블에 매달아서 튜브를 관통

하게 하거나 기다란 봉으로 작은 구슬을 밀어 넣어 튜브의 찌그러짐을 제거한다.

③ 매뉴얼에 따른 튜브의 손상 허용값을 초과한 튜브는 교환한다. 손상된 부분을 잘라내고 같은 재질과 크기의 튜브를 삽입해서 수리할 수도 있다.

④ 플레어에 균열이 생긴 튜브는 사용할 수 없으므로 교체한다.

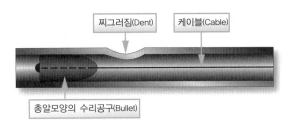

[그림 1-2-25] 불릿(bullet)을 이용한 튜브 수리절차

🧭 호스의 손상 검사방법

각각의 점검 주기에 따라서 호스와 호스 어셈블리의 기능저하 등 상태 점검을 해야 한다. 누출, 호스 안쪽면의 고무 또는 보강층의 분리, 균열, 경화, 유연성의 감소, 과도한 '저온유동(cold flow)' 등이 나타나면 기능이 저하되었다는 신호이며, 교체해야 하는 원인이 된다. 저온유동은 호스 클램프 또는 지지물의 압력에 의해 호스에 만들어진 영구적인 눌린 자국으로 알 수 있다.

스웨이지로 처리된 피팅을 포함하고 있는 연성 호스에 결함(failure)이 발생하였을 때 전체 어셈블리를 교체해야 하며, 정확한 크기와 길이의 새 호스를 확보하고 제작사에서 완성된 피팅으로 마무리한다. 재사용이 가능한 엔드 피팅을 장착한 호스에 결함이 발생하였을 때는 조립 절차를 수행하는 데 필요한 제작사에서 제공하는 적정 공구를 활용하여 교환 튜브를 조립할 수 있다.

다) 연결 피팅(fitting, union)의 종류 및 특성

🧭 피팅(fitting)의 종류

피팅은 튜브의 한쪽 끝을 다른 튜브나 계통에 연결할 때 사용하는 부품이다. 끝이 원뿔 모양인 AN 플레어 피팅과 끝이 직선인 MS 플레어리스 피팅이 있다.

튜브를 연결하는 방법에는 AN 플레어 피팅(AN flared fitting), MS 플레어리스 피팅(MS flareless fitting), 튜브 비딩(tube beading), 스웨이지 피팅(swage fitting)이 있다. 사용할 피팅의 안지름은 장착할 호스의 안지름과 같은 것을 고른다.

🧭 AN 플레어 피팅(AN flared fitting)

AN 플레어 피팅은 플레어(flare) 공구를 사용해서 튜브 끝을 일정한 각도로 벌려서 튜브를 연결하는 작업이다. 슬리브 위에 너트를 끼우고 조여서 튜브를 완전히 밀폐시킨다.

플레어 작업에는 튜브의 끝부분을 한 번만 벌려 주는 단일 플레어링(single flaring)과 끝을 이중

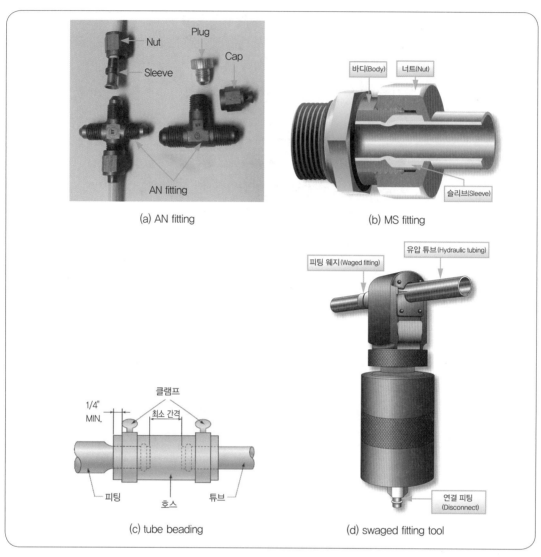

(a) AN fitting

(b) MS fitting

(c) tube beading

(d) swaged fitting tool

[그림 1-2-26] tube를 연결하는 방법

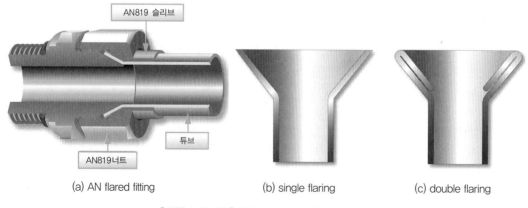

(a) AN flared fitting

(b) single flaring

(c) double flaring

[그림 1-2-27] AN flared fitting과 tube flaring

으로 벌리는 이중 플레어링(double flaring)이 있다. 이중 플레어링은 바깥지름이 3/8 in 이하의 연질 알루미늄합금 튜브에 사용한다. 이중 플레어링은 플레어가 압력에 의해 파손되거나 균열이 생기는 것을 방지하기 위해 만들고, 단일 플레어보다 기밀 효과가 크다.

⭐ MS 플레어리스 피팅(MS flareless fitting)

MS 플레어리스 피팅은 움직임과 진동이 심하고 높은 압력을 받는 3000 psi 이상의 유압계통에 주로 사용한다. 플레어링 작업을 하지 않고 플레어리스 피팅을 사용해서 튜브를 연결한다. 플레어리스 피팅을 설치하기 전에 프리세팅(presetting)이라는 작업을 해야 한다.

[그림 1-2-28] MS flareless fitting 종류와 tube 연결 사진

⭐ 튜브 비딩(tube beading)

수동 비딩 공구를 이용한 절차
(① 윤활유를 바른다. ② 바이스에 튜브를 고정한다. ③ 바이스를 회전하며 성형한다. ④ 비딩작업 완성)

[그림 1-2-29] tube beading

튜브 비딩은 호스를 튜브와 연결할 때 호스가 튜브에서 빠지지 않고 단단히 고정될 수 있도록 튜브 끝을 둥그렇게 만들어서 연결하는 방법이다. 호스를 튜브의 비드 위에 끼우고 호스 끝과 비드 사이에 클램프를 설치한 후 처음에는 손으로, 그 다음에 렌치나 플라이어로 완전히 조여 준다.

◉ 스웨이지 피팅(swage fitting)

스웨이지 피팅은 튜브를 영구적으로 연결하는 방법이다. 자주 분리하지 않는 유압계통의 튜브에 주로 사용한다. 스웨이지 피팅을 분리할 때는 튜브 커터를 사용해서 잘라낸다.

[그림 1-2-30] 퍼마스웨이지 피팅(permaswage fitting) 종류

라) 장착 시 주의사항

◉ 튜브 장착 작업 시 주의사항

① 튜브를 장착하기 전에 압력시험을 해서 정상 작동압력의 몇 배를 견딜 수 있는지 확인한다.
② 이질 금속 간 부식을 방지하기 위해 튜브의 재질과 같은 재질의 피팅을 사용한다.
③ 정확한 토크값으로 피팅을 장착해야 한다. 과도한 토크값은 튜브 어셈블리를 손상할 수 있고, 부족한 토크값은 누설(leak)을 일으킬 수 있다.
④ 튜브를 깨끗하게 청소하고 내·외부에 이물질이 없는지 확인하고 장착한다.

◉ 호스 장착 시 주의사항

① 압력이 가해지면 호스가 수축하므로 5~8%의 여유를 두고 설치한다.
② 항상 레이선(lay line)이 일직선이 되도록 장착해서 호스가 꼬이지 않도록 한다.
③ 호스가 열을 받지 않도록 고온 대비 차단판을 설치한다.
④ 진동을 방지하기 위해 60 cm 간격으로 클램프를 설치한다.
⑤ 호스가 접촉하면 마찰로 인해 파손될 수 있으므로 서로 접촉하지 않도록 설치한다.

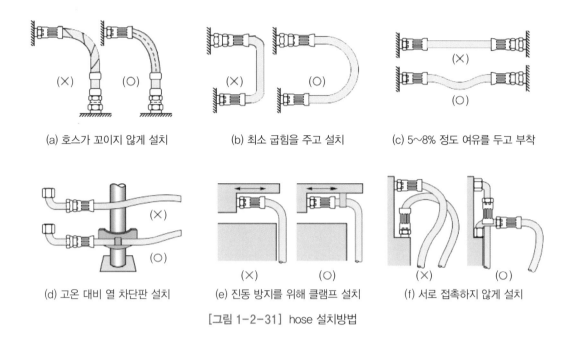

(a) 호스가 꼬이지 않게 설치 (b) 최소 굽힘을 주고 설치 (c) 5~8% 정도 여유를 두고 부착

(d) 고온 대비 열 차단판 설치 (e) 진동 방지를 위해 클램프 설치 (f) 서로 접촉하지 않게 설치

[그림 1-2-31] hose 설치방법

2) 케이블 조정작업(rigging) **(구술 또는 실작업 평가)**

가) 텐션미터(tension meter)와 라이저(riser)의 선정

➤ 케이블(cable)의 기능

케이블은 계통을 움직이기 위한 동력을 전달하는 역할을 한다. 여러 개의 철사(steel wire)를 꼬아서 만들며, 현대 항공기의 주 조종계통에 사용하는 케이블은 지름이 1/8 in 이상의 7×19 케이블이다. 케이블은 무게가 적게 나간다는 장점이 있지만, 항공기의 압축, 팽창과 온도 변화에 따른 장력 변화를 고려해야 한다.

➤ 7×19 케이블과 7×7 케이블

① 7×19 케이블은 19개의 와이어로 1개의 가닥(strand)을 만들고, 다시 7개의 가닥을 엮어서 만든다. 초가요성 케이블이라고 하고, 강도가 높고 유연성이 좋아서 1차 조종면에 사용한다.

② 7×7 케이블은 7개의 와이어로 1개의 가닥을 만들고, 7개의 가닥을 엮어서 만든다. 가요성 케이블이라고 하고, 초가요성 케이블보다 유연성은 떨어지지만 내마멸성이 좋아서 2차 조종면에 사용한다.

③ 1×19 케이블은 19개의 와이어로 1개의 가닥을 만들며, 비가요성 케이블이라고 한다. 유연성이 없어서 구조보강용 케이블로 사용한다.

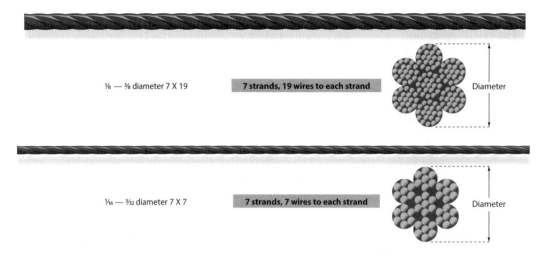

[그림 1-2-32] 조종 케이블의 종류

➤ 케이블 연결방법

케이블을 연결하는 방법에는 케이블 단자(terminal)를 사용하는 방법과 턴버클(turnbuckle)을 사용하는 방법이 있다.

케이블 단자는 케이블과 다른 부품을 연결하기 위해 사용하는 부품이다. 케이블 터미널을 이용

[표 1-2-8] 케이블 연결방법과 내용

연결방법	내 용
스웨이징 방법 (swaging method)	스웨이징 케이블 단자에 케이블을 끼워 넣고 스웨이징 공구나 장비로 압착하여 접합하는 방법으로, 케이블 강도의 100%를 유지하며 가장 많이 사용한다.
5단 엮기 방법 (5 tuck woven method)	부싱이나 딤블을 사용하여 케이블 가닥을 풀어서 엮은 다음 그 위에 와이어로 감아 씌우는 방법으로, 7×7, 7×19 가요성 케이블로써 직경이 3/32 in 이상 케이블에 사용할 수 있다. 케이블 강도의 75% 정도이다.
랩 솔더 방법 (wrap solder method) ▲ 납땜이용법	케이블 부싱이나 딤블 위로 구부려 돌린 다음 와이어를 감아 스테아르산의 땜납 용액에 담아 케이블 사이에 스며들게 하는 방법으로, 케이블 지름이 3/32인치 이하의 가요성 케이블이나 1×19 케이블에 적용한다. 케이블 강도가 90%이고, 주의사항은 고온부분에는 사용을 금지한다.
니코프레스 방법 (nicopress method)	케이블 주위에 구리로 된 슬리브를 특수공구로 압착하여 케이블을 조립하는 방법으로, 케이블을 슬리브에 관통시킨 후 심빌을 감고, 그 끝을 다시 슬리브에 관통시킨 다음 압착한다. 케이블의 원래 강도를 보장한다.

해서 케이블을 연결하는 방법에는 스웨이징(swaging), 5단 엮기, 납땜이음(wrap soldering), 니코프레스(nicopress)가 있다.

① 스웨이징 방법은 케이블 터미널에 케이블을 끼우고 압착해서 조립하는 방법이다. 대부분의 항공기 조종 케이블에 사용하는 방법으로, 원래 강도의 100%를 보장한다.

② 5단 엮기 방법은 케이블을 손으로 엮어서 연결하는 방법으로, 원래 강도의 75%를 보장한다.

③ 납땜이음방법은 땜납(solder)을 케이블 사이에 스며들게 하는 방법으로, 원래 강도의 90%를 보장하지만 고온이 발생하는 부분에 사용할 수 없다.

④ 니코프레스 방법은 구리로 된 니코프레스 슬리브(sleeve)를 특수 공구로 압착해서 조립하는 방법이다. 케이블의 원래 강도의 100%를 보장한다.

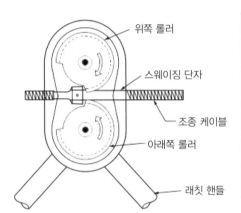

볼 이중 생크 단자	볼 단일 생크 단자
MS 20663C	MS 20664C
긴 나사의 스터드 단자	짧은 나사의 스터드 단자
MS 21259	MS 21260
포크 단자	아이 단자
MS 20667	MS 20668

[그림 1-2-33] cable swaging 기계와 cable terminal(fitting) 종류

⌁ 턴버클(turnbuckle)

턴버클은 케이블을 연결하고 장력을 조절할 때 사용하는 부품으로, 배럴(barrel)과 양 끝에 오른나사와 왼나사로 된 2개의 턴버클 단자(terminal)로 구성된다. 턴버클은 배럴을 돌려서 케이블의 장력을 조절할 수 있다. 턴버클을 케이블과 체결하고 나서 턴버클 단자의 나사산이 턴버클 배럴 밖으로 3개 이상 나오지 않았는지 확인한다. 그리고 배럴과 터미널의 풀림을 방지하기 위해 턴버클 안전결선 작업을 하거나 고정 클립을 사용해야 한다.

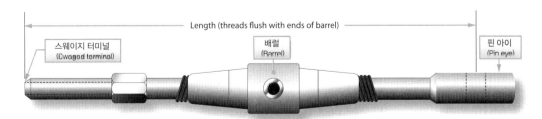

[그림 1-2-34] turnbuckle barrel

[그림 1-2-35] 점검구(inspection hole)

🧭 턴버클 안전 고정 작업

턴버클 안전 고정 작업은 케이블 장력 측정기(cable tension meter)로 케이블의 장력을 조절한 다음 장력을 유지하고 배럴과 터미널이 풀리는 것을 방지하기 위해 하는 작업이다. 턴버클 안전 고정 작업방법에는 안전결선방법과 고정 클립(locking clip)을 사용하는 방법이 있다.

① 와이어를 사용한 턴버클 안전결선은 일반적으로 케이블의 지름이 1/8 in 이하일 경우는 단선식(single wrap method)을, 1/8 in 이상일 경우에는 복선식(double wrap method)을 사용한다. 턴버클에서 검사할 사항은 검사구멍(inspection hole)이 있는 턴버클은 구멍으로 나사산이 보이는지 확인하고, 안전결선 작업 마무리 시 와이어를 최소 4회 이상 감았는지를 확인한다.

② 고정 클립은 턴버클 배럴과 턴버클 단자에 클립을 넣을 수 있는 홈이 있을 때 사용한다. 작업이 빠르다는 장점이 있지만, 클립에 변형이 생기지 않도록 손으로 작업해야 한다. 고정 클립 방법의 검사는 클립을 어긋나는 방향으로 잡아당겼을 때 어긋나지 않는지를 검사한다.

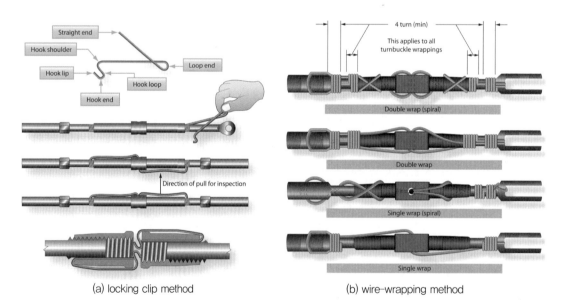

(a) locking clip method (b) wire-wrapping method

[그림 1-2-36] locking clip & cable safety wire

cable과 push-pull rod의 차이점

케이블과 푸시-풀 로드(push-pull rod)는 둘 다 조종계통에 힘을 전달하는 역할을 하지만, 전달하는 매개체가 다르다는 차이가 있다. 케이블과 푸시풀 로드의 특징은 다음과 같다.

[표 1-2-9] cable과 push-pull rod 비교

cable		push-pull rod	
장 점	단 점	장 점	단 점
가볍다.	마찰이 크다.	마찰이 작다.	무겁다.
느슨함이 없다.	늘어날 수 있다.	늘어나지 않는다.	관성력이 크다.
방향전환이 자유롭다.	마모가 많다.		느슨함이 있다.
저렴하다.	공간이 필요하다.		가격이 비싸다.

항공기 조종계통 케이블의 장력을 측정하는 공구

텐션 미터(tension meter)는 케이블의 장력을 측정할 때 사용하는 공구이다. T-5형과 C-8형을 주로 사용하는데, T-5형은 케이블의 장력만 측정할 수 있지만, C-8형은 케이블의 장력과 지름도 측정할 수 있다는 차이가 있다. 케이블의 장력은 케이블을 앤빌(anvil)과 라이저(riser) 사이에 놓고 편차(offset)를 주는 데 필요한 힘의 크기를 측정해서 알 수 있다. 라이저 선정은 케이블의 지름을 측정해서 지름에 따라 라이저를 선택한다.

T-5 텐션 미터를 사용한 장력 측정절차

① 케이블 지름 게이지에 장력을 측정할 케이블을 밀어 넣어 케이블 지름을 측정한 다음, 도표를 보고 지름에 알맞은 라이저를 선택해서 장력계에 끼운다.
② T-5 장력계의 트리거(trigger)를 내리고 케이블을 2개의 앤빌(anvil) 사이에 넣는다.
③ 트리거를 위로 올려서 라이저(riser)를 올려 케이블을 조인다.
④ 케이블이 라이저와 앤빌 사이에서 밀착되면서 지시 바늘이 돌아가 눈금을 지시한다.
⑤ 포인터 락을 눌러서 눈금을 고정한 다음 트리거를 내려서 케이블을 빼내고 지시값을 읽는다.
⑥ T-5 장력계는 눈금을 읽을 때 [그림 1-2-37]과 같은 환산표를 참고해서 눈금을 환산한다.

측정 예 | 케이블 지름이 5/32 in인 케이블의 장력을 측정할 때는 No. 2 라이저를 사용해서 측정한다. 측정한 값의 눈금이 30이 나왔다면 환산표에서 30의 왼쪽에 있는 숫자 70 lbs가 실제 장력을 나타낸다.

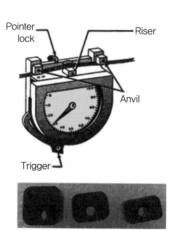

			SAMPLE ONLY			Example
NO. 1			RISER	NO. 2		NO. 3
Dia. 1/16	3/32	1/8	Tension lb.	5/32	3/16	7/32 1/4
12	16	21	30	12	20	
19	23	29	40	17	26	
25	30	36	50	22	32	
31	36	43	60	26	37	
36	42	50	70	30	42	
41	48	57	80	34	47	
46	54	63	90	38	52	
51	60	69	100	42	56	
			110	46	60	
			120	50	64	

[그림 1-2-37] T-5 tension meter와 riser NO별 tension 환산표 예

✈ C-8형 텐션 미터를 사용한 장력 측정절차

① C-8형 장력계는 T-5계와 달리 장력계로 케이블 지름을 측정할 수 있다.

② 측정기의 손잡이를 아래로 내리고 고정장치로 고정한다.

③ 케이블 지름 지시계를 반시계방향으로 멈출 때까지 돌린다.

④ 손잡이를 약간 눌렀다가 천천히 놓아서 케이블을 장력 측정기에다 물린다.

⑤ 손잡이를 다시 눌러 고정하고 케이블 지름 지시계에 표시된 지름을 읽는다.

⑥ 지시계를 돌려서 측정하려는 지름의 눈금이 0점에 오도록 조절한다.

⑦ 케이블을 앤빌에 물리고 손잡이를 풀어서 눈금을 읽는다.

⑧ 측정값을 읽기 어려우면 눈금 고정단추를 누르고 장력계를 케이블에서 분리해서 읽는다.

⑨ 정확한 측정값을 얻기 위하여 3회 정도 측정한다.

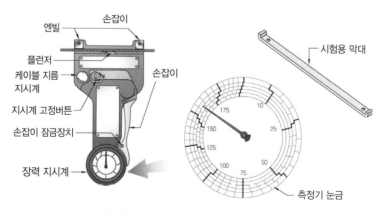

[그림 1-2-38] C-8 tension meter

◈ 텐션 미터 사용 시 주의사항

① 사용 전에 검사합격표찰(label)이 붙어 있는지, 유효기간이 사용 가능 날짜 안에 있는지 확인
한다.
② 장력계의 지침과 눈금이 정확히 '0'에 일치하는지 확인한다.
③ 턴버클, 터미널과 같은 케이블 연결기구에서 6 in 이상 떨어진 곳에서 측정한다.
④ 정확도를 위해 3~5회 측정한 뒤 평균값을 계산한다.

나) 온도 보정표에 의한 보정

◈ 온도 변화에 따른 장력을 보정할 때 사용하는 도표

온도 보정표는 온도 변화에 따른 장력을 보정할 때 사용하는 도표이다. 케이블 장력 조절작업을
할 때 작업장의 온도가 매뉴얼에 지시된 온도와 다르기 때문에 온도 보정표에 따라 보정을 해야 한
다. 이 도표를 사용하려면 조절하려는 케이블의 사이즈와 외기 온도를 알아야 한다.

◈ 케이블 장력 조절 시 온도 보정표를 사용하는 이유

온도 보정표에서 온도와 장력의 관계는 단순한 일차함수가 아닌 지수함수 형태의 그래프로, 온
도와 장력의 일대일 관계가 아닌 여러 변수를 고려해야 한다. 온도 변화에 따른 장력을 조절할 때
고려할 변수는 외기 온도, 케이블의 지름, 온도에 따른 케이블의 열팽창, 항공기 동체의 열팽창에

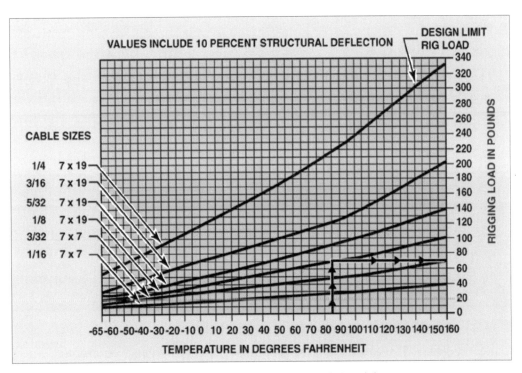

[그림 1-2-39] 온도 변화에 따른 케이블 장력 조절값 도표

따른 케이블 장력 변화 등이 있다. 케이블 장력을 조절할 때 이러한 변수를 모두 수식에 대입해서 계산하는 것은 복잡하기 때문에 미리 온도 보정표를 만들어서 이에 따라 장력을 조절한다. 각 항공기별 온도 보정표는 제작사에서 발행한 매뉴얼을 참고한다.

> 위 온도 보정표에 의하면 외기 온도가 85°F일 때 cable size 1/8 in의 tension은 약 70 lbs로 조절한다는 것을 의미한다.

⊙ 온도에 따른 케이블의 장력 변화

항공기 동체에 사용하는 알루미늄합금은 강철 재질의 케이블보다 열팽창계수가 크다. 여름에는 알루미늄합금으로 된 동체가 강철로 만든 케이블보다 더 팽창해서 케이블이 당겨져서 장력이 높아지고, 겨울에는 알루미늄합금으로 된 동체가 강철로 만든 케이블보다 더 많이 수축해서 케이블이 늘어지고, 장력이 감소한다.

다) 리깅 후 점검

⊙ 리그 작업절차

리깅(rigging)이란 조종사가 입력한 값만큼 계통이 움직이도록 조절하는 작업을 말한다. 조종계통에서는 조종장치를 움직였을 때 조종면이 규정된 각도만큼 움직이도록 조종면과 케이블 장력을 조절하는 작업을 말한다. 조종계통의 리그 작업은 매뉴얼의 지시에 따라 수행하는데, 기본적인 방법은 다음과 같다.

① 조종실의 조종장치와 벨크랭크, 조종면을 중립 위치에 고정한다. 중립 위치에 정확하게 위치시키기 위한 공구가 리그핀(rig pin)이다. 리그핀을 각 항공기별로 정해진 위치에 장착하면 조종장치와 각 비행조종계통의 구성품이 중립에 위치한다.

② 방향키, 승강키, 도움날개를 중립 위치 상태에서 케이블의 장력을 조절한다.

③ 조종면의 작동을 주어진 범위 내로 제한하기 위해 스토퍼(stopper)를 조절한다.

> 스토퍼는 1차 조종면의 운동 범위를 제한하는 장치로, 조종면과 조종장치에 있다.

④ 리그 작업이 끝나면 중립점에서 양방향으로 조종장치와 조종면의 작동 범위를 아래와 같이 점검한다.

    ㉠ 조종장치와 조종면의 작동 범위를 중립점에서 양방향으로 점검한다. 조종면의 작동 범위를 점검할 때는 손으로 조종면을 움직이지 않고 조종실에서 조종장치로 움직여서 점검한다. 조종면을 점검할 때는 경사계와 각도기를 사용한다.

    ㉡ 조종장치가 각 스토퍼에 닿았을 때 케이블 등이 작동 한계에 닿았는지 확인한다.

    ㉢ 조종계통의 정렬(alignment)과 조절이 올바르게 되었을 때는 리그 핀을 쉽게 빼낼 수 있다.

리그 핀이 조절용 구멍에서 잘 움직이지 않으면 케이블 장력과 조종면 조절을 잘못한 것이다.

리그 핀은 풀리(pulley), 레버(lever), 벨크랭크(bellcrank)를 중립 위치에 고정할 때 사용하는 핀이다.

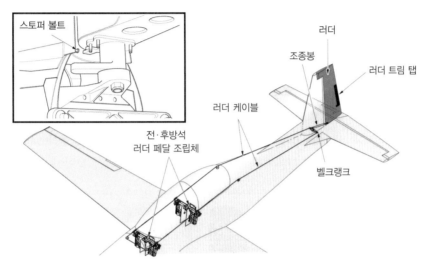

[그림 1-2-40] rudder control cable과 stop bolt

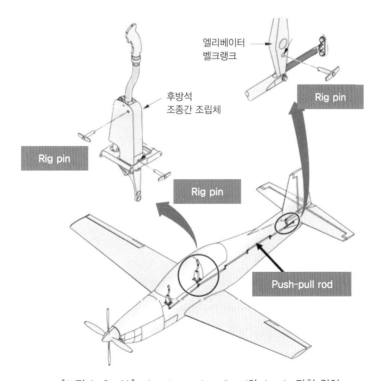

[그림 1-2-41] elevator push-pull rod와 rig pin 장착 위치

🔅 리그 작업 후 점검해야 할 사항

① 푸시-풀 로드의 끝(rod end)에 있는 검사구멍에 핀이 들어가지 않는지 확인한다.

② 턴버클 단자의 나사산이 턴버클 배럴 밖으로 3개 이상 나오지 않았는지 확인한다.

③ 턴버클 안전결선(safety wire)의 와이어가 4회 이상 감겨 있는지 확인한다.

④ 케이블 안내 기구의 2 in 범위 안에 케이블 연결기구나 접합기구가 없도록 한다.

🔅 리그 작업을 하는 시기

리그 작업은 해당 항공기 정기점검 매뉴얼에 지정된 시기에 실시한다. 불시점검으로 케이블 조종계통을 사용하는 항공기에서 비행 중 조종계통의 작동결함으로 조종사가 요청할 때 할 수도 있다.

[그림 1-2-42]는 경항공기의 elevator rigging 장면으로, 조종장치가 중립위치에서 elevator의 중립위치와 상하 작동 범위가 규정값 내에 있는지를 각도기를 사용하여 확인하는 작업이다.

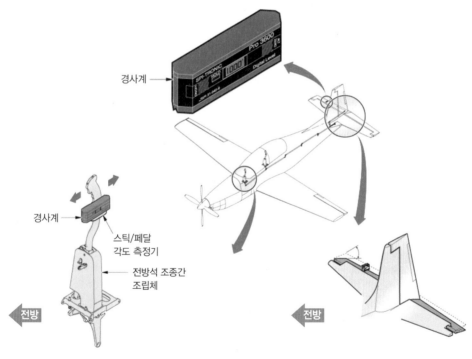

[그림 1-2-42] elevator rigging

🔅 리깅과 트림의 차이

리깅(rigging)이란 조종사가 조종치를 조작한 만큼 비행 조종면 등이 위치하도록 조절하는 작업을 말한다.

트림(trim)은 리깅 중 각 부위의 위치가 맞지 않을 때 미세하게 조절하는 것을 말한다.

■ 사. 발동기계통, 2) 가스터빈엔진, 마) 연료계통 기능(점검, 고장탐구 등) 항목 참고

라) 케이블 손상의 종류와 검사방법

◈ 와이어 손상의 종류와 교환기준

케이블 손상은 케이블을 깨끗한 천으로 문지르거나 케이블을 구부려서 확인할 수 있다. 케이블을 검사할 때 확대경을 사용해서 미세한 부분을 검사할 수도 있다. 케이블 손상의 종류에는 와이어 절단(wire cut), 마모(wear), 부식(corrosion), 킹크 케이블(kinked cable), 버드 케이지(bird cage)가 있다.

① 와이어 절단은 케이블을 깨끗한 천으로 문질러서 끊어진 가닥을 찾고, 끊어진 와이어 수에 따라 케이블을 교환한다. 7×7 케이블은 1 in당 3가닥 절단 시 교환하고 7×19 케이블은 1 in당 6가닥 절단 시 교환한다. 와이어 절단은 케이블이 페어 리드(fair lead)와 풀리(pulley)를 지나가는 부분에 발생하기 쉽다.

㉮ 조종 케이블이 위험구역(critical area)을 지나는 부분은 와이어가 한 가닥만 절단되어도 케이블을 교환해야 한다. 위험구역이란 풀리, 페어리드, 턴버클, 터미널에서 1 ft 이내인 부분과 다른 부품과 마찰되기 쉬운 부분을 말한다. 그 외에 기타 구역은 3가닥 이상 절단되면 케이블을 교환한다. 이때 3가닥 이내일 때에는 정비 기록부에 기록하고 계속 관찰해야 한다.

㉯ 풀리, 롤러(roller), 드럼(drum) 주위에서 와이어 절단이 발견되면 케이블을 교환해야 한다. 페어리드나 압력 실(pressure seal)이 통과하는 곳에서 발견되면 케이블을 교환하고 페어리드와 압력 실의 손상 여부도 검사해야 한다.

㉰ 압력 실은 케이블이 벌크헤드(pressure bulkhead)를 통과하는 곳에 장착되어 여압실의 공기가 누설되어 여압실의 압력 감소를 막는 실(seal)이다.

[그림 1-2-43] cable 검사방법

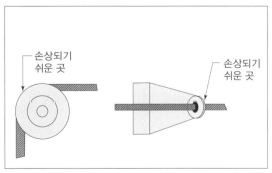

[그림 1-2-44] cable critical area

② 마모에는 외부 마모와 내부 마모가 있다. 바깥쪽 와이어가 40~50% 이상 마모된 것이 7×7 케이블은 6개 이상, 7×19 케이블은 12개 이상이면 케이블을 교환한다. 내부 마모는 케이블의 꼬인 와이어를 풀어서 찾아낼 수 있다.

③ 부식은 케이블을 구부려 보거나 조금 비틀어서 내부 와이어의 부식 상태를 검사한다. 내부 부식이 있으면 케이블을 교환하고, 외부 부식은 깨끗한 천에 솔벤트를 적셔서 부식을 제거한 다음 마른 천으로 솔벤트를 제거하고 방식처리한다.

④ 킹크 케이블(kink cable)은 와이어나 가닥이 굽어져 영구적으로 변형된 상태를 말한다. 킹크 케이블이 발생한 케이블은 교환한다.

⑤ 버드 케이지(bird cage)는 와이어가 새장처럼 부푼 상태를 말한다. 케이블의 저장상태가 바르지 않을 때 발생한다. 버드 케이지가 생긴 케이블은 폐기한다.

[그림 1-2-45] kink cable

[그림 1-2-46] bird cage

➤ 케이블 피닝(peening)

케이블이 페어리드 등에 반복적으로 부딪치면 그 부분이 두드려져 '피닝(peening)'과 같은 효과가 생긴다. 피닝이 반복되면 케이블이 부딪치는 곳이 마모되어 케이블이 부분적으로 경화되고 피로가 쌓인다. 피닝이 생긴 곳이 구부러지면 와이어가 평소보다 빨리 끊어진다.

➤ 케이블 세척방법

① 고착되지 않은 녹, 먼지 등은 마른 수건으로 닦아낸다.

② 케이블의 표면에 고착된 녹이나 먼지는 #300~#400 정도의 미세한 사포(sand paper)로 제거한다.

③ 케이블의 표면에 고착된 오래된 윤활유는 케로신을 적신 깨끗한 수건으로 닦는다. 이때 케로신을 너무 많이 사용하면 케이블 내부의 윤활유가 스며 나와 부식의 원인이 될 수 있다.

④ 세척을 마치고 깨끗한 헝겊으로 닦고 케이블 상태를 검사한 후 바로 부식방지처리를 한다.

3) 안전결선(safety wire) 사용 작업 **(구술 또는 실작업 평가)**

가) 사용 목적, 종류

✈ 안전결선(safety wire)

안전결선은 운항 중에 발생하는 진동으로 인해 볼트나 너트가 풀리는 것을 방지하기 위해 고정하는 작업이다. 안전결선의 종류에는 부품을 나사가 조이는 방향으로 당겨서 확실하게 고정하는 고정 와이어(lock wire) 방법과 비상장치 오작동을 막고 필요할 때 끊어서 사용할 수 있도록 하는 전단 와이어(shear wire) 방법이 있다. 그리고 안전결선을 하는 방법에 따라 단선식(single wire method)과 복선식(double wire method)으로 구분할 수 있다.

✈ 안전 고정 작업

안전 고정 작업은 항공기에 체결된 부품들이 운항 중에 생기는 진동으로 인해 풀리는 것을 방지하기 위한 작업이다. 안전 고정 작업을 할 때는 락킹 디바이스를 사용한다.

✈ 락킹 디바이스의 종류

락킹 디바이스(locking device)란 부품을 체결된 상태로 유지하기 위해 사용하는 잠금장치를 말한다. 종류에는 안전결선(safety wire), 코터핀(cotter pin), 자동 고정 너트(self locking nut), 고정 와셔(lock washer), 고정 클립(locking clip) 등이 있다.

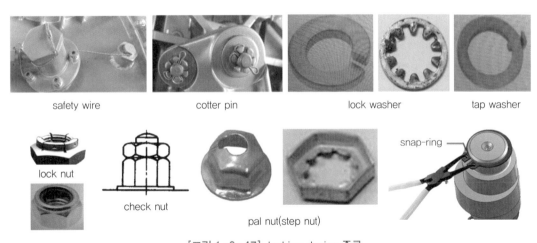

[그림 1-2-47] locking device 종류

나) 안전결선 장착 작업(볼트 혹은 너트)

✈ 안전결선 작업 시 주의사항

① 한 번 사용한 와이어(wire)는 재사용하지 않는다.

② 와이어의 지름이 0.032~0.040 in이면 1 in당 6~8회 정도 꼬아 준다.

③ 와이어는 팽팽하게 꼬아 주고, 작업 시 피막에 손상을 입히지 않는다.

④ 응력이 집중되어 끊어질 수 있으므로 시작점을 과도하게 꼬거나 당기지 않는다.

⑤ 와이어를 자를 때에는 와이어 끝부분을 잡고 직각으로 잘라서 부상을 방지한다.

⑥ 작업 후 부스러기 처리를 확실하게 처리해서 FOD를 방지한다.

⑦ 구멍을 이상적인 위치에 놓으려고 부품을 규정 토크값보다 많이 조이거나 덜 조여서는 안 된다.

다) single wrap과 double wrap 방법 구분

◉ 안전결선(safety wire) 작업절차

① 안전결선 작업 시 사용하는 와이어 지름은 매뉴얼에서 정한 조건을 만족하는 것을 선택한다.

   ㉮ 복선식 안전결선 작업 시 와이어의 지름은 볼트 머리 구멍 지름의 75% 정도 되는 것을 선택한다. 부품 구멍의 지름이 0.045 in 이상이면 지름이 0.032(0.045×0.75≒0.034) in(#32) 와이어를 사용하고, 0.045 in 이하면 0.020 in(#20) 와이어를 사용한다.

   ㉯ 단선식 안전결선은 사용할 수 있는 가장 큰 지름의 와이어를 사용한다.

   ㉰ 비상장치에 사용하는 전단 와이어는 지름 0.020 in 구리-카드뮴을 도금한 와이어를 사용한다.

   ㉱ 고온의 엔진 부위에는 안전결선 재료로 인코넬(Ni-Cr-Fe 합금)을 사용한다.

② 구멍의 위치는 수직선에 대해 왼쪽으로 45° 기울어진 위치가 이상적이다. 이 위치에서는 항상 2개의 부품을 죄는 방향으로 힘이 작용하기 때문에 부품을 확실하게 고정할 수 있다. 실제 작업에서는 규정된 토크값 범위 내에서 구멍이 적당한 위치에 오도록 조절한 뒤에도 구멍 위치가 안 맞으면 와셔를 사용하거나 볼트를 교환해서 구멍 위치를 맞출 수 있다.

③ 안전결선의 끝마무리로 1/4~1/2 in 길이에 3~6번 꼬임으로 된 피그테일(pigtail)을 만든다.

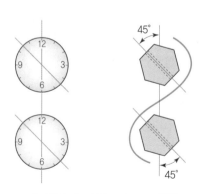

[그림 1-2-48] bolt hole 위치

[그림 1-2-49] double wrap과 single wrap safety wire

4) 토크(torque) 작업 (구술 또는 실작업 평가)

가) 토크의 확인 목적 및 확인 시 주의사항

⦿ torque wrench 작업

토크(torque)는 비틀림 모멘트로, 물체를 회전축을 중심으로 돌리는 회전력을 말하고 단위는 [in·lbs], [N·m]이다. 토크작업은 볼트와 너트를 체결할 때 매뉴얼에 명시된 토크값으로 조이는 작업을 말한다. 규정된 토크값을 주는 이유는 구조물 전체에 하중을 안전하게 분포시켜서 피로로 인한 파손 가능성을 최소로 만들기 위해서이다. 조인 토크값이 기준 토크값보다 크면 볼트, 너트에 큰 하중이 걸려 나사가 손상되거나 볼트가 절단될 수 있고, 작으면 마모나 피로(fatigue)가 촉진되고 체결이 풀릴 수 있다. 토크작업을 할 때 처음에는 목표 토크값의 80% 정도로 조이고 나서 목표 토크값으로 조인다.

⦿ 1 in·pound를 newton·meter로 환산

1 in·lbs는 0.11298 N·m와 같다. (1 in·lbs = 1 in·lbs × 0.11298 = 0.11298 N·m)

1 N·m는 8.85075 in·lbs와 같다. (1 N·m = 1 N·m × 8.85075 = 8.85075 in·lbs)

⦿ 토크 변환(torque conversion)

토크값을 다른 단위와 다른 선형 측정 및 무게 시스템으로 변환하는 경우가 있다. 이러한 변환을 얻기 위해 표에 표시된 곱셈계수를 적용할 수 있다.

[표 1-2-10] 토크 변환(torque conversion)

unit	multiplied by	equals
ounce(AV)-inches	720.09	gram-millimeters
gram-millimeters	0.0013887	ounce(AV)-inches
inch-pounds(AV)	0.0115214	kilogram-meter
kilogram-meters	86.7947	inch-pound(AV)
foot-pounds(AV)	0.138257	kilogram-meters
kilogram-meters	7.23289	foot-pounds(AV)
inch-pounds(AV)	16	inch-ounces(AV)
inch-ounces(AV)	0.0625	inch-pounds(AV)
foot-pounds(AV)	12	inch-pounds(AV)

NOTE: Avoirdupois(AV)는 무게이다. 16온스는 1파운드와 같다.

⦿ 토크의 종류

① dry torque는 매뉴얼에 표시된 기본적인 토크값으로, 나사산에 윤활유를 바르지 않고 주는 토크값이다. wet torque는 윤활유를 바른 상태에서 주는 토크값이다.

② run on torque는 자동 고정 너트를 나사산이 보일 때까지 체결했을 때의 토크값이다.

③ driving torque는 자동 고정 너트가 볼트의 나사산을 타고 돌아갈 때 요구되는 토크값이다.

④ break-away torque는 자동 고정 너트를 조인 상태에서 다시 풀 때 요구되는 토크값이다.

🏹 토크렌치의 종류와 사용법

토크렌치는 볼트와 너트를 정해진 토크값에 맞춰서 조이기 위해 사용하는 공구이다. 토크렌치의 종류는 지시식과 고정식으로 나눌 수 있다. 지시식은 토크값을 다이얼로 지시하는 방식이고, 고정식은 설정한 토크값을 소리로 알려 주는 방식이다. 지시식 토크렌치의 종류로 디플렉팅 빔 토크렌치(deflecting beam torque wrench), 리지드 프레임 토크렌치(rigid frame torque wrench)가 있고, 고정식 토크렌치에는 오디블 인디케이팅 토크렌치(audible indicating torque wrench), 프리셋 토크 드라이버(preset torque driver)가 있다. 각 토크렌치의 특징과 사용법은 다음과 같다.

① 디플렉팅 빔 토크렌치는 빔식 토크렌치(beam type torque wrench)라고도 한다. 토크를 걸면 레버가 휘어져서 지시 바늘의 끝이 토크값을 지시한다. 사용법은 다음과 같다.

㉮ 해당 볼트나 너트에 맞는 치수의 소켓을 장착한다.

㉯ 토크렌치를 서서히 당기면서 목표 토크값까지 조인다.

② 리지드 프레임 토크렌치는 다이얼식 토크렌치(dial type torque wrench)라고도 한다. 힘을 주면 다이얼에 토크값이 지시된다. 사용법은 다음과 같다.

㉮ 지시계 테두리를 손으로 돌려 기준 바늘을 사용 단위의 0점에 일치시킨다.

㉯ 지시 바늘을 돌려서 2개의 바늘을 0점에 일치시킨다.

㉰ 토크값까지 조이고 나서 떼면 지시 바늘은 토크값을 지시하고, 기준 바늘은 0점으로 돌아온다.

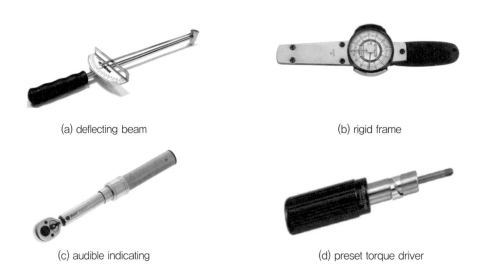

(a) deflecting beam

(b) rigid frame

(c) audible indicating

(d) preset torque driver

[그림 1-2-50] 토크렌치의 종류

③ 오디블 인디케이팅 토크렌치는 제한식 토크렌치(limit type torque wrench)라고도 한다. 규정된 토크값이 걸리면 소리로 알려준다. 사용법은 다음과 같다.

㉮ 해당 볼트나 너트에 맞는 치수의 소켓을 장착한다.

㉯ 손잡이 부분의 토크값을 세팅한다.

㉰ 토크값이 걸리는 소리가 나면 토크작업을 마친다. 작업이 끝나면 '0' 세팅을 한 뒤에 보관한다.

④ 프리셋 토크 드라이버는 작은 볼트와 너트, 스크루 등에 사용하며, 구조와 작동방법은 오디블 인디케이팅 토크렌치와 같다.

토크작업 시 주의사항

① 사용 전에 검·교정 일자(calibration date)를 확인하고, 영점이 조절되어 있는지 확인한다.

② 토크렌치 사용이 끝나면 부하를 받지 않는 위치까지 풀어서 스프링이 손상되지 않도록 한다.

③ 토크값은 정해진 범위(range) 안에서 맞춰야 한다.

④ 안전결선 또는 코터핀 작업을 하기 위해 토크값 범위를 넘어서 조여서는 안 된다.

⑤ 도면에서 볼트 쪽 토크를 명시하거나 너트에 줄 수 없을 때 외엔 너트 쪽에 토크를 준다.

⑥ 토크작업 시 매뉴얼에 별도의 지시가 없으면 윤활유를 사용하지 않는다.

⑦ 토크작업을 할 때는 바른 자세로 천천히 힘을 가해서 작업해야 한다.

⑧ 손의 위치가 잘못되면 토크가 부정확해진다. 항상 지정된 손잡이에 힘을 가한다.

토크작업 순서

해당 작업지시서 또는 Maintenance Manual에 특별히 제시되어 있지 않다면 일반적인 토크작업 순서는 다음 그림과 같다.

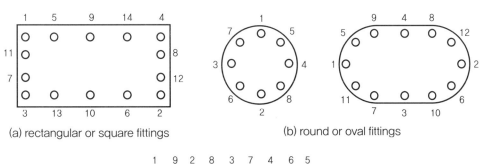

(a) rectangular or square fittings　　　(b) round or oval fittings

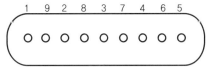

(c) straight fittings

[그림 1-2-51] 토크작업 순서

➤ 토크렌치(torque wrench)의 사용 가능 범위

토크렌치의 사용 가능 범위는 특별하게 지시하지 않는 한 풀 스케일(full scale)값의 20~100%이다.

> [예] 최저 토크값이 10이고 최고 토크값이 200인 토크렌치는 용량이 200인 것으로 간주한다. 이 용량의 최저 20%는 40(200의 20%)이다. 이 렌치의 정상적인 사용범위는 40~200의 값으로 제한되어야 한다.

[참고] USAF TO 32B14-3-1-101(TECHNICAL MANUAL OPERATION AND SERVICE INSTRUCTIONS TORQUE INDICATING DEVICES)

➤ 토크렌치(torque wrench)의 브레이크어웨이 토크(breakaway torque) 작업 절차

분리기능이 있는 토크렌치(핸들이 360도 회전할 때 여러 개의 중단점이 있을 수 있는 토크렌치)를 사용하기 전에 토크렌치 제조사의 사용설명서를 참조하여 브레이크어웨이 토크(breakaway torque)를 실시하여야 한다. 브레이크어웨이 토크의 목적은 토크렌치 내부의 특수 윤활제를 스프링 등의 작동 부품으로부터 분리하여 가장 정확한 판독값을 제공하도록 하는 것이다. 작업절차는 다음과 같다.

① 토크렌치를 최고값으로 설정한다.

② 부드러운 조 바이스에 토크렌치의 사각탱(square tang)을 고정하고 브레이크어웨이 토크를 최소 6회 이상 실시한다.

③ 브레이크어웨이 토크는 작업 교대 시작 시 또는 이후 언제든지 작업할 수 있지만 사용할 특정 토크렌치에 대해 각 교대조(일반적으로 8시간)에 한 번 이상 실시할 필요는 없다.

④ 대형 토크렌치(150 풋-파운드 이상)는 최고값으로 설정하는 게 아니라 사용할 토크값으로 실시할 수 있다.

⑤ 디지털 토크렌치는 제조업체의 사용설명서가 없는 경우 토크렌치를 최댓값으로 설정하고 최소 3회 이상 브레이크어웨이 토크를 실시한다.

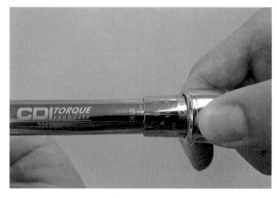

(a) 최대 토크값 세팅   (b) 분리 토크 최소 6회 실시

[그림 1-2-52] 브레이크어웨이 토크(breakaway torque) 작업절차

◈ 토크값의 범위

① 일반적으로 토크값에는 최솟값과 최댓값의 범위(range)가 있다. 안전결선이나 코터핀과 같은 안전 고정 작업을 할 때는 구멍이 작업하기 쉬운 위치에 오도록 규정된 토크값 범위 안에서 토크를 줄 수 있다.

② 일반적으로 사용기간이 짧은 항공기 부품에서는 토크값 범위 안에서 최솟값을 적용하고 사용 기간이 오래된 항공기 부품에는 최댓값을 적용한다.

③ 사용자 정비지침서 또는 Maintenance Manual에 토크값이 나와 있지 않을 때는 표준 토크표 (standard torque table)에 나와 있는 값을 따른다.

[표 1-2-11] standard torque table(예)

bolt, stud, screw size		nut 조임 시 torque값(단위: in·lbs)			
		인장강도가 125,000~140,000 psi인 standard bolt, stud, screw		인장강도가 140,000~160,000 psi인 standard bolt, stud, screw	인장강도가 160,000 psi 이상인 고강도 bolt, stud, screw
		전단타입너트 (AN 320, AN 364 또는 등가물)	장력타입너트와 나사기구파트 (AN 300, AN 365 또는 등가물)	전단타입 너트를 제외한 모든 너트	전단타입 너트를 제외한 모든 너트
8~32	8~36	7~9	12~15	14~17	15~18
10~24	10~32	12~15	20~25	23~30	25~35
1/4~20		25~30	40~50	45~49	50~68
	1/4~28	30~40	50~70	60~80	70~90
5/16~18		48~55	80~90	85~117	90~144
	5/16~24	60~85	100~140	120~172	140~203
3/8~16		95~110	160~185	173~217	185~248
	3/8~24	95~110	160~190	175~271	190~351
7/16~14		140~155	235~255	245~342	255~428

나) 익스텐션 바(extension bar) 사용 시 토크 환산법

🔹 토크렌치에 연장공구 사용 시 토크 계산법

토크렌치에 연장공구를 사용할 경우 교정된 토크값을 사용해야 한다.

① 토크렌치의 유효 길이(L)는 10 in이고, extension bar의 길이(E)가 5 in, 실제 토크값(T_A)은 900 in·lbs 시 토크렌치의 지시값(T_W)은 600 in·lbs이다.

② 토크렌치의 길이(L)가 20 in일 때 120 in·lbs의 토크값(T_W)이라면, extension bar(A)를 5 in 연장하면 조여지는 토크값(T_A)은 150 in·lbs이다.

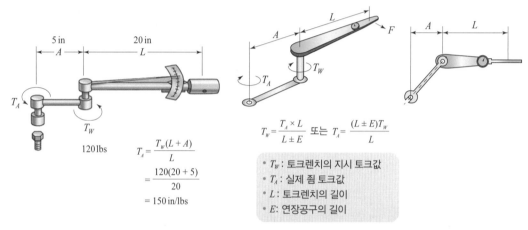

$$T_A = \frac{T_W(L+A)}{L}$$
$$= \frac{120(20+5)}{20}$$
$$= 150 \, in/lbs$$

$$T_W = \frac{T_A \times L}{L \pm E} \quad \text{또는} \quad T_A = \frac{(L \pm E)T_W}{L}$$

- T_W : 토크렌치의 지시 토크값
- T_A : 실제 죔 토크값
- L : 토크렌치의 길이
- E : 연장공구의 길이

[그림 1-2-53] extension bar 사용 시 torque wrench 지시값과 실제 토크값

다) 덕트 클램프(duct clamp) 장착작업

🔹 덕트 클램프(duct clamp) 장착작업

덕트 클램프(duct clamp)는 덕트와 덕트 사이를 연결하는 클램프이다. 덕트 사이에서 공기가 누설되지 않도록 하고 덕트가 흔들리는 것을 방지하기 위해 장착한다. 덕트 클램프 장착 시 사용하는 토크값은 매뉴얼과 클램프에 적혀 있다. 작업 절차는 다음과 같다.

토크값 범위에서 중간 정도 토크값을 준 다음 맬릿 해머로 가볍게 두드리고 다시 토크렌치로 조이는 것을 반복해서 장착한다. 뜨거운 공기가 지나가는 덕트에는 단열 커버(insulation cover)를 씌

[그림 1-2-54] duct clamp 종류와 장착된 사진

워서 열을 차단한다. 주변 구조물과 닿지 않도록 매뉴얼에서 지시하는 만큼 간격을 주고, 매뉴얼에 없으면 1 in만큼 간격을 준다.

라) 코터핀(cotter pin) 장착작업

◉ 코터핀(cotter pin) 장착작업의 구분

① 코터핀(cotter pin)은 캐슬 너트와 캐슬 전단 너트가 풀리는 것을 방지하기 위해 사용한다. 작업방법에는 우선식(preferred method)과 차선식(optional method)이 있다. 특별한 지시가 없으면 우선식으로 작업하고, 우선식을 했을 때 코터핀 끝이 다른 부품과 닿거나 우선식을 할 수 없을 때, 그리고 캐슬 전단 너트에는 차선식으로 작업한다.

② 일반적으로 카드뮴도금 저탄소강 코터핀(AN380)을 사용하고, 비자성체가 요구되는 장소나 내식성이 필요한 장소에는 내식강 코터핀(AN381)을 사용한다.

③ 코터핀을 장착할 때는 토크값 범위 안에서 볼트 구멍과 홈을 맞춘다. 홈이 안 맞으면 볼트나 너트를 교환하거나 와셔를 사용해서 조절한다.

◉ 코터핀 장착작업 절차

코터핀을 우선식으로 장착하는 작업절차는 다음과 같다.

① 핀의 긴 쪽 끝을 위로 해서 손으로 가능한 만큼 밀어 넣는다.

② 핀 머리를 플라스틱 해머로 가볍게 두드려서 너트 벽에 붙인다.

③ 위쪽 핀을 플라이어로 잡고 당기면서 위쪽으로 구부린 뒤 적당한 길이로 자른다.

④ 자른 끝을 해머로 가볍게 두드려서 볼트 머리에 붙인다.

⑤ 남은 핀 끝을 플라이어로 잡고 아래쪽으로 구부려서 와셔에 닿지 않을 정도만 남기고 자른다.

⑥ 끝을 해머로 가볍게 두드려서 너트 벽에 붙인다.

⑦ 장착한 코터핀에 느슨함이 없는지 검사한다.

◉ 코터핀 작업 시 주의사항

① 한 번 사용한 코터핀은 재사용하지 않는다.

② 볼트 위로 구부러진 가닥이 볼트 지름을 초과하지 않도록 한다.

③ 아래쪽으로 구부러진 가닥은 와셔에 닿지 않는 범위에서 가능한 한 길게 자른다.

④ 차선식으로 작업할 때 가닥 끝이 너트 옆면을 넘어가지 않도록 한다.

⑤ 가닥을 급격하게 굽히면 끊어지기 쉬우므로 적당한 곡률로 구부려야 한다.

⑥ 부상 방지를 위해 코터핀을 자를 때에는 자른 면이 직각이 되도록 자른다.

⑦ 코터핀 끝을 자를 때 끝을 감싸서 조각이 튀지 않도록 한다.

⑧ 코터핀을 제거할 때는 구부러진 핀을 펴고, 코터핀 풀러(cotter pin puller)의 뾰족한 끝을 코터핀 머리에 넣고 지렛대처럼 당겨서 제거한다.

[그림 1-2-55] cotter pin 장착방법   [그림 1-2-56] cotter pin puller

5) 볼트, 너트, 와셔 (구술평가)

가) 형상, 재질, 종류 분류

➤ 볼트의 분류

볼트와 너트는 큰 하중을 받거나 반복적으로 분해, 조립하는 곳을 체결할 때 사용하는 부품이다. 리벳을 사용할 수 없거나 용접을 할 수 없는 부분에도 볼트를 사용한다. 볼트는 머리 모양, 재질, 용도 등에 따라 분류할 수 있다.

① 머리 모양에 따라 육각머리 볼트, 드릴 머리 볼트, 내부 렌칭 볼트, 클레비스 볼트, 아이 볼트 등으로 분류한다.

② 재질에 따라 Al합금 볼트, 강(steel) 볼트 등으로 분류한다.

③ 용도에 따라 전단볼트(shear bolt)와 인장볼트(tension bolt)로 분류한다.

➤ 볼트 식별 및 표시방법

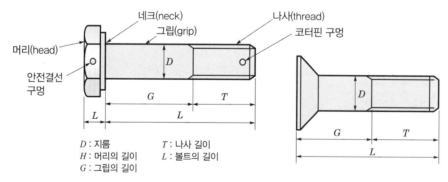

D : 지름 T : 나사 길이
H : 머리의 길이 L : 볼트의 길이
G : 그립의 길이

※ Code Number AN 3 DD 5 A
AN = AN standard bolt
3 = 3/16 in diameter
DD = 2024 − T aluminum alloy
5 = 5/8 in length
A = indicates that the shank is undrilled.
('H'가 '5' 앞에 있고 그 뒤에 'A'가 있으면 shank에 safety wire를 위한 구멍이 있음)

[그림 1-2-57] bolt의 각 부분 명칭과 code number

AN 규격의 항공기용 볼트는 볼트머리에 있는 기호로 식별할 수 있다. 이 기호를 통해 볼트 재질(강, Al합금)과 특수 볼트인지 알 수 있다. 볼트의 재질은 머리에 표시된 기호로 알 수 있지만, 볼트 지름, 볼트 길이, 그립 길이(grip length), 구멍 유무는 볼트의 부품번호를 확인하여 알 수 있다.

나) 용도 및 사용처

◤ 볼트의 머리 모양에 따른 구분

① 표준 육각머리 볼트(standard head bolt, AN3~AN20)는 일반적으로 인장하중과 전단하중을 받는 구조용 볼트로 사용한다. 볼트 머리에는 볼트의 재질을 나타내는 표시가 있다. 안전결선 작업을 할 수 있도록 머리에 구멍이 나 있거나 코터핀을 장착할 수 있도록 샹크에 구멍이 나 있는 볼트도 있다.

② 드릴 헤드 볼트(drilled hex head bolt, AN73~AN81)는 일반 볼트보다 정밀하게 가공된 볼트이다. 심한 반복운동이나 진동이 생기는 부분에 사용하고, 안전결선 작업을 할 수 있도록 볼트 머리에 구멍이 나 있다. 같은 치수의 표준 머리 볼트와 서로 바꿔서 사용할 수 있다.

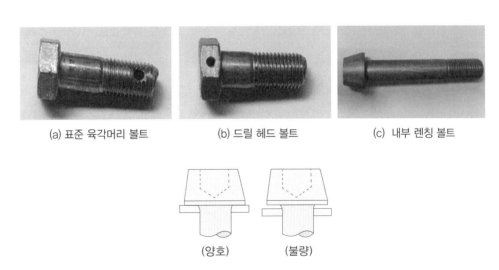

(a) 표준 육각머리 볼트　　(b) 드릴 헤드 볼트　　(c) 내부 렌칭 볼트

(양호)　　(불량)

[그림 1-2-58] bolt 종류와 내부 렌칭 볼트의 washer 장착법

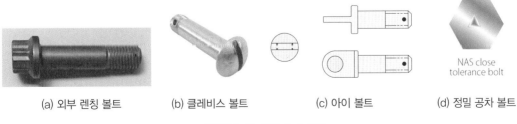

(a) 외부 렌칭 볼트　　(b) 클레비스 볼트　　(c) 아이 볼트　　(d) 정밀 공차 볼트

[그림 1-2-59] bolt 종류

③ 내부 렌칭 볼트(internal wrenching bolt, MS20004~MS20024)는 큰 인장력과 전단력이 작용하는 곳에 사용한다. 볼트 헤드에 파인 홈에 알렌 렌치를 사용해서 풀고 조인다. 볼트 헤드와 생크(shank) 사이의 완곡된 부분이 안착될 수 있도록 와셔의 테이퍼 부분이 위로 향하게 하여 장착하여야 한다.

④ 외부 렌칭 볼트(external wrenching bolt)는 큰 전단하중과 인장하중이 작용한 곳에 사용한다. 볼트 헤드에 12 point socket이나 box wrench를 사용하여 풀고 조인다.

⑤ 클레비스 볼트(clevis bolt, AN21~AN36)는 전단하중만 걸리는 부분에 사용한다. 주로 조종계통의 장착용 핀으로 사용하고, 코터핀을 장착할 수 있도록 생크에 구멍이 나 있다. 둥근 머리에 스크루 드라이버를 사용하여 풀고 조인다.

⑥ 아이 볼트(eye bolt, AN42~AN49)는 인장하중이 작용하는 곳에 사용한다. 머리에 나 있는 구멍(eye)에는 일반적으로 조종계통의 턴버클이나 조종 케이블이 연결된다.

정밀 공차 볼트(close tolerance bolt)

정밀 공차 볼트는 공차가 $+0.000$, -0.0005 in로 일반 볼트보다 더 정밀하게 가공된 볼트를 말한다. 정밀 공차 볼트는 단단히 끼워 맞춰야 하는 구조부에 주로 사용하고, 육각머리나 $100°$ 접시머리로 되어 있다. 볼트를 체결할 때 해머로 쳐야 원하는 위치까지 집어넣을 수 있다. head에 삼각형의 표시가 되어 있다.

볼트의 용도에 따른 분류

① 전단볼트(shear bolt)는 전단하중이 많이 걸리는 곳에 사용하는 볼트로, 그립 길이가 나사산(thread) 길이보다 더 길다. 대표적인 전단볼트로 클레비스 볼트가 있다.

② 인장볼트(tension bolt)는 인장하중이 많이 걸리는 곳에 사용하는 볼트로, 나사산 길이가 그립 길이보다 더 길다. 대표적인 인장볼트에는 아이볼트가 있다.

볼트의 재질에 따른 분류

볼트의 재질은 머리에 표시된 기호로 알 수 있다.

① 항공기용 볼트는 카드뮴도금(cadmium-plated)이나 아연도금(zinc-plated) 처리한 내식강, 도금하지 않은 내식강, 양극 산화 처리한 알루미늄합금 등으로 만든다.

② AN 표준강 볼트는 별표(*)로 표시하고, 내식강은 돌출된 "−" 하나로 나타낸다. 알루미늄합금 볼트는 돌출된 "−" 2개로 표시한다. NAS 정밀공차 볼트는 돌출되거나 움푹 들어간 삼각형을 머리에 표시한다.

③ 자력검사나 형광 침투검사를 받은 볼트는 색을 칠하거나 머리에 특수한 기호를 표시한다.

④ 높은 토크값을 주는 부분에는 강(steel) 재질의 볼트와 와셔를 사용한다.

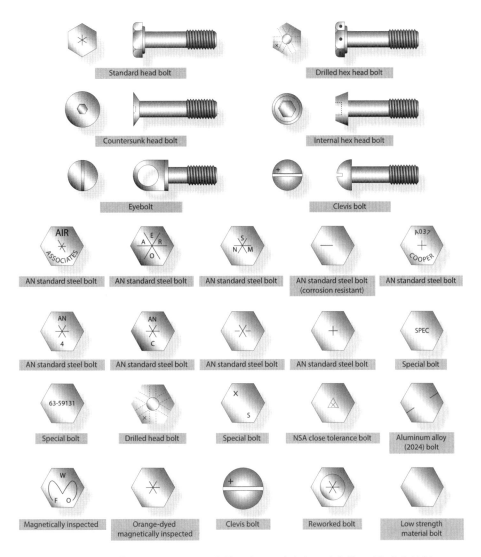

[그림 1-2-60] AN 규격 볼트의 식별(주의: AN 이외의 규격에서는 적용되지 않음)

✈ 볼트 체결 시 주의사항

① 이질 금속 간 부식을 방지하기 위해 체결하려는 부재와 같은 재질의 볼트와 와셔를 사용한다. 알루미늄합금 부재에 강(steel) 볼트를 사용할 때는 카드뮴도금된 볼트를 사용한다.

② 볼트의 그립 길이는 결합할 부재의 두께와 같거나 약간 길어야 한다. 그립 길이는 와셔를 삽입해서 조절할 수 있다. 와셔는 한쪽 면에 2개, 양쪽에 최대 3개까지 사용할 수 있다. 와셔를 3개 사용해도 길이가 안 맞으면 그립 길이가 맞는 볼트로 교환한다. 와셔를 3개 사용할 때는 일반적으로 볼트 머리 쪽에 1개, 너트 쪽에 2개를 사용한다.

③ 전단력이 걸리는 부재에 사용하는 볼트는 나사산이 부재 밖으로 나오도록 그립 길이를 정한다.

⊙ 볼트 장착 방향

볼트를 장착하는 방향은 너트가 떨어져도 볼트가 빠지지 않도록 위에서 아래로, 볼트 머리를 비행 방향으로, 볼트 머리를 회전 방향으로 장착해야 한다. 구조용 이외의 유압이나 전기계통의 클램프를 장착할 때 사용하는 볼트는 특별히 지정하지 않으면 방향과 관계없이 장착한다.

⊙ 볼트와 구멍 크기(bolt and hole size)

① 볼트구멍의 미세한 유격은 인장하중을 받는 곳과 역방향 하중이 작용하지 않는 곳이 허용된다. 구멍의 유격이 허용되는 곳의 몇 가지 예는 pulley bracket, 도선 박스(conduit box), lining trim, 기타 support와 bracket 등이 있다.

② 볼트구멍은 볼트머리와 너트에 대해 완전한 접촉면적을 제공하기 위해 접촉표면이 직각이어야 하고, 너무 크거나 늘어나지 않아야 한다. 중요한 부재에서 한 단계 더 큰 치수의 볼트를 장착하기 위해 구멍을 뚫거나 넓히기(over size) 전에 항공기 제작사, 엔진제작사로부터 지침을 받아야 한다.

③ 보통 연거리, 유격(clearance), 하중계수(load factor)와 같은 요소들을 고려한다. 중요하지 않은 부재에서는 너무 큰, 또는 늘어난 구멍은 보통 한 치수 더 큰 크기로 구멍을 뚫거나 넓혀(over size)서 사용이 가능하다.

④ 밀착 끼워맞춤이 적용되는 AN 육각볼트나 NAS 정밀공차볼트 또는 AN 클레비스 볼트가 사용되는 곳을 제외하면 일반적으로 볼트규격표시의 첫 번째 숫자는 실제 볼트 지름보다 크며, 표준 볼트 지름보다 한 치수 더 큰 드릴 크기를 사용하여 구멍을 뚫는 것이 허용된다.

⑤ 구멍과 볼트의 끼워맞춤은 구멍과 볼트 사이에서 발생하는 마찰에 따라 결정한다. 단단한 끼워맞춤은 12～14 ounce 해머로 강하게 때렸을 때 볼트가 움직이는 정도이다. 몹시 강한 타격을 요구하거나 뻑뻑한 소리가 나는 볼트는 너무 강한 끼워맞춤이다. 경미한 끼워맞춤은 망치 손잡이로 볼트 머리를 내리누를 때 밀려들어 가는 정도이다.

⊙ 너트(nut)의 식별 및 표기법

Code Number AN310D5R		Code Number AN320-10	
AN310 =	aircraft castle nut	AN320 =	aircraft castellated shear nut,
D =	2017-T aluminum alloy		cadmiumplated carbon steel
5 =	5/16 inch diameter	10 =	5/8 inch diameter, 18 threadeds per inch
R =	right-hand threaded		(this nut is usually right-hand threaded)
	(usually 24 threadeds per inch)		

[그림 1-2-61] nut의 식별 코드

① 너트는 암나사를 가져서 볼트에 끼워 부재를 체결할 때 사용하는 부품을 말한다. 너트의 종류에는 비자동 고정 너트(nonself locking nut)와 자동 고정 너트(self locking nut)가 있다.

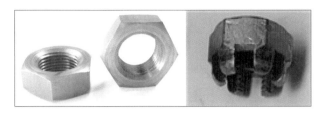
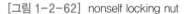

[그림 1-2-62] nonself locking nut

[그림 1-2-63] self locking nut

② 너트는 부품번호, 문자, 숫자로 식별한다. 부품번호는 너트의 종류를 나타내고, 문자는 재질과 나사산 방향을 나타내고, 숫자는 지름과 인치당 나사산의 수를 말한다.

③ 예를 들어 AN310은 캐슬 너트를 말하고, 부품번호 다음에 나오는 문자나 숫자는 재질, 크기, 1인치당 나사산의 수, 나사산의 방향을 나타낸다. 문자 'B'는 황동(Brass), 'D'는 2017-T, 'DD'는 2024-T, 'C'는 스테인리스강, 문자 대신 "-"는 카드뮴 도금한 탄소강을 의미한다. "-"나 문자 다음에 오는 숫자는 지름과 인치당 나사산 수를 말한다.

④ 너트 자체에는 식별표시나 문자가 없다. 너트 모양, 내부 특징, 색깔, 광택으로 식별할 수 있다.

⭐ 비자동 고정 너트(nonself locking nut)의 종류

비자동 고정 너트는 체결하고 나서 코터핀, 안전결선 등으로 풀림 방지를 해야 하는 너트를 말한다.

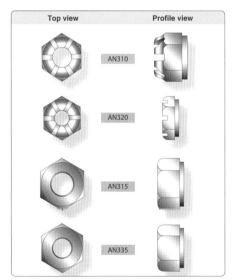
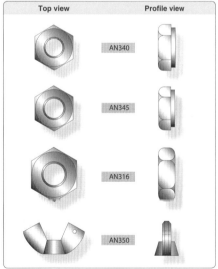

[그림 1-2-64] nonself locking nut 종류

종류에는 평너트(plain nut), 캐슬 너트(castle nut), 캐슬 전단 너트(castellated shear nut), 체크 너트 또는 잼 너트(check nut or jam nut), 윙 너트(wing nut) 등이 있다.

① 캐슬 너트(AN310)는 큰 인장하중이 작용하는 곳에 사용한다. 코터핀, 안전결선 작업을 할 수 있도록 요철 틈새(slot)가 있어서 섕크에 구멍이 뚫린 볼트에 사용한다.

② 캐슬 전단 너트(AN320)는 전단응력이 작용하는 곳에 사용한다. 캐슬 너트보다 두께가 얇아서 강도는 더 약하다. 캐슬 너트처럼 안전 고정 작업을 할 수 있는 틈새가 있다.

③ 평너트(AN315, AN335)는 인장하중이 작용하는 곳에 사용한다. 풀림을 방지하기 위해 단독으로 사용하지 않고 체크 너트나 고정 와셔와 같이 사용한다.

④ 얇은 평너트(AN340, AN345)는 작은 인장하중이 작용하는 곳에 사용하고, 풀리지 않도록 체크 너트나 고정 와셔로 고정한다.

⑤ 체크 너트(AN316)는 평너트나 세트 스크루의 풀림을 방지하기 위한 고정 너트로 사용한다.

⑥ 나비 너트(AN350)는 손으로 조이고 풀 수 있는 정도의 토크값을 요구하는 곳이나 부품을 자주 장탈착하는 곳에 사용한다.

⊙ 자동 고정 너트(self locking nut)의 종류

자동 고정 너트는 너트 자체에 고정장치를 가진 너트이다. 안전 고정 작업을 할 수 없거나 진동이 심한 곳에서 볼트가 빠지지 않도록 고정하기 위해 사용한다. 고정장치의 형식에 따라 전 금속형과 비금속 파이버형 너트로 구분한다. 코터핀이나 안전결선으로 고정하지 않아도 되므로 작업속도가 빠르다는 장점이 있지만, 사용하는 곳의 온도에 따라 구별해서 사용해야 한다. 자동 고정 너트는 너트가 풀렸을 때 엔진 흡입구로 들어갈 수 있는 장소와 같이 안전성에 영향을 주는 장소와 회전력을 받는 곳, 자주 여닫는 패널이나 도어에는 사용하지 않는다.

① 전 금속형 너트(all metal type nut)는 고정장치가 금속으로 된 형식으로, 120℃(250°F) 이상의 고온에서 사용한다. 너트가 자동으로 고정되는 원리는 너트 입구보다 출구가 작아서 체결하면 금속의 탄성과 마찰력으로 고정되는 것이다.

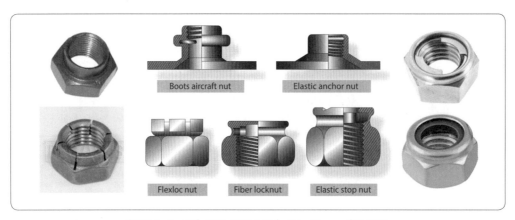

[그림 1-2-65] 자동 고정 너트(self locking nut)의 종류

② 비금속 파이버형 너트(non-metal fiber type nut)는 파이버 재질의 칼라(collar)를 끼워 넣은 너트이다. 볼트가 파이버를 파고들면서 나사산을 만들어서 고정한다. 사용온도 한계는 120℃(250°F) 이내이며, 오래 사용하면 탄성 변형과 마모가 커져서 사용횟수가 제한된다. 파이버는 15회, 나일론은 200회로 사용을 제한한다.

➤ 자동 고정 너트의 사용 가능 여부를 판단하는 기준

자동 고정 너트의 사용 가능 유무는 런 온 토크(run on torque)값으로 판단한다. 런 온 토크는 너트를 나사산이 1개 이상 나오도록 체결했을 때의 토크값으로, 이때 토크값이 규정값 안에 있으면 자동 고정 너트를 사용할 수 있다. 만약 너트를 손으로 돌려서 체결했을 때 런 온 토크값이 나오면 체결력이 없다는 뜻이므로 사용할 수 없다.

➤ 와셔(washer)의 종류

와셔는 그립 길이를 맞추기 위해 사용하고, 작용하는 하중을 분산시키고, 부품 표면의 손상을 방지하는 역할을 한다. 고정와셔는 너트가 풀리는 것을 방지하기 위해 사용한다.

와셔의 종류에는 평와셔(plain washer), 고정 와셔(lock washer), 특수 와셔(special washer)가 있다.

① 평와셔는 하중분산, 안전결선이나 코터핀 구멍 위치 조정, 장착하는 부품의 보호와 부식을 방지하기 위해 사용한다.

② 고정 와셔는 자동 고정 너트나 캐슬 너트, 캐슬 전단 너트가 적합하지 않은 곳에 평너트를 사

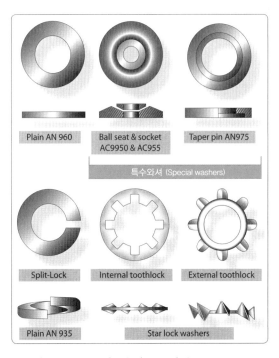

[그림 1-2-66] 와셔(washer)의 종류

용했을 때 너트가 풀리는 것을 방지하기 위해 사용한다. 와셔의 스프링 작용으로 생기는 마찰로 너트가 풀리는 것을 방지한다.

③ 특수와셔는 표면에 비스듬히 장착되는 볼트가 표면과 일치하도록 만드는 데 사용하는 와셔이다.

④ 셰이크 프루프 고정 와셔(shake proof lock-washer)는 흔들림 방지 와셔이다. 열과 심한 진동을 받는 부분에 사용한다. 여기서 기억해야 할 중요한 점은 한 번만 사용한다는 것이다.

➤ 와셔 사용 시 주의사항

① 와셔는 한쪽 면에 2개, 양쪽에 최대 3개까지 사용할 수 있다.

② 이질 금속 간 부식을 방지하기 위해 와셔는 볼트, 너트와 같은 재질을 사용한다. 알루미늄합금 구조에 강(steel)볼트나 너트를 사용할 때는 전위차가 적은 카드뮴 도금한 강철 와셔를 사용해서 이질 금속 간 부식을 줄인다.

③ 고정 와셔는 기밀이 필요한 장소나 공기 흐름에 노출되는 장소에 사용하지 않는다.

➤ 고정 와셔(lock-washer)를 사용하면 안 되는 곳

고정 와셔는 다음과 같은 상태에서는 사용을 금지한다.

① 1차 구조물 또는 2차 구조물에 체결부품과 함께 사용될 때

② 파손 시 항공기, 인명 피해나 위험을 초래하게 되는 부품에 체결부품과 함께 사용될 때

③ 파손되었을 때 공기흐름에 접합부분이 노출될 수 있는 곳

④ 스크루를 자주 장탈/장착하는 곳

⑤ 와셔가 공기흐름에 노출되는 곳

⑥ 와셔에 부식이 발생할 수 있는 환경인 곳

⑦ 표면을 손상시키지 않기 위해 평와셔를 고정와셔 아래에 사용하지 않고 연질의 부품과 바로 와셔를 끼워야 하는 곳

➤ 항공기용 스크루(aircraft screw)의 종류

① 구조용 스크루는 볼트와 같은 크기와 강도를 가지고, 명확한 그립을 가지고 있다.

(a) 구조용   (b) 기계용   (c) 자동태핑

[그림 1-2-67] aircraft screw의 종류

[그림 1-2-68] bit holder에 bit 장착 상태

② 기계용 스크루는 항공기에 많이 사용하는 일반적인 스크루이다. 그립이 없고 구조용 스크루
보다 강도가 약해서 볼트와 리벳 대신에 사용할 수 없다.

③ 자동 태핑 스크루는 판재를 임시로 결합하거나 비구조용 부재를 조립할 때 사용한다.

[표 1-2-12] screw의 종류와 특징

명칭	형태	특징
구조용 스크루 (NAS 220~227)		같은 크기의 볼트와 전단강도를 가지며 명확한 그립(grip)이 있다.
구조용 스크루 (100° 접시머리) (AN 509)		
구조용 스크루 (필리스터 머리) (AN 502~503)		
기계용 스크루 (AN 526)		스크루 중 가장 많이 사용되며, 종류로는 둥근머 리, 납작머리, 필리스터 스크루가 있다.
기계용 스크루 (100° 접시머리) (NAS 200)		
자동 태핑 스크루 (NAS 528)		태핑날에 의해 암나사를 만들면서 고정되는 부 품으로, 구조부의 일시적 결합용이나 비구조부의 영구 결합용으로 사용된다.

(a) slotted   (b) phillips   (c) reed & prince   (d) tri wing   (e) torque set   (f) hi torque

[그림 1-2-69] screw head recess 구분

◈ 스크루(screw)의 식별기호

screw 식별기호(identification and coding)는 AN screw와 NAS screw로 구분하여 표시된다. 코드 번호 510, 515, 550 등은 둥근머리, 납작머리, 와셔머리 등과 같이 분류한다. 문자와 숫자는 재질 성분, 길이, 두께를 표시한다.

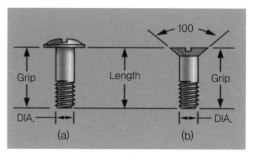

※ Code Number AN 501 B-416-7

    AN = AN standard
    501 = fillister head
    B = brass
    416 = 4/16 inch diameter
    7 = 7/16 inch length

[그림 1-2-70] screw의 식별 코드와 screw 규격 표시

◈ 볼트와 스크루의 차이

볼트와 스크루의 차이는 볼트는 큰 하중이 작용하는 곳에 사용하고, 스크루는 큰 하중이 작용하지 않는 곳에 사용한다. 스크루는 볼트보다 나사가 헐겁고, 그립 길이가 명확하지 않다. 추가로 볼트는 결합할 때 너트가 필요하지만, 스크루는 너트가 필요 없다. 여기서 말하는 스크루는 기계용 스크루이다.

◈ 나사의 구분(classification of thread)과 등급(class)

① 나사의 구분은 다음과 같다.

  ㉮ 아메리카 나사 계열: 1 in 길이당 14개 나사산(1-14NF)

    · NC(american national coarse): 아메리카 거친 나사

    · NF(american national fine): 아메리카 가는 나사

  ㉯ 유니파이 나사 계열: 1 in 길이당 12개 나사산(1-12 UNF)

    · UNC(american standard unified coarse): 유니파이 거친 나사

    · UNF(american standard unified fine): 유니파이 가는 나사

  ㉰ 주어진 지름의 bolt나 screw의 1 in 길이당 나사산의 수로 표시

    예 4-28 나사는 볼트 지름이 4/16 in이고 1 in당 28개의 나사산 의미

② 항공기 기계요소(hardware)에서 나사의 등급은 다음과 같다.

  ㉮ Class 1: loose fit, 손으로 돌릴 수 있을 정도의 강도

  ㉯ Class 2: free fit, 드라이버를 사용할 수 있는 정도의 강도, 항공기용 스크루

  ㉰ Class 3: medium fit, 스피드 핸들이나 소켓을 사용할 수 있는 정도의 강도, 항공기용 볼트

  ㉱ Class 4: close fit, 렌치를 사용할 수 있는 정도의 강도

✈ 헬리코일(heli-coil)

헬리코일은 스테인리스강으로 만든 나사산을 가진 코일로, 연질 금속이나 플라스틱과 같이 강도가 낮은 모재에 볼트나 스크루를 체결할 때 높은 토크값을 주기 위해 수나사와 암나사 사이에 삽입하는 부품이다. 헬리코일을 사용하지 않고 바로 볼트나 스크루를 체결하면 연질의 모재와 암나사가 손상되기 때문에 사용한다. 손상된 나사산을 복원할 때도 사용한다.

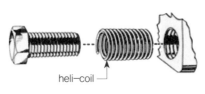

heli-coil

[그림 1-2-71] heli-coil

✈ 턴-로크 파스너(turn-lock fastener)의 종류

턴-로크 파스너는 정비나 검사를 할 때 점검창(access panel)을 쉽고 빠르게 분리하기 위해 사용하는 부품이다. 파스너를 시계방향으로 1/4 돌리면 잠기고, 반시계 방향으로 1/4 돌리면 풀린다. 턴-로크 파스너의 종류에는 주스(dzus) 파스너, 캠로크(cam-lock) 파스너, 에어로크(air-lock) 파스너가 있다. 각 turn-lock fastener의 구성 요소는 다음과 같다.

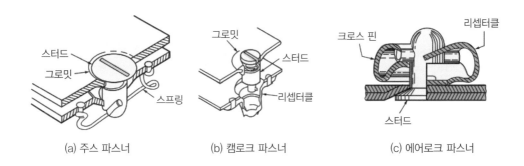

(a) 주스 파스너   (b) 캠로크 파스너   (c) 에어로크 파스너

• 파스너 식별 : 머리모양 − 윙(wing), 플러시(flush), 오벌(ovel)

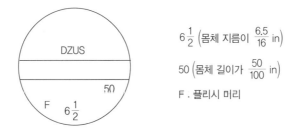

$6\frac{1}{2}$ (몸체 지름이 $\frac{6.5}{16}$ in)

50 (몸체 길이가 $\frac{50}{100}$ in)

F . 플리시 머리

[그림 1-2-72] turn-lock fastener 종류와 Dzus fastener head 표시 식별

항공기 재료 취급

1) 금속재료 (구술평가)

가) Al합금의 분류, 재질기호 식별

◉ 기계요소와 금속재료의 규격

규격(standards)이란 제품을 생산하거나 사용하기 위해 재료의 종류, 성분, 치수 등을 정한 기술적 표준을 말한다. 기계요소와 재료의 규격에는 다음과 같은 것들이 있다.

[표 1-2-13] 기계요소와 금속재료 규격

규격명	원 어	명칭
AA	Aluminium Association	미국알루미늄협회
AISI	American Iron and Steel Institute	미국철강협회
SAE	Society of Automotive Engineers	미국자동차기술협회
AN	Air Force-Navy Standards	미 공군-해군 규격
ASTM	American Society for Testing Materials	미국재료시험협회
NAS	National Aerospace Standard	미국항공우주규격
MS	Military Standard	국방표준
MIL	Military Specification	군사규격

◉ 금속과 비금속

금속이란 열·전기 전도성이 있고, 펴지고 늘어나는 성질이 크고, 광택을 가진 물질을 말한다. 금속의 성질을 가지지 않은 물질을 비금속(nonmetal)이라고 한다. 금속은 수은을 제외하고 모두 상온에서 고체이고, 비중이 4.5 이하인 금속을 경금속, 4.5 이상을 중금속이라고 한다.

◉ 금속의 일반적인 특성

① 실온에서 고체이며, 결정체이다.
　　※ 단, Hg은 제외(녹는점 −38℃, 끓는점 357℃)
② 빛을 반사하고, 고유의 광택이 있다.
③ 가공이 용이하고, 연·전성이 크다.

④ 열, 전기의 양도체이다.

⑤ 비중이 크고, 경도 및 용융점이 높다.

금속의 기계적 성질

금속의 기계적 성질에는 전성(malleability), 연성(ductility), 인성(toughness), 취성(brittleness), 탄성(elasticity), 소성(plasticity), 강도(strength), 경도(hardness), 전도성(conductivity) 등이 있다.

① 전성: 압축하중을 받았을 때 변형되는 특성으로, 넓게 펴지는 성질

② 연성: 인장하중을 받았을 때 변형되는 특성으로, 길게 늘어뜨릴 수 있는 성질

③ 인성: 재료의 질긴 정도로, 힘을 가했을 때 파괴되지 않고 견디는 성질

④ 취성: 물체가 외부에서 힘을 받았을 때 거의 변형되지 않고 파괴되는 성질

⑤ 탄성: 힘을 받아 변형된 물체가 힘이 제거되었을 때 원래 상태로 되돌아가려는 성질

⑥ 소성: 탄성과 달리 외력을 받아 변형된 물체가 외력을 제거해도 원래 형태로 돌아오지 않고 변형된 상태로 남아 있는 성질

⑦ 강도: 재료가 파괴될 때까지 하중을 견딜 수 있는 성질

⑧ 경도: 재료의 단단한 정도

⑨ 전도성: 열이나 전기를 전달하는 성질

항공기용 비철금속재료(nonferrous aircraft metal)

금속의 주성분인 철보다 다른 원소가 더 많이 함유되어 있는 금속을 말한다. 비자성체이며, 알루미늄, 티타늄, 구리, 마그네슘 등과 같은 금속이다.

알루미늄과 알루미늄합금(aluminum and aluminum alloy)의 특성

① 알루미늄과 알루미늄합금의 특성(property of aluminum and aluminum alloy)은 금속 중에서 전성이 두 번째, 연성은 여섯 번째 등급, 내식성도 우수하며 흰색 광택을 띠는 금속이다.

② 다른 금속을 첨가한 알루미늄합금은 항공기 구조재료로 많이 사용한다. 주 합금성분으로는 망간, 크롬, 마그네슘, 규소 등이 있다.

③ 부식 환경에서도 잘 견디나, 구리를 많이 첨가한 알루미늄합금은 부식이 잘 발생한다.

④ 단조가공용 알루미늄합금은 합금원소의 총함유량이 6% 또는 7%를 넘지 않는다.

⑤ 중량에 대한 강도비가 높으며, 제작이 용이하고 항공산업에서 매우 중요한 부분을 차지한다.

⑥ 알루미늄의 두드러진 특성은 가볍다는 것(비중 2.7)이다.

⑦ 알루미늄은 비교적 낮은 온도(1,250℉)에서 녹으며, 비자성체이고 전도성이 우수하다.

가공용 알루미늄의 규격번호(index system of wrought aluminum)

알루미늄합금은 용도에 따라 가공용 알루미늄합금과 주조용 알루미늄합금으로 분류한다. 가공용 알루미늄합금은 판(plate), 봉(rod), 관(tube), 선(wire) 등을 가공해서 만들 수 있고, 주조용 알루

미늄합금은 여러 가지 형상을 주조해서 만들 수 있다.

　　AA 규격(미국 Al협회 합금규격, Aluminum Association, USA)은 미국의 알루미늄협회에서 정한 규격번호로 4자리 숫자로 표시한다.

예) AA 규격 2024-T3

- 첫째 자릿수: 주 합금의 종류(2, 구리)
- 둘째 자릿수: 개량부호(0, 개량 처리하지 않았음)
- 나머지 두 자리 숫자: Alcoa 숫자(24, 합금의 성분 표시)
- 대시 문자 및 숫자: 질별 기호(T3, 담금질한 후 냉간가공)

[그림 1-2-73] AA 규격번호

---

① 1××× 계열에서 끝의 두 자리는 알루미늄의 순도가 99%를 초과한 정도를 1/100 단위로 나타낼 때 사용한다. 예를 들어 끝의 두 자리가 30이라면, 순수 알루미늄 99%에 0.30%를 더한 99.30% 순수 알루미늄을 말한다.
- AA 규격 1100은 99.00%의 순수 알루미늄이며, 1회 성능 개량하였음을 표시
- 1130은 99.30%의 순수 알루미늄으로, 1회 성능 개량하였음을 표시
- 1275는 99.75%의 순수 알루미늄으로, 2회 성능 개량하였을 표시

② 2×××~8××× 합금계열에서 합금 규격번호의 두 번째 자릿수는 합금의 개량 여부를 나타낸다. 두 번째 자릿수가 0이면 원래 합금을 의미하고, 1~9 사이의 숫자는 합금의 개량횟수를 나타낸다.

　　AA규격 2×××~8××× 그룹에서, 첫 번째 자리는 다음과 같이 합금에 첨가시킨 주 합금원소를 의미한다. 2××× 계열은 구리, 3××× 망간, 4××× 규소, 5××× 마그네슘, 6××× 마그네슘과 규소, 7××× 아연, 8××× 그 밖의 원소가 포함되었음을 표시

③ 네 자리 중 끝의 두 자리는 주 합금원소 외에 다른 합금의 성분을 표시한다.

⊙ AI합금의 계열별 합금원소

[표 1-2-14] 가공용 알루미늄합금의 공칭성분(nominal composition of wrought aluminum alloys)

Alloy	Percentage of Alloying Elements Aluminum and normal impurities constitute remainder								
	Copper	Silicon	Manganese	Magnesium	Zinc	Nickel	Chromium	Lead	Bismuth
1100	—	—	—	—	—	—	—	—	—
3003	—	—	1.2	—	—	—	—	—	—
2011	5.5	—	—	—	—	—	—	0.5	0.5
2014	4.4	0.8	0.8	0.4	—	—	—	—	—
2017	4.0	—	0.5	0.5	—	—	—	—	—
2117	2.5	—	—	0.3	—	—	—	—	—
2018	4.0	—	—	0.5	—	2.0	—	—	—
2024	4.5	—	0.6	1.5	—	—	—	—	—
2025	4.5	0.8	0.8	—	—	—	—	—	—
4032	0.9	12.5	—	1.0	—	0.9	—	—	—
6151	—	1.0	—	0.6	—	—	0.25	—	—
5052	—	—	—	2.5	—	—	0.25	—	—
6053	—	0.7	—	1.3	—	—	0.25	—	—
6061	0.25	0.6	—	1.0	—	—	0.25	—	—
7075	1.6	—	—	2.5	5.6	—	0.3	—	—

⊙ AA 규격과 ALCOA사의 규격

알루미늄합금의 규격은 여러 가지가 있지만, 항공분야에서 사용하는 규격으로 미국 알루미늄협회(The Aluminum Association)에서 지정한 AA 규격과 미국의 대표적인 알루미늄 생산회사인 ALCOA사의 규격이 있다.

[표 1-2-15] AA 규격과 ALCOA사의 규격 비교

AA 규격 표시법		알코아 규격 표시법	
AA 2024		A-50S	
2	합금의 종류: 알루미늄-구리	A	알코아 회사의 알루미늄 재료
0	합금의 개조 여부: 개조하지 않음	50	합금의 재료가 마그네슘
24	합금번호(ALCOA사의 규격번호)	S	가공용 알루미늄

⊙ 알루미늄합금의 계열별 특징

① 1000 계열은 순도 99% 이상의 순수한 알루미늄이다. 내식성과 가공성이 우수하고 열전도율

과 전기전도성이 높지만, 강도가 낮아서 구조용으로 사용하지 않는다.

② 2000 계열은 주 합금원소가 구리인 알루미늄합금이다. 내식성은 약하지만 강도가 우수해서 리벳과 외피로 많이 사용한다.

　　※ 2017은 Cu 4%, Mg 0.5% / 2024는 Cu 4.4%, Mg 1.5%, Mn 0.6%이다.

③ 3000 계열은 망간을 1.5% 정도 넣어서 순수 알루미늄보다 강도를 높인 합금이다. 가공성이 좋고 1100과 비슷한 용도로 사용한다.

④ 4000 계열은 주 합금원소가 규소인 알루미늄합금이다. 다른 알루미늄합금보다 용융온도가 더 낮아서 주로 용접(welding)과 경납땜(brazing)에 사용한다.

⑤ 5000 계열은 마그네슘이 주 합금원소인 알루미늄합금으로, 내식성이 우수하다.

⑥ 6000 계열은 주 합금원소가 마그네슘과 규소인 알루미늄합금으로, 가공성과 내식성이 좋다. 노즈 카울이나 윙 팁에 주로 사용한다.

⑦ 7000 계열은 주 합금원소가 아연인 알루미늄합금이다. 강도가 아주 높아 외피나 구조재로 많이 사용한다. 대표적으로 극초두랄루민(ESD)으로 불리는 7075가 있다.

⊙ 알루미늄합금을 특성에 따라 분류

알루미늄합금은 특성에 따라 내식 알루미늄합금, 내열 알루미늄합금, 고강도 알루미늄합금으로 분류할 수 있다.

① 내식 알루미늄합금의 종류에는 1××× 계열, 5××× 계열, 6××× 계열
② 내열 알루미늄합금에는 2××× 계열 중 Y합금이라 불리는 2218과 초음속 여객기 콩코드(Concorde)의 외피로 사용한 2618
③ 고강도 알루미늄합금에는 2××× 계열, 7××× 계열

나) Al 합금판(alclad) 취급(표면손상 보호)

⊙ 알클래드(alclad) 알루미늄합금판

알클래드는 알루미늄합금판 양면에 약 5% 정도 두께로 순수 알루미늄을 압연해서 코팅한 판재를 말한다. 순수 알루미늄 코팅은 부식을 방지하고 긁힘이나 마모로부터 내부의 알루미늄합금을 보호하는 역할을 한다.

⊙ Al합금판재의 부식처리 절차

① 페인트칠하지 않은 표면의 처리(treatment of unpainted aluminum surface)

　순수 알루미늄은 강도 증가를 위해 만들어진 알루미늄합금에 비해 상당히 큰 내식성(corrosion tesistance)을 갖는다. 부식방지에 이러한 장점을 이용하기 위하여 알루미늄합금 표면에 순수 알루미늄을 접착, 코팅 처리한다. 순수 알루미늄으로 보호 처리된 표면은 부식에 양호한 저항성을 가지며, 이를 알클래드라 부른다. 순수 알루미늄으로 코팅된 표면은 광택이

있다. 이러한 알클래드 표면은 세척 시에 손상되지 않도록 주의해야 하며, 내부의 알루미늄합금이 노출되지 않도록 세심한 관리가 필요하다. 알클래드 알루미늄합금의 부식 처리방법은 다음의 순서로 실시한다.

㉮ 부드럽고 적절한 세척제를 활용하여 알루미늄 표면의 기름기나 이물질을 제거한다. 세척제를 선택할 때는 알루미늄 판재의 접합부 사이에 잔류하여 부식의 원인으로 작용할 수 있기 때문에 신중하게 선택하여야 하며, 중성제품을 사용할 것을 권장한다.

㉯ 고운 연마제 또는 금속광택제를 활용해서 부식 발생 부분을 손으로 닦아낸다. 알클래드 처리된 항공기 표면 광택을 위해 만들어진 금속광택제를 사용할 때에는 양극산화피막 (anodized film) 처리된 부분에 사용하는 것은 금해야 한다. 금속광택제의 연마제는 양극 처리된 피막을 제거하기에 충분한 연마성을 가지고 있다. 금속광택제는 효과적으로 부식 얼룩을 제거하고, 알클래드 표면에 페인트 처리를 하지 않고 반짝거리는 윤이 난 상태로 사용 가능하도록 하는 데 효과적이다.

㉰ 부식방지제를 활용하여 표면 부식을 처리한다. 부식방지제는 중크롬산나트륨(sodium dichromate)과 크롬3산화물(chromium trioxide)을 사용하며 5~20분 동안 부식 발생 부분에 도포한 상태에서 화학작용이 일어나도록 노출시킨 후 방지제를 제거한 후 깨끗한 수건으로 닦아낸다.

㉱ 방수 왁스로 표면에 광택과 보호막 코팅을 만들어 준다.

② 페인트칠을 하는 알루미늄 표면은 더욱 강한 화학물질을 활용한 세척 절차에 노출될 수 있고, 내부 표면의 부식방지 처리는 페인트칠을 하기 전에 가능하며 일반적인 적용 절차는 다음과 같다.

㉮ 일반적인 세척방법에 따라서 부식방지 처리 전에 오물과 그리스 찌꺼기 등을 세심하게 제거한다.

㉯ 부식방지 처리를 적용할 부분에 페인트가 남아 있다면 페인트 리무버(paint remover)를 활용하여 제거한다.

㉰ 크롬산(chromic acid)과 유산(sulphuric acid)의 10% 용액으로 외부 표면의 부식 발생 부분을 처리한다. 걸레 또는 브러시로 용액을 바른 후 부식 발생 부분을 세게 문지른다. 뻣뻣한 브러시를 활용하면 대부분의 부식물들을 분해시키거나 제거할 수 있고 갈라진 틈이나 숨겨진 부분까지 용제를 침투시켜서 쉽게 제거할 수 있다. 적어도 5분 동안 크롬산이 작용할 수 있도록 유지한 후 물로 씻어 내리거나 젖은 수건으로 여분의 용제를 제거한다.

㉱ 이렇게 처리된 표면은 건조시키고 항공기의 제작서 절차에 따라 보호막을 복원시킨 후 페인트칠을 한다.

양극산화 처리(treatment of anodized surface)된 표면의 처리절차

양극산화 처리는 알루미늄합금의 일반적인 표면처리방법 중의 하나이며 양극산화 처리된 부분의 손상은 다시 화학적인 방법으로 복원시킬 수 있다. 수리를 할 경우 해당 부분 이외의 산화피막이 손상되지 않도록 주의가 필요하며, 철제섬유, 와이어 브러시 또는 연마제를 사용하지 말아야 한다. 보통 연마용 수세미는 일반적으로 부식된 양극산화 처리된 표면의 세척에 사용되는 도구로서 알루미늄 섬유, 와이어 브러시 등을 대체한다. 인접한 보호 피막의 불필요한 손상을 막기 위해 세척작업도 주의 깊게 수행하여야 하며 보호피막이 유지되도록 가능한 방법을 취해야 한다.

➤ 열처리된 알루미늄합금의 입자 간 부식처리(treatment of inter-granular corrosion in heat-treated aluminum alloy surface) 절차

입자 간 부식은 불충분하거나 부적당하게 열처리된 합금의 결정 경계에 발생한 부식이다. 입자 간 부식의 심각한 형태는 금속의 층간 부풀어오름과 같은 기포현상이다. 세밀한 세척 절차는 입자 간 부식 발생 부분에 필수적인 절차이다. 부식 생성물과 눈에 보이는 얇은 층으로 갈라진 금속층의 기계적인 제거는 부식의 정도와 구조 강도의 평가를 위해 제거되어야 하며 부식의 깊이와 제거의 한계는 정비교범을 적용한다.

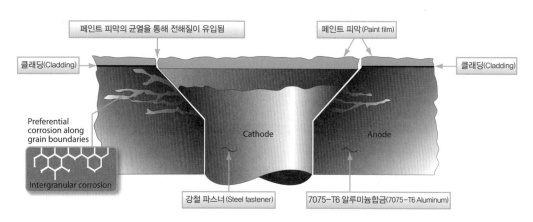

[그림 1-2-74] 강철 파스너에 인접한 7075-T6 알루미늄합금의 입자 간 부식

다) steel 합금의 분류, 재질 기호

➤ 강(steel)합금의 규격번호

항공기에 사용하는 강(steel)합금의 분류는 미국자동차기술자협회(SAE, Society of Automotive Engineers)와 미국철강협회(AISI, American Iron and Steel Institute)가 만든 규격에 따라 분류한다. 강의 표시방법은 SAE 분류법을 주로 사용하고, 네 자리의 숫자로 표시한다. 첫째 자리는 합금원소의 종류, 둘째 자리는 합금원소의 함유량, 나머지 두 자리는 평균 탄소함유량을 나타낸다.

[표 1-2-16] SAE 규격 표시법

SAE 규격 표시법	
SAE 1025	
1	합금원소의 종류
0	합금원소의 함유량(%)
25	탄소함유량의 평균값(0.25%)

[표 1-2-17] SAE 규격 주 합금의 종류

합금 번호	합금의 종류	합금 번호	합금의 종류
1×××	탄소강	6×××	크롬-바나듐강
2×××	니켈강	7×××	텅스텐강
3×××	니켈-크롬강	8×××	니켈-크롬-몰리브덴강
4×××	몰리브덴강	9×××	규소-망간강
5×××	크롬강		

탄소함유량에 따른 철의 구분

철은 탄소함유량에 따라 순철, 강, 주철로 분류한다. 탄소함유량이 0.025% 이하인 것을 순철, 0.025~2.0% 이하인 것을 강(steel), 4.0% 이상인 것을 주철이라고 한다. 탄소함유량이 많아지면 강도와 경도는 증가하지만, 인성이 줄어들고 취성이 증가한다. 탄소함유량이 적은 순철은 강도가 약해서 합금으로 만들어서 사용한다.

탄소강

탄소강은 탄소함유량이 약 0.02~2.0%인 강을 말한다. 탄소함유량에 따라 저탄소강(0.1~0.3%) 중탄소강(0.3~0.6%) 고탄소강(0.6~1.2%)으로 구분한다. 탄소강은 소량의 규소(Si), 망간(Mn), 인(P), 황(S) 등을 포함하고 있으며, 코터핀, 케이블 등에 사용한다.

합금강

합금강은 탄소강에 다른 원소를 첨가해서 특수한 성질을 갖도록 만든 강을 말한다. 합금강은 성질에 따라 고장력강과 내식강으로 구분한다.

① 항공기에 사용하는 고장력강은 크롬-몰리브덴(Cr-Mo)강, 니켈-크롬-몰리브덴(Ni-Cr-Mo)강을 많이 사용한다. 고장력강은 내식성이 나빠서 카드뮴(Cd)이나 니켈-카드뮴(Ni-Cd)으로 피막을 씌워서 사용한다.

② 내식강에는 대표적으로 크롬계 스테인리스강과 크롬-니켈계 스테인리스강이 있다. 내식강은 가스터빈엔진의 흡입 안내깃(IGV)이나 압축기 깃과 같은 엔진부품, 방화벽에 사용한다.

라) 알로다인(Alodine) 처리

🡒 알로다인 처리

알로다인 처리는 'Alodine®'이라는 크롬산 계열의 화학약품으로, 알루미늄합금에 산화피막을 입히는 작업이다. 알로다인 처리는 내식성을 좋게 하고, 페인트 접착성도 좋아진다. 양극 산화처리보다 피막이 잘 벗겨지고 내식성이 약하다는 단점이 있지만, 전기나 기술이 필요하지 않고 비용이 적게 들어서 많이 사용하는 방법이다. 사용하는 약품이 크롬산 계열로 독성을 가지고 있어서 조심해야 하고, 용액 처리 시 환경오염에 유의해야 한다.

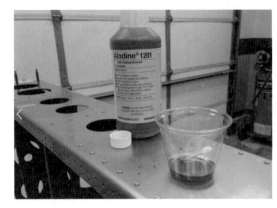

(a) 알로다인 용액   (b) 알로다인 처리 후의 제품

[그림 1-2-75] 알로다인(Alodine) 처리

① 알로다인 작업 시 사용하는 알로다인의 종류는 다양하지만, 그중 알로다인 #1000의 절차는 다음과 같다.
  ㉮ 작업할 곳을 클리너로 깨끗하게 세척하고 건조시킨다.
  ㉯ 알로다인 #1000 분말 4g, 물 1 L의 비율로 섞어서 알로다인 용액을 만든다.
  ㉰ 알로다인 #1000 용액을 붓에 묻혀서 알로다인 처리할 면에 칠한다.
  ㉱ 2~3분 정도 기다린 다음 물로 세척한다.
② 알로다인 작업 시 주의사항은 다음과 같다.
  ㉮ 작업 중 용액이 마를 것 같으면 용액을 더 뿌려서 작업이 끝날 때까지 표면이 마르지 않도록 한다.
  ㉯ 용액이 침투될 수 있는 곳은 밀봉해서 내부로 들어가지 않도록 보호한다.
  ㉰ 금속 화재가 발생할 수 있는 마그네슘 합금에는 사용하지 않는다.
  ㉱ 크롬산이 포함된 알로다인 용액은 버릴 때 환경오염을 방지하는 조치를 해아 한다.

◈ 양극 산화 처리(anodizing)

양극 산화 처리는 전해액 속에 있는 금속을 양극(Anode, +)으로 만들고 전류를 흘리면 전해액 속에 있는 음이온-산소(OH)가 양극에 붙어서 표면에 산화피막을 만드는 부식방지법이다. 양극 산화 처리는 금속의 표면을 적당히 부식시켜 더 큰 부식을 방지하는 방법이다. 내식성과 내마모성이 좋아지고 피막이 벗겨지지 않는다는 장점이 있다.

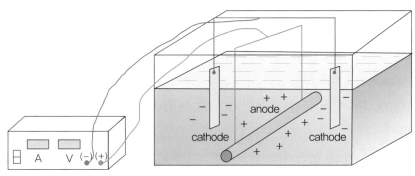

[그림 1-2-76] 양극 산화 처리(anodizing)

◈ 항공기 금속재료의 부식방지법

부식방지법에는 알로다인(alodine), 양극 산화 처리(anodizing), 알클래딩(alcladding), 도금(plating), 파커라이징(parkerizing) 등이 있다.

도장(painting), 실링(sealing)도 부식을 방지한다.

① 알로다인은 알루미늄합금 표면에 크롬산 용액으로 화학적 산화피막을 입히는 방법
② 양극 산화 처리는 알루미늄합금에 전기화학적 산화피막을 만드는 방법
③ 알클래딩은 알루미늄합금 표면에 5% 두께로 순수 알루미늄을 압연하는 방법
④ 도금은 재료의 표면에 내식성이 좋은 금속을 얇게 입히는 방법으로, 아연도금, 카드뮴도금이 있다.
⑤ 파커라이징은 철강재료의 표면에 인산염 피막을 만들어서 부식을 방지하는 방법
⑥ 본더라이징(bonderizing)은 파커라이징을 개량한 방법으로, 처리액에 소량의 인산구리를 넣어서 인산염 피막이 빨리 만들어지도록 만든 방법

2) 비금속재료 (구술평가)

가) 열가소성과 열경화성 구분

◈ 항공기에 사용하는 투명 플라스틱(transparent plastic)

항공기의 조종실 캐노피(canopy), 윈드실드(windshield), 창문 및 기타 투명한 곳에는 투명플라스

틱 재료가 사용되며, 열에 대한 반응에 따라 다음 두 가지 종류로 구분된다. 한 가지는 열가소성수지(thermoplastic)이고 다른 한 가지는 열경화성수지(thermosetting)이다. 투명플라스틱은 두 가지 형태로 제조되는데, 한 가지는 덩어리로 된 고형(solid)이고 다른 한 가지는 얇은 조각으로 된 층형(laminated)이다. 층형 투명플라스틱은 보통 폴리비닐부티릴(polyvinyl butyryl)을 함유한 내층 재료에 의해 접착된 투명플라스틱판재로 만들어진다. 층형 플라스틱은 내파열 특성이 있어서 고형 플라스틱보다 우수하기 때문에 여압을 하는 항공기에 많이 사용된다.

항공기에 사용되는 대부분의 투명판재는 여러 가지의 군용규격(military specification)에 따라 제조된다. 투명플라스틱으로 새로 개발된 재질은 신축성이 있는 아크릴(acrylic)수지이다. 신축성이 있는 아크릴은 성형하기 전에 분자구조(molecular structure)의 재배열을 위하여 양방향으로 잡아당겨서 제조한 플라스틱의 일종이다. 신축성이 있는 아크릴 패널(acrylic panel)은 충격과 파손에 대해 큰 저항력을 가지며, 내화학적 특성이 있다. 가장자리는 단순하며 잔금(crazing)이나 긁힘(scratch)이 적게 발생한다.

⟩ 열가소성수지와 열경화성수지

① 열가소성수지는 가열하면 연해지고 냉각시키면 딱딱해진다. 이 재료는 유연해질 때까지 가열한 다음 원하는 모양으로 성형하고, 다시 냉각시키면 그 모양이 유지된다. 같은 플라스틱 재료를 가지고 재료의 화학적 손상을 일으키지 않고도 여러 차례 성형하는 것이 가능하다. 폴리에틸렌, 폴리스티렌, 폴리염화비닐 등이 여기에 속한다.

② 열경화성수지는 열을 가하면 연화되지 않고 경화된다. 이 플라스틱은 완전히 경화된 상태에서 다시 열을 가하더라도 다른 모양으로 성형할 수 없다. 에폭시수지(epoxy resin), 폴리이미드수지(polyimid resin), 페놀수지(phenolic resin), 폴리에스테르수지(polyester resin) 등이 열경화성수지에 속한다.

⟩ 열가소성수지의 사용처

열가소성수지 중 아크릴은 윈드실드와 스위치 커버에, 폴리염화비닐(PVC)은 전선 피복, 객실 내장재, 튜브 등에 사용한다. 열경화성수지 중 에폭시수지는 레이돔, 안테나 커버, 접착제 등으로 사용하고 폴리우레탄수지는 방음재나 방진재로 사용한다.

나) 고무제품의 보관

⟩ 항공기에 사용하는 고무(rubber)

고무라는 용어는 금속이라는 용어와 같이 포괄적인 의미를 가진다. 고무제품은 천연고무와 합성고무로 구분할 수 있다. 합성고무의 종류에는 부틸, 부나, 실리콘고무, 네오프렌이 있다. 항공기에서 고무는 먼지나 습기 혹은 공기가 들어오는 것을 방지하고 액체, 가스 혹은 공기의 손실을 방지할 목적으로 사용된다. 또한, 진동을 흡수하고, 잡음을 감소시키며 충격하중을 감소시키는 데

도 사용된다.

◑ 고무제품의 보관방법

고무제품을 보관할 때는 노화와 균열의 원인이 되는 오존, 빛, 열, 산소에 노출되지 않도록 보관한다. 일반적으로 햇빛을 받지 않는 어둡고, 통풍이 잘되는 곳으로, 실온 24℃ 이하(18℃±2℃), 습도 50~55%, 빛이 들어오지 않는 암실에 보관한다. 또한 고무에 굴곡이나 늘어짐이 생기지 않도록 보관한다.

◑ 천연고무(natural rubber)의 특성

천연고무는 합성고무 또는 실리콘고무보다 더 좋은 가공성과 물리적 성질을 가지고 있다. 이들 성질은 신축성, 탄성, 인장강도, 전단강도, 유연성으로 인한 저온 가공성 등을 포함한다. 천연고무는 용도가 다양한 제품이지만, 쉽게 변질되고 모든 영향에 대하여 저항성이 부족하기 때문에 항공용으로는 부적합하다. 비록 우수한 밀폐능력을 가지지만, 모든 항공기 연료나 나프타(naphtha) 등과 같은 용제에 의해 부풀거나 유연해지는 단점이 있고, 합성고무보다 훨씬 잘 변질된다. 이 고무는 물-메탄올 계통(water methanol system)에서의 밀봉재(sealing material)로 사용하고 있다.

◑ 합성고무(synthetic rubber)의 종류와 특성

가장 널리 사용되는 것으로는 부틸(butyl), 부나(buna), 네오프렌(neoprene) 등이 있다.

① 부틸(butyl)은 가스 침투에 높은 저항력을 갖는 탄화수소 고무이다. 이 고무는 또한 노화에 대한 저항성도 있지만 물리적인 특성은 천연고무보다 매우 적다. 산소, 식물성 기름, 동물성 지방, 염기성(alkali), 오존(ozone) 및 풍화작용에 견딜 수 있다. 천연고무와 마찬가지로 석유나 콜타르 용제(coaltar solvent)에 부풀어 오르며, 습기 흡입성은 낮으나 고온과 저온에는 좋은 저항력을 가지고 있다. 등급에 따라 -65°F에서 300°F의 온도 범위에서 사용이 가능하다. 에스테르 유압유(skydrol), 실리콘 유체, 가스 케톤(ketone), 아세톤(acetone) 등과 같은 곳에 사용한다.

② 부나(buna)-S는 처리나 성능특성에 있어서 천연고무와 비슷하다. 천연고무와 같이 방수 특성을 지니며, 어느 정도 우수한 시효특성을 가지고 있다. 열에 대한 저항성은 강하나 유연성은 부족하다. 일반적으로 가솔린(gasoline), 오일(oil), 농축된 산(acid), 솔벤트 등에는 취약한 저항성을 갖는다. 천연고무의 대용품으로 타이어나 튜브에 일반적으로 사용한다.

③ 부나-N은 탄화수소나 다른 솔벤트에 대한 저항력은 우수하지만 낮은 온도의 솔벤트에는 저항력이 약하다. 300°F 이상의 온도에서 좋은 저항성을 가지고 있으며 -75°F까지 온도에 적용되는 저온용도 있다. 균열이나 태양광, 오존에 대해 좋은 저항성을 가지고 있다. 또한, 금속과 접촉해서 사용될 때 내마모성과 절단특성이 우수하다. 유압피스톤(hydraulic piston)의 밀폐실(seal)로 사용될 때에도 실린더벽(cylinder wall)에 고착되지 않는다. 오일 호스(oil hose)나 가솔린 호스(gasoline hose), 탱크 내벽(tank lining), 개스킷(gasket) 및 실(seal)에 사용된다.

④ 네오프렌(neoprene, 합성고무의 일종)은 천연고무보다 더 거칠게 취급할 수 있고 더 우수한 저온 특성을 가지고 있다. 또한, 오존, 햇빛, 시효에 대한 특별한 저항성을 가지고 있다. 부틸이나 부나보다 몇 가지 특성에서 고무와 같은 특성이 좀 부족하다. 오일에 대해 우수한 저항성을 갖고 있다. 주로 기밀용 실, 창문틀(window channel), 완충패드(bumper pad), 오일 호스, 카뷰레터 다이어프램(carburetor diaphragm)에 주로 사용한다.

⑤ 티오콜(thiokol)은 다황화고무(poly-sulfide rubber)로도 불린다. 노화에 가장 높은 저항력을 갖지만, 물리적 성질에 있어서는 최하위를 차지한다. 오일 호스, 방향족 항공기용 가솔린(AV-gas)을 위한 탱크 내벽(tank lining), 개스킷, 그리고 실(seal) 등에 사용한다.

⑥ 실리콘고무(silicone rubber)는 규소(silicon), 수소, 그리고 탄소로 만들어진 플라스틱 고무 재질에 속하며, 우수한 열안정성과 저온에서의 유연성을 갖는다. 이 고무는 개스킷, 실(seal) 또는 600°F까지의 고온이 작용하는 곳에 사용하기 적합하다. 가장 잘 알려진 실리콘고무 중 하나인 실라스틱(silastic)은 전기계통과 전자장비의 절연에 사용된다. 폭넓은 온도범위에 걸쳐 유연하고 잔금이 생기지 않기 때문에 절연특성이 우수하다. 또한, 특정 오일계통의 개스킷이나 실(seal)로 사용하기도 한다.

완충 코드(shock absorber cord)

완충 코드는 천연고무 가닥을 산화와 마모에 잘 견디도록 처리한 무명실로 짠 외피를 씌워서 만든다. 고무줄 다발을 원래 길이의 약 3배 정도 늘리고, 이 고무줄에 무명실로 짠 외피를 직조해 넣으면 큰 장력과 신장을 얻을 수 있다.

탄성식(elastic) 완충 코드는 두 가지 종류가 있는데, 제1형은 직선코드(straight cord)이고, 제2형은 "번지(bungee)"라고 알려진 연결고리형태이다. 제2형 코드의 장점은 쉽고 신속하게 교환할 수

[표 1-2-18] 완충 코드의 연도별 색 표시와 제작연도의 예

Year	Threads	Color
2000	2	Black
2001	2	Green
2002	2	Red
2003	2	Blue
2004	2	Yellow
2005	2	Black
2006	2	Green
2007	2	Red
2008	2	Blue
2009	2	Yellow
2010	2	Black

Quarter Marking		
Quarter	Threads	Color
January, February, March	1	Red
April, May, June	1	Blue
July, August, September	1	Green
October, November, December	1	Yellow

(a) 2006년 4/4분기

(b) 2007년 3/4분기

있으며, 신장이나 꼬임에 대한 안정성이 크다는 것이다. 완충 코드는 표준 지름이 1/4에서 13/16 in까지 이용된다.

코드의 전체 길이에 걸쳐 세 가지 색으로 채색된 가는 무명실을 외피에 꼬아 넣었다. 이 가는 실 중 2개는 같은 색상이며 제작연도를 표시한다. 다른 색상인 세 번째 가는 실은 코드가 제작된 시기를 1/4년 단위로 구분하여 표시한다. 코드 표시는 5년을 단위로 구분하고 그 기간이 지나면 처음부터 다시 반복한다.

⊙ 실(seal)의 기능

실(seal)은 사용되는 계통에서 공기·오물(dirt) 등과 같은 유체의 흐름을 차단하거나 누설을 방지하기 위해 사용한다. 항공기 시스템에서 유압과 공압의 사용빈도 증가로 인해 패킹(packing)과 개스킷(gasket)의 필요성도 증가하였고, 해당 계통의 운영속도와 온도에 알맞게 여러 가지 모양으로 설계된다. 같은 형상이나 종류의 실(seal)로 모든 장치를 만족시킬 수는 없으므로 ① 시스템의 작동 압력, ② 시스템에 사용되는 유체 종류, ③ 인접한 부품 사이에 있는 금속의 거친 정도와 유격, 그리고 ④ 회전운동 또는 왕복운동과 같은 운동형태 등에 따라 특성에 맞게 제작된다.

⊙ 실(seal)의 종류

실(seal)은 패킹(packing), 개스킷(gasket), 와이퍼(wiper)로 분류한다.

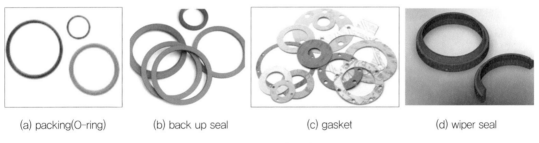

| (a) packing(O-ring) | (b) back up seal | (c) gasket | (d) wiper seal |

[그림 1-2-77] 실(seal)의 종류

① 패킹(packing)은 합성고무나 천연고무로 만들어진다. 보통 '작동 실(seal)'로서 작동실린더 (actuating cylinder), 펌프(pump), 선택밸브(selector valve) 등과 같이 움직이고 있는 부분의 기밀을 위해 사용되며, 특수목적을 위해 설계한 O-링, V-링, 그리고 U-링 형태로 만든다.

㉮ O-링 패킹(O-ring packing)은 내부와 외부누설을 방지하기 위해 사용한다. 이 형태의 링을 가장 일반적으로 사용하고 있으며, 양쪽 방향 모두에 대한 기밀작용이 효과적이다. 1,500 psi 이상의 압력으로 작동하는 장비에서 O-링이 밀려 나오는 것을 방지하기 위해 백업 링(backup ring)을 함께 사용한다. MIL-H-5606을 사용하는 유압계통의 O-링은 원래 −65°F에서 +160°F까지의 온도범위에서 설계규격번호가 AN6227, AN6230, 그리고 AN6290인 것을 사용하였다. 새로운 설계에서 작동온도가 275°F까지 요구됨에 따라, 많

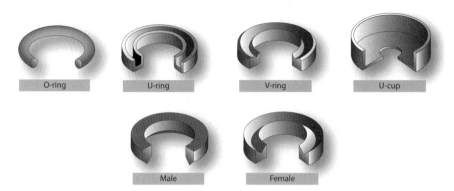

[그림 1-2-78] O-ring packing의 종류

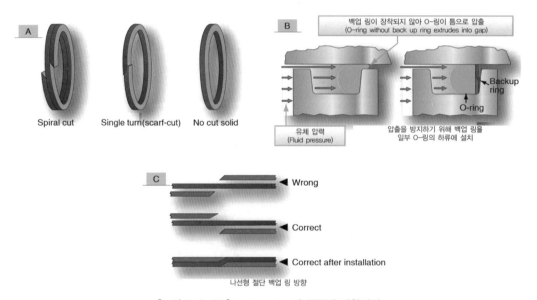

[그림 1-2-79] backup ring의 종류와 장착방법

은 합성수지를 개발해서 완성하였다. 최근에는 고온 성능의 손실 없이 저온성능을 향상시킨 MS28775 계열의 재질도 개발하였다. 이 계열은 MIL-H-5606 유압계통에서 온도가 −65℉에서 275℉까지 변하는 곳에 표준으로 사용하고 있다.

㉯ 백업 링(backup ring, MS28782)은 시간이 지나도 노화되지 않는 테프론(Teflon™)으로 만든다. 어떤 계통의 유체나 증기에도 영향을 받지 않으며, 고압의 유압계통에 나타나는 높은 온도에 대해서도 잘 견딜 수 있다. 백업 링의 검사는 표면이 불규칙한 곳은 없는지, 모서리 윤곽이 깨끗하게 잘려서 예리한 상태인지, 이음부분이 평행한지 등을 확인해야 한다. 나선형 테프론 백업 링(spiral backup ring)을 검사할 때는 자유로운 상태에서 코일의 1/4 in 이상 분리되지 않았는가를 확인해야 한다.

㉰ V-링 패킹(V-ring packing, AN6225)은 한쪽 방향 밀폐용 실(seal)이며 항상 압력작용 방향을 향해서 'V'의 벌어진 부분이 향하도록 장착해야 한다. V형 링 패킹을 장착한 후 적당한

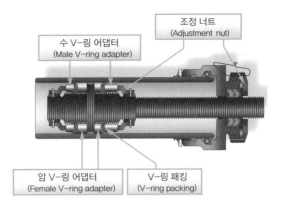

[그림 1-2-80] O-링과 V-링 장착

위치에 자리 잡아주는 한 쌍의 어댑터(adapter)가 있어야 한다. 또한, 해당 부품의 실 리테이너(seal retainer)에 제작자가 제시한 규정값으로 토크(torque) 작업하는 것이 필요하다. 그렇지 않으면 seal은 만족스러운 역할을 못하게 된다.

㉒ U-링 패킹(U-ring packing, AN6226)은 브레이크 장치(brake assembly)와 브레이크 마스터 실린더(brake master cylinder)에 사용된다. U-링과 U-캡은 오직 작용하는 압력에 대하여 한쪽 방향만을 밀폐시키며, 그렇기 때문에 패킹의 열린 부분이 압력이 작용하는 방향으로 향하도록 장착해야 한다. U-링은 원래 1,000 psi 이하의 압력에 사용되는 저압용 패킹이다.

② 개스킷(gasket)은 고정된 또는 움직이지 않는 2개의 납작한 부품 사이를 밀폐시키기 위하여 사용된다. 개스킷 재질은 일반적으로 석면(asbestos), 구리(copper), 코르크(cork), 고무(rubber) 등이 있다. 판형태의 석면 개스킷은 내열성을 필요로 하는 곳이면 어디든지 사용할 수 있으며, 배기계통의 개스킷으로 광범위하게 사용하고 있다. 대부분 배기계통 석면 개스킷(asbestos exhaust gasket)은 수명을 연장시키기 위해 얇은 판에 구리테두리를 입힌다. 점화플러그 개스킷으로는 연소실의 밀폐를 위해 약간 연질인 구리와셔를 사용하고 있다. 코르크 개스킷은 엔진 크랭크케이스(crankcase)와 액세서리(보기품, accessory) 사이의 오일 실(seal)로 사용하고 있으며, 굴곡 표면이나 울퉁불퉁하게 생긴 불규칙한 공간을 메꿔서 밀폐시켜야 하는 곳에 사용한다. 고무판 형태의 개스킷은 압축성 개스킷이 필요한 곳에 사용한다. 가솔린이나 오일이 접촉하는 부분에서 고무가 이 물질들과 접촉하면 아주 빠르게 변질될 수 있기 때문에, 고무 개스킷을 사용해서는 안 된다. 개스킷은 작동실린더, 밸브(valve), 기타 구성부품 끝 덮개부분의 유체밀폐용으로도 사용한다. 이런 목적으로 사용하는 개스킷은 대체로 O-링 패킹과 비슷한 모양을 하고 있다.

③ 와이퍼(wiper)는 피스톤축(piston shaft)의 노출된 부분을 청소하거나 윤활유를 바르기 위해 사용한다. 그들은 계통으로 들어가려는 이물질을 막아주고 긁힘을 방지함으로써 피스톤축을

보호한다. 와이퍼의 재질은 금속이나 펠트(felt)이다. 때로는 그것을 함께 사용하는데, 이때는 펠트 와이퍼(felt wiper)를 금속와이퍼 뒤쪽에 장착한다.

⊙ O-링의 장착(O-ring installation) 작업 시 주의사항

① O-링을 제거, 장착 시 뾰족하거나 예리한 공구는 사용하지 않아야 한다.
② O-링이 장착되는 부위는 오염으로부터 깨끗한지 확인한다.
③ 새로운 O-링은 밀봉된 패키지에 보관되어 있어야 한다.
④ 장착 전에 적절한 조명과 함께 4배율 확대경을 사용하여 흠이 있는지 검사한다.
⑤ 장착 전에 깨끗한 유압유에 O-링을 담근 후 장착한다.
⑥ 장착 후에 O-링의 뒤틀림을 바로잡기 위해 손가락으로 O-링을 서서히 굴린다.

⊙ seal의 저장방법

seal은 어두운 곳(dark), 서늘한 곳(cool), 건조한 곳(dry), 그리고 직사광선이 없는 곳에 보관한다.

다) 실란트 등 접착제의 종류와 취급

⊙ 기밀용 실란트(sealant, sealing compound)

항공기는 여압을 위하여 공기 누설을 방지하고, 연료의 누설이나 가스의 유입을 막기 위해, 또는 기후를 차단시키고 부식을 방지하기 위하여 해당 부분을 밀폐시킨다. 대부분 실란트(밀폐제, sealant)는 최상의 결과를 얻기 위해 2가지 이상의 성분을 적절한 비율로 혼합하여 사용한다. 어떤 재료는 포장된 상태의 것을 그대로 사용하는 것도 있고, 사용하기 전에 적절히 혼합해야 하는 것도 있다.

⊙ 실란트의 종류

① 일액성 실란트(one-part sealant)는 바로 사용할 수 있도록 제조사에서 조제하여 포장한 것이다. 그러나 이 화합물 중 일부는 특별한 방법으로 사용할 수 있도록 농도를 조절하기도 한다. 만약

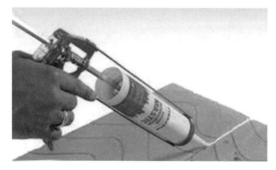

(a) one-part sealant   (a) two-part sealant

[그림 1-2-81] one-part sealant와 two-part sealant

희석이 요구된다면, 희석제(thinner)는 실란트 제조사에서 권고하는 것을 사용해야 한다.

② 이액성 실란트(two-part sealant)는 기제(base compound)와 촉진제로 구분되며, 사용하기 전에는 경화되지 않도록 따로따로 포장한다. 이 실란트는 적절한 비율로 혼합하여 사용하며, 규정된 비율을 변경시키면 재료의 품질이 저하될 수 있다. 일반적으로 2액성 실란트는 기제와 촉진제의 무게비로 규정된 혼합비율에 맞춘다.

🢒 실란트의 취급 절차

① 실란트 재료의 무게를 측정하기 전에, 기제와 촉진제는 충분히 저어서 섞어줘야 한다. 건조되었거나, 덩어리 진, 또는 조각이 된 촉진제를 사용해서는 안 된다.

② 기제 화합물과 촉진제의 적당한 양을 결정하고 난 다음에, 기제 화합물에 촉진제를 첨가해야 한다. 촉진제를 첨가한 후 즉시 휘젓거나 아래위로 흔들어서 그 재료의 농도에 맞게 섞음으로써 2개 화합물이 충분히 섞이도록 해야 한다. 혼합물에 공기 침투를 방지하기 위해 재료를 조심스럽게 섞어야 한다. 지나치게 과격하게 또는 오랫동안 섞는 것은 혼합물에 열을 발생시키고 혼합된 실란트의 정상적인 경화시간과 작업가능시간을 단축시키게 된다.

③ 화합물이 잘 혼합되었는지 확인하기 위해, 평평한 금속 또는 유리판 위의 깨끗한 부분에 문질러서 검사한다. 만약 작은 부스러기나 덩어리가 발견된다면 계속해서 혼합한다. 작은 부스러기나 덩어리가 제거되지 않는다면 그것은 버려야 한다.

④ 혼합된 실란트의 작업가능시간은 30분부터 4시간까지인데, 이는 실란트의 종류에 따라 다르다. 그러므로 혼합된 실란트는 가능한 빨리 사용해야 하며, 그렇지 않으면 냉동고에 보관한다.

⑤ 혼합된 실란트의 양생률(curing rate)은 온도와 습도에 따라 변한다. 실란트의 양생은 온도가 60°F 이하일 때 가장 느리다. 실란트 양생을 위한 가장 이상적인 조건은 대부분 상대습도가 50%이고 온도는 77°F일 때이다.

⑥ 양생은 온도를 증가시키면 촉진되지만, 그러나 양생하는 동안 온도가 120°F를 초과해서는 안 된다. 열은 적외선램프나 가열한 공기를 이용해서 가열한다. 만약 가열한 공기를 사용한다면, 공기로부터 습기와 불순물을 여과해서 적절히 제거시켜야 한다.

⑦ 모든 작업준비가 끝날 때까지 어떠한 실란트 접합면에라도 열을 가해서는 안 된다.

⑧ 접합면에 영구적이거나 임시로 부착하는 모든 구조물은 실란트의 사용제한시간 안에 결합시켜야 한다.

⑨ 실란트는 점성이 없는 이형층으로 마무리하고 나서 경화시켜야 한다. 실란트 위에 셀로판지(cellophane) 한 장을 덮어 마무리하면 달라붙지 않기 때문에 외형 필름을 쉽게 분리할 수 있다.

실란트작업 시 주의사항

① 유효기간(expiration date)이 지난 것은 사용하지 않고 규격품을 사용한다.

② 과격하게 섞거나 오래 섞으면 혼합물에 열이 발생해서 실란트의 정상적인 경화시간과 작업가능시간이 줄어들 수 있다.

③ 독성이 있으므로 작업 시 주의하고, 피부에 닿으면 즉시 씻어낸다.

[표 1-2-19] 실란트(sealant)에 대한 정보

Sealant Base	Accelerator (Catalyst)	Mixing Ratio by Weight	Application Life (Work)	Storage (Shelf) Life After Mixing	Storage (Shelf) Life Unmixed	Temperature Range	Application and Limitations
EC-801 (black) MIL-S-7502A Class B-2	EC-807	12 parts of EC-807 to 100 parts of EC-801	2–4 hours	5 days at −20 °F after flash freeze at −65 °F	6 months	−65 °F to 200 °F	Faying surfaces, fillet seals, and packing gaps
EC-800 (red)	None	Use as is	8–12 hours	Not applicable	6–9 months	−65 °F to 200 °F	Coating rivet
EC-612 P (pink) MIL-P-20628	None	Use as is	Indefinite non-drying	Not applicable	6–9 months	−40 °F to 200 °F	Packing voids up to ¼"
PR-1302HT (red) MIL-S-8784	PR-1302HT-A	10 parts of PR-1302HT-A to 100 parts of PR-1302HT	2–4 hours	5 days at −20 °F after flash freeze at −65 °F	6 months	−65 °F to 200 °F	Sealing access door gaskets
PR-727 potting compound MIL-S-8516B	PR-727A	12 parts of PR-727A to 100 parts of PR-727	1½ hours minimum	5 days at −20 °F after flash freeze at −65 °F	6 months	−65 °F to 200 °F	Potting electrical connections and bulkhead seals
HT-3 (grey–green)	None	Use as is	Solvent release, sets up in 2–4 hours	Not applicable	6–9 months	−60 °F to 200 °F	Sealing hot air ducts passing through bulkheads
EC-776 (clear amber) MIL-S-4383B	None	Use as is	8–12 hours	Not applicable	Indefinite in airtight containers	−65 °F to 200 °F	Top coating

cure time, application life, shelf life

① cure time은 도포한 실란트가 굳어서 제 역할을 할 때까지 걸리는 시간

② application life(work)는 촉진제를 섞은 후 실란트를 계속 사용할 수 있는 시간

③ shelf life는 실란트가 상하지 않고 저장할 수 있는 기간

라) 복합소재의 구성 및 취급

복합재료(composite materials)

복합재료(composite)는 서로 다른 재료나 물질을 인위적으로 혼합한 혼합물로 정의한다. 강화재로는 유리섬유(glass cloth), 탄소섬유(carbon/graphite), 아라미드(aramid) 및 보론(boron)섬유 등이 사용되고, 모재에는 열경화성(thermoset) 수지(resin), 열가소성(thermoplastic) 수지(resin), 금속

(metallic), 세라믹(ceramic) 등이 사용된다.

⦿ 복합재료의 장점

① 중량당 강도비가 높다.

② 섬유 간의 응력 전달은 화학결합에 의해 이루어진다.

③ 강성과 밀도비가 강 또는 알루미늄의 3.5~5배이다.

④ 금속보다 수명이 길다.

⑤ 내식성이 매우 크다.

⑥ 인장강도는 강 또는 알루미늄의 4~6배이다.

⑦ 복잡한 형태나 공기역학적 곡률 형태의 제작이 가능하다.

⑧ 결합용 부품(joint)이나 파스너(fastener)를 사용하지 않아도 되므로 제작이 쉽고 구조가 단순해 진다.

⑨ 손쉽게 수리할 수 있다.

⦿ 복합재료의 단점

① 박리(delamination, 들뜸 현상)에 대한 탐지와 검사가 어렵다.

② 새로운 제작 방법에 대한 축적된 설계 자료(design database)가 부족하다.

③ 비용(cost)이 비싸다.

④ 제작방법의 표준화된 시스템이 부족하다.

⑤ 재료, 과정 및 기술이 다양하다.

⑥ 수리 지식과 경험에 대한 정보가 부족하다.

⑦ 생산품이 종종 독성(toxic)과 위험성을 가지기도 한다.

⑧ 제작과 수리에 대한 표준화된 방법이 부족하다.

⦿ 복합재료의 검사(inspection of composites) 절차

복합재료구조는 내부 복합재료층(fly)의 분리, 중심과 외피의 접착이완(debonding), 습기와 부식 등에 의한 층분리(delamination)에 대해 검사한다. 복합소재의 검사방법에는 육안검사(visual inspection), 탭시험(tap test), 초음파검사와 방사선검사 그리고 열상기록검사(thermography)가 있다.

① 탭시험은 코인검사(coin test)라고도 한다. 복합소재가 얇은 층으로 갈라지는 적층분리나 접착 부분에 이완이 발생했는지 검사할 때 사용하는 방법으로, 무게 2온스의 가벼운 해머나 동전 으로 표면을 가볍게 두드려 불량이 있는 곳과 없는 곳의 소리를 듣고 판단한다. 이때 소리가 다르거나 나지 않는 부분은 결함 가능성이 있는 부분이다. 이 방법은 두께 0.08 in 이하의 얇 은 외피에 있는 결함을 찾아낼 때 효과적이다. 허니콤 구조에서는 한쪽만 검사하면 반대쪽의 결함을 찾지 못하므로 양면 둘 다 시험해야 한다.

② 복합소재는 전기전도성이 낮아서 낙뢰를 맞으면 대기 중으로 방전할 수 없어서 피해가 생기

는데, 이를 방지하기 위해 구조물 안에 전기전도성이 좋은 알루미늄을 삽입해서 전도성을 가지도록 만든다. 그래서 복합소재 구조를 수리한 다음에는 전기전도성을 확인해야 한다. 저항측정기로 전기전도율을 측정해서 전도 경로가 복원되었는지 검사한다.

③ 열상기록검사는 결함이 있는 부위와 없는 부위의 열전도율 차이로 결함을 찾는 방법이다. 결함이 없는 부위는 결함이 있는 부위보다 열을 효율적으로 전도하기 때문에 흡수되거나 반사되는 열의 양 차이로 복합재료 구조에 결함이 있는지 알 수 있다.

◉ 복합재료 취급 시 안전(composite safety) 절차

복합재료 제품은 피부, 눈, 폐 등에 매우 해로울 수 있다. 인체 건강에 단기 또는 장기적으로 심각한 자극과 해를 입을 수 있다. 개인 보호용구 착용이 때에 따라 덥고 불편하며, 착용에 어려움이 있을 수 있지만, 복합재료 작업에서 이 약간의 불편함이 건강 문제, 심지어 죽음까지도 막아줄 수 있다.

① 작은 유리 기포(glass bubble)나 섬유 조각으로 인한 폐의 영구적인 손상으로부터 신체를 보호하기 위해 방독면(respirator)을 착용하는 것은 매우 중요하다. 먼지마스크(dust mask)는 유리섬유 작업에 인가된 최소한의 필수품이며, 최선의 보호방법은 먼지필터(dust filter)를 갖춘 방독면을 착용하는 것이다. 만약 주위의 공기가 그대로 흡입된다면, 마스크는 착용한 사람의 폐를 보호할 수 없기 때문에, 방독면이나 먼지마스크의 정확한 착용이 매우 중요하다.

② 수지작업을 할 때, 발생하는 증기로부터 보호하기 위해 방독면을 착용하는 것은 매우 중요하다. 방독면에 있는 숯 여과기는 한동안 증기를 제거해준다. 만약 마스크를 뒤집어 놓고 휴식을 취한 다음 다시 착용하였을 때 수지 증기 냄새를 느낄 수 있다면, 곧바로 여과기를 교체해야 한다. 숯 여과기의 사용시간은 일반적으로 4시간 이하다. 사용하지 않을 때는 밀폐된 가방에 방독면을 보관해야 한다.

③ 만약 오랜 시간 동안 유독성물질로 작업을 해야 한다면, 두건(hood) 딸린 송풍식 마스크(supplied-air mask)를 사용하는 것이 좋다.

④ 긴 바지와 장갑까지 내려오는 긴 소매를 입거나 보호크림(barrier cream)을 발라주면 섬유나 다른 미립자가 피부에 접촉되는 것을 방지할 수 있다.

보통 눈의 화학적인 손상은 회복될 수 없기 때문에 수지나 용제로 작업할 때는 통기구멍이 없는 누설방지 고글(goggle)을 착용하여 눈을 보호해야 한다.

◉ 복합재료 수리작업 시의 안전사항(repair safety)

작업 시 사용하는 재료의 물질안전자료데이터(MSDS, Material Safety Data Sheet) 내용을 숙지해야 하며, 모든 화학약품, 수지, 그리고 섬유 등을 정확하게 취급하는 것은 중요하다. MSDS는 해당 재료의 유해성을 표시해 준다. 복합재료 작업 시 사용되는 재료들이 호흡기 계통 위험성, 발암성 및 기타 인체에 해로운 성분을 분출시킬 수 있다.

① 눈 보호(eye protection)

눈은 항상 화학약품과 날아다니는 물체로부터 보호되어야 한다. 작업 시에는 항상 보안경을 착용해야 한다. 그리고 산(acid) 성분의 물질을 혼합하거나 주입할 때에는 얼굴가리개를 착용한다. 작업장에서 보안경을 착용하더라도 콘텍트 렌즈를 착용해서는 안 된다. 어떤 화학적 솔벤트는 렌즈를 녹이고 눈에 손상을 줄 수 있다. 작업 시 발생하는 미세먼지 등이 렌즈로 침투되어 위험을 초래할 수 있다.

② 호흡기 보호(respiratory protection)

탄소섬유 분진은 인체에 해롭기 때문에 호흡하지 말아야 하고, 작업장은 환기가 잘되도록 해야 한다. 밀폐된 공간에서 작업을 수행할 경우에는 호흡에 도움을 주는 적절한 보호장구를 착용해야 한다. 연마 또는 페인트작업을 수행하는 경우에는 분진 마스크 또는 방독면을 착용해야 한다. 작업장의 환기는 하향 통풍방식이 설치된 곳에서 실시해야 하며, 연마 및 연삭작업 시에는 유해 분진으로부터 작업자를 효과적으로 보호할 수 있어야 한다. 기계작업 시 발생하는 각종 분체들은 작업 후 즉시 수거하여 처리해야 한다. 하향 통풍시설은 약 100~150 feet^3/min의 평균 면속도(average face velocity)를 갖도록 커야 하고, 그 상태를 계속 유지시켜야 한다. 또한 관련 시설에 설치하는 필터는 정기적으로 교환해야 한다.

③ 피부 보호(skin protection)

복합재료작업 시 발생하는 여러 가지 재료의 분진은 민감한 피부에 자극을 줄 수 있으므로 적절한 장갑 또는 보호용 의복을 착용해야 한다.

④ 화재 방지(fire protection)

복합재료 정비작업에 사용되는 대부분의 솔벤트는 가연성 물질이다. 모든 솔벤트 용기는 밀폐시키고 사용하지 않을 때 방염 캐비닛에 저장한다. 또한 정전기가 발생할 수 있는 지역에서 멀리 떨어진 곳에 보관해야 한다. 항상 화재 발생에 대비하여 소화기를 작업장에 비치해야 한다

➤ 샌드위치 구조(sandwich structure)

샌드위치 구조는 얇고 평행하는 두 장의 표면 판재(face sheet)를 접합하여 비교적 두껍고, 가벼운 코어(core)에 의해 격리된 가장 간단한 형태로 구성된 구조용 패널 개념이다.

① 코어는 휨 작용에 대해서 표면 판재를 지지해 주고, 외부 전단하중에 견디는 역할을 하는 코어는 높은 전단강도와 압축응력에 대한 강직성이 요구된다.
② 외판은 사전 경화된 후 부착하거나 한 번에 코어와 상호 경화되게 하는 방식 또는 이 두 가지 방식을 조합하는 방식을 사용한다. 항공기 날개 스포일러, 페어링, 도움날개, 플랩, 나셀, 바닥재 패널, 방향키 등의 제작에 사용한다. 무게가 가볍고 휨에 대한 강도가 매우 큰 장점이 있다. 허니컴 구조가 대표 샌드위치 구조이며, 물리적 특성이 일정한 방향성을 나타낸다.

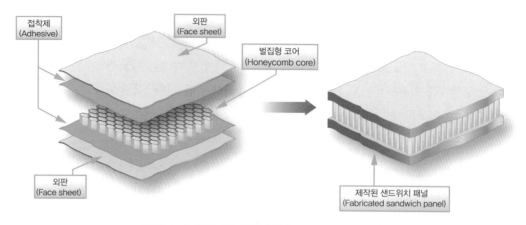

[그림 1-2-82] 샌드위치 구조(sandwich structure)

⊙ 샌드위치 구조에서 코어 재료(core material)의 형상에 따른 종류

① 허니컴(honeycomb)

② 발포형 재료(foam)

③ 발사 목재(balsa wood)

(a) honeycomb   (b) foam   (c) balsa wood

[그림 1-2-83] 샌드위치 구조에서 코어 재료(core material)의 형상에 따른 종류

⊙ 샌드위치 구조의 장단점

[표 1-2-20] 샌드위치 구조의 장점과 단점

장 점	단 점
무게에 비해 강도가 높다.	손상 상태를 파악하기 어렵다.
부식 저항이 있다.	집중하중에 약하다.
피로와 진동에 강하다.	

3) 비파괴검사 (구술평가)

가) 비파괴검사의 종류와 특징

⊙ 비파괴검사(nondestructive inspection)의 종류

비파괴검사란 검사 대상을 파괴하거나 손상하지 않고 성질, 상태, 내부 구조 등을 알아내는 검사를 말한다. 비파괴검사는 검사 대상을 손상하지 않기 때문에 항공기의 감항성을 해치지 않고 검사할 수 있고, 검사 결과가 정확하다는 장점이 있다. 비파괴검사의 종류는 다음과 같다.

① 육안검사(Visual Inspection, VT)

② 침투탐상검사(Penetrant Inspection, PT)

③ 자분탐상검사(Magnetic Particle Inspection, MT)

④ 와전류검사(Eddy Current Inspection, ET)

⑤ 초음파검사(Ultrasonic Inspection, UT)

⑥ 방사선검사(Radiographic Inspection, RT)

나) 비파괴검사 방법 및 주의사항

⊙ 육안검사(Visual Inspection, VT)

육안검사는 주로 표면의 흠을 찾아내는 데 이용된다. 균열이나 표면의 불규칙한 결함, 층의 분리와 표면이 부푼 결함 등을 찾아낼 수 있다. 육안검사에는 손전등, 확대경, 거울 등 검사 보조장비를 이용할 수도 있다. 확대경 등 도구를 사용하지 않는 경우를 일반 육안검사라 하고, 도구를 사용하는 경우를 상세 육안검사라고 한다.

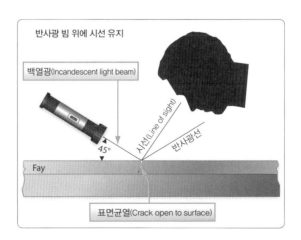

[그림 1-2-84] 플래시를 이용한 표면 균열 검사

손전등으로 표면 균열을 검사할 때는 플래시 빔을 검사 표면에 5°에서 45° 각도로 비추어 반사광선에 의한 시선을 방해하지 않도록 한다. 반사광선보다 시선이 위에 위치하여야 한다. 광선을 균열에 직각으로 유도하고 그 길이를 추적하여 발견된 균열의 범위를 결정한다. 10배 정도의 확대경을 사용하여 균열 의심 부위를 확인한다. 이 방법이 적정하지 않은 경우에는 침투탐상검사, 자분탐상검사, 와전류검사 등과 같은 NDI 기법을 사용하여 균열을 검사한다.

[표 1-2-21] 비파괴검사의 장단점

방법	장 점	단 점
Visual	· 저비용 · 휴대 간편 · 즉각적 결과 확인 · 최소의 훈련 · 최소의 용품	· 표면 결함(Discontinuities)만 탐지 · 일반적으로 큰 결함 탐지 · 긁힘(scratches)을 결함으로 판정
Penetrant Dye	· 휴대 가능 · 저비용 · 매우 작은 결함도 검출 · 30분 이내 검사 완료 · 최소한의 검사기능	· 표면 결함만 탐지 · 거칠거나 다공성 표면의 시험은 곤란 · 검사 부품의 마감재 및 실란트 제거 등 준비 필요 · 높은 청결도 필요 · 필요한 결과에 대한 직접적인 육안 감지
Magnetic Particle	· 휴대 가능 · 저비용 · 작은 결함도 검출 · 즉각적 결과 확인 · 중간 정도의 검사기능 · 표면 결함만 탐지 · 상대적으로 빠른 검사	· 거친 표면은 시험에 방해가 된다. · 부품 준비 필요(마감재 및 실란트 제거 등) · Semi-directional requiring general orientation of field to discontinuity · 강자성 부품에 적용 · 시험 후 부품 탈자 작업
Eddy Current	· 휴대 가능 · 표면과 표면결함 검사 · 적정 검사시간 · 즉각적 결과 확인 · 작은 결함도 탐지 · 긁기에도 민감함 · Can detect many variables	· Probe가 검사 표면에 접근할 수 있어야 한다. · 거친 표면은 시험에 방해가 된다. · 전기전도성검사체에 적용 · 검사기능 및 훈련 필요 · 넓은 구역은 검사 시간 소요
Ultrasonic	· 휴대 가능 · 저비용 · 작은 결함도 검출 · 즉각적 결과 확인 · 검사체 준비가 거의 불필요 · 검사 물체와 두께가 광범위	· Probe가 검사 표면에 접근할 수 있어야 한다. · 거친 표면은 시험에 방해가 된다. · Highly sensitive to sound beam discontinuity orientation) · 고도의 결함 검출 및 해석능력과 경험 필요 · 결함의 깊이는 나타나지 않음.
X-Ray Radiography	· 표면 및 내부 결함 감지 · 숨겨진 곳도 검사할 수 있음 · 영구적 기록 획득 · 검사체 준비 최소	· 방사선 안전 위험 · 고비용, 느린 프로세스 · Highly directional, sensitive to flaw orientation · 고도의 결함 검출 및 해석 능력과 경험이 필요 · 결함의 깊이는 나타나지 않음.
Isotope Radiography	· 휴대 가능 · X-ray보다 낮은 비용 · 표면 및 내부 결함 감지 · 숨겨진 곳도 검사할 수 있음. · 영구적 기록 획득 · 검사체 준비가 최소	· 동위원소 안전 위험 · 방사선 동위원소 취급 관련법 준수 · Highly directional, sensitive to flaw orientation · 고도의 결함 검출 및 해석 능력과 경험이 필요 · 결함의 깊이는 나타나지 않음.

⊙ 침투탐상검사(Penetrant Inspection, PT)

침투탐상검사는 모세관 현상을 이용한 검사방법으로, 금속과 비금속의 표면 검사에 사용한다. 검사 비용이 적게 들고 높은 숙련도가 필요하지 않으며 미세한 균열의 탐상도 가능하고 판독이 쉽다는 장점이 있지만, 거친 다공성 표면의 검사에는 적합하지 않고, 표면만 검사할 수 있다는 단점이 있다. 침투탐상검사에는 적색 침투제와 백색 현상제를 사용하는 색조 침투검사와 형광 침투제를 사용하고 암실에서 블랙 라이트로 결함을 검사하는 형광 침투검사가 있다.

침투검사는 부품 표면에 노출되어 있는 결함에 대한 비파괴시험이다. 알루미늄, 마그네슘, 황동, 구리, 주철, 스테인리스강, 그리고 티타늄과 같은 금속부품에 사용한다. 세라믹, 플라스틱, molded rubber, 유리 등에도 사용한다. 침투검사는 표면균열 또는 다공성 결함을 탐지할 수 있다. 이러한 결함은 피로균열, 수축균열, 수축기공, 연마된 표면, 열처리 균열, 갈라진 틈, 단조 랩(laps) 겹침, 그리고 파열에 의해 일어나게 된다. 또한, 침투검사로 결합된 금속 사이에 접합 불량을 표시해 준다. 침투검사의 주요 단점은 결함이 표면에까지 열려야 한다는 것이다. 이러한 이유로서, 검사할 부품이 자성체이면 자분탐상검사방법을 사용한다.

◉ 색조침투검사 절차

색조침투검사는 표면 세척 및 건조, 침투액 도포, 침투액 제거 및 건조, 현상액 도포, 검사 결과 해석, 후처리의 순으로 진행한다. 형광침투검사는 침투액으로 형광액을 사용하고 검사할 때 블랙라이트로 검사한다는 차이가 있다.

① 검사 전에 침투액이 결함 부위에 잘 침투될 수 있도록 표면에 묻어 있는 먼지, 윤활유, 페인트 및 부식된 이물질을 세척액을 뿌려서 깨끗하게 닦아낸다.

② 검사물을 깨끗한 장소에 놓고 세척액이 건조될 때까지 기다린다.

③ 침투액을 검사할 표면에 분사한 후 상온에서 5~20분 정도 기다린다.

④ 침투액이 묻은 표면을 깨끗이 닦아서 표면의 침투액을 제거하고 마를 때까지 기다린다.

⑤ 검사물 표면에 현상액을 얇고 균일하게 뿌린다.

⑥ 현상액이 건조되면 결함이 있는지 관찰한다. 결함이 있으면 붉은 선으로 나타난다.

⑦ 검사 완료 후 검사물 부위에 남아 있는 침투액과 현상액을 완전히 제거한다.

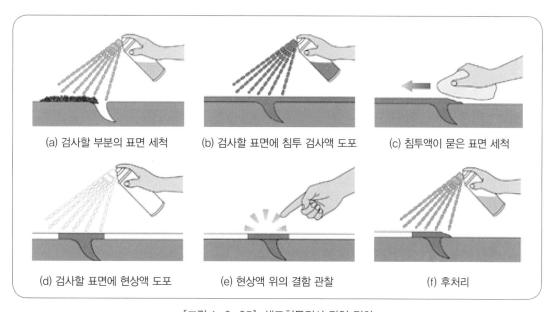

(a) 검사할 부분의 표면 세척   (b) 검사할 표면에 침투 검사액 도포   (c) 침투액이 묻은 표면 세척

(d) 검사할 표면에 현상액 도포   (e) 현상액 위의 결함 관찰   (f) 후처리

[그림 1-2-85] 색조침투검사 작업 절차

⌖ 색조침투검사의 주의사항

① 침투액이 결함을 채울 수 있도록 충분한 시간 동안 기다린다.

② 내부의 오염물질을 깨끗이 세척해서 결함 내부로 침투액이 잘 들어갈 수 있도록 한다.

③ 현상 전 세척과정에서 결함 내부의 침투액이 제거되지 않도록 주의한다.

④ 세척을 제대로 하지 않으면 검사체 자체의 불연속성을 균열로 잘못 판정할 수 있다.

⌖ 액체침투검사(Liquid Penetrant Inspection, PT)의 기본적 처리 순서

검사체 표면 세척 → 침투액의 도포 → 유화제 또는 세제로서 침투액 제거 → 건조 → 현상액 도포 → 검사결과 해석

⌖ 자분탐상검사(Magnetic Particle Inspection, MT)

자분탐상검사의 원리는 강자성체로 된 시험체에 자기장을 걸어 자화시키면 표면이나 표면 바로 밑에 존재하는 결함과 같은 불연속면에서 자기장의 불연속(magnetic field discontinuity)이 생기고, 결함 주변에 자속이 누설된다. 자속이 누설된 부분에는 N극과 S극이 생겨서 국부적인 자석이 형성된다. 여기에 자분을 뿌리면 자분은 결함 부위에 모이는데, 이렇게 모인 자분의 배열을 보고 결함의 크기, 위치, 형상을 검사하는 방법이다. 검사 비용이 적고 높은 숙련도가 필요하지 않다는 장점이 있지만, 비자성체에는 사용할 수 없다는 단점이 있다.

⌖ 자분탐상검사 절차

자분탐상검사는 전처리(세척), 자화, 자분 적용, 검사, 탈자, 후처리(세척)순으로 진행한다.

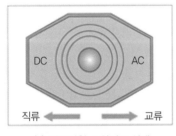

(a) 직류전원 스위치로 선택

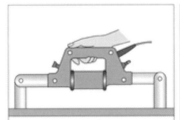

(b) 자화전원 스위치 누르기

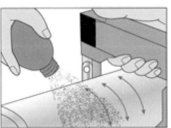

(c) 검사할 부분에 자분 살포

(d) 검사물의 중첩 반복 검사

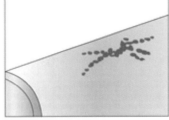

(e) 균열 부분에 자분이 모임

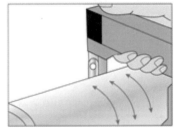

(f) 검사물 안의 자기 제거하기

[그림 1-2-86] 자분(magnetic particle) 탐상검사 작업 절차

① 검사할 표면을 깨끗이 세척한다.

② 자분탐상기의 스위치로 검사방법에 따라 교류전원 또는 직류전원을 선택한다.

③ 탐상기의 프로브를 검사할 부분에 접촉이 잘되도록 고정한 다음 적당히 힘을 가해 누른다.

④ 검사물에 전류가 흐르도록 스위치를 약 2초 간격으로 누른다.

⑤ 결함이 예상되는 부분에 자분을 뿌려서 관찰한다. 형광 자분을 사용했다면 자외선으로 점검한다.

⑥ 십자형(대각선) 방향으로 중첩 반복 검사를 실시한다.

⑦ 균열이 있는 부분에 자분이 모인 것을 보고 결함의 크기, 위치, 형상을 파악한다.

⑧ 검사물의 크기에 따라 프로브를 벌린 다음 전후, 좌우, 상하로 움직여 자기장을 제거한다.

⑨ 자기검출기 또는 자력탐지용 계기를 사용해서 잔류 자기가 완전히 제거되었는지 확인한다.

⑩ 검사가 다 끝난 다음에는 검사물에 묻어 있는 자분을 세척액으로 깨끗이 제거한다.

⊙ 와전류검사(Eddy Current Inspection, ET)

와전류검사의 원리는 코일(coil)에 교류를 흘려주면 자기장이 생기는데, 이 코일을 도체에 가까이 대면 전자유도 때문에 도체 내부에 와전류가 생긴다. 이때 결함 주변에서 와전류의 분포가 달라지는 성질을 이용해서 결함을 찾는다. 표면과 표면 부근의 결함을 찾는 데 사용하는 검사로, 검사 속도가 빠르고, 비용이 저렴하고, 검사 결과를 바로 전기적 출력으로 얻으므로 형상이 간단한 시험체는 자동화 검사가 가능하다는 장점이 있다.

⊙ 초음파검사(Ultrasonic Inspection, UT)

초음파검사는 내부를 검사할 때 사용하는 방법으로, 항공기에서는 연료탱크, 배관, 날개 외피, 구조물과 복합소재의 결함을 찾아낼 때 사용한다. 검사 대상에 초음파를 보냈을 때 내부 결함이나

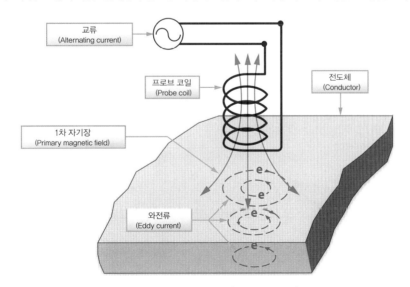

[그림 1-2-87] 와전류(eddy current)의 생성

불연속면이 있으면 초음파 진행에 혼란이 생기는데, 이렇게 반사된 초음파를 분석해서 결함의 위치와 크기를 정확하게 알아내는 방법이다.

초음파는 인간이 들을 수 있는 주파수(20~20,000 Hz)보다 높은 주파수를 갖는 소리를 말한다.

[그림 1-2-88] 복합구조물의 초음파 검사

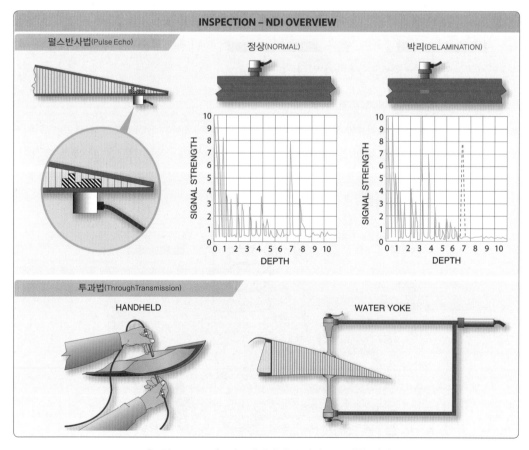

[그림 1-2-89] 펄스반사법과 투과법으로 결함 탐지

➤ 초음파검사의 탐상 원리에 따른 분류

① 펄스반사법(pulse-echo method)은 내부로 초음파펄스를 송신해서 내부나 탐상면과 반대쪽 면
에서 반사되는 초음파를 탐지하는 방법으로, 내부의 결함이나 재질 등을 조사할 때 사용하는
검사법이다.

② 투과탐상법(through transmission method)은 검사 대상의 양면에 2개의 탐촉자(transducer)를 댄
다음 한쪽에서 송신한 초음파 펄스를 다른 쪽에서 받았을 때 투과신호가 변한 정도로 결함을
판정하는 검사법이다. 펄스반사법보다 감도가 덜하다.

③ 공진법(resonance method)은 공진원리를 이용해서 양면이 매끈하고 평행한 대상의 두께를 측
정하는 방법이다.

➤ 초음파검사의 장점과 단점

[표 1-2-22] 초음파 검사의 장점과 단점

장점	단점
• 모든 종류의 재료에 적용할 수 있다. • 소모품이 거의 없어서 비용이 적다. • 검사 대상의 한쪽 면만 노출되면 검사할 수 있다. • 판독이 객관적이다. • 방사선으로 볼 수 없는 미세한 균열을 확인할 수 있다.	• 검사 대상의 표면 상태와 잔류응력에 영향을 받는다. • 검사와 장비 사용에 익숙한 숙련된 기술자가 필요하다.

➤ 방사선 투과검사(Radiographic Inspection, RT)

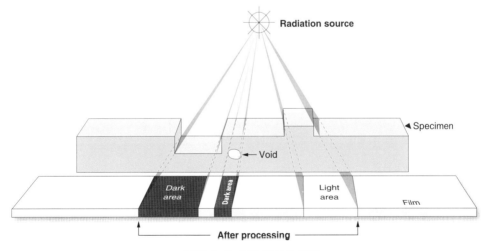

[그림 1-2-90] 방사선 사진

방사선 투과검사는 병원에서 X-선 검사로 우리 몸속의 이상 유무를 검사하는 것과 같이 금속이
나 기타 재질에 대하여 방사선 및 필름을 이용하여 내부에 존재하는 불연속(결함)을 검출하는 데

적용되고 있는 비파괴검사방법이다. 이 기술은 최소의 분해나 분해 없이 기체구조와 엔진에서 흠결의 위치를 알아내기 위해 사용된다. 의심되는 부분을 장탈, 분해, 도색제 벗기기 등이 필요한 여타 비파괴검사방법과 크게 다른 것이다. 방사선 위험으로 인하여 집중적인 훈련을 받고, 자격 있는 방사선 촬영기사가 방사선 발생장치를 동작시킬 수가 있다. 방사선 검사 절차는 필름, 노출, 현상, 정지, 정착, 세척, 약품용액 처리, 건조의 순으로 진행한다. 3가지 주요 단계는 ① 준비와 검사 대상을 방사선에 노출, ② 필름 현상, ③ 방사선 사진 해석이다.

✈ 방사선 투과검사의 작업절차

① 준비와 노출(preparation and exposure) 단계에서 방사선 노출 정도를 결정하는 요인은 다음과 같다.
  ㉮ 재료 두께와 밀도
  ㉯ 물체의 모양과 크기
  ㉰ 탐지하고자 하는 결점의 종류
  ㉱ 방사선 발생 기계장치의 특성
  ㉲ 노출 거리
  ㉳ 노출각
  ㉴ 필름 특성
  ㉵ 증감지(intensifying screen)의 종류
② 필름현상(film processing) 단계에서 X-선에 노출된 필름의 감광상태는 현상액, 화학용액, 산과 정착액(fixing bath)을 적용한 후에 깨끗한 물 세정을 연속하여 거치면 현상이 된다.
③ 품질보증 측면에서 볼 때, 방사선 사진의 해석은 이 검사방법에서 매우 중요하다. 판단 실수가 큰 사고로 이어질 수 있기 때문이다. 방사선 사진 해석은 작업한 검사체 근처에서 실물을 보면서 해석하는 것이 직접 비교할 수도 있고, 표면 상태, 두께, 변동과 같은 징후를 판단할 수 있어서 많이 이용된다.

✈ 방사선투과검사의 방사선 위험(radiation hazards)

① 방사선에 피폭되면 인체에 장해가 생긴다는 것은 잘 알고 있는 사실이다. 따라서 방사선을 취급할 때에는 세심한 주의를 해야 한다.
② X-선 발생장치는 전원을 끄면 X-선이 발생하지 않지만 감마선원은 방사선 방출을 중지할 수 없기 때문에 방사선 안전관리에 특히 신중을 기해야 한다.
③ X-선 장치와 방사성동위원소로부터 나온 방사선에 피폭된 살아 있는 세포 조직은 파괴된다. 이러한 사실은 장비 사용 시에 적절한 보호 조치를 필히 해야 함을 의미한다.
④ 방사선 발생장치 사용자는 항상 X-선 빔의 바깥쪽에 있어야 한다. 방사선이 지나가는 모든 물질은 변화된다. 이것은 살아 있는 세포조직에서도 마찬가지이다.

⑤ 방사선이 신체의 분자에 부딪칠 때 단지 소수의 전자를 몰아내는 것에 지나지 않지만, 그 양이 초과하면 돌이킬 수 없는 해를 입을 수 있다. 복잡한 조직이 방사선에 노출되었을 때, 손상의 정도는 변화된 신체 세포에 따른다.

⑥ 방사선이 침투된 신체의 중심에 있는 심장, 뇌 등의 생명 유지에 절대 필요한 기관은 대부분 해치게 된다. 피부는 보통 방사선의 대부분을 흡수하고 방사선에 가장 빠른 반응을 나타낸다.

⑦ 만약 신체 전체가 방사선의 아주 많은 조사량에 노출되면 죽음에 이를 수도 있다. 방사선의 병리학적 영향의 형태와 심각도는 한꺼번에 받는 방사선의 양과 노출된 전체 신체의 비율에 따른다.

⑧ 작은 조사량은 짧은 기간 동안에 혈액장애와 소화기 장애의 원인이 될 수 있다. 더 많이 조사되면 백혈병과 암, 피부 손상, 탈모도 될 수가 있다.

⑨ 방사선 안전장치에 대해서는 정비안전관련 내용을 완전히 숙지하여야 한다.

SECTION

03 | 항공기 정비작업

가 기체 취급

1) 스테이션 넘버(station number) 구별 (구술평가)

가) station number 및 zone number의 의미와 용도

⊙ 스테이션 넘버의 종류

스테이션 넘버는 항공기의 구조 위치를 쉽게 찾기 위해 기준선(datum line)으로부터의 거리를 [in]나 [mm] 단위로 표시한 번호이다.

스테이션 넘버의 종류에는 동체 스테이션(Fuselage Station, FS), 버톡라인(Buttock Line, BL), 워터라인(Water Line, WL) 등이 있으며, 그 외에 날개 스테이션(Wing Station, WS), 도움날개 스테이션(aileron station), 플랩 스테이션(flap station), 나셀 스테이션(nacelle station)이 있다.

① 동체 스테이션은 일명 body station이라고도 하며, 항공기 기수 부근의 가상 수직면인 datum line을 기준으로 수평거리를 인치[in]나 밀리미터[mm]로 표시한 번호로, 항공기 길이 방향에서 위치를 표시할 때 필요하다.

② 버톡라인은 항공기의 수직 기준선을 기준으로 오른쪽과 왼쪽의 평행한 폭을 의미하며 오른쪽이면 XR, 왼쪽이면 XL로 표시한다.

③ 워터라인은 지상이나 객실 바닥(floor)과 같이 기준이 되는 수평면에서 수직으로 측정한 높이이다.

④ 날개 스테이션은 전방 날개보(front spar)와 직각인 선을 기준으로 날개 끝 방향으로 측정한 거리이다.

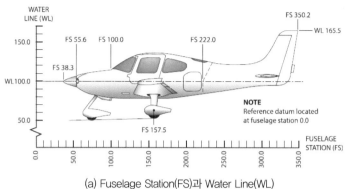

(a) Fuselage Station(FS)과 Water Line(WL)

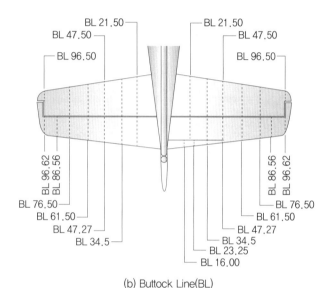

(b) Buttock Line(BL)

[그림 1-3-1] 스테이션 넘버(station number)의 종류

◉ 날개 스테이션(wing station)의 시작점

날개앞전(leading edge)과 수직으로 되는 날개 뿌리(wing root) 부근에서부터 날개 끝(wing tip)으로 평행한 폭의 길이 표시이다.

◉ 존넘버(zone number)의 의미와 용도

존넘버는 운송용 항공기에서 항공기 구성품(component)의 위치를 식별하는 데 도움을 주기 위해 사용된다. 큰 지역(area)과 주요 존(zone)은 순차적으로 넘버가 매겨지는데, 구역(zone)과 하위구역(subzone)으로 분류된다. 존 넘버의 숫자(digit)는 구성 부분인 계통(system)의 위치와 형식을 나타내기 위해 지정된 것이다.

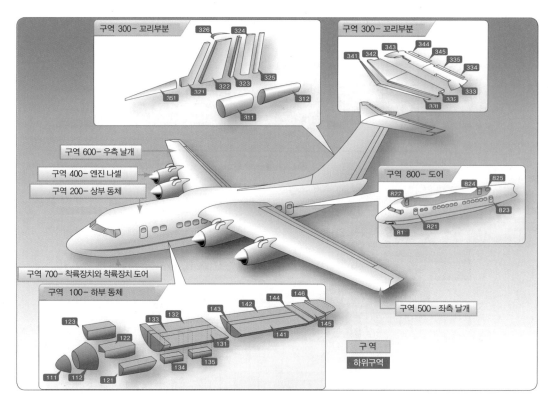

[그림 1-3-2] 운송용 항공기의 구역(zone)과 하위구역(subzone)

➔ 존넘버를 지정하는 부서

대형 항공기의 존 설정은 미국항공운송협회(Air Transport Association of America)에서 ATA Spec 100으로 매뉴얼 넘버링 체계와 함께 규정하였다.

나) 위치 확인 요령

➔ 존넘버의 번호체계와 위치

B737 항공기의 경우 major zone은 다음과 같이 3자리 숫자로 식별된다.

① 100 : lower half of the fuselage

② 200 : upper half of the fuselage

③ 300 : empennage

④ 400 : power plant(engine) & nacelle struts

⑤ 500 : left wing

⑥ 600 : right wing

⑦ 700 : landing gear & landing gear doors

⑧ 800 : door

2) 잭업(jack up) 작업 **(구술평가)**

가) 자중(empty weight), zero fuel weight, payload의 관계

🎯 항공기 무게(weight)와 관련된 용어

항공기 무게의 종류에는 Manufacturer's Empty Weight(MEW), 항공기 자중(Basic Empty Weight, BEW), 표준운항중량(Operating Empty Weight, OEW), 최대무연료중량(Maximum Zero Fuel Weight, MZFW), 최대지상이동중량(Maximum Taxi Weight, MTW), 최대이륙중량(Maximum Take Off Weight, MTOW), 최대착륙중량(Maximum Landing Weight, MLW)이 있다.

항공기 무게와 관련된 용어를 [국토교통부 고시 제2018-317호]에 의거하면 다음과 같다.

① 항공기 자중(BEW)은 표준 물품들에 대한 변수들이 반영된 항공기 자체의 중량이다. weight & balance 작업의 기본이 되는 무게로, MEW에 표준 물품들(standard items)을 포함한 무게이다. 승무원, 승객, 사용 가능한 연료, 배출 가능한 윤활유와 같은 유용 하중(useful load)의 무게를 포함하지 않는 상태에서의 항공기 무게를 말한다. BEW에는 사용 불가능한 연료, 배출 불가능한 윤활유, 엔진오일 냉각에 사용하는 연료의 무게도 포함한다.

② 최대무연료중량(MZFW): 처리할 수 있는(disposable) 연료와 오일을 탑재하지 않은 상태로 승객, 화물을 최대로 실을 수 있는 중량이다. 표준운항중량(OEW)에 유상하중(payload)을 더한 무게이다. 연료를 제외하고 모든 승객과 화물을 탑재한 중량을 말한다.

③ Manufacturer's Empty Weight(MEW)는 제작사에서 항공기를 만들었을 때의 무게로, 항공기 운항에 필수적인 기체구조, 동력장치, 객실 가구, 각 계통, 필수 장비품, 고정 밸러스트의 무게를 포함한 항공기 무게이다.

④ 표준운항중량(OEW)은 항공기 자중(basic empty weight) 또는 기단 운항 중량(fleet operational empty weight)에 운항용 물품들(operational Items)을 추가하여 산정한 중량이다. BEW에서 승무원, 비행에 필요한 선택적(optional) 장비품, 음식물을 포함한 무게이다. 승객, 화물, 연료, 윤활유 무게는 포함하지 않는다.

⑤ 최대착륙중량(MLW)은 항공기가 정상적으로 착륙할 수 있는 최대 중량이다.

⑥ 최대이륙중량(MTOW)은 이륙활주(takeoff run)를 시작할 때의 허용 가능한 최대 항공기 중량으로, 최대지상이동중량(MTW)에서 이륙을 위해 활주하는 동안 소모된 연료(taxi fuel)가 제외된 중량이다.

⑦ 최대지상이동중량(MTW)은 항공기가 지상에서 자력으로 이동(taxiing)이 가능한 최대 항공기 승량이다.

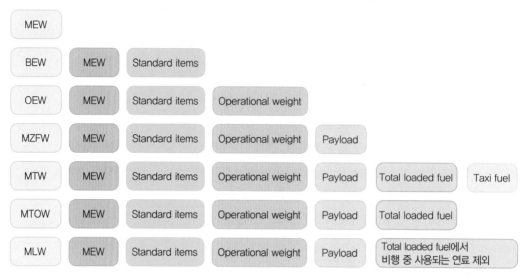

[그림 1-3-3] 항공기 무게(weight)의 구분

⊙ 운항용 물품(operational items)의 종류

운항용 물품들은 항공기 자중에 포함되지는 않았지만, 운항을 위하여 필요한 승무원, 항공기 탑재 예비부품 및 지원용품들(객실용품, 물, 탑재도서 등)이며, 이들 물품은 항공사의 기준 혹은 항공기에 따라서 변경될 수 있고 아래와 같은 것들이 포함될 수 있다.

① 사용 불가능한 연료 및 기타 사용 불가능한 액체들
② 엔진오일
③ 화장실 액체 및 화학물질
④ 소화기, 조명탄 및 비상용 산소 장비품
⑤ 주방(galley), 찬장(buffet) 및 바(bar)의 구조물
⑥ 보조용 전자장비품

⊙ 표준물품(standard items)

표준물품들은 항공기가 정상 작동상태를 유지하는 데 필요한 기본 항목을 말한다. 사용 불가능한 연료, 엔진오일, 작동유, 제작사에 따라 선택장비도 포함한다.

⊙ 유용하중(useful load)

유용하중은 "총무게(gross weight) - BEW"로 승무원, 사용 가능한 연료, 배출 가능한 윤활유, 유상하중을 포함한 무게이다. 즉, 총무게는 BEW와 유용하중의 합을 말한다.

⊙ 유상하중(payload)

유상하중은 요금을 받고 운반하는 승객(passenger), 화물(cargo), 수하물(baggage)의 무게를 말한다.

나) 웨잉(weighing) 작업 시 준비 및 주의사항

항공기 웨잉 작업 시 준비절차

웨잉 작업은 항공기 무게를 측정하는 작업이다. 작업 시 준비 및 안전절차는 다음과 같다.

① 웨잉 작업은 바람의 영향을 받지 않는 격납고 안에서 한다. 바람과 습기의 영향이 없을 때만 외부에서 측정할 수 있다.

② 무게를 측정하기 전에 항공기 내·외부를 세척하고 측정장비의 상태를 점검한다.

③ 무게를 측정할 때는 사용할 수 없는 남은 연료의 무게만 포함해야 한다.

④ 조종계통의 위치는 제작사의 지침에 따라 바른 위치에 놓는다.

⑤ 자중에 포함되는 장비나 물품이 해당 장소에 있는지 확인한다.

⑥ 수평 비행과 같은 상태에서 무게를 측정해야 한다.

⑦ 저울에 휠(wheel)을 올려놓고 측정할 때는 오차가 생기지 않도록 브레이크를 풀어 놓는다.

1978년 이후에 제작된 항공기의 형식증명서에는 항공기 자중에 윤활유 탱크가 가득 찼을 때의 윤활유 무게가 포함된다. 그래서 무게 측정 작업을 준비할 때 윤활유량을 점검해서 탱크에 가득 차게 보충한다. 1978년 이전에 제작된 항공기 또는 형식증명서에 윤활유 탱크에 가득 찼을 때가 아닌 잔류 윤활유량이 항공기 자중에 포함된 항공기는 잔류 윤활유량이 남을 때까지 엔진오일을 배출하거나 윤활유량을 점검해서 잔류 윤활유량만 남기고 산술적으로 뺀다.

항공기 무게 측정 시 실시하는 무게측정방법 두 가지

항공기 무게를 측정하는 방법에는 항공기를 저울 위에 올려서 측정하는 플랫폼 시스템(portable mechanical platform weighing system, 이동식)과 항공기를 잭으로 들어 올려서 무게를 측정하는 잭/로드셀 저울(jack/eletronic load cell system)을 사용하는 방법이 있다. 플랫폼 시스템은 휠 개수에 맞

[그림 1-3-4] platform weighing system으로 무게 측정

[그림 1-3-5] jack/load cell 무게 측정

게 조립해서 쓰면 되므로 여러 항공기에서 범용으로 많이 사용하지만, 플랫폼보다 타이어가 크거나 작으면 정확한 측정이 어려워서 이때는 잭/로드셀 저울을 사용한다.

잭 작업(jacking)을 하는 목적

잭업 작업은 중량 및 평형(weight & balance) 작업, 착륙장치 작동 점검, 타이어나 브레이크 교환 작업을 위해 항공기를 지면에서 들어 올리는 작업을 말한다.

(a) tripod jack과 jack up   (b) single base jack과 jack up

[그림 1-3-6] jack의 종류와 jack up

잭의 종류

잭의 종류에는 삼각받침 잭(tripod jack)과 단일 받침 잭(single base jack)이 있다.

① 삼각받침 잭은 weight & balance 작업과 같이 항공기를 완전히 들어 올릴 때 사용한다.

② 단일 받침 잭은 타이어나 브레이크 교환작업과 같이 한쪽 바퀴만 들어 올릴 때 사용한다.

잭 포인트(jack point)

잭 포인트는 잭업 작업을 할 때 잭을 연결하는 부분이다. 보통 착륙장치 하부, 동체, 주 날개 하부에 있는데, 기종마다 차이가 있다. 잭 포인트에 바로 잭을 연결하지 않고 항공기에 잭 패드(jack pad)를 설치한 뒤 잭을 연결한다. 그리고 무게를 측정하기 위해 로드 셀(load cell)을 잭 패드와 잭 사이에 놓는다. 로드 셀은 출력되는 전기적 신호를 힘이나 하중을 변환해서 값을 측정하는 장치이다.

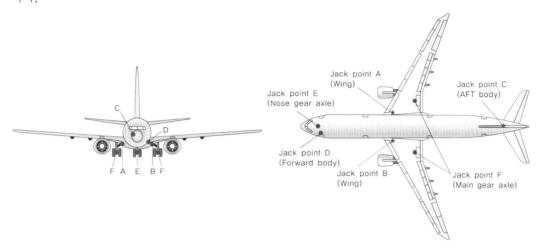

[그림 1-3-7] B737 항공기 jack point

🧭 잭업 작업의 절차

① 항공기 주위에 안전표지판을 배치하고, 조종석에 경고문을 붙인다.

② 모든 착륙장치에 고정핀(ground lock pin)이 꽂혀 있는지 확인한다.

③ 바퀴에 받침목을 댔는지 확인하고, 브레이크를 작동해서 항공기가 움직이지 않도록 한다.

④ 항공기가 안정적으로 수평 상태인지 확인하고, 각 조종면은 중립위치, 플랩은 full up 상태인지 확인한다.

⑤ 항공기를 들어 올리면 지상상태(ground configuration)에서 비행상태(flight configuration)로 전환되므로 관련 회로차단기를 비활성화해서 조종면이나 비행 중 시스템이 작동하지 않도록 한다.

⑥ 잭 포인트에 잭 패드를 장착하고 그 아래에 잭을 놓는다.

⑦ 바퀴에 댄 고임목을 제거하고, 브레이크를 푼다(release).

⑧ 모든 도어와 창문이 잠겨 있는지 확인하고, 사다리와 받침대(platform)를 치운다.

⑨ 항공기 주변을 정리하고 주변에서 다른 작업을 하고 있는지 확인한다.

⑩ 잭을 동시에 천천히 작동해서 수평을 유지하면서 항공기를 들어 올린다.

🧭 잭업 작업 시 주의사항

① 격납고나 바람의 영향을 받지 않는 곳에서 작업한다.

② 항공기가 움직이지 않도록 고정하고, 착륙장치에는 반드시 지상고정핀(ground lock pin)을 꽂는다.

③ 평평한 지면에서 항공기의 수평상태를 확인하고, 수평을 맞추면서 들어 올린다.

④ 잭의 고정 너트를 잠가서 항공기가 갑자기 주저앉지 않도록 방지한다.

3) 무게중심(CG) (구술 또는 실작업 평가)

가) 무게중심 한계의 의미

✈ 무게중심(center of gravity)

무게중심은 물체의 각 부분에 작용하는 중력의 합력 작용점으로, 모멘트의 합이 "0"으로 평형을 이루는 지점이다. 항공기의 무게중심은 항공기의 안정과 조종, 운동 문제를 다룰 때 기준이 되는 좌표축의 원점이다. 무게중심이 어디에 있는지에 따라 물체의 안정성이 달라진다. 무게중심을 간단하게 설명하면 무게가 균형을 이루는 지점이다. 항공기를 무게중심에 끈을 달고 천장에 매달아 놓으면 어디로도 기울지 않을 것이다.

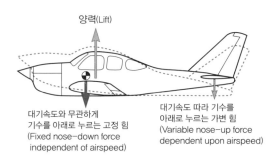

[그림 1-3-8] 비행 중 비행기에 작용하는 세로 방향의 힘

✈ 무게중심 한계(CG limit)

무게중심 한계는 항공기의 무게중심이 벗어나서는 안 되는 한계를 말하며, 전방 중심 한계와 후방 중심 한계가 있다. 또한 무게중심은 항공기의 안정성과 조종성에 영향을 주기 때문에 무게중심 한계 안에서 운용해야 안전하고 효율적인 비행을 할 수 있다.

① 전방 중심 한계는 최소 허용 가능한 조종성에 의해서 결정하는데 무게중심이 전방 무게중심 한계를 벗어나면 중심이 앞쪽에 치우친 상태의 기수 중(nose heaviness)의 영향으로 기수가 하강(nose down)하려는 경향이 강하여 항력이 증가하고, 상승성능이 감소하여 이륙활주거리가 증가한다.

② 후방 중심 한계는 최소 허용 가능한 안정성에 의해서 결정하는데 무게중심이 후방 무게중심 한계를 벗어났다는 것은 무게중심이 후방에 치우친 상태가 되어 미부 중(tail heaviness)의 영향으로 항공기 기수가 상승(nose up)하려는 경향이 강하여 세로불안정성 증가로 실속 위험이 커지는 매우 위험한 상황이 발생할 수도 있다.

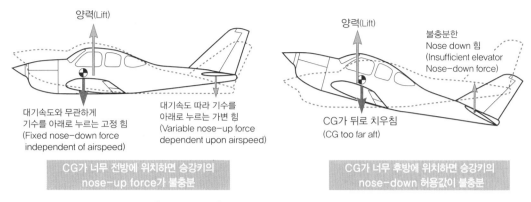

[그림 1-3-9] 무게중심 한계를 벗어난 상태의 비행

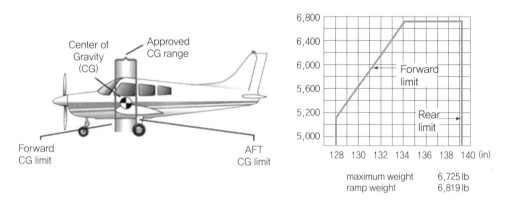

maximum weight   6,725 lb
ramp weight   6,819 lb

[그림 1-3-10] 경항공기 전방 무게중심 한계와 후방 무게중심 한계

🛩 항공기 중량, 거리, 모멘트(aircraft weights, arms & moments)

① 거리(arm)는 기준선(datum line)과 중량 사이의 수평거리

② 기준선의 앞과 좌측은 음(-)의 부호를, 기준선의 뒤와 오른쪽은 양(+)의 부호를 붙여서 사용

③ 항공기 전방에 기준선이 있다면 모든 거리는 양의 값

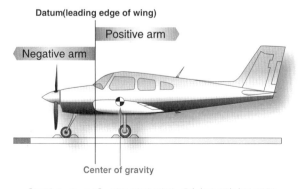

[그림 1-3-11] 기준선의 위치, 음(-)과 양(+)의 방향

④ 파운드 단위로 측정하고, 항공기에서 중량이 감소하면 음(−), 중량이 추가되면 양(+)

⑤ 항공기 제작사는 최대중량과 기준선과의 거리로 무게중심의 범위를 설정

⑥ 평균공력시위(Mean Aerodynamic Chord, MAC)의 백분율(%)로도 무게중심의 위치를 표시

⑦ 기준선은 날개의 앞전 또는 쉽게 식별할 수 있는 곳에 정하며 제작사가 결정

⑧ 모멘트는 물체를 회전시키려는 힘으로, 파운드-인치(lb-in) 부호는 방향을 표시

⑨ 양의 모멘트는 기수를 들어 올리는 회전력, 음의 모멘트는 기수를 내려 누르는 회전력

[표 1-3-1] 중량, 거리, 모멘트의 부호와 회전과의 관계

Weight	Arm	Moment	Rotation
+	+	+	Nose up
+	−	−	Nose down
−	+	−	Nose down
−	−	+	Nose up

✈ 항공기가 하중 초과 상태로 비행 시 나타나는 문제

① 더 큰 이륙속도를 얻기 위해 이륙활주거리 증가

② 상승각, 상승률 모두 감소

③ 서비스 최대고도 감소

④ 순항속도 감소

⑤ 순항거리 감소

⑥ 기동성능 감소

⑦ 착륙속도가 커지므로 착륙거리 증가

⑧ 초과하중으로 착륙장치 등 기체 구조부에 무리 초래

✈ 항공기 무게중심의 부하원칙

① 기준선(DL)으로부터가 아닌 항공기 무게중심(CG)으로부터 부하 품목까지의 거리가 항공기 무게중심에 대한 영향을 결정한다.

② 어떤 품목의 이동에 의한 항공기 무게중심의 변경은 그 품목의 이동거리와 중량에 의해 직간접적으로 영향을 받는다.

③ 항공기 무게중심 전방에 어떤 품목이 장착될 경우 항공기 무게중심은 전방으로 이동한다.

④ 항공기 무게중심 전방에 어떤 품목이 장탈될 경우 항공기 무게중심은 후방으로 이동한다.

⑤ 어떤 품목이 전방으로 이동 시 무게중심이 전방으로, 후방 이동 시 후방으로 이동한다.

⑥ 중량이 작은 품목이 먼 거리로 이동될 경우, 무거운 중량이 작은 거리 이동한 만큼 항공기 무게중심에 영향을 준다.

⊙ 항공기 무게중심을 구하는 절차

① 기준점에서 각 중량까지의 거리를 측정한다.

② 각각의 중량에서 작용하는 모멘트를 계산한다.

③ 중량의 합과 모멘트의 합을 구한다.

④ 총모멘트를 총중량으로 나누어 CG를 구한다.

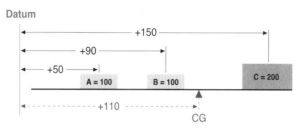

[그림 1-3-12] 판 외부에 위치한 기준선에서 CG 판단

⊙ 무게중심을 구하는 두 가지 공식

① 항공기의 총무게를 구하고 각각의 무게값에 거리를 곱하여 총모멘트를 구한 다음 총무게로 나누어 무게중심의 위치를 구한다.

$$CG = Gross\ Moment\ /\ Gross\ Weight$$

② MAC의 백분율(%)로 표시할 때는 다음 공식을 대입하여 구한다.

$$\%of\ \mathrm{MAC} = \frac{H-L}{C} \times 100$$

여기서, H : 기준선에서 무게중심(CG)까지의 거리

L : 기준선(RD)에서 MAC의 앞전(L/E)까지의 거리

C : MAC의 길이

예 – 기준선에서 무게중심(CG)까지의 거리(H) = 170 in

– 기준선(RD)에서 MAC의 L/E까지의 거리(L) = 150 in

– MAC의 길이(C) = 80 in일 때의 %MAC는?

⇨ (170−150) ÷ 80 × 100 = 25%MAC

즉, 무게중심의 위치가 평균 공력시위의 25%에 위치한다는 뜻이다.

⊙ 항공기 무게중심 계산 시 적용하는 표준중량(standard weight)

중량과 평형에서 사용되는 표준중량은 다음과 같다.

① AVGAS 6 lb/gal

② turbine fuel 6.7 lb/gal

③ lubricating oil 7.5 lb/gal

④ water 8.35 lb/gal

⑤ crew and passengers 170 lb per person

✈ 그림과 표를 참조하여 무게중심 위치 계산

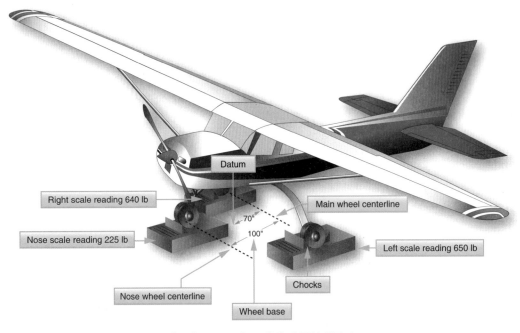

[그림 1-3-13] 무게 측정 중인 항공기

[표 1-3-2] 무게와 평형 자료

Aircraft datum	leading edge of the wing
Leveling	two screw, left side of fuselage below window
Wheel base	100°
Fuel capacity	30 gal AV-gas at + 95 in
Unusable fuel	6 lb at + 98 in
Oil capacity	8 qt at − 38 in
Note 1	empty weight includes unusable fuel and full oil
Left main	650 lb
Right main	640 lb
Nose	225 lb
Tare weight	5 lb chocks on left main, 5 lb chocks on right main, 2.5 lb chocks on nose
During weighing	fuel tanks full and oil full, hydrometer check on, fuel shows 5.9 lb/gal

① 항공기는 가득찬 연료탱크로 중량을 측정하므로 연료 중량은 빼야 하고 사용할 수가 없는 연료 중량은 더한다. 이 중량은 비중, 즉 5.9 lb/gal으로 산정한다.

② 고임목 중량은 저울 지시값에서 빼야 한다.

③ 주륜 중심점은 기준선 뒤쪽 70 in에 있기 때문에 거리는 +70 in이다.

④ 전륜 거리는 −30 in이다.

[표 1-3-3] 모멘트 및 무게중심 계산표

Item	Weight [lb]	Tare [lb]	Net.Wt [lb]	Arm [in]	Moment [in · lb]
Nose	225	−2.5	222.5	−30	−6,675
Left main	650	−5	645	+70	45,150
Right main	640	−5	635	+70	44,450
Subtotal	1,515	−12.5	1502.5		82,925
Fuel total			−177	+95	−16,815
Fuel unuse			+6	+98	588
Oil			Full		
Total			1331.5	+50.1	66,698

위 Total과 같이 항공기의 무게중심은 기준선의 뒤쪽 50.1 in에 있다.

⚙ 항공기 무게중심(CG) 이동 시 변경된 무게중심의 위치 계산

① 다음과 같은 항공기 무게중심 자료를 가지고 계산하면,

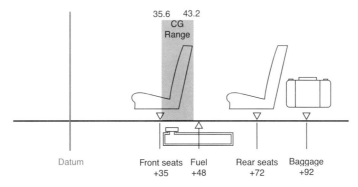

[그림 1-3-14] 대표적인 single-engine 비행기의 적재 도해

㉮ 항공기 자중: 1,340 lbs

㉯ 무게중심: +37 in

⑭ 최대 총중량: 2,300 lbs

⑮ 무게중심 범위: +35.6 in ~ +43.2 in

⑯ 전방 좌석 2개 위치: +35 in

⑰ 후방 좌석 2개 위치: +72 in

⑱ 연료량 및 위치: 40 gal@+48 in

⑲ 최대탑재 화물 중량: 60 lbs@+92 in

② 다음과 같은 조건으로 비행한다고 하면,

㉮ 140 lb 조종사와 115 lb 승객이 전방 좌석(140+115=255 lb)

㉯ 212 lb와 97 lb 승객이 후방 좌석(212+97=309 lb)

㉰ 수하물 50 lb

㉱ 연료는 최대 항속거리를 보증하기 위해 최대 탑재

[표 1-3-4] 비행 시의 항공기 적재

Item	Weight [lb]	Arm [in]	Moment [lb·in]	CG
Airplane	1,340	37	49,580	
Front seat	255(140 + 115)	35	8,925	
Rear seat	309(212 + 97)	72	22,248	
Fuel	240	48	11,520	
Baggage	50	92	4,600	
	2,194		96,873	44.1

③ 변화된 비행조건에서 총무게와 무게중심의 위치를 계산하면 다음과 같다.

㉮ 총무게: 2,194 lb로 최대이륙중량 2,300 lb이므로 한계 내에 있다.

㉯ 무게중심의 위치: 무게중심을 구하는 공식(총모멘트 / 총무게)을 적용하면,

㉰ 96,873 in·lb / 2,194 lb 값 계산 결과 무게중심의 위치는

㉱ +44.1 in이므로 무게중심 한계(+35.6 in ~ +43.2 in)를 +0.9 in 초과하였다.

④ 무게중심의 위치를 후방 무게중심 한계 내의 전방으로 이동시키기 위하여 전방 좌석 115 lb 무게의 승객과 후방 좌석 212 lb 무게의 승객을 바꾸면

㉮ 전방 좌석 140 + 115 = 255 lb, 후방 좌석 212 + 97 = 309 lb의 중량에서

㉯ 전방 좌석 140 + 212 = 352 lb, 후빙 좌석 115 + 97 – 212 lb로 변경되었다.

㉰ 전, 후방 승객을 바꾸고 수정한 무게중심을 구하면 다음 표와 같다.

[표 1-3-5] 승객 좌석의 위치 변경 전과 변경 후의 무게중심 위치

Item	Weight [lb]	Arm [in]	Moment [lb·in]	CG	Item	Weight [lb]	Arm [in]	Moment [lb·in]	CG
Airplane	1,340	37	49,580		Airplane	1,340	37	49,580	
Front seat	255	35	8,925		Front seat	352(140+212)	35	12,320	
Rear seat	309	72	22,248		Rear seat	212(115+97)	72	15,264	
Fuel	240	48	11,520		Fuel	240	48	11,520	
Baggage	50	92	4,600		Baggage	50	92	4,600	
	2,194		96,873	44.1		2,194		93,284	42.5

⑤ 무게중심의 위치가 +42.5 in, 즉 무게중심이 전방으로 1.6 in 이동하여, 후방 무게중심 한계 (+35.6 in ~ +43.2 in)에 포함되어 비행이 가능하다.

⏺ 대형 항공기의 부착식 전자 중량 측정(built-in electronic weighing)

대형 항공기에서 찾아볼 수 있는 한 가지 차이점은 항공기의 착륙장치에 전자 로드셀(electronic load cell)이 부착되어 있다는 것이다. 이러한 시스템으로 항공기가 활주로에 착륙할 때, 자체의 중량 측정을 할 수가 있다. 로드셀을 착륙장치의 액슬, 또는 스트럿에 부착하여 측정한다.

B777 항공기의 경우 비행관리컴퓨터(FMC)에 비행정보를 공급하는 2개의 독립된 시스템을 활용한다. 이 2개의 시스템의 중량과 무게중심에 일치한다면, 정보의 정확성을 믿고 항공기를 출발시키는 것이다. 조종사가 FMC의 중량과 평형 자료를 디스플레이하여 확인한다.

⏺ 평균공력시위(MAC, Mean Aerodynamic Chord)

평균공력시위(MAC)는 날개의 공기역학적 특성을 대표하는 시위로, 날개 평면의 도심(centroid)을 지나는 시위, 즉 날개를 가상의 직사각형으로 가정했을 때 날개 면적 중심을 통과하는 시위를 말한다.

MAC는 항공기 무게중심의 위치를 나타내는 단위로 사용한다. 무게중심의 위치는 MAC 길이의 백분율인 %MAC으로 나타낸다. 예를 들면 날개 길이가 1 m이고 무게중심이 MAC 위의 0.3 m에 있다면, 30%MAC에 무게중심이 있다고 한다.

⏺ 평균공력시위(MAC) 기준으로 무게중심 위치

대형 항공기와 고성능 항공기의 무게중심과 범위는 %MAC으로 나타낸다. 중량과 평형에서는 평균공력시위 길이의 백분율인 %MAC으로 나타낸다. 만약 날개 길이가 100 in이고, 항공기의 중심이 평균공력시위의 20 in에 있다면 20%MAC에 무게중심이 있다고 한다. 그것은 공력평균시위 (MAC)의 날개 앞전에서 뒤쪽 방향으로 1/5 떨어져 있다는 의미이다.

아래 그림에서 기준선은 항공기 기수의 앞쪽에 있고, 이 지점에서 모든 중량까지의 거리가 나타

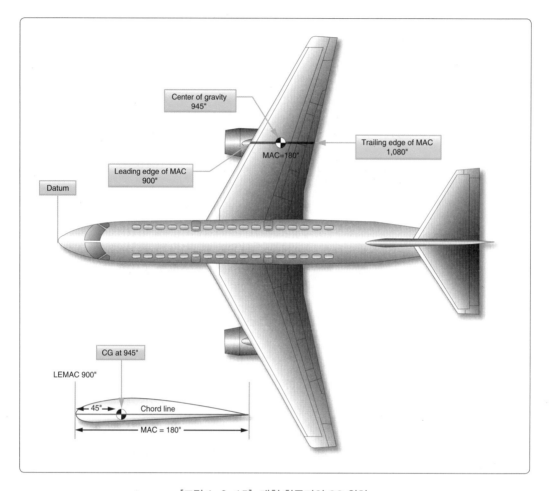

[그림 1-3-15] 대형 항공기의 CG 위치

나 있다.

　%MAC으로 무게중심 위치를 변환해 보면,

　①기준선으로부터 무게중심까지의 거리(CG) = 945 in

　② 기준선으로부터 평균공력 시위의 앞전까지의 거리(LE MAC) = 900 in이므로

$$\frac{CG - LEMAC}{MAC} \times 100 = \frac{945 - 900}{180} \times 100 = 25\%$$

이 식을 이용하여 평균공력시위를 길이 단위로 구할 수 있다.

만약 무게중심이 MAC의 32.5%라면, 무게중심을 다음과 같이 구할 수 있다.

$$CG \ in \ inches = \%MAC \div 100 \times MAC + LEMAC = 32.5 \div 100 \times 180 + 900 = 958.5$$

나 **조종계통** [ATA 27 Flight Controls]

1) 주 조종장치(Aileron, Elevator, Rudder) **(구술 또는 실작업 평가)**

가) 조작 및 점검 사항 확인

■ 나. 연결작업, 2) 케이블 조정작업(rigging), 라) 장착 시 주의사항 참고

◉ 항공기 비행 조종계통

항공기 비행 조종계통(flight control system)은 조종면을 움직여서 항공기를 원하는 방향과 자세로 비행하게 만드는 장치이다. 항공기 조종장치는 입력장치, 연결장치, 조종장치 등으로 구성되어 있다. 조종사가 조종간(control stick)이나 조종 휠(control wheel)을 움직이면 기계적 또는 전기적으로 연결된 구성품이 조종력을 전달하여 조종면이 움직인다.

◉ 비행 조종계통의 운동전달방식인 가역식과 비가역식

일반적으로 사용되고 있는 비행 조종계통의 운동전달방식은 가역식(reversible type)과 비가역식 (non reversible type)으로 분류한다.

① 가역식은 조종장치를 움직이면 비행 조종면에 작동하고, 반대로 비행 조종면을 손으로 움직일 때 조종력이 피드백(feedback)되어 조종장치가 움직이는 조종장치를 말한다. 수동조종장치(manual control system)와 가역식 승압 비행조종계통(flight control system by reversible type booster)이 있다.

② 비가역식은 유압동력 등으로 비행 조종면을 작동하는 방식으로 조종력이 피드백되지 않아 비행 조종면을 손으로 움직여 조종장치를 움직일 수 없는 조종장치를 말한다. 비가역식 동력 비행조종계통(flight control system by non reversible type)과 플라이 바이 와이어 조종계통(Fly-by-wire Control System, FBW)이 있다.

◉ 비행조종계통의 운동전달방식

① 수동조종장치(manual control system)

수동조종장치는 조종사가 조작하는 조종휠(control wheel) 및 방향키 페달(rudder pedal)과 조종면을 케이블이나 풀리(pulley) 또는 로드와 레버를 이용한 링크기구(link mechanism)로 연결하여 조종사가 가하는 힘과 조작 범위를 기계적으로 조종면에 전하는 방식이다. 이 장치는 값이 싸고, 제작 및 정비가 쉬우며, 무게가 가볍고 동력원이 필요 없다. 또, 신뢰성이 높다는 등의 장점이 많아 소형·중형기에 널리 이용되고 있다. 그러나 항공기가 고속화 및 대형화되어 큰 조종력이 필요해지면서 수동 조종장치에 의한 조종이 한계가 있게 되었다. 케이블 조종계통(cable control system)과 푸시풀 로드 조종계통(push-pull rod control system)이 있다.

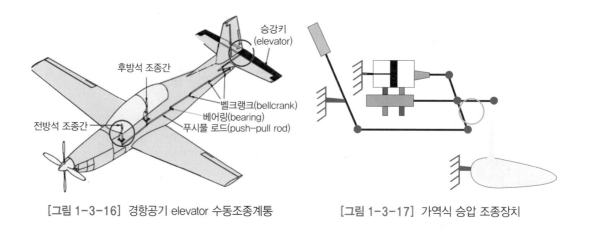

[그림 1-3-16] 경항공기 elevator 수동조종계통   [그림 1-3-17] 가역식 승압 조종장치

② 가역식 승압 비행조종계통(flight control system by reversible type booster)

유압의 힘을 이용한 유압 승압(hydraulic booster) 또는 가역식(reversible type) 조종계통의 장점은 조종력을 사람의 힘보다 몇 배로 크게 할 수 있고, 유압계통에 고장이 생겨도 인력으로 조종면의 조종이 가능하므로 비상상태인 경우에도 조종 불능이 되는 일이 없다. 조종간이 작동하면 조종면이 움직이게 되고, 그 움직임에 따라 조종간에 조종력이 전달되도록 되어 있다. 승압 비행 조종계통은 가역식 비행 조종계통으로 이러한 가역식 비행 조종계통에서는 항공기의 자세를 트림(trim)하거나 조종력을 경감시키기 위하여 탭(tab)을 사용한다. 단점으로는, 부스터비(booster ratio)를 마음대로 크게 할 수 없고, 유압계통에 고장이 생겼을 때에 이를 인력으로 움직일 경우를 고려하여 몇 배 정도의 힘의 이득밖에 얻지 못한다는 것이다. 또 가역식으로 되어 있기 때문에, 초음속기가 아음속과 초음속의 영역을 비행할 때에는 조종면에 작용하는 공기력의 큰 차이로 좋은 조종감각을 얻기가 곤란하다.

③ 비가역식 동력 비행조종계통(flight control system by non reversible type)

비가역식 조종방식은 유압의 힘만으로 조종면을 작동시키는 비행조종계통으로 조종면에 작용하는 힘이 조종간으로 피드백되지 않기 때문에 항공기를 트림하기 위하여 별도의 탭을 장착하지 않고 조종면을 유압작동기가 직접 작동시킨다. 스프링, 밥 웨이트(bob weight) 등을 사용하거나, 동압에 따라 연결기구(link mechanism) 힘의 전달비를 변화시켜 조종간이 움직이는 양과 조종면에 작용하는 힘을 인공적으로 조종사가 느끼도록 되어 있다.

대형기에는 주로 인공감각장치(artificial feeling device)로 조종감각을 얻고 있다. 인공감각장치는 속도를 하나의 변화 요소로 간주하고 있으며, 감지 스프링에 의한 감각은 주로 저속에서의 기능이나 승강키의 작동에 따라 저항이 증가하고, 고속에서는 스프링의 힘으로는 대처할 수 없기 때문에 유압의 힘을 사용하고 있다. 인공감각장치는 조종장치를 중립 위치로 유지시키는 데에도 사용된다.

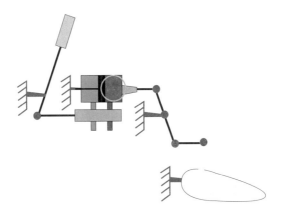

[그림 1-3-18] 고성능 항공기의 비가역식 동력조종장치

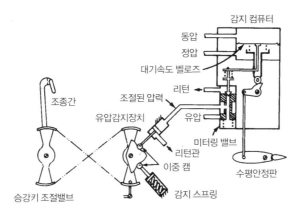

[그림 1-3-19] 인공감각장치

④ 플라이 바이 와이어 조종계통(Fly-by-wire Control System, FBW)

플라이 바이 와이어 조종계통은 기체에 가해지는 중력가속도와 기체의 기울어짐을 감지하는 감지 컴퓨터 등 조종사의 감지능력을 보충하는 장치를 갖추고 있다. 예를 들어, 기존의 비행 조종장치에서는 항공기의 자세를 급격히 변화시키려고 할 때, 조종사는 충분히 큰 조타력을 가한 다음에 다시 그 반대의 조타력을 가하여 조종면을 중립 위치로 환원시키게 된다. 그러나 플라이 바이 와이

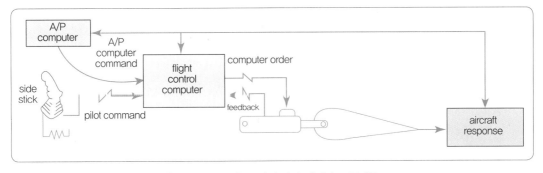

[그림 1-3-20] 플라이 바이 와이어 조종계통

어 조종장치를 이용하면, 컴퓨터가 계산하여 조종면을 필요한 만큼 변위시켜 주도록 되어 있으므로, 항공기의 급격한 자세 변화 시에도 원만한 조종성을 발휘할 수 있다. 플라이 바이 와이어 조종장치의 실용화로 성능이 매우 우수하고, 동시에 조종성과 안정성이 월등한 항공기의 제작이 가능하게 되었다. 이 조종장치에서 조종간이나 방향키 페달은 조종사의 조종신호를 컴퓨터에 입력하기 위한 도구가 된다. 따라서, 조종력을 위한 입력신호인 무게와 변위량의 신호는 불필요해지며, 조종간이나 페달에 가해지는 힘의 크기만으로 조종을 위한 충분한 신호가 된다.

🧭 1차 비행 조종면과 2차 비행 조종면

1차 비행 조종면(primary flight control surface)은 항공기의 3축 운동 모멘트를 만드는 aileron, elevator, rudder를 말한다. 2차 비행 조종면(secondary flight control surface)은 양력이나 항력을 만들고 자세 유지를 도와주는 등 1차 비행 조종면을 보조하는 조종장치를 말한다. 플랩(flap)과 같은 고양력장치(high lift device), 스포일러(spoiler), 탭(tab), 수평안정판(horizontal stabilizer) 등이 있다.

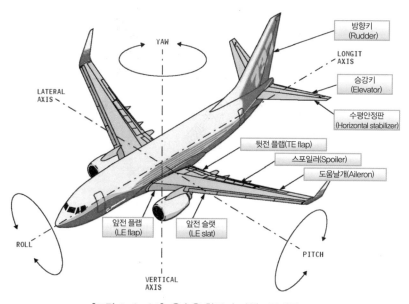

[그림 1-3-21] 운송용 항공기 비행조종계통

🧭 1차 비행 조종면의 종류

1차 비행 조종면(primary control surface)은 항공기의 3축 운동을 담당하는 장치로, 조종에 필수적인 조종면을 말한다. 1차 비행 조종면에는 도움날개(aileron), 승강키(elevator), 방향키(rudder)가 있다.

① aileron은 항공기가 옆놀이운동(rolling motion)을 하도록 만드는 1차 비행 조종면이다. 날개 후방 날개보의 힌지(hinge)로 장착되어 위아래로 움직인다. 대형 항공기의 aileron은 저속일 때는 안쪽(inboard)과 바깥쪽(outboard) 모두 작동하고, 고속에서는 안쪽 aileron만 작동한다.

　　aileron은 조종장치(control wheel)를 좌우로 움직여서 작동시킨다. 두 날개의 aileron은 서로 반대 방향으로 작동하는데, 역요(adverse yaw) 현상을 방지하기 위해 올라가는 aileron은 큰 각도로, 내려가는 aileron은 작은 각도로 움직이는 차동조종(differential control)을 한다.

② elevator는 키놀이운동(pitching motion)을 하도록 만드는 1차 비행 조종면이다. 수평안정판 후방에 달려 있고, elevator를 위아래로 움직였을 때 생기는 양력 차이로 기수를 올리거나 내리는 모멘트를 만들어서 기수를 위아래로 움직이는 조종을 한다. 조종장치를 당기면 elevator가 up되면서 꼬리날개가 내려가고 항공기 기수가 상승한다.

③ rudder는 빗놀이운동(yawing motion)을 하도록 만드는 1차 비행 조종면이다. 수직안정판 후방에 달려 있고, rudder 페달을 밟았을 때 생기는 양력 차이로 기수 방향을 바꾸는 모멘트를 만들어서 항공기를 좌우로 움직인다. 좌측 rudder 페달을 차면 rudder가 좌측으로 움직이고 꼬리날개는 우측으로 이동한다. 그러면 기수는 좌측으로 방향을 이동한다.

◉ 역요(adverse yaw) 현상

역요 현상이란 선회할 때 선회하는 반대 방향으로 빗놀이(yawing)하는 현상을 말한다. 선회할 때 선회하는 방향의 aileron을 올려서 양력을 감소시키고, 반대쪽은 내려서 양력을 높인다. 이때 양력이 커지면 유도항력도 같이 커져서 선회하는 반대 방향으로 빗놀이를 하게 된다. 역요 현상을 방지하려면 선회 시 rudder를 같이 사용하거나 aileron을 올라가는 각도는 크게, 내려가는 각도는 작게 하는 차동조종을 한다. Cessna-172 항공기 aileron의 차동조종(differential control) 작동각도는 UP: 20°±1°, DOWN: 15°±1°이다.

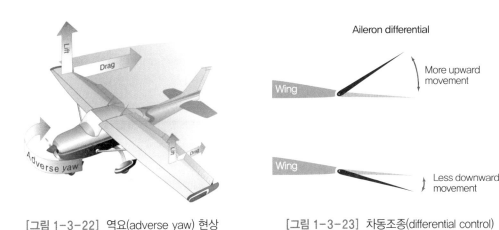

[그림 1-3-22] 역요(adverse yaw) 현상　　　　[그림 1-3-23] 차동조종(differential control)

◉ 항공기의 3축 회전운동

항공기의 3축 회전운동이란 세로축(X축), 가로축(Y축), 수직축(Z축)에 대해 옆놀이운동(rolling motion), 키놀이운동(pitching motion), 빗놀이운동(yawing motion)을 하는 것을 말한다. 3축 회선운동을 하기 위한 비행 조종면을 1차 비행 조종면이라고 하며, 도움날개(aileron), 승강키(elevator), 방향키(rudder)가 있다.

[표 1-3-6] 3축 회전운동

기준축	운 동	안정성	조종면
세로축(X축)	옆놀이운동(rolling motion)	가로안정	도움날개(aileron)
가로축(Y축)	키놀이운동(pitching motion)	세로안정	승강키(elevator)
수직축(Z축)	빗놀이운동(yawing motion)	방향안정	방향키(rudder)

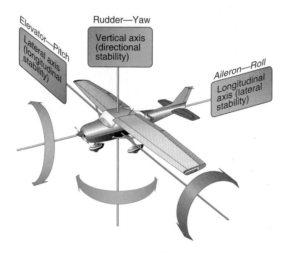

[그림 1-3-24] 기준축과 회전운동

🧭 비행 조종면의 각도 측정방법

조종면이 움직인 각도는 지상에서 각종 각도 측정기를 사용해서 측정할 수 있다. A320과 같은 대형 운송용 항공기는 ECAM의 SD(System Display) 화면의 "Flight Control" 페이지에서 조종면이 움직인 정도를 확인할 수 있다.

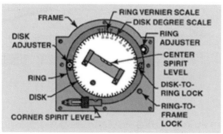

(a) 디지털 경사계   (b) 프로펠러 각도기   (c) 조종면 각도기

[그림 1-3-25] 각종 비행 조종면의 각도 측정기

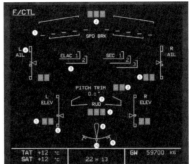

[그림 1-3-26] 소형 항공기의 비행 조종면 각도 측정 모습과 A320 Flight Control Page

◉ 가역식 비행조종계통 aileron control system의 주요 결함 내용과 결함 원인, 결함 수리절차

가역식 비행조종계통을 기준으로 기본적인 결함내용과 수리절차를 설명하면 아래와 같다.

[표 1-3-7] 기본적인 결함 내용과 수리 절차

결함 내용	결함 원인	수리 절차
aileron이 control wheel에 따라 움직이지 않는다.	cable loose	cable tension을 규정값으로 조절한다.
	pulley 손상	pulley를 교환한다.
control wheel의 움직임이 빡빡하다.	cable tension이 높다.	cable tension을 규정값으로 조절한다.
	pulley 손상	pulley를 교환한다.
	bellcrank 손상	bellcrank를 교환한다.
	bearing 손상	bearing을 교환한다.
control wheel의 움직임이 aileron과 일치하지 않는다.	control cable tension 조절 부적절	cable tension을 규정값으로 조절한다.
	control rod의 조질 부적절	control rod의 길이를 조절한다.
aileron의 상하 작동범위가 부적절하다.	bellcrank의 조절 부적절	bellcrank와 cable tension을 조절한다.

◉ 비행 조종면(flight control surface)의 평형작업(balancing)

비행 조종면이 평형이 되지 않은 상태에서 비행을 하면, 조종면이 불안정하고 불규칙적인 운동이 발생하여 정상비행 중에 공기 흐름의 분포가 일정하지 않음으로써 조종사가 적절하지 못한 조종을 하게 된다.

그러므로 조종면이나 tab을 수리하거나 변경했을 때에는, 제작사의 지시에 따라 정확하게 평형작업(balancing)을 수행하여 반드시 평형이 되도록 하여야 한다.

① 평형의 원리는 중심축에서 양쪽에 작용하는 무게와 무게중심까지의 거리를 곱한 양쪽 모멘트(moment)는 같아야 한다는, 힘과 모멘트의 관계로부터 얻을 수 있다. 즉, 왼쪽 모멘트 = 오른

쪽 모멘트, 왼쪽의 무게×거리 = 오른쪽 무게×거리 식으로부터 얻을 수 있다.

조종면이 힌지 중심선에서 수평면에 대하여 평형을 이루게 하기 위하여 조종면의 앞전에 평형무게(balance weight)를 부착한다.

② 정적평형이란, 어떤 물체가 자체의 무게중심으로 지지되고 있을 때, 정지된 상태를 그대로 유지하려는 경향을 말한다.

㉮ 과소 평형(under balance)은 조종면을 평형대 위에 부착하였을 때, 수평위치에서 조종면의 뒷전이 밑으로 내려가는 경우를 말하며, 일반적으로 '+' 표시로 나타낸다.

㉯ 과대 평형(over balance)은 수평위치에서 조종면의 뒷전이 올라가는 것을 말하며, '−' 표시로 나타낸다. 일반적으로 조종면의 뒷전이 무거운 상태는 바람직하지 못한 성능을 가져오기 때문에 사용하지 않고, 조종면의 앞전이 무거운 과대 평형상태가 효율적인 비행을 할 수 있기 때문에, 대부분의 항공기 제작사에서는 조종면의 앞전을 무겁게 제작한다.

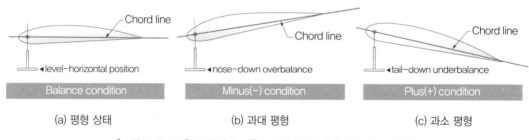

[그림 1-3-27] 조종면의 평형상태와 과대 평형, 과소 평형 상태

2) 보조 조종장치(flap, slat, spoiler, horizontal stabilizer) (구술평가)

가) 종류 및 기능

✈ 보조 조종장치(2차 비행 조종면)의 종류와 기능

항공기 조종계통에서 1차 비행 조종면을 제외한 보조 조종계통에 속하는 모든 조종면을 보조 조종면 또는 2차 비행 조종면이라고 한다. 보조 조종면은 양력이나 항력을 만들어서 이·착륙 거리 감소, 비행속도 감속 및 항공기 자세를 유지하며, 1차 비행 조종면을 움직이는 데 필요한 힘을 줄여주는 역할을 한다. 보조 비행 조종면의 종류에는 플랩, 스포일러, 수평안정판 및 각종 탭이 있다.

[표 1-3-8] 보조 비행 조종면의 종류와 기능

명 칭	위 치	기 능
뒷전플랩(trailing flap)	날개의 내측 뒷전	• 양력 증가를 위해 날개 캠버 증가, 저속비행 가능 • 단거리 이착륙을 위해 저속에서 조작 허용
트림 탭(trim tab)	1차 조종면 뒷전	• 1차 조종면 작동에 필요한 힘 감소
밸런스 탭(balance tap)	1차 조종면 뒷전	• 1차 조종면 작동에 필요한 힘 감소
안티 밸런스 탭(anti-balance tab)	1차 조종면 뒷전	• 1차 조종면의 효과와 조종력 증가
서보 탭(servo tab)	1차 조종면 뒷전	• 1차 조종을 움직이는 힘 제공 또는 보조
스포일러(spoiler)	날개 뒷전/날개 상부	• 양력 감소, 에어론 기능 증대
슬랫(slat)	날개 앞전 중간 외측	• 양력 증가를 위해 날개 캠버 증가, 저속비행 가능 • 단거리 이착륙을 위해 저속에서 조작 허용
슬롯(slot)	날개 앞전의 외부 도움날개의 전방	• 고받음각시 공기가 날개 상부 표면 흐름 • 낮은 실속속도와 저속에서의 조작을 제공
앞전플랩(leading flap)	날개 앞전 내측	• 양력 증가를 위해 날개 캠버 증가, 저속비행 가능 • 단거리 이착륙을 위해 저속에서 조작 허용

✈ 날개 플랩(wing flap)

플랩은 항공기가 이륙하거나 착륙 시에 날개 캠버(camber)와 날개 면적을 증가시킴으로써 고양력이 발생하여 항공기의 이·착륙 거리를 단축시키는 고양력장치(high lift device)이다.

대부분의 저속 경항공기에서는 뒷전플랩(trailing flap)만 장착하였으나 대형 운송용 항공기와 초음속 전투기에서는 양력 증가를 극대화시키기 위하여 앞전 플랩(leading flap)도 장착되어 있다.

[그림 1-3-28] 다양한 항공기 플랩 확장 위치

✈ 뒷전플랩(trailing flap)의 종류와 특성

① 플레인 플랩(plain flap)은 날개 뒷전과 같이 작동되며 플랩을 내림으로써 날개의 캠버를 변화 시켜 주며 양력 및 항력의 두 가지를 다 증가시킨다.

② 분할 플랩(split flap)은 날개 뒷전 밑면의 일부를 내림으로써 날개 윗면의 흐름을 강제적으로 빨아들여 흐름의 떨어짐을 지연시키는 것이다. 따라서 항력 증가의 영향이 커지는 단점이 있 으나 조종 훈련에 사용되는 항공기에서 학생 조종사가 착륙 조종 시에 보다 안전하게 착륙할 수 있도록 한다.

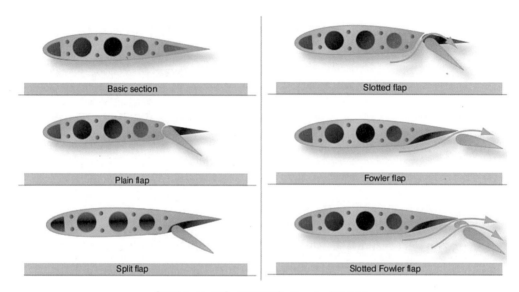

[그림 1-3-29] 뒷전플랩(trailing flap)의 종류

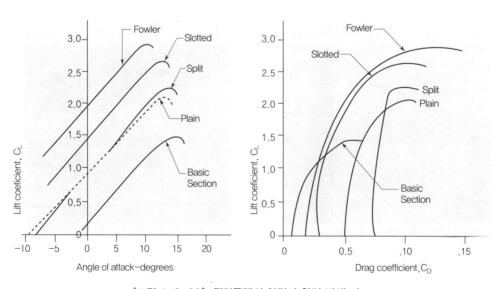

[그림 1-3-30] 뒷전플랩의 양력과 항력 발생 비교

③ 슬롯 플랩(slotted flap)은 트랙(track)을 따라 날개 뒤쪽으로 움직이고 플랩 앞전에 공기 흐름을 허용하여 실속각이 커지는 효과를 얻을 수 있다. 그러므로 불필요한 실속 특성을 제거하고 항공기의 승강키 조종을 보다 좋게 해 준다.

④ 파울러 플랩(fowler flap)은 다른 형식의 플랩과 유사하게 작동하며 플랩이 작동되었을 때 날개의 면적도 증가시킨다. 파울러 플랩은 슬롯 플랩을 개량한 것으로, 이중 또는 삼중 슬롯 플랩이 있다. 이것은 플랩 앞쪽의 틈에 베인(vane)을 설치하여 틈이 두 개, 또는 세 개 생기도록 한 것이다.

✈ 앞전플랩(leading edge flap)의 종류

일부 대형 항공기와 고성능 항공기는 뒷전플랩과 함께 사용되는 앞전플랩을 갖추고 있다. 앞전플랩과 뒷전플랩 함께 적용되는 날개는 캠버와 양력을 더 크게 증가시킬 수 있다. 앞전플랩은 뒷전플랩 작동 시 자동적으로 앞전에서 빠져나와 날개의 캠버를 증가시켜 주는 아래쪽 방향으로 펼쳐지게 한다. 앞전플랩의 종류에는 슬랫(slat), 크루거 플랩(krueger flap) 그리고 노스 드롭(nose drop) 등이 있다.

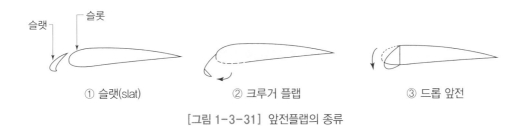

① 슬랫(slat)   ② 크루거 플랩   ③ 드롭 앞전

[그림 1-3-31] 앞전플랩의 종류

① 날개의 캠버를 증가시켜 주는 슬랫은 조종석의 작동 스위치로, 슬랫이 독립적으로 작동하게 할 수 있다. 슬랫은 오직 캠버와 양력을 증가시키도록 날개의 앞전을 펼쳐지게만 하는 것이 아니라 슬랫의 뒷면과 날개의 앞전 사이에 슬롯(slot)이 생기도록 완전히 펼쳐질 때도 있다.

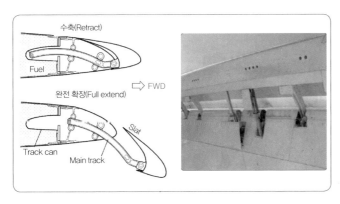

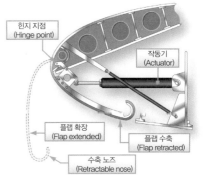

[그림 1-3-32] 슬랫(slat)의 공기 통로인 슬롯(slot)   [그림 1-3-33] 크루거 플랩(krueger flap)

이것은 항공기 날개에서 경계층이 박리되지 않고 계속 흐를 수 있도록 실속 받음각을 증가시켜주어 항공기는 더 작은 속도에서 더 큰 양력 증가 효과를 얻을 수 있다.

② 크루거 플랩(krueger flap)은 대형 여객기와 같이 날개의 두께가 큰 날개 앞전에 장착되는 고양력장치이다. 날개 앞전 하부의 일부분이 앞으로 튀어나와 캠버를 증가시켜 준다.

③ 노즈 드롭(nose drop)은 초음속 전투기 등과 같이 날개의 두께가 얇은 날개에서 주로 사용되는 형식으로, 날개의 앞전을 단순하게 밑으로 구부려서 캠버를 증가시키는 앞전플랩, 즉 노즈 드롭 형식이다.

나) 작동 시험 요령

✈ 수평안정판의 기능

수평안정판(horizontal stabilizer)은 세로 안정성을 확보하여 주는 역할을 한다. 무게중심이 양력중심 앞에 있는 항공기는 기수가 내려가는 특성이 있다. 이때 수평안정판은 비행 중 음(−)의 받음각을 가져서 꼬리날개를 아래로 누르는 힘(tail-down force)을 만든다. 수평안정판이 아래로 작용하는 힘을 만들지 않으면 항공기에 작용하는 회전력(torque) 때문에 기수가 계속 아래로 내려갈 것이다. 수평안정판에 발생하는 힘은 반대 방향으로 토크를 만들어서 균형을 맞춘다. 여기서 토크는 pitching moment이며, 힘×거리와 같으므로 무게중심과 양력중심이 만드는 토크를 제어하기 위해 작은 힘을 만드는 수평안정판을 더 멀리 설치해서 같은 크기의 토크를 만든다.

수평안정판의 위치와 크기는 변하지 않는 고정된 값이므로 수평안정판이 복원력에 미치는 영향은 제한적이지만, 무게중심의 위치는 항공기에 싣는 무게와 위치에 따라 달라질 수 있으므로 세로 안정성에 많은 영향을 미친다.

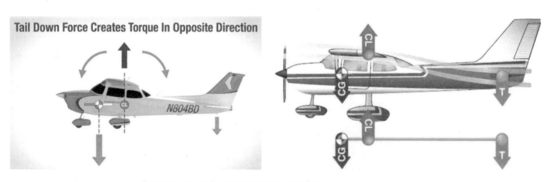

[그림 1-3-34] 수평안정판에 작용하는 tail-down force

✈ 수평안정판이 세로 안정성에 미치는 성능

비행 중 돌풍 등의 영향으로 pitch up moment가 발생하였을 때 무게중심과 수평안정판은 pitch down moment로 작용한다. 비행 자세의 변화에 의하여 수평안정판의 받음각이 커지므로 양력이 증가하여 기수가 더 내려가는 것을 막고 기수를 다시 올려주는 모멘트로 작용해서 평형상태로 만든다.

pitch down moment가 발생하였을 때 무게중심과 수평안정판은 pitch up moment로 작용한다. 비행 자세의 변화에 의하여 수평안정판의 받음각이 음(−)의 받음각이 되어 꼬리날개의 양력이 아래로 발생하게 되므로 기수가 올라가려는 것을 막고 기수를 내려주는 모멘트로 작용해서 평형상태로 만든다.

✈ 고정식 수평안정판과 가동식 수평안정판

① 고정식 수평안정판(horizontal stabilizer)

일반적으로 저속 경항공기의 수평안정판은 움직이지 않는 고정된 상태로 항공기가 비행 중 세로 안정성을 제공한다.

② 전 가동식 수평안정판(stabilator)

초음속 전투기는 초음속 비행 시 발생하는 충격파의 영향으로 상승 및 하강을 조종하는 elevator의 조종력이 저하되므로 horizontal stabilizer와 elevator를 하나로 제작하여 안정판과 조종면의 역할을 하도록 하였는데, 이 명칭이 stabilator이다. 따라서 stabilator는 작동이 가능하다.

[그림 1-3-35] F-22 항공기 비행 중 발생한 충격파와 stabilator

③ THS(Trimmable Horizontal Stabilizer)

오늘날 대형 항공기는 대부분 THS(Trimmable Horizontal Stabilizer)를 사용하고 있다. trimmable horizontal stabilizer는 elevator와는 별도로 움직여서 세로 안정성을 일정하게 유지해서 항공기 자세를 제어하고 유지한다.

✈ THS(Trimmable Horizontal Stabilizer)의 사용 목적과 승강키와의 차이점

승강키(elevator)와의 차이점은 승강키는 조종사의 조작에 따라 항공기를 가로축에 대해 움직이지만, THS는 조종시기 조작히는 것이 이니리 독립적으로 작동하는 시스템이다. 승강기와 달리 상승, 하강과 관련이 없고 항공기 자세(pitch trim)를 일정하게 유지하는 역할을 한다. THS로 항공기 자세를 일정하게 유지하면 순항 중 항력이 줄어서 연료효율을 높일 수 있고, 연료 소모에 따른 무게중심 이동에 대한 안정성도 높일 수 있다.

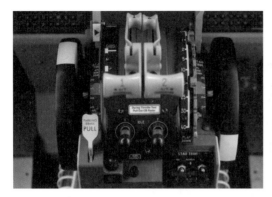

[그림 1-3-36] B737 Cockpit(우측)과 Airbus Cockpit

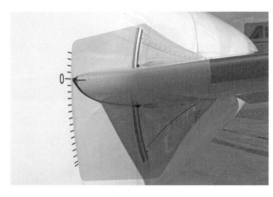

[그림 1-3-37] A319의 THS

[그림 1-3-38] Boeing 항공기의 Trim Switch

스포일러와 속도 제동기(spoiler and speed brake)

① 스포일러(spoiler)는 대부분 대형 항공기와 고성능 항공기의 날개 윗면에서 찾아볼 수 있는 장치이며, 날개의 윗면에 일치되도록 장착된다. flight spoiler는 비행 중 aileron이 올라간 날개

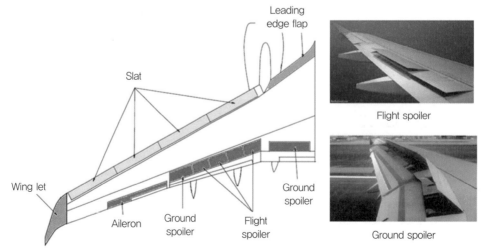

[그림 1-3-39] 737-800 항공기 날개의 구성 요소와 스포일러 작동 상태

[그림 1-3-40] F-15 항공기 speed brake

에서 스포일러도 함께 올라간다. 그러므로 그 날개에서 양력이 감소하고 항력이 증가되어 옆
놀이운동을 도와준다. ground spoiler는 항공기 착륙 시 speed brake의 기능을 수행하기 위해
양쪽 날개에서 동시에 완전히 펼쳐진다. 감소된 양력과 증가된 항력은 비행 중에 항공기의
착륙거리를 단축시킨다.

② 스포일러와 유사한 speed brake는 일명 air brake라고 하며, 초음속 전투기에 장착되어 있다.
speed brake는 펼쳐졌을 때 항력을 증가시키고 항공기의 속도를 감소시키도록 특별하게 설계
된 것이다. 조종석에서 제어하는 speed brake는 지상에서 엔진 역추진장치(thrust reverser)가
작동되었을 때 자동적으로 펼쳐지도록 설계되어 있는 항공기도 있다.

트림 탭(trim tab)

조종사의 손과 발로 조종하는 기계적 조종장치인 가역식 조종장치를 가진 항공기가 등속 수평비
행 시 그 상태를 유지하지 못하고 어느 한 방향으로 계속 편향될 때 조종사는 계속적으로 조종간을
잡고 조종력을 유지하여야 한다. 트림 탭은 편향되는 항공기의 비행 방향을 제어하여 등속 수평비
행이 가능하도록 설계되어 있다. 대부분의 트림 탭은 1차 비행조종면의 뒷전에 위치한다. 비행 조
종면의 방향과 반대 방향으로 움직이는 트림 탭에 의해 발생되는 공기역학적 힘은 항공기의 비행
자세에 영향을 주어 조종사가 계속 조종력을 유지하지 않아도 되도록 조종력을 '0'으로 하여 등속
수평비행이 가능하게 하여 준다.

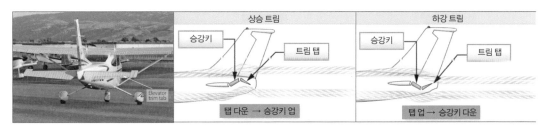

[그림 1-3-41] 항공기 승강키에 장착된 트림 탭(trim tab)과 조종

🡒 보조 비행 조종장치인 탭(tab)의 종류

항공기가 고속 비행 중에 조종면에 대한 공기의 힘은 조종면을 움직이고 편향된 위치에서 조종면을 유지하는 데 어렵게 만든다. 여러 형태의 탭이 이들의 문제점을 보조하기 위해 사용된다. 아래 표에서는 여러 가지 탭의 종류와 작동 영향을 요약하였다.

[표 1-3-9] 여러 종류의 탭과 기능

타입	작동 방향 (조종면에 대해)	작동	영향
트림 (Trim)	반대	• 조종사에 의해 작동 • 독립된 연결장치 사용	• 비행 중 움직임 없는 균형상태 • 조종력을 '0'으로 유지
밸런스 (Balance)	반대	• 조종사가 조종면을 작동시킬 때 작동 • 조종면 연결장치에 결합	• 조종사가 조종면 작동에 필요한 조종력 극복을 지원
서보 (Servo)	반대	• 비행조종 입력장치에 직접 연결 • 1차/백업 조종수단으로 작동 가능	• 수동으로 작동하는 데 많은 힘이 요구되는 조종면을 공기역학적으로 위치
스프링 (Spring)	반대	• 서보탭에 직접 연결되는 라인에 위치 • 고속 비행 시 조종력이 클 때 스프링이 보조	• 조종력이 클 때 조종면 작동 가능 • 저속 비행에서는 동작하지 않음
안티-밸런스 (Anti-balance) 안티-서보 (Anti-servo)	동일	• 비행조종 입력장치에 직접 연결	• 비행조종면의 위치 변경을 위해 조종사가 요구되는 조종력을 증가 • 비행 조종이 둔감해짐

🡒 지상조절 트림 탭(ground adjust trim tab)

지상조절 트림 탭은 일명 고정탭(fixed tab)이라 부르며 지상에서 정비사가 각도를 조절하여 항공

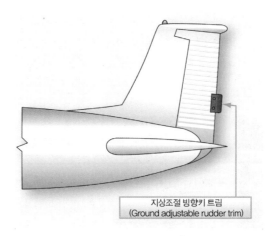

지상조절 방향키 트림
(Ground adjustable rudder trim)

[그림 1-3-42] 지상조절 트림 탭(ground adjust trim tab)

기를 트림하도록 하는 보조 비행 조종면이다. 일부 경항공기는 1차 비행조종면인 rudder의 뒷전에 부착된 고정금속판의 지상조절 트림 탭을 갖추고 있다. 직선 수평비행 시에 조종력이 없는 상태에서 항공기를 트림하도록 지상에서 각도를 약간 조정할 수 있다. 굽혀주는 각도의 정확한 크기는 조정한 후에 오직 항공기를 비행함으로써 확인할 수 있다.

✈ 조종력 경감장치의 종류

조종장치가 기계적으로만 연결된 수동식 조종장치는 고속으로 비행 시 조종사가 조종면에 작용하는 공기력을 감당하기가 쉽지 않을 수 있다. 고속 비행 시 조종면에 가해지는 큰 공기력을 경감시키기 위한 장치의 종류에는 밸런스 탭(balance tab), 서보 탭(servo tab), 스프링 탭(spring tab)이 있다.

① 밸런스 탭은 조종사가 1차 조종면을 작동시키면 조종면이 움직이는 방향과 반대 방향으로 움직일 수 있도록 기계적으로 연결되어 있다. 탭이 위쪽으로 올라가면 탭에 작용하는 공기력 때문에 조종면이 아래로 내려오게 된다. 즉, 탭이 올라감에 따라 조종면에는 조종면을 아래로 내려오게 하는 힘이 생기게 되어 조종력이 경감된다.

② 서보 탭은 위치와 효과면에서 밸런스 탭과 유사하지만, 조종석의 조종장치와 직접 연결되어 탭만 작동시켜 조종면을 움직이도록 설계된 것이다. 이 탭을 사용하면 조종력이 감소되며, 대형 항공기 비행조종면의 1차 조종을 보조하기 위한 수단으로서 주로 사용된다. 대형 항공기에서 대형 조종면을 수동으로 움직이기 위해서는 너무 많은 힘이 요구되며, 보통 유압작동기에 의해 중립에서 편향시킨다. 이들 전원제어장치는 요크에 연결된 유압밸브의 형식과 방향기 페달에 신호를 준다. 유압계통에 결함이 발생한 경우에 서보 탭의 수동 연동장치는 서보탭을 편향시켜 1차 조종면을 움직이는 공기역학적인 힘을 발생시킨다.

③ 스프링 탭은 조종력이 어느 한계에 도달되었을 때 조종연동장치에 일치된 스프링이 늘어나면서 조종면을 움직이는 데 도움을 준다.

[그림 1-3-43] balance tab

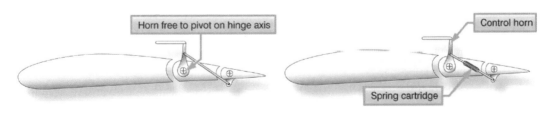

[그림 1-3-44] servo tab

[그림 1-3-45] spring tab

[그림 1-3-46] leading edge balance

④ 앞전 밸런스(leading balance or horn balance)는 비행 조종면의 힌지 중심에서 앞쪽을 길게 하면 그 부분에 작용하는 공기력이 힌지 모멘트를 감소시키는 방향으로 작용하여 조종력을 경감시키는 역할을 한다.

다 연료계통 [ATA 28 Fuel]

1) 연료 보급 (구술평가)

가) 연료량 확인 및 보급절차 체크

◉ 연료량 확인방법

연료량은 조종석에 있는 연료량 지시계(fuel quantity indicator)로 확인하는 방법과 지상에서 Manual Magnetic Indicator(MMI)를 사용하여 수동으로 확인하는 방법, 그리고 fueling station을 가진 항공기는 연료 보급 시 패널의 계기를 보고 연료량을 알 수 있다.

① 대형 항공기는 연료량 지시계 중 정전용량(capacitance)식 액량계를 주로 사용한다. 연료탱크 안에 있는 탱크 유닛(tank unit)으로 연료 높이에 따른 정전용량을 측정해서 연료의 부피를 계산하고, 여기에 비중량을 곱해서 무게를 계산한다.

탱크 유닛의 내부는 두 원통형 극판(inner plate와 outer plate)으로 이루어져 있고, 두 극판 사이에 연료가 채워지는 커패시터 구조이다. 두 극판 사이에 채워진 연료량에 따른 연료 유전율과 빈 공간에 있는 공기의 유전율 차이를 이용해서 정전용량을 측정한다. 이렇게 측정한 각 탱크 유닛에서 측정한 정전용량을 보상 유닛(compensator unit)의 기준값과 비교한 차이를

FQPU(Fuel Quantity Processor Unit)로 전송해서 부피로 환산한 다음, 여기에 밀도를 곱해서 무게로 계산한 후(부피에 밀도를 곱하면 무게가 아닌 질량이 되지만, 여기에 중력가속도를 곱하면 무게를 구할 수 있다: $W = mg$) 연료량계에 지시한다.

보상 유닛은 항상 연료에 잠겨 있어서 정전용량값을 비교할 수 있는 기준값을 제공하고, 온도 변화에 따른 유전율 변화에 의한 정전용량 변화를 보상하는 역할을 한다.

항공기 자세가 변해서 일부 탱크 유닛이 더 많이 잠겨도 모든 탱크 유닛에서 측정한 정전용량을 FQPU에서 비교 및 합계해서 전체 정전용량은 같으므로 자세가 변해도 정확한 연료량을 지시할 수 있다.

② Manual Magnetic Indicator(MMI)는 지상에서 계기로 연료량을 확인할 수 없을 때 수동으로

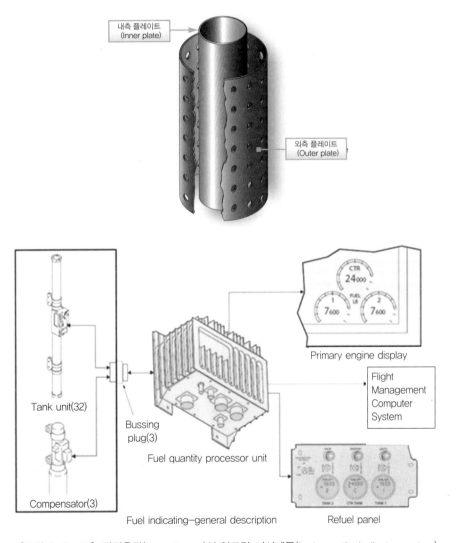

[그림 1-3-47] 정전용량(capacitance)식 연료량 지시계통(fuel quantity indicator system)

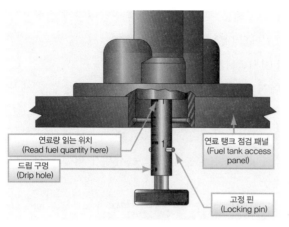

[그림 1-3-48] Manual Magnetic Indicator(MMI)

연료량을 확인하기 위하여 드립스틱으로 연료량을 측정하는 장치이다. 연료탱크 하부에 있는 드립스틱을 아래로 당겨서 나온 눈금과 측정한 연료 비중, 항공기 자세를 도표에 대입해서 연료량을 계산한다.

드립스틱에 부착된 플로트(float)는 연료 위에 떠 있고, 스틱은 플로트 중심에 있는 구멍을 따라 자유롭게 움직인다. 스틱 끝에 있는 자석이 플로트의 자석과 붙어서 멈출 때까지 드립스틱을 당겼을 때 내려온 길이와 항공기 자세 및 연료 비중을 측정해서 제작사의 도표를 보고 각 탱크에 있는 연료량을 계산한다.

연료량(fuel quantity)**과 연료 유량**(fule flow)**의 단위**

① 지상에서 연료를 보급할 때는 부피단위인 gallon으로 보급하고, 계기에서 지시할 때는 무게단위인 파운드[lb]나 킬로그램[kg]으로 나타낸다. 고고도를 비행하는 항공기는 온도 변화에 따른 부피 변화 때문에 연료량을 무게로 나타낸다. 저공비행하는 구형 항공기에서는 부피단위인 gallon으로 지시하기도 한다.

② 연료탱크에서 엔진으로 흐르는 연료유량(Fuel Flow, FF)은 시간당 부피단위인 GPH(Gallon Per Hour)나 시간당 무게단위인 PPH(Pound Per Hour)로 지시한다.

[그림 1-3-49] 각종 연료량 계기

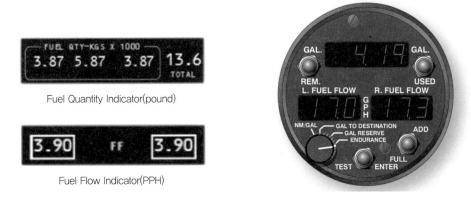

Fuel Quantity Indicator(pound)

Fuel Flow Indicator(PPH)

[그림 1-3-50] fuel quantity indicator와 통합연료관리 계기

🧭 연료량 계기의 종류

전원이 필요 없는 직독식 지시기는 연료탱크가 조종석에 아주 가깝게 있는 경항공기 등에서 사용된다. 그 외 경항공기와 대형 항공기는 전기식 지시기 또는 전자용량식 지시기가 사용된다.

① 직독식 지시계(direct-reading indicator)의 사이트 글라스(sight glass)는 탱크에 있는 연료량을 직접 눈으로 확인할 수 있게 노출된 투명유리 또는 플라스틱 튜브이다. 조종사가 쉽게 읽을 수 있도록 gallon 또는 연료 전체량이 분수로 나타나 있으며, 눈금 표시가 되어 있다.

　일반적으로 더 정교한 기계식 연료량 계기는 연료 면을 따라 움직이는 플로트(float)에 연동하는 기계장치를 설치해 계기 눈금판의 지침과 연결시켜 연료량을 지시하게 한다. 지침은 기어(gear)장치나 자기결합(magnetic coupling)에 의해 움직인다.

② 전기식 연료량 계기(electric fuel quantity indicator)는 경항공기와 대형 항공기에서 일반적으로 사용된다. 전기식 연료량 계기의 대부분은 직류(DC)로 작동하고 전기회로의 가변저항을 이

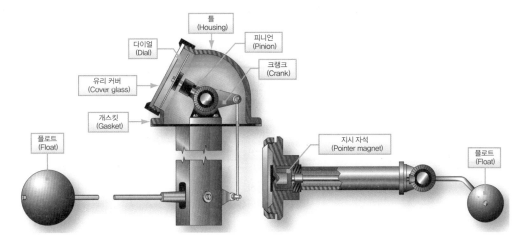

[그림 1-3-51] 간단한 기계식 연료량 계기

용한다. 탱크에서 플로트의 움직임은 커넥팅 암(connecting arm)을 거쳐 가변저항기에 가동자 (wiper)를 움직인다. 가변저항기를 통해 흐르는 전류의 변화는 지시기(indicator)에 있는 코일을 통해 흐르는 전류를 변화시킨다. 이것은 지시 바늘을 움직이게 하는 자기장을 바꾸게 된다. 지시 바늘은 교정식 눈금판(calibrated dial)에 상응하는 연료량을 지시한다.

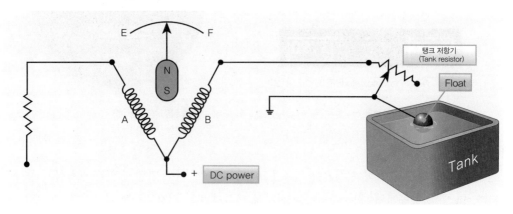

[그림 1-3-52] 가변저항기를 사용한 직류 전기 연료량 계기

③ 전자 용량식 지시기(electronic capacitance-type indicator)는 대형 항공기와 고성능 항공기의 연료량 시스템에 사용한다. 자세한 내용은 위에서 설명한 연료량 확인방법을 참고한다.

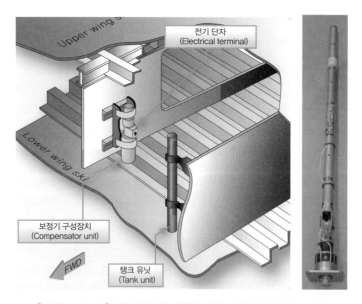

[그림 1-3-53] 연료탱크에 장착된 연료 보정장치와 탱크 유닛

🡒 연료 보급 시 확인할 사항과 주의사항

① 연료 보급 전에 항공기에 적합한 연료인지 확인한다. 연료의 종류는 중력식 날개 위 급유방

식에서는 주입구 근처에, 압력 급유방식 항공기는 연료 보급 위치에 적혀 있다.

② B급 화재 소화기를 가까운 곳에 비치하고, 작업자는 소화기가 어디에 있고 어떻게 사용하는지 알아야 한다. 화재 발생 시 연료차를 항공기로부터 멀리 이동시킨다.

③ 연료 보급 시 정전기로 인해 화재가 발생할 수 있으므로 항공기와 지상, 연료차와 지상, 항공기와 연료차 사이에 3점 접지를 한다. 추가로 연료 보급 호스 노즐과 항공기 사이도 접지한다. 연료가 항공기 연료탱크로 흐를 때 호스와 마찰로 생기는 정전기로 인해 화재가 일어날 수 있기 때문이다.

④ 착륙장치에 안전핀은 장착되어 있는지, 항공기와 급유차에 고임목(chock)을 댔는지 확인한다.

⑤ 격납고와 같이 밀폐된 장소에서는 연료가 기화하면서 폭발할 수 있으므로 밀폐된 장소에서 연료 보급을 하지 않는다.

⑥ 항공기 주위에 발화원(source of ignition)이 없도록 해야 하며, 100 ft(30 m) 이내에서 전기장치를 작동해선 안 된다. 항공기 전기계통과 무선설비는 높은 전력으로 작동하므로 스파크(spark)가 튈 수 있고, 유증기와 반응해서 폭발할 수 있어서 전원이 꺼져 있는지 확인해야 한다.

⑦ 작업자는 정전기를 일으키지 않는 옷을 입어야 하고, 보호구를 착용한다.

⑧ 건물에서 50 ft(15 m) 이상 떨어져서 보급해야 하며 100 ft(30 m) 이내에서 흡연을 금지한다.

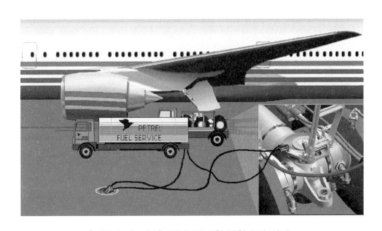

[그림 1-3-54] 연료 보급을 위한 3점 접지

ⓥ 연료의 비중을 확인하는 이유

연료 비중을 알면 연료의 밀도와 비중량을 계산할 수 있고 여기에 부피를 곱해서 연료 무게를 계산할 수 있다. 연료량을 부피로 나타내면 고고도 비행 시 온도 변화에 따라 부피가 변하기 때문에 정확한 양을 측정할 수 없다. 그래서 연료 비중을 확인해서 무게로 나타낸다. 무게를 알면 연료 소비에 따른 무게중심 변화를 알 수 있어서 안전하고 효율적인 비행을 할 수 있다.

✈ 항공기의 연료보급방식

항공기의 연료공급방식에는 날개 위(over-wing)의 주유구(fueling port)로 연료를 보급하는 중력식과 펌프로 가압한 연료를 단일지점 급유구(single point)로 공급하는 압력식, 그리고 비행 중 항공기의 체공시간 연장을 위해 공급하는 공중 급유식(in-flight refueling method: aerial refueling)이 있다.

① 중력식인 날개 위 급유방식은 날개 윗면에 있는 주입구 마개(filler cap)를 열고 연료 보급노즐을 연료 주입구 안으로 삽입하여 탱크 안으로 주입한다. 이 과정은 자동차 연료탱크에 급유하는 과정과 유사하다.

[그림 1-3-55] 항공기 연료 주입구와 정격 사용 연료표시 및 연료 보급 장면

② 대형 항공기와 고성능 항공기는 한 지점에 연료를 공급해서 급유시간을 줄이는 단일지점의 압력급유방식을 사용한다. fuel station의 패널을 열고 배터리 스위치를 켠 후 급유할 연료탱크의 급유밸브(refuel valve) 스위치를 'poen' 위치에 놓고 연료차의 호스를 연결한 다음 연료

[그림 1-3-56] 압력식 단일 지점 연료노즐 장착작업 및 노즐 장착상태

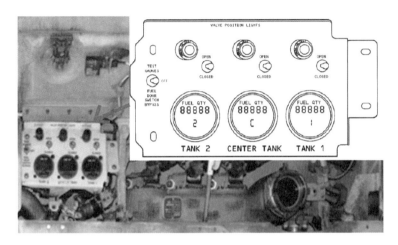

[그림 1-3-57] 압력 급유구의 급유패널(refueling panel)

[그림 1-3-58] KC-330 시그너스 공중급유(in-flight refueling)

차의 펌프를 작동하면 연료탱크의 급유밸브를 통해 연료가 보급된다. 설정한 연료량에 도달하거나 연료탱크의 최대 용량에 도달하면 급유밸브는 자동으로 닫힌다. 급유패널(refueling panel)의 계기를 보고 각 탱크의 연료량을 확인할 수 있다.

③ 공중 급유방식(in-flight refueling method, aerial refueling)은 장거리 비행 시 자체 연료만 가지고 비행을 할 수 없을 때, 공중 급유기로 급유하는 방법이다.

✈ 항공기 연료 배유(de-fueling) 시의 안전사항과 배유방식

정비, 검사 또는 오염으로 인해 연료탱크의 연료를 제거해야 하는 경우가 생기거나, 또는 비행계획이 변경되어 배유가 필요하게 된다.

① 배유에 대한 안전절차는 급유절차와 동일하다.

㉮ 배유는 항상 행거(hangar) 안이 아닌 외부에서 수행해야 한다.

ⓑ 소화기는 가까이에 비치해야 하고, 접지선을 설치해야 한다.

ⓒ 배유는 경험자에 의해 수행되어야 하며, 비경험자는 수행 전에 배유절차에 대하여 점검해야 한다.

ⓓ 기체구조의 손상을 방지하기 위해 연료보급 시와 마찬가지로 배유 시에도 탱크에 따라 순서가 있다. 의심스러우면 제작사 정비매뉴얼, 제작사 운영매뉴얼을 참고한다.

② 압력식 연료보급방식 항공기는 정상적으로 가압 연료 주입구를 통해 연료를 배유하는데, 배유방법에는 두 가지 방법이 있다.

ⓐ 항공기의 탱크 내 승압펌프(boost pump)를 이용하여 밖으로 연료를 배유하는 가압식(pressure) 배유

ⓑ 연료트럭의 펌프를 이용하여 연료를 밖으로 뽑아내는 흡입(suction) 배유

③ 그 외 날개 위로 연료를 보급하는 소형 항공기는 정상적으로 탱크 섬프 드레인(tank sump drain)을 통해 배유하며, 이 방법은 대형기에는 시간이 많이 걸려서 비실용적이다.

➤ 항공기 연료탱크에서 배유(de-fueling)한 연료의 처리방법

탱크에서 배유한 연료를 처리하는 방법은 몇 가지 절차에 따른다.

① 만약 탱크가 연료오염 또는 의심스러운 오염으로 인하여 배유되었다면 다른 연료와 혼합되지 않도록 격리된 용기에 저장되어야 한다.

② 제작사는 배유된 정상적인 연료를 재사용할 수 있는지 그리고 어떤 종류의 저장용기를 사용해야 하는지에 대한 필요조건을 명시하고 있다. 무엇보다도, 항공기에서 배유된 연료는 어떤 다른 종류의 연료와 혼합되지 않아야 한다.

③ 대형 항공기는 정비목적으로 배유가 필요할 때는 배유과정을 피하기 위해 정비를 요하는 탱크의 연료를 다른 탱크로 이송(transfer)시킬 수 있다.

➤ 항공기에 연료를 급유하거나 배유 시 화재 위험에 대한 조치사항

항공용 가솔린(AVGAS)과 터빈엔진연료의 가연성 때문에 급유나 배유 시에 화재에 대한 예방조치를 확실히 해야 한다.

① 격납고(hangar) 안에서 급유나 배유는 금한다.

② 급유 작업자가 입은 옷은 정전기를 발생시키지 않도록 나일론과 같은 합성섬유는 피하고 면직물(cotton)로 된 옷을 입는다.

③ 화재를 유발하는 세 가지 조건 중 가장 제어할 수 있는 것은 점화원(source of ignition)이다. 연료보급 또는 배유 시에 항공기 주위에 점화원이 없도록 해야 한다. 어떤 전기장치도 작동해선 안 된다. 전파(radio)와 레이더(radar) 사용은 금지되어야 한다.

④ 엎지른 연료는 빠르게 기화하기 때문에 화재위험이 크다. 소량의 유출이라도 곧바로 닦아 내야 한다. 램프에 엎지른 연료를 쓸어 한곳으로 모으지 말아야 한다.

⑤ 급유 시나 배유 시에 class B 소화기를 가까운 곳에 비치하고, 연료 작업자는 소화기가 어디에 있고 어떻게 사용하는지 정확하게 알아야 한다.

⑥ 비상시에 연료트럭은 빨리 항공기로부터 멀리 이동할 수 있도록 항공기 주변의 정확한 위치에 주기되어야 한다.

🧭 항공기 연료계통의 연료 흐름 과정

항공기 연료계통은 항공기가 움직이는 데 필요한 에너지원인 연료를 연료탱크에서 엔진까지 공급하는 계통이다. 항공기의 연료 흐름은 기체연료계통(ATA 28 fuel)과 엔진연료계통(ATA 73 engine fuel and control)으로 구분할 수 있다.

① 기체연료계통은 연료탱크 → 부스터 펌프 → 차단밸브 → 엔진 주 연료펌프까지의 흐름이다.

② 가스터빈엔진을 사용하는 항공기의 엔진연료계통은 기체연료계통에서 받은 연료를 주 연료 펌프 → 필터 → FCU → P&D 밸브 → 매니폴드 → 연료 노즐의 순으로 보낸다.

③ 왕복엔진의 연료 흐름은 연료탱크 → 부스터 펌프 → 선택 및 차단 밸브 → 필터 → 주 연료 펌프 → 기화기 → 실린더 순서로 흐른다.

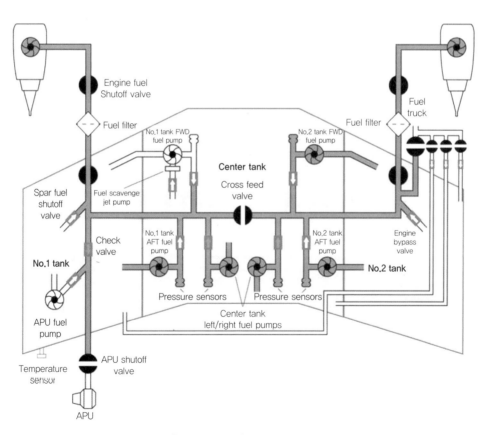

[그림 1-3-59] B737 연료계통

연료 흐름 트랜스미터(fuel flow transmitter)에서 수감한 연료 유량은 EEC를 통해 계기에 나타내고, 이를 보고 조종사는 연료소비율을 알 수 있다.

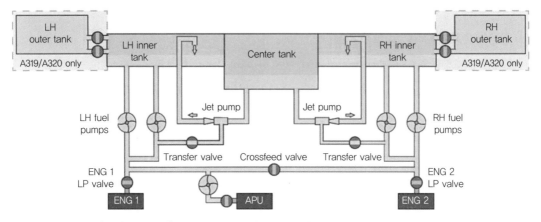

[그림 1-3-60] 연료 트랜스퍼 제트펌프가 있는 A319/A320 기체연료계통

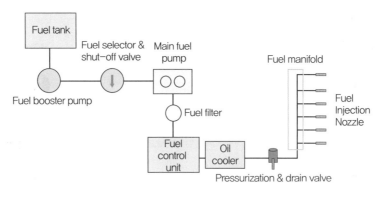

[그림 1-3-61] 가스터빈엔진의 기본적인 연료 흐름도

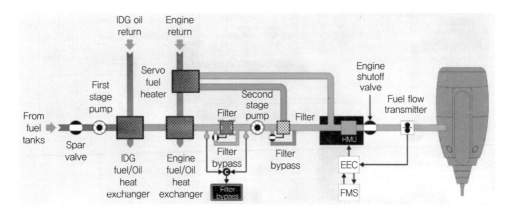

[그림 1-3-62] B737 NG 엔진 연료 흐름

연료계통 구성품의 역할

연료계통은 연료탱크(fuel tank), 부스터 펌프(booster pump), 차단밸브(shut-off valve), 주 연료펌프(main fuel pump), 열교환기(heater changer), 필터(filter) 등으로 구성된다.

① 연료탱크는 연료를 보관하고 공급하는 역할을 한다. 연료탱크에는 내부압력이 항상 대기압과 같도록 유지하는 벤트라인이 있어서 압력 차이로부터 탱크구조를 보호한다.

② 부스터 펌프는 연료탱크에 있는 연료를 가압해서 엔진의 주 연료펌프까지 보내주는 펌프이다.

③ 차단밸브는 엔진이 작동하지 않을 때, 화재 발생과 같은 비상시에 엔진으로 흐르는 연료를 차단하는 밸브이다.

④ 주 연료펌프는 부스터 펌프에서 받은 연료를 엔진 연소실로 공급하는 역할을 한다.

⑤ 열교환기는 엔진에서 나온 뜨거운 윤활유와 차가운 연료의 열을 교환해서 윤활유는 냉각하고 연료는 가열한다. 연료-오일 냉각기(fuel-oil cooler)라고도 한다. 왕복엔진에서는 연료의 온도가 높아지면 연료의 이상연소가 발생할 수 있어 연료-오일 냉각기는 가스터빈엔진에 장착되어 있다.

⑥ 필터는 연료 안에 있는 불순물을 걸러주는 장치이다. 필터가 막혀서 연료가 흐르지 못할 때 필터를 우회해서 연료를 공급하기 위한 바이패스 밸브(bypass valve)가 장착되어 있다. 종류로 카트리지형, 스크린형, 스크린 디스크형이 있다.

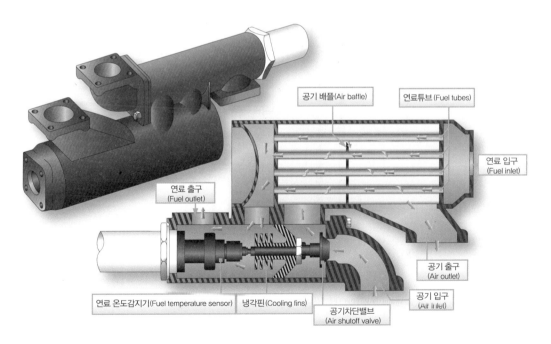

[그림 1-3-63] 공기-연료 열교환기(air-fuel heat exchanger)

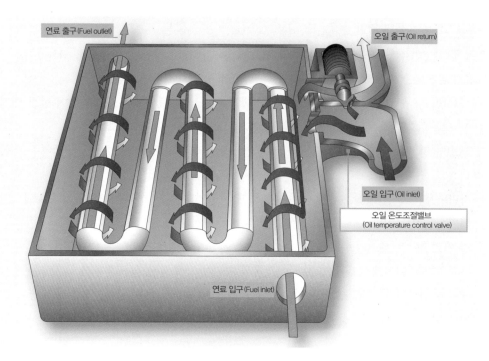

[그림 1-3-64] 연료-오일 냉각기(fuel-oil cooler)

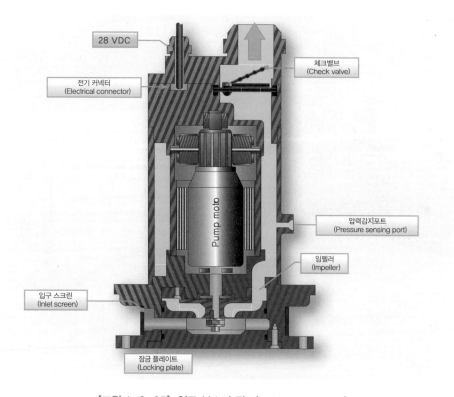

[그림 1-3-65] 연료 부스터 펌프(fuel booster pump)

🢒 연료 부스터 펌프(fuel booster pump)의 역할

부스터 펌프는 연료탱크 하부에 부착되고 주 연료펌프는 엔진으로 구동되는 기어박스에 있다. 압력식 연료계통에서 엔진 구동 주 연료펌프는 엔진이 돌기 전까지는 작동하지 않으므로 시동 시나 엔진 구동 전, 연료펌프가 고장 난 비상시에는 부스터 펌프로 연료를 공급한다. 그 외에 탱크 간에 연료를 이송할 때도 사용하고, 증기폐쇄(vapor lock)를 방지하는 역할도 한다.

중앙 연료탱크의 부스터 펌프는 날개의 주 연료탱크의 부스터 펌프보다 더 높은 압력을 만든다. 그래서 중앙 연료탱크와 주 연료탱크의 부스터 펌프를 동시에 작동하더라도 중앙 연료탱크의 연료가 주 연료탱크의 연료보다 먼저 사용되도록 한다.

🢒 연료방출계통(fuel jettison system 또는 dump system)

연료방출계통은 항공기 중량을 최대착륙중량 이하로 줄이기 위해 연료를 대기 중으로 방출하는 시스템이다. 항공기가 이륙하고 문제가 발생했을 때 바로 착륙하면 최대착륙중량을 초과하기 때문에 항공기에 구조적 손상이 발생할 수 있다. 그래서 연료를 외부로 방출해서 무게를 최대착륙중량 이하로 줄인 다음 착륙한다.

나) 연료의 종류 및 차이점

🢒 항공기에 사용하는 연료의 종류

항공기에 사용하는 연료는 사용 엔진에 따라 두 가지로 분류한다. 왕복엔진은 휘발유 계열의 항공 가솔린(Aviation Gasoline, AVGAS)을 사용하고, 제트엔진은 등유(kerosene) 계열의 제트연료를 사용한다. 항공기 연료 종류는 연료 색깔이나 데칼로 구분할 수 있다.

① 항공 휘발유의 종류에는 82UL, 100, 100LL이 있다. 항공 휘발유는 디토네이션(detonation)과 같은 비정상 연소를 방지하기 위해 4에틸납(tetra-ethyl lead)을 섞어서 사용한다. 현재 사용하는 항공 휘발유의 종류는 옥탄가에 따라 등급을 분류한 것이다.

옥탄가 80 연료는 이소옥탄 80%과 정헵탄 20%의 혼합물과 같은 정도를 나타내는 가솔린을 말한다.

㉮ 82UL은 납이 첨가되지 않은(unleaded) 연료이다. 옥탄가 등급이 82 이하인 엔진에 사용했지만, 지금은 생산하지 않는다.

㉯ 100은 4에틸납을 첨가해 옥탄가를 높인 연료이다. 녹색을 띠고 리터당 1.12 g의 납이 함유되어 있다. 납은 환경오염의 원인이 되고 생산 단가도 높아서 지금은 대부분 100LL로 대체되었다.

㉰ 100LL은 푸른색을 띠며, 숫자 뒤의 LL은 납 함유량이 적다는(Low Lead) 뜻이다. 100LL은 리터당 최대 0.56 g의 납을 함유하고 있으며, 가장 많이 사용하는 연료이다.

② 가스터빈엔진에 사용하는 제트연료에는 JET A, JET A-1, JET B가 있다.

Fuel Type and Grade	Color of Fuel	Equipment Control Color	Pipe Banding and Marking	Refueler Decal
AVGAS 82UL	Purple	82UL AVGAS	AVGAS 82UL	82UL / AVGAS
AVGAS 100	Green	100 AVGAS	AVGAS 100	100 / AVGAS
AVGAS 100LL	Blue	100LL AVGAS	AVGAS 100LL	100LL / AVGAS
JET A	Colorless or straw	JET A	JET A	JET A
JET A-1	Colorless or straw	JET A-1	JET A-1	JET A-1
JET B	Colorless or straw	JET B	JET B	JET B

[그림 1-3-66] 연료공급장비에 사용되는 컬러 코드 부호표시와 마킹

㉮ JET A와 JET A-1은 케로신(kerosene)계(narrow cut type) 제트연료이다. 끓는점 범위 165~290℃ 사이에서 증류되는 등유계열의 연료이다. JET A는 어는점이 −40℃이고 JET A-1은 −47℃이다.

㉯ JET B는 blended type(wide cut type) 제트연료이다. 끓는점의 범위 35~315℃ 사이에서 증류되는 휘발유(gasoline)와 등유(kerosene)의 혼합물이다. JET B는 어는점이 −50℃로 낮아서 추운 지역에서 사용한다.

가스터빈엔진의 연료를 가열하는 이유

고고도에서 비행하는 항공기의 연료 온도가 어는점 이하로 낮아지면 연료에 포함된 물이 결빙된다. 결빙된 물은 필터를 막아서 연료가 정상적으로 흐르지 못하게 만든다. 필터가 막히면 바이패스 밸브로 연료를 공급하지만, 불순물을 거르지 못하므로 정상적인 상황은 아니다. 그래서 열교환기로 연료를 가열해서 얼음이 생기지 않도록 한다. 또한 가열된 연료는 연소에도 도움을 준다.

왕복엔진과 가스터빈엔진 연료의 구비조건

왕복엔진과 가스터빈엔진 연료의 구비조건 중 가장 큰 차이점은 왕복엔진 연료는 기화성이 좋아야 하지만, 가스터빈엔진 연료는 증기압이 낮아야 한다는 것이다. 왕복엔진은 고도와 속도에 한계가 있어서 고고도를 비행하는 항공기는 가스터빈엔진을 사용한다. 고도가 높아질수록 대기압이 낮

아져서 끓는점이 낮아지는데, 연료의 증기압이 높으면 쉽게 증발해서 증기폐쇄(vapor lock)가 발생하기 쉽다. 그래서 고고도를 비행하는 가스터빈엔진을 사용하는 항공기의 연료는 증기압이 낮아야 한다.

[표 1-3-10] 왕복엔진과 가스터빈엔진 연료의 구비조건

항공용 가솔린의 구비조건	제트연료의 구비조건
기화성이 좋아야 한다.	증기압이 낮아야 한다.
증기폐쇄를 잘 일으키지 않아야 한다.	대량생산이 가능하고 가격이 저렴해야 한다.
안티노크값이 커야 한다.	점성이 낮고 깨끗하고 균질해야 한다.
발열량이 커야 한다.	발열량이 커야 한다.
인화점이 높아야 한다.	인화점이 높아야 한다.
어는 점이 낮아야 한다.	어는 점이 낮아야 한다.
화학적 안정성이 커야 한다.	화학적 안정성이 커야 한다.
부식성이 없어야 한다.	부식성이 없어야 한다.

➤ 증기폐쇄(vapor lock)

증기폐쇄는 기화된 연료에서 만들어진 증기(vapor)가 연료관을 막아서 연료 흐름이 제한되는 현상을 말한다. 증기폐쇄는 연료가 과열되거나 대기압이 낮을 때 발생할 수 있다. 증기폐쇄를 방지하기 위해서 부스터 펌프로 연료를 가압해서 엔진으로 보낸다.

➤ 제트엔진 연료에 사용하는 첨가제의 종류

제트 연료에 사용하는 첨가제로는 빙결 방지제, 미생물 살균제, 정전기 방지제, 산화 방지제, 금속 불활성제, 부식 방지제 등이 있다.

➤ 연료탱크에 수분이 생기는 이유와 제거방법

연료탱크에 물이 생기는 이유는 고도가 높아지면 끓는점이 낮아져서 연료가 잘 기화되기 때문이다. 기화된 연료에서 분리된 물은 연료보다 비중이 커서 탱크 하부의 섬프(sump)에 모인다. 이렇게 섬프에 모인 물을 드레인 밸브(drain valve)를 통해 배출한다. 제트 연료에 영향을 주는 요소는 물과 연료 속의 미생물(microbe)이다. 제트 연료에 포함된 물은 미생물이 자라게 만든다. 연료 내의 미생물은 필터를 막히게 하고, 연료탱크를 부식시킨다. 미생물은 연료에 살균제(biocide)를 첨가해서 어느 정도 제거할 수 있지만, 가장 좋은 방법은 연료탱크에서 물을 제거하는 것이다. 그래서 연료탱크에 고여 있는 물을 주기적으로 배수(drain)하고 검사한다.

섬프 드레인 밸브(sump drain valve)는 탱크 하부의 섬프에 가라앉은 불순물과 물을 제거할 때 사용하는 밸브이다.

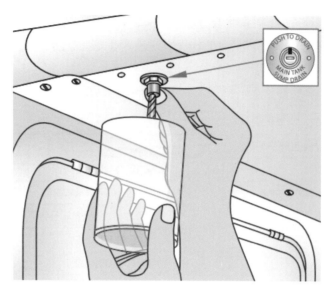

[그림 1-3-67] 연료탱크의 섬프 드레인(sump drain)

🎯 섬프 드레인(sump drain)의 목적

섬프 드레인은 미생물 번식을 막고, 고고도 비행 시 연료에 포함된 물이 어는 것을 방지하며, 연료와 물이 섞여서 생기는 비중 오차를 수정하기 위해서 한다. 섬프 드레인은 연료를 보급하고 시간이 어느 정도(보통 30분) 지나서 물이 가라앉았을 때 실시한다. 연료 표본검사(sampling)를 하거나 탱크에 남은 연료를 배출할 때도 한다.

🎯 연료 안에 포함된 불순물을 검사하는 방법

① 현장에서 실시하는 수질오염(water contamination) 검사는 연료탱크에서 뽑아낸 시료(sample)에 물에는 녹고 연료에는 녹지 않는 염료(dye)를 넣어서 한다. 연료에 포함된 물이 많을수록 염료가 더 크게 흩어지고 더 많이 물들어서 색이 진해진다. 주사기 앞에 캡슐을 꽂아서 검사할

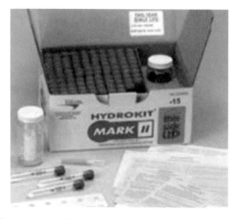

[그림 1-3-68] 일반적인 시험장치(test kit)

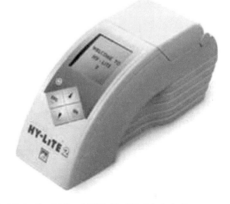

[그림 1-3-69] 미생물 측정용 현장장비(field device)

수도 있다.

② 일반적인 시험장치(test kit)로 시료에 30 ppm(parts per million, 가스터빈엔진 연료는 15 ppm) 이상의 물이 있을 때 분홍색이나 진홍색으로 색이 변하는 회색 화학 분말을 사용한다. 색이 변할 정도로 물이 포함된 연료는 사용하기 어렵다고 간주한다. 이렇게 물이 많이 포함된 연료는 물이 탱크 하부에 가라앉도록 충분히 기다린 다음에 물을 배수(drain)하거나, 연료를 전부 배유(defueling)하고 적합한 연료로 다시 급유한다.

③ 연료탱크 안에 있는 미생물의 수준은 현장장비(field device)로 측정할 수 있다. 이 장비는 연료에 첨가되는 살균제의 양을 결정할 때 사용한다.

④ 연료 안에 포함된 불순물은 필터에서 발견되는 입자의 성분을 조사해서도 알 수 있다.

2) 연료탱크 (구술평가)

가) 연료탱크의 구조, 종류

➤ 연료탱크의 구조

연료탱크는 벤트라인(vent line)을 통해 외부와 공기가 통하도록 제작된다. 연료탱크의 밑면에는 물과 불순물이 가라앉는 섬프(sump)가 있고, 섬프에는 물과 침전물을 제거하기 위한 드레인밸브(drain valve)가 있다. 연료탱크 내부에는 항공기 자세가 변할 때 연료가 급격하게 이동하는 것을 막는 배플(baffle)이 있다.

➤ 연료탱크의 종류

항공기 연료탱크에는 기본적인 형태로 경식 분리형 탱크(rigid removable tank), 부낭형 탱크(bladder tank), 일체형 탱크(integral fuel tank)가 있다.

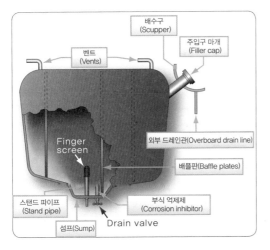

[그림 1-3-70] 경식 분리형 탱크의 구조와 날개의 장착 위치

① 경식 분리형 탱크는 경식 재료로 연료탱크를 만들어서 기체구조에 고정하는 방식이다. 연료 누출이나 손상이 발생하면 장탈해서 수리할 수 있다는 장점이 있다.

② 부낭형 탱크는 주머니 형태로 만들어서 부풀려서 장착하는 탱크이다. 누출이 발생하면 제작사의 지침에 따라 패치(patch)로 수리할 수 있다.

③ 일체형 연료탱크는 대형 항공기에 주로 사용하는 방식으로, 날개 내부의 공간을 실란트(sealant)로 밀봉해서 바로 연료탱크로 사용한다. 별도의 연료탱크를 넣지 않아서 무게를 줄일 수 있고 넓은 공간을 사용한다는 장점이 있다. 단점은 날개 자체를 연료탱크로 사용하기 때문에 실란트에 균열이 생겼을 때 일어나는 누설이 어디서 생기는지 찾기 어렵다는 것이다.

[그림 1-3-71] 부낭형 탱크(bladder tank) 　　　[그림 1-3-72] 운송용 항공기 날개 내부의 일체형 탱크
(integral fuel tank)

◉ 연료탱크의 vent system

vent system은 연료탱크 내부를 대기압과 같은 압력으로 유지해서 외부와 내부의 압력 차이로 팽창되거나 찌그러지는 것을 막아서 탱크구조를 보호하고, 연료가 잘 공급되도록 한다.

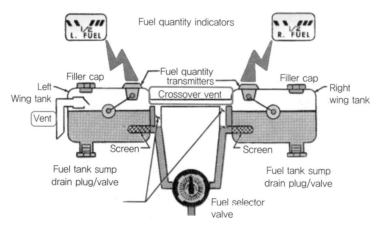

[그림 1-3-73] 경항공기 연료탱크의 vent system

✈ 항공기 연료탱크의 위치에 따라 구분하여 명명하는 탱크의 종류

연료탱크는 위치에 따라 중앙 연료탱크(center tank), 주 연료탱크(main tank), 서지 탱크(surge tank), 기종에 따라 있는 수평안정판 탱크(horizontal stabilizer tank)로 구분할 수 있다.

에어버스사는 주 탱크를 안쪽 탱크(inner tank), 바깥쪽 탱크(outer tank)로 구분하고, 보잉사는 No. 1, 2로 번호를 붙여서 구분한다. 꼬리날개의 연료탱크를 에어버스사는 트림 탱크(trim tank)라 하고, 보잉사는 수평안정판 탱크(horizontal stabilizer tank)라고 한다.

① 중앙 연료탱크는 동체 가운데에 있는 연료탱크로, 엔진으로 연료를 보낸다.

② 주 연료탱크는 날개 내부를 사용하는 연료탱크로, 엔진과 APU로 연료를 보낸다.

주 연료탱크를 안쪽 탱크와 바깥쪽 탱크로 구분한 항공기는 트랜스퍼 밸브를 통해 바깥쪽 탱크의 연료를 안쪽 탱크로 이송한다. 바깥쪽 탱크는 날개 굽힘과 플러터 현상을 줄이는 역할

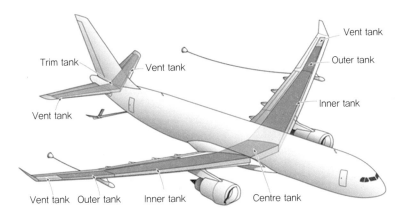

[그림 1-3-74] A330 연료탱크 배치(arrangement)

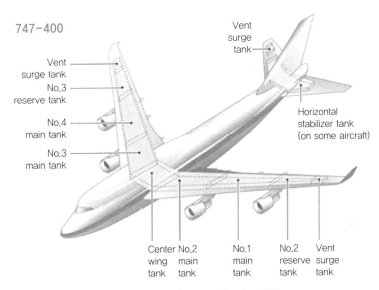

[그림 1-3-75] B747 연료탱크 위치

도 한다.

③ 수평안정판 탱크(horizontal stabilizer tank)는 항속거리를 늘리기 위해 수평안정판에 만든 연료 탱크이다. 일반적으로 THS와 같이 써서 연료 소비에 따라 무게중심이 변할 때 수평안정판을 움직여서 평형을 유지한다.

④ 서지 탱크는 통기구(vent) 역할과 연료가 넘칠 때 임시로 보관하거나 배출하는 역할을 한다.

🧭 서지 탱크(surge tank)

서지 탱크는 주 날개의 바깥쪽에 비어 있는 탱크이다. 서지 탱크는 연료 보급 시나 운항 중에 넘치는 연료를 임시로 보관하고 용량 초과 시 외부로 배출하는 역할을 한다. 서지 탱크로 들어온 연료는 체크밸브(check valve)를 통해 주 날개 탱크로 돌아간다. 서지 탱크에는 통기구(NACA duct)가 있는데, 외부 공기가 각 탱크로 통하게 만들어서 압력 차이로 인한 연료탱크의 손상을 방지하고, 연료가 계통으로 잘 흘러가도록 한다. 서지 탱크는 연료가 열팽창해서 부피가 늘어났을 때 연료탱크를 보호하는 역할도 한다.

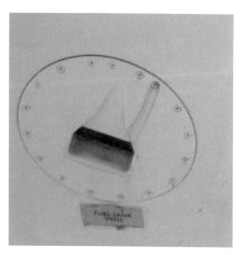

[그림 1-3-76] B737 NACA duct

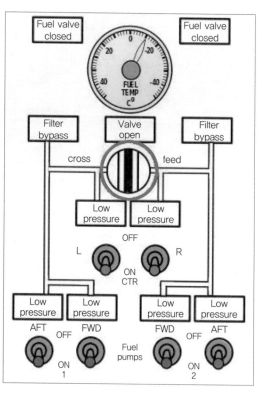

[그림 1-3-77] B737의 크로스 피드 스위치

🧭 크로스 피드 밸브(cross feed valve)와 트랜스퍼 밸브(transfer valve)의 차이점

① 항공기 연료계통에서 각 날개의 연료탱크는 그 날개에 달린 엔진에 연료를 공급한다. 크로스

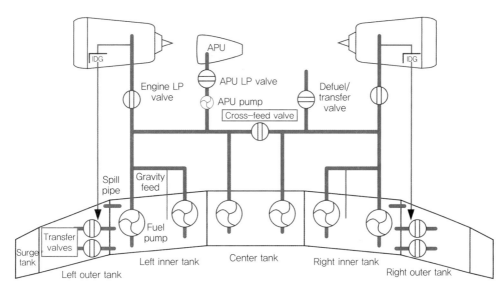

[그림 1-3-78] A320 연료 계통도

피드 밸브는 평상시에는 닫혀 있지만, 각 날개의 연료계통을 일시적으로 연결할 때 사용하며, 한쪽 날개의 연료탱크에서 나오는 연료를 다른 날개의 엔진으로 공급할 때 사용한다. 크로스 피드 밸브를 여는 경우는 다음과 같다.

㉮ 항공기의 평형을 유지하기 위해 양 날개의 연료탱크에 있는 연료량을 맞추기 위해 크로스 피드 밸브를 열어서 연료가 많은 연료탱크에서 적은 쪽 엔진으로 연료를 공급한다.

㉯ 한쪽 엔진이 고장 났을 때 고장 난 엔진으로 가는 연료탱크의 연료를 남은 엔진에 공급해서 연료 소비에 따른 무게중심을 맞춰서 평형을 유지할 수 있도록 한다.

② 트랜스퍼 밸브는 엔진으로 연료를 공급하지 않고 저장하고 있는 연료탱크에서 다른 연료탱크로 연료를 이송할 때 사용한다. 주 연료탱크를 안쪽 탱크와 바깥쪽 탱크로 나눈 A320은 센서(level sensor)가 안쪽 탱크의 연료량이 정해진 무게 이하로 떨어진 것을 감지했을 때 트랜스퍼 밸브를 열어서 바깥쪽 탱크의 연료를 안쪽 탱크로 전달한다.

나) leak 시 처리 및 수리 방법

📍 연료 누설 단계

연료 누설 단계는 누설 부위를 닦아낸 다음 30분 동안 누출된 연료의 면적을 기준으로 얼룩이 진 누출(stain), 스며 나오는 누출(seep), 다량의 스며 나오는 누출(heavy seep), 그리고 흐르는 누출(running leak), 이렇게 네 단계로 구분한다.

① 얼룩(stain)은 누출된 면적의 지름이 3/4 in 이하인 누출

② 스며 나옴(seep)은 지름이 3/4~1½ in인 누출

③ 다량 스며 나옴(heavy seep)은 지름이 1½~4 in인 누출

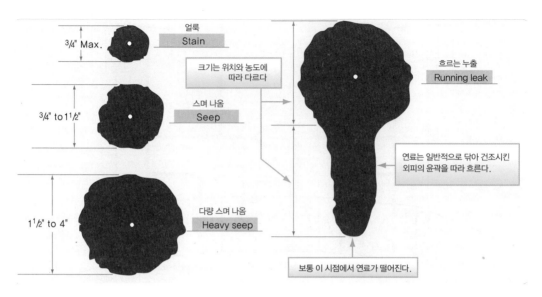

[그림 1-3-79] 누출로 표시된 연료 표면의 면적은 누출 범주를 분류하는 데 사용

④ 흐르는 누출(running leak)은 연료가 흘러서 떨어지는 상태로, 비행을 중단하고 수리

비행 전에 갑자기 탱크에서 연료가 누설될 때의 조치사항

연료가 누출되면 비행 중 연료 부족, 화재, 폭발이 일어날 수 있다. 연료가 누출되면 누출된 장소를 찾고, 누출이 심해지는지 계속 감시해야 한다. 화재나 폭발의 위험이 있는 장소는 비행 전에 수리해야 하지만, 그렇지 않은 곳은 수리를 미룰 수도 있다. 연료 누출의 수리와 감항성을 유지하기 위한 조건은 항공기 제작사의 지침을 따른다.

연료 누설 시 수리방법

① 연료탱크로 들어가기 전에 먼저 탱크 내부의 모든 연료를 비우고, 유증기를 탱크 밖으로 배출하는 퍼징(purging) 작업을 해야 한다. 그 다음에 연료탱크로 들어가서 누설이 발생한 부분을 찾는다.

　일체형 연료탱크(integral fuel tank)에는 연료탱크와 연료량 지시계통 구성품, 탱크 내부 구성품의 검사와 수리를 위한 점검창(access panel)이 있다. 대형 항공기는 점검창을 통해 탱크 내부로 들어간다.

　누설 부위를 찾을 때는 실란트(sealant)가 발린 부분에서 1/2 in 떨어진 위치에 노즐을 대고 100 psi 이내의 공기압을 가해서 누설을 찾는다. 누설 예상 부위의 외피에 비눗물을 발라주면 효과적이다.

② 접착력이 약해진 실란트나 실란트가 들고 일어난 부분은 비금속 스크래퍼(scraper)로 제거하고, 남은 실란트는 알루미늄 모직물(wool)로 완전히 제거한다.

③ 권장된 솔벤트로 구역을 청소한 다음, 제작사가 인가한 새로운 실란트를 바른다.

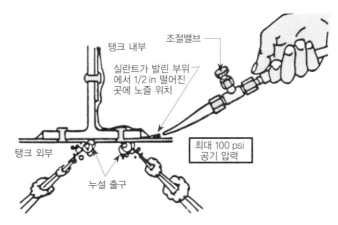

[그림 1-3-80] 일체형 연료탱크(integral fuel tank) 연료 누설 점검(blowout method)

④ 탱크에 연료를 보급하기 전에 실란트의 경화시간(cure time)을 지키고 누설을 점검해야 한다.

🧭 항공기 연료탱크 퍼징(purging) 작업

퍼징 작업은 연료탱크 내부에서 작업하기 전에 유증기를 빼내는 작업이다. 퍼징 작업은 질소나 이산화탄소와 같은 불활성가스를 주입해서 할 수도 있고 공기를 넣어서 할 수도 있다. 퍼징 작업을 한 다음 가연성 가스 지시기(combustible gas indicator)로 점검해서 내부의 유증기가 안전한 수준으로 줄어들 때까지 퍼징 작업을 계속한다.

항공기별 퍼징 작업은 제작사의 절차에 따라 해야 한다. 일반적으로 공기를 넣어서 환기할 때는 24시간 동안 퍼징 작업을 해야 하지만, 계속 기다릴 수 없을 때는 내부의 산소농도를 측정해서 정해진 농도 이상이면 들어가서 작업할 수 있다. 퍼징 장비(purging equipment)를 사용하면 1시간 이내로 작업을 마칠 수도 있다.

[그림 1-3-81] 퍼징 장비(purging equipment)

[그림 1-3-82] 퍼징 작업

다) 탱크작업 시 안전 및 주의사항

◉ 항공기 연료탱크 작업 시 안전 및 주의사항

연료탱크 내부의 정비작업은 엄격한 안전절차를 따라야 한다. 정비하기 전에 탱크 내의 모든 연료를 비우고(defueling), 퍼징(purging) 작업을 해서 유증기를 탱크 밖으로 빼낸다. 작업자는 호흡장비를 착용해야 하고, 감시자는 탱크 밖에서 작업자를 계속 관찰해야 한다.

① 작업 전에 Pre-Entry Checklist를 작성한다.

② 연료탱크로 들어가기 전에 퍼징(purging) 작업을 해서 탱크 내부의 유증기를 빼낸다.

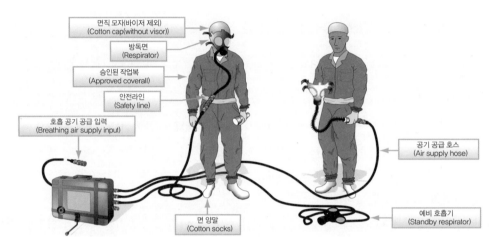

[그림 1-3-83] 연료탱크 작업 시 안전보호장구 착용 모습

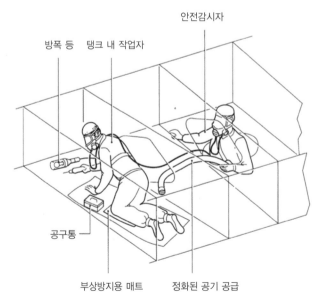

[그림 1-3-84] 일체형 연료탱크(integral fuel tank) 내부 수리작업 장면

③ 연료탱크 안으로 들어갈 때 보푸라기 없는 방호복(protective clothing)을 착용한다.

④ 작업자는 호흡장비를 착용해야 하고 감시자는 작업자가 안전한지 계속 지켜봐야 한다.

⑤ 연료탱크 내에서는 화재 예방을 위해 방폭 처리된 램프와 손전등을 사용해야 한다.

⑥ Manual Magnetic Indicator나 Fuel Tank Unit을 손상하지 않도록 주의한다.

⑦ 연료탱크가 오염되지 않도록 깨끗한 장비를 사용한다.

⑧ 연료탱크를 보호하고 작업자의 부상 방지를 위해 바닥에 매트를 깐다.

[표 1-3-11] 연료탱크 작업 전 체크리스트(Pre-Entry Checklist)

Wet Fuel Cell 출입 전 또는 이전 작업조에 의해 시작된 탱크작업의 지속을 위한 작업지시 전에 본 Checklist가 점검되어야 한다.
Wet Fuel Cell 출입 위치
건물 또는 지역:_____ 구역:_____ 항공기:_____ Tank:_____ 작업조:_____ 일시:_____ 감독자:_____

○ 1. 항공기 및 주변 장비의 적절한 접지 확인

○ 2. 작업구역 안전 및 경고 표지 설치 확인

○ 3. Boost Pump 스위치가 OFF, 회로차단기(Circuit Breaker)가 뽑히고 플래카드 설치 확인

○ 4. 항공기 전원 공급 여부(Battery 분리, 외부 전원코드가 항공기로부터 분리되고 외부전원 Receptacle에 플래카드가
　　 설치되었는가?)

○ 5. 통신 및 Radar 장비 OFF(이격거리 기준 참조)

○ 6. Fuel Cell 출입 시 승인된 폭발방지 장비와 공구 사용(점검등, 송풍기, 압력 점검장비 등)

○ 7. 적절한 인명 보호 장비를 포함한 열거된 요구사항이 확인된 후 제한된 공간 출입허가 승인
　　 (최소한 OSH 110등급의 마스크, 승인된 작업복, 면 모자 및 발 덮개 그리고 눈 보호용품)

○ 8. 작업자의 트레이닝 기록과 모든 Wet Fuel Cell 출입 시 요구되는 로그시트 기록 여부

○ 9. 통풍장치의 사용 전 청결 여부 확인

○ 10. 잔류 연료 제거를 위한 스펀지 유무 확인

○ 11. 사용되는 모든 플러그의 스트리머 부착 여부

○ 12. 모든 열린 Fuel Cell에 자동 환기장치 장착 여부
　　　 Note:환기장치는 Fuel Cell이 열려져 있는 동안 항상 작동해야 한다. 환기장치의 고장, 현기증, 가려움 또는 과도한
　　　　　 악취와 같은 부작용이 인지된다면 모든 작업을 중지하고 Fuel Cell에서 철수해야 한다.

○ 13. Shop정비사의 Cell 출입과 대기 관찰자는 유효한 "Fuel Cell Entry(연료 셀 출입)" 자격카드를 소지해야 한다. 자격은
　　　 다음 훈련이 요구된다
　　　　 • 항공기 제한구역 출입안전
　　　　 • 마스크의 사용과 정비
　　　　 • Wet Fuel Cell 출입

○ 14. 소방서 통지

계기 지시

○ 15. 산소 지시(%): _____　　점검자:_____

○ 16. 연료 증기 수준 지시(ppm):_____　　점검자:_____

○ 17. 인화성 가스 미터(LEL) 시시. _____　　점검자:_____

출입 전 모든 요구사항이 충족되었다.

_____　　_____
감독자 또는 지명자의 서명　　　　　　　일시

유압계통 [ATA 29 Hydraulic Power]

1) 주요 부품의 교환작업 (구술평가 또는 실작업 평가)

가) 구성품의 장·탈착 작업 시 안전 주의사항 준수 여부

➤ **대형 항공기가 유압을 사용하는 이유**

① 유압계통은 기계적 에너지로 펌프를 구동해서 작동유의 압력을 높이고, 작동유의 압력에너지를 유압작동기(hydraulic actuator)나 유압모터(hydraulic motor)를 통해 기계적인 힘으로 변환하는 힘의 전달장치를 말한다.

② 소형 비행기에서 조종계통에 가해지는 하중은 상대적으로 작아서 조종사의 힘으로 제어할 수 있지만, 많은 조종력이 필요한 대형 항공기에서는 조종사가 조종면을 움직일 때 유압장치로 보조한다.

③ 대형 항공기 구성품 중 작동을 요하는 비행조종계통 구성품과 착륙장치계통 구성품 등은 상당한 중량을 가지고 있으며, 고속 비행 시 상대바람을 이기고 작동하여야 하므로 조종사의 힘으로 작동하는 것이 불가능해졌다.

④ 유압을 사용하는 이유는 다음과 같다.

  ㉮ 작동유의 압력을 5,000 psi까지 생산하여 큰 힘으로 작동이 가능

  ㉯ 수동이나 전기 동력에 비해 경량

  ㉰ 유압 구성품의 장착이 용이하고, 검사 절차가 간소하며, 정비가 용이

  ㉱ 유압작동(hydraulic operation)은 유체마찰(fluid friction)로 인한 손실이 매우 적어 거의 100%의 효과를 얻을 수 있는 장점

➤ **항공기의 구성품을 작동시키는 동력원의 종류**

항공기의 구성품을 작동시키는 가장 보편적인 방법은 다음과 같은 3가지가 있다.

① 수동으로 조종사가 직접 작동시키는 방법

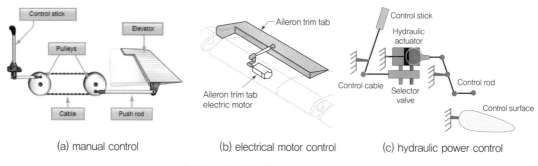

(a) manual control   (b) electrical motor control   (c) hydraulic power control

[그림 1-3-85] flight control system

② 전기모터(electric power)를 이용하는 방법

③ 유압의 힘(hydraulic pressure power)을 이용하는 방법

⊙ 항공기에서 유압을 사용하는 곳

① 비행조종계통(flight control system)

② 앞전 플랩(leading edge flap)과 slat

③ 뒷전 플랩(trailing edge flap)

④ 착륙장치계통(landing gear)

⑤ 휠브레이크(wheel brakes system)

⑥ 조향장치(nose wheel steering)

⑦ 역추력장치(thrust reverser)

⑧ 자동조종장치(auto-pilots)

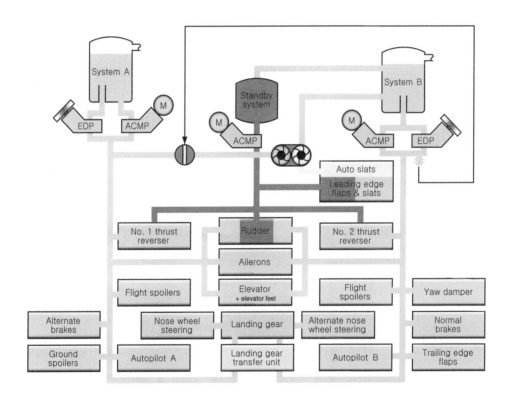

[그림 1-3-86] B737 유압계통

⊙ 파스칼의 원리

파스칼의 원리는 밀폐된 용기 안에 있는 비압축성 유체에 힘을 가하면 용기 벽면과 모든 방향으로 같은 크기의 압력이 작용한다는 원리이다. 파스칼의 원리를 이용하면 밀폐된 용기 안에 있는 유

체에 힘을 가해서 면적에 비례한 큰 힘을 얻을 수 있다.

유압계통 라인 구분과 각 라인의 역할

항공기 형식에 따라 약간의 차이는 있지만, 유압라인은 보통 공급라인(supply line), 압력라인(pressure line), 리턴라인(return line), 케이스 드레인 라인(case drain line)으로 구분한다.

① 공급라인은 저장소에서 엔진으로 구동되는 주 연료펌프나 교류모터로 구동되는 보조 펌프까지 작동유(hydraulic fluid)를 공급하는 라인이다.

② 압력라인은 펌프에서 가압된 작동유를 작동기(actuator)까지 보내는 라인이다. 라인상에 압력 조절을 위한 압력모듈(pressure module)과 불순물을 제거하는 필터 모듈이 있다.

③ 케이스 드레인 라인은 펌프에서 출발한 작동유 중 일부가 열교환기를 지나서 리턴 라인과 만나 저장소로 돌아가는 라인을 말한다. 유압계통에 사용되는 펌프는 계통을 순환하는 작동유로 윤활, 냉각된다. 그래서 펌프에서 가압된 작동유 중 일부는 펌프를 윤활, 냉각할 목적으로 계통을 순환시킨다. 케이스 드레인 라인은 계통에서 가장 높은 온도에 노출되기 때문에 계통의 정상작동 여부를 판단할 수 있는 온도센서가 장착되기도 한다.

④ 리턴라인은 작동기를 움직인 작동유가 저장소로 되돌아오는 라인이다. 리턴라인에는 리턴 필터 모듈(return filter module)이 있어서 작동유에 포함된 불순물을 걸러낸다.

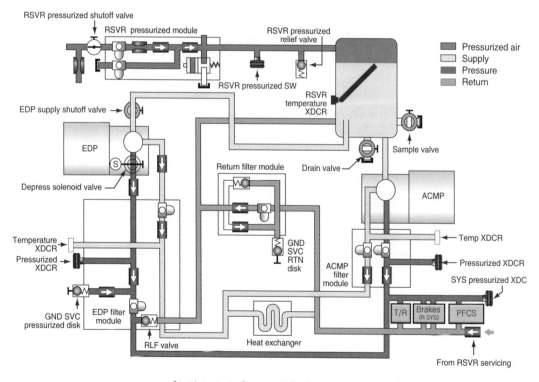

[그림 1-3-87] B777 우측 유압계통의 예

공기압라인(pressurized air line)은 유압이 아니고 저장소를 가압해서 멀리 있는 펌프까지 작동유를 원활하게 공급하기 위한 공기압을 공급하는 라인이므로 유압계통라인에 포함하지 않았다.

⊙ 유압유가 저장소(reservoir)에서 출발하여 다시 저장소로 돌아오는 순서

유압계통의 기본 흐름은 저장소(reservoir) → hydraulic pump → filter → pressure regulator → accumulator → check valve → relief valve → selector valve → actuator → 저장소의 순으로 흐른다.

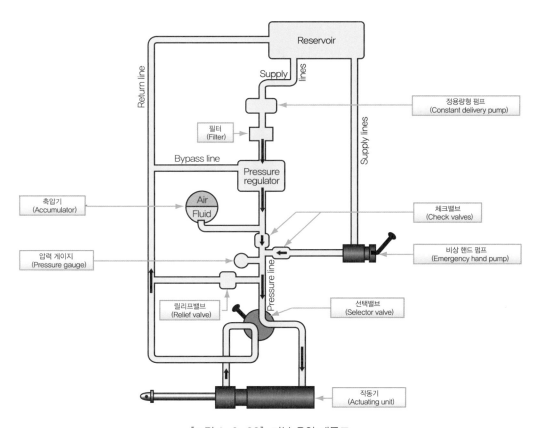

[그림 1-3-88] 기본 유압 계통도

⊙ 유압계통 구성품의 종류와 그 기능

유압계통의 기본 구성품에는 저장소(reservoir), 유압펌프, 압력조절기(pressure regulator), 축압기(accumulator), 필터(filter), 체크밸브(check valve), 릴리프밸브(relief valve), 선택밸브(selector valve), 작동기(actuator)가 있다.

① 저장소는 작동유를 저장하고, 작동유에 포함된 공기와 불순물을 제거하며, 계통을 순환하고 돌아온 작동유를 저장하는 역할을 한다.

② 유압펌프는 저장소에서 받은 작동유를 가압해서 축압기를 압축하고 계통에 흐름을 만든다.

③ 압력조절기는 펌프로 가한 압력을 계통에 필요한 수준으로 조절한다. 펌프를 통과한 작동유가 미리 설정된 압력값에 도달하면 바이패스 밸브를 통해 작동유를 저장소로 되돌려서 계통 내 압력이 과도하게 올라가는 것을 막는다.

④ 필터는 작동유의 불순물을 걸러준다. 필터를 주기적으로 검사해서 계통의 결함을 알 수 있다.

⑤ 체크밸브는 압력라인과 축압기에 있는 작동유가 저장소로 역류하는 것을 방지한다.

⑥ 릴리프밸브는 계통 내 압력이 과도하게 상승했을 때 작동유를 저장소로 돌려보내 손상을 방지한다. 열 릴리프밸브는 작동유가 열팽창해서 압력이 높아졌을 때 작동유를 저장소로 되돌려 압력을 낮춘다.

⑦ 선택밸브는 유로를 선택해서 작동유를 보내 작동기를 움직이고 작동유를 저장소로 보낸다.

⑧ 축압기는 비상시 필요한 압력을 확보하고, 충격을 흡수하며, 계통의 압력파동(surge)을 줄여준다.

⑨ 수동펌프는 동력펌프가 고장 났을 때 비상용으로 사용하거나 지상에서 유압계통을 점검하거나 작동유 보급 시 가압할 때 사용한다.

⑩ 작동기를 작동시키는 동안에는 계통 압력이 떨어지므로 압력조절기가 펌프 출력을 계통 압력 매니폴드(pressure line)로 계속 보낸다. 작동기의 피스톤이 행정 끝까지 도달하면 계통 압력은 급상승하고 이 압력이 릴리프밸브의 설정 압력과 같아진다. 그러면 릴리프밸브가 열리고 작동유는 저장소로 돌아간다.

항공기 유압계통 저장소(reservoir)의 기능과 종류

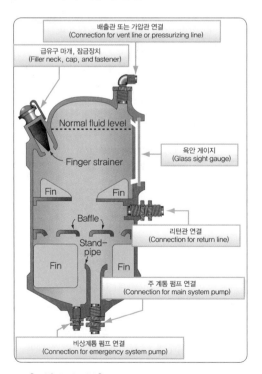

[그림 1-3-89] non-pressurized reservoir

저장소는 계통에 작동유를 공급하고 계통을 순환한 작동유가 돌아오는 곳이며, 작동유에 섞인 공기와 불순물을 제거하고 열팽창에 의한 작동유 증가량을 저장하는 역할을 한다. 저장소 안에 있는 스탠드 파이프(stand pipe)는 작동유가 누설될 때 비행에 필요한 최소한의 작동유를 남기는 역할을 한다. 배플(baffle)과 핀(pin)은 비행 중 요동으로 인해 저장소 안에 있는 작동유에 거품이 생기거나 공기가 섞이는 것을 방지하는 역할을 한다.

저장소의 종류에는 비가압식 저장소(non-pressurized reservoir), 공기 가압식 저장소(air-pressurized reservoir), 유압유 가압식 저장소(fluid-pressurized reservoir)가 있다.

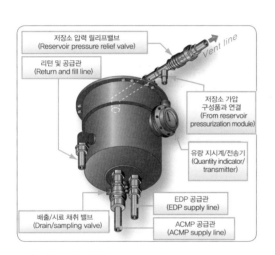

[그림 1-3-90] air-pressurized reservoir

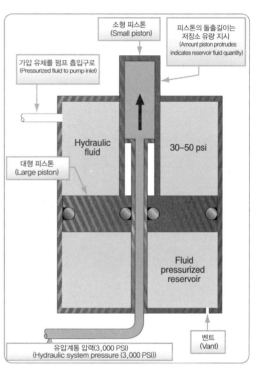

[그림 1-3-91] fluid-pressurized reservoir

⊙ 저장소를 가압하는 이유

저장소를 가압하는 이유는 대기압이 낮은 고고도에서 작동유가 펌프까지 원활하게 공급되도록 하고, 낮은 압력에서 유압유에 기포가 생기는 현상인 공동현상(cavitation)을 방지하기 위해서이다.

⊙ 구동방식에 따른 펌프의 분류

유압펌프는 기계적 에너지를 압력에너지로 바꿔서 계통을 작동하는 데 필요한 압력을 만드는 장치이다. 유압펌프는 구동방식이나 방출량에 따라 분류한다.

구동방식에 따른 분류로 엔진구동펌프(Engine Driven Pump, EDP), 전기모터펌프(Electric Motor

Driven Pump, EMDP), 공기구동펌프(Air Driven Pump, ADP), 램 에어 터빈(Ram Air Turbine, RAT), 핸드 펌프(hand pump)가 있다.

① EDP는 엔진으로 구동되는 주 펌프(main pump)로, 엔진과 연결된 기어박스에 있다.

② EMDP는 발전기나 APU에서 만드는, 전기로 작동하는 전동기(motor)로 구동되는 펌프이다. 교류로 작동하므로 ACMP(Alternating Current Motor-driven Pump)라고도 한다.

③ ADP는 공기압으로 구동되는 펌프이다. 주 펌프의 결함 시에 비상계통에 저장된 공기압력을 공급하여 압력을 생산한다.

④ RAT는 비행 중 모든 동력원을 상실했을 때 계통에 필요한 최소한의 압력을 공급한다.

⑤ 핸드 펌프는 유압 하부계통의 작동을 위해 일부 구형 항공기에서 사용되며, 일부 항공기에서는 예비(backup) 장치로서 사용된다.

⑥ 지상에서 유압을 사용할 때는 GPU나 APU에서 전력을 받아서 EMDP를 구동시켜 유압을 얻는다.

(a) electric motor driven pump   (b) engine driven pump   (c) ram air turbine

[그림 1-3-92] 구동방식에 따른 펌프 분류

⦿ 방출량에 따른 펌프의 분류

방출량에 따른 분류로, 일정용량펌프와 가변용량펌프로 구분할 수 있다.

① 일정용량펌프(constant-delivery pump)는 계통에서 요구되는 압력에 관계없이 펌프 회전마다 일정한 양의 작동유를 공급한다. 그래서 일정용량펌프는 압력조절기가 같이 사용된다.

② 가변용량펌프(variable-delivery, compensator-controlled pump)는 계통이 요구하는 압력에 따라 작동유의 공급량을 바꿀 수 있는 펌프이다. 펌프 출구압력에 따라 경사판(swash plate)의 각도를 조절해서 피스톤의 왕복 행정 거리를 변화시켜 유량과 압력을 조절하여 엔진 회전수에 관계없이 항상 일정한 압력을 공급한다.

⦿ 베인 펌프(vane pump)

압력 산출 방식에 따라 베인 펌프(vane pump), 기어 펌프(gear pump), 세로터 펌프(gerotor pump), 피스톤 펌프(piston pump)가 있다.

베인 펌프는 정용량형 펌프(constant displacement pump)의 한 종류이다. 4개의 베인을 갖고 있는 틀(housing)과 베인과 슬롯을 이뤄 장착된 속이 빈 스틸 로터(steel rotor), 로터를 돌려주는 커플링(coupling)으로 구성되어 있다. 로터 회전 시 각각의 부분은 그것의 체적이 가장 작은 지점과 최대인 지점을 지나가면서 체적은 점차적으로 회전의 첫 1/2바퀴 동안 최소에서 최대로 증가하고, 회전의 두 번째 1/2바퀴 동안 최대에서 최소로 점차적으로 감소하여 압력을 생산한다. 비교적 저압력의 fuel booster pump 등에 사용한다.

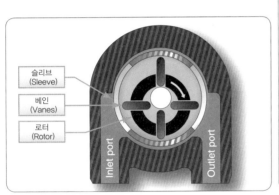

[그림 1-3-93] 일정용량형 베인 펌프

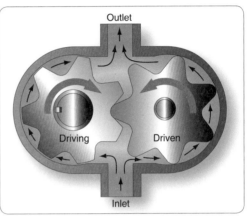

[그림 1-3-94] 일정용량형 기어 펌프

기어 펌프(gear pump)

기어 펌프는 일종의 정용량형 펌프이다. 이 펌프는 틀 내에서 회전하는 2개의 톱니바퀴가 맞물린 기어로 이루어져 있다. 구동기어(driving gear)는 항공기 엔진 또는 일부 다른 동력장치에 의해 구동된다. 피동기어(driven gear)는 구동기어와 톱니바퀴로 맞물리고, 구동기어에 의해 가동된다. 톱니바퀴가 맞물릴 때 톱니 사이의 공간과 톱니와 틀 사이의 공간은 아주 좁다. 펌프의 흡입구(inlet port)는 저장소와 연결되고, 배출구는 압력관에 연결된다. 엔진 오일 펌프 등에 사용한다.

제로터 펌프(gerotor pump)

제로터 펌프는 generated rotor에서 따온 제로터형(gerotor-type) 동력펌프이다. 편심형 고정덧쇠(stationary liner)를 갖고 있는 틀과 짧은 높이의 7개의 폭넓은 톱니를 가진 내부기어 로터(internal gear rotor), 6개의 좁은 톱니를 가진 평구동기어(spur driving gear), 2개의 초승달 모양의 포트(port)를 갖고 있는 펌프덮개로 구성되어 있다. 한쪽 포트는 흡입구(inlet port)로 연결되고, 다른 포트는 배출구(outlet port)로 연결되며, 펌프 작동 시 기어는 함께 시계방향으로 돌아간다. 펌프의 왼쪽 기어 사이의 포켓(pocket)이 최저의 위치에서 최고의 위치로 움직일 때, 이들 포켓 내에 부분진공이 형성되어 흡입구를 통해 작동유를 포켓 안으로 빨아들인다. 최고 위치에서 최저 위치 쪽으로 움직이는 동안, 작동유로 가득찬 동일 포켓이 펌프의 오른쪽으로 회전할 때 포켓은 크기가 감소

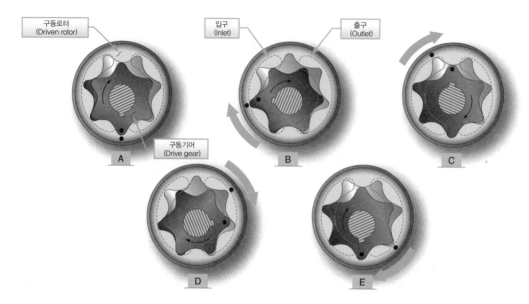

[그림 1-3-95] 일정용량형 제로터 펌프(gerotor pump)

한다. 이때 배출구를 통해 포켓으로부터 작동유가 방출된다.

🎯 피스톤형 구동펌프

① 피스톤형 구동펌프(piston-type power-driven pump)는 항공기 엔진의 액세서리 기어 박스 (accessory gear box)에 장착된다. 펌프를 돌리는 펌프 구동축은 구동 동력을 제공하는 엔진과 펌프를 연결시켜준다. 엔진 기어 박스로부터 구동 토크는 구동 연결장치(drive coupling)에 의해서 펌프 구동축으로 보낸다. 축의 회전력을 피스톤의 왕복운동으로 변환하여 압력을 산출한다. 고압을 요구하는 유압계통에 주로 사용하는 펌프이다.

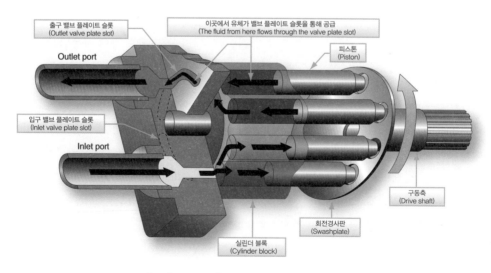

[그림 1-3-96] 피스톤 펌프(piston pump)

② 회전경사판(swashplate)은 고정식과 가변식이 있으며 고정식은 정량형 펌프에 사용되고, 가변식은 가변용량식 펌프에 사용한다. 가변 회전경사판은 경사판 한쪽에 유압작동기를 장착하여 계통에서 유압을 사용하지 않을 때에는 피스톤의 행정거리를 같게 만들어 흐름이 없도록 하여 펌프의 하중을 덜어주고, 계통에 과도한 압력이 걸리지 않게 한다. 회전경사판에 연결된 유압작동기는 펌프의 출력압력을 받아 일정한 압력 이상이 되면 작동기가 움직여 가변 회전판을 실린더 블록과 평행하게 만들어 피스톤의 행정이 일정하게 되고, 계통에서 유압을 사용하면 압력이 떨어지고 압력이 떨어지면 다시 경사를 만들어 피스톤 행정이 발생하여 부족한 압력을 만들어준다.

축압기(accumulator)의 기능과 종류

축압기는 펌프와 작동기 사이에서 가압된 작동유를 저장하는 저장소이다. 축압기의 한쪽에는 불활성 기체인 질소를, 다른 한쪽에는 작동유를 채운다. 질소는 계통 최대압력의 1/3 압력으로 충전한다. 축압기의 기능은 다음과 같다.

① 비상시 펌프가 작동하지 않을 때 저장된 압력으로 작동기를 제한된 횟수만큼 움직인다.

② 구성품이 작동할 때 발생하는 충격과 압력 파동(pressure surge)을 완화해 준다.

③ 여러 구성품이 동시에 작동할 때 축압기에 저장된 압력으로 동력펌프를 보조한다.

④ 계통 내에서 미세한 누출이 있을 때 이를 보상해서 압력조절기의 개폐 빈도를 줄인다.

축압기의 종류에는 다이어프램형(diaphragm type), 블래더형(bladder type), 피스톤형(piston type)이 있다. 가장 많이 사용되는 축압기는 가변용량 피스톤형이다.

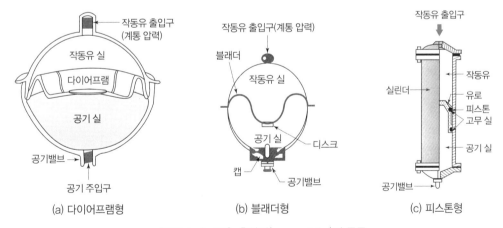

[그림 1-3-97] 축압기(accumulator)의 종류

축압기의 장탈·장착 작업 시 주의사항

① 축압기를 취급할 때는 부품이 손상되지 않도록 주의해야 한다.

② 작동유의 누설로 인한 화재에 주의해야 한다.

③ 축압기를 장탈할 때는 반드시 질소압력을 제거해야 한다.

④ 축압기를 장착할 때는 불순물이 들어가지 않도록 청결에 주의하여 작업해야 한다.

⑤ 축압기를 세척할 때는 정격 세척제를 사용하고, 통풍이 잘되는 곳에서 해야 한다.

⑥ 세척제가 피부에 오랫동안 닿지 않도록 해야 한다.

⑦ packing을 제거하거나 장착할 때에는 표면에 상처가 나지 않도록 비금속 공구를 사용해야 한다.

🧭 저장소와 축압기의 다른 점

둘 다 작동유를 저장하는 장소라는 공통점이 있지만, 저장소(reservoir)는 계통에 공급한 작동유가 다시 돌아오는 곳이고, 축압기는 펌프를 지나서 가압된 작동유를 저장하는 곳이라는 차이가 있다.

🧭 축압기의 결함 원인과 그 조치 내용

[표 1-3-12] 피스톤형(piston type) 축압기의 결함 원인과 그 조치 내용

고장 내용	원 인	조치 내용
공기가 작동유 속에 들어가 내부 누설이 생긴다.	① packing과 back-up ring이 정상적으로 작동되지 않는다. ② back-up ring에 손상이 있다. ③ cylinder 내부에 긁힘이나 패임이 있다. ④ piston의 ring groove에 손상이 있다.	① packing과 back-up ring을 다시 장착한다. ② back-up ring을 교환한다. ③ cylinder를 교환한다. ④ piston을 교환한다.
작동유나 공기가 외부로 누설된다.	① 작동유 cap이나 질소 cap의 장착이 잘못되었다. ② 작동유 cap이나 질소 cap의 packing 장착이 잘못되었다.	① 작동유 cap과 질소 cap을 정확하게 다시 장착한다. ② 새로운 packing을 정확하게 다시 장착한다.

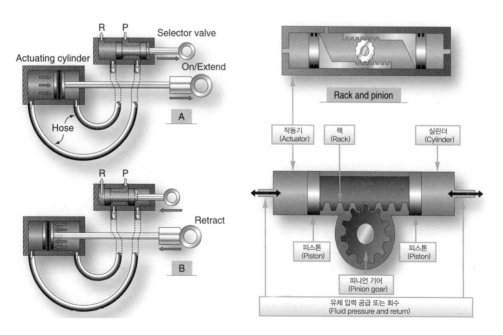

[그림 1-3-98] 직선운동 작동기와 랙, 피니언 기어

유압작동기(hydraulic actuator)

작동기는 펌프에서 만든 압력에너지를 기계적인 운동으로 바꾸는 장치이다. 운동 형태에 따라 실린더 안에서 피스톤이 직선으로 운동하는 직선운동 작동기와 유압모터를 사용하거나 랙과 피니언으로 피스톤의 직선운동을 회전운동으로 바꾸는 회전운동 작동기가 있다.

작동유를 제어하는 밸브의 종류와 작동방식

작동유를 제어하는 밸브는 사용목적에 따라 유량제어밸브와 압력제어밸브로 나눈다.

① 유량제어밸브는 작동유가 흐르는 방향과 속도를 제어해서 작동기의 작동순서와 속도를 조절한다. 유량제어밸브에는 선택밸브(selector valve), 체크밸브(check valve), 오리피스 체크밸브(orifice check valve), 순서제어밸브(sequence valve), 우선권 제어밸브(priority valve), 셔틀밸브(shuttle valve), 신속분리밸브(quick disconnect valve), 유압퓨즈(hydraulic fuse)가 있다.

② 압력제어밸브는 유압계통이 안전하고 효율적으로 작동하도록 압력을 제어하는 밸브이다. 규정압력 초과를 방지하고 압력을 필요한 범위로 유지하며, 낮은 압력이 필요할 때 압력을 감소시키기 위해 사용한다. 압력제어밸브에는 릴리프밸브(relief valve), 압력조절기(pressure regulator), 감압밸브(pressure reducing valve)가 있다.

선택밸브(selector valve)

선택밸브는 유로를 만들어서 작동기의 운동 방향을 결정하는 밸브이다. 일반적으로 실린더 양쪽에 있는 통로로 작동유 흐름 방향을 조절해서 운동 방향을 결정한다. 선택밸브의 한쪽 유로를 통해 작동유가 공급되면 실린더를 밀어서 움직이고, 반대쪽으로 밀려나는 작동유는 선택밸브를 거쳐서 다시 저장소로 돌아간다.

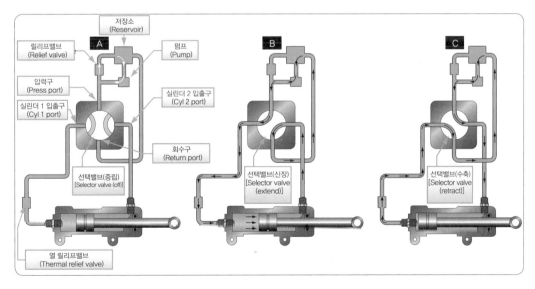

[그림 1-3-99] 중심 폐쇄형 4방향 선택밸브

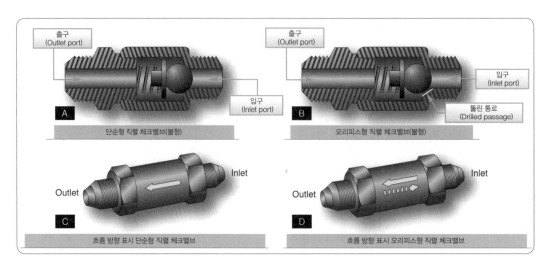

[그림 1-3-100] 체크밸브(check valve)와 오리피스 체크밸브(orifice check valve)

체크밸브와 오리피스 체크밸브

① 체크밸브(check valve)는 작동유가 한쪽 방향으로만 흐르게 하고, 반대 방향으로는 흐르지 못하게 막는 밸브이다. 유압펌프가 작동하지 않을 때 작동유가 역류하는 것을 방지한다.

② 오리피스 체크밸브(orifice check valve)는 오리피스와 체크밸브의 기능을 합친 밸브이다. 작동유를 한쪽 방향으로는 정상적으로 흐르게 하고, 반대 방향으로는 흐름을 제한한다. 착륙장치와 플랩에 사용하는 밸브로, 착륙장치를 올릴 때는 작동유가 정상적으로 흐르게 하고, 내릴 때는 흐름을 제한해서 착륙장치가 자체 무게 때문에 급격하게 떨어지는 것을 방지한다. 플랩을 작동할 때도 공기력에 의해 플랩이 빨리 올라가지 않도록 해서 손상을 방지한다. 오리피스(orifice)는 구멍이라는 뜻으로, 작동유의 흐름을 제한하는 장치이다.

순서제어밸브(sequence valve)

순서제어밸브는 여러 구성품이 작동할 때 정해진 순서에 따라 작동하도록 제어하는 밸브이다.

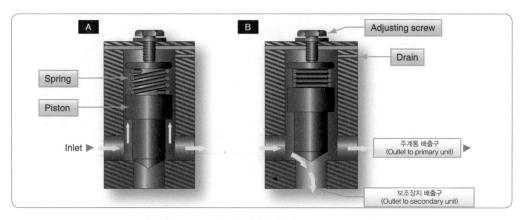

[그림 1-3-101] 순서제어밸브(sequence valve)

예를 들어, 착륙장치를 내릴 때는 먼저 착륙장치 도어(door)를 열고 착륙장치를 내리고, 착륙장치를 접어올릴 때는 먼저 도어를 열고 착륙장치를 올린다.

[그림 1-3-101]의 순서제어밸브를 설명하면, 첫 번째 actuating unit이 작동 중에는 작동유가 수평으로만 흐른다. 흐름을 완료할 때, 작동장치의 관 압력이 증가하면서 스프링의 힘을 이기고 피스톤을 올린다. 그때 밸브는 열림 위치로 되고 유압유는 두 번째 작동장치인 아래로 흐른다. drain port는 밸브 피스톤이 올라갈 때 작동유를 main return line으로 가게 한다.

⊙ 우선권 제어밸브(priority valve)

우선권 제어밸브는 계통압력이 정상보다 낮을 때 중요도가 낮은 계통의 유로를 차단해서 중요한 계통에 우선적으로 유압을 공급해서 작동시키는 밸브이다.

[그림 1-3-102]의 우선권 제어밸브를 설명하면, 펌프로부터 공급되는 작동유는 정상작동 중에는 primary system과 secondary system으로 공급한다. 그러나 정상 압력에 미치지 못하는 압력이 펌프에서 공급되기 시작하면 상부 스프링의 장력에 의하여 피스톤이 아래 방향으로 내려오고 그 영향으로 보조계통(secondary system)으로 가는 공급라인이 막히게 된다. 결국 작동유는 기본계통(primary system)으로만 공급된다.

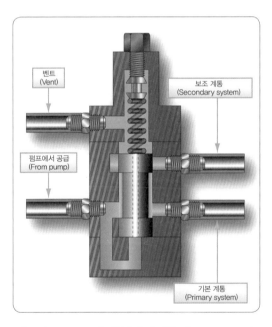

[그림 1-3-102] 우선권 제어밸브(priority valve)

⊙ 셔틀밸브(shuttle valve)

셔틀밸브는 계통에 고장이 발생했을 때 비상계통을 사용할 수 있도록 해주는 밸브이다. 예를 들어 유압 브레이크가 정상적으로 작동하지 않을 때 공기압 계통으로 비상 제동을 할 수 있도록 해주는 밸브이다.

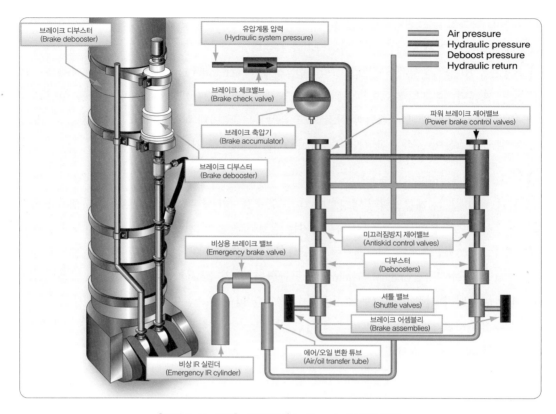

[그림 1-3-103] 셔틀밸브(shuttle valve) 장착 위치

⦿ 신속분리밸브(quick disconnect valve)

신속분리밸브는 유압계통 구성품을 장탈할 때 작동유의 손실을 방지하기 위해 배관에 장착된 밸브이다. 주로 동력펌프에 연결된 압력관(pressure line)과 흡입관(suction line) 등에 사용된다.

⦿ 유압퓨즈(hydraulic fuse)

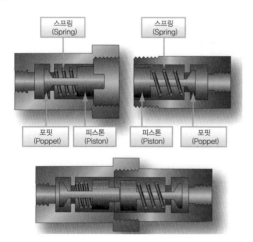

[그림 1-3-104] 신속분리밸브(quick disconnect valve)   [그림 1-3-105] 유압퓨즈(hydraulic fuse)

유압퓨즈는 배관이 파손되어 작동유가 빠르게 누출될 때 작동유가 흐르지 않도록 차단해서 저장소의 작동유가 완전히 손실되는 것을 막는 장치이다. 유압퓨즈는 브레이크 계통, 앞전 플랩, 앞착륙장치, 역추력장치 등에 사용한다. 유압퓨즈는 이름은 퓨즈지만 재사용이 가능하다.

✈ 릴리프밸브(relief valve)

릴리프밸브는 계통 내 압력을 설정된 값 이하로 제한해서 과도한 압력으로 인한 파손을 방지하는 밸브이다. 릴리프밸브는 계통릴리프밸브(system relief valve)와 열릴리프밸브(thermal relief valve)로 구분한다. 계통릴리프밸브는 압력조절기나 계통이 고장 나서 압력이 규정값을 초과하는 것을 방지한다. 열릴리프밸브는 온도 증가에 따른 열팽창으로 인한 압력 증가를 막는 역할을 한다.

✈ 감압밸브(pressure reducing valve)

감압밸브는 낮은 압력이 필요한 계통에 사용한다. 압력을 계통의 요구 수준까지 낮추고, 계통 안에 있는 작동유가 열팽창에 의해 압력이 증가하는 것을 막아 준다.

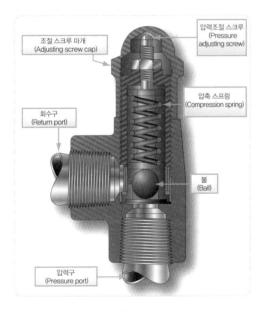

[그림 1-3-106] system relief valve

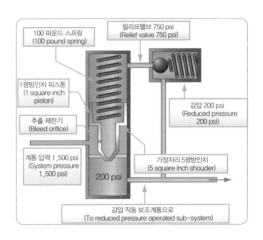

[그림 1-3-107] pressure reducing valve

✈ 퍼지밸브(purge valve)

퍼지밸브는 흔들림과 온도 상승으로 인해 거품이 생긴 작동유를 출구 쪽으로 빠지게 하여 공기를 제거해서 펌프의 배출압력이 낮아지는 것을 방지하는 밸브이다.

✈ 압력조절기(pressure regulator)

압력조절기는 펌프에서 배출되는 압력을 정해진 범위 내로 조절하고, 계통의 압력이 정상작동 범위 안에 있을 때 펌프의 부하를 덜어서 펌프가 저항 없이 돌아가게 해준다. 일정 용량식 펌프를 사용하는 유압계통에 필요한 장치이다.

① 킥인(kick in)은 계통의 압력이 규정값보다 낮을 때 계통으로 유압을 보내기 위해 귀환 유로에 연결된 바이패스 밸브를 닫고 체크 밸브를 여는 것을 말한다.

② 킥아웃(kick out)은 계통의 압력이 규정값보다 높을 때 펌프에서 배출되는 압력을 저장소로 되돌리기 위해 귀유로에 연결된 바이패스 밸브를 열고 체크 밸브를 닫는 것을 말한다.

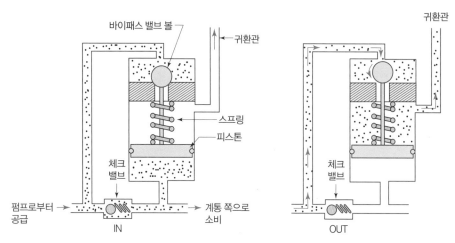

[그림 1-3-108] 압력조절기의 킥인(kick in)과(왼쪽) 킥아웃(kick out)

◉ 압력조절기의 결함 원인과 그 조치 내용

[표 1-3-13] 압력조절기의 결함 원인과 그 조치 내용

고장 내용	원인	조치 내용
pressure regulator에 내부 누설이 생긴다.	housing과 body의 고정 스크루가 풀렸거나 packing에 결함이 있다.	고정 스크루를 조이거나 packing을 교환한다.
pressure regulator의 outlet port에서 배출 유량이 규정량을 초과한다.	needle poppet이 정확하게 위치하지 않았거나 packing에 결함이 있다.	needle poppet의 상태를 검사하고 packing을 교환한다.
return line에서 기준값 이상의 누설이 있다.	return poppet이 정확하게 위치하지 않았다.	return poppet을 검사한다.
adjustment valve의 조절이 안 된다.	adjustment spring에 결함이 있다.	adjustment spring을 검사한 후 교환한다.

◉ 디부스터 밸브(debooster valve)

디부스터 밸브는 브레이크 작동 시 동력 부스터의 압력을 낮추고 작동유의 공급량을 증가시켜 신속한 제동과 작동유 귀환을 돕는 밸브이다.

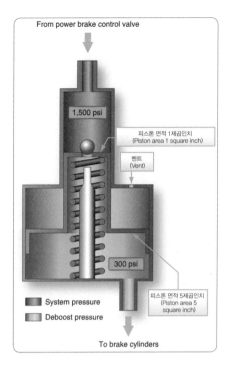

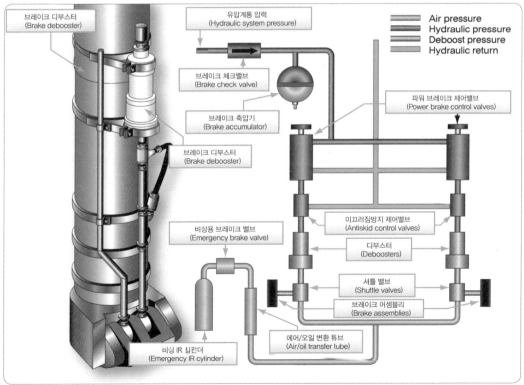

[그림 1-3-109] 디부스터 밸브(debooster valve)와 brake system의 장착 위치

⊙ 필터가 막혀 바이패스 밸브가 작동했을 때 정비사가 확인할 수 있는 방법

필터가 막힌 것은 필터 앞뒤의 차압이 허용 범위를 초과했을 때 튀어나오는 지시기 버튼을 보고 알 수 있다. 정비사는 이를 보고 바이패스 밸브가 작동했다는 것과 필터를 교체 또는 청소해야 한다는 것을 알 수 있다. 튀어 나온 버튼은 수동으로 리셋할 때까지 그 상태를 유지한다.

⊙ 유압계통에서 필터가 막혔을 때 작동유의 공급

유압계통에서 필터가 막히면 바이패스 밸브를 통해 작동유가 공급된다.

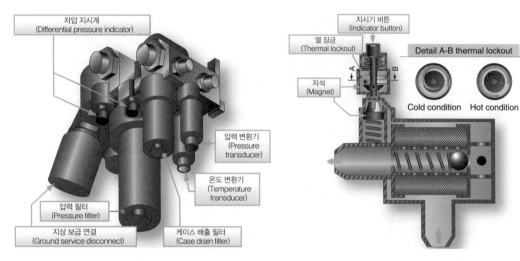

[그림 1-3-110] 필터 모듈 구성품   [그림 1-3-111] 필터 바이패스 밸브

⊙ filter by-pass valve의 작동원리

바이패스 밸브의 작동원리는 필터가 막혀서 압력이 증가하면 작동유가 스프링 볼을 밀어서 밸브를 열고, 필터를 거치지 않고 작동유가 공급된다. 이때 필터가 막혀서 필터 앞뒤의 차압이 정해진 값에 도달하면 스프링에 달린 자석을 아래로 끌어내서 자석과 붙어 있는 버튼이 튀어 나오게 한다.

⊙ 유압펌프 주 동력원 고장 시의 대책

대형 항공기의 유압계통은 다중으로 구성되어 한 계통이 고장 나도 계속 비행할 수 있도록 한다. 예를 들어 B737은 계통 A(System A), 계통 B(System B), 그리고 스탠바이(standby) 계통으로 구성된 세 개의 3,000 psi 유압계통을 갖추고 있다. 계통 A나 계통 B의 압력이 상실되면 스탠바이 계통의 교류 모터펌프(ACMP)로 또는 공기압 펌프(ADP)가 작동이 필요한 장치에 유압을 공급한다. 그리고 모든 동력 공급원이 상실되면 램 에어 터빈을 사용한다.

⊙ 램 에어 터빈(Ram Air Turbine, RAT)

램 에어 터빈은 모든 동력 공급원이 상실되었을 때 램 공기(Ram Air)로 터빈 블레이드를 돌려서 유압, 전력을 공급하는 비상 동력장치이다.

➔ 유압과 공압의 차이점

유압과 공압의 가장 큰 차이점은 힘을 전달하는 매체로, 유압은 비압축성 유체인 작동유를 이용하고 공압은 압축성 유체인 공기를 이용한다는 것이다. 유압은 조종계통, 착륙장치계통, 브레이크 계통을 작동하는 주요 동력으로 사용하고, 공압은 유압계통에 이상이 생겼을 때 비상 브레이크를 작동하거나 도어(door)를 여닫는 보조 수단으로 사용된다.

➔ 유압계통(hydraulic system)의 장점과 단점

[표 1-3-14] 유압계통의 장단점

장 점	단 점
큰 힘을 얻을 수 있다.	작동유가 누출되면 기능이 떨어진다.
운동 속도와 방향을 조절하기 쉽다.	배관 연결부에서 작동유가 누출되기 쉽다.
반응속도가 빠르다.	작동유에 화재가 발생할 위험이 있다.
원격조정(remote control)이 쉽다.	작동부가 마모되면 작동유가 오염된다.
회로 구성이 간단하다.	온도 상승에 따른 점성 변화로 정밀도가 감소한다.

➔ 공압계통(pneumatic system)의 장점과 단점

[표 1-3-15] 공압계통의 장단점

장 점	단 점
공기는 대기 중에서 쉽게 얻을 수 있다.	배관 설치에 많은 공간이 필요하다.
저장소나 귀환관이 필요하지 않다.	압축공기의 온도가 높아 주변이 가열된다.
공기는 불에 타지 않고 깨끗하다.	

나) 작업의 실시요령

➔ 항공기가 비행 중 작동유가 누설되는 결함을 대비한 방식

비행 중 모든 유압유가 누출되면 조종사의 힘만으로는 대형 항공기를 조종하는 것이 거의 불가능하다. 그래서 유압계통에는 작동유가 전부 누출되는 것을 방지하기 위해 유압 퓨즈를 사용하고, 저장소에 스탠드 파이프(stand pipe)가 있어서 누출이 발생해도 비상시 사용할 수 있도록 최소한의 작동유를 남겨 둔다.

➔ 유압계통 정비작업 시 주의사항

① 작업대와 공구, 시험장비를 깨끗하고 먼지가 없는 상태로 유지한다.
② 부품과 보기를 장탈·분해하는 동안 떨어지는 작동유를 받을 수 있도록 적당한 용기를 마련한다.

③ 작업 전에 유압 전계통의 압력을 제거해서 사람이 다치지 않도록 한다.

④ 축압기(accumulator)를 장탈하기 전에 질소압력을 반드시 제거한다.

⑤ 저장소(reservoir)를 장탈하기 전에 공기압과 유압을 제거한다.

⑥ 유압 라인과 피팅을 분리한 다음에 오염 방지를 위해 재조립 전까지 덮개나 마개로 막는다.

⑦ 조립하기 전에 드라이클리닝 용제(dry cleaning solvent)로 부품을 세척하고 충분히 말린 다음 윤활한다. 부품을 닦을 때는 깨끗하고 보푸라기 없는 헝겊을 사용한다.

⑧ 재조립할 때는 패킹(packing)과 개스킷(gasket)을 제작사에서 권고하는 새것으로 바꾼다.

2) 작동유 및 accumulator air 보충 (구술평가)

가) 작동유의 종류 및 취급요령

⊙ 작동유(hydraulic fluid)의 사용목적

작동유의 사용목적은 첫째, 압력 전달이다. 밀폐된 튜브나 호스 등으로 압력을 전달하여 구성품을 작동시킨다. 둘째, 윤활작용이다. 유압 시스템은 튜브, 실(seal), 개스킷, 호스 또는 기타 유압 구성요소와 같은 많은 중요한 부품으로 구성된 매우 복잡한 구조이다. 이러한 부품이 제대로 작동하고 너무 빨리 마모되지 않도록 윤활작용을 한다. 셋째, 냉각작용이다. 압력이 상승하면 비례하여 온도도 증가하는데, 작동유가 온도를 내려주는 기능을 한다.

⊙ 작동유(hydraulic fluid)의 구비조건

① 비압축성이어야 한다.

② 마찰손실이 적어야 한다.

③ 점성이 낮아야 한다.

④ 온도 변화에 따른 성질 변화가 적어야 한다.

⑤ 화학적 안정성이 높아야 한다.

⑥ 부식성이 낮아야 한다.

⑦ 인화점이 높아야 한다.

⊙ 항공기에 다른 유형의 유압유를 혼합할 수 있는가?

작동유의 종류에는 식물성유, 광물성유, 합성유가 있다. 작동유의 취급요령은 작동유마다 성분이 다르므로 섞어서 사용하지 않고 작동유에 맞는 실(seal)을 사용한다.

⊙ 작동유(hydraulic fluid)의 종류

① 광물질계 작동유(mineral-based fluids)

㉠ 광물유성계(mineral oil-based) 작동유인 MIL-H-5606은 석유에서 처리 제조되었다. 침

투유(penetrating oil)와 비슷한 냄새의 적색 작동유이다. 합성고무재질의 실(seal)은 석유계 작동유와 함께 사용된다. 가장 오래 전부터 사용되었으며, 화재위험이 비교적 적은 착륙장치의 완충 스트럿(shock strut)이나 소형 항공기의 브레이크 계통에 사용하고 있다. 소형 항공기는 대부분 MIL-H-5606을 사용하고, 일부 항공기에서는 MIL-H-83282를 사용한다.

　　㉯ MIL-H-6083은 단순히 MIL-H-5606에 녹 억제기능이 추가된 작동유로, 호환하여 사용한다.

② 폴리알파올레핀계 작동유(polyalphaolefin-based fluids)

　　㉮ MIL-H-83282는 1960년도에 개발된 내화성 경화 폴리알파올레핀계 작동유이다. 단점은 저온에서 고점성으로 사용은 대체로 −40℉까지로 제한한다. MIL-H-5606과 동일한 계통, 동일한 실(seal), 개스킷(gasket), 호스와 함께 사용한다.

　　㉯ MIL-H-46170은 MIL-H-83282에 녹 억제기능이 추가된 작동유이다.

③ 인산염에스테르 작동유(phosphate ester-based fluids [Skydrol])

　　㉮ 상용 운송용 항공기에서 사용되며, 상표명 Skydrol이 대표적인 작동유이다. 브레이크의 화재가 증가하면서 내화성이 높은 새로운 종류의 작동유를 만들었다. 오늘날 Type IV 작동유와 Type V 작동유가 사용된다.

　　㉯ Type IV 작동유의 Class I 작동유는 저밀도이고 Class II 작동유는 표준밀도이다. Class I 작동유는 Class II에 비해 무게 경감의 이점이 있다.

　　㉰ Type V 작동유는 Type IV 작동유보다 고온에서 가수분해 및 산화로 인한 품질 저하에 더 내성이 있다.

⚲ **유압유의 종류별(types of hydraulic fluids) 색채와 사용 실(seal)**

① 식물성 작동유(vegetable base fluid)

　　㉮ 주성분 : 피마자유 + 알코올

　　㉯ 색채 : 하늘색

　　㉰ 사용 실(seal) : 천연고무 실

　　㉱ 세척제(cleaning agents) : 알코올

② 광물성 작동유(mineral base fluid)

　　㉮ 주성분 : 석유(petroleum)

　　㉯ 색채 : 적색

　　㉰ 특정 번호 : MIL-H-5606

　　㉱ 사용 seal : 합성고무, 가죽, 플라스틱, 금속

　　㉲ 사용 온도 : −65~160℉(−54~71℃)

　　㉳ 세척제 : 솔벤트

③ 합성 유압유(synthetic base fluid)

    ㉮ 주성분 : 석유 + 탄화수소 + 인산염(에스테르)

    ㉯ 색채 : 적색

    ㉰ 특정 번호 : MIL-PRF-83282, Skydrol 500A

    ㉱ 사용 seal : 합성고무(butyle, silicone rubber, teflon)

    ㉲ 사용 온도 : −65~275℉(−54~135℃)

    ㉳ 세척제 : 솔벤트

유압유 취급 시 주의사항

① 재사용 금지

② 두 종류 이상 혼합 사용 금지

③ 보관 시 항상 밀봉

④ can 오픈 시 지정된 공구를 사용할 것

유압유의 혼합(intermixing of fluids)

① 석유계와 인산염에스테르계 유압유는 성분의 차이로 혼합하여 사용해서는 안 된다.

② 항공기 유압계통에 규격이 다른 종류의 유압유를 보급했다면 곧바로 유압유를 빼내고 유압계통을 씻어내야 하며, 제작사의 명세서(specification)에 따라 밀봉을 유지해야 한다.

항공기 재질과 유압유의 적합성

① 스카이드롤은 Monsanto Company의 등록상표이다. 알루미늄, 철, 스테인리스스틸과 같은 항공기 금속재질에 영향을 주지 않는다.

② 유압유의 인산염 에스테르계로 인하여 비닐(vinyl) 성분, 유성페인트(oil-based paint)를 포함하는 열가소성수지는 스카이드롤 유압유에 의해 화학적으로 연수화(softened)될 수도 있다. 이 화학작용은 보통 순간적인 노출에서는 일어나지 않으며 유출이 있다면 바로 비누와 물로 깨끗이 닦아주면 손상을 막을 수 있다.

③ 실(seal), 개스킷, 호스는 쓰이고 있는 유압유의 종류에 맞게 특별히 설계되어야 한다. 개스킷, seal, 호스가 교체될 때, 적절한 재료로 제작되었는지 식별이 되어야 한다. 스카이드롤 Type V 유압유는 천연섬유, 나일론, 폴리에스테르를 포함한 합성물질에 적합하다. 네오프렌(neoprene) 또는 Buna-N의 석유계 유분(petroleum oil) 재질의 유압계통 seal은 스카이드롤과 맞지 않으며 부틸고무(butyl rubber) 또는 에틸렌프로필렌 탄성중합체(elastomer)의 seal로 교체되어야 한다.

유압유의 오염원(hydraulic fluid contamination)

① 심형모래(core sand), 기계가공으로 깎아낸 부스러기, 녹과 같은 입자를 포함하는 연마제가 있다.

② seal과 다른 유기체부품으로부터 마모입자 또는 부산물을 포함하는 비연마제도 오염원이다.

유압유의 시료 채취

유압계통이 오염되었을 때, 또는 명시된 최고치 온도를 초과해서 유압 시스템이 작동되었을 때에는 유압유의 시료 채취와 유압계통의 점검이 이루어져야 한다. 액체시료는 저장소와 유압계통 내의 여러 곳에서 채취해야 한다.

① 정기 채취(routine sampling)

각각의 유압계통은 적어도 1년에 한 번씩 또는 비행시간 3,000시간, 또는 기체제작사가 제안할 때는 언제나 채취하여 검사해야 한다.

② 비계획 정비(unscheduled maintenance)

기능불량의 원인이 관련된 유압유로 판단될 때 시료를 채취해야 한다.

③ 오염의 의심(suspicion of contamination)

만약 오염이 의심된다면, 유압유는 정비절차를 수행하기 이전 및 이후 모든 시료가 채취되어야 하고 오염이 되었다면 새로운 유압유로 교체해야 한다.

유압유 시료 채취 절차(sampling procedure)

① 10~15분 동안 유압계통을 가압하고 작동시킨다. 작동하는 동안에 밸브의 작동을 위해 여러 가지 비행 조종장치를 작동시키면서 유압유를 순환시킨다.

② 유압계통을 정지시키고 감압한다.

③ 시료를 채취하기 전에 항상 최소한 보호안경과 안전장갑을 포함하는 적절한 개인용 보호장구를 착용해야 한다.

④ 보푸라기가 없는 천으로 시료 채취구 또는 관(tube)을 닦아낸다. 보푸라기를 발생시킬 수 있는 샵 타올(shop towel) 또는 종이제품은 시료를 오염시킬 수 있기 때문에 사용하지 않는다.

⑤ 저장소의 drain valve 아래쪽에 폐기물용기를 놓고 유압유가 안정되게 흘러나오도록 밸브를 연다.

⑥ 약 1 pint(250 mL)의 유압유를 배출한다. 시료 채취구의 오염물질 입자를 제거하기 위함이다.

⑦ 깨끗한 sample bottle에 약간 공간이 있을 정도로 시료를 채운 후, 곧바로 마개를 채운다.

⑧ 배수밸브(drain valve)를 닫는다.

⑨ 항공사 이름, 항공기 종류(aircraft type), 항공기 등록번호(aircraft tail number), 시료가 채취된 유압계통 명칭, 그리고 시료채취 날짜를 시료채취 도구(sampling kit)에서 제공된 시료식별분류표시(sample identification label)에 기록한다. 그리고 정기 시료 채취인지, 오염이 의심되어 수행한 채취인지를 식별분류표시 아래쪽 비고란에 표시한다.

⑩ 빼낸 유압유를 보충하기 위해 저장소에 유압유를 보급한다.

⑪ 분석을 위해 실험실로 시료(sample)를 보낸다.

[그림 1-3-112] 유압유 시료채취작업(sampling)   [그림 1-3-113] hydraulic test stand

⊙ 유압유의 오염물 관리(contamination control) 절차

오염을 관리하는 데 도움을 주는, 다음의 정비 및 사용절차는 항상 준수하여야 한다.

① 모든 공구와 작업영역, 즉 작업대와 시험장비를 청결히 유지한다.

② 작업 중에 유출된 유압유를 받을 수 있도록 적당한 용기는 항상 구비되어 있어야 한다.

③ 유압관(hydraulic line) 또는 연결부(fitting)를 분리하기 이전에, 드라이클리닝용제(dry cleaning solvent)로 작업 부위를 깨끗이 청소한다.

④ 모든 유압관과 fitting은 분리한 후 즉시 위를 덮거나 또는 마개를 해야 한다.

⑤ 유압계통 구성품을 조립하기 전에 인가된 드라이클리닝용제로 모든 부품을 씻어낸다.

⑥ 세척 후 충분히 건조시키고 조립 전에 권고된 방부제 또는 유압유로 윤활해 준다. 깨끗하고 보푸라기가 없는 천을 사용하여 부품을 닦아내고 건조시킨다.

⑦ 모든 seal과 개스킷은 재조립 절차 시 새것으로 교체하고, 반드시 제작사의 권고제품을 사용한다.

⑧ 모든 부품은 나사산의 metal silver가 벗겨지지 않도록 주의하여 연결해야 한다. fitting과 유압관은 적용된 기술지침서에 따라 규정된 토크값으로 장착한다.

⑨ 모든 유압 사용 장소는 청결하고 양호한 작동상태로 유지되어야 한다.

⊙ 유압계통에 사용하는 필터

미립자오염과 화학물질오염은 모두 항공기 유압계통에 있는 구성요소의 성능과 수명에 지장을 준다.

필터는 유압계통 pressure line, return line, pump case, drain line에 장착되고, 교체주기는 제작사에 의해 정해지고 정비매뉴얼에 명시되어 있다. 특정 지침이 없는 경우, 필터소자(filter element)의 권고된 사용시간(service life)은 다음과 같다.

① 압력 필터(pressure filter) − 3,000 hour

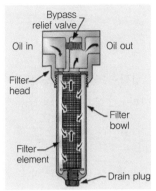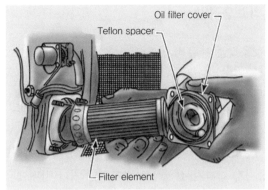

[그림 1-3-114] 필터의 내부 구성과 필터소자의 장탈작업

② 귀환 필터(return filter) - 1,500 hour

③ 케이스 드레인 필터(case drain filter) - 600 hour

⊙ 유압계통의 세정(flushing) 절차

유압유가 오염되었다고 판정되면 세정(flushing)한다. 대표적인 절차는 다음과 같다.

① 유압계통의 시험구(test port) 입구와 출구에 hydraulic test stand를 연결한다. 지상장비의 유압
유가 청결한지, 항공기와 동일한 유압유인지를 확인한다.

② 유압계통 필터를 교환한다.

③ 유압계통을 거쳐 깨끗하고 여과된 유압유를 주입하고, 필터에서 오염이 발견되지 않을 때까
지 모든 하부계통을 작동시킨다. 오염된 유압유와 필터는 폐기한다.

④ 지상장비를 분리하고 배출구의 마개를 덮는다.

⑤ 저장소가 가득(full level) 또는 적정한 보급 수준으로 채워졌는지를 확인한다. 지상장비에 있
는 유압유는 세정작업을 시작하기 전에 청결한지 반드시 점검한다.

⊙ 유압유의 취급 및 인체의 영향(health and handling)

① 스카이드롤(Skydrol) 유압유는 성능첨가제와 혼합된 인산염에스테르계 유압유이다.

② 인산염에스테르는 양질의 솔벤트이며 피부의 지방성 물질 중의 일부를 용해시킨다.

③ 유압유에 반복적으로 장시간 노출되면 피부염 또는 합병증을 일으켜서 건성 피부의 원인이
된다. 유압유는 피부 가려움의 원인이 될 수 있으나, 알러지성 피부발진의 원인이 되지는 않
는다.

④ 유입유를 취급할 때는 항상 적절한 보호장갑과 보호안경을 사용한다.
스카이드롤 유압유의 연무(mist) 또는 증기(vapor)에 노출 가능성이 있을 때는 유기물 증기와
유기물 연무를 막을 수 있는 방독면을 착용해야 한다.

⑤ 유압유의 섭취는 절대로 피해야 한다. 적은 양은 크게 위험하지는 않으나 과도하게 섭취했을
때는 제작사 지침에 따라야 하고, 위장 치료가 필요하다.

나) 작동유의 보충작업

🚀 작동유 보충작업 시 준비 및 안전사항

작동유 보충작업은 정비교범의 지시를 따라 수행해야 한다. 정확한 작동유량을 점검하거나 보급하기 위해서는 항공기가 올바른 상태(configuration)에 있어야 한다. 그렇지 않으면 작동유를 과보급할 수 있다. 작동유를 보급하기 전에 항상 다음 사항을 확인해야 한다.

① 모든 작동유 부품의 장착과 배관의 연결 상태를 확인한다.

② 착륙장치가 갑자기 접혀서 사람이 다치거나 장비에 손상을 줄 수 있으므로 모든 착륙장치에 고정핀(ground lock pin)을 설치하고 확인한다.

③ 브레이크 축압기의 압력이 최소 2,500 psi 이상을 지시하는 것을 확인하고 파킹 브레이크를 건다.

④ 모든 도어를 닫고, 조향(steering)장치를 중립상태에 놓는다.

⑤ 모든 스포일러를 내리고(retracted), 역추력장치를 안으로 넣는다(retracted).

⑥ 작동유 보충 전에 조종면을 중립상태에 놓고, 플랩 조종 핸들이 내림 위치(DOWN)에 있는지 확인한다. 플랩 조종 핸들이 올림 위치(UP)에 있으면 내려와 있는 플랩이 갑자기 위로 올라갈 수 있다.

⑦ 작동유를 보급하고 모든 시험이 끝나면 안전과 구조물 보호를 위해 반드시 플랩을 내림 위치에 놓은 다음, 작동유 공급장비의 전원을 끄고 작동유 공급장치를 분리한다.

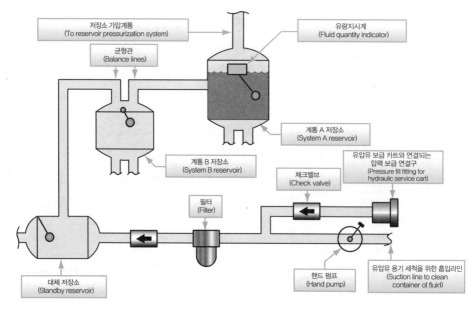

[그림 1-3-115] 작동유 보급 계통 구성품

작동유가 눈이나 입, 피부에 닿지 않도록 주의하고, 유압계통이 오염되지 않도록 깨끗한 장비를 사용한다.

✈ 작동유 보충작업 절차

작동유의 정확한 보급 절차는 해당 항공기의 서비스 매뉴얼을 참고하여 절차대로 보급하여야 한다.

A320 항공기 green system의 hydraulic servicing 절차를 기준으로 간략하게 설명하면 다음과 같다.

① 작동유 보급 전에 안전사항을 확인하고 main landing gear door를 open한다.

② cockpit의 각종 S/W 등에 대한 안전사항을 점검한다.

③ 전기 전원을 공급하여 hydraulic system의 압력이 "o" psi인지 확인한다.

④ circuit breaker panel의 hydraulic system circuit breaker를 "open"한다.

⑤ L/G bay에서 green hydraulic reservoir pressure & accumulator pressure의 정상상태를 확인한다.

⑥ yellow system의 service panel을 열고 hand pump handle을 준비한다.

⑦ green system의 service panel을 열고 pressure selector valve를 확인한다.

⑧ hand pump handle과 servicing hose를 연결한다.

⑨ servicing hose를 hydraulic container에 담근다.

⑩ reservoir service selector valve를 green 위치에 놓는다.

⑪ hand pump handle을 사용하여 pumping한다.

⑫ reservoir indicator가 green 위치에 도달하면 pump 작업을 멈춘다.

⑬ pressure selector valve를 원위치한다.

⑭ servicing hose와 hand pump handle을 분리한다.

⑮ servicing hose를 말아서 원위치한다.

⑯ hand pump handle을 yellow system의 service panel을 열고 원위치한다.

⑰ circuit breaker panel의 hydraulic system circuit breaker를 "close"한다.

⑱ 안전 사항을 확인하고 main landing gear door를 close한다.

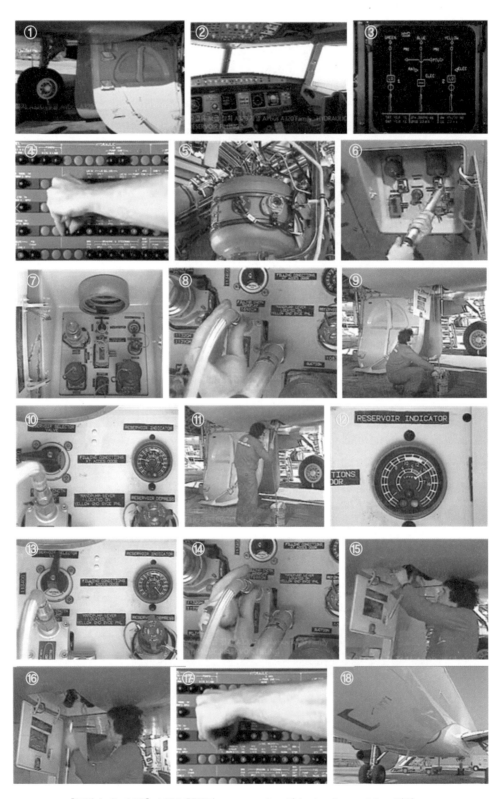

[그림 1-3-116] A320 항공기 green system의 hydraulic servicing 절차

마 착륙장치계통(ATA 32 Landing Gear)

1) 착륙장치 (구술평가)

가) 메인 스트럿(main strut or oleo cylinder)의 구조 및 작동원리

착륙장치의 역할

착륙장치(landing gear)는 항공기가 착륙할 때 생기는 충격에너지를 흡수하고, 지상에 있을 때 항공기를 지지하고, 지상에서 항공기의 진행 방향을 바꾸는(steering) 장치이다.

대형 항공기는 앞바퀴식과 접이식을 사용한다. 앞바퀴식은 조종사의 시야가 넓고 무게중심이 주착륙장치 앞에 있어서 지상전복의 위험이 적다는 장점이 있다. 접이식은 착륙장치를 접어넣어서 항력을 줄일 수 있다는 장점이 있다. 바퀴 수가 많으면 항공기 무게를 분산해서 지지할 수 있고, 타이어 하나가 손상되어도 안전여유(safe margin)를 가진다는 장점이 있다.

착륙장치계통의 구성품

착륙장치의 구성품에는 트러니언(trunnion), 완충 버팀대(shock strut), 토션 링크(torsion link), 드래그 스트럿(drag strut), 사이드 스트럿(side strut), 시미 댐퍼(shimmy damper), 트럭 포지셔닝 액추에이터(truck positioning actuator), 제동 평형 로드(braking equalizer rod) 등이 있다.

① 트러니언은 완충 버팀대를 동체 구조부에 연결해서 착륙장치를 접고 펼치는 회전축이다.

② 완충 버팀대는 외부 실린더와 내부 실린더로 구성되고, 항공기를 지지하고 충격을 흡수한다.

③ 토션 링크는 한쪽 끝은 상부 실린더에, 다른 쪽 끝은 하부 실린더에 붙어 있다. 실린더가 돌아가지 않도록 정렬하고, 이륙 후 하부 실린더가 과도하게 빠지는 것을 방지한다.

④ 드래그 스트럿은 착륙장치에 걸리는 앞, 뒤 방향의 하중을 지지하는 역할을 한다.

⑤ 사이드 스트럿은 좌우 방향에 대한 하중을 지지하는 역할을 한다.

⑥ 시미 댐퍼는 시미 현상을 잡아주는 역할을 하는 장치이다.

⑦ 트럭 포지셔닝 액추에이터는 바퀴가 지면에서 떨어졌을 때 착륙장치를 집어넣기 위해 트럭을 특정 각도나 직각으로 경사지게 만들어 주는 장치이다.

⑧ 제동 평형 로드는 제동 시 관성에 의해 앞바퀴에 하중이 집중되어 뒷바퀴가 들리는 것을 지면으로 당겨서 앞, 뒷바퀴가 균일한 제동력을 받도록 해준다.

⑨ 센터링 캠은 이륙 후 앞착륙장치가 휠웰(wheel well)에 들어갈 수 있도록 정렬해서 구조 손상을 방지하는 장치이다.

⑩ 스너버는 센터링 실린더가 천천히 작동하도록 조절하고 지상 활주 시 진동을 감쇄하는 역할을 한다.

[그림 1-3-117] main landing gear 구조

⑪ down lock actuator는 착륙장치를 내렸을 때 드래그 스트럿과 사이드 스트럿이 지상에서 접
히지 않도록 오버 센터(over center) 상태를 만들어 주는 작동기이다. up lock actuator는 착륙
장치를 올렸을 때 같은 역할을 해서 착륙장치가 내려오지 않도록 고정한다.

⑫ 저리 스트럿(jury strut)은 완충 버팀대와 사이드 스트럿 사이에서 둘을 고정하는 역할과 다운
락(down lock)을 보조하는 역할을 한다.

⑬ 번지 스프링은 비상 내림 시 오버 센터 상태를 만들어서 다운 락 액추에이터를 보조한다.

⒜ 완충장치의 종류

완충장치는 충격을 흡수하는 방식에 따라 고무식, 평판 스프링식, 공기압축식, 올레오식 완충장

| (a) 고무식 | (b) 평판 스프링식 | (c) 올레오식 |

[그림 1-3-118] 완충 스트럿(shock strut)의 종류

치가 있다. 고무식과 평판 스프링식은 완충효율이 50%, 공기압축식은 47%, 올레오식은 완충효율이 75% 이상이다.

⟶ 올레오 완충장치(oleo shock absorber)의 구조 및 작동원리

올레오 완충장치는 공기의 압축성과 작동유의 비압축성을 이용해서 착륙할 때 생기는 충격에너지를 운동에너지로 바꿔서 충격을 흡수한다. 올레오 스트럿(oleo strut)은 상부 실린더(outer cylinder)와 하부 실린더(inner cylinder)로 구성되어 있고, 가운데에 미터링 핀(metering pin)과 오리피스(orifice)가 있다. 항공기가 착륙하면 하부 실린더의 작동유가 미터링 핀과 오리피스 사이를 통과하면서 발생하는 마찰과 저항으로 1차로 충격을 흡수하고, 올라간 작동유가 상부 실린더에 있는 질소를 압축하고 압축된 질소가 다시 팽창하면서 2차로 충격을 흡수한다.

완충 버팀대(shock strut)의 작동순서는 다음과 같다.

① 항공기가 착륙할 때 내부 실린더의 작동유가 오리피스를 통과하면서 위로 올라갈 때 생기는 저항으로 충격을 일차적으로 흡수한다.

② 내부 실린더가 올라갈수록 미터링 핀이 오리피스를 점점 좁아지게 만들어서 작동유가 흐르는 양을 제한한다.

③ 이때 생기는 마찰로 작동유의 온도가 올라가서 생기는 열은 실린더 벽면을 통해 발산한다.

④ 그 다음에 하부 실린더의 작동유가 위로 올라가면서 상부 실린더의 질소를 압축해서 2차로 충격을 흡수한다.

⑤ 충격하중이 사라지면 압축된 공기는 다시 팽창하고, 작동유는 오리피스를 통해 하부 실린더로 돌아가서 하부 실린더를 원래 위치에 놓는다.

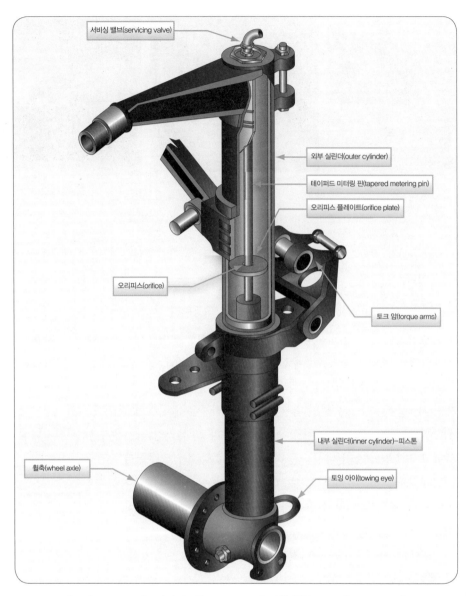

[그림 1-3-119] 미터링 핀(metering pin) 장착 완충 스트럿(shock strut)

🔹 시미(shimmy) 현상과 시미 댐퍼(shimmy damper)

시미 현상은 지상 활주 중 지면과 타이어 사이의 마찰로 타이어 밑면의 가로축 방향의 변형이 바퀴 선회축 둘레의 진동과 합성되어 발생하는 불안정한 공진현상을 말한다. 시미 현상을 제어하기 위해 시미 댐퍼를 사용한다. 시미 댐퍼는 시미 현상을 제어하는 역할 외에도 토션 링크를 도와서 진동을 줄여주고, 항공기가 고속 활주 시나 브레이크를 사용할 때 내부 실린더와 외부 실린더에 발생하는 진동을 줄여주는 역할도 한다.

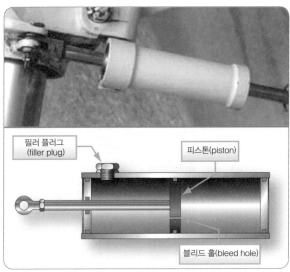

[그림 1-3-120] 시미 댐퍼(shimmy damper) 장착 위치와 내부 구조

접이들이식 착륙장치(retractable type)의 올림과정

접이들이식 착륙장치의 올림과정에 대한 상세 내용은 해당 항공기정비매뉴얼을 참고한다.
일반적인 올림과정은 아래와 같다.

① 조종실에서 gear를 올리기 위해, gear handle은 gear up에 놓는다.

② 조종실 gear handle이 gear up 위치로 이동되었을 때, 유압시스템 manifold에서 펌프압력이 8개의 서로 다른 구성요소에 전달되도록 selector valve의 위치를 정한다.

③ door actuator cylinder의 open 쪽으로 흐르게 하는 sequence valve는 door를 open한다.

④ 3개의 down lock은 gear가 접히도록 압력이 가해지고, lock이 풀린다.

⑤ 동시에, 각각의 gear에 actuator cylinder는 또한 제한받지 않는 orifice check valve를 통해 piston gear up 쪽으로 작동유압을 받아 wheel well 안으로 gear를 접어 올린다.

⑥ 이때 2개의 sequence valve C와 D는 유압을 받아 gear door 작동이 gear가 접어 올려진 후에 일어나도록 제어되어야 한다. sequence valve는 close되고 door actuator로 흐름을 늦춘다.

⑦ gear cylinder가 완전히 접어 올려졌을 때, sequence valve는 기계적으로 valve를 열며, 작동 유압이 door actuator cylinder의 close 쪽으로 흐르게 하는 sequence valve plunger와 접촉함 으로써 door를 닫는다.

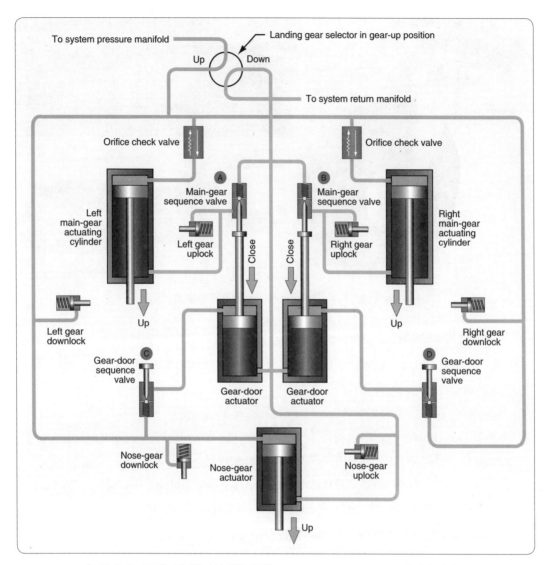

[그림 1-3-121] 접이들이식 착륙장치(retractable type landing gear)의 올림과정

✈ 접이들이식 착륙장치(retractable type landing gear)의 내림과정

접이들이식 착륙장치의 내림과정에 대한 상세 내용은 해당 항공기정비매뉴얼을 참고한다.
일반적인 내림과정은 다음과 같다.

① 조종실에서 gear를 내리기 위해, gear handle은 gear down에 놓는다.

② 작동유압은 유압 manifold에서 nose gear의 up lock으로 흘러 lock을 해제한다.

③ 작동유는 nose gear actuator의 gear down 쪽으로 흐르고 기어는 down된다.

④ 작동유는 또한 main gear door actuator의 open 쪽으로 흐른다.

⑤ door가 열리면 sequence valve A와 B는 작동유가 main gear up lock을 해제하지 못하고 작동
유가 main gear actuator의 아래쪽에 도달하는 것을 방지한다. door가 완전히 열릴 때, door

actuator는 valve를 열어주기 위해 양쪽 sequence valve의 plunger를 맞물리게 한다.

⑥ main gear는 lock 상태에서 작동유압에 의해 풀린다.

⑦ main gear cylinder actuator는 gear를 전개하도록 open sequence valve를 통해 gear down 쪽의 작동유압을 받는다.

⑧ gear를 내렸을 때 down lock actuator는 drag strut과 side strut이 지상에서 접히지 않도록 over center 상태를 만들어 준다.

✈ 유압계통이 정상적으로 작동하지 않는 비상시 착륙장치 내리는 방법

① 일부 항공기는 gear up lock에 기계식 연동장치를 통해 연결된 조종석에 있는 비상 내림 핸들(emergency extension handle)을 사용한다. 핸들을 작동하면 up lock이 풀리고 gear는 자중에 의해 자유낙하하게 한다.

② 다른 항공기는 gear up lock을 풀기 위해, 공기압과 같은 비기계적인 장치인 자유낙하밸브(free-fall valve)를 이용한다. 자유낙하밸브가 열렸을 때, 조종실로부터 선택에 따라 작동유는 작동기(actuator)의 gear up lock 쪽에서 gear down 쪽으로 흐르도록 허용한다. gear up을 유지하는 압력은 감소되고, gear는 자체 중량으로 인하여 내려온다. gear를 지나 이동하는 공기압은 gear down lock 쪽으로 gear를 밀어준다.

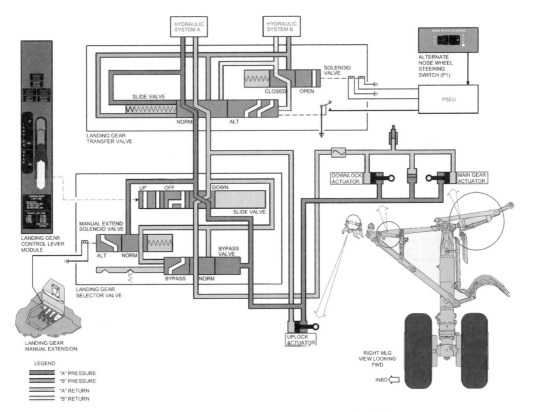

[그림 1-3-122] 대형 항공기의 유압 접이식 착륙장치

③ 대형 및 고성능 항공기는 이중의 유압시스템을 갖추고 있다. 만약 gear가 정상적인 기능을 하지 않는다면 다른 계통의 작동유압을 선택할 수 있어 emergency down이 일반적으로 발생하지는 않는다. gear가 여전히 내려가지 않는다면 몇 가지 장치가 착륙장치의 gear up lock을 풀어주기 위해 사용되고 gear가 자유낙하하게 한다.

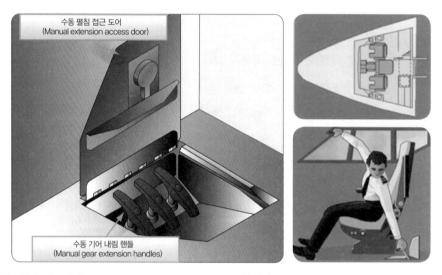

[그림 1-3-123] manual gear extension handle 위치와 emergency extension handle 작동

🛩 착륙장치의 안전 스위치

착륙장치에는 지상에 있는 동안 기어가 접혀서 항공기가 가라앉는 것을 방지하는 안전장치로, 스쿼트 스위치(squat switch)라 부르는 안전 스위치가 있다. 스쿼트 스위치는 주 착륙장치의 완충 버팀대가 늘어나고 수축하는 정도에 따라 열리고 닫히는 스위치이다. 지상에서 착륙장치가 수축되면 스쿼트 스위치가 열리고, 솔레노이드의 축이 잠금 핀을 밀어서 착륙장치 레버가 올림 위치로 이

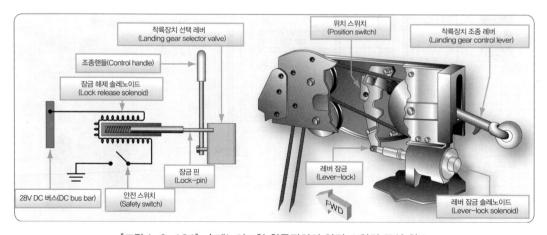

[그림 1-3-124] 솔레노이드형 착륙장치의 안전 스위치 구성 회로

동할 수 없도록 한다. 항공기가 이륙해서 착륙장치가 늘어나면 스쿼트 스위치가 닫혀서 회로에 전류가 흐르고, 솔레노이드는 다시 잠금 핀을 당겨서 착륙장치 레버를 작동해서 기어를 접어 올릴 수 있도록 한다.

안전 스위치로 근접감지기(proximity sensor)를 사용하는 항공기도 있다.

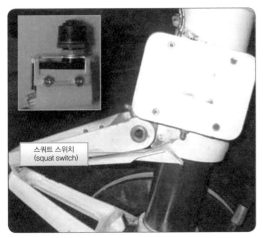

스쿼트 스위치
(squat switch)

[그림 1-3-125] 착륙장치 스쿼트 스위치   [그림 1-3-126] 지상 잠금장치(ground locks)

착륙장치의 지상잠금장치(ground locks, ground safety pin)

ground lock은 항공기가 지상에 있는 동안 착륙장치가 down lock 상태를 보장하기 위하여 항공기 착륙장치에 사용된다. ground lock은 gear가 접히지 않도록 gear 구성요소 구멍에 핀(pin)처럼 간단하게 장착할 수 있는 것이다. ground lock은 식별이 용이하도록 되어 있고 비행 전에 제거되도록 red streamer가 부착되어 있다. ground lock은 일반적으로 항공기에 보관되고 착륙 후 운항승무원에 의해 사용된다.

착륙장치계통에서 일반적으로 점검할 사항

항공기 종류별로 점검절차는 상이하다. 일반적인 점검절차는 다음과 같다.

① 하부 실린더가 밖으로 빠져나온 길이를 측정하고, 질소압력과 작동유량을 확인한다.
② 완충 버팀대에 있는 마이크로 스위치나 근접 스위치의 작동 상태와 헐거운 정도를 확인한다.
③ 베어링과 실의 손상 여부와 유압 라인의 누설(leak) 상태를 점검한다.
④ 브레이크의 안전상태와 라이닝(lining)의 마모상태를 점검한다.
⑤ 타이어의 적격압력과 마모상태를 점검한다.

랜딩기어의 toe-in과 toe-out

항공기에서 바퀴(wheel)의 정렬은 제작사에 의해 설정된다. 항공기에서 과도한 착륙과 같은 특별한 경우에는 주의를 필요로 한다. 토인과 토아웃은 주 바퀴가 앞쪽 방향으로 굴러가는 것이 자유

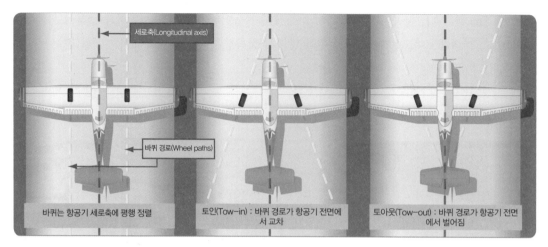

[그림 1-3-127] 착륙장치 정렬(landing gear alignment)과 toe-in, toe-out

롭다면 기체 세로축 또는 중심선과 비교하여 취하게 될 경로를 나타낸다. 바퀴는 다음 세 가지 형태로 굴러가게 된다.

① 세로축에 평행(alignment)

② 세로축에서 앞쪽으로 모아지는 토인

③ 세로축에서 앞쪽이 벌어지는 토아웃

토인의 필요성은 바퀴를 평행하게 회전시키며, 옆방향으로의 미끄러짐과 타이어의 마멸을 방지하는 데 있다. 바퀴에 토인을 주게 되면, 바퀴는 안쪽으로 굴러가게 하기 때문에 캠버에 의해서 바깥쪽으로 굴러가려는 힘과 상쇄되어 바퀴가 미끄러지지 않고 똑바로 굴러가게 된다.

✈ landing gear의 camber

캠버(camber)란 수직면에 대한 main landing gear의 정렬(alignment)이다. 캠버는 물방울 측정계(bubble protractor)로 측정하여 0을 지시할 때를 0의 캠버, 바퀴의 꼭대기가 수직선으로부터 바깥쪽

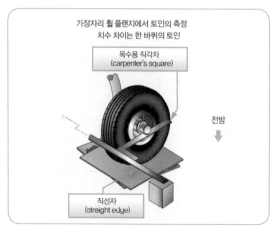

[그림 1-3-128] toe-in check의 상면도

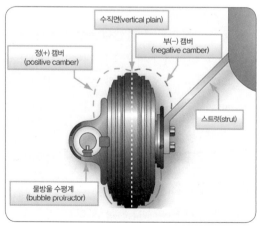

[그림 1-3-129] wheel camber check의 정면도

방향으로 기울었다면 양(+)의 것, 즉 정(+) 캠버(positive camber)라고 말하고, 안쪽 방향으로 기울었다면 음(-) 캠버(negative camber)라고 한다.

➤ landing gear alignment가 맞지 않을 때 취하는 조절 절차

main gear spring strut과 같이 동체에서 바깥쪽으로 뻗은 형식의 착륙장치를 선택한 항공기는 토인/토아웃 시험 시 적절하게 정렬되었는지 확인하기 위해 다음과 같은 작업을 진행한다.

① 항공기를 재킹(jacking)한 후 그리스가 칠해진 2개의 알루미늄판을 각각의 바퀴 아래쪽에 놓고 항공기를 서서히 내려놓는다.

[그림 1-3-130] 평판 스프링식 랜딩기어

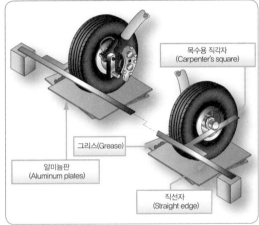

[그림 1-3-131] toe-in, toe-out check

② 직선자를 차축(axle) 높이 바로 아래에 main tire의 앞쪽에 교차시켜 잡아준다.

③ 직선자에 마주 대하여 놓인 목수용 직각자는 항공기의 세로축과 평행한 수직면을 만들어낸다.

④ 타이어의 전방과 후방이 직각자에 닿는지 알아보기 위해 wheel assembly에 마주하여 직각자를 닿게 한다.

⑤ 바퀴를 가리키는 앞쪽 간격은 토인이고, 바퀴를 가리키는 뒤쪽 간격은 토아웃이다.

⑥ 스프링강판 구조 기어를 갖고 있는 항공기에서 바퀴의 정렬 불량은 볼트를 죄는 wheel axle과 wheel flange에 taper washer 등을 가감함으로써 조절이 가능하다.

⑦ oleo strut을 갖춘 항공기는 토인과 토아웃의 정렬을 목적으로 토크 링크(torque link) 두 개의 암(arm) 사이에 taper washer를 사용하여 조절한다. 상세한 작업절차는 해당 항공기 제작사의 매뉴얼에 따른다.

⑧ 참고로 C-172의 landing gear alignment는 다음과 같다.

　㉠ wheel alignment(flat spring strut): camber → 3° to 5°, toe-in → 0 inch to 0.06 inch

　㉡ wheel alignment(tublar spring strut): camber → 2° to 4°, toe-in → 0 inch to 0.18 inch

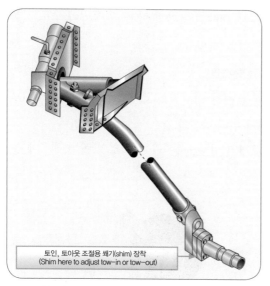

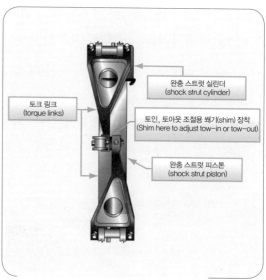

토크 링크
(torque links)

완충 스트럿 실린더
(shock strut cylinder)

토인, 토아웃 조절용 쐐기(shim) 장착
(Shim here to adjust tow-in or tow-out)

완충 스트럿 피스톤
(shock strut piston)

토인, 토아웃 조절용 쐐기(shim) 장착
(Shim here to adjust tow-in or tow-out)

(a) 평판 스프링식 랜딩기어   (b) oleo type 랜딩기어

[그림 1-3-132] 소형 항공기 toe-in, toe-out 조절

◈ landing gear alignment 작업 시 taper washer or shim을 사용하여도 수정되지 않을 때의 결함 원인

taper washer or shim을 사용하여 허용 가능한 wheel alignment를 얻지 못하는 것은 변형된 main gear spring strut 또는 bulkhead의 strut이 alignment에서 벗어난 결함을 나타낸다.

나) 작동유 보충 시기 판정 및 보급방법

◈ 착륙장치의 작동유 보충 시기

shock strut의 작동유 보충 시기는 내부 실린더(inner cylinder)가 밖으로 빠져나온 길이(dimension X)를 보고 판단한다. 노출 길이가 정해진 값보다 작으면 작동유와 질소를 보충해서 길이를 맞춘다. 작업에 필수적인 정보와 dimension X값은 shock strut이나 도어에 부착된 서비싱 차트(servicing chart)를 보고 알 수 있다.

◈ 착륙장치의 작동유 보급방법

보충밸브(servicing valve) 1개로 작동유와 공기를 배출하고 공급하는 방식이 있고, 대형 항공기의 착륙장치처럼 외부 실린더(outer cylinder)에 기체 충전밸브(gas charging valve)가, 내부 실린더(inner cylinder)에 작동유 충전밸브(oil charging valve)가 있어서 질소와 작동유를 별도로 공급하는 방식이 있다. 두 방식 모두 기본적인 방법은 다음과 같다.

① 작업 전에 착륙장치에 고정핀(ground lock pin)을 꽂고, 조종실의 착륙장치 레버를 "DOWN" 위치에 놓는다. 작업 중 다른 사람이 작동하지 않도록 경고표시(warning notice)를 붙인다.

② 공기밸브(air valve)를 풀어 질소를 완전히 빼내고 압력을 제거한다.

③ 질소를 모두 빼내고 잭으로 내부 실린더(inner cylinder)를 들어 올려 완전히 압축시킨 상태에서 공기가 섞이지 않은 깨끗한 작동유가 나올 때까지 작동유를 보충한다. 내부 실린더를 완전히 압축시켰을 때의 작동유량이 적정량이다.

④ 압축된 질소를 넣어서 팽창되었을 때의 길이(dimension X)를 맞춘다.

[그림 1-3-133] 작동유 보급방법

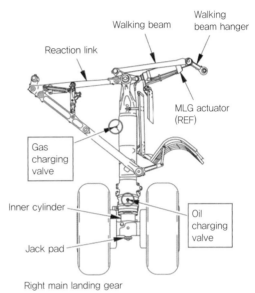

[그림 1-3-134] gas charging valve와 oil charging valve의 위치

⑤ 공기밸브를 규정 토크값으로 조이고 항공기를 내린 다음 "dimension X"를 확인한다.

작동유 보급 시 스트럿 팽창 길이를 정하는 기준

① 작동유 보급 시 스트럿의 팽창 길이는 해당 항공기 maintenance manual과 shock strut이나 gear door에 부착된 서비싱 차트(servicing chart)에 명시되어 있는 절차를 따른다.

② dimension X값은 gas charging valve에 보급하는 질소압력에 따라 스트럿의 길이가 정해진다.

③ shock strut 팽창 길이인 dimension X는 반드시 연료를 탑재한 수평 상태에서 측정한다.

④ 측정방법은 shock strut의 내부 실린더(inner cylinder)의 노출 길이를 측정한다.

⑤ 측정한 길이를 dimension X chart와 대소하여 허용 한계값에 도달하는지 확인한다

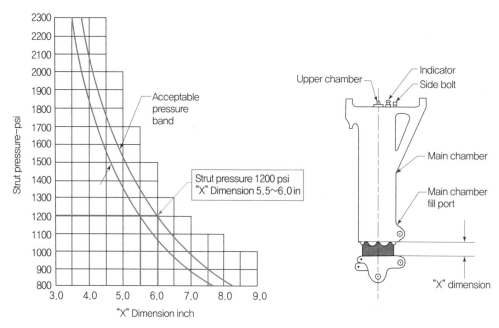

[그림 1-3-135] dimension X 측정의 예

2) 제동계통 (구술 또는 실작업 평가)

가) 브레이크 점검 (마모 및 작동유 누설)

➤ 제동계통(brake system)의 기능

제동계통은 지상에서 항공기가 착륙할 때 속도를 감소시켜 착륙 거리를 줄이고, 활주할 때 조향(steering)을 돕는 역할을 하며, 주기(parking) 시나 시운전(engine run up) 시 항공기가 움직이는 것을 방지하고 이륙 후 휠이 회전하는 것을 멈추게 하는 역할을 한다.

➤ 브레이크의 종류

① 작동장치(actuating system)에 따라 독립 브레이크 계통(independent brake system)과 파워 브레이크 계통(power brake system), 그리고 구형 항공기에 사용하였던 승압계통(boosted brake system)으로 분류한다.

② 기능에 따라 정상 브레이크(normal brake), 비상 브레이크(emergency brake), 파킹 브레이크(parking brake), 자동 브레이크(auto brake)로 구분한다.

③ 형식에 따라 고정자(stator)가 회전자(rotor)와 마찰에 의해 제동하는 디스크 브레이크는 항공기의 크기, 무게, 착륙속도에 따라 다음과 같은 종류가 있다.

    ㉮ 단일 디스크 브레이크(single-disc brake)

    ㉯ 이중 디스크 브레이크(dual-disc brake)

㉓ 멀티디스크 브레이크(multi-disc brake)

㉔ 세그먼트 로터 브레이크(segmented rotor brake)

㉕ 팽창튜브 브레이크(expander tube brake)

㉖ 카본 디스크 브레이크(carbon disc brake)

⊙ 브레이크의 작동과정

브레이크 작동은 브레이크 페달을 밟아서 압력을 가하면 가압된 작동유가 패드나 라이닝을 밀어서 휠과 함께 회전하는 디스크를 잡고, 이때 생기는 마찰로 바퀴 회전을 느리게 만들어서 속도를 줄인다.

⊙ 소형 저속 항공기에 사용하는 독립 브레이크 계통(independent brake system)

소형 항공기와 유압계통이 없는 항공기는 독립 브레이크 계통을 사용한다. 독립 브레이크 계통은 항공기 유압계통에 연결되지 않은 독립적인 장치를 가진 계통으로, 브레이크를 작동시키는 데 필요한 유압은 마스터 실린더(master cylinder)가 만든다.

① 조종사가 브레이크를 작동하기 위해 방향키 페달(rudder pedal)을 밟으면 마스터 실린더에 있는 피스톤이 브레이크 쪽으로 작동유를 밀어내고, 작동유는 브레이크 하우징(brake hosing)에 있는 피스톤을 민다. 그리고 브레이크 피스톤이 브레이크 압력판(pressure plate)과 백 플레이트(back plate) 사이에서 회전하는 회전자(rotor)에 마찰력을 제공하여 속도를 줄인다.

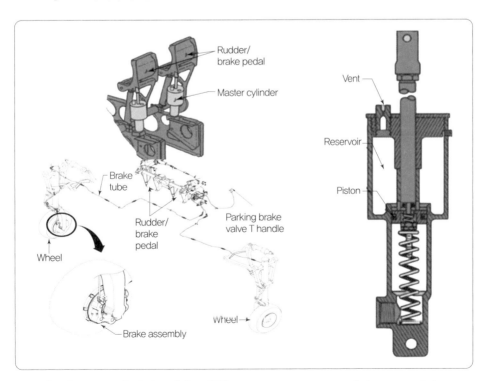

[그림 1-3-136] 독립 브레이크 계통(independent brake system)과 master cylinder

② 페달을 놓으면 브레이크 압력이 감소하면서 브레이크 피스톤을 원래 위치로 되돌리고, 피스톤 뒤쪽의 작동유는 마스터 실린더로 돌아간다. 그러면 마스터 실린더에 있는 리턴 스프링은 마스터 실린더에 있던 작동유를 다음 작동을 위해 저장소(reservoir)로 돌려 보낸다.

◉ 파워 브레이크 계통(power brake system)의 작동과정

대형 항공기는 파워 브레이크 작동계통(power brake actuating system)을 사용한다.

① 파워 브레이크 계통은 브레이크 작동에 필요한 압력을 항공기 유압계통에서 얻는다.

② 조종사가 방향키 페달을 밟으면 브레이크 미터링 밸브(brake metering valve)라고 부르는 브레이크 제어밸브(brake control valve)가 페달에 가해진 압력과 비교해서 브레이크 작동에 필요한 작동유를 계량(metering)하고, 유로를 선택해서 해당 브레이크 계통으로 작동유를 보낸다.

③ 페달을 세게 밟으면 작동유를 더 많이 보내서 압력이 높아지고 제동 효과가 커진다.

④ 브레이크의 압력으로 피스톤이 회전자(rotor)와 고정자(stator)를 마찰시켜 제동력을 얻는다.

⑤ 페달을 놓으면 회전자와 고정자를 밀착시켰던 압력이 감소한다.

⑥ 리턴 스프링 포트가 열려서 회전자와 고정자 사이의 간격이 생기면서 마찰력이 사라진다.

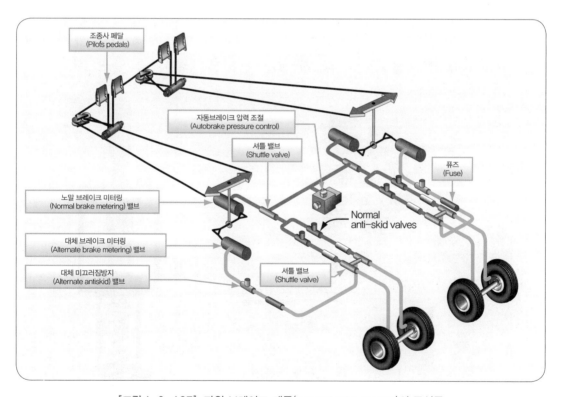

[그림 1-3-137] 파워 브레이크 계통(power brake system)의 구성품

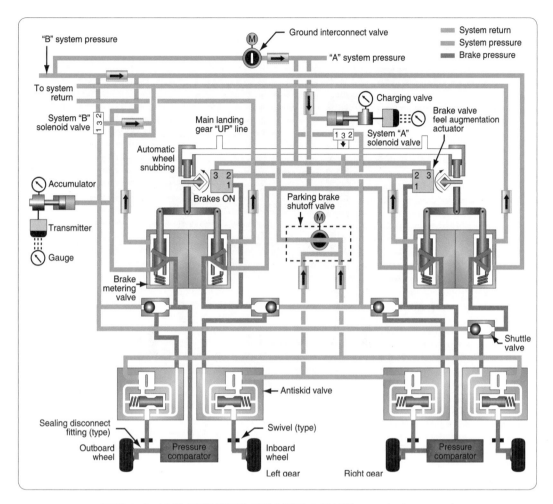

[그림 1-3-138] B737 항공기 동력 브레이크 시스템(power brake system)

🡒 자동 브레이크(auto brake)

자동 브레이크는 항공기가 지상에 착륙했을 때 자동으로 브레이크 작동에 필요한 압력을 가하고, 이륙중지(RTO, Rejected Take-Off) 시 항공기가 신속하게 멈출 수 있도록 도와서 효율적인 제동과 조종사의 업무량을 줄여주는 역할을 한다.

🡒 비상 브레이크

① 비상 브레이크는 모든 유압계통이 고장 났을 때 브레이크에 압력을 공급해서 항공기가 멈출 수 있도록 한다. 비상 브레이크를 작동하는 동력은 축압기(accumulator)에 저장된 작동유나 셔틀 밸브(shuttle valve)를 통해 얻는다. 셔틀 밸브는 모든 유압이 상실되었을 때 압축공기나 질소와 같은 대체 공급원으로 브레이크 작동에 필요한 동력을 공급한다.

② 대형 항공기의 유압계통은 다중으로 되어 있어서 한 계통이 고장 나도 다른 계통으로 유압을 공급해서 항공기를 멈출 수 있다. 이때 한 계통이 담당하는 정상 브레이크(normal brake)를 사

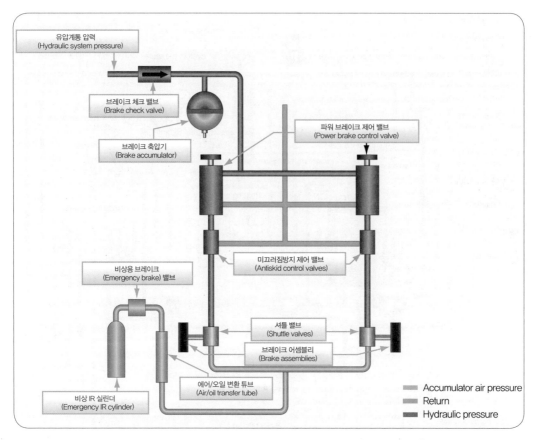

[그림 1-3-139] normal brake system과 emergency brake system

용할 수 없을 때 다른 유압계통으로 작동하는 것을 대체 브레이크(alternate brake)라고 한다. 두 유압계통이 모두 고장 났을 때 축압기나 셔틀 밸브로 비상 브레이크를 사용한다.

⚲ 파킹 브레이크(parking brake)

① 파킹 브레이크는 항공기를 일시적으로 주기할 때 사용한다. 페달을 밟은 상태로 파킹 브레이크 레버를 당기면 제동계통의 리턴 라인에 있는 차단밸브가 닫힌다. 그러면 작동유가 저장소로 돌아가지 못하고 계통 안에 갇혀서 브레이크가 걸린 상태를 유지한다. 페달을 밟으면 리턴 라인 차단밸브가 열려서 파킹 브레이크가 풀린다. 대형 항공기는 파킹 브레이크를 걸 때 브레이크 축압기의 압력을 사용한다.

② 위의 설명에서 '일시적으로 주기할 때' 사용한다고 했는데, 항공기를 장시간 주기할 때는 파킹 브레이크만 걸지 않고 고임목(chock)도 대야 한다. 시간이 지날수록 계통 안에 갇힌 압력이 조금씩 빠져나가서 파킹 브레이크의 효과가 사라지기 때문이다. 만약 항공기를 경사진 곳에 주기했을 때 파킹 브레이크만 걸고 고임목을 대지 않으면 사고가 발생할 수 있다.

[그림 1-3-140] B737 NG의 파킹 브레이크 작동

단일 디스크 브레이크(single-disc brake)

단일 디스크 브레이크는 소형 항공기에 사용하는 브레이크이다. 방향키 페달을 밟으면 페달에 연결된 마스터 실린더가 작동유를 공급해서 피스톤으로 브레이크 패드나 라이닝을 밀어서 디스크와 라이닝을 마찰시켜 속도를 늦춘다. 페달을 놓아서 압력이 풀리면 리턴 스프링에 의해 피스톤이 밀었던 패드나 라이닝이 디스크에서 떨어진다. 단일 디스크로 충분한 제동력을 얻지 못할 때는 이중 디스크 브레이크(dual disc brake)를 사용한다.

- 리턴 스프링은 브레이크 라이닝과 디스크 사이에 설정된 간격을 마련하는 역할도 한다.
- 자동조절기(automatic adjuster)는 라이닝이 마모된 정도에 관계없이 같은 간격을 유지하도록 만든다.

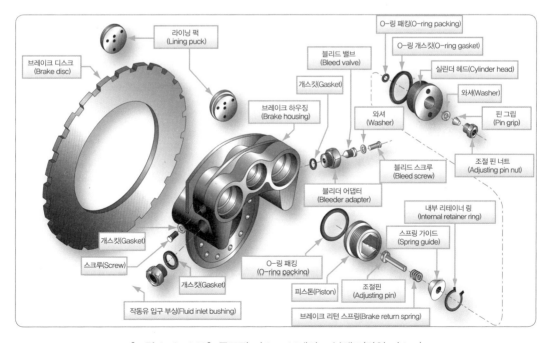

[그림 1-3-141] 플로핑 디스크 브레이크 분해도(단일 디스크)

🔹 멀티 디스크 브레이크(multiple disc brakes)의 구조와 작동원리

멀티 디스크 브레이크는 여러 장의 디스크를 사용해서 제동력을 높인 브레이크로, 큰 제동력이 필요한 대형 항공기에서 사용한다. 페달을 밟아서 압력을 가하면 피스톤이 압력판(pressure plate)을

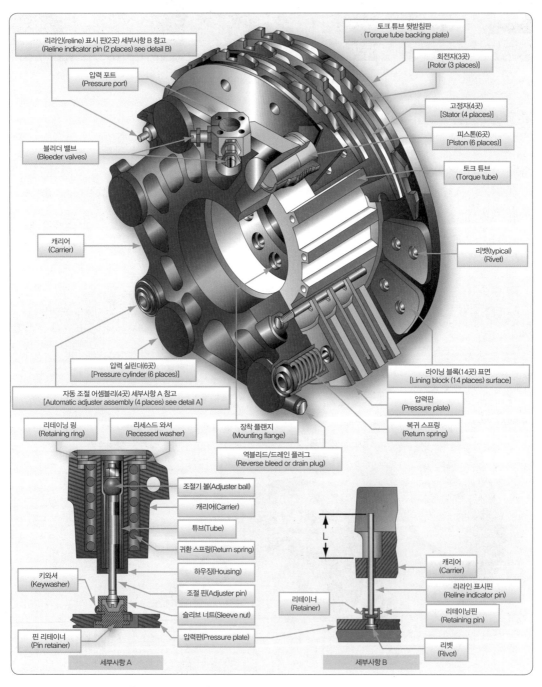

[그림 1-3-142] B737 항공기 멀티 디스크 브레이크 상세도

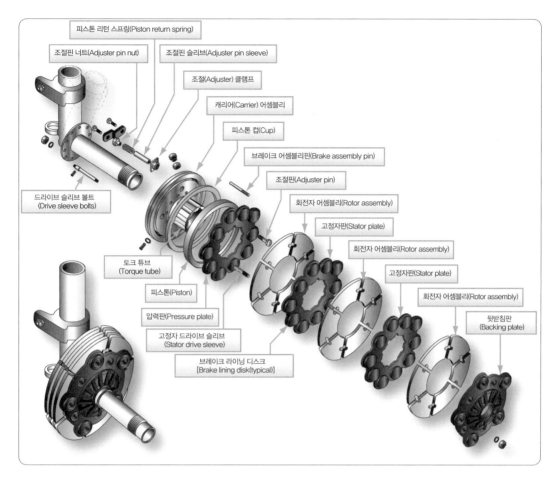

[그림 1-3-143] 세그먼트 로터 디스크 브레이크(segmented rotor disc brakes) 분해 상세도

밀어서 압력판과 뒷받침판(backing plate) 사이에 있는 고정자(stator)와 회전자(rotor) 전체를 압축하고, 이때 생기는 마찰로 제동 효과를 얻는다. 페달을 놓으면 작동유는 리턴 라인을 통해 빠져나가고, 압력이 줄어들면 리턴 스프링이 피스톤을 귀환시켜서 압력판을 원래 위치로 되돌린다.

디스크(회전자)는 휠 어셈블리와 같이 회전하고 고정자에는 라이닝이 붙어 있다. 브레이크 작동 시 고정자의 라이닝과 디스크가 마찰을 일으켜서 제동 효과를 만든다.

⊙ 멀티 디스크와 세그먼트 로터 디스크 브레이크(segmented rotor disc brakes)의 차이점

세그먼트 로터 디스크 브레이크는 멀티 디스크 브레이크에서 회전자(rotor)를 여러 조각으로 나눈 브레이크이다. 회전자를 여러 조각으로 나눈 이유는 제동 시 생기는 마찰열을 더 많이 방출하기 위해서이나. 그리고 회전사 중 일부가 마모되거나 손상되었을 때 디스크 전체를 교환하지 않고 일부만 교체하면 되므로 경제적이라는 장점이 있다.

🎯 카본 브레이크(carbon brake) 디스크의 재질과 장단점

오늘날 일부 대형 항공기 브레이크는 강(steel) 대신에 탄소섬유(carbon fiber)로 만든 디스크를 사용한다. 카본 브레이크는 기존 브레이크보다 가볍고, 더 높은 열과 온도를 견딜 수 있으며, 열을 더 빨리 발산할 수 있고, 수명이 더 길다는 장점이 있다. 단점은 가격이 높은 것이다.

카본 브레이크의 장점은 다음과 같다.

① 전통적인 브레이크보다 40% 가까이 더 가볍다(대형기 무게 수백 파운드 감소).

② 강재 부품 브레이크보다 50% 더 높은 온도 극복(강재보다 2~3배 열에 견딤)

③ 강재 회전자보다 더 빠르게 열 발산

④ 강재 브레이크보다 20~50% 더 오랫동안 사용하여 정비 소요시간 감축

단점은 제조 단가가 높은 점인데, 기술력이 향상되고, 더 많은 항공기 사용 시 낮아질 것으로 기대된다.

나) 브레이크 작동 점검

🎯 항공기 브레이크계통(brake system)에서 일반적으로 점검하는 내용

제동장치에서 점검하고 조절해야 하는 사항에는 브레이크 마모 상태, 축압기의 공기압력, 브레이크 라이닝과 패드 유격 확인, 계통 작동유 누설 상태 확인, 유압 라인에 포함된 공기 배출(air bleeding)이 있다.

🎯 브레이크의 마모 점검방법

브레이크의 마모 검사방법은 해당 항공기 정비 매뉴얼에 따라 다음과 같은 3가지 방법이 있다. 브레이크 마모 점검 전에 착륙장치에 고정핀(ground lock pin)을 꽂고, 고임목(chock)을 대고, 정확한 길이 측정을 위해 파킹 브레이크(parking brake)를 건다.

(a) 마모지시핀 측정

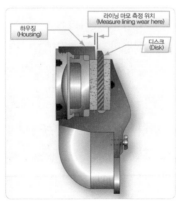
(b) 디스크와 brake housing 사이 측정

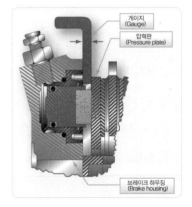
(c) pressure plate 거리 측정

[그림 1-3-144] 브레이크의 마모 점검방법

① 마모지시핀(wear indicator pin)의 길이를 측정하는 방법이 있다. 라이닝이 마모될수록 핀이 안으로 더 많이 들어가서 핀이 밖으로 나온 길이가 짧아진다. 핀이 밖으로 나온 길이를 보고 브레이크가 얼마나 마모되었는지 알 수 있다. 해당 항공기의 정비 매뉴얼에 따라 마모지시핀의 끝이 브레이크 하우징과 같거나 그 이하이면 브레이크 어셈블리를 교체한다.

② 디스크와 브레이크 하우징(brake housing) 사이의 거리를 측정하는 방법이 있다.

③ 브레이크를 작동시켜서 압력판(pressure plate)의 뒤쪽과 브레이크 하우징 사이의 거리를 측정하는 방법이다.

✈ 브레이크 작동유의 누설 점검방법

브레이크 계통에서 작동유의 누설은 주로 피팅(fitting)에서 발생한다. 계통에서 압력을 제거하고 피팅을 분리한 다음 점검하여 손상이 의심되는 모든 피팅을 교체한다. 브레이크 하우징에서 작동유가 누설될 때는 제작사의 매뉴얼을 참고해서 누설한계를 넘으면 브레이크 어셈블리를 교환한다. 누설을 수리한 다음에는 계통에 압력을 가해서 누설이 사라졌는지 확인하고 기능도 점검한다.

✈ brake 작동 점검절차

항공기별 브레이크 계통은 상이하여 점검절차도 상이하다. B747-400의 정상 브레이크 작동 시험(normal brake operation test) 절차는 다음과 같다.

① EICAS에서 hydraulic system No.4의 압력이 3000±100 psi인지 확인한다.

② P1 패널의 hydraulic brake pressure gauge가 3000±100 psi인지 확인한다.

③ 기장(captain)이 브레이크 페달을 끝까지 밟는다. 이때 각 브레이크에 나타나는 압력과 P1 패널의 hydraulic brake pressure gauge가 지시하는 압력 차이는 ±100 psi 이내여야 한다.

④ 브레이크 페달을 끝까지 밟고 대기하는 동안 브레이크 어셈블리와 라인에 누설이 없어야 한다.

⑤ 브레이크 페달을 놓았을 때 브레이크 어셈블리와 라인에 누설이 없는지 확인하고, 브레이크가 풀렸는지 확인한다. 이때 각 브레이크의 압력 게이지는 75 psi 이하가 되어야 한다.

⑥ 같은 과정을 부조종사 자리에서 하고, 점검이 끝나면 hydraulic system No.4의 압력을 제거한다.

✈ 브레이크계통의 스펀지 현상

브레이크 페달을 밟았을 때 단단한 느낌이 들지 않고 푹신거리는 현상이 발생하는 것이 스펀지 현상인데, 이 현상은 브레이크계통 안에 공기가 차 있을 수 있다. 공기를 빼내는 블리딩(bleeding) 작업을 해서 브레이크를 밟았을 때 제대로 작동할 수 있도록 한다. 블리딩 작업은 중력식 블리딩과 압력식 블리닝이 있나. 마스터 실린머 브레이크계통은 중럭식 블리딩을 하고, 파워 브레이크계통은 압력식 블리딩을 한다. 블리딩 작업은 페달이 스펀지처럼 느껴질 때나 브레이크계통의 도관이 분리되었을 때 반드시 실시한다.

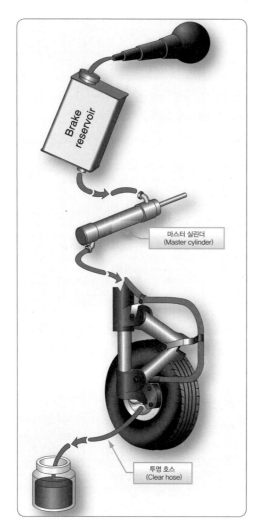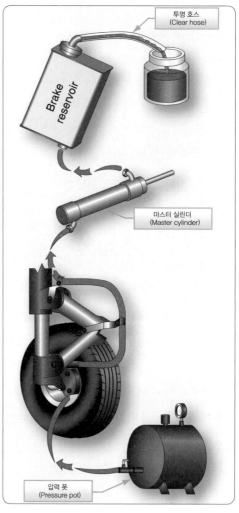

[그림 1-3-145] gravity air bleeding method(좌)와 pressure air bleeding method

⊙ brake air bleeding 절차

① 중력식 공기빼기방법(gravity air bleeding method)은 하향식 방법이다.

   ㉮ 마스터실린더 브레이크는 하향식 중력식 공기빼기방법을 적용한다.

   ㉯ 작동유 양이 부족해지지 않도록 항공기 브레이크 저장소에서 작동유를 공급한다.

   ㉰ 투명한 호스는 브레이크 어셈블리에서 공기빼기 배출구에 연결한다.

   ㉱ 다른 쪽 끝단은 배출된 작동유를 담기에 충분히 큰 용기에 담근다.

   ㉲ 브레이크 마스터실린더의 공급 플러그(filler plug)에 깨끗한 작동유를 보급한다.

   ㉳ 브레이크 페달을 반복하여 밟아 준다.

   ㉴ 브레이크 어셈블리 공기빼기 배출구를 개방하여 작동유를 배출한다.

   ㉵ 배출되는 작동유에 공기 방울이 보이지 않으면 페달을 밟은 상태로 공기빼기 배출구를 잠

근다.

㉚ 오염되지 않은 청결한 작동유만 사용하고 공기빼기가 완료된 후 적절한 작동상태와 누출에 대해 점검한다.

㉛ 작동유가 정상적으로 보급되었는지 확인한다.

② 압력식 공기빼기방법(pressure air bleeding method)은 상향식 방법이다.

㉮ 압력탱크와 브레이크 어셈블리를 호스로 연결한다.

㉯ 브레이크 마스터실린더의 주입구와 작동유 저장소를 호스로 연결한다.

㉰ 작동유 저장소로부터 배출되는 작동유를 담기에 충분한 수집용기를 준비하여 투명한 호스를 연결한다.

㉱ 브레이크 어셈블리의 공기 배출구를 열고 압력탱크의 작동유를 공급한다.

㉲ 압력이 형성된 깨끗한 작동유가 브레이크 어셈블리로부터 마스터실린더와 작동유 저장소를 지나 투명한 호스를 거쳐서 작동유 수집용기로 배출된다.

㉳ 투명한 호스를 통해 기포가 보이지 않을 때 공기빼기 배출구 밸브를 닫고 압력탱크 호스를 제거한다.

▶ 브레이크계통에 발생하는 결함 내용

브레이크계통에 생기는 이상 현상에는 드래깅(dragging), 그래빙(grabbing), 페이딩(fading), 스펀지 현상이 있다.

① 드래깅은 페달을 놓아도 라이닝이 디스크에서 떨어지지 않고 계속 붙잡고 있어서 끌리는 현상을 말하며, 리턴 스프링이 약해졌거나 계통에 있는 공기가 열팽창해서 라이닝을 디스크로 밀어낼 때 발생한다. 드래깅이 생기면 블리딩 작업을 한다.

② 그래빙은 라이닝이나 패드에 이물질이 묻어서 제동이 거칠어져서 제동효과가 감소하는 현상이다.

③ 페이딩은 과열 때문에 라이닝이나 패드가 손상되어 제동 효과가 감소하는 현상이다.

④ 스펀지 현상은 브레이크 계통에 공기가 있어서 페달을 밟았을 때 스펀지를 밟는 느낌이 나고 힘이 제대로 전달되지 않는 현상이다. 스펀지 현상이 나타나면 블리딩 작업을 한다.

다) 랜딩기어에 휠과 타이어 부속품을 제거하고 교환 장착

▶ 항공기에서 휠 어셈블리를 장탈할 때 주의사항

① 항공기에서 휠 어셈블리 장탈 절차를 시작하기 전에 먼저 타이어의 질소압력을 제거한다. 휠 어셈블리는 특히 고압·고성능 타이어를 취급할 때, 액슬 너트를 제거하는 동안 파열의 위험이 있다. 결함이 있는 휠 또는 부러진 타이볼트가 있는 휠을 함께 잡아주는 유일한 힘은 액슬 너트의 토크이다. 액슬 너트가 풀렸을 때, 타이어의 고압은 정비사에게 치명적인 손상을 줄 수 있으며, 부품 등의 고장을 일으킬 수 있다.

② 항공기 타이어는 장탈 전에 냉각시키는 것이 중요한데, 냉각을 위해 3시간 이상의 시간이 요구되기도 한다.

③ 타이어에 접근할 때는 측면이 아닌, 앞쪽 또는 뒤쪽에서 휠 어셈블리에서 접근한다.

④ 타이어에서 질소 압력을 제거할 때 질소가 밸브로부터 방출 시 정비사에게 심각한 손상을 줄 수 있으며, 밸브코어 또한 방출 경로에 있으면 정비사에게 치명적인 손상을 줄 수 있다.

휠과 타이어의 분리작업 절차

① 항공기 타이어는 팽창과 조립 장착 후에 휠에 달라붙는 경향이 있으므로 비드부분은 타이어의 장탈을 위해 주의하여 분리하여야 한다.

② 항공기 타이어와 휠을 분리하기 위한 장비에는 기계식 압축기와 유압식 압축기가 있다.

③ 분리작업 시 가능하면 압축기를 비드에 가까이 위치시키고 휠 주위에 연속하여 압축작업을 한다.

④ 휠 가장자리 주위에서 타이어가 눌리고 있는 동안 타이어에 압력이 없어야 한다.

⑤ 휠은 비교적 연질이므로 절대로 스크루드라이버 또는 다른 공구로 림과 타이어 사이를 떼어내지 말아야 한다. 휠의 흠집(nick) 또는 변형은 휠이 파손될 수 있는 응력집중의 원인이 된다.

(a) 기계적 분리 도구   (b) 유압 프레스   (c) 아버 프레스

[그림 1-3-146]

휠의 분해(disassembly)작업 시 주의사항

① 휠의 분해작업은 테이블과 같은 평편한 면과 깨끗한 곳에서 수행한다.

② 휠 베어링을 먼저 제거하여 세척과 검사를 위해 곁에 놓은 후 타이볼트를 분리한다.

③ 항공기 휠은 비교적 연한 금속인 알루미늄합금과 마그네슘합금으로 제작되어 있으므로 타이볼트를 분리하는 데 충격공구를 사용하지 않는다. 충격공구를 반복해서 사용하면 휠을 손상시킬 수 있다.

휠 어셈블리의 세척(cleaning the wheel assembly) 절차

① 용제(solvent)로 휠 부위를 세척한다.

② 휠의 부식 촉진과 마멸로 약화될 우려가 있으므로, 마무리작업 시 스크레이퍼와 같은 연마재
   료나 공구를 피한다.

③ 바퀴 세척 후 압축공기로 건조시킨다.

⊙ 휠 베어링(wheel bearing)의 세척 절차와 주의사항

① 오래되어 경화된 그리스는 베어링을 용제(solvent)에 완전히 담가 세척한다.

② 베어링은 부드러운 강모 브러시(bristle brush)로 깨끗하게 솔질하여 압축공기로 건조시킨다.

③ 압축공기로 건조 시 베어링을 회전시키면 마찰되는 면(race)과 베어링 롤러의 고속 회전은 금
   속 표면을 손상시키는 열의 원인이 되므로 절대 금지한다.

④ 베어링의 금속 표면처리가 쉽게 파손될 위험이 있으므로 베어링의 증기세척(steam cleaning)도
   금지사항이다.

⊙ 휠 베어링의 검사(inspection)에서 발견하는 결함의 종류

휠에서 베어링을 제거하여 세척한 후 휠 베어링을 검사한다. 베어링에서 발견된 거의 모든 흠
(flaw)은 교체의 근거가 될 수 있다. 폐기되어야 할 원인이 있는 베어링의 일반적인 상태는 다음과
같다.

① 마모손상(galling)

마모손상은 접합면의 문지름에 의해 발생한다. 금속은 마찰 시 발생되는 열에 의해서 용접될 정
도로 너무 뜨겁게 되고, 표면금속은 지속적인 문지름으로 인해 손상된다.

② 쪼개짐(spalling)

쪼개짐은 베어링 롤러 또는 마찰되는 면(race)의 경화 표면의 부분(portion)을 조금씩 깎아낸 형태
이다.

③ 과열(overheating)

과열은 금속표면에 푸른빛을 띤(bluish) 엷은 색깔(tint)로 변색된 것으로, 윤활(lubrication)의 결핍
에 의해 발생한다. 베어링 컵 레이스웨이(raceway)도 변색된다.

④ 압흔(brinelling)

압흔은 과도한 충격에 의해 나타난다. 베어링 컵 레이스웨이에서 톱니모양처럼 나타난다. 어
떠한 정적과부하 또는 강한 충격은 진동과 노화의 베어링 파손으로 이어지는 실질적 압흔(true
brinelling)의 원인이 될 수 있다.

⑤ 유사 압흔(false brinelling)

유사 압흔은 정석 상태에 있는 동안 베어링의 진동에 의해 발생한다. 정직 과부하고 윤활제는
롤러와 레이스웨이 사이로부터 밀려나올 수 있다. 마찰부식이라고 알려져 있으며, 윤활제의 녹슨
색에 의해 식별할 수 있다.

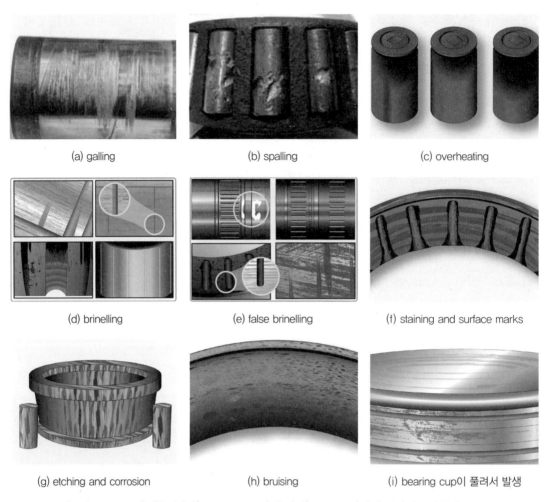

(a) galling	(b) spalling	(c) overheating
(d) brinelling	(e) false brinelling	(f) staining and surface marks
(g) etching and corrosion	(h) bruising	(i) bearing cup이 풀려서 발생

[그림 1-3-147] 휠 베어링(wheel bearing)의 검사(inspection)에서 발견되는 결함의 종류

⑥ 착색과 표면자국(staining and surface marks)

착색과 표면자국은 롤러와 마찬가지로 일정한 간격으로 줄무늬를 넣은 어두운 회색빛으로 베어링 컵에 나타나고 베어링에 들어간 물에 의해 발생할 수 있다. 이 자국은 이후 더 깊은 부식의 첫 번째 단계이다.

⑦ 식각과 부식(etching and corrosion)

식각과 부식은 물에 의해 발생한 손상이 베어링 엘리먼트(element)의 표면처리된 부분에 침투할 때 발생한다. 불그스레한(reddish)/갈색의 변색으로서 나타난다.

⑧ 거친 표면(bruising)

거친 표면자국은 보통 불량한 실(seal) 또는 베어링 청결에 대한 부주의한 정비 때문에 미립자 오염에 의해 발생한다. 베어링컵에도 거친 표면자국을 남긴다.

⑨ 베어링컵의 부적절한 장착으로 풀려서 발생

베어링컵은 검사를 위해 제거하지 않으나, 겉돌거나 헐거운 베어링컵은 베어링의 표면에 상처를 발생시킨다. 컵은 보통 제어식 오븐에서 휠을 가열한 후 압력으로 밀어내거나 또는 비금속천공기로 가볍게 쳐내서 제거한다. 장착절차는 유사하며 휠은 가열하고 컵은 드라이아이스(dry ice)로 수축시킨 후 비금속 해머 또는 비금속 천공기로 그곳을 가볍게 두드려서 장착한다. 마찰되는 면의 바깥쪽은 삽입 전에 프라이머를 분사하기도 한다. 특정한 사용법에 대해서는 휠 제조사의 정비매뉴얼을 참고한다.

◉ 베어링의 취급과 윤활(lubrication)작업

① 베어링의 취급은 매우 중요한 사항 중 하나이다. 오염, 습기, 그리고 진동, 심지어 베어링이 정적 상태에 있는 동안에도 이와 같은 조건들은 베어링에 손상을 주어 사용하지 못하게 될 수도 있다. 이들이 베어링에 영향을 줄 수 있게 하는 여건을 피하고 제조사 사용설명서에 따라 요구되는 곳에 베어링을 장착하고 토크를 확실히 한다.

② 적당한 윤활은 베어링을 손상시킬 수 있는 조건으로부터 보호하기 위한 것이며, 제조사에 의해 권고된 윤활제를 사용한다. 압력 베어링 패킹 툴 또는 어댑터의 사용은 세척 후에 남아 있게 되는 베어링 안쪽으로부터 어떠한 오염이라도 제거하기 위한 최상의 방법으로서 권고된다.

[그림 1-3-148] 가압식 베어링 윤활도구

◉ 휠의 검사작업

① 각각의 분해된 휠의 철저한 육안검사는 휠 제조사 정비자료에서 명시된 불일치에 대해 고려되어야 하며, 확대경의 사용이 권고된다.

② 부식은 휠 검사 시 나타나는 가장 일반적인 문제점 중 하나이며, 습기가 침투된 곳은 면밀히

점검해야 한다. 제조사 사용설명서에 따라 일부 부식처리를 하는 것은 가능하다.

③ 인가된 보호표면처리와 적절한 윤활은 휠을 조립하기 전에 수행되어야 한다. 규정한계를 명백히 넘어서는 부식은 휠을 사용할 수 없는 원인이다.

④ 휠의 모든 부분의 균열에 대한 검사는 널리 행해지며, 특히 중요한 부분은 비드 시트 구역이다. 착륙 시의 큰 응력(stress)은 이 접촉면적에서 타이어에 의해 휠로 전달된다. 무리한 착륙(hard landing)은 검출하기 아주 어려운 비틀어짐 또는 균열이 생기게 한다. 이것은 모든 휠에 대한 관심사이고 고압, 단조식 휠에서 가장 문제가 된다.

⑤ 침투탐상검사는 일반적으로 비드구역에서 균열에 대해 점검할 때는 효과가 없다. 타이어가 분리되고 금속에서 응력이 제거되면 균열이 단단히 닫히는 경향이 있어 비드 시트 구역의 와전류탐상검사가 요구된다. 와전류점검을 수행할 때 휠의 제조사 사용설명서를 따른다.

⑥ 휠 브레이크 디스크 드라이브 키(wheel brake disc drive key) 구역은 균열이 발생하는 또 다른 구역이다. 브레이크의 제동력으로 인한 디스크의 작동이 키에 높은 충격을 준다. 일반적으로 염색침투탐상시험은 이 지역에서 균열을 확인하기에 충분하다. 모든 드라이브 키는 가능한 한 움직임이 없도록 장착해야 하며, 이 부분의 부식은 허용되지 않는다.

[그림 1-3-149] 경량 항공기의 비드 시트 구역

[그림 1-3-150] 휠 디스크 드라이브 키 구역 균열 점검

✈ 퓨즈 플러그(fusible plug)

퓨즈 플러그는 과열로 타이어 안의 공기가 팽창해서 압력이 과도하게 높아졌을 때 녹아서 퓨즈 플러그를 통해 압력이 빠지도록 하여 타이어가 터지는 것을 방지한다. 재질은 황동(구리-아연)이나 청동(구리-주석)을 주로 사용한다.

퓨즈 플러그의 검사

퓨즈 플러그 또는 열 플러그(thermal plug)는 육안으로 검사해야 한다. 나사식 플러그는 플러그의 외부 구성부분보다 더 저온에서 녹아버리는 중심부를 가지고 있으며, 이것은 지면 마찰과 제동열로 온도가 위험수준으로 올라가는 경우 타이어로부터 공기를 방출시키기 위한 것이다. 정밀검사는 퓨즈의 중심부가 고온으로 인하여 녹았는지 확인하고, 만약 녹은 흔적이 발견되면 휠에 있는 모든 열 플러그는 새로운 플러그로 교체해야 한다.

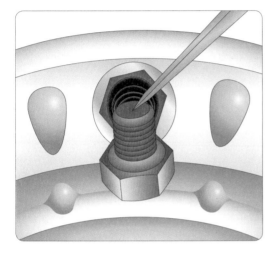 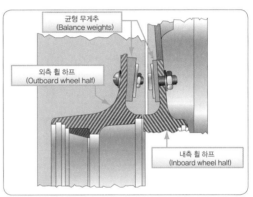

[그림 1-3-151] 퓨즈 중심부 플러그의 육안검사   [그림 1-3-152] two piece split wheel balance weight

항공기 휠의 무게 평형(balance weight)

항공기 휠 어셈블리의 평형은 중요하다. 제작되었을 때 각각의 휠 세트는 정적으로 균형이 잡힌 상태이고, 정비작업 시 필요하면 균형을 잡기 위해 무게를 추가한다. 무게의 평형은 휠 중심에 볼트로 고정하고, 휠을 세척하고 검사할 때는 장탈할 수 있으며, 완료 후 원위치에 다시 장착해야 한다.

3) 타이어계통 (구술 또는 실작업 평가)

가) 타이어 종류 및 부분품 명칭

튜브 타입(tube type)과 튜브리스 타입(tubeless type) 타이어의 장단점

튜브리스 타이어는 튜브를 사용하지 않고 타이어 내부에 공기 투과성이 적은 특수한 고무인 이너 라이너(inner liner)를 물여서 타이어와 림에서 공기가 새지 않도록 민든 다이이이다. 주행 중 못처럼 뾰족한 물체에 찔려도 공기가 빠르게 빠지지 않는 특성이 있어서 고속주행 중 펑크 사고의 위험에서 항공기를 보호할 수 있다.

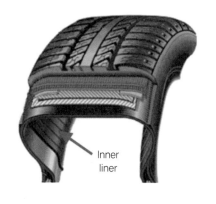

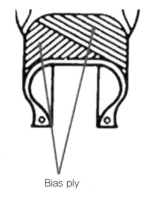

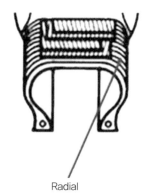

[그림 1-3-153] inner liner

[그림 1-3-154] bias ply와 radials ply

[표 1-3-16] 튜브리스 타입(tubeless type) 타이어의 장단점

장점	단점
공기압 유지가 좋다.	타이어 내측과 비드에 흠이 생기면 분리현상이 일어난다.
못 등에 찔려도 급격한 공기누출이 없다.	
튜브 불림과 같은 튜브에 의한 고장이 없다.	
타이어 내부의 공기가 직접 림에 닿고 있어서 주행 중 열 발산이 좋다.	타이어와 림의 조립이 불완전하거나 림 플랜지에 변형이 있으면 공기누출을 일으킬 수 있다.
튜브 조립이 없으므로 작업성이 좋다.	주행 중 노면의 돌이 튀어 림 플랜지 부분이 손상을 입어 공기가 누출될 수 있다.

바이어스 플라이(bias ply)와 레이디얼 플라이(radials ply) 타이어

바이어스 타이어와 레이디얼 타이어는 타이어 구조에 사용된 플라이를 쌓은 방향으로 구분한다. 플라이 방향 외에 두 타이어의 구조는 거의 비슷하다.

① 바이어스 타이어는 타이어 회전 방향에 대해 플라이를 30~60° 사이로 변화를 준 타이어이다.

② 레이디얼 타이어는 플라이를 타이어 회전 방향에 90°로 놓은 타이어이다. 회전 방향에 직각으로 플라이를 배치해서 적은 변형으로 높은 하중을 견딜 수 있고, 바이어스 타이어보다 열을 더 잘 감소시켜서 대형 항공기에 주로 사용한다. 특히 레이디얼 타이어는 트레드 강성이 높아 중량을 고르게 분배하므로 지면과 접촉면이 일치해서 타이어와 지면 사이의 정지 마찰력(traction)이 높아 타이어가 적게 마모되고 트레드 수명이 더 길다.

[표 1-3-17] 바이어스 플라이(bias ply)와 레이디얼 플라이(radials ply) 타이어 비교

바이어스 플라이 타이어	레이디얼 플라이 타이어
사이드월(sidewall)의 유연성이 좋다.	카커스가 더 유연하다.
	사이드월과 양방향 유연성이 떨어진다.
	더 무거운 하중을 받을 수 있다.
사이드월의 강도와 안정성이 높아 대형 트럭과 버스에서 사용한다.	착륙횟수가 더 많다.
	구름저항(rolling resistance)이 더 적다.
	바이어스 타이어보다 승차감이 좋다.
사이드월 부위에 펑크와 절단 내성이 있다.	트레드에 펑크와 절단 내성이 있다.
	가격이 비싸다.

➤ 항공기 타이어의 형식(type)

① 항공기 타이어의 형식은 미국타이어 · 림협회(United State Tire and Rim Association)에 의해 3부분의 명칭 타이어로 분류한다.
② 3부분의 명칭은 타이어폭(section width), 림(rim) 직경, 타이어 전체 직경의 타이어 규격을 판정하기 위해 사용되는 형식이다.
③ 9가지 형식이 있지만, 형식 I, III, VII, 그리고 VIII은 여전히 생산 중에 있다.
④ 아래 표는 타이어 형식별 규격 표시 및 사용 항공기에 대한 내용이다.

[표 1-3-18] 타이어 형식별 규격 표시 및 사용 항공기

형식	사이즈 표시	사용 항공기	비고
I	인치로 전체 외경	• 구형 고정식 기어 항공기	
III	타이어 폭과 림의 직경	• 160mph 이하 착륙속도 • 저압의 경항공기	
VII	전체 외경 × 타이어 폭	• 제트항공기	
VIII	전체 외경 × 타이어 폭 − 림의 직경	• 고성능 제트항공기	바이어스
	전체 외경 × 타이어 폭 R 림의 직경	• 최신 고속, 고하중 항공기	레이디얼

➤ 타이어 규격 표시법

① 바이어스 타이어와 레이디얼 타이어는 사이드월에 표시된 규격을 보고 알 수 있다. 형식 VIII 항공기 타이어의 규격은 '지름 × 폭−림 직경' 이렇게 세 부분으로 나타낸다. 예를 들어 '30 × 8-10'이라고 적힌 타이어는 타이어의 지름이 30 in, 폭이 8 in, 림 직경이 10 in인 타이어라는 뜻이다. 레이디얼 타이어는 '−' 대신 'R'로 표시해서 구분한다.

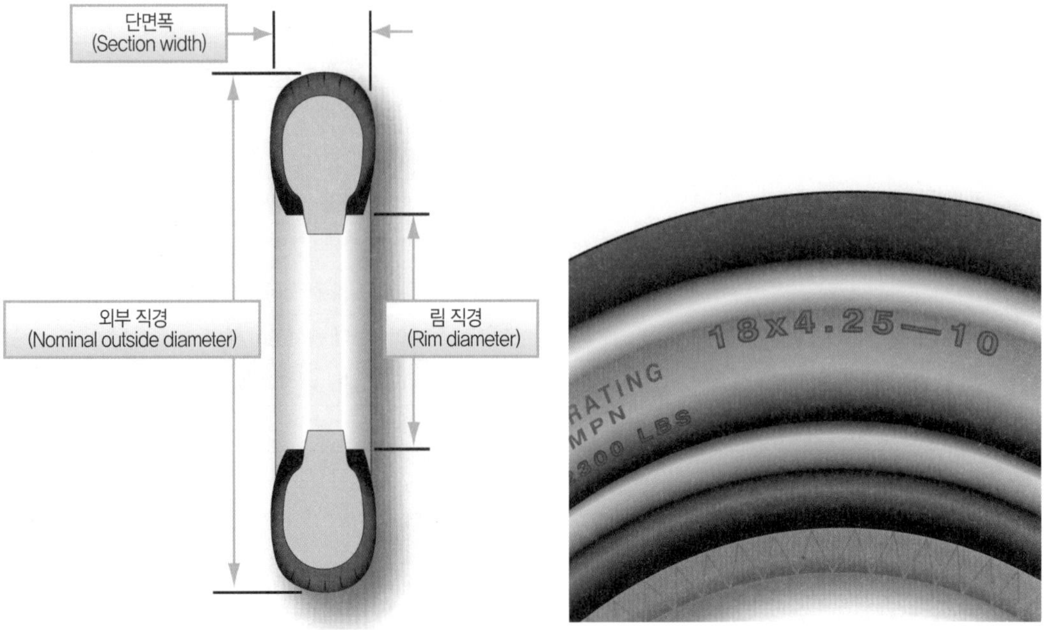

[그림 1-3-155] 타이어 규격 표시 예

② PR은 플라이등급(rating), MPH는 속도 등급(speed rating)을 나타낸다.

③ 튜브리스 타이어는 사이드월(sidewall)에 'Tubeless'라고 표기되어 있다.

타이어 구성품의 이름과 역할

항공기 타이어는 와이어 비드(wire bead), 카커스(carcass) 또는 코어 바디(core body), 트레드(tread), 사이드월(sidewall), 체이퍼(chafer) 등으로 구성된다.

① 와이어 비드는 고무에 싸인 고강도 탄소강 와이어 다발로, 카커스를 고정하고 타이어를 휠에 단단히 장착시킨다. 휠로 충격하중을 전달하는 역할도 한다.

② 카커스는 플라이를 여러 층으로 쌓아서 타이어의 골격을 만들고 강도를 제공한다. 각 플라이의 끝은 타이어 양쪽의 와이어 비드 주위를 감싸서 고정된다. 플라이는 나일론 원사 소재를 주로 사용하고 400℃ 이상의 고온에도 원래 상태를 유지하는 아라미드섬유를 사용하기도 한다.

③ 트레드는 타이어에서 지면과 닿는 부분이다. 트레드의 홈(groove)은 열을 발산하고, 지면과 접지력을 높여서 직진력과 제동력을 높여주고, 우천 시 홈 사이로 물을 밀어내서 젖은 노면을 주행할 때 생기는 수막현상(hydroplaning)을 방지한다.

④ 트레드 아래에 있는 트레드 보강 플라이(tread reinforcing ply)와 보호 플라이(protector ply)는 카커스 바디(carcass body)를 보호하고 펑크와 절단을 견디는 데 도움을 준다.

⑤ 브레이커(breaker)는 트레드를 강화하고 카커스 플라이를 보호하기 위해 트레드 아래에 보강

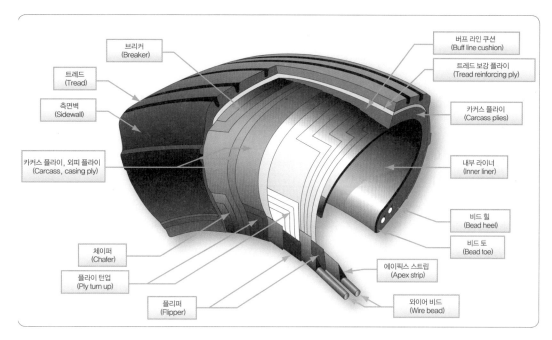

[그림 1-3-156] 항공기 타이어 구조의 명칭

한 직물층이다.

⑥ 사이드월은 카커스 플라이를 보호하고 타이어에 관한 정보가 표시된 고무층이다. 사이드월에는 플라이에 갇힌 공기를 배출하는 통풍구(vent hole)가 있다. 갇힌 공기는 열을 받아서 팽창되면 플라이를 분리, 타이어가 약해져서 파손되는 원인이 된다.

⑦ 체이퍼는 타이어 장탈·착 시 와이어 비드가 손상되는 것을 보호하고, 지상 활주 시 휠과 비드 사이에 마모와 마찰을 줄이는 데 도움을 준다.

나) 마모, 손상 점검 및 판정 기준 적용

⑦ 폐기하여야 하는 타이어(scrap tire)

① 타이어 절단 정도가 실제 플라이의 40% 이상 진행되거나 이너 라이너까지 절단된 타이어

② 사이드월과 비드 부위가 절단 또는 균열이 생긴 타이어

③ 트레드 면적이 10 in 이상 스폿되어 카커스(carcass)가 노출된 타이어

④ 비드부가 과열에 의해 코드가 녹은 흔적이 있는 타이어

⑤ 비드부의 와이어가 부러지거나 노출된 타이어

⑥ 이너 라이너의 표면이 접힌 흔적이 있는 타이어

⑦ carcass separation이 발생된 타이어

⑦ 마모되어 폐기(worn-out)하는 타이어

완전히 마모된 타이어는 wet kidding, hydroplaning 또는 tread의 손상을 야기한다. 따라서 tread

의 깊이가 1/16 in(1.6 mm)까지 마모되었을 경우 교체하는 것이 좋다.

🎯 항공기 타이어가 손상되어 교체하는 기준

① 매우 낮은 공기압에서 사용된 타이어

② 비드부에서 과열로 인해 코드가 녹은 흔적이 있는 타이어

③ 이륙에 실패한 타이어

④ 길이에서 1/2 in, 깊이에서 플라이의 1/3 in까지 절단된 타이어

⑤ open tread - splice tire

⑥ reinforced fabric chevron cut tire

⑦ 항공기를 장시간 방치한 경우 지면과 접촉한 타이어 부분이 영구 변형된 경우

🎯 항공기 타이어 손상에 대한 점검 내용

타이어 손상 점검은 마모, 균열, 절단, 부풀어오름(bulges), 박리(separation), 플랫 스폿(flat spot), 공기 누설 등이 있다.

한계(limit)를 초과한 절단, 균열이 생긴 타이어, 부풀어 오름, 박리가 일어난 타이어, 보강 플라이나 보호 플라이가 노출된 타이어는 교체해야 한다. 타이어에 공기가 없으면 손상 부위를 확인할 수 없으므로 공기가 빠지거나 장탈 전에 손상 부위를 분필 등으로 표시해야 한다.

① 트레드 마모 정도를 확인한다. 어느 지점의 트레드가 정해진 값 이상(예 1/8 in) 마모되면 타이어를 교체한다. 한쪽에 불균일한 마모가 있으면 착륙장치를 정렬(alignment)한다.

② 트레드에 박힌 이물질은 깊이가 트레드를 넘지 않았을 때 제거해야 한다. 깊이를 알 수 없을 때는 반드시 타이어의 공기를 뺀 후 제거해야 한다. 이물질을 제거한 다음 손상 정도를 보고 타이어를 계속 사용할 수 있는지 판단한다. 이물질로 생긴 구멍은 지름이 3/8 in 이하까지만 허용된다. 이물질이 카커스까지 관통한 타이어는 사용할 수 없다.

③ 트레드가 카커스에서 부풀어 오르거나 분리되면 타이어를 교체한다.

④ 트레드가 떨어져 나간(chipping and chunking) 양이 적을 때는 계속 사용할 수 있지만, 보강 플라이나 보호 플라이가 1 in^2 이상 노출되면 타이어를 사용할 수 없다.

[그림 1-3-157] 결함 표시와 트레드 깊이 게이지(tread depth gauge)를 사용한 결함 측정

[그림 1-3-158] 타이어 교체의 원인인 부풀어 오름과 트레드 분리

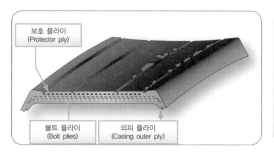

[그림 1-3-159] chipping 결함

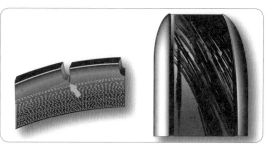

[그림 1-3-160] 트레드 언더 컷

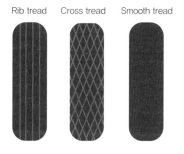

[그림 1-3-161] tire tread patterns

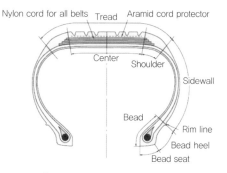

[그림 1-3-162] tire cutaway

⑤ 트레드 홈(groove)에 균열이 생겨서 보강 플라이나 보호 플라이가 1/4 in 이상 노출되면 타이어를 사용할 수 없다. 홈의 균열은 트레드 언더컷으로 이어져 트레드 전체가 타이어에서 떨어져 나갈 수 있다.

⑥ 타이어의 절단된 깊이가 외피 플라이(casing ply)를 드러내면 타이어를 사용할 수 없다.

⑦ 사이드월에 생긴 절단, 균열 같은 손상이 케이싱 플라이와 와이어 비드까지 확대되면 타이어를 교체해야 한다. 손상이 타이어 코드까지 도달하지 않은 타이어는 계속 사용할 수 있다. 타이어 코드(tire cord)는 타이어의 내구성과 안정성을 높이기 위해 고무 내부에 들어가는 섬유 재질의 보강재이다.

⑧ 플랫 스폿(flat spot)은 타이어가 회전하지 않는 상태로 활주로 면에 끌릴 때 발생한다. 플랫 스

[그림 1-3-163] sidewall cut   [그림 1-3-164] flat spot   [그림 1-3-165] chevron cut

폿 손상이 보강 플라이나 보호 플라이를 노출하지 않는다면 계속 사용할 수 있다.

⑨ V자 무늬의 셰브론(chevron) 절단은 코어에 손상을 주지 않는 한 계속 사용할 수 있다.

◉ 트레드 마모 깊이를 보는 것 외에 타이어 마모를 판단하는 방법

타이어가 얼마나 마모되었는지 확인하는 방법에는 육안 검사도 있지만, 트레드의 홈(groove)에 트레드 깊이 게이지(tread depth gauge)를 넣어서 마모 정도를 판단할 수도 있다.

다) 압력 보충 작업(사용 기체 종류)

◉ 타이어 질소 압력을 점검하여 적정 압력으로 유지하여야 하는 필요성

타이어 압력을 점검하는 이유는 트레드가 고르게 마모되게 하고, 저팽창(under inflation)이나 과팽창(over inflation)으로 생기는 타이어 손상과 휠 손상을 방지하기 위해서이다. 타이어 압력이 높으면 트레드 중앙 부분이 마모되고, 압력이 낮으면 사이드월이 마모된다. 특히 압력이 적어 타이어 굴신이 많은 상태에서 사용된 타이어는 카커스가 굴신에 의해 피로수명이 약화되고 burst or separation과 같은 사고가 발생하는 경우가 있기 때문에 타이어에서 적절한 공기압을 유지하는 것은 사고방지를 위한 중요한 방법이다.

◉ 타이어 압력을 측정하는 시기

타이어 압력은 매일 측정해서 적정 압력을 확인해야 한다. 타이어 압력은 비행 전 6시간 이내에 측정하고 비행 후 하절기에는 최소 3시간, 동절기에는 최소 2시간이 지난 후에 측정한다. 타이어를 보관할 때는 최소 1주일에 1회 이상 압력을 측정해야 한다.

◉ 타이어 압력 보충에 사용하는 기체의 종류와 사용하는 이유

항공기 타이어에는 폭발과 결빙을 방지하기 위해 불활성 기체인 질소를 넣는다. 일반 공기를 넣으면 이·착륙할 때 타이어에 가해지는 엄청난 충격과 열로 타이어 내부 공기와 수분이 팽창해 타이어가 폭발할 수 있기 때문이다. 외부의 압력과 열의 변화에도 적게 반응하는 불활성 기체인 질소를 넣으면 폭발을 방지할 수 있다. 그리고 항공기는 높은 고도와 낮은 온도에서 비행하는데, 일반 공기를 주입힐 경우 포함된 수분 때문에 타이어가 얼 수 있다. 또한 질소는 산화작용을 억제해 타이어 수명을 연장하는 데 도움을 주기도 한다.

⊙ 타이어 압력을 확인하는 방법

타이어 압력 측정방법에는 지상에서 타이어 압력 게이지를 사용하거나 TPIS(Tire Pressure Indication System)가 설치된 항공기는 계기로 압력을 확인한다. 에어버스 항공기는 ECAM의 휠 페이지(wheel page)로 들어가면 각 타이어의 압력을 볼 수 있고, CMC(Central Maintenance Computer)로 출력할 수도 있다.

[그림 1-3-166] tire pressure check

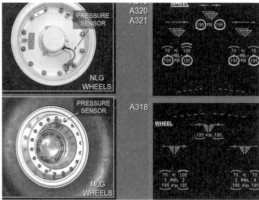

[그림 1-3-167] tire pressure indication system

⊙ 타이어의 낮은 공기압으로 인한 악영향

① 타이어의 굴신을 더 크게 하고 열 발생이 높아 ply separation 야기
② rim flange 부근에서 더 많은 스트레스를 받게 되어 심각한 손상을 초래
③ 트레드의 편마모 및 접지면적이 높아 사이드월부의 손상을 초래
④ 타이어의 굴신에 의한 수명 단축

⊙ 타이어 압력 보충작업 절차

① 타이어 압력 보충작업을 하기 전에 먼저 타이이 압력 게이지나 TPIS로 타이어 압력을 확인한다.
② 타이어 압력은 비행 후 바로 확인하지 않는다. 비행 직후에는 타이어가 뜨거워서 압력이 높게 나타나므로 비행 후 여름에는 최소 3시간, 겨울에는 최소 2시간 뒤에 압력을 체크한다.
③ 압력 점검 후 팽창밸브(inflation valve)를 통해 질소를 보충해서 적정 타이어 압력을 맞춘다.

라) 타이어 보관

⊙ 타이어 보관

타이어는 시원하고 건조하며, 어둡고 직사광선을 피해 통풍이 잘되는 곳에서 보관한다.
① 보관온도는 32~80℉(0~26.6℃)이다.
② 타이어가 손상되지 않도록 연료, 오일, 솔벤트와 같은 석유화합물과 격리된 곳에 보관한다.

③ 타이어 랙에 보관하는 것이 원칙이지만, 타이어 랙에 보관할 수 없을 때는 작은 것은 5개, 큰 것은 4개 이상 겹쳐서 보관하지 않는다. 타이어를 겹쳐 쌓으면 아래쪽 타이어의 비드 부분이 눌려 줄어들게 되므로 장착 시 타이어가 손상될 수 있다.

④ 습기와 오존을 피해서 보관한다. 습기와 오존은 고무의 수명을 줄인다.

⑤ 니켈-카드뮴 배터리가 방전될 때 발생하는 수소 가스로 타이어가 노화되기 때문에 같은 장소에서 보관하지 않는다.

4) 조향장치 (구술평가)

가) 조향장치 구조 및 작동원리

⊙ 소형 항공기의 앞바퀴 조향장치(nose wheel steering system)

대부분의 소형 항공기는 방향타 페달에 연결된 기계식 연동장치 시스템의 사용을 통한 조향장치를 갖추고 있다. 푸시-풀 튜브는 하부 스트럿 실린더에 페달 혼으로 연결된다. 페달을 밀었을 때, 움직임은 스트럿 피스톤축과 바퀴어셈블리로 전달되며, 이 어셈블리는 왼쪽 또는 오른쪽으로 회전하도록 한다.

[그림 1-3-168] 소형 항공기의 조향 푸시풀 로드

⊙ 대형 항공기(large aircraft)의 앞바퀴 조향장치(nose wheel steering system)

① 조향제어장치는 일반적으로 조종실 왼쪽 측면 벽에 장착되는 작은 휠, 틸러 또는 조이스틱을 사용하여 조종실에서 조종한다. 기계식 연결, 전기식 연결, 또는 유압식 연결은 조종기의 움직임을 조향제어장치의 유압 미터링 밸브 또는 조절밸브에 전달한다.

② 앞바퀴 조향휠(steering wheel)은 조종실 페데스탈 안쪽에 위치한 조향드럼으로 축을 통해 연결한다. 이 드럼의 회전은 케이블과 풀리의 도움으로 디퍼렌셜 어셈블리(differential assembly)의 조종드럼으로 조향신호를 보내고, 디퍼렌셜 어셈블리의 움직임은 선택된 위치로 선택밸

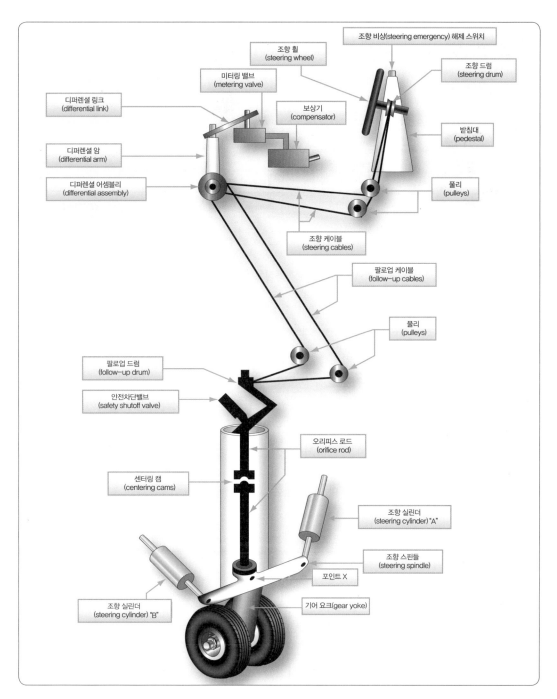

[그림 1-3-169] 대형 항공기의 앞착륙장치 유압 조향 시스템

브를 움직이는 미터링 밸브를 통해 디퍼렌셜 링크에 전달함으로써 앞바퀴 시스템을 회전시키는 유압을 공급한다.

③ 항공기 유압시스템에서 압력은 안전차단밸브를 통해 미터링 밸브로 전달된다. 미터링 밸브는

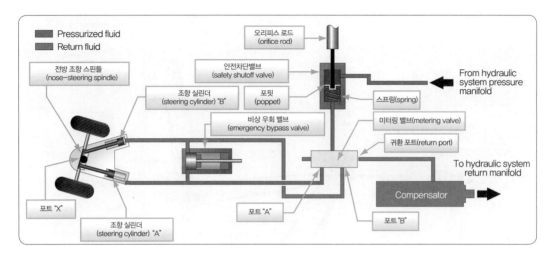

[그림 1-3-170] 항공기 앞착륙장치의 유압식 조향장치 흐름도

우선회 알터네이트 링크를 통해 [그림 1-3-170]의 조향실린더 A쪽으로 Port A를 통해 가압된 압력을 전달한다. 이것은 단일배출구실린더이며, 압력은 피스톤을 밀어낸다. 이 피스톤의 로드는 X지점에서 주축으로 회전하는 앞착륙장치 완충스트럿에 앞조향주축에 연결하기 때문에, 피스톤의 작동은 점차적으로 오른쪽을 향하도록 조향주축을 돌린다.

④ 앞부분 기어가 돌아갈 때, 작동유는 좌선회 알터네이트 라인을 통해 [그림 1-3-170]의 미터링 밸브의 Port B 쪽으로 조향실린더 B의 작동유를 밀어낸다. 미터링 밸브는 항공기 유압시스템 귀환다기관 쪽으로 유압을 전달하는 보정기 안으로 이 작동유를 보낸다.

나) 시미 댐퍼(shimmy damper)의 역할 및 종류

➧ 시미 댐퍼의 역할

① 앞바퀴 스트럿(nose gear strut)의 고정식 상부 실린더에서 하단 가동 실린더까지 또는 스트럿의 피스톤까지 부착된 토크 링크(torque link)는 항공기가 지상에서 빠른 속도로 활주 시에 빠르게 진동하거나 흔들거리는 경향을 보인다. 이러한 현상을 시미(shimmy) 현상이라고 한다.

② 이러한 진동은 앞착륙장치를 손상시키거나 활주성능을 나쁘게 하므로 시미 댐퍼의 사용을 통하여 제어되어야 한다.

③ 시미 댐퍼는 유압감쇠를 통해 앞바퀴 시미현상을 제어한다.

④ 댐퍼는 앞착륙장치 내에 장착할 수 있지만, 대부분 상부 완충 스트럿과 하부 완충 스트럿 사이에 부착한다.

➧ 시미 댐퍼의 종류

① 스티어링 냄퍼(steering damper)

유압식 조향장치를 구비한 대형 항공기는 필요한 감쇠를 위해 조향실린더에 압력을 유지하는데,

 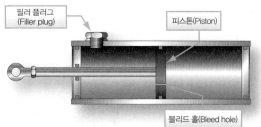

[그림 1-3-171] 소형 항공기 앞바퀴의 시미 댐퍼(shimmy damper)

이를 스티어링 댐핑이라고 한다. 일부 구형 운송용 항공기는 베인형으로 되어 있는 스티어링 댐퍼를 가지고 있으며, 그들은 진동을 감쇠할 뿐만 아니라 앞바퀴를 조향하기 위해 작동하기도 한다.

② 피스톤형(piston-type)

유압식 앞바퀴 조향장치를 갖추지 않은 항공기는 추가의 외부 시미 댐퍼 유닛을 활용한다. 케이스는 상부 완충 스트럿 실린더에 부착하고, 축은 하부 완충 스트럿 실린더와 시미 댐퍼 안쪽 피스톤에 부착한다. 하부 스트럿 실린더가 몹시 흔들리려고 할 때, 유압유는 피스톤에 있는 블리드 홀(bleed hole)을 통해 밀어 넣는다. 블리드 홀을 통한 제한된 흐름은 진동을 흡수한다.

피스톤형 시미 댐퍼는 작동유를 보충하기 위한 보급구를 포함하거나 또는 밀봉된 상태이다. 그러므로 댐퍼 유닛(unit)은 정기적으로 누출에 대해 점검해야 한다. 적절한 작동을 확인하기 위해 피스톤형 시미 댐퍼는 최대용량으로 채워져야 한다.

③ 베인형(vane-type)

베인형 시미 댐퍼는 중앙축에 있는 베인 오리피스에 의해 분리된 베인에 의해 작동유 챔버를 이용하며, 앞착륙장치에 시미현상이 발생할 때 베인은 회전하여 작동유로 채워진 내부 챔버의 크기를 변화시킨다. 챔버 크기는 오직 작동유가 오리피스를 통해 밀어낼 수 있는 만큼 빠르게 변화시킬 수 있다. 그러므로 앞착륙장치의 시미현상은 유체흐름의 비율에 의해 소멸된다. 내부 스프링 작동식 보충저장소는 작동실에 유압을 유지시키고 오리피스 크기의 열 보상이 포함된다. 피스톤형 시미 댐퍼와 마찬가지로, 베인형 댐퍼는 누출에 대해 검사되어야 하며 보급되어야 한다. 작동유량 지시기는 저장소 외부에 돌출되어 장착된다.

④ 비유압식 시미 댐퍼(non-hydraulic shimmy damper)

비유압식 시미 댐퍼는 현재 수많은 항공기에서 공인되어 사용되고 있다. 피스톤형 시미 댐퍼처럼 비슷하게 조립되지만 내부에 작동유를 담고 있지 않다. 금속피스톤 대신에, 고무피스톤은 앞바퀴의 시미 움직임이 샤프트를 통해 받아들였을 때 댐퍼 하우징의 내경에 대하여 바깥쪽으로 밀어준다. 고무피스톤은 그리스의 아주 얇은 피막을 타고 피스톤과 틀 사이에 마찰삭용이 삼쇠를 해준다. 이것은 표면효과제동이라고 알려져 있다. 구성부분에 추가적인 작동유가 전혀 필요 없으며 오랜 기간 사용할 수 있다.

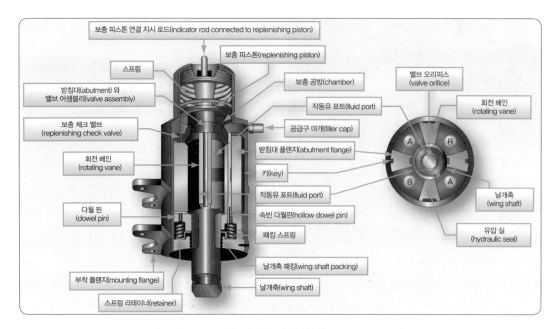

[그림 1-3-172] 베인형 시미 댐퍼(shimmy damper)

[그림 1-3-173] 비유압식 시미 댐퍼의 장착위치와 내부구조

바 추진계통 [ATA 61 Propellers/Propulsors]

1) 프로펠러 (구술평가)

가) 블레이드(blade) 구조 및 수리방법

▶ 프로펠러깃의 구성(typical propeller blade elements)

① 전형적인 프로펠러깃은 고르지 않은 평면 기반(irregular planform)에 뒤틀린 에어포일(twisted airfoil)로 설명할 수 있다. 깃은 허브의 중심으로부터 인치 단위로 번호가 정해진 구역으로 나눈다. 깃 샹크는 프로펠러 허브 근처의 두껍고 둥근 부분으로, 깃에 강도(strength)를 주도록 설계되었다. 깃뿌리(blade root)라고도 하는 깃 버트(blade butt)는 프로펠러 허브에 조립되는 깃의 한쪽 끝부분이다. 깃 끝(tip)은 허브로부터 가장 먼 부분으로, 일반적으로 깃의 마지막 6 in 부분이다.

② 깃의 단면은 항공기 날개의 단면과 대등하다. 깃등(blade back)은 항공기 날개의 윗면과 유사하게 캠버 또는 곡면으로 되어 있고, 깃면은 프로펠러깃의 평평한 쪽이다. 시위선은 앞전(leading edge)에서 뒷전(trailing edge)까지 깃을 통과하는 가상선(imaginary line)이며, 앞전은 프로펠러가 회전할 때 공기와 부딪치는 깃의 두꺼운 가장자리(thick edge)이다.

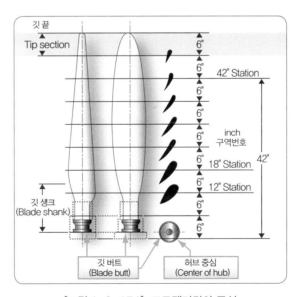

[그림 1-3-174] 프로펠러깃의 구성

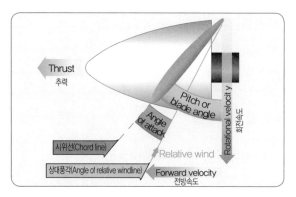

[그림 1-3-175] 프로펠러의 깃각

◉ 프로펠러 깃각(blade angle)과 피치각(pitch angle)

① 깃각은 특정 깃 단면의 정면(face of blade section) 또는 깃시위선(blade chord line)과 프로펠러의 회전면(plane in propeller rotate) 사이의 각도이다. 프로펠러깃의 시위선은 에어포일의 시위선과 같은 방식으로 정해진다.

② 피치각 또는 유입각은 유효 피치를 만드는 각으로, 비행속도와 프로펠러깃의 회전선속도를 하나로 합친 합성속도와 회전면이 이루는 각을 말한다.

③ 받음각은 깃각에서 유입각을 뺀 각이다.

◉ 프로펠러 회전수와 받음각의 관계

① 대기속도(airspeed)가 일정할 때 회전수(rpm)가 증가하면 수직속도(vertical speed)가 증가해서 받음각(angle of attack)이 커진다. rpm이 일정할 때 대기속도가 증가하면 받음각이 감소한다.

② 저피치(low pitch)일 때는 rpm이 증가하고, 고피치(high pitch)일 때는 rpm이 감소한다.

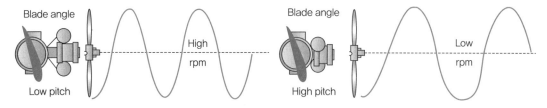

[그림 1-3-176] 프로펠러 깃각과 rpm

◉ 유효 피치(effective pitch), 기하학적 피치(geometric pitch), 슬립(slip)

① 유효 피치는 프로펠러가 1회전 했을 때 실제로 전진하는 거리

② 기하학적 피치는 프로펠러가 1회전 했을 때 이론적으로 전진하는 거리

③ 슬립은 프로펠러의 기하학적 피치(GP)와 유효 피치(EP)의 차이

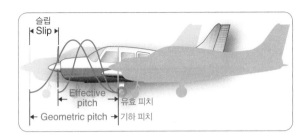

[그림 1-3-177] 유효 피치(effective pitch)와 기하학적 피치(geometric pitch)

🔄 프로펠러 페더링(feathering)

페더링은 엔진을 두 개 이상 사용하는 항공기에서 엔진 하나가 고장 났을 때 프로펠러가 받는 항력을 최소화하고 풍차회전(windmilling rotation)으로 인한 엔진의 고장을 방지하기 위해 프로펠러의 깃각을 수직(90°)으로 만드는 것이다.

비행 중에 엔진이 고장 났을 때, 비행기가 이동할 때 생기는 공기 흐름은 프로펠러를 풍차처럼 회전시킨다. 이때 고장 난 엔진은 추력을 만들기 위해 프로펠러에 동력을 공급하지 않고, 대신 엔진에서 생기는 마찰과 압축 때문에 에너지를 흡수한다. 그 결과 풍차 회전하는 프로펠러는 많은 항력을 만들고, 비행기를 고장 난 엔진 쪽으로 요(yaw)운동을 하게 만든다.

[그림 1-3-178] 페더링한 프로펠러

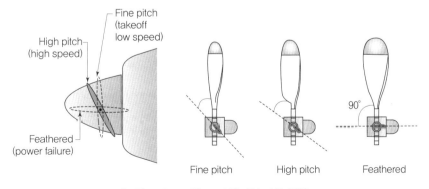

[그림 1-3-179] 프로펠러의 피치 변화

⊙ 피치변경 방식에 따른 프로펠러의 종류

① 고정 피치 프로펠러는 피치가 고정된 프로펠러

② 조정 피치 프로펠러는 지상에서 피치를 조정할 수 있는 프로펠러

③ 2단 가변 피치 프로펠러는 저피치(low pitch)와 고피치(high pitch) 두 위치를 선택할 수 있는 프로펠러이다. 저피치는 이착륙과 같은 저속에서 사용하고, 고피치는 순항 및 하강 시 사용한다. 저속과 고속의 중간 속도에 대한 피치는 선택할 수 없다.

④ 정속 프로펠러는 조속기(governor)로, 저피치에서 고피치까지 자유롭게 피치를 조정해서 비행속도와 엔진 출력 변화에 관계없이 항상 일정한 회전속도를 유지해서 가장 좋은 프로펠러 효율을 가진다.

⊙ 회전하는 프로펠러에 작용하는 힘(forces acting on a rotating propeller)

회전하는 프로펠러는 원심 비틀림력(centrifugal twisting), 토크 굽힘력(torque bending), 추력 굽힘력(thrust bending), 공력 비틀림력(aerodynamic twisting)이 작용한다.

① 원심력(centrifugal force)은 회전 프로펠러깃을 중심축(hub)으로부터 이탈시키려는 물리적인 힘으로, 프로펠러에서 가장 큰 영향을 준다.

② 토크 굽힘력은 반대 방향의 공기저항(air resistance)으로 회전하는 프로펠러깃을 굽히려는 경향을 말한다.

③ 추력 굽힘력은 추력하중(thrust load)으로 항공기가 공기를 끌어당길 때 전진 방향 쪽으로 프로펠러깃을 굽히려는 힘이다.

④ 공력 비틀림력은 높은 깃각으로 깃을 돌리려는 힘이다.

⑤ 원심 비틀림력(공력 비틀림력보다 더 큰 힘)은 낮은 깃각으로 깃에 힘을 가하려는 경향을 말한다.

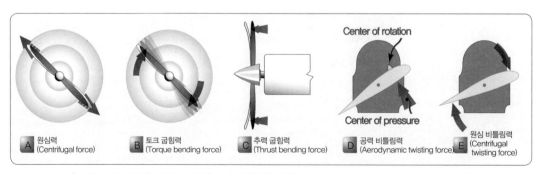

[그림 1-3-180] 회전 프로펠러에 작용하는 힘(forces acting on a rotating propeller)

나) 작동 절차(작동 전 점검 및 안전사항 준수)

⊙ 프로펠러의 일반적인 점검 및 정비(propeller inspection and maintenance) 절차

프로펠러는 주기적으로 검사해야 하며, 프로펠러 검사를 위한 점검 주기는 프로펠러 제조사가

특정 프로펠러 형식별로 제시한다.

일반적으로 일일검사는 프로펠러깃, 허브, 조정장치(control)에 대한 육안점검과, 다른 부품 (accessory)들이 안전하게 장착되었는지 등에 대한 일반적인 점검이다. 깃의 육안검사는 흠집(flaw) 또는 결점(defect)을 찾을 수 있을 만큼 매우 신중하게 수행해야 한다. 25시간, 50시간, 또는 100시간 등의 일정 시간마다 수행되는 검사는 다음의 육안점검을 포함한다.

① 날개깃, 스피너(spinner), 외부 표면에 과도한 오일 또는 그리스 흔적(grease deposit) 여부 점검

② 깃과 허브의 접합 부분(weld and braze section)에 대한 손상 흔적 점검

③ 날개깃, 스피너, 허브의 찍힘(nick), 긁힘(scratch), 흠집(flaw)이 있는지 점검하며 필요한 경우 확대경을 사용하여 검사

④ 스피너 또는 돔셀(dome shell)이 나사못으로 꽉 조여 있는지 검사

⑤ 필요에 따라 윤활 및 오일 수준(oil level) 점검

프로펠러에서 수행된 모든 작업은 프로펠러 업무일지(Propeller Logbook)에 기록되어야 한다. 특정한 프로펠러의 정비 정보는 반드시 제작사 정비교범을 참고한다.

금속재 프로펠러의 점검(metal propeller inspection)

금속재 프로펠러와 깃에 난 예리한 찍힘(sharp nick), 절단(cut), 그리고 긁힘(scratch) 등은 응력의 집중(stress concentration)을 만들고 이로 인한 피로파괴(fatigue failure)에 영향을 미친다. 스틸(steel)로 만든 깃은 육안검사나 형광침투검사(FPI), 또는 자분탐상검사(MPI) 등으로 검사한다. 만약 스틸로 만든 깃에 엔진오일 또는 녹방지 화합물(rust-preventive compound)이 발라져 있다면 육안검사가 용이하다. 앞전과 뒷전의 전체 길이(특히 tip 근처)에 걸쳐, 깃 섕크에 홈(groove)이 있는지, 모든 패임(dent)과 흠은 확대경으로 정밀하게 점검하여야 한다.

알루미늄 프로펠러의 점검(aluminum propeller inspection)

알루미늄 프로펠러와 깃에 균열(crack)과 흠집(flaw)이 있는지 주의하여 검사한다. 크기에 관계 없이 가로 방향의 균열 또는 흠집은 허용되지 않는다. 앞전과 깃면(face of blade)에 깊은 찍힘(nick)과 홈(gouge)은 허용되지 않는다. 프로펠러의 균열은 염색 침투액(dye penetrant) 또는 형광 침투액(fluorescent penetrant)을 사용하여 검사한다. 검사에서 나타난 결함에 대한 조치는 제작사의 기준을 참조한다.

복합소재 프로펠러의 점검(composite propeller inspection)

복합재료 깃(composite blade)은 찍힘(nick), 홈(gouge), 자재의 풀림(loose material), 침식(erosion), 균열(crack)과 접착 부위 결함(debond), 그리고 낙뢰(lightning strike)에 대한 육안검사가 필요하다. 복합소재로 된 깃은 금속 동전(metal coin)으로 해당 부위를 두드려 박리(delamination)와 접착부위 결함(debond)에 대해 검사한다. 동전으로 두드렸을 때 만약 속이 빈 소리(sounding hollow), 또는 맑지 않은 소리(sounding dead)가 들린다면 접착 부위가 떨어졌거나 또는 박리를 예상할 수 있다. 커

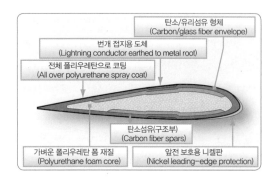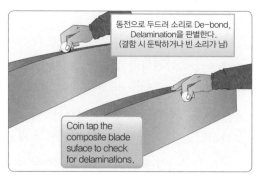

[그림 1-3-181] 복합소재 깃 구조와 동전탭 테스트(coin-tap test)

프(cuff)를 합체시킨 깃은 동전을 두드리면 다른 울림을 낸다. 소리의 혼동을 피하기 위해 동전은 커프 구역과 깃, 그리고 커프와 깃 사이의 전이지역(transition area)을 각각 두드린다. 더 정밀한 검사가 필요할 때는 초음파탐상검사(UI) 등과 같은 비파괴검사를 수행한다.

프로펠러의 진동 발생 원인

프로펠러의 진동(propeller vibration)은 원인이 너무 다양하여 고장탐구가 쉽지 않다. 만약 프로펠러에 균형(balance), 각도(angle) 또는 궤도(track)의 문제로 인해 진동이 발생한다면, 비록 진동의 강도가 회전수에 따라 변화한다고 할지라도, 진동은 전체 엔진 작동 범위(entire RPM range)에서 발생한다. 진동이 특정한 회전수에서, 예를 들어 2,200~2,350 rpm과 같은 제한된 회전수 범위 내에서 일어난다면, 진동은 프로펠러 문제만이 아니라 엔진과 프로펠러의 부조화(a poor engine-propeller match) 문제로 인한 것일 수 있다.

프로펠러 진동의 원인별 조치내용

① 만약 프로펠러 진동이 의심되지만 확신할 수 없다면, 이상적인 고장탐구방법은 가능하다면 감항성이 입증된 프로펠러를 가지고 일시적으로 교환하여 항공기를 시험비행하는 것이다.

② 객실의 진동은 크랭크축에서 프로펠러깃의 위치를 바꿔(re-indexing propeller) 개선할 수 있다. 프로펠러를 떼어내서 180° 회전시켜 다시 장착한다.

③ 스피너(spinner)의 불균형은 엔진 작동 중에 스피너의 떨림(wobble)으로 나타난다. 이 떨림은 보통 스피너 전방 지지대의 틈새(inadequate shimming), 균열된 스피너, 또는 변형된 스피너에 의해 발생한다.

④ 동력장치에 진동이 발생하였을 때, 엔진의 진동(engine vibration)인지 또는 프로펠러의 진동(propeller vibration)인지 판단이 어렵다. 대부분의 경우에 진동의 원인은 엔진이 1,200~1,500 rpm 범위에서 회전하는 동안 프로펠러 허브(hub), 반구형 덮개(dome), 또는 스피너(spinner)를 주의 깊게 살펴보고 프로펠러 허브가 완전히 수평면에서 회전하는지, 아닌지에 따라 판단할 수 있다. 만약 프로펠러 허브가 약간의 궤도상 흔들림(swing in a slight orbit)이 보이면 진동은

보통 프로펠러에 의한 것이다. 만약 프로펠러 허브가 일정한 궤도로 회전하는 것이 보이지 않으면, 아마도 원인은 엔진 진동에 의한 것일 것이다.

⑤ 프로펠러가 진동의 원인일 때, 결함은 프로펠러깃의 불균형(blade imbalance), 궤도가 불일치한 깃(blade not tracking), 또는 설정된 깃각의 변화(variation in blade angle)에 의해 발생한다. 진동의 원인이 무엇이든 프로펠러깃 궤도 점검(blade tracking)을 하고, 저피치 깃각(low-pitch blade angle)의 설정을 재점검한다. 만약 프로펠러 궤도와 낮은 깃각의 설정이 모두 정상인데 프로펠러가 정적 및 동적으로 불균형하면 교환하거나 제작사의 허용범위 내에서 균형작업을 다시 실시한다.

➤ 깃의 궤도 점검

깃의 궤도 점검(blade tracking)은 서로 비교하여 프로펠러깃 끝의 위치가 회전면상에 있는지 검사하는 것이다. 깃은 가능한 한 모든 궤도가 서로 일치해야 한다. 같은 지점에서 궤도의 차이는 프로펠러 제작사에 의해 명시된 오차 허용범위를 초과해서는 안 된다.

다음은 일반적으로 사용하는 궤도 검사방법이다.

① 항공기가 움직일 수 없도록 받침목을 고인다.

② 프로펠러를 돌리기에 수월하고 안전하도록 각 실린더에서 점화플러그를 각각 하나씩 장탈한다.

③ 깃 중 하나가 아래쪽으로 위치하도록 회전시킨다.

④ 프로펠러 근처에 카울링의 지시 포인터가 접촉하거나 가깝도록 하고 앞쪽에는 무거운 나무블록을 놓는다. 나무블록은 지상과 프로펠러 끝 사이 간격보다 최소한 2 in 이상 높아야 한다.

⑤ 프로펠러를 천천히 회전시키면서, 차기의 깃(next blade)이 블록 또는 포인터에 동일한 지점을 접촉하면서 통과하여 궤도가 일치하는지를 판단한다.

⑥ 궤도가 이탈된 프로펠러는 구부러진 1개 이상의 프로펠러깃(blade being bent), 구부러진 프로

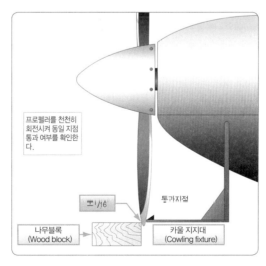

[그림 1-3-182] 프로펠러깃 궤도 점검

펠러 플랜지(bent propeller flange), 또는 프로펠러 장착볼트의 과대토크(over-torque)나 과소토크(under-torque)가 원인일 것이다. 궤도 이탈된 프로펠러는 진동의 원인이 되고, 기체와 엔진에서 응력을 발생시키고, 프로펠러 조기 파손의 원인이 되게 한다.

⊙ 깃각의 점검과 조절(checking and adjusting propeller blade angles)

깃각의 설정과 깃각의 점검 위치는 해당 프로펠러 제작사의 정비교범에서 알 수 있다. 표면의 긁힘(surface scratch)은 언젠가는 깃 파손을 초래하기 때문에, 금속바늘 같은 뾰족하고 날카로운 도구를 사용하여 프로펠러깃에 표식을 하면 안 된다. 프로펠러가 항공기에서 장탈된 상태이면 벤치-탑 각도기(bench-top protractor)를 사용한다. 프로펠러가 항공기에 장착된 상태이거나 나이프-에지 균형 검사대(knife-edge balancing stand)에 장치된 상태이면 깃각을 점검하기 위해 휴대용 각도기(handled protractor)를 사용한다.

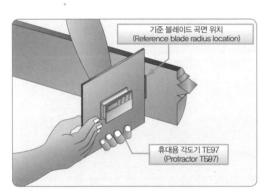

[그림 1-3-183] 깃각 측정

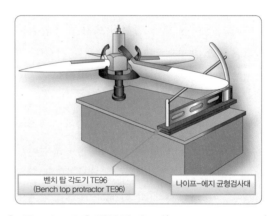

[그림 1-3-184] 벤치-탑 각도기(bench-top protractor)

⊙ 만능 프로펠러 각도기

만능 프로펠러 각도기(universal propeller protractor)는 프로펠러가 균형 검사대에 있거나, 또는 항공기 엔진에 장착된 상태에서 프로펠러 깃각(blade angle)을 점검할 목적으로 사용할 수 있다. 다음은 엔진에 장착된 프로펠러에 각도기를 사용하는 법이다.

① 검사할 첫 번째 프로펠러를 깃의 앞전 위쪽(leading edge up)으로 수평이 되게 돌린다.

② 각도기의 면과 직각이 되게 코너 기포 수준기(corner spirit level)를 놓는다.

③ 판(disk)을 링(ring)에 고정하기 전에 원판조정장치(disk adjuster)를 돌려서 각도 눈금(degree scale)과 아들자 눈금(vernier scale)을 일치시킨다.

④ 잠금장치는 핀(pin)으로 스프링에 접속된 위치를 유지시켜 준다.

⑤ 프레임에서 링-프레임 잠금을 풀고(ring-to-frame lock, 오른나사 너트) 링을 돌려 링과 디스크의 '0'이 각도기의 꼭대기에 있게 한다.

⑥ 블록의 평편한 쪽(flat side of the block slant)이 회전면으로부터 어느 정도 기울어지는지를 판

단하여 깃각을 점검한다.

⑦ 우선, 각도기를 허브너트 끝에 수직으로 설치하거나, 프로펠러 회전면의 인식이 편한 장소에 눕혀 놓는다.

⑧ 코너 기포 수준기(corner spirit level)를 이용하여 각도기를 수직으로 유지하고 수평 위치일 때까지 링 조절장치(ring adjuster)를 돌린다.

⑨ 각도기의 둥근 부분(curved edge up)을 손으로 잡고 있는 동안, 디스크와 링을 연결해 주는 원판-링 잠금장치(disk-to-ring lock)를 풀어 준다.

⑩ 두 번째 프로펠러깃을 제작사의 사용설명서에서 명시한 위치에 깃(먼저 적용한 가장자리의 반대쪽 가장자리)을 전방 수직(forward vertical edge)으로 놓는다.

⑪ 코너 기포 수준기를 이용하여 각도기를 수직으로 유지하고, 원판조정장치를 돌려 기포수준기를 수평 위치가 되게 한다.

⑫ 프로펠러깃각 측정 시 유의해야 할 점은 다음과 같다.

　㉮ 두 '0' 사이의 각도와 10등분 한 각도는 깃각을 지시

　㉯ 깃각을 결정할 때는 아들자 눈금(vernier scale)상의 '10' 지점이 각도 눈금(degree scale)상의 '9' 지점과 같다는 것을 기억

　㉰ 아들자 눈금은 각도기 눈금 증가 방향으로 증가

　㉱ 필요한 깃 조정 작업을 한 후, 바른 위치에 고정

⑬ 프로펠러의 나머지 깃에 대해서도 같은 작업을 반복한다.

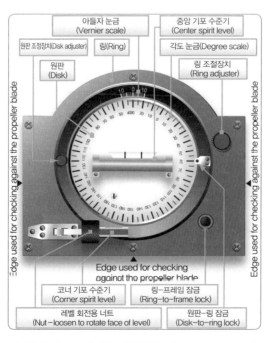

[그림 1-3-185] 만능 각도기(universal protractor)

다) 세척과 방부처리 절차

✈ 프로펠러깃의 세척(cleaning propeller blades)작업

① 알루미늄과 강재 프로펠러깃, 그리고 허브는 보통 솔(brush) 또는 헝겊(cloth)을 사용하고 적절한 세척제(solvent)를 사용하여 세척한다. 산성(acid) 또는 부식성(caustic)이 있는 재료는 사용하지 않는다. 깃의 긁힘 등의 손상을 초래하는 동력 버퍼(power buffer), 강모(steel wool), 강철 솔(steel brush) 등은 사용해서는 안 된다.

만약 고광택(high polish)이 필요하면 적합한 등급의 공업용 금속광택제(metal polish)를 사용할 수 있다. 광택작업을 완료한 후 광택제의 흔적은 즉시 제거하고, 깃이 깨끗한 상태에서 엔진오일로 깨끗하게 피막을 입힌다.

② 목재 프로펠러 세척에는 솔 또는 헝겊, 그리고 따뜻한 물과 자극성이 없는 비누(mild soap)를 사용한다. 어떤 재질의 프로펠러든지 만약 소금물에 접촉하였다면 소금이 완전히 제거될 때까지 깨끗한 물로 씻어 내고 완전히 말린 다음, 엔진오일 또는 이와 동등한 것으로 금속 부분에 피막을 입힌다.

프로펠러 표면으로부터 그리스(grease) 또는 오일(oil) 흔적을 제거하려면 깨끗한 헝겊에 스토다드 솔벤트(stoddard solvent)를 적셔서 주요 부분을 깨끗하게 닦아 낸다. 또 비부식성 비누액(non-corrosive soap solution)을 사용하여 프로펠러를 세척할 수도 있다. 그런 다음 물로 충분히 헹구고 건조한다.

✈ 프로펠러의 윤활(propeller lubrication)

① 엔진오일로 조종되는 유압식 프로펠러(hydromatic propeller)와 일부 밀폐식 프로펠러(sealed propeller)는 별도의 윤활작업이 필요 없다.

② 전기식 프로펠러(electric propeller)는 허브 윤활(hub lubrication)과 피치변환구동장치(pitch change drive mechanism)에 오일과 그리스를 필요로 한다. 오일과 그리스 규격, 그리고 윤활 방법은 제작사가 발행한 정비교범에 설명되어 있다.

③ 부식 때문에 윤활주기의 적용은 매우 중요하다.

  ㉮ 통상 프로펠러는 100시간 또는 12개월 중에서 먼저 도래하는 시기에 윤활작업

  ㉯ 항공기의 운영시간이 연간 100시간보다 훨씬 적다면 윤활주기는 6개월로 단축

  ㉰ 항공기가 높은 습도, 소금기와 같은 불리한 대기조건에서 작동하거나 또는 보관하게 되면, 윤활주기는 6개월로 단축

③ 그리스의 부족은 습기가 모일 수 있는 깃 베어링에서 발생할 수 있다. 엔진 쪽 허브 반쪽(engine-side hub half) 또는 실린더 쪽 허브 반쪽(cylinder-side hub half)으로부터 윤활 피팅(fitting)을 장탈하여, 어느 쪽으로든 남아 있는 윤활 피팅에 그리스 건(grease gun)을 이용하여 그리스를 주입하는데, 피팅이 제거된 구멍으로 그리스가 빠져나올 때까지 1[fluid once](30 mL)

를 보급한다.

④ 프로펠러에서 대부분의 결함은 외부 부식이 아니라 볼 수 없는 내부 부식이기 때문에 오버홀 기간 중에 반드시 점검해야 한다.

⑤ 프로펠러와 허브 사이에는 이질금속(dissimilar metal) 부식이 발생하는데, 적절한 검사를 위해서는 분해를 해야 한다.

⑥ 외관상 심각하지 않은 부식이라도 검사할 때 깃과 허브에 손상으로 나타날 수 있다. 심한 경우 깃 이탈(blade loss) 등과 같이 안전성에 영향을 미치기 때문에, 이 부분은 주의 깊게 관찰해야 한다.

2) 동력전달장치 (구술평가)

가) 주요 구성품 및 기능 점검

⊙ 프로펠러 감속기어(propeller reduction gearing)

고마력 엔진에서 나오는 제동마력(brake horsepower)의 증가는 크랭크 샤프트의 회전수[rpm]에 비례하여 증가한다. 그러므로 효율적인 작동이 이루어질 수 있는 값으로 프로펠러 회전속도를 제한하려면 감속기어가 필요하게 된다. 프로펠러 선단(blade tip)의 속도가 음속에 도달하게 되면, 프로펠러 효율은 급격히 감소한다. 감속기어를 사용하면 엔진을 더 높은 회전수[rpm]에서 작동할 수 있게 하여 엔진에서 더 많은 출력을 얻을 수 있도록 하고, 프로펠러의 회전수[rpm]는 낮출 수 있다. 이렇게 하여 프로펠러 효율이 저하되는 것을 방지한다. 감속기어는 매우 높은 응력에 견디어야 하기 때문에, 기어는 강을 단조하여 기계 가공된다. 많은 형태의 감속기어장치가 사용되고 있는데, 가장 일반적으로 사용되는 세 가지 형태는 평유성(spur planetary), 베벨유성(bevel planetary), 그리고 평과 피니언(spur and pinion) 감속기어장치이다.

① 평유성기어 감속장치(spur planetary reduction gearing)는 선 기어(sun gear), 대형 고정기어(stationary gear), 평유성 피니언 기어(spur planetary pinion gear)로 구성되어 있다.

② 베벨유성(bevel planetary) 감속기어에서 구동기어는 외부의 치차를 베벨기어로 제작하여 크랭크샤프트에 부착되어 있다. 맞물린 베벨 피니언 기어의 한 세트는 프로펠러축의 끝에 부착된 케이지(cage)에 장착된다.

③ 평과 피니언(spur and pinion) 감속기어는 구동기어에 의해서 움직이고, 엔진 전방 부문 하우징에 볼트로 고정되거나 스플라인으로 연결된 고정기어 주위를 운동한다. 이런 형태의 감속기어장치는 언급했던 것보다 훨씬 소형이므로 작은 프로펠러 기어감속장치가 필요할 경우에 사용된다.

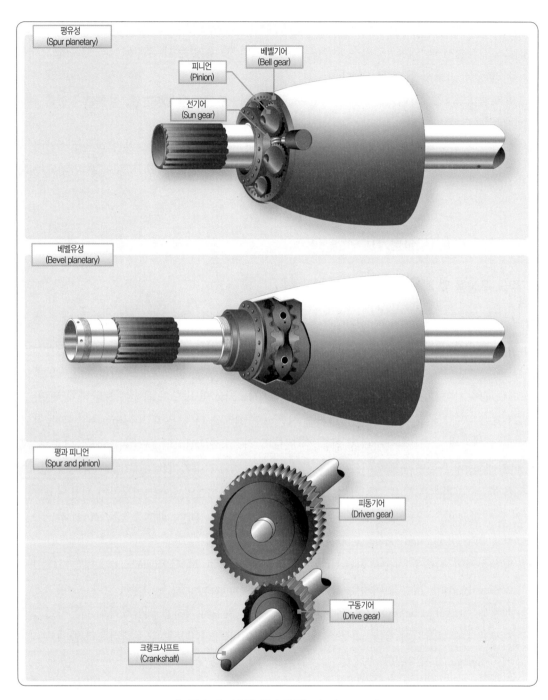

평유성
(Spur planetary)

피니언
(Pinion)

베벨기어
(Bell gear)

선기어
(Sun gear)

베벨유성
(Bevel planetary)

평과 피니언
(Spur and pinion)

피동기어
(Driven gear)

구동기어
(Drive gear)

크랭크샤프트
(Crankshaft)

[그림 1-3-186] 감속기어(reduction gear)

🧭 프로펠러 샤프트(propeller shaft)

프로펠러 샤프드(propeller shaft)는 세 가지 주요한 형태가 있는데, 테이퍼(tapered), 스플라인 (splined), 또는 플랜지(flange)이다. 테이퍼축은 테이퍼 번호로 규격을 표시하고, 스플라인과 플랜지축은 SAE 번호로 표시된다.

① 대부분 저출력 엔진의 프로펠러 샤프트는 크랭크샤프트의 일부로서 단조로 제작되는 테이퍼형이며, 슬롯(slot)이 있어서 프로펠러 허브를 프로펠러축에 고정할 수 있다. 프로펠러의 키홈(keyway)과 키인덱스(key index)는 1번 실린더 상사점에 연관된다. 프로펠러축의 끝단에는 프로펠러 고정너트(retaining nut)를 장착하기 위한 나사산이 있다. 일반적으로 테이퍼형 프로펠러 샤프트는 구형 엔진과 소형 엔진에 사용된다.

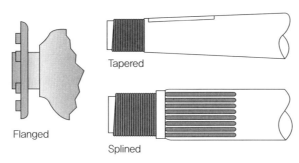

[그림 1-3-187] 프로펠러 샤프트(propeller shaft) 형태

② 고출력 성형엔진의 프로펠러 샤프트는 대체로 스플라인으로 되어 있다. 프로펠러축의 한쪽 끝에는 프로펠러 허브 너트를 장착하기 위해 나사산이 있다. 프로펠러 추력을 감당하는 트러스트 베어링은 프로펠러 샤프트 주위에 있으며, 전방 부분 하우징으로 프로펠러 추력을 전달한다. 하우징으로부터 돌출된 부위에 있는(두 세트의 나사 사이) 스플라인은 프로펠러 허브를 장착하기 위한 것이다. 프로펠러 샤프트는 대부분 길이 전체가 강철합금으로 단조로 가공된다. 프로펠러 샤프트는 감속기어장치에 의해 엔진 크랭크샤프트와 연결되지만, 소형 엔진의 프로펠러 샤프트는 단순히 엔진 크랭크샤프트의 연장된 부분이다. 프로펠러 샤프트를 회전시키기 위해서는 엔진 크랭크샤프트가 회전해야 한다.

③ 플랜지형 프로펠러 샤프트(flanged propeller shafts)는 대부분 최신 왕복엔진과 터보프롭엔진에서 사용된다. 축의 한쪽 끝에 있는 플랜지는 프로펠러 장착용 볼트를 위한 홀(hole)이 뚫려 있다. 조절피치 프로펠러에 사용되는 분배밸브(distributor valve)가 장착되도록 내부에 나사가 있는 짧은 축이 장착되기도 한다. 플랜지형 프로펠러 샤프트는 대부분 프로펠러 구동 항공기에 가장 일반적인 장착방법이다.

나) 주요 점검 사항 확인

프로펠러의 불균형(propeller unbalance)

항공기에서 진동의 원인이 되는 프로펠러의 불균형(propeller unbalance)은 정적(static) 또는 동적(dynamic) 불균형이다. 프로펠러의 정적 불균형(static unbalance)은 프로펠러의 무게중심(CG)이 회전축(axis of rotation)과 일치하지 않을 때 일어난다. 프로펠러의 동적 불균형(dynamic unbalance)은 깃(blade) 또는 평형추(counterweight)와 같은 프로펠러 구성요소(element)들의 무게중심이 회전면을 벗어났을 때 발생한다.

엔진 크랭크축의 연장선에 있는 프로펠러 어셈블리의 길이는 프로펠러의 직경과 비교할 때 짧고, 프로펠러 회전 시 축에 대한 수직 평면상에 놓이도록 허브(hub)에 고정되기 때문에, 궤도 오차 허용범위 안에만 있다면 부적절한 질량 분배의 결과로서 일어나는 동적 불균형은 무시할 수 있다.

프로펠러 불균형의 다른 형태인 공력학적 불균형(aerodynamic unbalance)은 깃의 추력이 동일하지 않을 때 일어난다. 이 불균형은 깃 외형의 점검(checking blade contour)과 깃각 설정(blade angle setting)을 통해 크게 개선될 수 있다.

정적 평형(static balancing)

프로펠러 어셈블리(propeller assembly) 평형 점검(balance check)을 위한 표준방법(standard method)은 다음의 순서로 한다.

① 프로펠러의 엔진축 구멍에 부싱(bushing)을 끼운다.

② 부싱을 통해 심축(arbor or mandrel)을 삽입한다.

③ 심축의 끝단(end)이 평형스탠드(balance stand) 나이프 에지(knife-edge) 위쪽에 지지되도록 프로펠러 어셈블리(propeller assembly)를 놓는다. 프로펠러는 회전이 자유로워야 한다.

④ 만약 프로펠러가 정적으로 적절한 균형이 잡혔다면, 프로펠러는 놓인 위치를 그대로 유지한다.

⑤ 2깃 프로펠러를 점검할 때는 먼저 깃을 수직 위치(vertical position)에서 점검한 다음, 수평 위

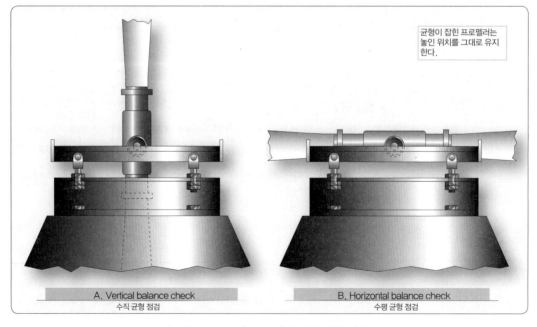

균형이 잡힌 프로펠러는 놓인 위치를 그대로 유지한다.

A. Vertical balance check
수직 균형 점검

B. Horizontal balance check
수평 균형 점검

[그림 1-3-188] 프로펠러 정적 평형 점검

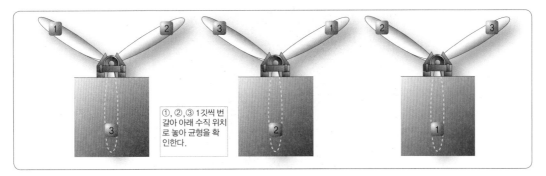

[그림 1-3-189] three-bladed 프로펠러의 정적 평형 점검

치(horizontal position)에서 점검한다.

⑥ 깃의 위치를 반대로 놓은 상태(위와 아래 교체)에서 수직 위치에서의 점검을 반복한다.

⑦ 3깃 식(three-bladed) 프로펠러는 각각의 깃을 아래쪽 수직 위치(downward vertical position)에 놓고 번갈아 가면서 측정한다.

➤ 프로펠러의 정적 평형(static balancing) 작업 시 주의사항과 정적 불균형(propeller unbalance) 조치 작업

① 스틸 에지 스탠드(steel edged test stand)는 실내에 설치하거나 공기의 영향을 받지 않는 곳에 설치하고, 심한 진동의 영향을 받지 않아야 한다.

② 프로펠러의 정적 평형(static balance)을 점검하는 동안, 모든 깃은 똑같은 깃각(same blade angle)에서 점검되어야 한다. 평형점검을 진행하기 전에, 각각의 깃이 똑같은 깃각으로 세팅 되었는지 검사한다.

③ 프로펠러 제조사(propeller manufacturer)에서 특별히 언급된 사항이 없다고 해도, 프로펠러 어셈블리가 이전에 설명했던 어느 위치에서도 회전하려는 경향이 없어야 한다. 만약 프로펠러 가 위에서 행했던 모든 위치에서 균형이 잡혔다면, 또한 중간 위치에서도 완전히 균형이 잡 혀야 한다. 필요하면 중간 위치에서도 평형점검을 하여 최초 위치에서의 점검결과를 확인해 야 한다.

④ 프로펠러 어셈블리의 정적 평형을 점검할 때 회전하려는 경향(tendency to rotate)이 있다면, 추 가 교정을 하여 불균형(unbalance)을 제거해야 한다.

㉮ 프로펠러 어셈블리 또는 주요 부분의 전체 무게가 허용한계 이하일 때 허용되는 장소에 영구적인 고정 추(weight)를 추가

㉯ 프로펠러 어셈블리 또는 주요 부분의 전체 무게가 허용한계와 똑같을 때 허용되는 장소에 서 고정 추를 제거

㉰ 프로펠러 불균형 교정을 위해 추를 제거 또는 추가할 수 있는 장소는 프로펠러 제조사에 서 결정

[그림 1-3-190] 프로펠러의 정적 평형

동적 평형(dynamic balancing)

① 프로펠러와 스피너 어셈블리(propeller & spinner assembly)의 진동을 줄이기 위해 분석장비(analyzer kit)를 이용하여 동적 평형(dynamic balance)을 맞출 수 있다.

② 평형장치가 구비되지 않은 일부 항공기에는 평형작업하기 전에 배선계통이나 감지기(sensor)와 케이블 설치가 필요한 경우가 있다.

③ 추진장치의 평형은 객실로 가는 진동과 소음의 전달을 실제적으로 감소시킬 수 있고, 항공기와 엔진 구성품에 대한 심각한 손상을 감소시킬 수 있다.

④ 동적 불균형(dynamic imbalance)은 여러 종류의 불균형(mass imbalance) 또는 공기역학전인 불균형(aerodynamic imbalance)에 의해 발생한다.

⑤ 동적 불균형의 개선 여부는 오직 추진장치의 외부 회전 구성품(external rotating components)의 동적 균형 상태에 달려 있다. 만약 엔진 또는 항공기가 노후한 상태(poor mechanical condition)에 있다면, 평형작업으로는 진동이 감소하지 않는다. 부품의 결함(defective)이나 마모(worn), 또는 부품이 풀려(loose) 있을 경우에는 균형을 맞추기 어렵다.

⑥ 몇몇의 제조사들이 동적 프로펠러 평형장비(balancing equipment)를 제작했는데, 그 장비 작동은 서로 다를 수 있다. 전형적인 동적 평형장치(dynamic balancing system)는 프로펠러에 가까운 엔진에 부착된 진동감지기(vibration sensor), 그리고 무게와 평형추의 위치를 계산하는 분석장치(analyzer unit)로 이루어진다.

✈ 평형조절 절차(balancing procedure)

① 동적 평형조절에서 평형 절차를 수행할 때 항상 해당 항공기의 정비교범과 해당 프로펠러 정비교범을 참고한다.

② 항공기를 바람(최대 20 knot) 방향과 정면으로 두고 바퀴에 받침목을 고인다.

③ 분석장치를 장착하고, 낮은 순항 회전수로 엔진을 돌려주는데 동적 분석기(dynamic analyzer)는 각각의 깃에서 요구되는 평형추를 계산한다.

④ 평형추를 장착한 후 다시 엔진을 시운전하여 진동 수준의 감소 여부를 확인한다. 이 과정은 만족스런 결과를 얻을 때까지 여러 번 반복한다.

⑤ 동적 평형은 동적 불균형의 양(amount)과 위치(location)를 정밀하게 파악하여 수행한다.

⑥ 장착된 평형추의 수는 프로펠러 제조사가 명시한 한도를 초과하면 안 된다. 프로펠러 제조사의 특정서(Specifications) 및 동적 평형장비제작사지침서(Equipment Manufacturer's Instructions)를 따른다.

⑦ 대부분의 장비는 회전수 감응에 반사테이프(reflective tape)를 감지하는 광학적 방법(optical pickup)을 사용한다. 또한 초당 움직이는 거리(ips, inches per second)로 진동을 감지하는 가속도계(accelerometer)가 엔진에 설치되어 있는 경우도 있다.

⑧ 동적 평형작업 전에 먼저 프로펠러를 육안검사한다.

⑨ 새로운(new) 또는 오버홀된(overhauled) 프로펠러를 처음 시운전하면 깃(blade)과 스피너 돔의 내부 표면(inner surface)에서 소량의 그리스(grease)가 남아 있을 수 있다. 만약 그리스 누설이 발견되면 위치를 명확히 식별하고 윤활 및 동적 평형작업 전에 수정해야 한다.

⑩ 동적 평형작업 전에 모든 평형추의 수와 위치를 기록한다.

⑪ 정적 평형작업은 오버홀 또는 대수리가 수행되었을 때 프로펠러 수리시설에서 이루어진다.

⑫ 반사테이프는 동적 평형작업 완료 후 즉시 제거한다.

⑬ 동적 평형추(dynamic weight)의 수와 위치, 정적 평형추(static weight)의 수와 위치(변경되었을 경우) 관련 사항은 프로펠러 업무일지(logbook)에 기록한다.

✈ 프로펠러의 고장탐구(troubleshooting propellers)

다음의 사례는 일반적인 고장탐구의 경우이며, 실제 항공기에서의 고장탐구는 해당 항공기의 정비교범을 따라야 한다.

① 난조(hunting), 서징(surging)

난조는 요구되는 속도 부근에서 엔진 회전속도가 주기적으로 변화하는 특징이 있다. 서징은 엔진속도가 큰 폭으로 증가 또는 감소하는 특성을 가지고, 1~2회 나타난 후 원래의 속노도로 복귀한다. 만약 프로펠러가 난조되고 있다면, 다음을 점검해야 한다.

㉮ 조속기(governor)

⑭ 연료제어장치(fuel control)

⑮ 상동기화장치(phase synchronizer) 또는 동기장치(synchronizer)

② 고도에 따른 엔진 속도 변화(engine speed varies with flight attitude)

엔진 회전속도에서 작은 변화는 정상이다. 페더링이 되지 않는 프로펠러에서 항공기 속도가 증감하는 동안 엔진 회전속도가 증가하는 경우는 다음 사항의 관련일 수 있다.

㉮ 조속기가 프로펠러의 오일 체적을 증가시키지 못할 경우(not increasing oil volume)

㉯ 엔진 전달 베어링의 과도한 누설(excessive leaking)

㉰ 깃 베어링 또는 피치변환장치에서의 과도한 마찰(excessive friction)

③ 페더링 불능 또는 느린 페더링(failure to feather or feathers slowly)

페더링이 안 되거나 느릴 경우(failure to feather or slow feathering)에는 자격을 갖춘 정비사가 다음 사항을 수행해야 한다.

㉮ 만약 공기 충전이 안 됐거나 충전도가 낮다면, 정비교범의 공기 충전 부분(air charge section)을 참조한다.

㉯ 프로펠러 조속기 조종 연결장치(control linkage)가 적절하게 작동하는지, 그리고 장착 상태, 리깅 등을 점검한다.

㉰ 조속기의 배출기능(drain function)을 점검한다.

㉱ 깃 베어링(blade bearing) 또는 피치변환장치(pitch-change mechanism)에서 과도한 마찰을 초래하는 잘못된 조절(misalignment), 또는 내부 부식(internal corrosion)이 있는지 점검한다.

㉲ 본 사항은 반드시 인가된 프로펠러 수리시설에서 수행되어야 한다.

사 발동기계통 [ATA 71 Power Plant/ATA 72 Engine]

1) 왕복엔진 (구술평가 또는 실작업 평가)

가) 작동원리, 주요 구성품 및 기능

➤ 항공기 엔진

항공기 엔진은 열에너지를 기계적 에너지로 바꿔서 비행에 필요한 동력과 앞으로 나가기 위한 추력을 만드는 장치이다. 항공기는 주로 왕복엔진과 가스터빈엔진을 사용한다.

가스터빈엔진이 속한 제트엔진은 항공기 전방에서 흡입된 공기를 후방에서 가스로 분사해 그 반작용으로 추력을 얻는다. 이렇게 압축된 가스의 폭발력을 이용하는 제트엔진은 왕복엔진보다 더 빠른 속도를 만든다. 왕복엔진도 작용-반작용의 원리로 추력을 얻지만, 두 엔진의 차이는 다음과 같다. 왕복엔진은 흡입-압축-폭발-배기의 과정에서 만드는 기계적인 운동에너지로 프로펠러를 회전시켜 추진력을 얻지만, 제트엔진은 연소에서 만들어진 에너지를 바로 추력으로 바꾼다는 점이다.

왕복엔진의 종류

① 실린더 배열방식에 따라 성형(radial), 대향형(opposed), V형, X형, 직렬형 등으로 나눈다.
② 냉각방식에 따라 공랭식과 액랭식으로 나눌 수 있다.

왕복엔진 냉각방식

공랭식은 공기로 엔진을 냉각하는 방식이다. 얇은 금속판인 냉각핀을 실린더 바깥쪽에 부착해서 공기와 만나는 면적을 늘려서 냉각효과를 크게 만든다. 그리고 실린더 주위에 배플(baffle)을 달아서 엔진으로 들어온 공기를 실린더 주위로 흐르게 만든다.

대향형 엔진과 성형 엔진의 장단점

① 대향형 엔진은 실린더가 서로 마주 보게 배열한 엔진으로, 소형 항공기에 사용한다. 공기저항을 적게 받고 경제성이 높다는 장점이 있지만, 출력을 높이기 위해 실린더 수를 늘리면 엔진이 길어져서 출력을 높이는 데 제한이 있다는 단점이 있다.
② 성형 엔진은 실린더를 방사형으로 배열한 엔진으로, 큰 마력이 필요한 대형 항공기에 사용한다. 실린더 수를 늘려서 높은 마력을 얻을 수 있다는 장점이 있지만, 전면 면적이 넓어서 공기저항을 많이 받고 실린더 열(row)을 늘리면 냉각이 어렵다는 단점이 있다.

왕복엔진의 사이클

항공기 왕복엔진의 사이클은 오토 사이클로, 2개의 정적과정과 2개의 단열과정으로 이루어진

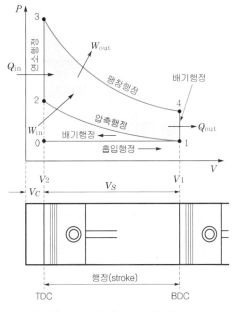

[그림 1-3-191] 오토 사이클

4행정 사이클이다. 체적이 일정한 정적(constant volume) 상태에서 열이 공급되므로 정적 사이클이라고도 한다. 한 사이클은 단열압축 → 정적가열 → 단열팽창 → 정적방열 과정으로 이루어진다. 오토 사이클에서 실린더 내 가스 압력과 부피의 변화를 나타낸 압력-부피(P-V) 선도와 사이클 진행 중 공급되는 열과 방출되는 열의 관계를 알기 쉽게 나타내기 위해 나타낸 온도-엔트로피(T-S) 선도가 있다.

오토 사이클의 P-V 선도는 흡입-압축-출력-배기의 4행정으로 이루어진다. 과정 0 → 1은 흡입 과정으로, 엔진작동을 위해 공기를 흡입하는 과정이다. 과정 1 → 2는 단열압축, 과정 2 → 3은 정적가열, 과정 3 → 4는 단열팽창, 과정 4 → 1은 정적방열, 과정 1 → 0은 배기과정이다.

✈ 왕복엔진의 4행정

왕복엔진은 흡입-압축-폭발-배기행정순으로 작동한다. 각 행정마다 크랭크축이 180°도 돌아가고, 크랭크축이 두 번 회전(360°×2 = 720°)하는 동안 한 번 폭발한다. 행정이 진행되는 동안 실린더 안에서 연소된 혼합가스가 피스톤을 밀어내서 실린더 속을 왕복운동하고, 이렇게 만들어진 운동에너지를 커넥팅 로드와 크랭크축을 통해 프로펠러에 전달해서 출력을 얻는다. 실린더 안지름을 보어(bore)라 하고, 피스톤의 이동 거리를 행정(stroke)이라고 한다.

① 흡입행정(intake stroke) 때 피스톤이 하사점으로 내려가고 흡입밸브를 통해 혼합가스가 실린더 안으로 흡입된다. 이론적으로는 피스톤이 상사점에 있을 때 흡입밸브가 열리고 하사점에

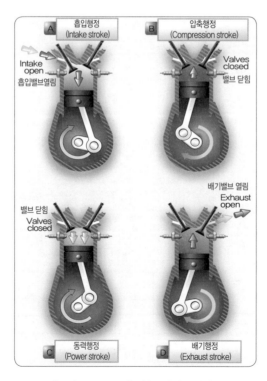

[그림 1-3-192] 왕복엔진 4행정

있을 때 닫히지만, 실제로는 상사점 전에서 열리고 하사점 후에서 닫히도록 조절되어 있다.

② 압축행정(compression stroke) 때 흡입밸브가 닫히고 피스톤이 하사점에서 상사점으로 이동해서 실린더 안에 있는 혼합가스를 압축한다. 점화는 피스톤이 압축행정 상사점에 도달하기 전에 한다.

③ 폭발행정(expansion stroke) 때 흡입밸브와 배기밸브 둘 다 닫혀 있는 상태에서 압축된 혼합가스가 폭발하면서 생긴 압력이 피스톤에 힘을 가해 피스톤을 하사점으로 밀어낸다.

④ 배기행정(exhaust stroke)은 배기밸브가 열리고 피스톤이 상사점으로 올라와서 배기가스가 실린더 밖으로 배출되는 과정이다. 이론적으로는 배기밸브가 하사점에서 열리고 상사점에서 닫히게 되어 있지만, 실제로는 폭발행정의 하사점 전에 열리고, 다음 사이클의 흡입행정 상사점 후에서 닫혀서 실린더 안에 남은 가스를 더 많이 배출시키고 혼합가스를 더 많이 흡입할 수 있도록 한다.

◉ 상사점과 하사점

실린더 안에서 피스톤이 움직일 수 있는 위쪽 한계를 상사점(TDC, Top Dead Center)이라 하고, 아래쪽 한계를 하사점(BDC, Bottom Dead Center)이라고 한다.

실린더의 압축비는 피스톤이 하사점에 있을 때와 상사점에 있을 때의 실린더 체적비를 말한다. 압축비가 높을수록 열효율이 좋지만, 너무 높으면 고열로 인해 디토네이션, 조기점화, 출력 감소가 발생할 수 있다.

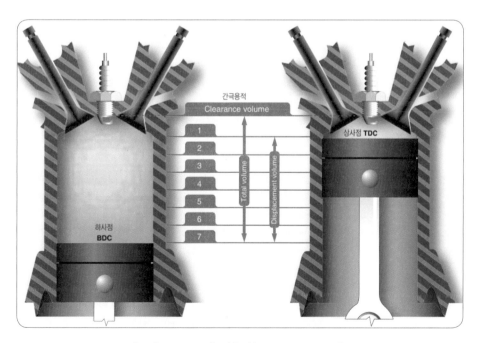

[그림 1-3-193] 압축비(compression ratio)

압축행정 상사점 전에 점화하는 이유

왕복엔진은 압축행정 상사점에서 점화하지 않고 실제로는 상사점 전에 점화하는데, 이렇게 앞선 각도를 점화진각(spark advance angle)이라고 한다. 상사점 전에 점화하는 이유는 화염 전파속도를 고려한 최고압력(peak pressure)으로 피스톤을 밀어서 최고출력을 얻기 위해서이다.

압축된 혼합가스에 점화플러그로 점화를 한다고 해서 바로 실린더 전체가 폭발하지 않는다. 점화플러그 끝을 중심으로 불꽃이 점점 퍼져 가서 최고압력에 도달하게 된다. 이를 화염전파(flame propagation)라 하고 속도는 수십 m/s 정도이다. 그래서 최고압력이 만들어지는 순간에 맞춰서 가장 높은 출력을 얻기 위해 압축행정 상사점 전에 미리 점화한다.

밸브 오버랩(valve overlap)

밸브 오버랩은 흡입밸브와 배기밸브가 둘 다 열려 있는 각도를 말한다.

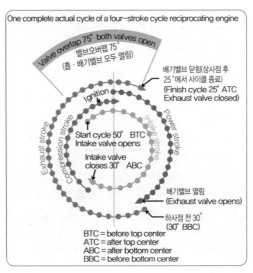

[그림 1-3-194] 밸브 개폐시기 선도

[표 1-3-19] 밸브 오버랩의 장단점

장점	단점
체적 효율이 증가한다.	연료소비량이 늘어난다.
배기가스를 완전히 배출한다.	역화(backfire)가 생길 수 있다.
배기밸브와 실린더를 냉각한다.	

왕복엔진 구성품

왕복엔진의 주요 구성품에는 실린더(cylinder), 피스톤(piston), 커넥팅 로드(connecting rod), 크랭크축(crankshaft), 밸브(valve), 점화플러그(spark plug)가 있다.

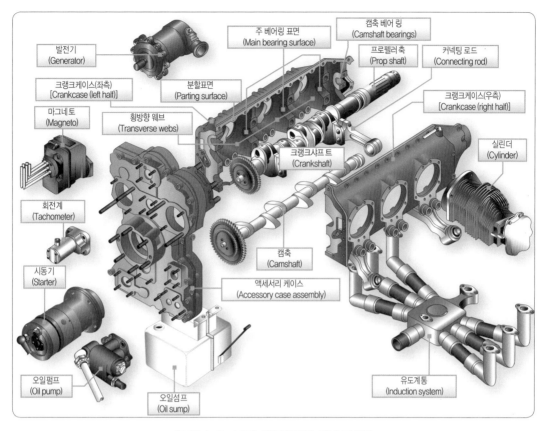

[그림 1-3-195] 왕복엔진의 기본 구성품

① 실린더는 내부에서 피스톤이 왕복운동을 할 수 있게 만들어진 둥근 원통이다. 엔진에서 각 행정이 이루어지는 부분으로, 혼합가스를 폭발시켜 엔진에 필요한 동력을 만든다.

② 피스톤은 연소가스에서 생기는 압력에서 힘을 받아 실린더 안에서 왕복운동을 한다.

③ 커넥팅 로드는 피스톤의 왕복운동을 크랭크축으로 전달하는 역할을 한다.

④ 크랭크축은 피스톤의 왕복운동을 회전운동으로 바꿔서 출력을 만들고 프로펠러를 돌린다. 크랭크축은 메인 저널, 크랭크 암, 크랭크 핀으로 구성된다. 메인 저널은 주 베어링으로 받쳐져서 회전하는 부분이고, 크랭크 암은 메인 저널과 크랭크 핀을 연결하고, 크랭크 핀은 커넥팅 로드의 큰 끝(large end)이 연결되는 부분이다. 크랭크 핀 속을 비어 있는 중공(中空)으로 만드는 이유는 무게 경감, 윤활유 통로 역할, 찌꺼기를 모으는 방(sludge chamber)의 기능을 하기 위해서이다. 카운터 웨이트(counter weight)는 크랭크축의 정적 평형을 맞춰주는 역할을 한다. 다이내믹 댐퍼(dynamic damper)는 크랭크축의 변형과 비틀림 진동을 방지한다.

⑤ 밸브는 실린더 안으로 가스가 들어오고 나가는 것을 제어하는 장치이다.

◉ 피스톤링(piston ring)의 기능

피스톤링은 간격을 메워서 기밀을 유지하고, 실린더 내부 윤활을 조절하고, 피스톤에서 실린더

벽으로 열을 전도해서 냉각을 돕는 역할을 한다. 피스톤링은 고온에서도 탄성을 유지하고 열전도율이 좋은 고급 회주철로 만든다.

🔰 피스톤링에 간격을 주는 이유

① 옆 간격이 클 경우 윤활유 소모량이 증가한다.

② 옆 간격이 작을 경우 마찰이 심해진다.

③ 끝 간격이 클 경우 실린더 내부의 가스 누설 및 윤활유 소모량이 증가한다.

④ 끝 간격이 작을 경우 피스톤링이 열팽창해서 맞닿아 부러질 수 있다.

🔰 밸브 간격(valve clearance)

① 밸브 간격은 푸시로드가 하중을 받지 않을 때 밸브 팁과 로커 암 사이의 간격을 말한다. 밸브 간격이 크면 밸브가 늦게 열리고 일찍 닫혀서 밸브 오버랩이 감소하고, 밸브 간격이 작으면 밸브가 일찍 열리고 늦게 닫혀서 밸브 오버랩이 증가한다. 그래서 주기적으로 두께 게이지로 밸브 간격을 측정해서 조절해야 한다.

② 밸브 간격을 항상 0으로 조절하는 유압식 밸브 리프터를 사용하는 엔진은 밸브 간격 조절 대신 푸시로드를 교환한다.

③ 열간 간격은 엔진이 작동 중일 때 밸브 간격을 말하고, 냉간 간격은 엔진이 작동하지 않을 때 밸브 간격을 말한다. 열간 간격은 0.07 in이고 냉간 간격은 0.01 in인데, 열간 간격이 더 큰 이유는 엔진 작동 중 실린더 헤드가 푸시로드보다 더 많이 열팽창하기 때문이다.

④ 열간 간격은 엔진 정지 직후에 측정하고, 냉간 간격은 엔진이 완전히 냉각되었을 때 측정한다.

🔰 왕복엔진에서 발생하는 비정상 연소

① 디토네이션(detonation)은 실린더 내 혼합가스의 온도와 압력이 임계점을 초과했을 때 정상 점

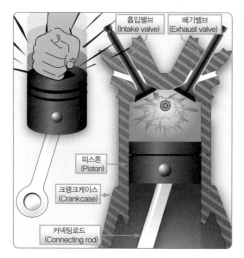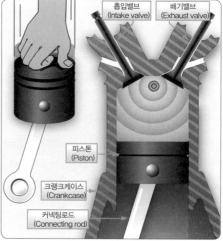

[그림 1-3-196] 비정상 연소(좌)와 정상 연소(우)

화 이후에 자연발화하는 현상이다. 디토네이션이 일어나면 실린더 내 온도와 압력이 급상승해서 피스톤과 엔진을 파손할 수 있다. 이때 순간속도가 음속을 초과하면서(1,000~3,500 m/s로, 약 마하 3~10) 큰 소음이 발생하는데, 이를 노킹(knocking)이라고 한다.

② 조기점화(pre-ignition)는 정상 점화 전에 실린더의 과열된 부분이 혼합가스를 먼저 점화시켜서 일어난다. 약한 조기 점화는 출력에 도움이 되지만, 심하면 디토네이션으로 발전한다.

③ 비정상 연소를 방지하려면 압축비가 너무 높지 않아야 하고, 옥탄가가 높은 연료를 쓰고 매니폴드 압력(MAP)과 실린더 헤드 온도(CHT)가 과도하게 상승하지 않도록 제한해야 한다.

후화(after fire)와 역화(back fire)

① 후화는 혼합비가 너무 농후할 때 발생한다. 농후한 혼합가스는 연소속도가 느려져서 폭발행정 때 다 연소되지 못하고 배기행정 때 배기밸브가 열리면 배기관으로 나간다. 이때 혼합가스가 공기와 혼합되어 연소에 적합한 혼합비가 되고, 배기관에서 연소가 일어나서 배기관 밖으로 불길이 나오는 현상을 말한다.

② 역화는 혼합비가 너무 희박할 때 발생한다. 희박한 혼합가스는 연소속도가 더 느려서 다음 사이클의 흡입행정 때, 흡입밸브가 열렸을 때 실린더 안에 남아 있는 화염이 기화기와 흡기관의 혼합가스로 옮겨 붙는 현상을 말한다.

③ 왕복엔진 시동 시 역화가 발생하는 이유는, 저온일 때는 연료가 잘 기화되지 않아서 혼합비가 희박해지기 때문이다. 그래서 프라이머로 실린더에 직접 연료를 분사해서 농후한 혼합비를 만들어 시동이 잘 걸리도록 하고 역화를 방지한다.

기화기(carburetor)

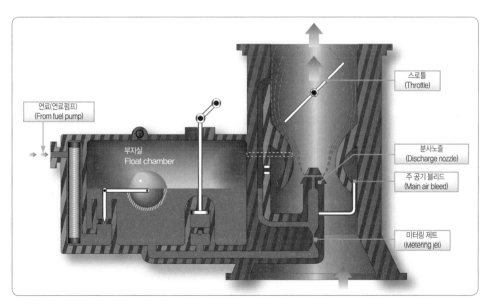

[그림 1-3-197] 부자식 기화기(float type carburetor)

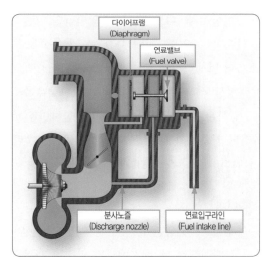

[그림 1-3-198] 압력분사식 기화기(pressure injection carburetor)

기화기는 연소가 잘되는 혼합비로 연료를 기화시키는 장치이다. 종류에는 부자식(float), 압력분사식(pressure injection)이 있다.

① 부자식 기화기는 공기가 벤투리관을 지나갈 때 생기는 압력 차이로 연료가 나오면서 기화된다. 연료가 기화할 때 주변의 열을 흡수해서 기화기 결빙이 생길 수 있다는 단점이 있다.

② 압력분사식 기화기는 비행 자세와 관계없이 연료를 항상 공급할 수 있고, 출력에 대한 연료 조절이 간단하고, 기화기 결빙 현상이 없다는 장점이 있다.

🧭 연료분사장치(fuel-injection systems)

직접연료분사식(direct fuel injection)은 연료를 연소실 근처에 직접 분사하는 방식이다. 직접 연료 분사계통은 전형적인 기화기계통보다 많은 이점을 가지고 있다. 급기계통의 결빙 위험이 보다 적은데, 그 이유는 연료가 기화함으로써 일어나는 온도의 강하가 실린더 내부에서 또는 그 근처에서 일어나기 때문이다. 연료분사계통의 확실성 있는 작용 때문에 가속 효과가 향상된다. 또한 연료분사로 인해 연료 분배를 향상시키기도 한다. 이것은 불규칙한 분배로 인해 혼합비의 변화가 자주 생겨 실린더 혼합비가 필요 이상으로 농후해져야 희박한 혼합비를 가진 실린더가 잘 작동하게 되는 그러한 계통에서 보다 더 많은 연료 절약을 기할 수 있다.

🧭 기화기 주요 장치

① 완속장치(idle system)는 완속 작동 시 주 연료 노즐에서 연료가 분사되지 않고 완속 노즐에서 연료가 분사되도록 하는 장치이다.

② 이코노마이저(economizer)는 순항 출력 이상의 고출력 시 농후한 혼합비를 만들어서 디토네이션을 방지하는 장치이다.

③ 가속장치(accelerating system)는 급가속할 때 과희박 상태를 방지하기 위해 연료를 추가로 공

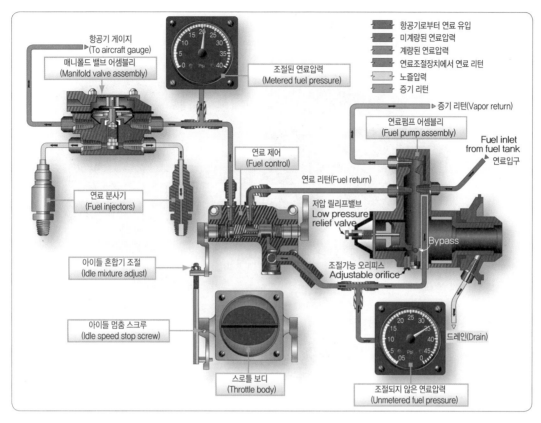

[그림 1-3-199] 콘티넨탈/TCM 연료분사장치

급하는 장치이다. 출력을 높이기 위해 스로틀을 갑자기 열면 공기의 흐름은 즉시 증가하지만, 연료는 관성 때문에 바로 공급되지 않아서 잠깐 혼합비가 희박해지고 역화가 발생해서 엔진의 출력이 감소하거나 멈출 수 있다. 이를 방지하기 위해 가속장치를 사용한다.

나) 점화장치 작업 및 작업 안전사항 준수 여부

➤ 마그네토(magneto)

왕복기관 점화계통의 종류에는 축전지 점화계통, 마그네토 점화계통이 있다. 마그네토(magneto)는 회전 영구자석으로 점화에 필요한 고전압을 만드는 일종의 교류 발전기이다. 마그네토는 승압 위치에 따라 저압 마그네토와 고압 마그네토로 구분한다.

마그네토 점화계통의 구성품에는 회전 영구자석, 코일 어셈블리, 브레이커 포인트, 콘덴서, 배전기, P-lead 등이 있다

① 브레이커 포인트는 E-gap 위치에서 접점이 떨어져서 열리는 순간 고전압을 유도한다.

② 콘덴서는 브레이커 포인트의 아크를 흡수하고, 철심에 남은 자기를 제거하는 역할을 한다.

③ P-lead는 점화스위치와 마그네토 1차 코일을 연결하는 선으로, 점화스위치를 "ON"했을 때

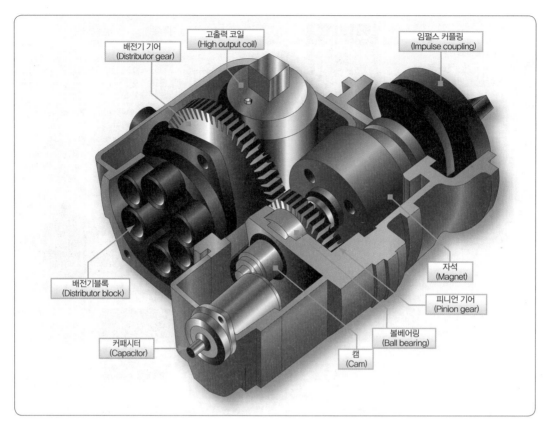

[그림 1-3-200] 마그네토 내부 구조

브레이커 포인트가 열리고 닫힘에 따라 점화플러그에서 점화가 일어나도록 한다. P-lead의 주목적은 시동 시 사고가 발생하지 않도록 마그네토를 접지하는 것이다. P-lead가 단선(open) 되면 점화스위치를 꺼도 마그네토가 접지되지 않아서 점화가 멈추지 않고, 단락(short)되면 점화가 이루어지지 않는다.

점화플러그(spark plug)

점화플러그는 마그네토로 만든 고압의 전기에너지를 혼합가스를 점화하는 데 필요한 열에너지로 변환시키는 장치이다. 고온으로 작동하는 엔진에는 콜드 점화플러그를, 저온으로 작동하는 엔진에는 핫 점화플러그를 사용한다. 고온 작동 엔진에 핫 스파크 플러그를 사용하면 점화플러그 팁이 과열되어 조기 점화가 발생한다. 저온 작동 엔진에 콜드 스파크 플러그를 사용하면 점화플러그 팁에 미연소된 탄소가 모여서 막히는 파울링(fouling) 현상이 생긴다.

고압 점화계통(high tension ignition system)

① 고압 점화계통은 마그네토에서 저전압을 고전압으로 승압한 다음 배전기를 통해 해당 점화플러그로 고전압을 보내는 계통이다. 고압 점화계통은 플래시 오버(flash over)와 코로나 방전(corona discharge)이 일어날 수 있다는 단점이 있다.

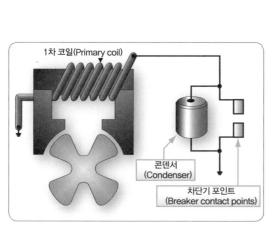
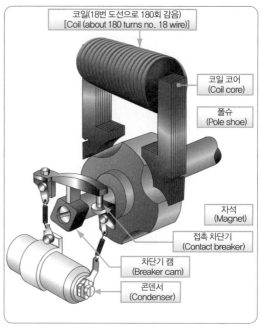

[그림 1-3-201] 고압 마그네토의 1차 전기회로(좌)와 그 구성품(우)

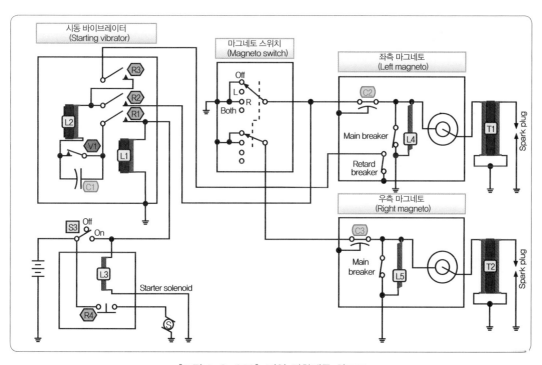

[그림 1-3-202] 저압 점화계통 회로도

② 플래시 오버는 고고도에서 공기밀도가 낮아지면 공기의 절연율이 감소해서 누전이 발생하는 현상이다.

③ 코로나 방전은 높은 전압에서 전선 주위의 공기가 이온화되어 발생하는 방전이다. 코로나 방전이 발생하면 계기와 통신계통에 나쁜 영향을 미친다.

⊙ 저압 점화계통(low tension ignition system)

저압 점화계통은 실린더 위에 있는 변압기에서 고전압으로 승압해서 점화하는 계통이다. 1차 코일에서 만들어진 전기를 먼저 배전기를 통해 각 점화플러그로 보내고, 점화플러그마다 있는 변압기에서 고전압으로 승압해서 점화한다. 점화플러그 바로 위에서 승압하므로 고전압이 이동하는 거리가 짧아 고전압 점화계통에서 생기는 문제를 해결할 수 있지만, 점화플러그마다 변압기를 설치해야 해서 무게가 늘어난다는 단점이 있다. 오늘날 항공기는 절연물질이 발달해서 무게가 적게 나가는 고전압 점화계통을 사용한다.

⊙ 점화시기 조절

① 내부 점화시기 조절은 타이밍 라이트로 마그네토의 E-gap 위치와 브레이커 포인터가 열리는 순간을 맞추는 작업이다.

② 외부 점화시기 조절은 점화시기를 1번 실린더의 압축행정 상사점 전 점화진각에 맞추는 작업이다.

⊙ E-gap각(efficiency-gap angle)

E-gap각은 영구자석이 중립 위치에서 브레이커 포인트가 열리는 순간까지 돌아간 각도를 크랭크축의 회전각도로 환산한 각도를 말한다. 자기 응력이 최대가 되는 E-gap에서 브레이커 포인트가 떨어질 때 가장 강한 불꽃을 만들 수 있다. 그래서 내부 점화시기 조절로 마그네토의 E-gap 위치와 브레이커 포인트가 열리는 순간을 맞춘다.

⊙ 최저 가능속도(coming in speed)

최저 가능속도란 엔진 크랭크축과 연결된 마그네토의 회전 영구자석이 점화에 필요한 불꽃을 만들 수 있는 엔진의 최소 회전속도를 말한다.

⊙ 왕복엔진의 시동 보조장치

왕복엔진의 시동 보조장치에는 임펄스 커플링(impulse coupling), 부스터 코일(booster coil), 인덕션 바이브레이터(induction vibrator)가 있다.

① 임펄스 커플링은 시동 시 스프링의 탄성으로 마그네토 회전속도를 순간적으로 가속해서 고전압을 만드는 장치이다. 실린더 숫자가 많지 않은 엔진에 사용한다.

② 부스터 코일은 마그네토가 정상적으로 작동할 때까지 유도코일로 고전압을 만들어서 점화에 필요한 불꽃을 만들어 준다. 초기 항공기에 사용했고 지금은 사용하지 않는다.

③ 인덕션 바이브레이터는 배터리의 직류를 맥류로 바꾼 다음 마그네토에서 고전압으로 승압해서 점화에 필요한 불꽃을 만든다.

킥백(kick back) 현상

킥백 현상이란 시동 시 크랭크축이 역회전하는 현상이다. 시동을 걸면 엔진 회전속도가 느려서 피스톤의 운동속도는 느린데, 이때 점화진각에서 정상적인 점화가 일어나면 피스톤이 상사점에 도달하기 전에 최고압력에 도달해서 피스톤을 누르고, 크랭크축이 반대 방향으로 회전하게 된다. 이를 방지하기 위해 충분한 속도로 회전하기 전까지 점화시기를 늦춘다.

점화계통 작동점검

점화계통 작동점검은 점검 중 생기는 마그네토 강하 또는 회전수 강하(magneto drop or rpm drop)가 이후 점검에 영향을 미치기 때문에 엔진 시운전(engine run up) 때 수행한다.

① 점화스위치를 "both" 위치에서 "right" 위치에 놓고 회전계(tachometer)의 회전수 강하(rpm drop)를 관찰하고 다시 "both" 위치에 놓는다.

② 점화스위치를 "both" 위치에 놓고 회전수가 안정화되도록 몇 초 기다린 후 "left" 위치에 놓아서 rpm 낙차를 관찰한 뒤 다시 "both" 위치로 돌린다.

③ 각 마그네토 위치에서 일어나는 총회전수 강하량을 확인한다.

④ 작동 중에 과도한 강하(magneto drop)가 발생하면 점화계통에 문제가 있는 것이다.

⑤ 점화계통이 정상적으로 작동할 때는 25~75 rpm 정도의 낙차(drop)가 발생한다.

⑥ 회전수 강하가 발생하는 이유는 left/right 중 하나의 마그네토만 사용하므로 두 개의 마그네토로 점화할 때만큼 효율적이지 않기 때문이다.

⑦ 점화스위치를 left나 right 위치에 오래 두면 파울링(fouling)이 생길 수 있다.

왕복기관 점화계통의 주요 결함 내용

항공기의 점화계통 성능, 특히 마그네토장치에 영향을 주는 절연물질의 파손과 변질, 브레이커 포인트의 마모와 부식, 베어링과 오일 실(seal)의 마모, 그리고 전기배선 연결의 문제점은 마그네토-점화계통에 관련될 수 있는 모든 가능한 결함(defects)이 된다.

점화시기(ignition timing)의 네 가지 조건

점화시기는 다음의 네 가지 조건이 동일한 순간에 일어날 수 있도록 정밀한 조절과 주의를 필요로 한다.

① 1번 실린더의 피스톤이 압축행정 상사점 전에 미리 정해진 숫자인 각도 위치에 있어야 한다.

② 마그네토의 회전자석이 E-gap 위치에 있어야 한다.

③ 차단기 접점은 1번 캠 로브에서 열리기 직전의 위치에 있어야 한다.

④ 배전기 핑거(distributor finger)는 1번 실린더를 제공하는 전극과 정렬되어야 한다.

만약 이들 조건 중 하나가 다른 어느 조건들과 동기화되지 않으면 점화계통의 점화시기가 벗어나게 되어 엔진의 성능이 감소하게 된다.

⤳ 점화시기가 빠를 때 나타나는 현상

크랭크샤프트가 점화를 위한 최적의 위치에 도달하기 전에 실린더 내부에서 점화가 이루어지면 타이밍이 빠르다고 한다. 점화가 너무 일찍 일어나면 실린더 내에서 상승운동을 하던 피스톤에 연소력(full force of combustion)에 의해 반대 방향으로 움직이게 하는 힘이 작용하게 된다. 그 결과 엔진의 출력손실(loss of engine power), 과열(overheating), 이상폭발(detonation) 및 조기점화(preignition) 현상이 나타난다.

⤳ 점화시기가 느릴 때 나타나는 현상

크랭크샤프트가 점화를 위한 최적의 위치에 도달한 후 점화가 이루어지면 타이밍이 늦었다고 한다. 점화가 너무 늦게 일어나면 연료와 공기의 혼합기를 연소시킬 시간이 충분하지 않아 불완전 연소상태가 되어 엔진의 출력이 감소하게 된다.

⤳ 점화계통에 습기 형성의 원인과 결과

① 습기(moisture)는 균열(crack) 또는 헐거워진 덮개(loose cover)를 통해 점화계통 부분품에 스며들거나 응결(condensation)로 인해 발생한다. 계통을 저압에서 고압으로 재조절(readjustment)할 때 발생하는 공기순환은 습기가 많은 공기를 흡입할 수 있다. 보통 엔진의 열이 이 습기를 증발시키기에 충분하지만 때로는 엔진이 냉각됨에 따라 습기가 응축될 수 있다. 비행 중에 습기가 축적되는 일은 극히 드문데, 이는 계통의 작동온도가 높아서 습기가 응축되는 것을 막기에 효과적이기 때문이다. 따라서 습기의 응축으로 인한 고장은 분명히 지상 작동 시에 더 나타난다.

② 많은 양의 습기가 축적되면 절연물질이 그 전기저항을 잃어버리는 결과를 초래한다. 소량의 습기도 오염되면 점화플러그용의 고전압 중 일부가 접지되어 마그네토 출력이 감소되는 원인이 될 수 있다. 습기의 응축량이 많으면 플래시오버(flashover) 현상에 의해 접지되어 마그네토의 전 출력이 소멸되는 수가 있다.

⤳ 마그네토의 내부 점화시기 점검(checking the internal timing of a magneto)

마그네토 모델마다 제작사는 브레이커 포인트(breaker point)가 떨어지는 순간에 가장 강한 스파크를 얻기 위해 회전자석의 극이 중립 위치를 벗어나는 각도를 결정한다. E-gap 각도로 알려진 중립 위치에서의 각도 변위는 마그네토의 모델에 따라 다음과 같은 3가지 방법이 있다.

① 마그네토의 점화시기를 맞추기 위하여 브레이커 캠의 끝부분에 모서리를 깎은 치차(chamfered tooth)로 표시해 둔다. 곧은 자를 이 턱진 부분에 놓고 브레이커 하우징의 테두리에 있는 타이밍 마크(timing mark)와 일치되게 했을 때 마그네토 회전자가 E-gap 위치에 있고, 브레이커

포인트가 막 열리기 시작하는 때이다.

② E-gap을 측정하는 또 다른 방법은 타이밍 마크와 경사지게 끝이 잘린 기어를 맞추는 방법이다. 이러한 마크가 정렬되면 브레이커 포인트가 열리기 시작하는 때이다.

③ 세 번째 방법으로서, 타이밍 핀(timing pin)이 제자리에 있고 마그네토 케이스의 측면이 통기구(vent hole)를 통해 보이는 적색마크(red mark)가 정렬될 때 E-gap이 정확하다. 회전자가 이 위치에 있을 때 브레이커 포인트는 막 열리기 시작한다.

마그네토 벤치 타이밍 또는 E-gap 설정은 마그네토 회전자를 E-gap 위치에 배치한 상태에서 타이밍 라인(timing line) 또는 마크(mark)가 완벽하게 정렬될 때 브레이커 포인트가 막 열리기 시작하도록 설정해야 한다.

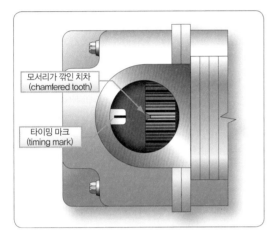

[그림 1-3-203] 마그네토의 1번 점화위치 타이밍 마크

[그림 1-3-204] 마그네토의 E-gap 확인

⊙ 고전압 마그네토의 E-gap 세팅[high-tension magneto E-gap setting(bench timing)]

다음 단계는 브레이커 부분에 시기 표지를 갖지 않는 S-200 마그네토에 대한 브레이커 포인트의 열리는 시기를 점검하고 조절하기 위한 절차이다.

① 마그네토의 상단에서 타이밍 검사 플러그(timing inspection plug)를 제거한다. 배전기 기어에 페인트 처리되고 모서리를 깎아낸 치차가 대략 점검창의 중앙에 올 때까지 정상회전 방향으로 회전자석을 돌린다. 그런 다음 회전자석이 중립위치에 올 때까지 몇 도 뒤쪽으로 자석을 돌린다. 자력으로 인해 회전자석은 중립위치를 유지한다.

② 타이밍 키트(timing kit)를 장착하고 포인트를 영점(zero position)에 맞춘다.

③ 적절한 타이밍라이트를 브레이커 포인트에 연결하고 포인트가 10°를 지시할 때까지 정상회전 방향으로 자석을 돌려준다. 여기가 E-gap 위치이다. 브레이커 포인트는 이 지점에서 얼리노록 조절되어야 한다.

④ 캠 팔로어(cam follower)가 캠 로브(cam lobe)의 가장 높은 점에 올 때까지 회전자석을 돌려주

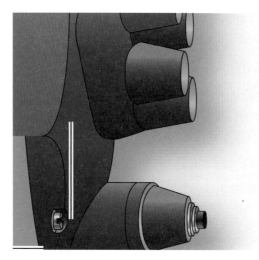

[그림 1-3-205] 타이밍 키트 설치

고, 브레이커 포인트 사이의 간격을 측정한다. 이 간격은 0.018 ± 0.006 in$(0.46 \pm 0.15$ mm)이어야 한다. 만약 이 간격이 한계 내에 있지 않다면, 포인트는 올바른 세팅을 위해 접점(point)이 조절되어야 한다. 그런 다음 브레이커 포인트가 열리는 시기를 재점검(recheck)과 재조절(readjust)을 하여야 한다. 포인트가 정확한 시기에서 열리도록 조절할 수 없을 경우 교체해야 한다.

⊙ 점화스위치 점검(ignition switch check)

① 점화스위치 점검은 모든 마그네토 접지 도선이 전기적으로 접지되는지를 알아보기 위해 보통 700 rpm에서 수행된다. 완속 회전수가 이보다 높은 엔진이 장착된 항공기에서는 이 점검을 수행하기 위해 가능한 한 최저 회전수에서 수행한다.

② 점검을 수행하는 회전수에 도달할 때 점화스위치를 순간적으로 꺼짐(OFF) 위치로 놓으면 엔진은 완전히 점화가 중지된다.

③ 200~300 rpm의 회전수가 감소된 뒤에 스위치를 가능한 한 빠르게 양쪽(both) 위치에 되돌리면 되는데 점화스위치를 양쪽 위치에 되돌려 놓을 때 후화(after fire)나 역화(back fire)의 발생 가능성을 배제하려면 작업을 신속하게 수행해야 한다.

④ 점화스위치를 신속하게 돌려주지 않으면 엔진 회전수가 완전히 떨어지고 엔진이 정지한다. 이 경우 점화스위치를 오프(OFF) 위치에 두고 실린더의 과부하 및 배기 부분에 타지 않은 연료가 고이는 것을 방지하기 위해 혼합기 조절레버를 완속 차단(idle-cut off) 위치에 놓는다. 엔진이 완전히 정지되었을 때, 재시동(restarting)하기 전에 잠시 동안 작동을 멈춘다.

⑤ 엔진이 오프(OFF) 위치에서 시동이 멈추지 않으면 P리드(P lead)라고 하는 마그네토 접지선(magneto ground lead)에 연결되지 않은 원인이므로 문제를 수정해야 한다. 이 경우는 점화스위치가 꺼짐(OFF) 위치에 있어도 하나 이상의 마그네토가 차단되지 않았다는 것을 의미한다. 이 경우에 프로펠러를 돌리면 인명 피해가 발생할 수 있다.

▶ 점화도선의 정비와 검사(maintenance and inspection of ignition leads)

① 점화도선의 검사는 육안점검과 전기적 시험 모두를 포함해야 한다. 육안검사(visual test) 시에 도선 덮개(lead cover)는 균열(crack) 또는 다른 손상(damage), 마멸(abrasion), 절단된 가닥, 또는 다른 물리적인 손상에 대해 검사해야 한다.

② 배기 스택(exhaust stack)에 인접하여 배선된 경우, 과열 여부를 검사해야 한다. 점화플러그의 상단에서 하니스 커플링 너트(harness coupling nut)를 분리하고 점화플러그 도선망으로부터 도선을 분리한다. 어떤 손상 또는 비틀어짐에 대하여 접촉스프링과 압축스프링을 검사하고, 균열 또는 그을음에 대해 슬리브를 검사한다. 점화플러그에 연결된 커플링 너트는 손상된 나사산 또는 다른 결함에 대해 검사한다.

▶ 점화플러그의 탄소오염(carbon fouling of spark plugs)

① 연료로 인한 탄소오염은 공기와 연료의 혼합 상태가 과농후 또는 과희박한 혼합으로 인해, 간헐적인 연소(intermittent firing)로 인해 생성된다. 점화플러그가 점화되지 않을 때마다 비연소 전극과 노즈 절연부에 연소되지 않은 연료와 오일이 남아 있게 된다.

② 이러한 문제점은 거의 예외 없이 부적절한 완속 혼합기 조절, 프라이머의 누출, 기화기의 오작동과 관련 있으며, 완속작동 범위에 과농후상태를 유발한다. 농후한 연료·공기 혼합기(fuel-air mixture)는 배기관에서 배출되는 그을음(soot)이나 검은 연기(black smoke), 완속 연료·공기 혼합기(idling fuel-air mixture)가 최대출력으로 엔진회전수가 증가할 때 발생한다.

③ 과도하게 농후한 완속 연료·공기 혼합기로 인해 발생하는 그을음은 엔진의 열(heat)이 낮고 연소실의 난류(turbulence)가 적기 때문에 연소실 내부에 침전된다. 그러나 엔진의 회전속도와 출력이 커지면 그을음은 쓸려 나와(swept out) 연소실 내에 응축되지 않는다.

[그림 1-3-206] 점화플러그의 탄소오염

다) 윤활장치 점검(기능, 작동유 점검 및 보충)

✈ 항공기 왕복엔진 오일의 작용

항공기 엔진은 연속적으로 급변하는 환경에서 작동한다. 항공기 왕복엔진은 공랭식이며 작동온도가 높기 때문에 자동차용 엔진오일과는 다소 다르다. 항공용 오일은 엔진의 윤활뿐만 아니라 프로펠러 기능을 돕기 위한 유압작용도 한다. 건조한 표면이 서로 맞닿아서 움직이면 쉽게 닳게 되고, 높은 열이 발생하게 될 것은 자명하다. 이러한 것을 방지하기 위하여 윤활유의 얇은 막은 표면 사이에 스며들게 되어 표면을 분리시켜서 현저하게 마찰을 줄이게 된다.

① 마찰감소작용 : 양쪽 금속 표면 사이의 오일은 각 면에 붙어서 서로 미끄러져서 움직이게 되고 금속 마찰을 오일의 내부 마찰로 바꾼다.

② 냉각작용 : 엔진 내부를 순환하면서 부품에서 열을 흡수한다.

③ 기밀작용 : 피스톤과 실린더 사이를 밀봉해서 가스 누출을 막는다.

④ 청정작용 : 접촉면에서 금속 미분 등을 제거한다.

⑤ 방청작용 : 부식되기 쉬운 금속 부품의 녹을 방지한다.

⑥ 완충작용 : 금속면 사이의 충격하중을 완충시킨다.

✈ 윤활계통의 분류

① 윤활계통에는 wet sump system과 dry sump system의 2가지 형식이 있다.

② wet sump system은 crankcase의 바닥에 오일을 모으는 가장 간단한 계통으로, 대향형 엔진에 넓게 사용되고 있다. 단, 곡예비행과 같이 비행자세가 변하는 비행에서는 오일을 저장하는 장소에 오일이 한쪽으로 치우치고 오일펌프의 흡수에 지장이 생기는 경우가 있다.

③ dry sump system은 엔진 본체의 외부 오일탱크에 오일을 저장하는 계통으로, 비행 자세의 변화, 곡예비행이 큰 중력가속도에서도 정상적으로 윤활할 수 있다.

✈ 엔진 윤활과정

① 오일은 oil sump 또는 오일탱크에서 오일펌프에 의해 흡입되어 가압되고 엔진의 각 윤활장소로 공급되며, 윤활의 기능을 달성한 오일은 배유펌프(scavenge pump)에 의해서 퍼내져 오일탱크로 돌아가거나 중력으로 oil sump로 돌아간다.

② 조종석의 오일 압력계와 온도계에 의해 엔진으로 들어가는 오일의 압력과 온도를 지시한다. 오일 압력은 유압조절밸브(oil pressure control valve)에서 자동적으로 조절되고, 오일 온도는 습식 계통에서는 오일펌프의 후류에서, 건식 계통에서는 배유펌프에서 오일탱크로 돌아오는 도중에 있는 오일쿨러에서 조정된다.

③ 오일 희석은 추운 날씨의 시동 시에 오일의 점도를 내릴 목적으로 가솔린으로 오일을 묽게 하기 위한 것으로, 엔진 정지 전에 가솔린을 혼합해서 점도를 내려둔다. 그 때문에 오일 온도가 내려가도 쉽게 시동할 수 있다. 그리고 오일 온도가 올라가면 오일 내의 가솔린은 크랭크 케

이스에서 휘발하고 브레더(breather) 구멍으로 배출되기 때문에 오일은 본래의 점도로 돌아와서 오일에 지장을 가져오지 않는다. 단, 현재의 대향형 엔진에서는 오일 희석은 거의 사용되지 않는다.

오일의 교환과 metal check

① 오일은 사용 중에 가솔린의 찌꺼기, 산, 수분, 탄소, 먼지 혹은 금속 등으로 손상되어 윤활 기능을 잃어가기 때문에 경험에 의해서 적당한 간격을 정해서 정기적인 교환을 하고 있다.

② 오일 중의 금속은 윤활부품의 상황을 나타내고 정비상의 중요한 실마리를 준다. 금속의 점검을 metal check라고 한다.

③ 오일 또는 오일필터 교환 시에 배출한 오일 및 분리된 필터의 요소를 점검하고 metal check를 하는 것이 중요하다.

④ 금속이 발견된 경우는 엔진 내부의 손상 우려가 높기 때문에 제작사의 Repair Manual에 의해 조사해야 한다.

왕복엔진 윤활계통의 정비작업

① 윤활계통을 점검하는 과정에서 윤활유가 불순물 등에 의해 오염되었을 경우에는 기관에서 윤활유를 완전히 배출시키고 새 윤활유로 바꾸어 준다.

② 윤활유의 탱크가 침전물이나 기타 불순물에 의해 부식되었거나 균열이 생겨 윤활유가 누설될 경우에는 탱크를 수리하거나 새것으로 교환한다.

③ 윤활유 탱크를 새것으로 교환하였을 경우에는 윤활유를 규정량만큼 채우고 약 2분 동안 기관을 작동시켜 계통 내 윤활유의 공급이 완전히 이루어진 다음에 윤활유의 양을 다시 확인하여 보충한다.

④ 윤활계통의 호스 및 튜브가 노후화되었거나 누설이 있을 경우에는 새것으로 교환한다.

⑤ 윤활유의 오염 상태 및 기관 내부의 마멸이나 파손 여부를 검사하기 위하여 주기적으로 여과기를 점검하며, 기관이 일정시간 작동된 후에 윤활유를 기관에서 채취하여 윤활유 분광시험(Spectrometric Oil Analysis Program, SOAP)을 한다.

⑥ 여과기 또는 섬프로부터 윤활유를 주기적으로 받아내어 깨끗한 헝겊에 걸러서 철금속 입자가 검출되면 피스톤링이나 밸브 스프링 및 베어링 등이 파손되었을 가능성이 있고, 주석의 금속 입자가 발견되면 납땜한 곳이 열에 의하여 녹아 떨어져 나온 것일 수 있다.

⑦ 은분 입자인 경우에는 마스터 로드 실(master rod seal)의 파손 또는 마멸이 예상되고, 구리 입자인 경우에는 각종 부싱 및 밸브 가이드 부분의 마멸 또는 파손이 생긴 경우이다.

⑧ 알루미늄합금 입자인 경우에는 피스톤 및 기관 내부의 결함 등이 있음을 의미한다.

⑨ 이상과 같은 여러 종류의 금속입자가 윤활유에서 발견되면 반드시 입자의 크기와 양에 따라 적절한 조치를 취해야 한다.

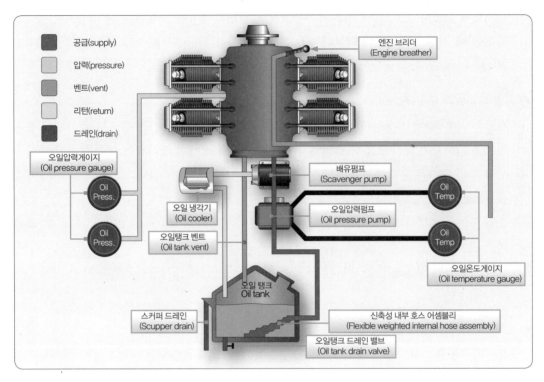

[그림 1-3-207] 오일 시스템 계통도(oil system schematic)

➤ 오일탱크(oil tank)의 장탈과 장착

① 먼저 오일을 배출(drain)시켜야 한다. 대부분의 소형 항공기는 오일 배출장치가 있다. 일부 항공기의 경우에는 지상에서 오일탱크의 오일 전체가 배출되지 않는 것도 있다. 배출되지 않은 오일양이 과도할 경우에는 탱크 후방의 스트랩(strap)을 느슨하게 한 후 탱크 후방 부위를 약간 들어 주면 완전히 배출시킬 수 있다.

② 오일 입구(oil inlet)와 벤트라인(vent line)을 분리하면 스쿠퍼 드레인 호스(scupper drain hose)와 본딩 와이어(bonding wire)를 장탈할 수 있다.

③ 탱크를 감싸고 있는 스트랩을 장탈한다. 클램프를 잡고 있는 안전결선(safety wire)은 클램프를 풀어 주고 스트랩을 장탈하기 전에 제거해야 한다. 이제 탱크를 항공기로부터 들어낼 수 있다.

④ 탱크의 장착은 장탈의 역순이며, 장착 후에는 오일을 보충해야 한다.

⑤ 오일을 보충한 후에 엔진을 최소 2분간 작동시킨다. 그리고 오일 레벨(oil level)을 점검하고, 필요하다면 딥스틱(dipstick)의 높이가 적정 수준이 되도록 충분한 오일을 보충해야 한다.

(a) 오일탱크 드레인

(b) 오일 라인 분리

(c) 스트랩 장탈

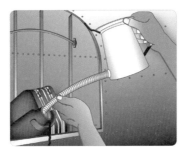
(d) 오일탱크에 오일 보충

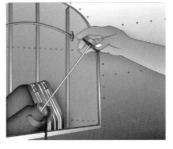
(e) 딥스틱으로 오일 레벨 점검

[그림 1-3-208] 오일탱크(oil tank)의 장탈과 장착

오일 냉각기(oil cooler)

대향형 엔진을 사용하는 항공기의 오일 냉각기는 대부분 벌집형(honeycomb type)이다. 엔진 작동 중이고 오일 온도가 65℃(150℉) 이하이면 오일 냉각기 바이패스밸브는 열리게 되어 오일이 코어를 바이패스하게 되고, 오일 온도가 약 65℃(150℉)에 이르게 되면 닫히기 시작한다. 오일 온도가 85℃(185℉)±2℃에 도달하면 바이패스밸브는 완전히 닫혀서 모든 오일이 냉각기의 코어로 흐르게 된다.

[그림 1-3-209] 오일 냉각기

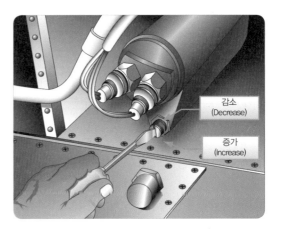
감소
(Decrease)

증가
(Increase)

[그림 1-3-210] 오일 압력 릴리프밸브 조절

➤ 오일 압력 릴리프밸브(oil pressure relief valve)의 조절

① 오일 압력 릴리프밸브는 오일 압력을 엔진 제작사에서 지정한 값으로 제한한다. 오일 압력 설정은 장착에 따라서 최소 35 psi부터 최대 90 psi까지 달라진다.

② 오일 압력은 고속, 고마력에서 엔진과 각종 구성 부분들을 적절하게 윤활시켜 줄 수 있도록 높아야 하지만, 압력이 너무 높아서 오일이 누설되거나 손상이 발생하지 않도록 해야 한다.

③ 오일 압력을 조절할 경우에는 엔진은 정확한 작동온도에 있는지, 사용되는 오일의 점도는 맞는 것인지를 확인해야 한다. 오일 압력 조절은 커버 너트를 장탈하고, 로크너트(locknut)를 느슨하게 풀고 조절나사를 돌려서 조절한다.

④ 압력을 증가시키기 위해서는 조절나사를 시계 방향으로 돌리고, 감소시키기 위해서는 반시계 방향으로 돌린다.

⑤ 엔진이 아이들로 회전하고 있을 때 압력을 조절하고, 조절했을 때마다 조절나사 고정너트를 조여 준다.

⑥ 엔진 제작사의 정비매뉴얼에서 정한 회전수로 회전하고 있을 때 오일 압력이 얼마를 지시하는지 확인한다. 이 회전수는 약 1900~2300 rpm 정도이다.

⑦ 오일 압력 측정값은 모든 스로틀 설정(throttle setting)에서 제작사가 정한 범위 내에 있어야 한다.

➤ 오일 오염원

사용 중인 오일은 작동부의 윤활 능력을 떨어뜨리는 여러 유해물질에 항상 노출되어 있다. 주요 오염원은 다음과 같다.

① 가솔린(gasoline)

② 습기(moisture)

③ 산(acid)

④ 먼지(dirt)

⑤ 탄소(carbon)

⑥ 금속 조각(metallic particles)

이들 유해물질이 축적되기 때문에, 정기적으로 전체 윤활계통의 오일을 배출시킨 다음 새로운 오일로 채워 준다.

➤ 오일 교환 시 주의사항

오일 교환 주기는 항공기 모델과 엔진 조합에 따라 다르다. 순수 광물성 오일은 수백 시간 사용한 엔진에서 무회분산제 오일(ashless dispersant oil)로 변경할 경우 침전물을 희석하여 오일 유로를 막게 하는 경향이 있으므로 세척 시 특히 유의해야 한다. 과도하게 오염된 상황에서 순수 광물성 오일을 사용한 엔진을 무회분산제 오일로 변경하는 것은 엔진 오버홀 이후로 미루어야 한다. 순수 광물성 오일에서 무회분산제 오일로 변경할 때, 다음의 예방조치가 이루어져야 한다.

① 순수 광물성 오일에 무회분산제 오일을 섞지 않는다. 순수 광물성 오일을 배출한 후 무회분 산제 오일을 채운다.

② 첫 번째 오일 교환 전 5시간 이상 엔진을 작동하지 않는다.

③ 찌꺼기나 오일필터의 막힘은 없는지 점검한다. 만약 찌꺼기의 흔적이 있으면 10시간마다 오 일을 교환한다. 10시간마다 스크린이 깨끗해질 때까지 반복 점검하고, 그 이후에는 권고된 주기에 오일을 교환한다.

④ 모든 터보과급기 엔진은 무회분산제 오일을 사용한다.

⊙ 오일 및 필터 교환과 스크린 세척(oil and filter change and screen cleaning)

어떤 제작사는 새 엔진, 다시 제작된 엔진, 혹은 오버홀된 엔진, 새 실린더가 장착된 엔진에서 첫 25시간에 스크린을 교환하거나 세척한 후에 오일을 교환하라고 권고한다. 오일 교환, 필터 교환, 압력 스크린의 세척, 오일 섬프 스크린의 세척과 검사 등이 이루어져야 한다. 전형적인 25시간 오일 교환 주기와 더불어, 압력 스크린 방식을 사용하는 엔진은 압력 스크린 세척, 오일 섬프 흡입 스크린의 점검이 병행되어야 한다. 50시간 주기의 오일 교환은 통상적으로 전류여과시스템(full-flow filtration system)을 사용하는 엔진에서는 오일필터 교환과 흡입 스크린 점검이 포함된다. 오일 계통의 정비(servicing) 간격은 최대 4개월이 권고되고 있다.

⊙ 오일필터(oil filter)/스크린 점검(screen content inspection)

① 엔진 부분품의 과도한 마모는 금속 조각이나 파편에 의한 것을 나타내므로 오일필터나 스크 린을 점검해야 한다.

② 오일필터는 여과지(filter paper element)를 열면서 검사한다. 필터의 오일 상태가 금속에 의한 오염 징후가 있는지 점검한다. 그런 다음 필터에서 여과지를 떼어 조심스럽게 여과지를 펼쳐 필터에 남아 있는 물질을 조사한다.

③ 압력스크린계통(pressure screen system)의 엔진이면 스크린에 금속 조각이 있는지 점검한다. 오일을 배출한 다음, 오일섬프에서 흡기 섬프 스크린을 장탈하여 금속 조각이 있는지 검사한 다. 사용된 오일필터 또는 압력스크린 및 오일섬프 흡입스크린의 점검 중 비정상적인 금속이 발견되면, 금속의 출처와 수정작업을 위한 추가적인 조치가 필요하다.

④ 회전형(spin-on) 필터의 점검은 깡통을 절단하고 필터를 꺼내어 점검한다. 특수 커터 공구의 날을 필터에 지그시 누르면서 장착판(mounting plate)이 깡통에서 분리될 때까지 360도 돌린 다. 깨끗한 플라스틱 용기에 바솔 용액(varsol solution)을 담아 필터를 움직여 오염물질을 떨 어낸다. 자석을 이용하여 바솔 용액 안에 금속 조각이 있는지 점검한다. 남아 있는 바솔 용액 을 깨끗한 필터나 타월에 붓고, 밝은 빛을 비추어 비금속 조각을 점검한다.

⊙ 오일필터의 조립과 장착(assembly of and installation of oil filters)

① 부품을 세척한 후 캐니스터식(canister type) 혹은 필터 소자식(filter element type) 필터를 장착

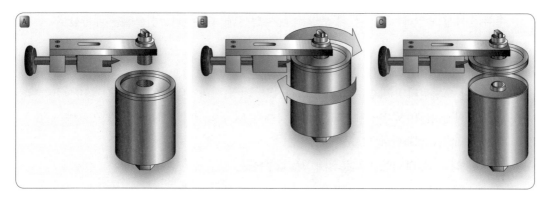

[그림 1-3-211] 회전형 오일필터의 개봉

할 때는 새 고무개스킷에 오일을 가볍게 바르고, 새 구리개스킷을 육각머리나사에 장착한다.

② 새 구리개스킷을 이용하여 육각머리나사를 필터케이스에 넣어 조립한다.

③ 필터소자를 장착하고 케이스 위에 덮개를 놓은 다음 수동으로 나일론너트를 돌려서 장착한다.

④ 시계 방향으로 돌려서 엔진에 하우징을 장착한 후, 토크를 주고 안전결선을 해준다.

⑤ 회전형 필터는 일반적으로 필터에 장착방법이 명시되어 있다.

⑥ 고무 개스킷에 엔진오일을 코팅하고 필터를 설치한 후 토크와 안전결선을 한다.

⑦ 어떤 정비작업을 수행하든 제작사의 최신 지침을 따라서 해야 한다.

➤ 오일계통의 고장탐구(troubleshooting oil system)

일반적인 오일계통의 고장탐구 절차는 다음과 같다.

[표 1-3-20] 오일계통 고장탐구 절차(oil system troubleshooting procedures)

결함사항	예상 원인	필요 조치사항
1. 과도한 오일 소비		
오일 라인 누설	오일 누설 징후에 대한 외부 라인 점검	결함이 있는 라인 교체 또는 수리
액세서리 실(seal) 누설	엔진 작동 직후 액세서리에서 누설 여부 확인	액세서리 또는 결함이 있는 액세서리 오일 실 교환
저급 오일		적절한 등급의 오일 보급
베어링 결함	섬프 및 유압펌프 스크린에서 금속입자의 검출 여부 확인	금속입자 발견 시 엔진 교환
2. 오일 압력의 높음 또는 낮음		
압력계 결함	계기 점검	결함 발견 시 계기 교환
오일 압력의 부적절한 작동	압력계가 비정상적으로 과도하게 높거나 낮음	릴리프밸브 액세서리 오일 실 장탈 후 세척 및 검사
부적절한 오일 공급	오일량 점검	오일 보급

[표 1-3-20] 오일계통 고장탐구 절차 (계속)

결함사항	예상 원인	필요 조치사항
희석 또는 오염된 오일		엔진 및 탱크 내 오일 배유 후 탱크에 오일 보급
오일 스크린 막힘		오일 스크린 장탈 후 세척
부정확한 오일 점도	규정된 오일 사용 여부 확인	엔진 및 탱크 내 오일 배유 후 탱크에 오일 보급
부적절한 오일펌프		오일펌프 감압밸브 조절
3. 오일 온도의 높음 또는 낮음		
온도계 결함	계기 점검	결함 발견 시 계기 교환
부적절한 오일 공급	오일량 점검	오일 보급
희석 또는 오염된 오일		엔진 및 탱크 내 오일 배유 후 탱크에 오일 보급
오일탱크 장애물	탱크 점검	오일 배유 후 장애물 제거
오일 스크린 막힘		오일 스크린 장탈 후 세척
오일 쿨러 통로 장애물	쿨러에서 통로가 막히거나 변형되었는지 확인	결함이 있는 경우 오일 쿨러 교환
4. 오일의 거품 형성		
희석 또는 오염된 오일		엔진 및 탱크 내 오일 배유 후 탱크에 오일 보급
탱크 내 오일 레벨이 너무 높음	오일량 확인	탱크에서 여분의 오일 배출

라) 주요 지시계기 및 경고장치 이해

➤ 왕복엔진의 주요 지시계기

왕복엔진의 주요 지시계기에는 윤활유 압력계(oil pressure gauge), 흡기 압력계(manifold pressure gauge), 흡인 압력계(suction gauge), 회전계(tachometer), 실린더 헤드 온도계(cylinder head temperature indicator) 등이 있다.

① 윤활유 압력계는 엔진 각 부분으로 흐르는 윤활유 압력을 지시한다. 기계식 윤활유 압력계는 버든 튜브 안쪽에 엔진 입구로 흘러 들어가는 윤활유 일부를 받아서 압력을 [psi]로 지시한다. 왕복엔진 시동 후 즉시 확인해야 하는 계기이다.

② 흡기 압력계는 왕복엔진 항공기에만 있는 계기로, 실린더로 공급되는 혼합가스의 압력을 측정한다. 흡기 압력계를 보고 엔진출력을 알 수 있고, 출력을 조절할 수 있다.

③ 흡인 압력계는 진공압으로 구동되는 자이로의 진공압을 알려 주는 계기이다. 흡인 압력은 다이어프램이나 벨로즈의 안쪽에 수평 자이로의 압력을 받고, 바깥쪽에 대기압을 받아서 그 압

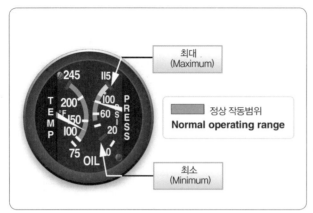

(a) 윤활유 압력계

(b) 흡기 압력계

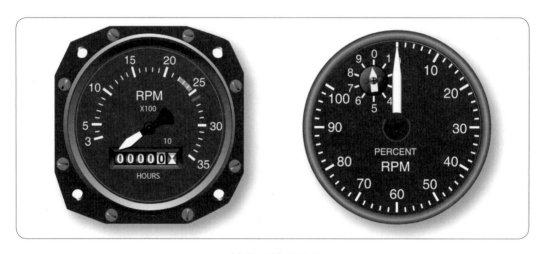

(c) 항공기용 회전계

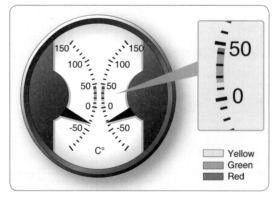

(d) 실린더 헤드 온도 측정 감지부와 계기

[그림 1-3-212] 왕복엔진의 주요 지시계기

력 차이를 지시한다.

④ 왕복엔진 회전계는 크랭크축의 회전수를 분당 회전수[rpm]로 표시한다.

⑤ 실린더 헤드 온도계는 열전쌍식 온도계로 여러 실린더 중 가장 온도가 높은 실린더 헤드 온도를 측정해서 지시한다. 왕복엔진이 적정 온도에서 작동하는지 알 수 있다.

⑥ 프로펠러를 장착한 다발 항공기는 동조계기(synchroscope)를 사용한다. 동조계기는 다발 항공기에서 엔진의 회전수가 서로 동기되었는지 알기 위한 계기로, 여러 엔진의 회전속도를 맞추는 데 사용한다. 각 엔진의 회전속도가 동기되어야 프로펠러에 의한 진동과 소음을 감소시킬 수 있다.

⊙ 매니폴드 압력계(manifold air pressure indicator)

MAP 계기는 실린더로 들어가는 혼합가스의 절대압력을 [inHg]나 [mmHg]로 나타낸다. 왕복엔진의 출력은 실린더로 들어가는 혼합가스의 무게에 비례하는데, 이는 MAP에 비례하므로 조종사는 MAP 계기를 보고 엔진출력을 알고 조절할 수 있다.

과급기가 없는 엔진의 MAP는 대기압보다 항상 낮고, 과급기가 있는 엔진의 MAP는 대기압보다 높다. 정속프로펠러나 과급기를 사용하는 엔진은 MAP 계기를 장착해야 한다.

⊙ 왕복엔진 시동 시 가장 중요한 엔진 계기

왕복엔진은 윤활이 매우 중요하므로 시동 시 윤활유 압력계를 반드시 확인해야 한다. 윤활유 압력이 낮다는 것은 윤활유가 적다는 뜻이고, 엔진 윤활이 제대로 되지 않으면 마찰열로 엔진이 손상되거나 화재가 발생할 수 있다. 반대로 윤활유 압력이 높을 경우, 밀폐된 실린더가 파손될 위험이 있다. 이 외에 중요한 엔진계기로 회전계, 실린더 헤드 온도계 등이 있다.

마) 연료계통 기능(점검, 고장탐구 등)

⊙ 연료계통의 기능 점검

항공기에 따라 사용되는 연료계통에는 상당한 차이가 있어서 연료계통의 기능을 점검하거나 정비할 때는 제작사의 정비교범에 따라야 한다. 기본적인 점검방법은 다음과 같다.

① 모든 계통에 대해 마모, 파손 또는 누설 상태를 검사한다.

② 모든 구성품이 안전하게 장착되었는지 확인한다.

③ 연료계통의 드레인 플러그 또는 밸브를 열고 계통 내에 물이나 침전물이 있는지 점검해야 한다. 필터와 섬프도 역시 점검해야 한다.

④ 보조펌프의 필터와 스크린은 세척하고 부식 흔적이 없어야 한다.

⑤ 출력 조종 레버는 움직임이 자유롭고 안전하게 고정되어 있으며, 마찰로 인한 손상이 없는지에 대해 점검하여야 한다.

⑥ 연료벤트는 제 위치로 되어 있는지, 또는 장애물이 없는지 점검해야 한다. 만약 그렇지 않으

면 연료 흐름 또는 연료 보급에 영향을 줄 수도 있다.

⑦ 만약 승압펌프가 장착되었다면 그 계통은 승압펌프를 작동시켜 누설에 대한 점검을 수행해야 한다. 이 점검을 수행하는 동안 전류계 또는 부하계를 읽어야 하며 해당되는 모든 펌프의 읽은 값은 대략 같아야 한다.

🧭 라인과 피팅(line and fittings) 점검

① 라인은 적절하게 지지되어 있는지, 그리고 너트와 클램프는 안전하게 조여졌는가를 확인한다. 적절한 토크로 호스 클램프를 조이기 위해, 호스 클램프 토크렌치를 사용한다. 만약 렌치의 사용이 불가능한 상황이면, 클램프를 손으로 조이고 호스와 클램프에 대해 명시된 회전수만큼 더 조인다. 만약 클램프가 규정된 토크에서 고정되지 않는다면, 클램프나 호스 또는 2개 모두를 교체한다. 새 호스를 교환한 후에는 클램프를 매일 점검하고 만약 필요하다면 조여준다. 매일 점검한 결과, 콜드 플로(cold flow; 호스 클램프나 지지부의 압력으로 호스에 생긴 깊고 영구적인 자국)의 흔적이 나타나면 보다 짧은 주기로 클램프를 검사한다.

② 만약 호스의 층이 분리되었거나, 과도한 콜드 플로가 있었거나 또는 호스가 딱딱하게 굳어서 구부러지지 않는다면 호스를 교체한다. 클램프로 인한 과도한 자국, 튜브 또는 커버 스톡(cover stock)에서의 균열 등은 과도한 콜드 플로를 나타낸다.

③ 굴곡부가 약해진 호스, 피팅 또는 라인이 제대로 정렬이 안 될 우려가 있을 경우 교환한다. 어떤 호스는 클램프 끝이 벌어지려는 경향이 있는데, 이 경우 누설만 안 된다면 그리 문제가 되지 않는다.

④ 호스의 합성고무 외피에 기포가 생길 수도 있다. 이러한 기포는 반드시 호스의 사용 여부에 영향을 주는 것은 아니다. 기포가 호스 위에 발견되었다면 항공기로부터 호스를 탈거하고 핀으로 기포를 터트린다. 그러면 기포가 없어질 것이다. 만약 오일연료 또는 작동유와 같은 액체가 기포 내 핀홀로부터 흘러나온다면 호스는 사용할 수 없다. 만약 공기만 누설된다면 작동압력의 1.5배에 해당하는 압력으로 압력시험을 하고, 액체가 누설되지 않는다면 호스를 사용하는 데는 문제가 없을 것이다.

⑤ 호스의 외피에 터진 구멍이 생기면 이 구멍으로 물과 같은 부식 요소가 들어가 와이어 피복에 영향을 미쳐 결국에는 호스의 파손을 유발할 수 있다. 이러한 이유 때문에 부식 요소에 노출되는 호스 외피에 구멍이 생기는 것을 피하여야 한다.

⑥ 호스의 외피에는 표면의 노화로 인해 생기는 보통 길이가 짧은 미세한 균열이 생길 수 있는데 이러한 균열이 첫 피복까지 침투하지 않는다면 호스는 사용 가능한 것으로 간주할 수 있다.

🧭 선택밸브(selector valves) 점검

선택밸브를 돌려 봐서 작동이 자유로운지, 과도한 유격이 있는지, 그리고 지침의 지시가 정확한지를 점검한다. 만약 유격이 과도하다면 모든 작동기구에 대해 조인트의 마모, 핀의 헐거움, 그리고 구동꼭지가 파손되었는지 점검한다.

결함이 있는 부품은 교환한다. 케이블 조종계통에 마모 또는 케이블 가닥의 풀어짐, 손상된 풀리, 또는 마모된 풀리 베어링에 대하여 검사한다.

◉ 부스터 펌프(booster pump) 점검

부스터 펌프 검사 시 다음의 조건에 대해 점검한다.
① 적절한 작동
② 연료와 전기적인 연결의 누설과 상태
③ 전동기 브러시의 마모

◉ 주 연료 여과기(main line strainers) 점검

매일 비행 전 검사 시에는 주 연료 여과기로부터 물과 찌꺼기를 배출시킨다. 항공기 정비지침서에 명시된 시기에 스크린을 탈거하여 세척한다. 하우징으로부터 제거된 찌꺼기(침전물)를 시험 분석한다. 고무성분의 미립자는 종종 호스 노화의 조기경보가 된다. 누설과 개스킷 손상 여부를 점검한다.

◉ 연료량 계기(fuel quantity gauges) 점검

만약 직독식 계기가 사용된다면 유리가 깨끗한지, 그리고 연결부에 누설이 없는지에 대하여 점검한다. 계기까지 가는 라인에 대해 누설과 부착의 안전성을 점검한다.

기계식 계기는 플로트 암의 자유로운 움직임과 플로트의 위치와 지침의 위치가 적절히 일치하는가에 대해 점검한다.

전기식 또는 전자식 계기에서는 양쪽의 지시기를 확인하고 탱크유닛이 안전하게 장착되어 있는지, 그리고 그들의 전기 연결부분이 단단히 조여졌는지 확인한다.

◉ 연료압력계(fuel pressure gauges) 점검

지침의 허용오차가 0인지, 과도하게 흔들리지 않는지 점검한다. 보호유리가 헐거운지, 그리고 범위의 표시가 적절히 되어 있는가에 대해 점검한다. 라인과 연결부의 누설에 대하여 점검하고, 벤트에 장애물이 없는지 확인한다. 만약 계기에 결함이 있다면 교환한다.

◉ 압력경고 신호(pressure warning signal) 점검

모든 장착에 대하여 장착의 안전성, 전기계통, 연료계통, 그리고 공기 연결부에 대하여 검사한다. 시험 스위치를 눌러서 램프가 켜지는지 점검한다. 축전지 스위치를 ON하여 부스터펌프로 압력을 올려서 램프가 꺼질 때의 압력을 관찰하여 작동을 점검한다. 만약 필요하다면 접촉장치를 조절한다.

바) 흡입, 배기계통

◉ 왕복엔진의 흡입계통

왕복엔진의 흡입계통은 연소에 필요한 공기를 흡입하고 연료와 혼합해서 실린더로 공급하는 계

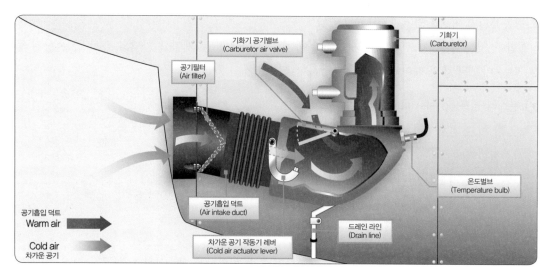

[그림 1-3-213] 기화기를 사용하는 과급기가 없는 흡입계통

통이다. 항공기에 난방이 필요하거나 흡입계통에 결빙이 발생할 수 있을 때는 차가운 흡입공기와 뜨거운 배기가스의 열을 교환해서 공기를 가열한 다음 필요한 곳에 공급한다.

흡입계통은 공기 스쿠프(air scoop), 공기흡입 덕트, 기화기 가열 공기밸브(carburetor heat air valve), 공기필터(air filter), 기화기, 과급기, 흡입 매니폴드(intake manifold) 등으로 구성된다.

① 공기필터는 공기 스쿠프의 앞이나 기화기 입구에서 흡입공기 속의 이물질을 걸러준다.

② 기화기 가열 공기밸브는 기화기 결빙이 예상될 때 'heat' 위치에 놓아서 결빙을 방지한다. 'heat' 위치에 두면 램 공기가 들어오는 입구는 막히고 가열된 공기가 기화기로 들어간다. 이 때 따뜻한 공기는 배기관을 둘러싸고 있는 공기 통로인 히트 머프(heat muff)에서 유입 공기와 배기가스의 열을 교환해서 공급한다.

③ 시동 시 'cold(normal)' 위치에 놓는다. 고출력 시 'heat' 위치에 두면 디토네이션이 발생한다. 공기 온도가 증가하면 공기가 팽창해서 밀도가 감소한다. 밀도가 줄어들면 실린더 내에 유입 되는 공기체적당 무게가 줄어서 체적효율이 감소하고, 동력이 크게 줄어든다. 그리고 높은 흡 입공기 온도는 이륙과 고출력 작동 시 디토네이션 및 엔진 고장의 원인이 될 수 있다.

④ 기화기는 연료 공기 혼합비를 조절해서 기화시킨다.

⑤ 흡입 매니폴드는 혼합가스를 각 실린더로 골고루 분배하는 관이다. 여기에서 매니폴드 압력 (MAP)을 [inHg] 단위로 측정해서 조종석에 지시한다.

✈ 과급기(supercharger)의 기능

과급기는 혼합가스나 공기를 압축해서 실린더로 보내 고고도 비행 시 공기밀도 감소에 따른 출 력 감소를 방지한다. 이륙 시 출력을 높여서 이륙거리를 짧게 만들 목적으로도 사용한다. 과급기의 종류에는 크랭크축으로 구동되는 슈퍼차저와 배기가스로 구동되는 터보차저(turbocharger)가 있다.

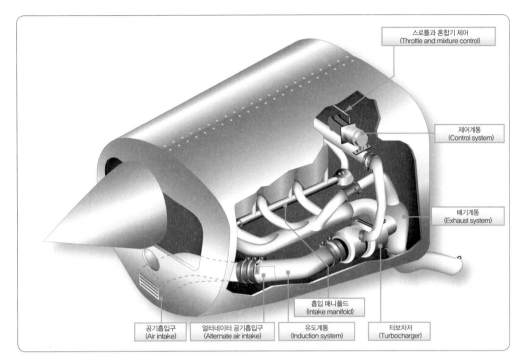

[그림 1-3-214] 터보과급기계통의 공기 유도와 배기계통 위치

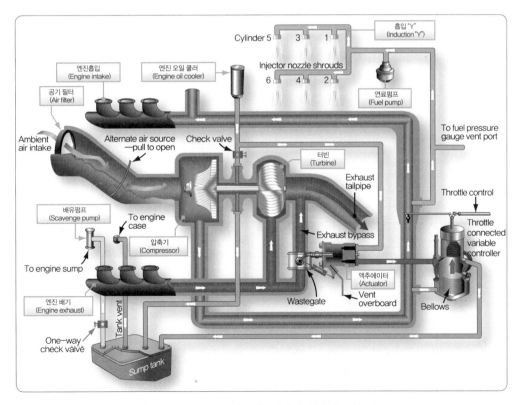

[그림 1-3-215] 터보과급기계통 엔진의 구성요소

⊙ 과급기의 설치 목적

① 과급기는 연료의 기화를 촉진하므로 각 실린더의 분배량도 일정하여 연료소비율을 감소시킨다.

② 과급기에 의한 온도 상승으로 완전한 기화가 행해진다.

③ 급격한 온도 상승으로 인한 디토네이션(detonation)을 방지하기 위해 인터쿨러(inter cooler)를 사용한다.

④ 기어구동형 과급기는 마찰손실이 증가하나 출력 증가에 비해 미비하므로 기계효율이 좋다.

⑤ 엔진 중량의 2~3%에 해당하는 과급기를 장비하면 마력당 중량을 30~40% 낮출 수 있다.

⊙ 왕복엔진의 배기계통 점검

왕복엔진의 배기계통은 엔진에서 배출되는 고온의 배기가스를 외부로 배출하고, 뜨거운 배기가스를 이용해서 흡입공기 가열, 기화기 방빙, 기내난방, 과급기를 구동하는 역할도 한다. 배기계통에 균열, 누설과 같은 결함이 생기면 승무원이나 승객에게 일산화탄소 중독을 일으키거나 엔진출력 손실, 화재가 발생할 수 있다. 따라서 주기적으로 배기계통에 결함이 있는지 점검해야 한다.

2) 가스터빈엔진 (구술평가 또는 실작업 평가)

가) 작동원리, 주요 구성품 및 기능

⊙ 제트엔진의 종류

제트엔진의 종류에는 펄스제트엔진, 램제트엔진, 로켓엔진 그리고 제트엔진 중 가스터빈엔진으로 터보제트엔진, 터보프롭엔진, 터보팬엔진, 터보샤프트엔진이 있다. 터보(turbo-)는 접두사로 '터빈이 있다는(turbine-related)' 뜻이다.

⊙ 가스터빈엔진 사이클(gas turbine engine cycle)

가스터빈엔진의 사이클은 브레이턴 사이클(Brayton cycle)이다. 2개의 정압과정과 2개의 단열과정으로 이루어져서 정압사이클이라고도 한다. 브레이턴 사이클은 단열압축-정압가열-단열팽창-정압방열 과정으로 구성된다. 과정 1→2는 단열압축, 과정 2→3은 정압가열, 과정 3→4는 단열팽창, 과정 4→1은 정압방열 과정이다.

⊙ 터보제트엔진(turbo jet engine)

터보제트엔진은 고온·고압의 배기가스를 고속으로 분출해서 그 반작용으로 추력을 얻는 엔진이다. 무게가 가볍고, 구조가 간단하며, 비행속도가 빠를수록 추진효율이 높다는 장점이 있다. 그러나 소음이 크고, 저속에서 연료소비율이 높고, 이륙거리가 길다는 단점이 있다.

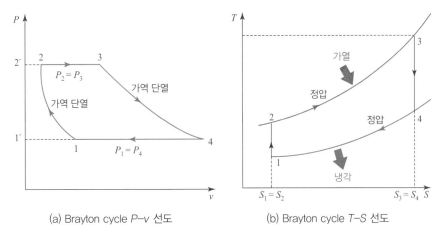

(a) Brayton cycle P-v 선도   (b) Brayton cycle T-S 선도

[그림 1-3-216] 브레이턴 사이클

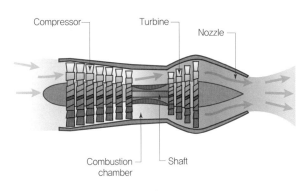

[그림 1-3-217] 터보제트엔진

🧭 터보프롭엔진(turbo prop engine)

터보프롭엔진은 프로펠러를 장착한 가스터빈엔진이다. 터보제트엔진보다 터빈 단 수를 늘려서 압축기를 돌리고 남은 에너지로 프로펠러를 돌려서 추력을 만든다. 저속에서 효율이 높고, 소음이 적다는 장점이 있다. 터보제트엔진은 배기가스로 추력을 얻지만, 터보프롭엔진은 대부분의 추력을

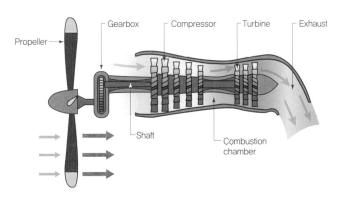

[그림 1-3-218] 터보프롭엔진

프로펠러에서 얻는다는 차이가 있다.

🡒 터보팬엔진(turbo fan engine)

터보팬엔진은 대량의 공기를 비교적 느린 속도로 분사해서 추력은 감소하지 않고 추진효율을 높인 엔진이다. 터보팬엔진은 이착륙거리가 짧고, 소음이 적으며, 연비가 좋아서 대부분의 민간여객기는 터보팬엔진을 사용하고 있다.

터보팬엔진은 팬을 통과하는 공기량에 따라 고바이패스(high bypass) 엔진과 저바이패스(low bypass) 엔진으로 구분한다. 고바이패스 엔진은 흡입구로 들어온 공기 대부분을 우회시키고, 저바이패스 엔진은 상대적으로 더 많은 공기를 연소실로 보낸다. 고바이패스 터보팬엔진은 안정성이 중요한 민간여객기에 주로 사용되고, 저바이패스 터보팬엔진은 기동성이 중요한 군용 전투기에 사용한다.

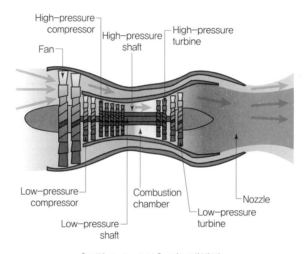

[그림 1-3-219] 터보팬엔진

🡒 터보샤프트엔진(turbo shaft engine)

터보샤프트엔진은 독립적으로 회전하는 자유터빈에서 만드는 출력의 100%로 헬리콥터의 주 회전날개나 발전기 등을 돌리는 엔진이다. 같은 출력을 만드는 왕복엔진보다 무게가 훨씬 가볍다는

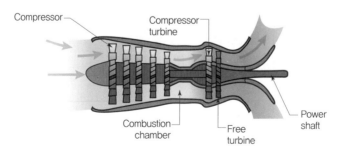

[그림 1-3-220] 터보샤프트엔진

장점이 있다. 헬리콥터에 많이 사용하고 발전기, 전차 등에도 사용한다.

전투기가 저바이패스 엔진을 사용하는 이유

바이패스 공기를 흐르게 하는 팬은 크기가 크다(B777에 사용한 GE90-115B 엔진의 팬 지름은 3.3 m). 그만큼 관성이 크고, 변화에 둔감하다. 전투기에 관성이 크고 변화에 둔감한 엔진을 사용하면 기동력이 떨어지게 된다. 엔진 면적이 큰 고바이패스 엔진을 전투기에 사용하면 항력이 커져서 전투기가 속도를 내는 데 불리하다. 그래서 기동력이 중요한 전투기는 저바이패스 엔진을 사용한다. 전투기만큼 기동력이 중요하지 않고, 비행속도가 느린 민간여객기는 엔진 크기나 팬의 관성이 문제가 되지 않기 때문에 고바이패스 엔진을 사용한다.

터보제트엔진과 터보팬엔진의 차이점

터보제트엔진과 터보팬엔진의 차이점은, 터보팬엔진은 터보제트엔진과 달리 흡입구로 들어온 공기가 전부 연소실로 가지 않고 일부는 팬을 통과해 바로 배기구로 빠져 나간다. 이것을 '바이패스'라고 한다. 높은 바이패스비(bypass ratio)를 가진 터보팬엔진은 배기가스보다 바이패스 공기가 만드는 추력이 훨씬 크다. 터보제트엔진이 터보팬엔진과 같은 추력을 만들려면 더 많은 연료를 사용해야 한다. 따라서 터보팬엔진의 엔진효율이 훨씬 높다.

바이패스비(bypass ratio, BPR)

바이패스비란 터보팬엔진에서 엔진코어로 흐르는 1차 공기 유량과 팬을 지나 엔진코어를 우회해서(bypass) 흐르는 2차 공기 유량의 비를 말한다. 바이패스비가 높다는 것은 연소실을 지나는 공기보다 팬을 지나가는 공기가 많다는 뜻으로, 바이패스비가 높을수록 추진효율이 좋고, 연료를 절감하고, 소음이 줄어든다는 장점이 있다.

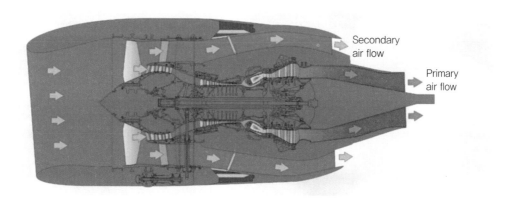

[그림 1-3-221] 터보팬엔진의 공기 흐름

가스터빈엔진의 추력 얻는 방법

가스터빈엔진의 주요 구성품은 공기흡입 덕트, 압축기, 연소실, 터빈, 배기덕트가 있다. 가스터빈엔진은 공기 흡입구로 들어온 공기를 압축기로 압축해서 연소실에서 연료와 함께 연속적으로 연소시킨다. 연료를 연소해서 나온 고온·고압의 연소가스로 터빈을 돌려서 압축기와 비행에 필수적인 동력을 만드는 기어박스를 구동하고, 배기덕트로 나머지 배기가스를 분출할 때 생기는 반작용으로 추력을 얻는 엔진이다.

⟩ 엔진 액세서리 기어박스(engine accessory gearbox)

엔진 액세서리 기어박스는 고압 터빈이 연결된 N_2축과 연결되어 터빈이 회전해서 만드는 동력으로 연료펌프, 윤활유펌프, 작동유펌프, 교류발전기를 구동한다.

⟩ 공기흡입 덕트(air inlet duct)

공기흡입 덕트는 공기가 엔진으로 들어오는 흡입구이다. 압축기에 필요한 공기를 압축하기 좋은 속도와 층류 상태로 보내는 역할을 한다. 아음속기는 확산형 덕트를, 초음속기는 수축-확산형 덕트를 사용한다. 공기흡입 덕트는 기체 일부분으로 간주하지만, Engine Station No.1으로 본다.

⟩ 흡입 안내깃(Inlet Guide Vane, IGV)

흡입 안내깃은 압축기 입구에 있는 깃(vane)으로, 흡입 공기를 압축하기 가장 좋은 각도로 유도해서 실속을 방지하고 효율을 높인다. 움직일 수 있도록 만든 IGV는 Variable Inlet Guide Vane(VIGV)이라고 한다. VIGV는 연료압력으로 움직인다.

⟩ 나셀(nacelle)

나셀은 엔진을 보호하고 항력을 줄이기 위해 유선형으로 만들어진 덮개로, 엔진에 관련된 각종 장치를 수용하기 위한 공간을 마련한다. 엔진 마운트는 엔진의 추력을 기체에 전달하는 구조물이다.

⟩ 압축기(compressor)

압축기는 흡입구로 들어온 공기를 압축해서 압력을 높여서 연소실로 공급하는 역할을 한다. 그리고 고온의 압축공기가 필요한 계통에 블리드 에어(bleed air)를 공급하는 역할도 한다. 압축기의 종류에는 원심식 압축기, 축류식 압축기, 원심-축류식 압축기가 있다. 원심식 압축기는 흡입된 공기를 원심력으로 공기를 가속해서 압축하고, 축류식 압축기에서는 공기가 축과 평행한 방향으로 흐르면서 압축된다.

⟩ 원심 압축기(centrifugal compressor)와 축류 압축기(axial-flow compressor)

① 원심 압축기는 임펠러, 디퓨저, 매니폴드로 구성된 압축기로, 소형 가스터빈엔진과 보조동력장치(APU)에 사용한다. 임펠러로 가속한 흡입 공기를 디퓨저에서 속도에너지를 압력에너지로 바꿔서 압력을 높인 다음 매니폴드를 통해 연소실로 보낸다.

[표 1-3-21] 원심 압축기의 장단점

장 점	단 점
단당 압력비가 높다.	전체 압력비가 낮다.
구조가 튼튼하다.	많은 양의 공기를 처리할 수 없다.
제작이 쉽고 값이 싸다.	전면의 면적이 넓어 저항이 크다.
FOD의 영향이 적다.	다단으로 만들 수 없다.

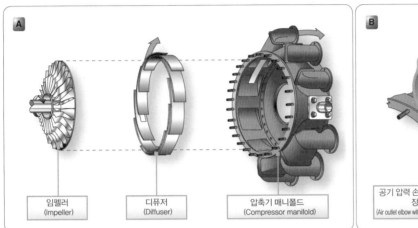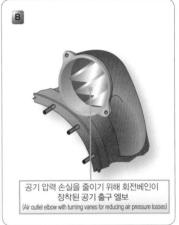

[그림 1-3-222] 원심 압축기 구성품과 공기 출구 엘보(air outlet elbow)

② 축류 압축기는 회전자(rotor)와 고정자(stator)로 한 단을 구성하고, 여러 개의 단으로 만든 압축기이다. 로터를 지난 공기는 가속되고, 스테이터를 지난 공기는 감속되고 압력이 증가한다.

[표 1-3-22] 축류 압축기의 장단점

장 점	단 점
많은 양의 공기를 처리할 수 있다.	제작이 어렵고 비싸며 무겁다.
다단으로 만들어서 압력비를 높일 수 있다.	FOD에 약하다.
입구와 출구의 압력비가 높다.	압축기 실속이 발생할 수 있다.

⊘ 압축기 실속(compressor stall)

① 압축기 실속은 압축기 블레이드에서 실속이 발생하는 것을 말한다.

② 실속(stall)은 받음각이 커져서 실속 받음각 이상이 되었을 때 날개 면을 흐르는 공기가 표면에서 떨어져서 양력이 급격히 감소하고 항력이 증가하는 현상을 말한다.

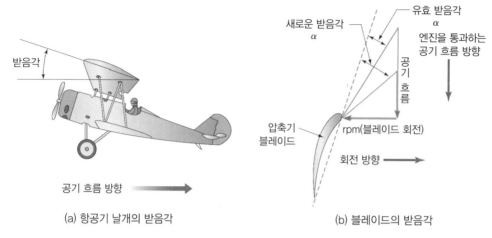

[그림 1-3-223] 항공기 날개의 받음각과 블레이드 받음각

③ 압축기 블레이드는 작은 날개 형상(airfoil)이므로 날개와 같은 원리가 적용되고, 실속이 발생할 수 있다. 압축기 블레이드의 받음각은 유입 공기의 속도와 압축기 회전속도에 따라 달라진다.

④ 압축기 실속이 발생하면 공기 흐름이 느려지거나, 멈추거나, 역류하는 현상과 함께 소음과 진동이 생긴다. 압축기 실속이 심해지면 배기가스온도(EGT)가 상승하고, 엔진 회전수가 감소해서 출력이 줄어든다. 순간적인 실속은 엔진에 큰 영향이 없고 한두 번의 진동 후에 정상적인 상태가 되지만, 실속이 심하면 출력이 줄어들고, 터빈과 압축기가 손상될 수 있다.

⑤ 압축기 실속은 실속이 부분적으로 발생한 것을 말하고, 서지(surge)는 실속이 압축기 전체에 일어난 것을 말한다.

⑥ 압축기 실속은 주로 유입 공기 속도와 엔진 회전수가 변할 때 발생한다. 압축기 실속이 일어나면 출력을 줄여서 흡입 공기 속도와 RPM을 적절한 수치로 만들어야 한다.

✈ 압축기 실속의 원인

① 압축기 회전속도는 빠른데 공기 흡입속도가 상대적으로 느리면 받음각이 커져서 실속이 발생한다.

② 압축기 출구 압력(CDP, Compressor Discharge Pressure)이 너무 높으면 공기 흡입속도가 감소해서 실속이 발생한다.

③ 압축기 입구 온도(CIT, Compressor Inlet Temperature)가 높으면 공기밀도가 감소해서 압축기 입구 압력이 낮아지고, 흡입 공기 속도가 감소해서 실속이 발생한다.

④ 공기가 빠져나가지 못하고 누적되는 초크(choke) 현상이 일어났을 때 발생한다.

⑤ 연소실 압력(combustion chamber pressure)이 너무 높을 때도 발생한다.

⑥ 가스터빈엔진의 압력비(ERP)가 커지면 열효율은 증가하지만, 압축기 실속이 발생할 가능성이 커져서 압력비를 높이는 데 제한을 둔다.

압축기 실속 방지법

① 다축식 구조는 압축기를 저압 압축기와 고압 압축기로 분리해서 회전수를 다르게 만든 구조로, 실속 여유를 늘려서 실속이 발생하지 않고 높은 압력비를 얻을 수 있다.

② 가변 스테이터깃은 엔진 회전속도에 따라 스테이터 베인의 붙임각을 바꿔서 로터 블레이드로 유입되는 공기의 받음각을 일정하게 유지해서 실속을 방지한다.

③ 블리드 밸브는 시동 시나 엔진 회전수가 낮을 때 열린다. 압축기 뒤쪽에 공기가 누적되는 초크 현상이 발생하면 누적된 공기를 빼내고 다시 공기가 들어가도록 만들어서 실속을 방지한다. RPM이 규정보다 높아지면 자동으로 닫힌다.

④ 가변 흡입 안내깃은 압축기 전방 프레임 내부에 있는 깃(vane)을 움직여서 공기 흐름을 로터가 압축하기 가장 좋은 흐름으로 안내해서 실속을 방지한다.

연소실(combustion chamber)

연소실은 압축기에서 압축된 공기와 연료가 혼합되어 연소가 연속적으로 이루어지는 곳이다. 연소실은 1차 연소 영역과 2차 연소 영역으로 나눈다. 연소를 위해 연소실로 들어가는 공기를 1차 공기라고 하고, 연소실 바깥쪽 벽의 구멍을 통해 연소실로 들어가는 공기를 2차 공기라고 한다. 연소가스는 2차 연소 영역을 지나면서 터빈이 견딜 수 있는 온도까지 냉각된다.

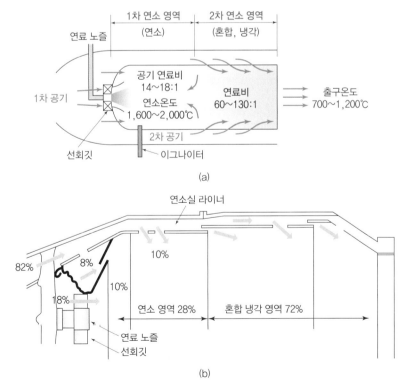

[그림 1-3-224] 연소실의 작동원리

① 1차 연소 영역으로 들어가는 1차 공기는 연소실에 들어오는 공기량의 약 20~30% 정도로, 연료와 잘 섞이도록 선회깃(swirl guide vane)을 거쳐서 들어온다. 연소실로 들어오는 1차 공기의 유량을 제한해서 15 : 1 정도의 최적의 혼합비가 유지되도록 한다.

　선회깃은 연소실로 유입되는 1차 공기에 선회를 줘서 와류를 만들어서 유입 공기 속도를 낮추고 공기와 연료가 잘 섞이게 만들어서 점화가 잘 이루어지도록 만드는 장치이다.

② 2차 연소 영역은 연소가스가 2차 공기와 혼합되어 냉각되는 영역으로, 연소실 출구온도를 허용 터빈 입구 온도까지 낮춘다[연소가스의 온도 3,500°F(1927℃)를 1,500°F(816℃)까지 냉각]. 2차 공기는 연소실로 들어오는 전체 공기량의 약 70~80%이다. 연소에 사용하지 않은 2차 공기는 라이너(liner) 안쪽 벽을 따라 있는 루버(louver)를 통해 연소실 벽면에 공기막을 형성해서 불꽃이 직접 연소실 벽에 닿는 것을 막고, 연소실 라이너 벽면을 냉각하고, 연소불꽃을 라이너 중앙으로 모아서 라이너벽이 타는 것을 방지한다.

연소실의 종류

연소실의 종류에는 캔형(can type), 애뉼러형(annular type), 캔-애뉼러형(can-annular type)이 있다. 각 연소실의 장단점은 다음과 같다.

[표 1-3-23] 캔형(can type)과 애뉼러형(annular type) 연소실의 장단점

구분	캔형(can type)	애뉼러형(annular type)
장점	구조가 튼튼하다.	구조가 간단하고 길이가 짧다.
	설계 및 정비가 간단하다.	연소 안정, 출구 온도 분포가 균일하다.
단점	고고도에서 연소정지가 발생한다.	구조상 축의 둘레를 둘러싸고 있어서 엔진을 장탈해야 정비가 가능하므로 정비성이 좋지 않다.
	시동 시 과열시동이 일어난다.	

터빈(turbine)과 터빈의 역할

터빈은 연소실에서 들어온 고온·고압의 연소가스를 팽창시켜서 회전일을 만든다. 이렇게 만든 동력으로 압축기와 발전기, 엔진 구동펌프가 들어 있는 기어박스(gearbox)를 돌린다. 터빈의 종류에는 반지름형(radial) 터빈과 축류(axial) 터빈이 있다.

반지름형 터빈과 축류 터빈

반지름형 터빈은 제작이 쉽고 소형 엔진에서 효율이 높지만, 다단으로 만들면 효율이 감소하고 구조가 복잡해지는 단점이 있다. 축류식 터빈은 고정자(stator or nozzle)와 회전자(rotor or bucket)로 구성된 한 단을 여러 단으로 늘려서 만든 터빈이다. 축류식 터빈의 종류에는 충동 터빈, 반동 터빈, 충농-반동 터빈이 있다.

◈ 충동 터빈과 반동 터빈

① 충동 터빈은 고정자인 터빈 노즐의 통로가 수축형이지만, 로터의 통로는 일정하게 되어 있다. 배기가스가 수축되는 노즐을 통과하는 동안 팽창되면서 속도가 증가하고 압력은 감소한다. 로터를 통과할 때는 배기가스의 흐름 방향만 변하고 압력과 속도는 변하지 않는다. 로터는 배기가스의 흐름 방향이 변할 때 블레이드에 직접 부딪히는 충동력으로 회전한다.

② 반동 터빈은 충동 터빈과 반대로 로터의 통로가 수축형으로 되어 있다. 배기가스는 로터의 수축 통로를 통과하는 동안 팽창해서 속도가 증가하고, 압력이 낮아진다. 이 과정에서 만들어지는 반동력으로 로터를 회전시킨다.

③ 충동-반동 터빈은 터빈엔진에 실제로 사용하는 방식으로, 뿌리 쪽은 충동 터빈으로 만들고 끝으로 가면서 반동 터빈으로 만들어서 깃 전체에서 속도와 압력 강하가 같게 만든 터빈이다. 깃 뿌리에서 깃 끝까지 비틀림을 줘서 깃 전체 길이에 걸쳐 일정한 부하를 감당할 수 있도록 만든 터빈이다.

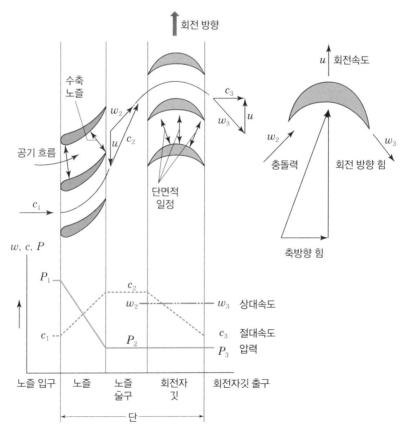

[그림 1-3-225] 충동 터빈의 원리

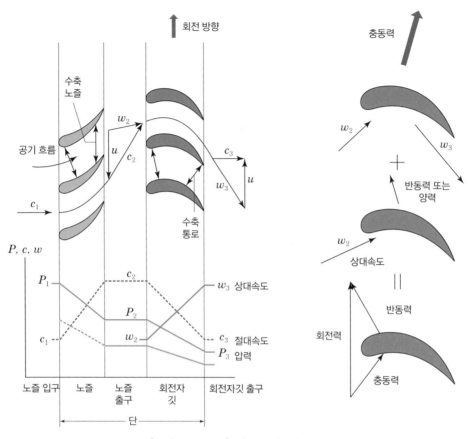

[그림 1-3-226] 반동 터빈의 원리

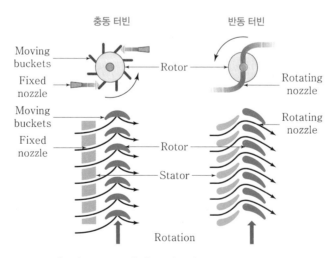

[그림 1-3-227] 충동 터빈과 반동 터빈의 차이

⊙ 터빈깃 냉각방법

터빈깃을 냉각하는 이유는 터빈이 더 높은 온도에서 작동할 수 있도록 냉각해서 그만큼 터빈 입구 온도를 높여서 더 큰 열효율을 얻기 위함이다. 터빈깃 냉각공기로 압축기 블리드 에어(bleed air)를 사용한다.

냉각방법에는 대류 냉각(convection cooling), 충돌 냉각(impingement cooling), 공기막 냉각(film cooling), 침출 냉각(transpiration cooling)이 있으며, 여러 방식을 적절히 조합해서 사용하고 있다.

① 대류 냉각은 깃 내부 통로로 블리드 에어를 지나가게 해서 냉각하는 방법으로, 가장 많이 사용하는 방법이다.

② 충돌 냉각은 깃 내부에 설치한 작은 구멍이 뚫린 관으로 블리드 에어를 보내 깃 앞전에 충돌시켜서 냉각하는 방법이다.

③ 공기막 냉각은 깃 표면의 작은 구멍을 통해 블리드 에어를 내보내서 깃 표면에 공기막을 만들어서 고온의 가스가 직접 닿는 것을 막는 방법이다.

④ 침출 냉각은 깃을 다공성 재료(porous media)로 만들어서 깃 표면 전체에서 냉각 공기를 내뿜어서 뜨거운 공기가 직접 닿지 못하게 하여 냉각하는 방식이다. 이론적으로 가장 우수한 냉각방식이지만, 구조 강도의 문제로 실용화되지 않았다.

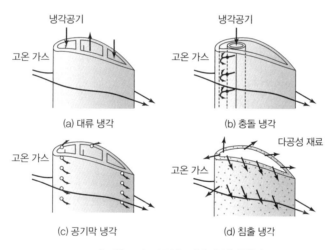

[그림 1-3-228] 터빈깃 냉각방법

🎯 터빈의 반동도

터빈의 반동도는 배기가스가 터빈 한 단을 지날 때 팽창되는 정도 중에서 회전자깃에 의해 팽창 정도를 말한다. 축류식 터빈은 반동도 50%에서 효율이 가장 높다.

압축기의 반동도는 공기가 압축기 한 단을 지날 때 압축되는 정도 중에서 회전자깃에 의한 압축 정도를 말한다.

$$반동도(\varnothing_t) = \frac{회전자깃에 의한 팽창}{단의 팽창} \times 100\%$$

$$= \frac{P_2 - P_3}{P_1 - P_3} \times 100\%$$

P_1 : 고정자깃의 입구압력
P_2 : 회전자깃의 입구압력
P_3 : 고정자깃의 출구압력

⊙ TCCS(Turbine Case Cooling System)

ACCS(Active Clearance Control System) 또는 TCCS(Turbine Case Cooling System)는 터빈 케이스를 냉각해서 터빈 블레이드와 터빈 케이스 사이의 간격을 최소로 만들어서 엔진효율을 높이는 시스템이다. 터빈 케이스 바깥에 공기 매니폴드를 달아서 냉각공기로 팬 압축공기를 터빈 케이스 바깥에 분사해서 케이스를 수축시켜 실(seal)과 깃 끝 사이의 간격을 적절하게 유지한다. 이를 통해 터빈효율을 높여서 연비를 좋게 만든다.

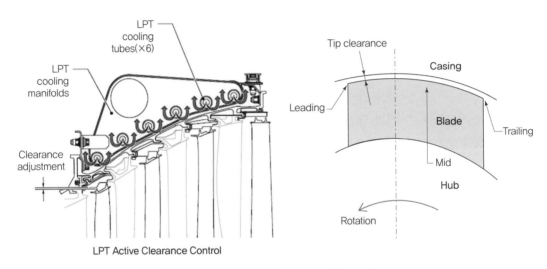

[그림 1-3-229] turbine case cooling system

⊙ 배기부(exhaust section)

배기부는 터빈을 통과한 연소가스가 배기노즐을 지나면서 팽창되고, 고속으로 분사되어 항공기에 필요한 추력을 만드는 부분이다. 배기가스를 정류하고 압력에너지를 속도에너지로 바꿔서 추력

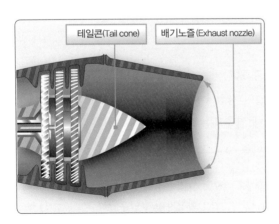

[그림 1-3-230] 테일콘과 배기노즐

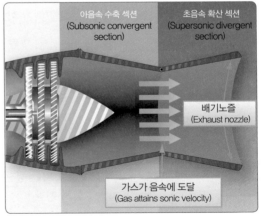

[그림 1-3-231] 수축-확산형 배기노즐

을 얻는 역할을 한다. 배기노즐의 종류에는 수축형, 확산형, 수축–확산형이 있다. 배기부는 테일콘, 배기노즐, 배기덕트, 지지대로 구성된다.

후기연소기(afterburner)

후기연소기는 터보제트엔진에서 더 많은 추력을 얻기 위해 사용하는 장치이다. 연소실로 들어간 공기 중 연소에 사용하지 않은 나머지 공기에 연료를 분사하고 점화해서 추력을 50% 증가시킬 수 있다. 연료소비율이 3배 정도 증가한다는 단점이 있다.

물분사장치(water injection system)

물분사장치는 이륙 시 출력을 높이기 위해 사용하는 장치이다. 물과 알코올 혼합액을 압축기 입구나 디퓨저 출구에 분사하면 흡입 공기온도가 낮아지고 공기밀도가 높아져 출력이 증가한다. 알코올을 섞는 이유는 물이 어는 것을 막고 연소온도를 높이기 위해서이다.

가스터빈엔진의 배기소음 감소

가스터빈엔진의 소음 크기는 배기가스 속도의 6~8제곱에 비례하고, 배기노즐의 지름에 비례한다. 배기소음은 저주파를 고주파로 바꿔서 줄일 수 있는데, 배기가스와 공기의 상대속도를 줄이거나, 혼합되는 면적을 늘려서 소음을 줄일 수 있다. 대기와 혼합면적을 늘리는 방법에는 배기노즐의 단면을 꽃 모양으로 만들거나 여러 개의 관으로 나누는 방법이 있다.

2축 엔진

2축 엔진은 압축기를 저압압축기(LPC, Low Pressure Compressor)와 고압압축기(HPC, High Pressure Compressor)로 만들고, 터빈을 저압터빈(LPT, Low Pressure Turbine)과 고압터빈(HPT, High Pressure Turbine)으로 나눠서 N_1에 터보팬엔진의 팬, 저압압축기와 저압터빈을 연결하고, N_2에 고압압축기와 고압터빈을 연결한다. N_1, N_2 두 축을 기계적으로 독립된 축으로 만들어 서로 다른 회전수로 돌아가도록 만들었다.

정확히는 2축 엔진에서 N_1은 팬, 저압압축기, 저압터빈으로 구성된 저속축(low speed spool)의 회전속도를 말하고, N_2는 고압압축기와 고압터빈으로 구성된 고속축(high speed spool)의 회전속도를 말한다.

단축(single spool) 엔진과 비교했을 때 2축 엔진의 장점

① 축을 2개로 분리하면 실속 여유가 커져서 압축기 실속을 방지할 수 있다.

② 각 압축기의 회전수를 다르게 함으로써 효율을 높여 더 높은 압력비를 얻을 수 있다.

③ 시동 시 압축기 전부들 돌리지 않고 HPC만 돌리면 되므로 부하(load)를 줄일 수 있다.

N_1은 공기밀도에 따라 자체속도로 회전하고, N_2의 회전속도는 스로틀 레버의 위치에 따라 변해서 엔진속도를 제어한다.

3축 엔진

① 3축(triple spool) 엔진은 팬이 N_1과 같이 돌지 않고 팬을 독립적으로 회전시키는 축을 가진 엔진으로, 고바이패스비(high bypass ratio) 엔진에 사용하는 방식이다. N_1에는 팬(fan)과 LPT, N_2에는 중압압축기(IPC, Intermediate Pressure Compressor)와 중압터빈(IPT, Intermediate Pressure Turbine), N_3에는 HPC와 HPT가 연결된다. 세 축을 분리해서 팬, 압축기, 터빈을 최대 효율속도로 회전시킬 수 있다는 장점이 있지만, 구조가 복잡하고 무게가 늘어난다는 단점이 있다.

② 정확히는 3축 엔진에서 N_1은 팬과 저압터빈으로 구성된 저속축의 회전속도를, N_2는 중압압축기와 중압터빈으로 구성된 중속축(intermediate speed spool)의 회전속도를, N_3는 고압압축기와 고압터빈으로 구성된 고속축의 회전속도를 말한다.

③ 2축 엔진은 팬의 지름이 같은 축으로 연결된 LPC/LPT의 지름보다 훨씬 커서 팬과 LPC/LPT의 최대 효율을 내는 회전수가 일치하지 않는 현상이 생긴다. 축의 회전속도를 팬이 최대 효율을 내는 속도에 맞추면 LPC/LPT는 최대 효율을 내는 속도보다 훨씬 느리게 회전한다. 이러한 문제를 해결하기 위해 팬을 독립적으로 연결한 축을 하나 더 사용하는 3축 엔진을 만들었다. 현재 사용하는 고바이패스비 엔진은 팬과 압축기/터빈 사이의 지름 차이가 더 커져서

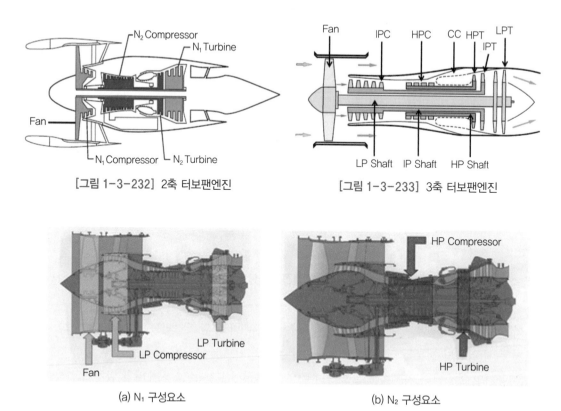

[그림 1-3-232] 2축 터보팬엔진

[그림 1-3-233] 3축 터보팬엔진

(a) N_1 구성요소

(b) N_2 구성요소

[그림 1-3-234] 2축 터보팬엔진의 구성요소

회전수 불일치가 더 크기 때문에 감속기어를 사용해서 모든 구성요소를 최적의 효율을 내는 속도로 회전시킨다.

➔ 엔진 시동기(engine starter)

가스터빈엔진은 시동기로 압축기를 회전시켜 연소에 필요한 공기를 연소실로 보내고, 여기에 연료를 분사하고 점화해서 시동을 건다. 시동기는 엔진이 시동기 없이 스스로 회전할 수 있는 자립 회전속도에 도달할 때까지 압축기를 돌린다. 엔진이 자립 회전속도에 도달하면 이그나이터(ignitor)가 꺼지고 엔진에서 시동기가 자동으로 분리된다. 시동계통은 전기식과 공기식으로 나뉘는데, 전기식은 소형 엔진에 사용하고, 공기식은 대형 엔진에 사용한다.

① 전기식 시동계통에는 전동기식 시동기와 시동-발전기식 시동기가 있다.

㉮ 전동기식 시동기는 28V DC 직권전동기를 사용하고, 소형 엔진이나 보조동력장치(APU)에 주로 사용한다. 자립 회전속도에 도달해서 시동기의 회전속도보다 엔진의 회전속도가 빨라지면 클러치에 의해 시동기가 엔진에서 자동으로 분리된다.

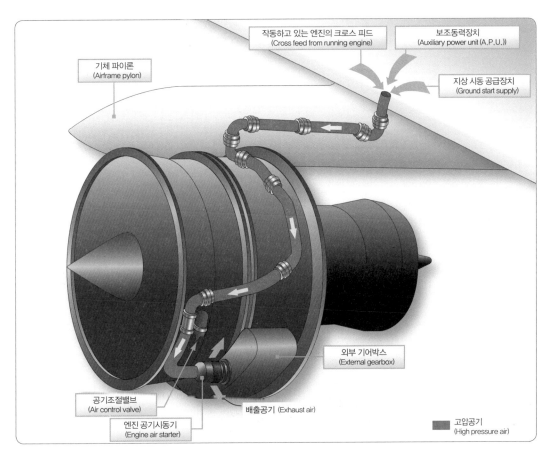

[그림 1-3-235] 시동용 압력공기 공급경로

ⓔ 시동-발전기식 시동기는 시동 시에 시동기 역할을 하고, 엔진이 자립 회전속도에 도달하면 발전기 역할을 한다. 시동기와 발전기를 하나로 달아서 무게를 줄일 수 있다는 장점이 있다.

② 공기식 시동계통에는 공기 터빈식, 공기 충돌식, 가스터빈식 시동기가 있다. 공기식 시동기

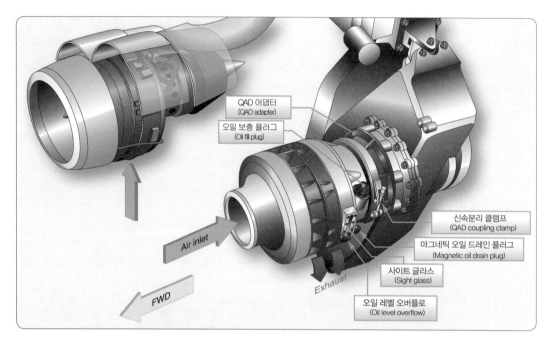

[그림 1-3-236] 공기 터빈 시동기

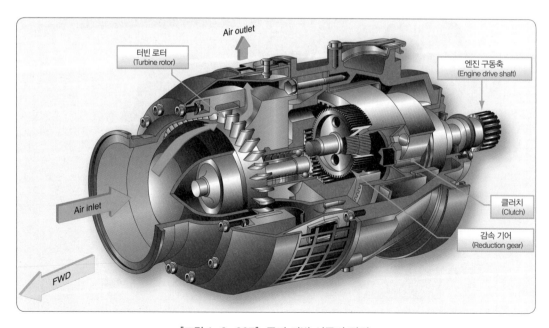

[그림 1-3-237] 공기 터빈 시동기 단면

는 같은 크기의 회전력을 가진 전기식 시동기보다 무게가 가벼워서 대형 엔진에 많이 사용한다. 무게가 가볍다는 장점이 있지만, 많은 양의 압축공기가 필요하다는 단점이 있다.

㉮ 공기터빈식 시동기는 압축공기를 공급받아 시동기 안에 있는 터빈 로터를 고속으로 회전시킨다. 터빈 로터의 회전력은 감속기어를 거치면서 회전토크가 증가한다. 이렇게 높아진 회전력으로 엔진 기어박스를 회전시키고, 기어박스에 연결된 엔진 압축기를 돌린다.

㉯ 공기충돌식 시동기는 가장 간단한 구조의 시동기로 소형 엔진에 사용한다.

㉰ 가스터빈식 시동기는 독립된 소형 가스터빈엔진으로, 자체에 전기식 시동기가 있어서 외부 동력 없이 시동을 걸 수 있다. 비싸고 구조가 복잡하다는 단점이 있다.

⊙ 대형 항공기가 공기터빈 시동기(air turbine starter)를 주로 사용하는 이유

대형 가스터빈엔진은 주로 공기터빈 시동기를 사용한다. 가스터빈엔진은 왕복엔진과 달리 시동이 시작된 다음에도 자립 회전속도에 도달할 때까지 엔진을 계속 돌려야 해서 큰 시동 토크가 필요하다. 이때 전기식 시동기로 큰 회전력을 만들려면 시동기의 크기와 무게가 커지고, 높은 전력으로 인한 과열이 생길 수 있다. 그래서 가볍고, 시동 토크가 크고, 장시간 작동할 수 있는 공기터빈 시동기를 사용한다.

나) 점화장치 작업 및 작업 안전사항 준수 여부

⊙ 가스터빈엔진의 점화계통에서 일반적으로 점검할 사항

① 점화장치(ignition excitor), 이그나이터, 도선의 상태와 절연 부분에 누전이 있는지 점검한다.

② 느슨한 구성품과 연결부를 고정하고, 결함이 발견된 부품과 배선은 교체한다.

③ 점화도선 단자에 아킹(arcing), 탄소 축적(carbon tracking), 균열이 있는지 검사한다.

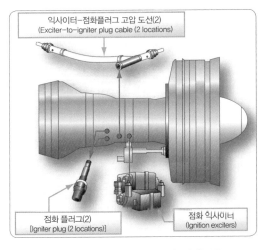

[그림 1-3-238] 터빈엔진 점화부품

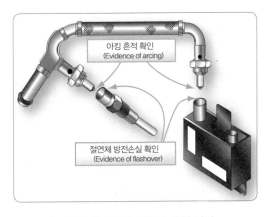

[그림 1-3-239] 절연체 간의 검사

⊙ 가스터빈엔진의 점화계통

가스터빈엔진의 점화계통에는 유도형 점화계통과 용량형 점화계통이 있다. 초기에는 유도형을 많이 사용했지만, 지금은 용량형을 주로 사용한다.

① 유도형 점화계통은 진동자(vibrator)로 직류를 맥류로 바꾼 다음 변압기에서 점화에 필요한 고전압으로 승압해서 점화하는 방식이다.

② 용량형 점화계통은 커패시터(capacitor)에 전하를 저장했다가 짧은 시간에 방전시켜 고에너지 스파크를 만들어서 점화하는 방식이다.

⊙ 왕복엔진과 가스터빈엔진 점화계통의 차이점

왕복엔진은 사이클마다 점화가 일어나서 점화플러그가 계속 작동하지만, 가스터빈엔진은 연소가 연속적으로 이루어지므로 이그나이터가 시동할 때 몇 초 동안만 작동하고, 비행 중 연소정지(flame out)가 일어날 것 같을 때 제한적으로 다시 점화한다는 차이가 있다.

점화 시기 조절장치가 필요 없어서 왕복엔진 점화계통보다 구조와 작동이 간단하고, 공기의 유입속도가 빠르고 연료의 기화성이 낮아 점화가 어려워서 왕복엔진보다 고전압, 고에너지 점화장치를 사용한다.

⊙ 점화계통의 작동 점검

이그나이터는 시동 시 불꽃이 "딱, 딱" 튀는 소리를 듣고 점검할 수 있다. 다른 방법으로, 한쪽 이그나이터를 장탈하고 엔진 시동을 건 다음, 장탈한 이그나이터 구멍을 통해 다른 쪽 이그나이터의 불꽃을 보거나 소리를 들어서 점검할 수 있다.

다) 윤활장치 점검(기능, 작동유 점검 및 보충)

⊙ 가스터빈엔진 윤활계통

① 가스터빈엔진 윤활계통은 엔진축을 지지하는 주 베어링과 엔진 액세서리 기어박스를 윤활한다.

② 윤활이 필요한 부위에 고압의 윤활유를 분무해서 윤활하고, 분무된 윤활유는 배유펌프를 통해 윤활유 탱크로 돌아간다. 계통 중간에 윤활유를 여과하고 냉각하는 장치가 있다.

③ 윤활의 주목적은 움직이는 부품 사이에 유막을 만들어 접촉면에 생기는 마찰과 마모를 줄이는 것이다.

④ 가스터빈엔진은 합성 윤활유(synthetic oil)를 사용한다. 합성 윤활유는 넓은 온도 범위에서 윤활 능력이 우수하고, 휘발성이 낮아서 높은 고도에서 잘 증발하지 않고, 점도지수와 인화점이 높고 유동점이 낮아서 잘 흐르는 장점이 있다.

⑤ 합성 윤활유는 I형(MIL-L-7808)과 II형(MIL-L-23699)으로 구분한다. 합성 윤활유는 형식이나 상표가 다른 윤활유와 섞어 사용할 수 없다.

윤활계통 점검사항

① 윤활유 오염 상태를 검사해서 이상이 있으면 윤활유를 교환한다.

② 윤활유 필터에 불순물이 있으면 필터를 세척하거나 교환한다.

③ 계통의 각종 밸브와 압력펌프, 배유펌프의 기능을 점검한다.

④ 배관에서 누설이 있으면 그 부분을 찾아서 교체하거나 수리한다.

⑤ 손상이 심해서 수리할 수 없는 구성품은 교환한다.

윤활계통의 윤활유 흐름 순서

cold tank 건식 윤활계통에서 윤활유는 윤활유 탱크(oil tank) → 윤활유 펌프(oil pump) → 필터(oil filter) → 엔진축 베어링과 액세서리 구동기어 윤활 → 배유펌프(scavenge pump) → 열교환기(fuel-oil cooler) → 윤활유 탱크의 순으로 흐른다.

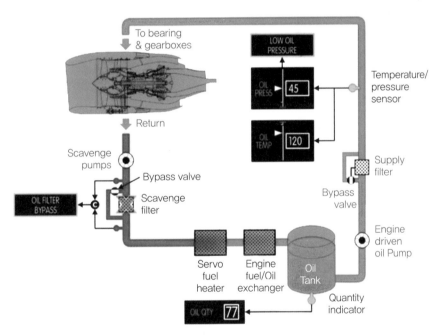

[그림 1-3-240] CFM56-7B 엔진 윤활계통(cold tank)

윤활계통 구성품

윤활계통의 구성품에는 윤활유 탱크, 윤활유 펌프, 필터, 열교환기, 자석식 칩 검출기가 있다.

① 윤활유 필터는 윤활유 속에 들어 있는 이물질을 걸러낸다. 터빈엔진은 고속으로 회전하기 때문에 윤활유 속에 이물질이 있으면 엔진축 베어링이 매우 빠르게 손상된다. 윤활유 필터는 카트리지형과 스크린형을 많이 사용한다.

② 열교환기는 공기나 연료와 열을 교환해서 윤활유를 냉각한다. 윤활유 온도가 낮을 때는 바이

패스 밸브가 열려서 윤활유가 열교환기를 거치지 않고 지나간다. 윤활유 온도가 높을 때는 바이패스 밸브가 닫히고 윤활유는 연료튜브 사이를 통과하면서 열을 교환해서 냉각된다.

③ 자석식 칩 검출기(magnetic chip detector)는 자석을 이용해서 윤활유 속에 포함된 금속 입자와 파편을 검출하는 장치이다. 칩 검출기로 베어링이나 구동기어의 손상 여부를 알 수 있어서 자주 검사하는 것이 좋다. 아주 작은 입자나 금속 가루는 정상적인 마모라 할 수 있지만, 금속 파편이나 부스러기는 내부에 심각한 고장이 발생한 것을 나타낸다.

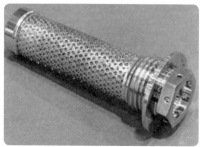

[그림 1-3-241] 윤활유 필터(좌)와 필터 장탈(우)

[그림 1-3-242] 자석식 칩 검출기(chip detector)와 검출기에 달라 붙은 칩(chip)

◈ hot tank와 cold tank

① hot tank는 열교환기가 공급라인(supply line)에 있어서 윤활유가 계통으로 공급될 때는 냉각되고 윤활유 탱크에 들어올 때는 뜨거운 상태로 들어온다.

② cold tank는 열교환기가 리턴라인(return line)에 있어서 계통을 돌고 돌아오는 윤활유가 냉각된 상태로 윤활유 탱크에 들어온다.

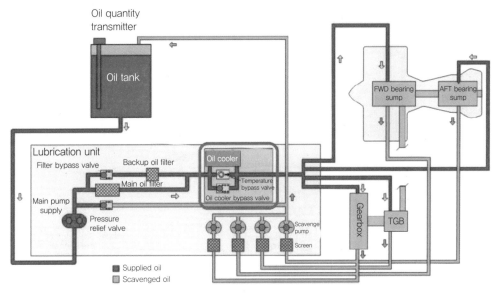

[그림 1-3-243] hot tank 윤활계통

◉ 습식 윤활계통(wet sump system)과 건식 윤활계통(dry sump system)

① 습식 윤활계통은 계통으로 들어간 윤활유가 다시 모이는 섬프가 윤활유 탱크 역할을 한다. 크랭크케이스가 실린더 아래에 있는 대향형 엔진은 별도의 윤활유 탱크를 달지 않고 크랭크케이스를 윤활유 탱크로 사용한다.

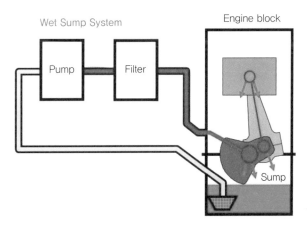

[그림 1-3-244] 습식 윤활계통

② 건식 윤활계통은 별도의 윤활유 탱크를 가진 계통을 말한다. 계통을 순환해서 섬프에 모인 윤활유를 배유펌프(scavenge pump)를 통해 윤활유 탱크로 보낸다.

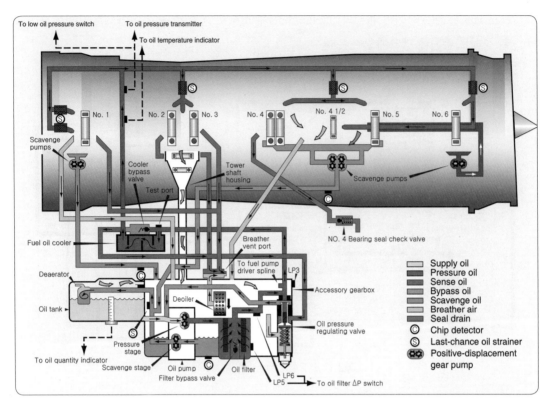

[그림 1-3-245] 터빈 건식 섬프 압력조절 윤활계통

⊙ 윤활유의 종류

윤활유는 상태에 따라 고체, 반고체, 액체로 분류할 수 있고, 사용된 기유(base oil)에 따라 광물성과 합성 윤활유로 구분한다.

① 고체 윤활유에는 운모, 동석, 흑연 등이 있으며, 저속으로 작동하는 장비에 사용한다.

② 반고체 윤활유는 그리스(grease)를 말한다. 주기적인 윤활이 필요한 곳에 사용한다.

③ 액체 윤활유는 분무가 잘 되고, 열을 잘 흡수하고 방출하며, 완충 효과도 좋다. 액체 윤활유인 광물성 합성유는 원유를 증류해서 만들고, 합성 윤활유는 인공적으로 만든 윤활유이다. 고온에서 잘 기화하지 않고 분해되지 않으며, 코크스(cokes)나 기타 침전물이 생기지 않아서 가스터빈엔진에 주로 사용한다.

⊙ 윤활유의 기능과 목적

윤활유는 윤활(lubrication) 작용, 기밀(sealing) 작용, 냉각(cooling) 작용, 청결(cleaning) 작용, 방청(anti-corrosion) 작용을 한다.

① 윤활작용은 상대운동을 하는 두 금속 사이에 유막을 만들어서 마찰과 마모를 막는다.

② 기밀작용은 윤활유로 두 금속 사이를 채워서 누설을 방지하고 기밀을 유지한다.

③ 냉각작용은 마찰로 인해 부품에 발생한 열을 윤활유로 흡수해서 부품을 냉각한다.

④ 청결작용은 마모 때문에 생기는 금속이나 먼지 등의 불순물을 제거한다.

⑤ 방청작용은 금속 표면과 공기가 접촉하는 것을 막아서 녹이 생기는 것을 방지한다

윤활유의 구비조건

① 점성이 낮고 유동성이 좋아야 한다.

② 유성(oiliness)이 좋아서 마찰이 작아야 한다.

③ 내열성이 우수해야 한다.

④ 인화점이 높아야 한다.

⑤ 윤활유와 공기가 잘 분리되어야 한다.

⑥ 휘발성이 낮아야 한다.

⑦ 점도지수가 높아야 한다.

⑧ 기화성이 낮아야 한다.

윤활유 분광시험

윤활유 분광시험(SOAP, Spectrometric Oil Analysis Program)은 윤활유 시료(sample)를 채취하고 분석해서 그 안에 포함된 금속 성분으로 계통의 마모 정도와 엔진 상태를 검사하는 방법이다. 마모된 금속의 양이 기준값을 넘으면 엔진을 점검하고 권고방식에 따라 정비해야 한다. SOAP는 엔진이 고장 나기 전에 문제를 알아내서 안전성을 높일 수 있고, 비용도 줄일 수 있다는 장점이 있다.

SOAP 검사방법

정해진 주기마다 엔진 정지 후 30분 이내에 바닥 가운데의 1/3 지점에서 시료를 채취한다. 왕복엔진은 엔진 하부에 있는 섬프의 드레인 밸브를 통해 시료를 채취하고, 가스터빈엔진은 윤활유 탱크에 튜브를 꽂아서 시료를 채취한다. 검사 결과의 단위는 ppm(parts per million)으로 나타낸다.

윤활유 보급시기

윤활유 보급은 엔진이 완전히 식은 상태에서 하지 않고 엔진 정지 후 엔진이 어느 정도 식은 5분 후, 과보급을 막기 위해 30분(또는 60분) 이내에 보급한다. 엔진 정지 후 30분이 지난 엔진은 드라이 모터링(dry motoring)을 해서 다시 윤활유를 순환시켜 데운 다음 보급한다.

가스터빈엔진의 윤활유 보급시기를 결정하기 위해 윤활유량을 알기 위해 유면(oil level)을 점검할 때 엔진 정지 후 일정 시간 간격을 두고 점검해야 하는 이유는 다음과 같다.

① 따뜻한 윤활유는 차가운 윤활유보다 유면이 더 높아서 정확한 윤활유량을 읽을 수 없다.

② 엔진이 작동하는 동안 윤활유에 거품이 생겨서 윤활유 체적이 늘어난다.

③ 엔진이 정지한 다음 시간이 지나면 윤활유가 액세서리 기어박스로 스며 들어간다.

예를 들어 세스나의 'Citation' 항공기는 엔진 정지 후 10분 이내에 윤활유 유면을 점검하도록 권고하고, 일부 제작사는 엔진 정지 후 최대 30분까지 허용한다.

윤활유 보급 절차

① 각 엔진의 윤활유 보급 관련 점검문(access door)을 연다.

② 사이트 게이지를 확인해서 'full mark'보다 낮으면 윤활유를 보충한다.

③ filler cap을 열었을 때 연료(fuel) 냄새가 난다면 test kit로 오염 여부를 확인한다. 만약 윤활유
가 연료와 섞여서 오염되었다면 열교환기를 교환하고 윤활유를 전부 배출하고 새로 보충한
다.

④ 윤활유를 'full mark'까지 보충한 뒤 filler cap을 닫고 점검문을 닫는다.

⑤ 다른 엔진오일과 섞어서 사용하지 않는다.

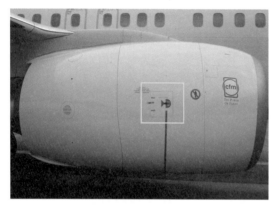

[그림 1-3-246] 엔진 점검문(access door)

[그림 1-3-247] 윤활유 탱크의 사이트 게이지

라) 주요 지시계기 및 경고장치 이해

가스터빈엔진의 주요 지시계기

가스터빈엔진의 주요 지시계에는 회전속도계(tachometer), 배기가스온도계(EGT indicator), 엔진
압력비계기(EPR, Engine Pressure Ratio Indicator), N_1 회전계, N_2 회전계 등이 있다.

① 회전속도계는 압축기의 분당 회전수를 최대 RPM의 백분율인 [%rpm]으로 나타내는 계기이다.

② EGT 계기는 배기가스온도를 지시하는 계기이다. 배기부에 크로멜과 알루멜로 만든 열전쌍
(thermocouple)으로 측정한 온도를 전기적인 신호로 변환시켜 계기에 표시한다. EGT를 보고
엔진의 성능과 상태를 알 수 있다.

③ 엔진압력비계기는 터빈 출구압력(Pt7)과 압축기 입구압력(Pt2)의 비인 엔진압력비를 지시하는
계기이다. EPR은 엔진이 만드는 추력의 양을 측정하는 수단이다. 엔진에 따라 추력을 나타
내는 수단으로 EPR을 사용하는 항공기도 있고 N_1을 사용하는 항공기도 있다.

터보프롭엔진은 배기가스로 얻는 추력이 전제 추력의 10% 정도밖에 되지 않는다. 그래서
출력을 나타낼 때 EPR을 사용하지 않고 프로펠러축에 가해지는 토크를 나타내는 토크미터

(torquemeter)를 사용한다.

④ N_1/N_2 회전계는 다축식 엔진을 사용하는 항공기에 사용하는 계기이다. 2축 엔진에서 N_1 회전계는 저압압축기와 저압터빈이 연결된 N_1의 회전속도를 지시하고, N_2 회전계는 고압압축기와 고압터빈이 연결된 N_2의 회전속도를 지시한다.

[그림 1-3-248] 터빈엔진계기의 종류

마) 연료계통 기능(점검, 고장탐구 등)

엔진연료조절계통의 주요 구성품

연료계통은 주 연료펌프, 연료필터, 열교환기, 연료조정장치(FCU, Fuel Control Unit), 연료 매니폴드, 연료노즐 등으로 구성되어 있다.

엔진연료계통 점검사항

항공기 형식에 따라 연료계통의 정비내용이 다르므로 기능을 점검하거나 정비할 때는 제작사의 정비교범에 따라야 한다. 일일 점검이나 정시 점검 때 결함이 발견되면 수리하거나 교체한다. 기본적인 점검사항은 다음과 같다.

① 엔진이 작동할 때 연료압력과 연료 흐름 상태를 점검한다. 계통압력이 정상 범위보다 낮을 때는 누설 점검을 해서 해당 부위를 찾아서 수리한다.

② 연료펌프의 작동상태와 배관상태, 누설이 있는지 점검한다.

③ FCU의 작동상태와 연료노즐의 분사상태를 점검한다. FCU는 구조가 복잡하고 엔진마다 정비방법도 달라서 FCU에 이상이 있을 때는 교환한다. 규정된 작업절차에 따라 엔진에서 FCU를 장탈하고, FCU를 교환한 다음에는 엔진 트리밍과 리깅을 한다. 연료노즐의 상태에 따라 연료분사 각도와 연소상태가 변해서 연소실에 손상을 입힐 수 있고 엔진출력에도 영향을 미친다.

④ P&D 밸브를 점검해서 이상이 있으면 교환한다. P&D 밸브에 이상이 있으면 연료가 배출되지 않고 연소실에 남아서 과열시동이 될 위험이 있다.

연료조정장치(FCU, Fuel Control Unit)

연료조정장치는 엔진으로 공급되는 연료 유량을 기계적으로 제어하는 장치이다. 스로틀 레버 각도(PLA, Power Lever Angle)가 설정되면 자동으로 연료량을 제어해서 RPM을 일정하게 유지한다.

유압-기계식(hydro-mechanical) FCU는 수감부(computing section)와 유량조절부(metering section)로 구성된다. 수감부는 엔진 작동상태를 수감하고 계산해서 유량조절부로 보낸다. 유량조절부는 수감부에서 계산한 신호를 받아서 연료량을 조절해서 엔진에 최적의 연료량을 공급한다.

FCU에 전달되는 신호의 종류는 다음과 같다.

① 스로틀 레버 각도(PLA)

② 엔진 회전수(RPM)

③ 압축기 출구압력(CDP)

④ 압축기 입구온도(CIT)

㉮ 스로틀 레버를 밀어서 PLA가 커지면 연소실로 가는 연료량이 늘어난다. 이때 연료를 계속 공급하면 과농후 연소정지 현상이나 압축기 실속이 일어난다. 따라서 엔진 회전수를

수감해서 이러한 현상이 일어나지 않는 범위까지만 연료를 공급해야 한다.

㉯ 압축기 출구압력이 높을 때 연료가 많이 공급되면 터빈 입구에서 연소가스의 체적이 증가하고, 연소가스 누적 현상이 생겨 연소가스가 충분히 빠져나가지 못하기 때문에 압축기 실속이 발생할 수 있다. 따라서 압축기 출구압력이 증가하면 연료량을 줄여야 한다.

㉰ 압축기 입구온도가 증가하면 터빈 입구온도가 증가하므로 연료량을 줄여야 한다.

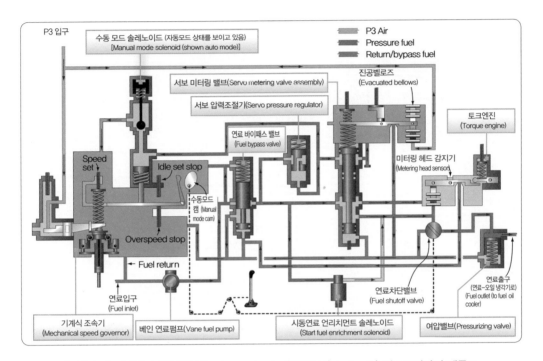

[그림 1-3-249] 유압기계식(hydromechanical)/전자식(electronic) 연료조정장치 계통도

⊙ EEC(Electronic Engine Control)와 FADEC(Full Authority Digital Engine Control)

EEC는 엔진에 장착된 FADEC의 구성품(hardware)이고, FADEC는 엔진에 부착된 여러 센서에서 정보를 받아 엔진을 가장 효율적으로 제어하는 시스템(software)이다.

① EEC는 유압-기계식 FCU에서 발전해서 전자식으로 제어하는 방식이다. EEC는 유압-기계식 FCU만 사용할 때보다 연료량을 정밀하게 제어해서 효율이 높아진다.

② FADEC는 모든 비행상태에서 엔진을 최적의 상태로 작동하기 위해 항공기와 엔진에서 여러 신호를 받아 처리하고 제어하는 디지털 시스템이다. 연료량 조절기능에 추가로 압축기 가변 스테이터 베인, 압축기 블리드 밸브, 터빈 냉각 등 엔진계통의 모든 작동을 종합적으로 조절해서 압축기 실속, 배기가스온도 초과와 같은 비정상 작동을 방지해서 안전성을 높이고, 조종사의 업무량을 줄여준다. 과거의 결함을 저장하고 출력할 수 있고 현재의 결함 유무도 확인할 수 있다.

③ 오늘날 항공기는 전자엔진제어장치(EEC, Electronic Engine Control)와 연료미터링장치(FMU,

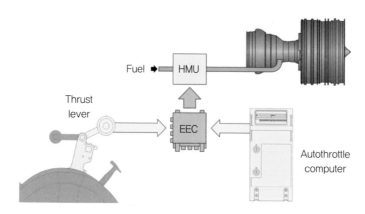

[그림 1-3-250] CFM56-7B 엔진의 EEC

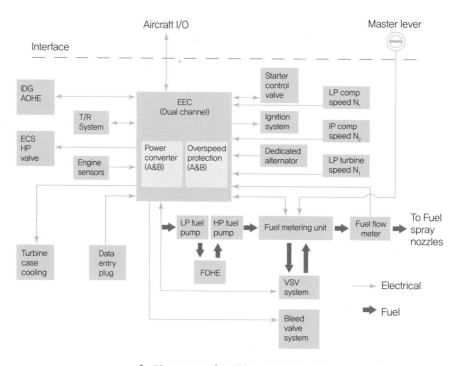

[그림 1-3-251] 전형적인 FADEC 구조

Fuel Metering Unit)로 연료량을 조절한다. CFM56-7B 엔진의 EEC는 자동속도조절장치 (autothrottle) 입력과 추력레버(thrust lever) 위치를 입력받아 유압기계장치(HMU, Hydro-Mechanical Unit)를 통해 엔진으로 연료를 공급하도록 계량한다.

⊙ 엔진 트리밍(engine trimming)과 리깅(rigging)

① 엔진 트리밍은 제작사가 정한 정격(rating)에 맞도록 엔진을 조절하는 작업을 말한다. 가스터 빈엔진이 정해진 회전수에서 정격추력을 만들도록 FCU와 각종 기구를 조정하는 작업이다.

제작사의 지시에 따라 작업해야 하고, 비행기가 정풍을 받거나 무풍일 때가 좋다. 엔진 트리밍은 엔진 교환 시, FCU 교환 시, 배기노즐을 교환했을 때 수행한다.

② 리깅은 조종석의 레버(lever) 위치와 엔진에서 실제로 움직이는 작동부의 위치를 맞추는 작업이다. 레버를 조작한 만큼 엔진이 작동하도록 케이블이나 작동부를 조절한다.

⊙ 여압 및 드레인 밸브(pressure and drain valve, P&D 밸브)의 역할

여압 및 드레인 밸브(pressure and drain valve)는 FCU와 연료 매니폴드 사이에 있다. P&D 밸브의 역할은 연료압력이 일정 압력 이상이 될 때까지 연료 흐름을 차단해서 연료를 1차 연료 흐름과 2차 연료 흐름으로 나누고, 엔진 정지 후 매니폴드나 연료 노즐에 남아 있는 연료를 배출한다.

⊙ 연료 노즐(fuel nozzle)

연료 노즐은 연소실로 연료를 미세하게 분무하는 장치이며, 증발식과 분무식이 있다.

① 증발식은 증발관 가운데로 연료와 1차 공기가 같이 통과하면서 연소열로 연료가 증발한다.

② 분무식은 연료를 고압으로 분사하는 방식으로, 대형 엔진에는 복식 연료 노즐을 사용한다. 1차 연료는 시동 시 시동이 잘 걸리도록 노즐 중심에서 넓은 각도로 분사되고, 2차 연료는 자립 회전속도(idle RPM) 이상에서 노즐 가장자리에서 연소실 벽에 닿지 않게 좁은 각도로 멀리 분사된다.

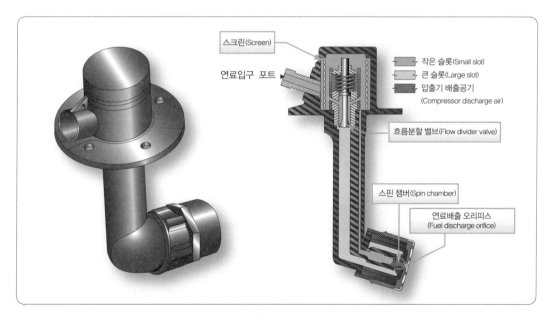

[그림 1-3-252] 복식 연료 노즐

⊙ 열점(hot spot) 현상

열점 현상은 과열로 연소실이나 터빈 블레이드가 검게 그을리거나 타서 떨어져 나가는 현상을 말한다. 즉, 연소실에서 연료 노즐의 이상으로 연소실 벽에 연료가 직접 닿아서 생기거나 터빈 블레이드의 냉각 공기구멍이 막혀서 연소실에서 오는 뜨거운 공기가 블레이드에 직접 닿았을 때 발생한다.

바) 흡입 및 공기 흐름 계통

⊙ 터빈엔진 흡기계통(turbine engine inlet systems)

① 공기흐름이 일정하지 않을 경우 압축기 실속(stall; 공기 흐름이 멈추거나 거꾸로 흐르는 경향이 있음)이나 터빈(turbine)의 내부 온도가 과도하게 상승하는 경향이 있다. 일반적으로 공기흡입구 덕트(air-inlet duct; 공기를 흡입하는 엔진 입구)는 엔진부품이 아니라 기체부품으로 간주된다. 그러나 그 덕트(duct)는 엔진 전체의 성능 및 적정한 추력을 만들기 위하여 엔진에서 아주 중요하다.

② 가스터빈엔진은 왕복엔진보다 월등히 많은 공기를 필요로 한다. 그래서 공기가 들어가는 입구가 엔진의 추력에 상응하여 크다. 특히 고속에서 엔진과 항공기의 성능을 결정하는 데 공기의 양은 매우 중요하다. 비효율적인 흡입구 덕트(inlet duct)는 다른 엔진부품들의 성능에 막대한 부담을 줄 수 있다. 그러한 흡입구는 터빈엔진의 종류에 따라 다양하다. 대형 터보팬(turbofan)엔진보다 상대적으로 작은 규모인 터보프롭(turboprop) 및 터보샤프트(turboshaft) 엔진은 완전히 다른 모양에 공기 흐름이 적은 흡입구로 구성되어 있으며, 대체로 터보프롭, 보조엔진, 그리고 터보샤프트엔진은 외부 물질의 유입으로 인한 피해(FOD)를 방지하기 위하여 스크린(screen) 형태의 흡입구를 사용한다.

③ 항공기의 속도가 증가되면 추력은 조금 감소하는 경향이 있다. 항공기가 어떤 속도에 도달하면 감소된 추력 손실은 램에어(ram air)의 영향으로 어느 정도 보상된다. 램 에어 영향으로 자유로운 공기흐름에서 흡입구 내의 공기분자가 압축되기 시작하면 전체 압력이 상승하고, 이 추가되는 압력은 엔진의 압축력과 공기 흐름을 증가시킨다. 이것을 램 회복(ram recovery) 혹은 전압력 회복(total pressure recovery)이라고 한다. 따라서 흡입구 덕트는 가능한 한 최소한의 와류와 압력으로 압축기 입구에 공기를 일정하게 보내 주어야 하며, 또한 항공기에는 최소한의 항력이 되게 해야 한다.

⊙ 디퓨저 역할을 하는 흡입덕트(an inlet duct acts as a diffuser)

흡입구 덕트(inlet duct)의 가장 중요한 기능은 적당한 양의 공기를 엔진 입구로 공급하는 것이다. 터보제트 혹은 저바이패스 터보팬엔진을 사용하는 전형적인 군용 항공기에서 공기가 최대로 필요할 때의 엔진 전면에서 직접 흡입되는 공기의 속도는 마하 1 이하이다. 엔진으로의 공기 흐름은 항상 마하 1 이하가 되어야 한다. 그러므로 모든 비행상태하에서 에어 흡입구 덕트로 들어가는 공기의 속도는 압축기에 들어가기 전에 덕트를 통과하면서 감소되어야 한다. 이렇게 되기 위해서는 흡입구 덕트는 디퓨서(diffuser)와 같은 성능을 갖게끔 설계되어야 하며 따라서 덕트를 통과하면서 공기의 속도는 감소되고 공기의 정압(static pressure)은 증가된다.

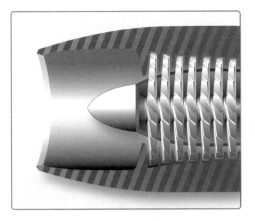

[그림 1-3-253] 디퓨저 역할을 하는 흡입덕트

[그림 1-3-254] 터보팬엔진 흡입구

터보팬엔진 흡입구(turbofan engine inlet sections)

① 고바이패스 터보팬엔진은 보통 압축기의 앞쪽 끝에 팬이 장착되며, 인렛 카울(inlet cowl)은 엔 진 전방에 볼트로 장착되며 엔진 내부로 들어가는 공기의 통로를 제공한다.

② 2축 압축기(dual spool compressor) 엔진에서 저압압축기(low pressure compressor)는 팬(fan)과 함께 구동하며 최상의 팬 효율을 얻기 위하여 팬 블레이드 끝부분(fan blade tip)의 회전속도를 저속으로 유지하고 있다. 그 팬은 전통적인 공기 흡입구 덕트를 사용하며 흡입구 덕트에서의 흐름 손실을 줄일 수 있도록 되어 있다. 팬은 이물질이 흡입되었더라도 방사선 방향으로 배 출하여 엔진 중심부보다는 바깥 부분의 팬 쪽으로 지나가게 하여 이물질에 의한 엔진의 손상 을 줄일 수 있다.

③ 방빙을 위하여 엔진 압축기 내부에서 추출된 따뜻한 블리드 공기(bleed air)가 흡입구 립(lip) 의 내부를 순환한다. 팬허브(fan hub) 또는 스피너는 따뜻한 공기로 가열되거나 앞서 언급한 것처럼 원뿔형으로 되어 있다. 팬블레이드 끝단 근처의 흡입구 내부는 갑작스런 움직임으로 짧은 시간 동안 팬블레이드가 끝단에 닿아 마찰되더라도 문제가 없도록 마모될 수 있는 러브 스트립(rub-strip)으로 되어 있다.

④ 또한 흡입구 내부는 팬에 의한 소음을 줄이기 위하여 소음감소 물질로 되어 있다. 고바이패 스 엔진에서 팬은 84 in 이하부터 112 in 이상의 범위로 되어 있는 1단의 회전하는 블레이드 및 고정된 베인(vane)으로 구성된다.

⑤ 팬 블레이드는 속이 빈 티타늄 재질(hollow titanium material) 또는 복합소재 재질(composite material)로 되어 있다.

⑥ 팬 블레이드의 바깥 부분에 의하여 가속된 공기가 2차 공기 흐름을 형성하여 엔진 내부를 통 하지 않고 바깥으로 배출된다. 고바이패스 엔진에서 2차 공기 흐름은 추력의 80%를 생산한다. 팬 블레이드 안쪽을 통과하는 공기는 1차 공기 흐름을 형성, 엔진 내부를 통하여 배출된다. 외

부로 빠져나가는 팬을 통과한 2차 공기는 엔진구조에 따라 두 가지 형태로 흘러 나간다.

㉮ 팬 배출 공기는 팬 후방의 짧은 덕트(팬 덕트)를 통해 바로 빠져나간다.

㉯ 팬 배출 공기는 엔진의 후미 부분까지 이어진 내부 덕트(ducted fan)를 이용, 혼합된 배기 노즐을 통하여 바깥으로 빠져나간다.

[그림 1-3-255] 팬 블레이드 내부를 통과하는 공기   [그림 1-3-256] 팬 배출공기

◈ 흡입계통 점검사항

① 공기 흐름에 영향을 줄 수 있는 표면의 균열이나 파손 상태 등을 점검한다.

② 엔진 흡입구 방빙 계통과 스크린(screen)이 있는 엔진은 스크린을 점검한다.

사) exhaust 및 reverser 시스템

◈ 터빈엔진 배기노즐(turbine engine exhaust nozzles)

① 헬리콥터의 터보 샤프트엔진에는 확산형 덕트 형태의 배기노즐이 사용된다. 이 형태의 노즐은 어떤 추력을 생산하는 것이 아니라 모든 엔진파워로 로터(rotor)를 회전시켜 헬리콥터의 호 버링(hovering; 헬기가 공중에 정지해 있는 상태) 능력을 향상시킨다.

② 터보팬엔진은 덕트가 있는 팬과 덕트가 없는 팬으로 구분된다.

㉮ 덕트가 있는 팬(ducted fan)엔진은 팬 공기 흐름을 발생시켜 그것을 직접 닫힌 덕트를 통하여 보낸 후 배기노즐로 흐르게 한다. 엔진 내부의 배기 공기와 팬 공기가 합쳐지며 이 합 쳐진 노즐을 통하여 흐른다.

㉯ 덕트가 없는 팬(unducted fan)은 두 개의 노즐이 있는데, 하나는 팬 공기 흐름, 그리고 다른 하나는 엔진 내부의 공기 흐름을 담당한다. 이 두 가지는 각각의 노즐을 가지고 있으며, 각각으로부터 갈라져 대기로 흐른다.

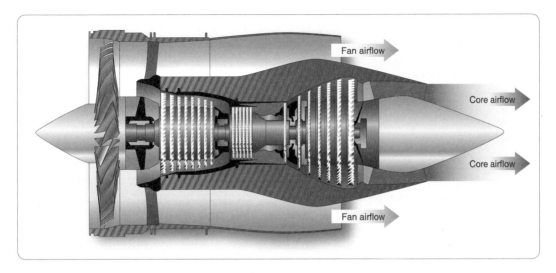

[그림 1-3-257] 코어 배기 흐름과 팬 흐름

➤ 수축형 배기노즐(convergent exhaust nozzle)

배기가스가 엔진의 후미로 빠져나가면 배기가스는 배기노즐 속으로 흐른다. 배기노즐의 전반부는 공기 흐름에서 와류를 줄이기 위해 배기플러그(exhaust plug, tail cone과 같은 말)와 같이하여 확산형 덕트를 형성하며, 후반부는 작은 배출구에 의하여 배기가스 흐름이 제한되는 수축형 덕트를 형성한다. 수축형 덕트를 형성하면 배출가스 속도는 증가되어 추력도 증가된다. 배기노즐의 배출구를 제한하면 추력성능을 통제할 수 있다. 만약 노즐구가 너무 크면 추력이 손실되고, 너무 작으면 엔진의 다른 곳에서 막힘 현상이 발생한다. 다시 말해 배기노즐은 하나의 오리피스(orifice) 역할을 하여 엔진으로부터 나오는 가스의 밀도 및 속도를 결정한다. 이것은 추력 성능에 중요하다. 배기노즐의 크기를 조절하여 엔진의 성능 및 배기가스 온도를 변화시킨다.

노즐에서 배기가스의 속도가 마하 1이 되면(배기가스는 이 속도로 흐른다) 증가되거나 감소되지 않

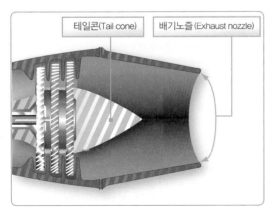

[그림 1-3-258] 테일콘과 배기노즐

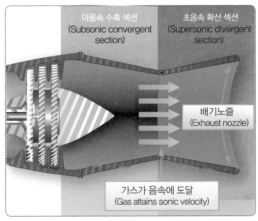

[그림 1-3-259] 수축-확산형 배기노즐

는다. 노즐에서 마하 1을 유지하고 여분을 갖는 충분한 흐름은(배출구에서 제한되는 흐름) 소위 막힘 노즐(choked nozzle)을 만든다. 여분의 흐름은 노즐에서 압력을 증대시켜 때로는 압력추력(pressure thrust)이라고도 한다. 압력의 차이는 노즐의 내부와 대기 사이에 존재한다. 노즐 배출구의 압력 차이를 크게 증가시켜서 압력추력을 더 얻을 수는 있으나, 대부분의 에너지가 프로펠러, 대형 팬, 혹은 헬리콥터 로터를 회전시키기 위하여 터빈을 구동하는 데 사용되기 때문에 많은 압력추력으로 발전시킬 수 없다.

➤ 수축-확산형 배기노즐(convergent-divergent exhaust nozzle)

배기가스 속도가 엔진 배기노즐에서 마하 1을 넘을 수 있도록 충분히 높을 때면 수축-확산형 노즐을 사용하여 더 많은 추력을 얻을 수 있다. 수축-확산형 노즐의 장점은 엔진 배기노즐에 걸쳐 높은 압력비가 가능하므로 높은 마하수에서 최대추력을 얻을 수 있다. 가스의 일정한 무게나 체적이 음속에 도달한 후 더 빠른 속도(supersonic)로 계속 흐르게 하기 위해서는, 초음속 배기덕트의 후방 부분에서 더 많은 가스(무게 또는 체적)가 초음속으로 흐르도록 확장되어야 한다. 만약 이것이 이루어지지 않는다면 그 노즐은 효율적으로 작동하지 않는다. 이것이 배기덕트의 확산 부분이다. 전통적인 배기덕트와 확산 덕트가 혼합하여 사용될 때 수축-확산 배기덕트라 부른다. 수축-확산 또는 C-D 노즐에서 수축 부분은 아음속을 거쳐 노즐의 목에서 음속에 이르기까지 가스를 운반하기 위하여 설계되었다. 확산 부분은 목을 벗어나면서 속도가 더 증가하고 초음속이 되는 과정이다. 가스가 노즐의 목을 지나 초음속(마하 1 이상)이 되면 노즐의 확산 부분 속으로 지나면서 초음속 이후는 속도가 계속 증가한다. 이런 형태의 노즐은 일반적으로 고속 우주비행체에 사용한다.

➤ 역추력장치(thrust reversers)

① 기계적 차단(mechanical-blockage)은 배기가스 흐름 속에서 움직일 수 있는 차단장치를 노즐의 약간 뒤에 장치하는 것이다. 배기가스는 배기가스를 반대 방향으로 흐르게 하기 위하여 장착된 반원이나 조개 모양의 콘 등에 의해 기계적으로 차단되어 적당한 각도로 역류하게 된다.

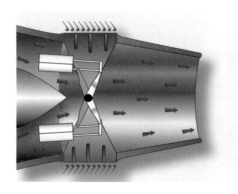
(a) 전진추력(forward thrust)

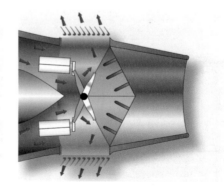
(b) 역추력(reverse thrust)

[그림 1-3-260] 역추진장치의 전진추력과 역추력

이것은 배기가스의 흐름을 역류시키기 위한 위치에 놓이게 된다.

대체로 이러한 형태는 팬과 코어 흐름이 엔진에서 방출되기 전에 노즐에서 같이 섞이는 덕트가 있는 터보팬엔진에서 사용된다. 클램셸 차단(clamshell-blockage) 또는 기계적 차단 (mechanical-blockage) 역추력장치는 방출되는 배기가스의 길을 차단하여 엔진의 전진추력을 무력화시키고 역류시킨다. 역추력장치는 고온에 잘 견디고, 기계적으로 강하며, 무게가 비교

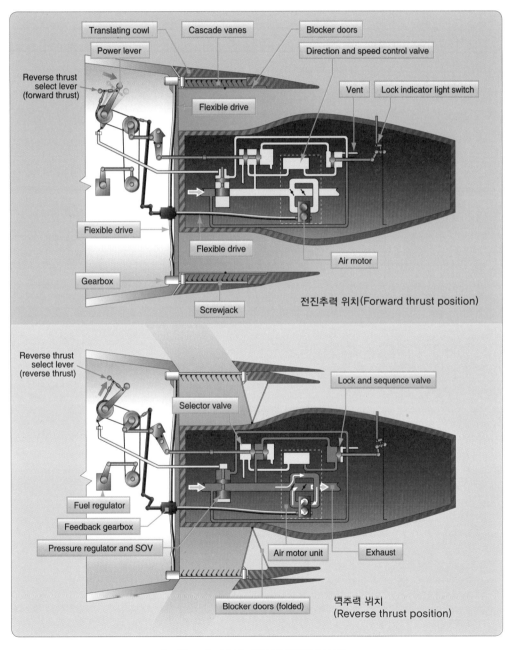

[그림 1-3-261] 역추진장치의 구성품

적 가볍고, 신뢰성이 있으며, 고장이 났을 때도 안전한 설계(fail-safe)가 되어야 한다. 역추력 장치가 사용되지 않을 때는 클램셸 도어(clamshell-door)는 엔진 나셀의 후방을 형성하며, 엔진 배기덕트 주위에 차례로 잘 접히고 포개어 놓여진다.

② 덕트가 없는 터보팬엔진(unducted-turbofan engine)에 주로 사용되는 공기역학적 차단 형태의 역추력장치는 오로지 항공기 속력을 늦추기 위해 팬 공기가 사용된다. 최신의 공기역학적 역추력장치는 항공기 속도를 감속시키기 위해 팬 공기 흐름 방향을 바꾸는 트랜스레이팅 카울(translating cowl), 블로커 도어(blocker door), 그리고 캐스케이드 베인(cascade vane)으로 구성된다. 만약 추력레버가 아이들(idle) 위치에 있고 항공기 바퀴에 무게가 가해지고 있을 때, 추력레버를 뒤쪽으로 움직이면 트랜스레이팅 카울이 작동(open)하면서 블로커 도어를 움직여 닫히게 한다. 이 작용은 뒤쪽으로 흐르는 팬 공기를 정지시키고 캐스케이드 베인을 통해 앞쪽 방향으로 공기가 흐르도록 하여 항공기 속도를 줄인다. 팬이 엔진 추력의 약 80%를 생산하기 때문에, 팬은 역추력을 내기 위한 가장 좋은 자원이다. 추력레버(출력레버)를 아이들 위치로 되돌리면, 블로커 도어는 열리고 트랜스레이팅 카울이 닫히면서 팬 공기는 다시 뒤쪽으로 흐르게 된다.

③ 역추력장치가 펼쳐지거나 접히는 것은 엔진작동에 어떤 역효과도 주지 않아야 한다. 일반적으로 조종실에는 역추력장치계통의 상태에 관련된 지시계가 있다. 역추력장치계통은 클램셸 도어(clamshell door) 또는 블로커 도어(blocker door)를 움직이는 여러 부품과 트랜스레이팅 카울(translating cowl)로 구성된다. 구동력은 대체로 공기압 또는 유압이고, 역추력장치계통을 전개하거나 접기 위해 기어박스, 플렉스드라이브(flexdrive), 스크루잭(screwjack), 조종밸브(control valve), 그리고 공기압모터(air motor) 또는 유압모터(hydraulic motor)를 사용한다. 시스템은 조종실로부터의 전개 명령이 있을 때까지 접혀 있는 위치에서 잠겨 있어야 한다. 작동되는 여러 부품들이 있기 때문에, 지속적으로 검사하고 정비하는 일이 매우 중요하다. 어떤 형태의 정비를 수행하는 동안이라도, 역추력장치계통은 작업자가 역추력장치계통 부위에 사람이 있는 동안에는 전개되지 않도록 기계적으로 잠겨 있어야 한다.

➤ 엔진 소음 감소(engine noise suppression)

원천적인 형태의 소음 감소 장치는 엔진 또는 엔진 배기노즐과 같이 장착되어 있는 엔진 기본구조라고 할 수 있다. 엔진 소음의 원인은 엔진 배출부, 팬 또는 압축기 등 여러 곳에 있으나, 통상 가스터빈엔진의 작동 중에 수반되는 소음원은 위의 세 가지로 본다. 엔진 공기흡입구와 엔진 하우징에서의 진동은 일부 소음의 근원이기는 하지만, 엔진 배기에 의해서 생기는 소음과는 크기면에서 비교되지 못한다.

엔진 배기 소음은 비교적 조용한 대기 중으로 이동하는 고속제트기류의 난류의 심한 정도에 의해서 발생된다. 엔진 뒤쪽으로 갈수록 노즐 직경이 작아지기 때문에, 제트기류의 속도는 빨라지고 대기와 제트기류가 함께 섞이지 못한다. 이곳에서 고속제트기류 내에 매우 작은 난류가 나타나고

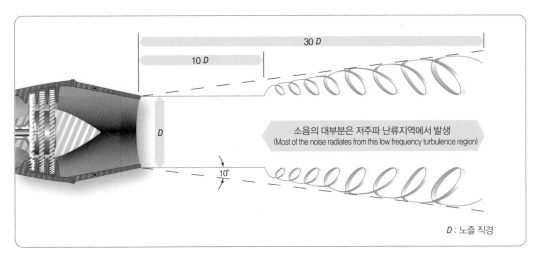

[그림 1-3-262] 터빈 배기 소음 형태

상대적으로 고주파 소음이 발생한다.

⊙ 소음 감소 장치

현재 사용되고 있는 소음 감소 장치에는 파형 돌출형(corrugated-perimeter type)과 멀티튜브형(multi-tube rype)이 있다. 이 두 형태의 감소장치는 배기되는 하나의 큰 제트기류를 다수의 작은 제트기류로 분쇄시킨다. 이렇게 하여 노즐의 전체 둘레를 증가시켜 주며 가스가 대기 중으로 확산될 때 나타나는 소용돌이의 크기를 축소시킨다. 전체 소음 에너지는 변화되지 않지만 주파수는 상당히 증가된다. 배기되는 제트기류의 크기가 커지면 소용돌이의 크기는 급격히 축소된다. 이러한 사실은 두 가지 효과를 갖는데, 첫째는 주파수의 변화로 가청범위를 넘게 하여 들리지 않게 할 수 있고, 둘째는 가청범위 내의 고주파는 저주파에 비하여 더욱 곤혹스럽게 하지만 대기에 흡수되어 약화되는 속도가 더 커지게 된다. 그래서 강도는 더 빨리 약화되고 항공기로부터 특정 거리에서도 소음 크기는 작아지게 된다.

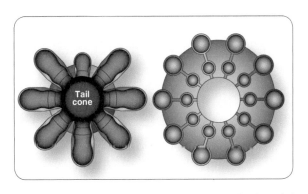

[그림 1-3-263] 파형 돌출형과 멀티튜브형 소음 감소 장치

터빈엔진 배출물(turbine engine emissions)

가스터빈으로부터 배출가스, 특히 질화산화물(NOx)을 낮추기 위한 개선의 노력이 지속적으로 요구되고 있다. 연구의 대부분은 엔진의 연소 부문 분야에 집중되어 왔다. 새로운 기술의 특수한 연소실 설계는 배출가스를 크게 감소시키고 있다. 한 제작사는 선회기능을 이용하여 미리 혼합시키는 이중 애뉴러(TAPS, Twin Annular, Pre-mixing Swirler) 연소실이라고 부르는 설계를 하였다. 가장 향상된 설계는 연료·공기가 연소실 지역에 들어가기 전에 미리 혼합하는 방법을 필요로 한다. TAPS 설계에서는 고압 압축기에서 나온 공기가 연료노즐에 인접한 2개의 고에너지 선회기를 통과하여 연소실 안으로 들어가게 된다. 이러한 소용돌이는 더욱 완벽하게 연료와 공기를 더 희박하게 혼합시켜서 이전에 가스터빈엔진 설계보다 더 낮은 온도에서 연소되도록 해 준다. NOx의 대부분은 고온 상태에서 산소와 질소의 반응에 의해 형성된다. 만약 연소하는 연료·공기혼합물이 더 오랜 시간 고온 상태에 머무른다면, NOx 수준은 더 높아진다. 또한, 새롭게 설계된 연소실은 일산화탄소와 연소되지 않은 탄화수소가 더 낮은 수준으로 생성되게 한다. 가스터빈엔진에 있어서 구성부품들의 효율 증가는 가스터빈엔진의 배출가스가 더 적게 되는 결과를 가져올 것이다.

아) 세척과 방부처리 절차

가스터빈엔진의 방부처리 절차

가스터빈엔진의 부품 세척은 왕복엔진의 부품 세척방법과 같지만, 고온을 받는 부분에 생기는 탄소 찌꺼기와 산화물은 화학적 세척으로만 씻어낼 수 없어서 블래스트(blast)와 같은 기계적 세척을 한다. 세척이 끝난 부품은 부식방지 처리를 한다.

장탈한 엔진을 30일 이상 보관할 때는 기존의 윤활유를 배출하고 방식 컴파운드(corrosion-preventive compounds)를 넣고, 엔진 내부에 습기와 이물질이 늘어가지 않도록 덮개로 막아 용기에 보관한 다음 습도를 30% 이하로 유지한다.

가스터빈엔진을 저장하기 위한 방부처리 절차는 다음과 같다.

① 엔진의 윤활유 탱크에서 기존 윤활유를 배출하고 방식 컴파운드(MIL-C-6529)를 넣는다.

② 시동기로 엔진을 모터링(motoring)해서 윤활계통에 방식 컴파운드가 순환되도록 한다. 연료계통 방부처리는 솔벤트와 방식 컴파운드를 섞어서 연료노즐에 분무한 다음 압축공기로 불어낸다.

③ 모터링하는 동안 엔진 흡입구와 압축기에 방식 컴파운드를 분무한다.

④ 방부처리가 끝났으면 공기흡입 부분과 배기 부분에 이물질이 들어가지 않도록 덮개로 막는다.

⑤ 엔진 내부에 습기가 들어가지 않도록 내부와 통하는 구멍을 플러그나 테이프로 막는다.

⑥ 엔진을 용기(container)에 넣고 적당한 간격으로 실리카겔(silica-gel) 방습제를 넣는다.

⑦ 용기 내부에 공기가 유입되지 않도록 용기에 질소를 5 psi 압력으로 넣는다.

⑧ 엔진 이력부와 각종 관련 서류를 보관함에 넣어서 보관한다. 용기 외부에는 엔진의 상태를

알 수 있도록 저장날짜, 검사날짜, 저장 해제날짜, 엔진상태(사용 가능 또는 수리 필요) 등을 적는다.

자) 보조동력장치계통(APU)의 기능과 작동

◈ 보조동력장치(APU, Auxiliary Power Unit)

① APU(Auxiliary Power Unit) 일반 설명 및 작동

㉮ APU는 지상에서 시동을 거는 엔진에 압축공기를 제공하는 소형 독립형 장치이다. 항공기가 지상에 있고 제한된 고도에서 비행하는 동안 에어컨용 압축공기를 제공한다. 또한 지상 또는 비행 중에 사용할 전력을 제공한다.

㉯ APU는 가스터빈엔진, accessory drive를 통해 터빈으로 구동되는 교류 발전기, 안전하고 지속적인 작동을 위한 제어장치로 구성되어 있다. engine compressor bleed system은 항공기 pneumatic system에 연결된다. 발전기는 항공기 전기 시스템에 전력을 공급한다. 화재 감지, 경고 및 소화 시스템도 APU에 제공된다.

㉰ APU는 항공기 tail section에 있다. APU에 대한 접근은 APU 바로 아래에 있는 동체의 latched access door를 통해 이루어진다.

㉱ APU 작동을 위한 연료는 항공기 기체 연료탱크에서 얻는다. APU를 시작하기 위한 전력은 항공기 배터리에서 얻는다. master switch를 START 위치에 놓으면 APU를 시작하기 위해 자동으로 제어되는 작동이 시작된다. APU fuel valve와 air inlet door가 열린다. 가속, 점화 및 스타터 모터(ignition, and starter motor)의 컷아웃(cutout)은 엔진이 서비스 속도에 빠르고 안전하게 도달할 수 있도록 제어된다. APU가 서비스 속도에 도달하는 즉시 컨트롤을 올바르게 배치하여 공압 또는 전력을 얻는다. 항공기 엔진 시동과 같이 많은 양의 공압이 필요한 경우 전기 부하를 줄여야 한다.

㉲ master switch를 OFF 위치에 놓으면 APU가 작동 중지된다. APU는 엔진 과속, 낮은 오

[그림 1-3-264] GTC36 APU 장착 사진   [그림 1-3-265] A380 APU exhaust in the tailcone

일 압력, 높은 오일 온도 또는 APU 컴파트먼트에 화재가 있는 경우 자동으로 꺼진다. APU 화재 발생 시 소화기 배출을 수동으로 제어한다.

② APU engine

APU engine은 단일 단계(single-stage) 내부 흐름 터빈(inward flow turbine)에 직접 연결된 2단계 원심 압축기(two-stage centrifugal compressor)로 구성된 가스터빈이다. 터빈 샤프트(turbine shaft)는 액세서리 드라이브 섹션(accessory drive section)에 맞물려 있으며 엔진 액세서리와 제너레이터를 구동하기 위한 동력을 제공한다.

③ APU shroud

APU와 그 부속품은 방화 및 소음 감소 슈라우드(shroud)에 둘러싸여 있다. 슈라우드는 상부 슈라우드와 하부 슈라우드로 구성된다.

④ APU mount

APU mount는 ring mount, shroud ring, engine mount로 구성된다. shroud ring은 엔진 마운트와 상부 shroud를 지지한다. shroud ring은 ring mount strut과 bracket으로 항공기 구조에 부착된다.

⑤ APU air inlet

APU air inlet은 압축기(compressor) 흡입공기(inlet air)와 냉각공기를 APU 엔진에 제공한다. 흡입공기는 공기 확산기 덕트(air diffuser duct), 압축기 공기 흡입구 덕트(air inlet duct), 보조 냉각공기 덕트 및 공기 흡입구 도어(air inlet door)로 구성된다.

⑥ APU engine fuel system

APU engine fuel system은 연료를 항공기 기체 연료탱크에서 APU 엔진으로 전달하고, 그곳에서 계량되어 연소실로 전달된다. 연료 시스템은 다양한 부하조건에서 일정한 터빈속도를 유지하고 안전구역 내에서 터빈온도를 유지하기 위해 연료 흐름을 조절한다.

⑦ APU ignition and starting

APU 점화 및 시동 시스템은 APU 엔진축을 회전(cranking)시키고 연소실에서 연료-공기 혼합물(fuel-air mixture)을 점화하는 수단을 제공한다. 자동제어장치는 엔진이 약 35% 및 95%(APU type별 상이)에서 회전할 때 스타터 모터(starter motor) 및 점화회로(ignition circuit)의 전원을 차단한다.

⑧ APU air system

㉮ APU air system은 항공기 pneumatic system에서 사용하기 위해 APU에서 추출할 수 있는 블리드 공기(bleed air)의 속도와 최대량을 조절하기 위해 자동으로 작동하는 공압 및 기계구성요소(pneumatic and mechanical component)로 구성된다.

㉯ 액세서리 드라이브 섹션에 의해 구동되는 팬은 냉각공기를 AC electrical generator, lubricating oil cooler, engine accessory로 순환시킨다.

⑨ APU engine control

APU engine control은 APU 엔진의 start, stop 및 정상작동(normal running)을 제어하기 위해 수동 및 자동으로 작동되는 스위치로 구성된다. APU 제어 구성요소는 APU 엔진, APU 제어장치(control unit) 및 전방 overhead panel에 있다.

⑩ APU engine indicating

APU engine indicating은 배기가스 온도 표시 시스템(exhaust gas temperature indicating system), APU가 작동한 시간을 기록하기 위해 APU에 장착된 경과시간 표시기, 전방 overhead panel의 과속표시등(overspeed light)으로 구성된다.

⑪ APU exhaust

APU exhaust 장치는 공랭식 배기덕트(air-cooled exhaust duct)를 통해 APU exhaust gas를 기체 밖으로 내보내는 소음 감소 시스템(sound reducing system)이다.

⑫ APU lubrication

APU lubrication 시스템은 장치 내의 모든 gear와 bearing에 가압 및 스프레이 윤활(pressurized and spray lubrication)을 제공하는 자체 포함 시스템이다. oil pump, oil tank, 각종 oil line으로 구성되어 있다.

⑬ APU oil indicating

APU oil indicating 시스템은 전방 overhead panel에 있는 표시등(indicating light)으로 high oil temperature, low oil pressure, low oil quantity를 모니터링하는 수단을 제공한다.

아 항공기 취급

1) 시운전 절차(engine run up) [ATA 80 starting] (구술평가)

가) 시동절차 개요 및 준비사항

✈ 항공기 시운전 시 안전준수사항

① 항공기 해당 기종의 manual 절차를 준수한다.

② engine starting 전에 fire warning 장치 및 소화기계통 작동상태를 확인한다.

③ engine air intake 부분이 FOD(Foreign Object Debris) 유무를 점검한다.

④ engine 내부 화재 시 fuel valve를 즉시 차단한 후 dry motoring을 실시한다.

⑤ RPM, EGT, oil pressure, fuel flow 등의 지시값이 한계를 유지하는지 확인한다.

⑥ 지상 감시자의 위치를 확인하고, 상호 통신수단(interphone 등)을 구축한다.

⑦ parking brake setting 및 tire에 chock를 설치한다.

⑧ 항공기의 무게중심이 주어진 범위 내에 있도록 한다.

⑨ 항공기 전체의 무게가 주어진 값 이상이 되도록 한다.

⑩ 최대 추력으로 운전하지 않는 다른 엔진은 권고된 추력 이내로 작동한다.

⑪ ignition plug, borescope plug, hot section용 볼트 장착 시에는 anti-seizing compound를 바른다.

⑫ 화재 발생에 대비하여 소화기를 비치한다.

⑬ 항공기를 시동 장소에 주기시킬 때에는 기수를 바람 부는 방향으로 향하도록 위치시킨다.

⑭ oil tank와 starter 및 generator의 oil양이 충분한지 점검한다

시동 시 확인할 사항

① 항공일지(Aircraft Log)의 이력부(record)를 보고 시동 가능 상태인지 확인한다.

② 항공기를 인가된 장소에 맞바람을 받도록 주기한다.

③ 항공기에 고정핀(ground lock pin)이 꽂혀 있는지, 파킹 브레이크를 걸었는지, 고임목(chock)을 잘 댔는지 확인한다.

④ 작동유량, 윤활유량, 연료 누설을 확인한다.

⑤ 시동에 필요한 스위치의 ON/OFF 위치를 확인하고 회로차단기(circuit breaker)도 확인한다.

⑥ 화재에 대비해서 이산화탄소 소화기와 같은 B급 화재 소화기를 배치한다.

⑦ 주변을 정리해서 엔진에 이물질이 흡입되지 않도록 하고 엔진 후류로 인한 피해를 방지한다.

⑧ 조종석의 작업자는 엔진 상태와 주변 상황을 감시하고, 헤드셋으로 지상 작업자와 의사소통한다.

⑨ 준비가 끝났으면 시동을 시작한다.

⑩ 시동절차는 간단하게 줄이면 ㉮ 시동기로 압축기를 회전시키고, ㉯ 점화한 다음, ㉰ 연료차단밸브(fuel shutoff valve)를 여는 세 단계로 진행된다.

시동 시 항공기의 위치

엔진 시동은 지정된 장소에서 실시하고 항공기가 맞바람을 받도록 주기한다. 맞바람을 받게 놓는 이유는 배풍(tailwind)을 받으면 엔진에 공기가 흡입되지 않고, 역압력구배가 생겨 압축기 실속이 일어날 수 있기 때문이다.

대형 항공기가 사용하는 공기터빈식 시동기 시동 절차

① 압축공기를 공기터빈식 시동기에 넣어서 시동기 안에 있는 터빈을 돌린다.

② 터빈이 회전해서 생기는 회전력으로 액세서리 기어박스를 회전시킨다.

③ 기어박스가 회전하면 기어박스와 연결된 HPC가 회전하고, HPC와 연결된 N_2가 회전한다.

④ N_2가 회전하면 그 관성으로 N_1이 자유회전(free rotation)을 한다.

⑤ N₁이 회전하면 N₁에 연결된 팬과 LPC가 회전해서 연소에 필요한 공기를 흡입한다.

⑥ N₂ 회전수가 일정 회전수[%rpm]에 도달하면 연료를 공급해서 엔진을 회전시킨다.

⑦ 엔진이 자립회전속도(idle rpm)에 도달하면 엔진에서 시동기가 분리되어 시동이 끝난다.

- N₂가 회전하면 HPC에 연결된 액세서리 기어박스가 회전하고, 기어박스에 있는 엔진 구동 발전기와 엔진 구동 펌프를 돌려서 항공기에 필요한 전력과 유압을 만든다.
- 엔진 시동 시 필요한 압축공기는 Air Start Unit(ASU)과 같은 지상장비, 보조동력장치(APU), 이미 작동하고 있는 엔진의 압축공기(cross-feed bleed air)에서 얻을 수 있다.

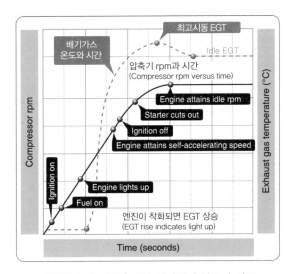

[그림 1-3-266] 가스터빈엔진 시동 순서도

[그림 1-3-267] air start unit

가스터빈엔진 시동 시 일어날 수 있는 비정상 작동

엔진 시동 시 비정상적으로 작동하는 상황에는 과열시동(hot start), 결핍시동(hung start), 시동불능(no start)이 있다.

① 과열시동은 엔진 시동 시 배기가스 온도가 허용한계온도(starting temperature limit)를 초과하는 현상을 말한다. 연료조정장치(FCU) 고장이나 결빙, 압축기 실속 등에 의해 공기 흐름에 이상이 생겼을 때 발생한다. 시동 시 배기가스 온도 증가를 감시해서 과열시동의 징후가 나타나거나 과열시동이 발생하면 시동을 중단한다.

> 과열 상태의 초과 시간과 초과 온도에 따른 조치사항은 엔진 제작사가 명시한다.

② 결핍시동은 엔진이 규정된 시간 안에 자립회전속도(idle rpm)까지 도달하지 못하고 낮은 회전수에 머물러 있는 현상을 말한다. 결핍시동이 발생하면 배기가스 온도가 계속 상승하기 때문에 허용한계온도에 도달하기 전에 시동을 중단해야 한다. 시동기 동력이 불충분할 때 발생한다.

③ 시동불능은 엔진이 규정된 시간(엔진에 따라 다르지만 약 10초) 안에 시동이 걸리지 않는 현상을 말하며, 엔진 회전수나 배기가스 온도가 올라가지 않는 것을 보고 판단할 수 있다. 시동불능이라고 판단되면 즉시 연료차단밸브를 닫아야 한다. 시동불능의 원인으로는 시동기 고장, 점화계통 고장, FCU 고장, 연료 흐름 막힘 등이 있다.

④ 시동에 실패해서 재시동을 할 때는 반드시 먼저 연료차단밸브와 점화스위치를 'OFF'한 다음, 드라이 모터링(dry motoring)을 해서 엔진 안에 남아 있는 연료를 배출한 다음 시동을 걸어야 한다.

> 약 15초 동안 드라이 모터링을 하는데, 모터링을 할 수 없는 때는 재시동 전에 30초간 연료가 빠져나갈 시간을 준다.

나) 시운전 실시

시동 시 확인해야 할 주요 엔진 파라미터

엔진 파라미터(parameter)는 EICAS 화면에서 확인할 수 있다. 시동 시 확인해야 할 주요 파라미터로는 N_1 회전수, N_2 회전수, 배기가스 온도(EGT), 윤활유 압력, 윤활유 온도, 연료 유량, 엔진압력비(EPR)가 있다. 엔진이 자립회전속도(idle rpm)에 도달해서 시동이 정상적으로 걸린 것이 확인되면 엔진구동으로 만들어지는 유압, 전력도 정상 범위인지 확인하고, 작동한계를 초과하는 파라미터가 있는지 확인한다. 시동 중 엔진 파라미터에 이상이 있으면 연료를 차단하고 드라이 모터링(dry motoring)을 한 다음 다시 시동을 건다.

다) 시운전 도중 비상사태 발생 시(화재 등) 응급조치방법

시동 중 엔진을 정지해야 하는 비상사태에는 과열시동이나 결핍시동이 발생했을 때, 윤활유 압력이 한계를 초과했을 때, 압축기 실속이 발생했을 때, 엔진 내부나 배기노즐에 화재가 발생했을 때 등이 있다.

① 엔진 시동 중 화재가 일어나거나 화재경고등이 켜지면 연료차단밸브를 'OFF'한 다음, 불이 꺼질 때까지 엔진을 계속 회전시킨다(cranking 또는 motoring).

② 엔진을 계속 돌려도 화재가 진압되지 않으면 엔진을 돌리는 동안 이산화탄소(CO_2) 소화기를 엔진 흡입구 안으로 분사한다.

③ 그래도 불이 꺼지지 않으면 모든 스위치를 안전한 위치에 놓고 항공기에서 내린 다음 후속 조치를 취한다.

> 연소실 내부에 발생한 화재는 모터링으로 연료를 배출해서 소화해야 한다. 엔진에 사용하는 고정식 소화기는 연소실 내부에 소화제를 발사하는 것이 아니라 연소실과 카울링 사이의 공간에 소화제를 발사해서 소화한다.

🧭 엔진 작동 시 위험요소

작동 중인 엔진에 접근할 때는 엔진이 완속(idle rpm)으로 작동 중이거나, 조종실(flight compartment)의 사람과 연락을 해야 한다. 그리고 흡입 위험구역과 배기 위험구역 사이의 입구/출구통로(entry/exit corridor)를 사용하고, 흡기 및 배기 구역에 들어가지 않는다. 작동 중인 엔진 주위의 위험요소는 다음과 같다.

① 엔진 흡입구의 흡입(engine inlet suction)은 사람과 큰 물체를 엔진으로 끌어당길 수 있다. 완속 출력(idle power)에서 흡입 위험구역은 흡입구 주변 반경 13 ft(4 m)이다.

> 지표면 부근에서 부는 바람(surface wind)이 25노트(knot)를 넘으면 흡입구 위험구역이 20% 증가한다.

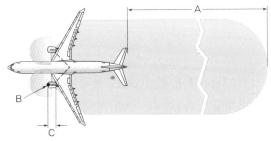

추력의 종류	A (배기 부분)	B (공기 흡입구)	C (엔진 측면)
완속 추력(idle power)	30m	2.7m	1.2m
이륙 추력(take-off power)	579m	4.0m	1.5m

[그림 1-3-268] B737 엔진 작동 시 위험지역

② 배기열(exhaust heat)과 배기속도(exhaust velocity)는 엔진 뒤쪽에 멀리 있는 사람과 장비에 피해(damage)를 줄 수 있다.

③ 엔진소음(engine noise)은 일시적/영구적인 청력 손실을 일으킨다. 작동 중인 엔진 근처에 있을 때는 반드시 귀보호구를 착용해야 한다.

🧭 wet motoring과 dry motoring

모터링은 시동기로 엔진을 공회전하는 작업으로, dry motoring과 wet motoring이 있다.

① dry motoring은 점화스위치와 연료차단밸브 둘 다 'OFF'해서 연료를 공급하지 않는 상태에서 시동기로 엔진을 돌리는 작업이다. 시동 실패 시 엔진에 남은 연료를 배출하기 위해서나 윤활계통과 같이 연료계통 이외의 계통을 정비한 다음에 누설을 확인하기 위해서 하는 작업이다.

② wet motoring은 점화스위치는 'OFF', 연료차단밸브는 'ON'해서 연료를 연료노즐로 분사하지만, 점화는 하지 않고 시동기로 엔진을 돌리는 작업이다. 연료계통을 정비한 다음에 연료 분사 상태와 연료 누설을 확인하기 위해서 하는 작업이다. wet motoring을 한 다음에는 dry motoring을 해서 남은 연료를 배출해야 한다.

라) 시운전 종료 후 마무리 작업 절차

🧭 시운전 종료 후 마무리 작업 절차

① 시운전을 종료한 다음에 엔진이 완전히 정지할 때까지 엔진에 접근하지 않는다.
② 흡입, 배기 커버를 닫거나 격납고로 견인할 때는 엔진이 완전히 식은 다음에 한다.
③ 시운전한 장소 주변을 깨끗하게 정리한다.

2) 동절기 취급절차(cold weather operation) (구술평가)

가) 제빙유 종류 및 취급요령

🧭 제빙액의 종류

제·방빙액의 종류에는 Type I 용액, Type II 용액, Type II 용액, Type IV 용액이 있다.

① Type I은 제·방빙 및 Two-Step의 첫 번째 단계에만 사용한다. 주로 제빙에 사용하고, 방빙 지속시간이 가장 짧다. Type I은 가열하거나 희석해서 사용한다.

② Type II는 많은 눈이 올 때 사용한다. 지상작업 동안 날개에 남아서 얼음이 생기는 것을 방지하고, 항공기 제작사가 따로 지정하지 않는 한 회전속도가 100노트(knot) 이상인 항공기에 사용한다.

③ Type III는 Type I과 Type II의 중간 정도의 방빙액으로, 항공기 제작사가 따로 명시하지 않

는 한 회전속도가 100노트 미만인 일부 항공기에 사용한다.

④ Type IV는 방빙 및 two-step의 두 번째 단계에서만 사용하고, 원액 사용이 권고된다. Type IV는 방빙 지속시간이 가장 긴 방빙액이다.

> Type I은 분사하기 전에 약 600℃로 가열하고, Type II, III, IV는 가열하거나 희석하지 않고 사용할 때 가장 효과적이다.

제빙과 방빙의 차이

① 제빙(de-icing)은 가열된 물과 혼합한 제빙액을 사용해서 항공기 외부에 쌓여 있는 눈, 서리, 얼음 등을 제거하는 것을 말한다.

② 방빙(anti-icing)은 항공기 외부에 눈, 서리, 얼음 등이 쌓이고 어는 것을 방지하기 위해 방빙액을 원액이나 물과 섞은 혼합액으로 만들어 항공기 외부에 분사하는 것을 말한다.

제·방빙액의 성분

제·방빙액은 항공기 표면의 얼음, 눈, 진눈깨비, 서리 등을 제거하고 어는점을 낮춰서 일정 시간 동안 표면에 얼음, 눈, 서리 등이 쌓이는 것을 방지하는 화학용액을 말한다. 용액은 이소프로필알코올(isopropyl alcohol)과 물을 혼합해서 사용한다. 에틸렌글리콜은 공항 환경관리기준에 따라 사용이 금지되었다.

> 공항 환경관리기준[시행 2019. 4. 2.] [국토교통부고시 제2019-158호, 2019. 4. 2., 일부 개정]
> 제15조(폐기물관리)
> ② 공항운영자는 항공기의 제·방빙작업 후 발생한 폐액을 보관 또는 처리하기 위하여 항공기 제·방빙장을 설치하거나, 임시 제빙장을 지정하고 [별표 9]와 같이 운영·관리하여야 한다.
> [별표 9] 항공기 제·방빙재료 등 관리방법(제15조 제2항 관련)
> 3. 공항에서는 항공기 제·방빙작업을 위한 목적으로 에틸렌글리콜 종류의 제·방빙 재료를 사용하여서는 아니 된다.

지상에서 제·방빙하는 단계

지상에서 하는 제·방빙(de-icing/anti-icing)작업은 상황에 따라 one-step이나 two-step으로 작업한다.

① one step은 제·방빙작업 후 다시 얼음이 생기지 않는다고 판단될 때 가열한 제·방빙액을 분사해서 얼음을 제거하고 항공기 표면이 결빙되는 것을 방지하는 작업이다.

② two-step은 높은 방빙효과와 방빙 지속시간이 필요할 때 하는 작업이다. 먼저 용액을 분사해서 제빙작업을 한 다음에 별도의 방빙액을 분사해서 얼음이 생기는 것을 최대한 방지한다.

작업일자 (Date)	(YYYY/MM/DD) 2013-02-13		Station: ICN		Reg No: HL7777		Fit No: KE000		Pad No: 801	
작업구분 (Operation)	Frost ☐ ✓		외기온도: −3℃ (OAT)	Fluid Type	First Step: Type(1)		Fluid Mix. Rate		First Step: 30%	
	Snow ☐				Final Step: Type(4)				Final Step: 100%	
장비명 (Type of Equipment)	Elephant Beta-15		작업인원 (Number of Worker)	6	용액사용량 (Fluid Quantity)		Type(1)		400(Liter/LB)	
							Type(4)		600(Liter/LB)	
Beginning Time	Complete Time		Beginning Time of Final Step		Service Provider		확인자 (Operator)		Mechanic Signature (Spray Man) & Report to Captain	
9:30	10:15		9:35		KAS		홍길동		838828 이순신	

[그림 1-3-269] Anti-Icing Code Report(for Airlines & De-icing/Anti-icing Service Providers) sample

➤ 비행 전 날개에 쌓인 눈 제거작업

날개에 눈이 쌓였을 때는 빗자루로 쓸어내는 기계적인 제설작업과 같이 제빙액을 분사해서 눈을 제거한다. 날개에 눈이 쌓인 항공기는 제·방빙작업이 끝날 때까지 이륙할 수 없다.

① 가볍고 건조한 눈은 가능할 때마다 불어 날려서 제거한다. 뜨거운 공기를 사용하면 눈이 녹아 얼어붙어 추가작업이 필요하므로 권장하지 않는다.

② 깊게 젖은 눈(deep, wet snow)은 부드러운 솔이나 고무청소기(squeegee)로 제거한다.

> • 쌓인 눈을 물리적으로 제거할 때는 눈에 보이지 않는 안테나, 실속경고장치, 와류발생장치 등이 손상되지 않도록 주의한다.
> • 지상에서 제·방빙에 대한 참조(reference)는 국제민간항공조약 부속서(ICAO ANNEX) 6-Operation of Aircraft, Part I-International Commercial Air Transport-Aeroplanes」에서 Part I, 4.3.5.4에 있다. 이륙 전 제·방빙 처리와 검사에 대한 요건이 수록되어 있다.

③ 지상에서 결빙이 생길 수 있는 조건에서 계획된 비행은 결빙을 검사하고 필요한 경우 적절한 제·방빙 처리를 하지 않으면 이륙할 수 없다. 이륙 전에 항공기가 감항성을 유지하기 위해 얼음이나 기타 오염물질을 제거해야 한다.

나) 제빙유 사용법(혼합률, 방빙 지속시간)

➤ 제빙유 혼합작업

제·방빙액의 혼합비는 그때의 외기 온도에 따라 정한다. 제빙액은 뜨거운 물과 혼합하여 사용하지만, 방빙액은 원액을 사용하는 것이 권고된다.

① 제빙액을 분사해도 눈이나 얼음이 녹으면 희석되어 효과가 떨어지기 때문에 기체에서 흘러 떨어질 만큼 충분히 분사해서 다시 결빙되지 않도록 한다.

② 방빙액의 점성이 높을수록 방빙 유효시간이 길어지므로 온도가 낮을수록 방빙액을 걸쭉하게 만드는 첨가제(agents)를 넣어서 점도와 농도를 높게 만들 수도 있다.

제빙액의 혼합비율과 혼합 시 기준

인천국제공항 제방빙 매뉴얼에 따르면, 용액의 혼합비 및 용액 종류는 항공사 및 조업사 간의 협의나 계약에 따라 사용하며, 국제적인 기준에 부합해야 한다.

제·방빙액의 유효기간

① 밀봉된 드럼에 보관된 용액: 2년

② 가열되지 않은 희석 용액: 6개월

③ 가열된 원액 용액: 3개월

④ 가열된 희석 용액: 2주

조업사는 용액 검사를 하기 전에 용액 제조사가 권고한 용액의 유효기간을 확인해서 유효기간이 지난 용액은 폐기해야 한다. 단, 밀봉된 드럼에 보관된 용액은 실험실 점검 결과 용액 품질에 이상이 없는 경우 기존 유효 기한에서 2년(1년+1년)을 연장해서 사용할 수 있다.

방빙 지속시간

방빙 지속시간(HOT, Hold Over Time)이란 항공기 표면에 분사된 용액이 눈, 서리, 얼음 등의 결빙이 생기는 것을 예방할 수 있는 시간을 말한다. 이 시간 안에 이륙하지 못하면 다시 제·방빙 작업을 해야 한다.

- HOT는 표(Hold Over Time Chart)를 보고 날씨와 외기온도에 따라 정한다. HOT는 HOT 시간이 지나거나, 항공기 표면에 결빙이 발생하기 시작하면 만료된다.
- one-step 제·방빙은 조업 시작 시 HOT가 적용되고, two-step 제·방빙은 두 번째 단계인 방빙용액을 분사하기 시작하는 시점부터 HOT가 시작된다.

[표 1-3-24] 미연방항공청(FAA) 제빙 지속시간(HOT) 지침

FAA Type IV 제빙 지속시간 지침

OAT와 기상조건에 따른 SAE Type IV 혼합물의 예상 지속시간 지침
CAUTION: 본 Table은 이륙계획을 위한 것이며 이륙 전 점검 절차와 함께 적용되어야 한다.

OAT		Type IV 농도/맑은물	다양한 기상상태에 따른 대략적인 지속시간(시간: 분)						
°C	°F	(vol.%/vol.%)	서리*	결빙성 안개	눈△	결빙성 이슬비**	가벼운 결빙성 비	차가운 비에 젖은 날개	기타*
0 이상	32 이상	100/0	18:00	1:05~2:15	0:35~1:05	0:40~1:10	0:25~0:4	0:10~0:50	CAUTION: 제빙 지속 시간 지침 없음
		75/25	6:00	1:05~1:45	0:30~1:05	0:35~0:50	0:15~0:3	0:05~0:35	
		50/50	4:00	0:15~0:35	0:05~0:2	0:10~0:20	0:05~0:10	CAUTION: 출발확인을 위해 결빙 세척이 요구 될 수 있다.	
0~-3	32~27	100/0	12:00	1:05~2:15	0:30~0:55	0:40~1:10	0:15~0:40		
		75/25	5:00	1:05~2:15	0:25~0:50	0:35~0:50	0:15~0:30		
		50/50	3:00	1:15~0:35	0:05~0:15	0:10~0:20	0:05~0:15		
-3~-14	27~7	100/0	12:00	0:20~0:50	0:20~0:40	**0:20~0:45	**0:10~0:25		
		75/25	5:00	0:25~0:50	0:15~0:25	**0:15~0:3	**0:10~0:20		
-14~-25	7~-13	100/0	12:00	0:15~0:4	0:15~0:30				
-25 이하	-13 이하	100/0	SAE type IV 액체의 어는점이 외기보다 최소 7 ℃(13 °F) 이하이고 공기역학적인 허용기준을 충족할 때 -25 ℃(-13 °F) 이하에서 사용할 수 있다. SAE type IV 액체가 사용불가할 때는 SAE type I 사용을 검토하라.						

°C = Celsius 온도
°F = Fahrenheit 온도
OAT = 외부공기 온도
VOL = 부피

본 자료의 적용에 관한 책임은 사용자에게 있다.
* 활동성 서리를 위한 항공기 보호에 적용되는 상황
** -10 ℃(14°F) 이하에서는 제빙 지속시간을 위한 가이드라인이 없음
*** 결빙성 진눈깨비의 명확한 식별이 불가하면 가벼운 얼음비의 제빙 지속시간을 적용하라.
♯ 눈알갱이, 싸락눈, 대설, 중간 또는 강한 얼음비, 우박
△ 눈은 싸락눈을 포함한다.
CAUTIONS:
• 강한 강수 또는 강한 수분함량과 같은 악천후 상황에서 지속시간은 줄어든다.
• 강풍 또는 엔진 후류는 지속시간을 가장 낮은 시간 범위로 줄인다.
• 항공기 Skin 온도가 외부공기 온도보다 낮으면 지속시간이 감소할 수 있다

다) 제빙작업 필요성 및 절차(작업안전수칙 등)

➤ 제빙작업 필요성

제빙작업이 필요한 이유는 항공기에 결빙이 생기면 다음과 같은 문제가 생겨서 항공기 전체 성능과 효율이 감소하기 때문이다. 그래서 동절기에는 비행 전에 항상 제·방빙작업을 해야 한다.

① 날개에 얼음이 생기면 항력이 증가하고 양력이 감소해서 연료소비량이 늘어난다.

② 조종면에 얼음이 생기면 균형이 깨지고 작동이 불가능할 수 있다.

③ 윈드실드에 얼음이 생기면 조종사의 시야가 제한된다.

④ 통신장애가 생길 수 있다.

⑤ 엔진성능과 효율이 떨어진다.

➤ 제·방빙작업 시 확인해야 할 사항

① 분사 전에 피토관, 정압공(static port) 등 매뉴얼에 정해진 장소를 덮은 다음 작업이 끝나면 사용한 마스킹 테이프나 커버를 전부 제거하고 확인한나.

② 조종면 사이에 눈이나 얼음이 남아 있는지 확인한다.

③ 착륙장치, 도어(door), 휠브레이크(wheel brake)에 침전물이 있는지 확인한다.

➤ 제·방빙작업 시 작업수칙

① 작업인원은 규정된 복장과 안전도구를 착용하여야 하며, 작업대나 고소장비 위에서 작업할 경우 반드시 안면 보호구, 안전띠, 안전모 등의 안전장구를 착용한다.

② 작업이 끝나면 장비와 인원은 대기 장소로 이동해야 하고, 항공기가 완전히 제·방빙장을 빠져나갈 때까지 대기장소에서 대기한다.

③ 수작업으로 제·방빙작업을 할 때 항공기 표면에 손상을 입히지 않는다.

④ 항공기 표면의 얼음을 제거하기 위해 끝이 날카로운 도구를 사용해서는 안 된다.

⑤ 제·방빙조업은 지정된 장소에서만 수행하고, 조업 완료 후 모든 외부 물질을 제거해야 한다.

⑥ 조업 중 용액이 외부로 누출되지 않도록 하고, 제·방빙장 안으로 유도해서 환경오염을 방지한다.

➤ 제빙액을 직접 분사해서는 안 되는 곳

① 배선단자함, 전기부품, 브레이크, 휠, 역추력장치에 직접 분사하지 않는다.

② 피토관, 정압공(static port), 받음각 탐지기와 같은 각종 센서에 직접 분사하지 않는다.

③ 엔진, APU, 흡입구, 배기구, 윈드실드와 승객 창문에 직접 분사하지 않는다.

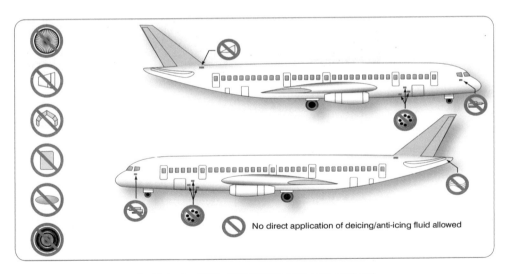

No direct application of deicing/anti-icing fluid allowed

[그림 1-3-270] 제빙/방빙액 직접 분무 금지구역

라) 표면처리(세척과 방부처리) 절차

➤ 부식의 유형(forms of corrosion)

부식은 재료가 주변 환경과 전기적·전기화학적으로 반응해서 표면이나 내부가 약해지는 현상을 말한다. 부식의 종류에는 표면부식(surface corrosion), 이질 금속 간 부식(galvanic corrosion), 입

자 간 부식(intergranular corrosion), 응력부식(stress corrosion), 찰과부식(fretting corrosion), 점부식(pitting corrosion), 피로부식(fatigue corrosion) 등이 있다.

① 표면부식(surface corrosion)은 공기 중 산소와 만나서 반응하거나 습기 때문에 표면에 생기는 부식이다.

② 이질 금속 간 부식(dissimilar metal corrosion)은 서로 다른 두 금속이 접촉했을 때 생기는 전위차로 인한 부식이다.

③ 응력부식(stress corrosion)은 강한 인장응력과 부식조건이 재료에 복합적으로 작용해서 생기는 부식이다.

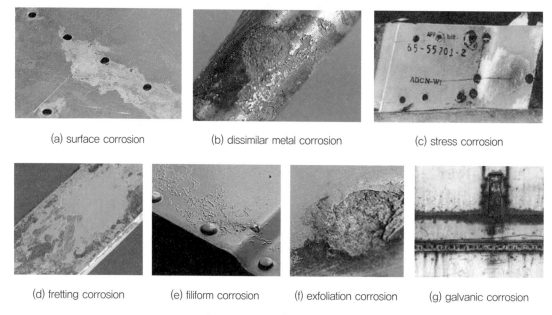

(a) surface corrosion   (b) dissimilar metal corrosion   (c) stress corrosion

(d) fretting corrosion   (e) filiform corrosion   (f) exfoliation corrosion   (g) galvanic corrosion

[그림 1-3-271] 부식의 종류

④ 마찰부식(fretting corrosion)은 두 금속 간의 접합면에서 미세한 부딪힘이 지속되는 상대운동에 의하여 발생하며, 부식성의 침식에 의해 손상되는 형태로 나타난다. 마찰부식은 표면의 점식(pitting)과 가늘게 쪼개진 파편이 발생되는 특징을 가지고 있다.

⑤ 필리폼 부식(filiform corrosion)은 유기물 코팅을 한 금속 표면에서 발생하는 특별한 형태의 산소 농축 셀이다. 이 부식은 페인트 피막 아래에 있는 특유의 벌레가 지나간 것과 같은 흔적으로 알 수 있다.

⑥ 박리부식(exfoliation corrosion)은 입자 간 부식이 계속 진행하는 형태로서, 표면 바로 아래 입자경계에서 발생하는 부식생성물의 팽창에 의해 금속 표면 입자들이 들떠서 떨어져 나가는 손상이다. 보통 압출부재의 입자 두께가 얇은 부위에서 많이 볼 수 있다. 이런 종류의 부식은 초기 단계에서는 검출하기 어렵다.

⑦ 갈바니 부식(galvanic corrosion)은 두 개의 이종금속이 전해액이 있는 곳에서 전기적으로 접촉될 때 발생한다. 부식이 발생하는 속도는 활성도의 차이에 따라 달라진다. 활성도의 차이가 클수록 부식 속도가 빨라진다. 부식성 금속의 표면적이 활성도가 낮은 금속의 표면적보다 작으면 부식은 빠르고 심하게 발생한다.

⑧ 입자 간 부식(intergranular corrosion)은 합금의 입자 경계를 따르는 침식이며, 일반적으로 합금 조직의 균일성이 결여되어 발생한다. 알루미늄 합금 및 일부 스테인리스강은 이런 전기화학적 침식에 취약하다.

⑨ 점부식은 표면이 국부적으로 깊게 침식되어 작은 점을 만드는 부식이다.

⑩ 피로부식은 부식 조건에 있는 금속에 하중이 반복적으로 가해져서 생기는 부식이다.

➤ 부식에 영향을 미치는 요인

부식에 영향을 미치는 요소(factors affecting corrosion)는 다음과 같다.

① 금속의 종류
② 열처리 및 조직(grain)의 변화
③ 부식성이 서로 다른 금속의 존재
④ 양극 및 음극 표면 부분(갈바니 부식에서)
⑤ 온도
⑥ 전해액(센물, 바닷물, 배터리액 등)의 유무
⑦ 산소의 가용성
⑧ 생물학적 유기체의 존재
⑨ 부식 금속에 대한 기계적 응력
⑩ 부식성 환경에 노출되는 시간
⑪ 항공기 금속 표면의 납/흑연의 긁힌 자국

➤ 합금 종류별 취약한 부식 유형과 부식의 형태

[표 1-3-25] 합금 종류별 취약한 부식 유형과 부식의 형태

합금 종류	취약한 부식 유형	부식의 형태(부산물)
마그네슘	피팅부식	표면에 흰색 분말로 생긴 덩어리 및 흰색 반점 등
저합금강	표면 산화, 피팅 부식, 입자 간 부식	적갈색 산화물(녹)
알루미늄	표면 피팅, 입자 가 박리 부식, 응력 부식 및 피로 균열 및 프레팅	회백색 분말
티타늄	내식성이 높음. 염소 처리 용제에 장기간 또는 반복적으로 접촉할 경우 고온에서 금속의 구조적 특성이 저하될 수 있음	저온에서는 눈에 띄는 부식 현상 없음. 700℉(370℃) 이상에서 착색된 표면 산화물 발생

[표 1-3-25] 합금 종류별 취약한 부식 유형과 부식의 형태 (계속)

합금 종류	취약한 부식 유형	부식의 형태(부산물)
카드뮴	균일한 표면 부식, 철강재료의 보호를 위한 도금 재료로 사용	흰 가루 퇴적물부터 갈색 또는 검은색의 표면 얼룩까지 발생
스테인리스강 (300~400계열)	균열 부식, 해양환경에서의 일부 피팅 부식, 입자 간 부식(300계통), 표면 부식(400계통)	거친 표면, 때때로 균일한 적갈색 얼룩
인코넬, 모넬 (니켈합금)	일반적으로 내식성이 우수하며, 바닷물에서 피팅 부식에 취약함	녹색 분말 침전물
황동, 청동 (구리합금)	표면 및 입자 간 부식	청색 또는 청록색 분말 침전물
크롬(도금)	피팅 부식(도금에서 구멍이 뚫리면 강의 부식을 촉진)	눈에 띄는 부식 현상 없음. 부식 및 부풀어 오름으로 인한 도금피막의 기포 발생
은(silver)	유황과 만나면 변색	흑갈색 피막
금(gold)	높은 내식성	퇴적물이 표면의 광택을 어둡게 함
주석(tin)	결정입자(고분자 위스커)의 성장	바늘 모양의 위스커 침전물 발생

➤ 항공기에 발생하는 부식을 방지하기 위한 일반적인 방법

① 적합한 세척

② 철저한 주기적인 윤활

③ 부식과 파손에 대한 정밀한 검사

④ 부식의 신속한 처리와 손상된 페인트(paint) 부분의 손질

⑤ 항공기 하부에 장착된 드레인 홀(drain hole)의 청결유지

⑥ 연료탱크의 섬프 드레인(sump drain) 실시

⑦ 오염원에 노출된 취약 부분의 세척

⑧ 수분 침투 예방을 위한 항공기 sealing 상태 유지와 적절한 환기 유지

⑨ 주기된(parked) 항공기에 보호용 덮개(cover) 사용

⑩ 악천후 시 물로부터 항공기 밀봉 및 따뜻하고 화창한 날 적절한 환기

⑪ 물의 침투 방지를 위해 열화되거나 손상된 개스킷 또는 밀폐제의 교체

⑫ 항공기 제작사 및 감항당국에 대한 재료 또는 설계 결함에 대한 정확한 기록 유지 및 보고

⑬ 적절한 재료, 장비, 기술 출판물 및 인력에 대한 적절한 교육

➤ 일반적인 부식방지 처리 절차

① 부식이 발생한 부분의 세척과 긁어내는 작업

② 최대한 부식 생성물을 제거하는 작업

③ 패인 곳, 갈라진 틈에 숨어 있는 생성물의 제거와 중화작업

④ 부식 생성물이 제거된 부분의 보호작업

⑤ 부식 방지 코팅 또는 페인트 작업

오염물질(foreign material)

부식성 침식의 시작과 확산에 영향을 미치는 요인 중에서 제어 가능한 것에는 금속 표면에 달라붙는 이물질들이 있다. 이러한 이물질에는 다음과 같은 물질들이 포함된다.

① 흙 또는 대기 중의 먼지

② 오일, 그리스 그리고 엔진 배기 부산물

③ 소금물과 염분 습기의 응결

④ 흘러넘친 배터리 용액이나 부식성 세척액

⑤ 용접과 납땜 플럭스(flux) 잔여물

부식의 한계(corrosion limits)

부식은 아무리 미미하더라도 손상이다. 부식에 의한 손상은 네 가지 형태로 분류된다.

① 무시할 수 있는 손상

② 패치 수리가 가능한 손상

③ 삽입물로 수리가 가능한 손상

④ 부품의 교체를 필요로 하는 손상

무시할 수 있는 손상이라는 용어는 수리가 필요 없는 손상을 의미하지 않고 적절한 세척, 부식 방지처리 및 페인트 작업이 요구된다. 일반적으로 가벼운 손상은 표면의 보호막에 상처를 남기거나 금속을 침식하기 시작하는 부식을 말한다. 패치 수리가 가능한 손상과 삽입물로 수리가 가능한 손상은 부식이 확대된 손상을 말하며 구조수리 매뉴얼(Structure Repair Manual)에 따라 수리한다. 이렇듯 수리가 가능한 손상의 범위를 벗어난 경우 부품 또는 구조물을 교체하여야 한다.

표면처리(surface preparation)

① 철제 부품에 대한 표면처리는 오염물, 오일, 그리스, 산화물 그리고 습기 등 모든 흔적을 제거하기 위한 세척작업을 포함하고 있다. 세척처리작업은 금속 표면의 마지막 마무리작업 사이에 효과적인 표면처리를 위하여 필요하며, 기계적 세척과 화학적 세척으로 구분한다.

② 기계적 세척은 다음과 같은 방법이 사용되는데, 와이어 브러시, 모래분사(sand blasting) 또는 증기분사(vapor blasting) 방법이다.

③ 화학적 세척방법은 모재가 세척작업에 의해 벗겨지지 않기 때문에 기계적인 방법에 우선하여 선호된다. 현재 사용되는 여러 가지 화학적인 과정이 있고 재료, 이물질의 종류에 따라 세척액이 좌우된다.

철 부품은 도금 전에 산화물, 녹 또는 다른 이물질을 제거하기 위해 묽은 산성용액으로 닦는다. 일반적으로 염산(muriatic acid)용액 또는 황산용액이 사용된다. 산성세척용액은 세라믹

용기에 보관하고 보통 증기코일로 가열한다. 산성세척 후 전기도금하지 않는 부품은 산성세척용액으로부터 산성을 중화시키기 위해 석회욕조에 담근다.

④ 전기세척(electro-cleaning)은 그리스, 오일 또는 유기물질을 제거하기 위해 사용되며 화학 세척의 또 다른 방법이다. 전기세척 과정에서 금속을 특수한 습윤제, 억제제 등이 함유된 뜨거운 알칼리인(alkaline) 용액에 매달고 전기도금에서 사용되는 것과 유사한 방법으로 전기를 흘려 보낸다. 알루미늄과 마그네슘 부품 또한 전기세척방법이 일부 사용된다.

⑤ 연마제를 사용하는 고압분사 세척방법은 얇은 알루미늄 판재, 특히 알클레드에는 적합하지 않으며, 알루미늄 또는 내식성 금속의 연마제로 철가루(steel grit)를 사용하지 않는다.

⑥ 금속표면의 마무리는 연한 가죽으로 닦기, 착색, 연마 등이 주로 사용된다. 연한 가죽으로 닦는 연마작업은 전기도금을 위해 금속표면을 준비할 때 사용되고 이 세 가지 방법은 금속표면의 광택작업의 마무리를 필요로 할 때 사용된다.

✈ 항공기 세척(aircraft cleaning)의 필요성

① 항공기를 청소하고 깨끗한 상태로 유지하는 것은 매우 중요하다. 항공정비사의 시각에서 볼 때, 항공기 세척은 항공기 정비의 정기적인 부분으로 인식해야 한다.

② 항공기를 깨끗하게 유지하면 보다 정확한 검사 결과를 얻을 수 있으며, 심지어 조종사가 결함 발생이 임박한 구성품을 발견할 수도 있다.

③ 착륙장치 피팅의 균열이 진흙이나 그리스로 덮여 있으면 쉽게 간과될 수 있다. 외피의 오염은 갈라진 균열을 숨길 수 있으며, 먼지나 오염물질은 힌지 피팅을 심하게 마모시키는 원인이 되기도 한다.

④ 만약 항공기 동체 표면에 오염물질이 남아 있다면 추가적인 무게 증가가 발생하고 비행속도를 감소시킬 것이다.

⑤ 항공기 내부의 먼지들은 짜증스럽고 위험한 요소로 작용할 수 있다. 결정적인 순간에 그 먼지가 조종사의 눈 안으로 들어가면 조그마한 먼지 조각이지만 큰 사고를 유발할 수 있다.

⑥ 가동부에 축적된 오염물과 그리스들로 만들어진 오염 덩어리들은 가동부의 과도한 마모의 원인이 될 수 있다. 소금물은 노출된 금속에 심각한 부식작용을 일으킬 수 있기 때문에 발견 즉시 제거하여야 한다.

✈ 항공기 세척제

항공기 세척에 사용하도록 허가된 다양한 세척제들이 있지만, 세척제는 제거하고자 하는 물질의 종류, 항공기의 내부 또는 외부 세척 등 다양한 환경에서 사용하고자 하는 목적이 달라질 수 있기 때문에 어떤 세척제로 한정짓기는 어렵다. 일반적으로 항공기에 사용되는 세척제는 솔벤트, 비누 그리고 합성세제 등이 있다. 이들은 정비교범에서 제시하는 것들을 사용하여야 한다.

세척제는 경성 세척제, 중성 세척제로 구분하고 있다. 비누, 합성세제는 경성 세척제로 사용되고, 솔벤트와 에멀션 유형 세척제(emulsion type cleaner)는 중성 세척제로 사용된다. 비독성이며 불가연성인 경성 세척제는 가능한 한 언제든지 사용되어야 한다. 앞에서 언급한 것처럼 효과적인 헹굼이 가능하고 중화시킬 수 있는 세척제가 사용되어야 한다. 알카라인 세척제(alkaline cleaner)는 리벳작업된 판금 또는 점용접된 판금의 겹쳐 이어진 부분에서 부식의 원인이 되게 한다.

➤ 외부 세척(exterior cleaning)

항공기 외부 세척방법은 크게 세 가지가 있다.

① 습식 세척

습식 세척은 오일, 그리스 또는 탄소부착물 그리고 부식과 산화피막을 제외한 대부분의 오물을 제거한다. 세척 화합물은 보통 고압의 물 헹굼이 사용되고 분사 또는 밀걸레를 사용한다. 알칼리인, 유제 세척제는 습식방법에서 사용된다.

② 건식 세척

건식 세척은 특별히 액체의 사용이 필요하지 않거나 먼지 오염물의 작은 축적을 제거하기 위해 사용한다. 이 방법은 특히 엔진 배기장치 부분에 있는 탄소, 그리스 또는 오일의 부착물을 제거하는 것에는 적합하지 않다. 건식 세척을 위해서는 스프레이, 밀걸레, 천 등이 활용된다.

③ 연마

연마는 수동연마와 기계연마로 더 세분화할 수 있다. 더럽혀진 형태와 크기 그리고 최후에 요구되는 형세에 따라 세척방법을 결정한다.

연마는 항공기의 페인트칠했거나 또는 페인트칠하지 않은 표면에 광택을 복원시켜 주며, 보통 표면 세척이 종료된 후 수행한다. 또한 연마는 산화와 부식을 제거하는 방법으로도 사용된다. 광택제는 여러 가지 형태와 연마의 정도에 따라 이용 가능하며 그 적용은 정비교범을 따라 사용하는 것이 중요하다.

➤ 항공기 세척 시 주의사항

① 항공기 세척은 항공기 표면이 뜨거울 때 수행하면 표면에 얼룩이 남을 수 있으므로 가능하면 그늘진 곳에서 수행하도록 한다. 결함을 발생시키거나 수분이 침투할 수 있는 부분은 덮개를 장착하고 세척작업을 수행해야 하며, 특히 피토관(pitot static port) 부분은 더욱 주의해야 한다.

② 무광의 페인트로 마무리된 레이더 돔, 조종석의 앞부분 등은 필요 이상으로 세척하지 말아야 하며, 뻣뻣한 브러시나 거친 걸레로 문지르면 안 된다. 부드러운 스펀지나 성기게 짠 면직물을 이용해서 손으로 문지르는 방법이 허용된다. 기름이나 배기가스의 오염물질로 얼룩진 부분은 석유를 원료로 하는 솔벤트로 제거하고 표면에서 건조되는 것을 방지하기 위해 세척 후에는 곧바로 표면 헹굼 절차를 수행한다.

③ 플라스틱 표면에 비누와 물을 적용하기 전에 염분 부착물을 용해시키기 위해 깨끗한 물로 플

라스틱 표면을 씻어내서 먼지 입자를 제거한다. 플라스틱 표면은 되도록 손으로 비누와 물을 제거하도록 한다. 깨끗한 물로 헹구어 내고 플라스틱 윈드실드에 사용되도록 설계된 합성물질의 수건 또는 탈지면으로 건조시킨다. 부드럽고 약한 표면에 대해서는 긁힌 자국을 발생시킬 뿐만 아니라 표면에 먼지 입자를 끌어당기는 정전기가 발생하기 때문에 플라스틱을 마른 걸레로 닦아서는 안 된다.

플라스틱 표면을 훼손하는 연마제 또는 다른 물질을 사용하지 않는다. 비누와 물에 젖은 섬유로 서서히 문질러 오일과 그리스를 제거한다. 플라스틱을 연화시키고 잔금이 발생하게 하는 원인이 되기 때문에 아세톤, 벤젠, 4염화탄소(carbon tetrachloride), 래커, 시너, 창문 세척제, 가솔린, 소화액 또는 제빙액을 플라스틱에 사용해서는 안 된다.

④ 항공기 윈도와 윈드실드에서는 플라스틱 광택제를 적용함으로써 깨끗하게 마무리한다. 이 광택은 작은 표면의 긁힌 자국을 제거할 수 있고 윈도 표면에 축적되는 정전기를 방지하는 데 도움이 될 것이다.

⑤ 항공기 타이어에는 오일, 유압유, 그리스 그리고 연료는 순한 비눗물로 씻어 낸다. 세척작업 동안에 씻겨 내려갈 의심이 되는 그리스 피팅, 힌지 등에는 해당하는 윤활유를 보급해 준다.

표면처리(surfaces)

페인트 작업에서 가장 중요한 요소는 작업이 수행될 표면의 준비 상태이다. 따라서 공정시간 중에서도 표면 준비에 소요되는 시간이 가장 길다. 갈라진 틈에 있는 페인트는 완전히 제거해야 한다. 보통 기존 페인트를 제거하기 위해서는 보호복을 착용하고 고무장갑 및 보안경을 착용한 후 환기가 잘되며 68~100°F 정도의 온도를 유지하는 장소에서 수행해야 한다. 항공기에서 적용되는 페인트 작업 공정 절차는 다음과 같다.

① 항공기 표면 구조 재질은 보통 알루미늄이므로 알칼리 성분의 세척제를 사용하는 스카치-브라이트 패드(Scotch-Brite® Pad)로 문질러야 한다. 페인트가 제거되면 물을 사용하여 깨끗이 세척한다.

② 표면에 산성 에칭 용제(acid etch solution)를 바른 후 1~2분 정도 지나서 표면이 축축해지면 스펀지 등을 사용하여 씻어 낸다. 그런 다음 물로 다시 헹군다. 용제가 침투할 수 있는 모든 부위를 완전히 헹구어야 하는데, 이는 추후 부식 발생 가능성을 제거하는 것이다. 필요하다면 이 공정을 반복하여 수행한다.

③ 표면이 완전히 건조되었으면 알로다인(Alodine®) 등의 알루미늄 피막을 발라준다. 이때 재료가 완전히 건조되지 않도록 하여 2~5분 정도 축축하게 유지한다.

④ 표면에서 모든 화학적 염분을 제거하기 위해 물로 완전히 헹구어야 한다. 제품 종류에 따라서 피막은 알루미늄 재질 표면을 엷은 갈색 또는 녹색으로 물들게 한다. 그러나 일부 제품은 무색인 경우도 있다.

⑤ 표면이 충분히 건조되었으면 가능하면 항공기 제작사에서 권고하는 프라이머를 칠한다. 프라

이머는 적합한 마무리 도포 재료 중의 하나이다. 2개 부품으로 구성된 에폭시 프라이머는 대부분 에폭시, 우레탄 표면 그리고 폴리우레탄 보호막에 대해 우수한 내식성과 고착성을 제공한다. 아연 크롬산염은 폴리우레탄 페인트와 함께 사용하지 말아야 한다.

⑥ 초벌칠이 필요한 복합소재 표면은 항공기 전체 구조물에 포함되어 작업이 이루어지거나 페어링, 레이돔, 안테나 그리고 조종면 끝단 부분과 같이 개별 부품으로도 작업이 이루어질 수 있다.

⑦ 에폭시 연마 프라이머는 복합소재 위에 우수한 표면을 제공하도록 개발되었으며 320 grit 연마기를 사용하여 최종 연마작업을 할 수 있다. 적합한 재료로는 2개 부품으로 구성된 에폭시와 폴리우레탄 재료가 있다.

⑧ 마무리 작업은 프라이머 위에 주어진 시간 이내에 칠해야 하며, 최종 페인트작업 전에 프라이머의 스커프 연마(scuff sanding) 작업이 필요한 경우도 있다. 이러한 모든 절차는 페인트 재료 제작사에서 권고하는 방법 및 절차를 따라 수행되어야 한다.

프라이머 & 페인트(primer and paint)

일반적으로 항공기용 페인트는 자동차용 페인트에 비해 유연성 및 화학적 저항성이 우수한 특징을 가진다. 또한 동일한 상표의 페인트가 작업 부위 전체에 사용되어야 한다. 페인트 재료 구입 시에는 제작사로부터 제품의 기술적 또는 재료 구성 데이터 및 사용 시 필요한 안전 관련 데이터를 확인하여 작업절차에 사용하거나 안전보호조치를 취해야 한다.

스프레이건 사용방법(spray gun operation)

정확한 분무 형태를 얻기 위해 일반적으로 분무기에 공급되는 공기압은 40~50 psi 정도이다. 벽에 테이프로 붙인 마스킹 페이퍼의 조각에 분무하여 분무기 패턴을 시험한다. 벽면에서 약 8~10 in 떨어져 벽에 직각으로 분무기를 잡아 준다. 상부 조절 노브(upper control knob)는 분무기의 분무 형태를 조정하는 공기 흐름을 담당한다. 하부 노브(lower knob)는 분무기를 통과하여 분출되는 페인트의 양 또는 볼륨을 제어하여 니들(needle)을 통과하는 유체를 조정한다.

① 방아쇠 레버를 완전히 뒤쪽으로 당긴다.
② 종이 쪽으로 분무기를 이동시킨다.

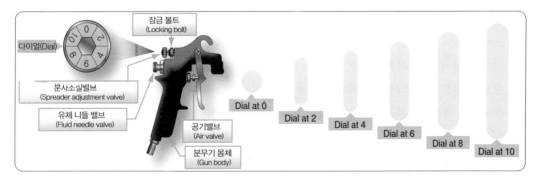

[그림 1-3-272] 조절 가능한 페인트 분무기(adjustable spray gun)

③ 하부 또는 유체 노브에서 오른쪽으로 돌리면 분무기를 통해 지나가는 페인트의 양이 감소되고 왼쪽으로 돌리면 페인트의 양이 증가된다.

④ 상부 또는 패턴 조절 노브를 왼쪽으로 돌리면 분무 형태를 퍼지게 한다. 다이얼을 0에 설정하면 원뿔 모양으로 줄여준다.

⑤ 분무기에서 패턴을 설정했다면 그 다음 단계는 표면에 페인트 작업을 수행하면 되는데, 이때 양호한 품질을 유지하기 위해서는 분무기를 정확하게 작동시키는 기술이 필요하다.

페인트 칠하기(applying the finish)

① 만약 페인트 작업자가 페인트 분무기를 사용해 본 경험이 없다면 관련 기술적 지식을 익히고 충분한 실습을 거친 후 작업을 수행해야 한다.

② 프라이머와 마무리 작업 사이의 차이점은, 프라이머는 광택이 없으나 마무리 작업은 광택이 있는 표면을 형성한다. 프라이머를 바르는 작업은 기본적인 방아쇠 당기는 방법으로, 표면으로부터 일정한 거리를 유지하여 일정한 속도로 분무기를 이동시키면서 수행하면 된다.

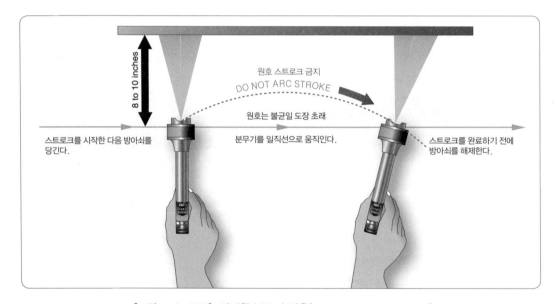

[그림 1-3-273] 적절한 분무기 적용(proper spray application)

③ 프라이머는 전형적으로 십자형으로 분무 형태를 이룬다. 십자형은 왼쪽에서 오른쪽으로 분무기가 한쪽 방향으로 지나가고, 이어서 위쪽과 아래쪽으로 움직이면서 이루어진다. 수직 방향으로 교차되어 이루어지면 분무를 처음 시작하는 방향은 문제가 되지 않는다.

④ 편평하고 수평을 이루는 패널에 마무리 재료를 사용하여 분무작업에 대한 연습을 시작한다. 분무 형태는 이미 벽에 붙인 마스킹 페이퍼를 이용하여 테스트하고 조정해 놓는다.

⑤ 표면에서 대략 8~10 in 떨어져 수직으로 분무기를 잡아준다. 캡(cap)을 통해서 공기가 지나가기에 충분할 정도로 방아쇠를 당겨주면서 패널을 가로질러 분무기를 이동시킨다. 분무기

가 페인트를 시작하려는 지점에 도달하였을 때 방아쇠를 완전히 뒤쪽으로 꽉 쥐어준다. 그리고 끝단에 도달할 때까지 패널을 가로질러 약 1 ft/sec의 속도로 분무기를 계속해서 이동시킨다. 그런 다음 페인트 흐름을 정지시키기에 충분할 정도로 방아쇠를 풀어준다.

⑥ 평편한 수평판에서 분무 연습이 숙달되었으면, 다음으로 수직으로 위치한 패널에서 연습을 실시한다.

⑦ 다음으로 페인트를 십자형을 유지하면서 칠하는 연습을 하여 분무기술을 모두 습득한다.

🎯 스프레이건의 공통적인 문제점(common spray gun problems)

분무 형태에 대한 빠른 확인방법으로 희석제나 감속제를 분무기로 사용해 본다. 이때 페인트와 동일한 점도는 아니지만 분무기의 정상 작동 여부를 확인할 수 있다. 만약 분무기가 정상적으로 작동하지 않으면 다음 사항을 참고하여 문제점을 해결한다.

① 여러 개의 점 형태 또는 부채꼴로 분출되는 형태를 나타내면 노즐이 느슨해졌거나 공급 컵의 공기배출구멍이 막혔거나 니들 주위의 패킹에서 누수 현상이 나타난다.

② 만약 분무 형태가 한쪽 또는 다른 쪽으로 빗겨서 나온다면, 공기 덮개에 있는 공기구멍 또는 호른(horn)에 있는 구멍이 막힌 것이다.

③ 분무 형태가 꼭대기 또는 밑바닥에서 두껍다면 공기덮개를 180° 돌려준다. 만약 분무 형태가 반대로 된다면 공기 덮개의 문제이다. 또한 상태가 동일하게 나타난다면 유체 끝부분 또는 니들이 손상된 것이다.

④ 분무 형태의 또 다른 문제점은 부적절한 공기 압력 또는 분무기 노즐의 부적절한 크기로 인해 재료의 양을 축소시킬 수 있다.

3) 지상운전과 정비 [ATA 09 Towing and Taxiing] (구술평가 또는 실작업 평가)

가) 항공기 견인 일반 절차

🎯 항공기 견인

견인(towing)은 지상에서 항공기가 자력으로 움직이지 않고 견인차로 이동하는 것을 말한다.

① 먼저 작업자를 배치한다. 작업자에는 감독자, 견인차 운전자, 날개 감시자, 후방 감시자, 조종실의 유자격자가 있다. 안개 등으로 작업조건이 나쁠 때는 작업자를 추가로 배치한다.

② 착륙장치에 고정핀(ground locking pin)을 꽂고 휠에 고임목(chock)을 받친 다음 견인작업에 필요한 외부 전원을 공급하거나 배터리를 ON해서 APU에 시동을 건다.

> 지상 고정핀(ground lock pin)은 작업 중 착륙장치가 접히는 것을 방지하기 위해 꽂는다. 핀은 비행 전에 확인해서 제거할 수 있도록 빨간 띠(red streamer)가 달려 있다.

③ 파킹 브레이크를 걸기 위해 브레이크 축압기 압력을 확인한다. 압력이 낮으면 EMDP로 가압한다.

④ 지상 작업자는 앞착륙장치의 견인 레버(towing lever)를 견인 위치(towing position)에 놓고 스티어링 바이패스 핀(steering bypass pin)을 꽂는다.

> 스티어링 바이패스 핀은 앞착륙장치의 조향계통(steering system)으로 가는 작동유를 리턴라인으로 돌려보내 견인 시 견인차로만 조향해서 손상을 방지한다.

⑤ 조종실의 작업자와 지상 작업자 사이에 작업에 필요한 사항을 연락하기 위해 플라이트 인터폰(flight interphone)을 연결한다.

⑥ 견인봉을 설치하기 전에 견인 중 센터링 캠이 손상되는 것을 방지하기 위해 하부 실린더가 노출된 길이가 범위 안에 있는지 확인한다. 초과 시 밸러스트를 설치해서 높이를 맞춘다.

⑦ 견인봉에 전단핀(shear pin)이 장착되어 있는지 확인하고, 앞착륙장치와 견인차를 연결한다.

> 견인 중 비상시 급제동을 하면 견인차는 바로 멈추지만, 항공기는 관성 때문에 바로 멈추지 못해서 손상이 발생할 수 있다. 이러한 상황이 생기면 전단핀이 끊어져서 견인봉과 앞착륙장치가 분리되어 손상을 방지한다.

[그림 1-3-274]
ground lock pin

[그림 1-3-275]
steering bypass pin

[그림 1-3-276] 전단핀(shear pin)

[그림 1-3-277] 대형 항공기 견인봉(tow bar)

[그림 1-3-278] 항공기 견인(towing)

⑧ 견인을 시작하기 전에 항공기 주변을 검사한다. 장애물이 없는지, 엔진 카울이 잠겼는지, 모든 도어가 닫혔는지, 지상 고정핀과 스티어링 바이패스 핀이 꽂혀 있는지 확인한다.

⑨ 고임목을 제거하고 외부 전원을 연결했다면 항공기에서 연결을 해제한다.

⑩ 조종실의 작업자에게 인터폰으로 연락해서 관제탑의 승인(clearance)을 받도록 한다.

⑪ 조종석의 무선통신 패널(radio communication panel)에서 VHF를 선택해 관제탑과 연락해서 승인을 기다린다.

> 견인 시 항법등(navigation lights), 충돌방지등(beacon lights), 로고등(logo lights)을 켜는 것이 권장된다.

⑫ 준비가 끝났으면 파킹 브레이크를 해제하고 견인을 시작한다.

⑬ 목적지에 도착하면 앞착륙장치 휠이 항공기 중심선과 나란한지 확인한다. 나란하지 않으면 항공기를 필요한 만큼 끌어서 중심을 맞춘다.

⑭ 조종실에 알려서 파킹 브레이크를 걸고 등(light)과 무선설비(radio)를 끈다.

⑮ 받침목을 대고, 견인봉을 분리하고, 고정핀과 바이패스 핀을 제거한다.

▸ 견인 시 주의사항

① 감독자의 지시와 정비규정에 따른 견인 절차를 지켜서 작업한다.

② 견인속도는 지상 작업자의 걷는 속도인 8 km/h를 초과하지 않는다.

> 제한속도는 견인봉 사용 시 8 km/h, 견인봉을 사용하지 않는 towbarless type은 30 km/h이다.

③ 이동경로에 장비와 작업대 같은 장애물이 없도록 치운다.

④ 견인 중 항공기를 멈출 때는 견인차와 항공기 브레이크를 같이 사용한다.

⑤ 견인차를 제한된 각도 이상으로 급격하게 조작하지 않는다.

⑥ 이동 중인 항공기나 견인차에 타거나 내리지 않는다.

나) 항공기 견인 시 사용 중인 활주로 횡단 시 관제탑에 알려야 할 사항

▸ 항공기 견인 중 활주로 횡단 시 관제탑에 알려야 할 사항

견인 시 관제탑에 알려야 할 사항으로는

① 자신의 콜사인

② 출발지와 목적지

③ 활주로(runway)를 횡단할 때는 관제탑의 승인을 받은 다음 지나가야 한다.

감독자와 견인차 운전자는 관제탑과 교신할 수 있는 무전기(walkie-talkie)를 지참해야 한다.

다) 항공기 시동 시 지상 운영 Taxing의 일반 절차 및 관련된 위험요소 방지 절차

✈ 지상 운영 Taxing의 일반 절차

① 항공기가 착륙하여 주기장으로 들어올 때는 항공기 조종사에게 정확한 유도를 제공해야한다. 최근에 개항하는 신공항들은 대부분 시각주기유도시스템(Visual Docking Guidance System, VDGS)이 설치되어 있어 인력에 의한 수신호를 사용하고 있지 않은 경우가 많다.

② 그러나 아직도 많은 공항에서는 수신호에 의한 항공기 유도가 이루어지고 있고 VDGS가 설치된 공항이라 해도 비상상황에는 수신호에 의해 항공기를 유도해야 할 경우가 발생할 수 있으므로 국제민간항공기구(ICAO)의 표준 유도신호 동작을 정확히 숙지하고 있어야 한다.

③ 일반적인 통념상 승인된 조종사와 자격 있는 항공정비사만이 항공기를 시동, 시운전 및 유도(taxi)할 수 있다. 모든 유도조작은 해당 지역의 규정에 준하여 수행되어야만 한다.

> 항공기를 유도 조종하기 위해 관제탑(control tower)에서 사용하는 표준유도등화신호(standard taxi light signal)는 다음 표와 같다.

[표 1-3-26] 표준유도등화신호

등화	의미
녹색 점멸	착륙구역을 가로질러 유도로 방향으로 진행
적색 연속	정지
적색 점멸	착륙구역이나 유도로로부터 벗어나고 주변 항공기에 주의
백색 점멸	관제지시에 따라 기동지역을 벗어날 것
적색과 녹색 교차	극도의 주의를 기울일 것

라) 항공기 시동 시 지상작동(taxing 포함) 상황에서 표준 수신호 또는 지시봉(light wand) 신호의 사용 및 응답방법

✈ 항공안전법 시행규칙 제194조(신호)

① 법 제67조에 따라 비행하는 항공기는 [별표 26]에서 정하는 신호를 인지하거나 수신할 경우에는 그 신호에 따라 요구되는 조치를 하여야 한다.

② 누구든지 제1항에 따른 신호로 오인될 수 있는 신호를 사용하여서는 아니 된다.

③ 항공기 유도원(誘導員)은 [별표 26] 제6호에 따른 유도신호를 명확하게 하여야 한다
항공안전법 시행규칙 [별표 26] 신호(제194조 관련) 〈개정 2019. 2. 26.〉 6. 유도신호

✈ 항공기에 대한 유도원의 신호

① 유도원은 항공기의 조종사가 유도업무 담당자임을 알 수 있는 복장을 해야 한다.

② 유도원은 주간에는 일광 형광색봉, 유도봉 또는 유도장갑을 이용하고, 야간 또는 저시정상태에서는 발광 유도봉을 이용하여 신호를 하여야 한다.

③ 유도신호는 조종사가 잘 볼 수 있도록 조명봉을 손에 들고 다음의 위치에서 조종사와 마주 보며 실시한다.
   ㉮ 비행기의 경우에는 비행기의 왼쪽에서 조종사가 가장 잘 볼 수 있는 위치
   ㉯ 헬리콥터의 경우에는 조종사가 유도원을 가장 잘 볼 수 있는 위치

④ 유도원은 다음의 신호를 사용하기 전에 항공기를 유도하려는 지역 내에 항공기와 충돌할 만한 물체가 있는지를 확인해야 한다.

유도원에 대한 조종사의 신호

① 조종실에 있는 조종사는 손이 유도원에게 명확히 보이도록 해야 하며, 필요한 경우에는 쉽게 식별할 수 있도록 조명을 비추어야 한다.

② 브레이크
   ㉮ 주먹을 쥐거나 손가락을 펴는 순간이 각각 브레이크를 걸거나 푸는 순간을 나타낸다.
   ㉯ 브레이크를 걸었을 경우: 손가락을 펴고 양팔과 손을 얼굴 앞에 수평으로 올린 후 주먹을 쥔다.
   ㉰ 브레이크를 풀었을 경우: 주먹을 쥐고 팔을 얼굴 앞에 수평으로 올린 후 손가락을 편다.

③ 고임목(chock)
   ㉮ 고임목을 끼울 것: 팔을 뻗고 손바닥을 바깥쪽으로 향하게 하며, 두 손을 안쪽으로 이동시켜 얼굴 앞에서 교차되게 한다.
   ㉯ 고임목을 뺄 것: 두 손을 얼굴 앞에서 교차시키고 손바닥을 바깥쪽으로 향하게 하며, 두 팔을 바깥쪽으로 이동시킨다.

④ 엔진 시동 준비 완료: 시동시킬 엔진의 번호만큼 한쪽 손의 손가락을 들어올린다.

기술적·업무적 통신신호

① 수동신호는 음성통신이 기술적·업무적 통신신호로 가능하지 않을 경우에만 사용해야 한다.

② 유도원은 운항승무원으로부터 기술적·업무적 통신신호에 대하여 인지하였음을 확인해야 한다.
   ㉮ 항공기 유도원이 배트, 조명 유도봉 또는 횃불을 드는 경우에도 관련 신호의 의미는 같다.
   ㉯ 항공기의 엔진번호는 항공기를 마주 보고 있는 유도원의 위치를 기준으로 오른쪽에서부터 왼쪽으로 번호를 붙인다.
   ㉰ 주간에 시정이 양호한 경우에는 조명막대의 대체도구로 밝은 형광색의 유도봉이나 유도장갑을 사용할 수 있다.

✈ 국제민간항공기구와 우리나라 항공안전법 시행규칙에 있는 표준항공기유도신호

1. 항공기 안내(wing walker)

오른손의 막대를 위쪽을 향하게 한 채 머리 위로 들어 올리고,
왼손의 막대를 아래로 향하게 하면서 몸 쪽으로 붙인다.
- 날개감시자(wing walkers)가 항공기 입출항 시 조종사/유도사/견인차 운전자 등에게 보내는 신호

---

2. 출입문의 확인

양손의 막대를 위로 향하게 한 채 양팔을 쭉 펴서 머리 위로 올린다.
- 항공기가 입항할 때 입항 gate를 조종사에게 알려주기 위한 동작

---

3. 다음 유도원에게 이동 또는 관제기관으로부터 지시 받은 지역으로의 이동

양쪽 팔을 위로 올렸다가 내려 팔을 몸의 측면 바깥쪽으로 쭉 편 후 다음 유도원의 방향 또는 이동구역 방향으로 막대를 가리킨다.

---

4. 직진

팔꿈치를 구부려 막대를 가슴 높이에서 머리 높이까지 위아래로 움직인다.
- 항공기의 진행을 직진으로 유도하기 위한 동작으로, 항공기 nose tire가 유도 line 위를 정확히 주행하고 있을 경우에 보내는 신호

---

5. 좌회전(조종사 기준)

오른팔과 막대를 몸 쪽 측면으로 직각으로 세운 뒤 왼손으로 직진신호를 한다. 신호동작의 속도는 항공기의 회전속도를 알려준다.
- 항공기 nose tire가 유도 line을 벗어날 경우 조종사가 바라보는 방향을 기준으로 좌측 방향으로 진행하라는 신호

---

6. 우회전(조종사 기준)

왼팔과 막대를 몸 쪽 측면으로 직각으로 세운 뒤 오른손으로 직진신호를 한다. 신호동작의 속도는 항공기의 회전속도를 알려준다.
- 신호 5와 반대인 우측 방향으로 진행을 유도하는 신호이며 이때 움직이는 팔의 각도가 클수록 회전각도를 크게 주라는 신호

7. 정지

막대를 쥔 양쪽 팔을 몸쪽 측면에서 직각으로 뻗은 뒤 천천히 두 막대가 교차할 때까지 머리 위로 움직인다.
- 정상적으로 stand에 진입한 후 정지 신호

8. 비상정지

빠르게 양쪽 팔과 막대를 머리 위로 뻗었다가 막대를 교차시킨다.
- 항공기 진입 중 주변에 장애물과의 접촉이 우려되거나 다른 위험요인이 인지될 경우 보내는 긴급정지신호. 화살표와 같이 반복적이고 빠르게 신호를 보내야 한다.

9. 브레이크 정렬

손바닥을 편 상태로 어깨 높이로 들어 올린다. 운항승무원을 응시한 채 주먹을 쥔다. 승무원으로부터 인지신호(엄지손가락을 올리는 신호)를 받기 전까지 움직여서는 안 된다.

10. 브레이크 풀기

주먹을 쥐고 어깨 높이로 올린다. 운항승무원을 응시한 채 손을 편다. 승무원으로부터 인지신호(엄지손가락을 올리는 신호)를 받기 전까지 움직여서는 안 된다.

11. 고임목 삽입

팔과 막대를 머리 위로 쭉 뻗는다. 막대가 서로 닿을 때까지 안쪽으로 막대를 움직인다. 비행승무원에게 인지표시를 반드시 수신하도록 한다.

12. 고임목 제거

팔과 막대를 머리 위로 쭉 뻗는다. 막대를 바깥쪽으로 움직인다. 비행승무원에게 인가받기 전까지 초크를 제거해서는 안 된다.

13. 엔진시동 걸기

오른팔을 머리 높이로 들면서 막대는 위를 향한다. 막대로 원 모양을 그리기 시작하면서 동시에 왼팔을 머리 높이로 들고 엔진시동 걸 위치를 가리킨다.

14. 엔진 정지

막대를 쥔 팔을 어깨 높이로 들어올려 왼쪽 어깨 위로 위치시킨 뒤 막대를 오른쪽·왼쪽 어깨로 목을 가로질러 움직인다.

15. 서행

허리부터 무릎 사이에서 위아래로 막대를 움직이면서 뻗은 팔을 가볍게 툭툭 치는 동작으로 아래로 움직인다.
• 항공기의 속도를 줄여 서서히 진입하라는 신호

16. 한쪽 엔진의 출력 감소

손바닥이 지면을 향하게 하여 두 팔을 내린 후, 출력을 감소시키려는 쪽의 손을 위아래로 흔든다.

17. 후진

몸 앞쪽의 허리 높이에서 양팔을 앞쪽으로 빙글빙글 회전시킨다. 후진을 정지시키기 위해서는 신호 7 및 8을 사용한다.

18. 후진하면서 선회(후미 우측)

왼팔은 아래쪽을 가리키며 오른팔은 머리 위로 수직으로 세웠다가 옆으로 수평 위치까지 내리는 동작을 반복한다.

19. 후진하면서 선회(후미 좌측)

오른팔은 아래쪽을 가리키며 왼팔은 머리 위로 수직으로 세웠다가 옆으로 수평 위치까지 내리는 동작을 반복한다.

20. 긍정(affirmative)/모든 것이 정상임(all clear)

오른팔을 머리 높이로 늘변서 믹대를 위로 향한다. 손 모양은 엄지손가락을 치켜세운다. 왼쪽 팔은 무릎 옆 쪽으로 붙인다.

21. 공중정지(hover)-헬리콥터에만 적용

양팔과 막대를 90° 측면으로 편다.

22. 상승-헬리콥터에만 적용

팔과 막대를 측면 수직으로 쭉 펴고 손바닥을 위로 향하면서 손을 위쪽으로 움직인다.
움직임의 속도는 상승률을 나타낸다.

23. 하강-헬리콥터에만 적용

팔과 막대를 측면 수직으로 쭉 펴고 손바닥을 아래로 향하면서 손을 아래로 움직인다.
움직임의 속도는 강하율을 나타낸다.

24. 왼쪽으로 수평이동(조종사 기준)-헬리콥터에만 적용

팔을 오른쪽 측면 수직으로 뻗는다. 빗자루를 쓰는 동작으로 같은 방향으로 다른 쪽 팔
을 이동시킨다.

25. 오른쪽으로 수평이동(조종사 기준)-헬리콥터에만 적용

팔을 왼쪽 측면 수직으로 뻗는다. 빗자루를 쓰는 동작으로 같은 방향으로 다른 쪽 팔을
이동시킨다.

26. 착륙–헬리콥터에만 적용

몸의 앞쪽에서 막대를 쥔 양팔을 아래쪽으로 교차시킨다.

27. 화재

화재지역을 왼손으로 가리키면서 동시에 어깨와 무릎 사이의 높이에서 부채질 동작으로 오른손을 이동시킨다. 야간에도 막대를 사용하여 동일하게 움직인다.

28. 위치대기(stand–by)

양팔과 막대를 측면에서 45° 아래로 뻗는다. 항공기의 다음 이동이 허가될 때까지 움직이지 않는다.

29. 항공기 출발

오른손 또는 막대로 경례하는 신호를 한다. 항공기의 지상이동(taxi)이 시작될 때까지 비행승무원을 응시한다.

30. 조종장치를 손대지 말 것(기술적 · 업무적 통신신호)

머리 위로 오른팔을 뻗고 주먹을 쥐거나 막대를 수평 방향으로 쥔다. 왼팔은 무릎 옆에 붙인다.

31. 지상 전원공급 연결(기술적·업무적 통신신호)

머리 위로 팔을 뻗어 왼손을 수평으로 손바닥이 보이도록 하고, 오른손의 손가락 끝이 왼손에 닿게 하여 "T"자 형태를 취한다.
밤에는 야광봉으로 "T자" 형태를 취할 수 있다.

32. 지상 전원공급 차단(기술적·업무적 통신신호)

신호 31과 같이 한 후 오른손이 왼손에서 떨어지도록 한다.
비행승무원이 인가할 때까지 전원공급을 차단해서는 안 된다.
밤에는 광채가 나는 막대 "T"를 사용할 수 있다.

33. 부정(기술적·업무적 통신신호)

오른팔을 어깨에서부터 90°로 곧게 뻗어 고정시키고, 막대를 지상 쪽으로 향하게 하거나 엄지손가락을 아래로 향하게 표시한다.
왼손은 무릎 옆에 붙인다.

34. 인터폰을 통한 통신의 구축(기술적·업무적 통신신호)

몸에서부터 90°로 양팔을 뻗은 후, 양손이 두 귀를 컵 모양으로 가리도록 한다.

35. 계단 열기·닫기

오른팔을 측면에 붙이고 왼팔을 45° 머리 위로 올린다. 오른팔을 왼쪽 어깨 위쪽으로 쓸어 올리는 동작을 한다.

AIRCRAFT MAINTENANCE

SECTION 01 | 법규 및 관계 규정

가 법규 및 규정

1) 항공기 비치서류 (구술평가)

가) 감항증명서 및 유효기간

⊙ 감항증명 및 감항성 유지

[항공안전법 제23조(감항증명 및 감항성 유지)]

⑤ 감항증명의 유효기간은 1년으로 한다. 다만, 항공기의 형식 및 소유자 등(제32조 제2항에 따른 위탁을 받은 자를 포함한다)의 감항성 유지능력 등을 고려하여 국토교통부령으로 정하는 바에 따라 유효기간을 연장할 수 있다.

[항공안전법 시행규칙 제41조(감항증명의 유효기간을 연장할 수 있는 항공기)]

법 제23조 제5항 단서에 따라 감항증명의 유효기간을 연장할 수 있는 항공기는 항공기의 감항성을 지속적으로 유지하기 위하여 국토교통부장관이 정하여 고시하는 정비방법에 따라 정비 등이 이루어지는 항공기를 말한다.

[항공안전법 시행규칙 제42조(감항증명서의 발급 등)]

① 국토교통부장관 또는 지방항공청장은 법 제23조 제4항 각 호 외의 부분 본문에 따른 검사 결과 해당 항공기가 항공기기술기준에 적합한 경우에는 별지 제15호 서식의 표준감항증명서 또는 별지 제16호 서식의 특별감항증명서를 신청인에게 발급하여야 한다.

② 항공기의 소유자 등은 제1항에 따른 감항증명서를 잃어버렸거나 감항증명서가 못쓰게 되어 재발급 받으려는 경우에는 별지 제17호 서식의 표준·특별감항증명서 재발급 신청서를 국토교통부장관 또는 지방항공청장에게 제출하여야 한다.

③ 국토교통부장관 또는 지방항공청장은 제2항에 따른 재발급 신청서를 접수한 경우 해당 항공기에 대한 감항증명서의 발급기록을 확인한 후 재발급하여야 한다.

⊙ 표준감항증명서 기록 내용

① 국적 및 등록기호

② 항공기 제작자 및 항공기 형식

③ 항공기 제작 일련번호

대 한 민 국 국토교통부 The Republic of Korea Ministry of Land, Infrastructure and Transport	증명번호 Certificate No.	
표준감항증명서 **Certificate of Airworthiness(Standard)**		
1. 국적 및 등록기호 Nationality and registration marks	2. 항공기 제작자 및 항공기 형식 Manufacturer and manufacturer's designation of aircraft	3. 항공기 제작일련번호 Aircraft serial number
4. 운용분류 Operational category	5. 감항분류 Airworthiness category	
6. 이 증명서는 「국제민간항공협약」 및 대한민국 「항공안전법」 제23조에 따라 위의 항공기가 운용한계를 준수 하여 정비하고 운항될 경우에만 감항성이 있음을 증명합니다. This Certificate of Airworthiness is issued pursuant to the Convention on International Civil Aviation dated 7 December 1944 and Article 23 of Aviation Safety Act of the Republic of Korea in respect of the above-mentioned aircraft which is considered to be airworthy when maintained and operated in accordance with the foregoing and the pertinent operating limitations.		
7. 발행연월일: Date of issuance 국토교통부장관 또는 지방항공청장　　[직인] **Minister of Ministry of Land, Infrastructure and Transport or** **Administrator of ○○ Regional Office of Aviation**		
8. 유효기간 Validity period □ 부터　　　　　까지 　From:　　　　　To: □ 「항공안전법」 제23조에 따라 이 항공기의 감항증명은 정지 또는 특별히 제한되지 않는 한 계속 유효합니다. 　Pursuant to Article 23 of Enforcement Regulation of Aviation Safety Act, this certificate shall remain in effect until suspended or restricted.		
9. 검사관 및 확인날짜 Inspector and date 검사관(Inspector): ○○○ [서명(Signature)]　　날짜(Date):		

[그림 2-1-1] 표준감항증명서

④ 운용분류

⑤ 감항분류

⑥ 증명

⑦ 발행연월일

⑧ 유효기간

⑨ 검사관 및 확인날짜, 서명

나) 기타 비치서류(항공안전법 제52조 및 규칙 제113조)

⊙ 항공계기 등의 설치·탑재 및 운용

[항공안전법 제52조(항공계기 등의 설치·탑재 및 운용 등)]

① 항공기를 운항하려는 자 또는 소유자 등은 해당 항공기에 항공기 안전운항을 위하여 필요한 항공계기(航空計器), 장비, 서류, 구급용구 등(이하 "항공계기 등"이라 한다)을 설치하거나 탑재하여 운용하여야 한다. 이 경우 최대이륙중량이 600킬로그램 초과 5천700킬로그램 이하인 비행기에는 사고예방 및 안전운항에 필요한 장비를 추가로 설치할 수 있다.

② 제1항에 따라 항공계기 등을 설치하거나 탑재하여야 할 항공기, 항공계기 등의 종류, 설치·탑재기준 및 그 운용방법 등에 필요한 사항은 국토교통부령으로 정한다.

⊙ 항공기에 탑재하는 서류

[항공안전법 시행규칙 제113조(항공기에 탑재하는 서류)]

법 제52조 제2항에 따라 항공기(활공기 및 법 제23조 제3항 제2호에 따른 특별감항증명을 받은 항공기는 제외한다)에는 다음 각 호의 서류를 탑재하여야 한다.

1. 항공기 등록증명서

2. 감항증명서

3. 탑재용 항공일지

4. 운용한계 지정서 및 비행교범

5. 운항규정

6. 항공운송사업의 운항증명서 사본 및 운영기준 사본

7. 소음기준적합증명서

8. 각 운항승무원의 유효한 자격증명서 및 조종사의 비행기록에 관한 자료

9. 무선국 허가증명서

10. 탑승한 여객의 성명, 탑승지 및 목적지가 표시된 명부(항공운송사업용 항공기만 해당한다)

11. 해당 항공운송사업자가 발행하는 수송화물의 화물목록과 화물 운송장에 명시되어 있는 세부 화물신고서류(항공운송사업용 항공기만 해당한다)

12. 해당 국가의 항공당국 간에 체결한 항공기 등의 감독 의무에 관한 이전협정서 사본(임대

차 항공기의 경우만 해당한다)

13. 비행 전 및 각 비행단계에서 운항승무원이 사용해야 할 점검표

14. 그 밖에 국토교통부장관이 정하여 고시하는 서류

⊙ 운용한계지정서

[항공안전법 시행규칙 제39조(항공기의 운용한계지정)]

① 국토교통부장관 또는 지방항공청장은 법 제23조 제4항 각 호 외의 부분 본문에 따라 감항증명을 하는 경우에는 항공기기술기준에서 정한 항공기의 감항분류에 따라 다음 각 호의 사항에 대하여 항공기의 운용한계를 지정하여야 한다.

1. 속도에 관한 사항

2. 발동기 운용성능에 관한 사항

3. 중량 및 무게중심에 관한 사항

4. 고도에 관한 사항

5. 그 밖에 성능한계에 관한 사항

② 국토교통부장관 또는 지방항공청장은 제1항에 따라 운용한계를 지정하였을 때에는 별지 제18호 서식의 운용한계지정서를 항공기의 소유자 등에게 발급하여야 한다.

⊙ 소음기준적합증명서

[항공안전법 제25조(소음기준적합증명)]

① 국토교통부령으로 정하는 항공기의 소유자 등은 감항증명을 받는 경우와 수리·개조 등으로 항공기의 소음치(騷音値)가 변동된 경우에는 국토교통부령으로 정하는 바에 따라 그 항공기가 제19조 제2호(항공기기술기준)의 소음기준에 적합한지에 대하여 국토교통부장관의 증명(이하 "소음기준적합증명"이라 한다)을 받아야 한다.

② 소음기준적합증명을 받지 아니하거나 항공기기술기준에 적합하지 아니한 항공기를 운항해서는 아니 된다. 다만, 국토교통부령으로 정하는 바에 따라 국토교통부장관의 운항허가를 받은 경우에는 그러하지 아니하다.

③ 국토교통부장관은 다음 각 호의 어느 하나에 해당하는 경우에는 소음기준적합증명을 취소하거나 6개월 이내의 기간을 정하여 그 효력의 정지를 명할 수 있다. 다만, 제1호에 해당하는 경우에는 소음기준적합증명을 취소하여야 한다.

1. 거짓이나 그 밖의 부정한 방법으로 소음기준적합증명을 받은 경우

2. 항공기가 소음기준적합증명 당시의 항공기기술기준에 적합하지 아니하게 된 경우

⊙ 항공기기술기준

[항공안전법 제19조(항공기기술기준)]

국토교통부장관은 항공기 등, 장비품 또는 부품의 안전을 확보하기 위하여 다음 각 호의 사항을

포함한 기술상의 기준(이하 "항공기기술기준"이라 한다)을 정하여 고시하여야 한다.

    1. 항공기 등의 감항기준

    2. 항공기 등의 환경기준(배출가스 배출기준 및 소음기준을 포함한다)

    3. 항공기 등이 감항성을 유지하기 위한 기준

    4. 항공기 등, 장비품 또는 부품의 식별 표시 방법

    5. 항공기 등, 장비품 또는 부품의 인증절차

2) 항공일지 (구술평가)

가) 중요 기록사항(항공안전법 제52조 및 규칙 제108조)

🧭 항공일지의 종류와 기록사항

[항공안전법 시행규칙 제108조(항공일지)]

① 법 제52조 제2항에 따라 항공기를 운항하려는 자 또는 소유자 등은 탑재용 항공일지, 지상 비치용 발동기 항공일지 및 지상 비치용 프로펠러 항공일지를 갖추어 두어야 한다. 다만, 활공기의 소유자 등은 활공기용 항공일지를, 법 제102조 각 호의 어느 하나에 해당하는 항공기의 소유자 등은 탑재용 항공일지를 갖춰 두어야 한다.

② 항공기의 소유자 등은 항공기를 항공에 사용하거나 개조 또는 정비한 경우에는 지체 없이 다음 각 호의 구분에 따라 항공일지에 적어야 한다.

    1. 탑재용 항공일지

        가. 항공기의 등록부호 및 등록 연월일

        나. 항공기의 종류·형식 및 형식증명번호

        다. 감항분류 및 감항증명번호

        라. 항공기의 제작자·제작번호 및 제작 연월일

        마. 발동기 및 프로펠러의 형식

        바. 비행에 관한 다음의 기록

            1) 비행연월일   2) 승무원의 성명 및 업무

            3) 비행목적 또는 편명   4) 출발지 및 출발시각

            5) 도착지 및 도착시각   6) 비행시간

            7) 항공기의 비행안전에 영향을 미치는 사항   8) 기장의 서명

        사. 제작 후의 총비행시간과 오버홀을 한 항공기의 경우 최근의 오버홀 후의 총비행시간

        아. 발동기 및 프로펠러의 장비교환에 관한 다음의 기록

            1) 장비교환의 연월일 및 장소

            2) 발동기 및 프로펠러의 부품번호 및 제작일련번호

3) 장비가 교환된 위치 및 이유

자. 수리·개조 또는 정비의 실시에 관한 다음의 기록

1) 실시 연월일 및 장소

2) 실시 이유, 수리·개조 또는 정비의 위치 및 교환 부품명

3) 확인 연월일 및 확인자의 서명 또는 날인

2. 지상 비치용 발동기 항공일지 및 지상 비치용 프로펠러 항공일지

가. 발동기 또는 프로펠러의 형식

나. 발동기 또는 프로펠러의 제작자·제작번호 및 제작 연월일

다. 발동기 또는 프로펠러의 장비교환에 관한 다음의 기록

1) 장비교환의 연월일 및 장소

2) 장비가 교환된 항공기의 형식·등록부호 및 등록증번호

3) 장비교환 이유

라. 발동기 또는 프로펠러의 수리·개조 또는 정비의 실시에 관한 다음의 기록

1) 실시 연월일 및 장소

2) 실시 이유, 수리·개조 또는 정비의 위치 및 교환 부품명

3) 확인 연월일 및 확인자의 서명 또는 날인

마. 발동기 또는 프로펠러의 사용에 관한 다음의 기록

1) 사용 연월일 및 시간

2) 제작 후의 총사용시간 및 최근의 오버홀 후의 총사용시간

3. 활공기용 항공일지

가. 활공기의 등록부호·등록증번호 및 등록 연월일

나. 활공기의 형식 및 형식증명번호

다. 감항분류 및 감항증명번호

라. 활공기의 제작자·제작번호 및 제작 연월일

마. 비행에 관한 다음의 기록

1) 비행 연월일   2) 승무원의 성명

3) 비행목적   4) 비행 구간 또는 장소

5) 비행시간 또는 이·착륙횟수   6) 활공기의 비행안전에 영향을 미치는 사항

7) 기장의 서명

바. 수리·개조 또는 정비의 실시에 관한 다음의 기록

1) 실시 연월일 및 장소

2) 실시 이유, 수리·개조 또는 정비의 위치 및 교환부품명

3) 확인 연월일 및 확인자의 서명 또는 날인

✈ 항공일지

항공사가 항공기 운항을 위해 항공당국으로부터 발급받은 증명서를 운항증명서(AOC, Air Operator Certificate)라고 하며, 이를 소지한 회사는 항공일지를 작성해서 보존해야 한다. 항공일지에는 탑재용 항공일지(Flight & Maintenance Logbook)와 지상 비치용 항공일지가 있다. 탑재용 항공일지는 운항할 때 반드시 탑재되어야 하며, 표지 및 경력표, 비행 및 주요 정비일지, 정비이월 기록부를 포함한다. 지상 비치용 항공일지에는 발동기 및 프로펠러 항공일지가 있다.

> 탑재용 항공일지에는 기체일지(Airframe Logs)가 포함되어 있다. 항공일지의 크기와 형태는 항공사별로 다르고 항공기에 관한 모든 데이터가 기록되어 있어서 영구 보존한다. 항공기 상태, 검사 일자, 기체, 엔진, 프로펠러의 사용시간과 사이클, 정비 이력이 기록되고, AD와 SB 수행 사실도 기록된다. 탑재용 항공일지는 한 페이지가 색깔이 다른 4~7장으로 구성되어 있으며, 첫 번째 장은 영구보존용, 두 번째 장은 운항승무원 보관용, 세 번째 페이지는 정비 모기지 보관용이고 나머지는 항공기가 운항하는 각 지점 보관용이다. 이처럼 한 페이지가 여러 장으로 구성된 이유는 임무마다 해당 기록을 자체 보관하고, 특히 항공기 사고가 발생한 경우 사고조사 시에 마지막 출발지에서 행한 정비 및 비행기록까지 참고하기 위함이다.

나) 비치 장소

항공기를 운항할 때에 반드시 탑재용 항공일지를 Aircraft Cockpit Door Inside에 탑재하여야 한다.

3) 정비규정 (구술평가)

가) 정비규정의 법적 근거(항공안전법 제93조)

✈ 항공운송사업자의 운항규정 및 정비규정

[항공안전법 제93조(항공운송사업자의 운항규정 및 정비규정)]

① 항공운송사업자는 운항을 시작하기 전까지 국토교통부령으로 정하는 바에 따라 항공기의 운항에 관한 운항규정 및 정비에 관한 정비규정을 마련하여 국토교통부장관의 인가를 받아야 한다. 다만, 운항규정 및 정비규정을 운항증명에 포함하여 운항증명을 받은 경우에는 그러하지 아니하다.

② 항공운송사업자는 제1항 본문에 따라 인가를 받은 운항규정 또는 정비규정을 변경하려는 경우에는 국토교통부령으로 정하는 바에 따라 국토교통부장관에게 신고하여야 한다. 다만, 최소장비목록, 승무원훈련프로그램 등 국토교통부령으로 정하는 중요사항을 변경하려는 경우에는 국토교통부장관의 인가를 받아야 한다.

③ 국토교통부장관은 제1항 본문 또는 제2항 단서에 따라 인가하려는 경우에는 제77조 제1항에

따른 운항기술기준에 적합한지를 확인하여야 한다.

④ 국토교통부장관은 제1항 본문 또는 제2항 단서에 따라 인가하는 경우 조건 또는 기한을 붙이거나 조건 또는 기한을 변경할 수 있다. 다만, 그 조건 또는 기한은 공공의 이익 증진이나 인가의 시행에 필요한 최소한도의 것이어야 하며, 해당 항공운송사업자에게 부당한 의무를 부과하는 것이어서는 아니 된다.

⑤ 항공운송사업자는 제1항 본문 또는 제2항 단서에 따라 국토교통부장관의 인가를 받거나 제2항 본문에 따라 국토교통부장관에게 신고한 운항규정 또는 정비규정을 항공기의 운항 또는 정비에 관한 업무를 수행하는 종사자에게 제공하여야 한다. 이 경우 항공운송사업자와 항공기의 운항 또는 정비에 관한 업무를 수행하는 종사자는 운항규정 또는 정비규정을 준수하여야 한다.

[항공안전법 시행규칙 제266조(운항규정과 정비규정의 인가 등)]

① 항공운송사업자는 법 제93조 제1항 본문에 따라 운항규정 또는 정비규정을 마련하거나 법 제93조 제2항 단서에 따라 인가받은 운항규정 또는 정비규정 중 제3항에 따른 중요사항을 변경하려는 경우에는 별지 제96호 서식의 운항규정 또는 정비규정(변경)인가 신청서에 운항규정 또는 정비규정(변경의 경우에는 변경할 운항규정과 정비규정의 신·구 내용 대비표)을 첨부하여 국토교통부장관 또는 지방항공청장에게 제출하여야 한다.

② 법 제93조 제1항에 따른 운항규정 및 정비규정에 포함되어야 할 사항은 다음 각 호와 같다.

　　1. 운항규정에 포함되어야 할 사항: 별표 36에 규정된 사항

　　2. 정비규정에 포함되어야 할 사항: 별표 37에 규정된 사항

③ 법 제93조 제2항 단서에서 "최소장비목록, 승무원 훈련프로그램 등 국토교통부령으로 정하는 중요사항"이란 다음 각 호의 사항을 말한다.

　　1. 운항규정의 경우: 별표 36 제1호 가목 6)·7)·38), 같은 호 나목 9), 같은 호 다목 3)·4) 및 같은 호 라목에 관한 사항과 별표 36 제2호 가목 5)·6), 같은 호 나목 7), 같은 호 다목 3)·4) 및 같은 호 라목에 관한 사항

　　2. 정비규정의 경우: 별표 37에서 변경인가대상으로 정한 사항

④ 국토교통부장관 또는 지방항공청장은 제1항에 따른 운항규정 또는 정비규정(변경)인가 신청서를 접수받은 경우 법 제77조 제1항에 따른 운항기술기준에 적합한지의 여부를 확인한 후 적합하다고 인정되면 그 규정을 인가하여야 한다.

✈ 운항기술기준

[항공안전법 제77조(항공기의 안전운항을 위한 운항기술기준)]

① 국토교통부장관은 항공기 안전운항을 확보하기 위하여 이 법과 「국제민간항공협약」 및 같은 협약부속서에서 정한 범위에서 다음 각 호의 사항이 포함된 운항기술기준을 정하여 고시할 수 있다.

1. 자격증명　　　　2. 항공훈련기관　　　　3. 항공기 등록 및 등록부호 표시

4. 항공기 감항성　　5. 정비조직인증기준　　6. 항공기 계기 및 장비

7. 항공기 운항　　　8. 항공운송사업의 운항증명 및 관리

9. 그 밖에 안전운항을 위하여 필요한 사항으로서 국토교통부령으로 정하는 사항

✈ 정비규정 인가

정비규정은 항공운송사업자가 항공안전법에 따라 정비와 관련 업무를 안전하고 효과적으로 수행하기 위해 만든 규정이다. 항공운송사업자는 운항을 시작하기 전까지 국토교통부령으로 정하는 바에 따라 정비규정을 마련해서 국토교통부장관의 인가를 받아야 한다.

나) 기재사항의 개요

✈ 정비규정에 포함되어야 할 사항

항공안전법 시행규칙 [별표 37] 정비규정에 포함되어야 할 사항(제266조 제2항 제2호 관련)

1. 일반사항

2. 항공기를 정비하는 자의 직무와 정비조직

3. 항공기의 감항성을 유지하기 위한 정비 프로그램

4. 항공기 검사 프로그램

5. 품질관리

6. 기술관리

7. 항공기 등, 장비품 및 부품의 정비방법 및 절차

8. 계약정비

9. 장비 및 공구 관리

10. 정비시설

11. 정비매뉴얼, 기술문서 및 정비기록물의 관리방법

12. 정비 훈련 프로그램

13. 자재관리

14. 안전 및 보안에 관한 사항

15. 그 밖에 항공운송사업자 또는 항공기 사용사업자가 필요하다고 판단하는 사항

다) MEL, CDL

✈ 최소장비목록(MEL, Minimum Equipment List)

최소장비목록(MEL)은 항공안전법 제93조(항공운송사업자의 운항규정 및 정비규정) 및 항공안전법 시행규칙 제266조(운항규정과 정비규정의 인가 등)에 따라 운항규정 및 정비규정에 포함해서 운영하도록 규정하고 있다.

최소장비목록은 경미한 결함의 수정이 정시성에 영향을 줄 때 안전성을 보장하는 한도 내에서 정시성을 지키기 위해 결함을 수정하지 않고 정비이월(defer)해서 항공기를 운항함으로써 정시성을 지키기 위해 만든 목록이다.

① MEL은 계기, 부분품, 통신·전자 장비와 같이 중요한 부분이 여러 개로 구성되어, 하나가 고장 나도 안전하게 비행할 수 있는 목록이다. 항공기가 MEL의 문제로 운항하지 못하면 정시성을 해치고 손해가 생기므로 중요한 부품은 여러 개 설치해서 하나가 고장 나더라도 비행하는 데 문제가 없도록 한다.

② MEL은 운항 전 장비나 계통에 결함이 발생했을 때 출발 허용 여부를 결정하는 기준이다. 이때 결함을 교정하는 것이 원칙이지만, 결함을 수리할 수 없을 때는 MEL로 정한 범위 내에서 항공기를 출발시킬 수 있다.

③ MEL은 항공기 제작사가 해당 항공기 형식에 대해 정하고 항공당국이 인가한 MMEL(Master Minimum Equipment List)에 부합하거나 더 엄격한 기준에 따라 항공운송사업자가 작성해서 국토교통부장관의 인가를 받은 목록을 말한다. 예를 들어 보잉(Boeing) 사의 항공기에 대한 MMEL은 보잉사가 작성해서 소속된 항공당국인 FAA의 인가를 받고, 보잉사의 항공기를 운영하는 국내 항공사는 FAA의 인가를 받은 MMEL을 기초로 MEL을 발행해서 국내 항공사가 소속된 항공당국인 국토교통부의 인가를 받는다.

④ 표준최소장비목록(MMEL, Master Minimum Equipment List)은 하나 이상 작동하지 않는 장비품(equipment)이 있어도 항공기를 운항할 수 있도록 항공기 제작사가 속한 나라의 항공당국의 승인하에 제작사가 특정 항공기 형식에 대해 설정한 요건을 말한다. 즉 MMEL은 항공사가 규정하는 MEL의 기본 지침(guideline)을 제시하는 기술문서(technical document)로, 항공기 형식별로 발행된다.

⦿ 외형변경목록(CDL, Configuration Deviation List)

외형변경목록(CDL)은 항공안전법 제93조(항공운송사업자의 운항규정 및 정비규정) 및 항공안전법 시행규칙 제266조(운항규정과 정비규정의 인가 등)에 따라 운항규정 및 정비규정에 포함해서 운영하도록 규정하고 있다.

CDL은 항공기 외피를 구성하고 있는 부분품 중 일부가 훼손 또는 이탈되더라도 운항할 수 있는 기준을 설정해서 정시성을 지킬 수 있도록 만든 목록이다. CDL에 포함되는 부품은 페어링(fairing), 점검창(access panel), 정전기 방전장치(static discharger) 등이 있다.

기종별 CDL 운영은 항공기 제작국 또는 감항당국에서 인가된 AFM(Aircraft Flight Manual)에 따른다. 변경(deviation) 상태로 항공기를 출항시킬 경우 항공정비사는 다음 조치를 취해야 한다.

① 승무원이 알아보기 쉬운 적당한 장소에 deviation 상태와 제한사항을 게시(placard)한다.

② 당해 작업 책임자는 비행일지에 deviation 상태를 기입하고 그 사항을 기장에게 통보한다.

CDL은 자재, 설비, 시간이 확보되면 즉시 원상복구해야 한다.

운항규정에 포함되어야 할 사항

[항공안전법 시행규칙 [별표 36]]

운항규정에 포함되어야 할 사항(제266조 제2항 제1호 관련)

나. 항공기 운항정보(aircraft operating information)

> 9) 성능기반항행요구(PBN)공역에서의 운항을 위한 요건을 포함하여 승인을 얻거나 인가를 받은 특별운항 및 운항할 비행기의 형식에 맞는 최소장비목록(MEL)과 외형변경목록(CDL)

MEL의 카테고리(Category)

MEL의 각 항목(item)은 지정된 간격(interval) 안에 수리해야 하고, 수리 간격은 중요도에 따라 범주(Category) A에서 D로 지정한다. A에서 D로 갈수록 이월 가능한 기간이 길어진다.

이러한 간격은 항공기가 장비가 작동하지 않는 상태로 비행할 수 있는 최대 시간을 제한한다.

① Category A는 비고 및 예외(remarks or exceptions)에 명시된 시간 간격(time interval) 내에 수리해야 한다.

② Category B는 결함 발견일의 자정부터 연속 3일 이내에 수리해야 한다.

③ Category C는 결함 발견일의 자정부터 연속 10일 이내에 수리해야 한다.

④ Category D는 결함 발견일의 자정부터 연속 120일 이내에 수리해야 한다.

호주 민간항공안전당국(CASA, Civil Aviation Safety Authority)은 먼 지역의 운영자가 MEL 수리 간격의 요구사항을 준수하는 데 있어 어려움이 있음을 인정하고 Category B 항목에 대한 수리 간격을 최대 6일까지 연장할 수 있도록 한다. 우리나라의 대한항공은 운영기준에 따라 Category B, C의 시한을 연장할 수 있다.

정비이월(defer)

항공기에 결함이 생겼을 때 수리하는 것이 우선이지만, 여건상 정비이월이 필요한 경우 다음 두 경우에 근거해서 정비이월한다.

① MEL에 포함된 항목(item)은 해당 MEL의 기준에 근거해서 정비이월한다.

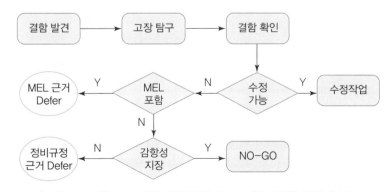

[그림 2-1-2] MEL 적용 결함 발생 시 defer(정비이월) 판정 순서도

② MEL에 포함되지 않는 항목 중 감항성에 지장이 없는 항목은 정비규정에 근거해서 정비이월한다.

나 감항증명

1) 감항증명 (구술평가)

가) 항공법규에서 정한 항공기

◉ 항공기의 정의

[항공안전법 제2조(정의)]

1. "항공기"란 공기의 반작용(지표면 또는 수면에 대한 공기의 반작용은 제외한다. 이하 같다)으로 뜰 수 있는 기기로서 최대이륙중량, 좌석 수 등 국토교통부령으로 정하는 기준에 해당하는 다음 각 목의 기기와 그 밖에 대통령령으로 정하는 기기를 말한다.

   가. 비행기   나. 헬리콥터   다. 비행선   라. 활공기(滑空機)

2. "경량항공기"란 항공기 외에 공기의 반작용으로 뜰 수 있는 기기로서 최대이륙중량, 좌석 수 등 국토교통부령으로 정하는 기준에 해당하는 비행기, 헬리콥터, 자이로플레인(gyroplane) 및 동력패러슈트(powered parachute) 등을 말한다.

3. "초경량비행장치"란 항공기와 경량항공기 외에 공기의 반작용으로 뜰 수 있는 장치로서 자체중량, 좌석 수 등 국토교통부령으로 정하는 기준에 해당하는 동력비행장치, 행글라이더, 패러글라이더, 기구류 및 무인비행장치 등을 말한다.

[항공안전법 시행령 제2조(항공기의 범위)]

「항공안전법」(이하 "법"이라 한다) 제2조 제1호 각 목 외의 부분에서 "대통령령으로 정하는 기기"란 다음 각 호의 어느 하나에 해당하는 기기를 말한다.

1. 최대이륙중량, 좌석 수, 속도 또는 자체중량 등이 국토교통부령으로 정하는 기준을 초과하는 기기

2. 지구 대기권 내외를 비행할 수 있는 항공우주선

[항공안전법 시행규칙 제2조(항공기의 기준)]

「항공안전법」(이하 "법"이라 한다) 제2조 제1호 각 목 외의 부분에서 "최대이륙중량, 좌석 수 등 국토교통부령으로 정하는 기준"이란 다음 각 호의 기준을 말한다.

1. 비행기 또는 헬리콥터

   가. 사람이 탑승하는 경우: 다음의 기준을 모두 충족할 것

　　　1) 최대이륙중량이 600킬로그램(수상비행에 사용하는 경우에는 650킬로그램)을 초과할 것

　　　2) 조종사 좌석을 포함한 탑승좌석 수가 1개 이상일 것

　　　3) 동력을 일으키는 기계장치(이하 "발동기"라 한다)가 1개 이상일 것

　나. 사람이 탑승하지 아니하고 원격조종 등의 방법으로 비행하는 경우: 다음의 기준을 모두 충족할 것

　　　1) 연료의 중량을 제외한 자체중량이 150킬로그램을 초과할 것

　　　2) 발동기가 1개 이상일 것

2. 비행선

　가. 사람이 탑승하는 경우 다음의 기준을 모두 충족할 것

　　　1) 발동기가 1개 이상일 것

　　　2) 조종사 좌석을 포함한 탑승좌석 수가 1개 이상일 것

　나. 사람이 탑승하지 아니하고 원격조종 등의 방법으로 비행하는 경우 다음의 기준을 모두 충족할 것

　　　1) 발동기가 1개 이상일 것

　　　2) 연료의 중량을 제외한 자체중량이 180킬로그램을 초과하거나 비행선의 길이가 20미터를 초과할 것

3. 활공기: 자체중량이 70킬로그램을 초과할 것

[항공안전법 시행규칙 제3조(항공기인 기기의 범위)]

시행령 제2조 제1호에서 "최대이륙중량, 좌석 수, 속도 또는 자체중량 등이 국토교통부령으로 정하는 기준을 초과하는 기기"란 다음 각 호의 어느 하나에 해당하는 것을 말한다.

1. 제4조 제1호부터 제3호까지의 기준 중 어느 하나 이상의 기준을 초과하거나 같은 조 제4호부터 제7호까지의 제한요건 중 어느 하나 이상의 제한요건을 벗어나는 비행기, 헬리콥터, 지이로플레인 및 동력패러슈트

2. 제5조 제5호 각 목의 기준을 초과하는 무인비행장치

[항공안전법 시행규칙 제4조(경량항공기의 기준)]

법 제2조 제2호에서 "최대이륙중량, 좌석 수 등 국토교통부령으로 정하는 기준에 해당하는 비행기, 헬리콥터, 자이로플레인(gyroplane) 및 동력패러슈트(powered parachute) 등"이란 법 제2조 제3호에 따른 초경량비행장치에 해당하지 아니하는 것으로서 다음 각 호의 기준을 모두 충족하는 비행기, 헬리콥터, 자이로플레인 및 동력패러슈트를 말한다.

1. 최대이륙중량이 600킬로그램(수상비행에 사용하는 경우에는 650킬로그램) 이하일 것

2. 최대 실속속도 또는 최소 정상비행속도가 45노트 이하일 것

3. 조종사 좌석을 포함한 탑승 좌석이 2개 이하일 것

4. 단발(單發) 왕복발동기를 장착할 것

5. 조종석은 여압(與壓)이 되지 아니할 것

6. 비행 중에 프로펠러의 각도를 조정할 수 없을 것

7. 고정된 착륙장치가 있을 것. 다만, 수상비행에 사용하는 경우에는 고정된 착륙장치 외에 접을 수 있는 착륙장치를 장착할 수 있다.

[항공안전법 시행규칙 제5조(초경량비행장치의 기준)]

법 제2조 제3호에서 "자체중량, 좌석 수 등 국토교통부령으로 정하는 기준에 해당하는 동력비행장치, 행글라이더, 패러글라이더, 기구류 및 무인비행장치 등"이란 다음 각 호의 기준을 충족하는 동력비행장치, 행글라이더, 패러글라이더, 기구류, 무인비행장치, 회전익비행장치, 동력패러글라이더 및 낙하산류 등을 말한다.

1. 동력비행장치: 동력을 이용하는 것으로서 다음 각 목의 기준을 모두 충족하는 고정익비행장치

    가. 탑승자, 연료 및 비상용 장비의 중량을 제외한 자체중량이 115킬로그램 이하일 것

    나. 좌석이 1개일 것

2. 행글라이더: 탑승자 및 비상용 장비의 중량을 제외한 자체중량이 70킬로그램 이하로서 체중이동, 타면조종 등의 방법으로 조종하는 비행장치

3. 패러글라이더: 탑승자 및 비상용 장비의 중량을 제외한 자체중량이 70킬로그램 이하로서 날개에 부착된 줄을 이용하여 조종하는 비행장치

4. 기구류: 기체의 성질·온도차 등을 이용하는 다음 각 목의 비행장치

    가. 유인자유기구 또는 무인자유기구

    나. 계류식(繫留式) 기구

5. 무인비행장치: 사람이 탑승하지 아니하는 것으로서 다음 각 목의 비행장치

    가. 무인동력비행장치: 연료의 중량을 제외한 자체중량이 150킬로그램 이하인 무인비행기, 무인헬리콥터 또는 무인멀티콥터

    나. 무인비행선: 연료의 중량을 제외한 자체중량이 180킬로그램 이하이고 길이가 20미터 이하인 무인비행선

6. 회전익비행장치: 제1호 각 목의 동력비행장치의 요건을 갖춘 헬리콥터 또는 자이로플레인

7. 동력패러글라이더: 패러글라이더에 추진력을 얻는 장치를 부착한 다음 각 목의 어느 하나에 해당하는 비행장치

    가. 착륙장치가 없는 비행장치

    나. 착륙장치가 있는 것으로서 제1호 각 목의 동력비행장치의 요건을 갖춘 비행장치

8. 낙하산류: 항력(抗力)을 발생시켜 대기(大氣) 중을 낙하하는 사람 또는 물체의 속도를 느리게 하는 비행장치

9. 그 밖에 국토교통부장관이 종류, 크기, 중량, 용도 등을 고려하여 정하여 고시하는 비행장치

나) 감항검사방법

⊙ 감항검사 신청

[항공안전법 시행규칙 제35조(감항증명의 신청)]

① 법 제23조 제1항에 따라 감항증명을 받으려는 자는 별지 제13호 서식의 항공기 표준감항증명 신청서 또는 별지 제14호 서식의 항공기 특별감항증명 신청서에 다음 각 호의 서류를 첨부하여 국토교통부장관 또는 지방항공청장에게 제출하여야 한다.

  1. 비행교범

  2. 정비교범

  3. 그 밖에 감항증명과 관련하여 국토교통부장관이 필요하다고 인정하여 고시하는 서류

② 제1항 제1호에 따른 비행교범에는 다음 각 호의 사항이 포함되어야 한다.

  1. 항공기의 종류·등급·형식 및 제원(諸元)에 관한 사항

  2. 항공기 성능 및 운용한계에 관한 사항

  3. 항공기 조작방법 등 그 밖에 국토교통부장관이 정하여 고시하는 사항

③ 제1항 제2호에 따른 정비교범에는 다음 각 호의 사항이 포함되어야 한다. 다만, 장비품·부품 등의 사용한계 등에 관한 사항은 정비교범 외에 별도로 발행할 수 있다.

  1. 감항성 한계범위, 주기적 검사방법 또는 요건, 장비품·부품 등의 사용한계 등에 관한 사항

  2. 항공기 계통별 설명, 분해, 세척, 검사, 수리 및 조립절차, 성능점검 등에 관한 사항

  3. 지상에서의 항공기 취급, 연료·오일 등의 보충, 세척 및 윤활 등에 관한 사항

⊙ 형식증명 신청

[항공안전법 제20조(형식증명 등)]

① 항공기 등의 설계에 관하여 국토교통부장관의 증명을 받으려는 자는 국토교통부령으로 정하는 바에 따라 국토교통부장관에게 제2항 각 호의 어느 하나에 따른 증명을 신청하여야 한다. 증명받은 사항을 변경할 때에도 또한 같다.

② 국토교통부장관은 제1항에 따른 신청을 받은 경우 해당 항공기 등이 항공기기술기준 등에 적합한지를 검사한 후 다음 각 호의 구분에 따른 증명을 하여야 한다.

  1. 해당 항공기 등의 설계가 항공기기술기준에 적합한 경우: 형식증명

  2. 신청인이 다음 각 목의 어느 하나에 해당하는 항공기의 설계가 해당 항공기의 업무와 관련된 항공기기술기준에 적합하고 신청인이 제시한 운용범위에서 안전하게 운항할 수 있음을 입증한 경우: 제한형식증명

    가. 산불진화, 수색구조 등 국토교통부령으로 정하는 특성한 업부에 사용되는 항공기(나목의 항공기를 제외한다)

    나. 「군용항공기 비행안전성 인증에 관한 법률」 제4조 제5항 제1호에 따른 형식인증을 받

아 제작된 항공기로서 산불진화, 수색구조 등 국토교통부령으로 정하는 특정한 업무를 수행하도록 개조된 항공기

③ 국토교통부장관은 제2항 제1호의 형식증명(이하 "형식증명"이라 한다) 또는 같은 항 제2호의 제한형식증명(이하 "제한형식증명"이라 한다)을 하는 경우 국토교통부령으로 정하는 바에 따라 형식증명서 또는 제한형식증명서를 발급하여야 한다.

④ 형식증명서 또는 제한형식증명서를 양도·양수하려는 자는 국토교통부령으로 정하는 바에 따라 국토교통부장관에게 양도사실을 보고하고 해당 증명서의 재발급을 신청하여야 한다.

⑤ 형식증명, 제한형식증명 또는 제21조에 따른 형식증명승인을 받은 항공기 등의 설계를 변경하기 위하여 부가적인 증명(이하 "부가형식증명"이라 한다)을 받으려는 자는 국토교통부령으로 정하는 바에 따라 국토교통부장관에게 부가형식증명을 신청하여야 한다.

⑥ 국토교통부장관은 부가형식증명을 하는 경우 국토교통부령으로 정하는 바에 따라 부가형식증명서를 발급하여야 한다.

⑦ 국토교통부장관은 다음 각 호의 어느 하나에 해당하는 경우 해당 항공기 등에 대한 형식증명, 제한형식증명 또는 부가형식증명을 취소하거나 6개월 이내의 기간을 정하여 그 효력의 정지를 명할 수 있다. 다만, 제1호에 해당하는 경우에는 형식증명, 제한형식증명 또는 부가형식증명을 취소하여야 한다.

1. 거짓이나 그 밖의 부정한 방법으로 형식증명, 제한형식증명 또는 부가형식증명을 받은 경우
2. 항공기 등이 형식증명, 제한형식증명 또는 부가형식증명 당시의 항공기기술기준 등에 적합하지 아니하게 된 경우

제한형식증명이 만들어진 배경은 다음과 같다. 우리나라에서 군용으로 설계·제작한 국산 헬기인 '수리온'은 방위사업청의 형식인증을 획득한 상태이다. 민간 소방본부에서 소방헬기로 수리온을 사용하려면 국토교통부에서 발급한 '형식증명서'가 필요하다. 그런데 '군용'으로 설계·제작된 헬기인 수리온은 국토교통부 형식증명서를 발급받을 수 없어서 처음부터 다시 설계해서 형식증명을 받아야 한다. 그래서 국토교통부는 이미 검증된 국산 헬기의 도입을 활성화하고 효율적인 인증절차를 적용하기 위해 2018년 6월 항공안전법을 개정해서 수리온도 형식증명에 준하는 '제한형식증명'을 받을 수 있도록 하였다.

형식증명승인

[항공안전법 제21조(형식증명승인)]

① 항공기 등의 설계에 관하여 외국정부로부터 형식증명을 받은 자가 해당 항공기 등에 대하여 항공기기술기준에 적합함을 승인(이하 "형식증명승인"이라 한다) 받으려는 경우 국토교통부령으로 정하는 바에 따라 항공기 등의 형식별로 국토교통부장관에게 형식증명승인을 신청하여야 한다.

② 제1항에도 불구하고 대한민국과 항공기 등의 감항성에 관한 항공안전협정을 체결한 국가로부터 형식증명을 받은 제1항 각 호의 항공기 및 그 항공기에 장착된 발동기와 프로펠러의 경우에는 제1항에 따른 형식증명승인을 받은 것으로 본다.

③ 국토교통부장관은 형식증명승인을 할 때에는 해당 항공기 등(제2항에 따라 형식증명승인을 받은 것으로 보는 항공기 및 그 항공기에 장착된 발동기와 프로펠러는 제외한다)이 항공기기술기준에 적합한지를 검사하여야 한다. 다만, 대한민국과 항공기 등의 감항성에 관한 항공안전협정을 체결한 국가로부터 형식증명을 받은 항공기 등에 대해서는 해당 협정에서 정하는 바에 따라 검사의 일부를 생략할 수 있다.

④ 국토교통부장관은 제3항에 따른 검사 결과 해당 항공기 등이 항공기기술기준에 적합하다고 인정하는 경우에는 국토교통부령으로 정하는 바에 따라 형식증명승인서를 발급하여야 한다.

⑤ 국토교통부장관은 형식증명 또는 형식증명승인을 받은 항공기 등으로서 외국정부로부터 그 설계에 관한 부가형식증명을 받은 사항이 있는 경우에는 국토교통부령으로 정하는 바에 따라 부가적인 형식증명승인(이하 "부가형식증명승인"이라 한다)을 할 수 있다.

⑥ 국토교통부장관은 부가형식증명승인을 할 때에는 해당 항공기 등이 항공기기술기준에 적합한지를 검사한 후 적합하다고 인정하는 경우에는 국토교통부령으로 정하는 바에 따라 부가형식증명승인서를 발급하여야 한다. 다만, 대한민국과 항공기 등의 감항성에 관한 항공안전협정을 체결한 국가로부터 부가형식증명을 받은 사항에 대해서는 해당 협정에서 정하는 바에 따라 검사의 일부를 생략할 수 있다.

⑦ 국토교통부장관은 다음 각 호의 어느 하나에 해당하는 경우에는 해당 항공기 등에 대한 형식증명승인 또는 부가형식증명승인을 취소하거나 6개월 이내의 기간을 정하여 그 효력의 정지를 명할 수 있다. 다만, 제1호에 해당하는 경우에는 형식증명승인 또는 부가형식증명승인을 취소하여야 한다.

1. 거짓이나 그 밖의 부정한 방법으로 형식증명승인 또는 부가형식증명승인을 받은 경우
2. 항공기 등이 형식증명승인 또는 부가형식증명승인 당시의 항공기기술기준에 적합하지 아니하게 된 경우

✈ 감항증명 및 감항성 유지

[항공안전법 제23조(감항증명 및 감항성 유지)]

① 항공기가 감항성이 있다는 증명(이하 "감항증명"이라 한다)을 받으려는 자는 국토교통부령으로 정하는 바에 따라 국토교통부장관에게 감항증명을 신청하여야 한다.

② 감항증명은 대한민국 국적을 가진 항공기가 아니면 받을 수 없다. 다만, 국토교통부령으로 정하는 항공기의 경우에는 그러하지 아니하다.

③ 누구든지 다음 각 호의 어느 하나에 해당하는 감항증명을 받지 아니한 항공기를 운항하여서는 아니 된다.

1. 표준감항증명: 해당 항공기가 형식증명 또는 형식증명승인에 따라 인가된 설계에 일치하게 제작되고 안전하게 운항할 수 있다고 판단되는 경우에 발급하는 증명

2. 특별감항증명: 해당 항공기가 제한형식증명을 받았거나 항공기의 연구, 개발 등 국토교통부령으로 정하는 경우로서 항공기 제작자 또는 소유자 등이 제시한 운용범위를 검토하여 안전하게 운항할 수 있다고 판단되는 경우에 발급하는 증명

④ 국토교통부장관은 제3항 각 호의 어느 하나에 해당하는 감항증명을 하는 경우 국토교통부령으로 정하는 바에 따라 해당 항공기의 설계, 제작과정, 완성 후의 상태와 비행성능에 대하여 검사하고 해당 항공기의 운용한계(運用限界)를 지정하여야 한다. 다만, 다음 각 호의 어느 하나에 해당하는 항공기의 경우에는 국토교통부령으로 정하는 바에 따라 검사의 일부를 생략할 수 있다.

1. 형식증명, 제한형식증명 또는 형식증명승인을 받은 항공기

2. 제작증명을 받은 자가 제작한 항공기

3. 항공기를 수출하는 외국정부로부터 감항성이 있다는 승인을 받아 수입하는 항공기

⑤ 감항증명의 유효기간은 1년으로 한다. 다만, 항공기의 형식 및 소유자 등(제32조 제2항에 따른 위탁을 받은 자를 포함한다)의 감항성 유지능력 등을 고려하여 국토교통부령으로 정하는 바에 따라 유효기간을 연장할 수 있다.

⑥ 국토교통부장관은 제4항에 따른 검사 결과 항공기가 감항성이 있다고 판단되는 경우 국토교통부령으로 정하는 바에 따라 감항증명서를 발급하여야 한다.

⑦ 국토교통부장관은 다음 각 호의 어느 하나에 해당하는 경우에는 해당 항공기에 대한 감항증명을 취소하거나 6개월 이내의 기간을 정하여 그 효력의 정지를 명할 수 있다. 다만, 제1호에 해당하는 경우에는 감항증명을 취소하여야 한다.

1. 거짓이나 그 밖의 부정한 방법으로 감항증명을 받은 경우

2. 항공기가 감항증명 당시의 항공기기술기준에 적합하지 아니하게 된 경우

⑧ 항공기를 운항하려는 소유자 등은 국토교통부령으로 정하는 바에 따라 그 항공기의 감항성을 유지하여야 한다.

⑨ 국토교통부장관은 제8항에 따라 소유자 등이 해당 항공기의 감항성을 유지하는지를 수시로 검사하여야 하며, 항공기의 감항성 유지를 위하여 소유자 등에게 항공기 등, 장비품 또는 부품에 대한 정비 등에 관한 감항성 개선 또는 그 밖의 검사·정비 등을 명할 수 있다.

감항승인

[항공안전법 제24조(감항승인)]

① 우리나라에서 제작, 운항 또는 정비 등을 한 항공기 등, 장비품 또는 부품을 타인에게 제공하려는 자는 국토교통부령으로 정하는 바에 따라 국토교통부장관의 감항승인을 받을 수 있다.

② 국토교통부장관은 제1항에 따른 감항승인을 할 때에는 해당 항공기 등, 장비품 또는 부품이

항공기기술기준 또는 제27조 제1항에 따른 기술표준품의 형식승인기준에 적합하고, 안전하게 운용할 수 있다고 판단하는 경우에는 감항승인을 하여야 한다.

③ 국토교통부장관은 다음 각 호의 어느 하나에 해당하는 경우에는 제2항에 따른 감항승인을 취소하거나 6개월 이내의 기간을 정하여 그 효력의 정지를 명할 수 있다. 다만, 제1호에 해당하는 경우에는 그 감항승인을 취소하여야 한다.

1. 거짓이나 그 밖의 부정한 방법으로 감항승인을 받은 경우
2. 항공기 등, 장비품 또는 부품이 감항승인 당시의 항공기기술기준 또는 제27조 제1항에 따른 기술표준품의 형식승인기준에 적합하지 아니하게 된 경우

감항증명 시 검사 일부를 생략할 수 있는 경우

[항공안전법 시행규칙 제40조(감항증명을 위한 검사의 일부 생략)]

법 제23조 제4항 단서에 따라 감항증명을 할 때 생략할 수 있는 검사는 다음 각 호의 구분에 따른다.

1. 형식증명 또는 제한형식증명을 받은 항공기: 설계에 대한 검사
2. 형식증명승인을 받은 항공기: 설계에 대한 검사와 제작과정에 대한 검사
3. 제작증명을 받은 자가 제작한 항공기: 제작과정에 대한 검사
4. 수입 항공기[신규로 생산되어 수입하는 완제기(完製機)만 해당한다]: 비행성능에 대한 검사

특별 감항증명의 대상

[항공안전법 시행규칙 제37조(특별감항증명의 대상)]

법 제23조 제3항 제2호에서 "항공기의 연구, 개발 등 국토교통부령으로 정하는 경우"란 다음 각 호의 어느 하나에 해당하는 경우를 말한다.

1. 항공기 및 관련 기기의 개발과 관련된 다음 각 목의 어느 하나에 해당하는 경우
    가. 항공기 제작자, 연구기관 등에서 연구 및 개발 중인 경우
    나. 판매 등을 위한 전시 또는 시장조사에 활용하는 경우
    다. 조종사 양성을 위하여 조종연습에 사용하는 경우
2. 항공기의 제작·정비·수리·개조 및 수입·수출 등과 관련한 다음 각 목의 어느 하나에 해당하는 경우
    가. 제작·정비·수리 또는 개조 후 시험비행을 하는 경우
    나. 정비·수리 또는 개조를 위한 장소까지 승객·화물을 싣지 아니하고 비행하는 경우
    다. 수입하거나 수출하기 위하여 승객·화물을 싣지 아니하고 비행하는 경우
    라. 설계에 관한 형식증명을 변경하기 위하여 운용한계를 초과하는 시험비행을 하는 경우
3. 무인항공기를 운항하는 경우
4. 특정한 업무를 수행하기 위하여 사용되는 다음 각 목의 어느 하나에 해당하는 경우

가. 재난·재해 등으로 인한 수색·구조에 사용되는 경우

나. 산불의 진화 및 예방에 사용되는 경우

다. 응급환자의 수송 등 구조·구급활동에 사용되는 경우

라. 씨앗 파종, 농약 살포 또는 어군(魚群)의 탐지 등 농·수산업에 사용되는 경우

마. 기상관측, 기상조절 실험 등에 사용되는 경우

5. 제1호부터 제4호까지 외에 공공의 안녕과 질서유지를 위한 업무를 수행하는 경우로서 국토교통부장관이 인정하는 경우

➤ 감항증명과 형식증명의 관계

형식증명은 항공기를 제작할 때 설계한 항공기가 항공기기술기준에 적합한지에 대한 증명을 받는 것이고, 감항증명은 제작한 항공기가 안전하게 운항할 수 있다는 증명을 받는 것이다. 감항증명을 받는 항공기가 이미 형식증명을 받은 항공기라면 설계에 관한 검사는 생략할 수 있다. 그리고 형식증명승인이 있으면 감항증명 시 설계 및 제작과정에 대한 검사는 생략할 수 있다.

> 형식증명승인이란 외국 정부로부터 형식증명을 받은 제작자가 우리나라에 항공기 등을 수출할 때 외국 정부의 형식증명이 우리나라의 항공기기술기준에 적합하다고 승인하는 것을 말한다.

2) 감항성 개선명령 (구술평가)

가) 감항성 개선지시의 정의 및 법적 효력

➤ 감항성 개선지시(AD, Airworthiness Directive)

① 감항성 개선지시(AD)는 감항성에 영향을 줄 수 있는 결함을 개선하기 위한 대책을 지시하는 강제성을 가진 지시이다. 항공기 등(항공기·발동기·프로펠러), 장비품 또는 부품에서 발견되는 결함에 대해 수정을 요구하고, 설계가 같은 다른 항공제품에도 발생할 것을 대비해서 조치를 요구하는 감항당국의 행정명령이다. 수행시간 안에 AD를 이행하지 못하면 국토교통부장관의 승인을 받아서 수행시간을 연장하거나 대체방법으로 바꿀 수 있다. AD는 이행한 다음 항공기기록부(Aircraft Log)에 기록한다.

② 제작사가 해당 국가의 감항당국(미국은 FAA, 유럽은 EASA)에 보고하면 감항당국은 항공기를 운용하고 있는 나라의 감항당국(대한민국은 국토교통부)에 감항성 개선지시를 보내고, 다시 국토교통부는 우리나라 항공사에 감항성 개선지시를 보낸다.

③ AD는 항공기 소유자를 포함한 불안전한 상황과 관련 있는 인원에게 정보를 주고, 항공기를 계속 운항할 수 있는 필요한 조치사항을 규정한다. AD는 법적으로 특별한 면제가 되는 경우를 제외하고 따라야 하므로 2가지 범주로 구분되는데, 접수 즉시 곧바로 긴급 수행을 요

구하는 위급한 것과 일정 기간 내에 수행을 요구하는 긴급한 것으로 구분한다. 그리고 AD 는 일회성으로 종료되는 것과 일정 주기(시간, 사이클, 기간)로 반복적으로 검사를 수행하는 것이 있다.

④ AD에는 해당 항공기, 엔진, 프로펠러, 기기의 형식과 일련번호, 수행 시기, 기간, 개요, 수행

MOLIT AD :

대 한 민 국
국 토 교 통 부
Republic of Korea
Ministry of Infrastructure and Transport

감 항 성 개 선 지 시 서
Airworthiness Directive

이 감항성개선지시서(AD)는 「항공안전법」 제23조 및 ICAO 부속서 8에 따라 대한민국 국토교통부에서 항공기의 감항성을 지속적으로 확보하기 위해 해당 항공기 소유자 또는 운영자에게 발행하는 것으로서, 항공기 소유자 또는 운영자는 이 지시서의 요건들을 준수하여야 하며, 국토교통부장관의 인가를 받은 경우를 제외하고 본 지시서의 요건을 준수하지 않으면 그 누구도 해당 항공기를 운영할 수 없다.

This Airworthiness Directive is issued to registered owner(s) or operator(s) of aircraft to ensure the continuing Airworthiness of the aircraft by Ministry of Land, Infrastructure and Transport, Republic of Korea in accordance with Article 23 of Aviation Safety Act Implementation Regulations and the Annex 8 of the International Civil Aviation Organization's Convention. The registered owner or operator shall comply with requirements of the Airworthiness Directive.
No person may operate the aircraft to which an Airworthiness Directive applies, unless otherwise authorized by the Minister of Land, Infrastructure and Transport.

1. 개선지시 내용(Requirements of Airworthiness Directive):

2. 유효일자(Effective date):

20××.××.××

국 토 교 통 부 장 관
Minister of Ministry of Infrastructure and Transport
수신처(To):

비고(Remarks)

- 항공기 소유자등은 이 감항성개선지시서에 따라 수행한 후, 탑재용항공일지 등의 정비기록부에 수행사항에 관한 내용을 기록하여야 합니다.
- 내체수행방법을 적용하고자 할 경우에는 사전에 국토교통부장관의 지침을 받아야 합니다.
- 이 감항성개선지시서에 대하여 문의사항이 있거나 추가 자료가 필요할 때에는 국토교통부 항공기술과 (전화 044-201-4785, 팩스 044-201-5630, e-mail: aw division@korea.kr) 또는 항공기, 엔진, 프로펠러 및 장비품 등의 설계국가의 항공당국에 문의하기 바랍니다.

[그림 2-1-3] 감항성 개선지시서

절차, 수행방법과 관련된 내용이 적혀 있다. AD를 받은 항공기 운영자는 감항성 개선지시서에 따른 사항을 수행하기 곤란할 경우 대체 수행방법 등을 감항당국에 신청할 수 있고, 감항당국은 이러한 신청이 있으면 감항성 개선지시 유효기간 등을 고려해서 감항 엔지니어, 설계책임기관 및 전문검사기관 등과 협의해서 그 결과를 항공기 운영자 등에게 30일을 초과하지 않도록 바로 알려줘야 한다.

🢂 정비개선회보(SB, Service Bulletin)

① 정비개선회보(SB)는 항공제품의 제작회사에서 항공기의 감항성 유지, 안전성 확보 및 신뢰도 개선 등을 위해 발행하는 문서를 말한다. 감항성 개선지시와 달리 법적 강제성을 가지지 않는 권고사항이다. 따라서 SB를 이행할지는 항공기 운영자가 결정한다.

② SB는 항공제품의 제작회사에서 항공기 운영자에게 항공기의 개선을 위해 발행하는 권고적인 기술지시이다. 제작사는 SB의 내용이 단순히 항공제품의 성능을 높이는 것만이 아니고 안전과 관련이 있다고 판단하면 긴급 정비회보(Alert SB)를 발행한다.

③ 이 경우 긴급 정비회보는 감항당국의 AD 발행으로 이어진다. 제작사는 SB의 중요도에 따라 Optional, Recommended, Alert, Mandatory, Informational로 분류한다. 제작사에서 해당 SB를 Mandatory(법에 정해진, 의무적인)로 분류했다 하더라도 해당 SB는 감항당국에서 AD를 발행할 때까지는 법적으로 강제 수행사항은 아니지만, 항공기의 안전을 개선하는 내용이면 대부분 항공기 운영자는 이를 우선적으로 수행한다. 그러나 해당 SB가 항공기의 성능을 높이는 내용일 경우에는 항공기 운영자는 비용과 효과를 고려해서 수행할 것인지를 검토한다.

④ SB에는 발행 목적, 작업대상(기체, 엔진, 장비품), 작업방법(서비스, 조정, 개조, 검사), 필요한 부품의 공급원, 작업 소요 인시수(man hour) 등이 기술되어 있다.

🢂 우리나라의 감항성 개선지시(Airworthiness Directive)

[항공안전법 시행규칙 제45조(항공기 등·장비품 또는 부품에 대한 감항성 개선 명령 등)]

① 국토교통부장관은 법 제23조 제9항에 따라 소유자 등에게 항공기 등, 장비품 또는 부품에 대한 정비 등에 관한 감항성 개선을 명할 때에는 다음 각 호의 사항을 통보하여야 한다.

  1. 항공기 등, 장비품 또는 부품의 형식 등 개선 대상

  2. 검사, 교환, 수리·개조 등을 하여야 할 시기 및 방법

  3. 그 밖에 검사, 교환, 수리·개조 등을 수행하는 데 필요한 기술자료

  4. 제3항에 따른 보고 대상 여부

② 국토교통부장관은 법 제23조 제9항에 따라 소유자 등에게 검사·정비 등을 명할 때에는 다음 각 호의 사항을 통보하여야 한다.

  1. 항공기 등, 장비품 또는 부품의 형식 등 검사 대상

  2. 검사·정비 등을 하여야 할 시기 및 방법

3. 제3항에 따른 보고 대상 여부

③ 제1항에 따른 감항성 개선 또는 제2항에 따른 검사·정비 등의 명령을 받은 소유자 등은 감항성 개선 또는 검사·정비 등을 완료한 후 그 이행 결과가 보고 대상인 경우에는 국토교통부장관에게 보고하여야 한다.

감항성 개선 명령을 이행하지 않았을 때 처벌

[항공안전법 제91조(항공운송사업자의 운항증명 취소 등)]

① 국토교통부장관은 운항증명을 받은 항공운송사업자가 다음 각 호의 어느 하나에 해당하는 경우에는 운항증명을 취소하거나 6개월 이내의 기간을 정하여 항공기 운항의 정지를 명할 수 있다. 다만, 제1호, 제39호 또는 제49호의 어느 하나에 해당하는 경우에는 운항증명을 취소하여야 한다.

4. 제23조 제9항에 따른 항공기의 감항성 유지를 위한 항공기 등, 장비품 또는 부품에 대한 정비 등에 관한 감항성개선 또는 그 밖에 검사·정비 등의 명령을 이행하지 아니하고 이를 운항 또는 항공기 등에 사용한 경우

감항성개선지시서(Airworthiness Directive) 발행 및 관리 지침

[감항성개선지시서 발행 및 관리 지침[국토교통부훈령 제1095호], 국토교통부(항공기술과)]

제3조(정의)

이 지침에서 사용하는 용어의 뜻은 다음과 같다.

1. "감항성개선지시서(Airworthiness Directive)"란 「항공안전법」(이하 "법"이라 한다) 제23조 제8항에 따라 외국으로 수출된 국산 항공기, 우리나라에 등록된 항공기와 이 항공기에 장착되어 사용되는 발동기·프로펠러, 장비품 또는 부품 등에 불안전한 상태가 존재하고, 이 상태가 형식설계가 동일한 다른 항공제품들에도 존재하거나 발생될 가능성이 있는 것으로 판단될 때, 국토교통부장관이 해당 항공제품에 대한 검사, 부품의 교환, 수리·개조를 지시하거나 운영상 준수하여야 할 절차 또는 조건과 한계사항 등을 정하여 지시하는 문서를 말한다.

2. "정비개선회보(Service Bulletin)"란 항공기의 감항성 유지, 안전성 확보 및 신뢰도 개선 등을 위하여 항공제품의 제작회사에서 발행하는 문서를 말한다.

4. "항공제품"이란 민간항공에 사용할 목적으로 설계·제작된 항공기, 엔진, 프로펠러 또는 이에 장착되는 장비품, 자재 및 부품 등을 말한다.

[제5조(감항성개선지시서 발행 대상)]

국토교통부장관은 다음 각 호의 어느 하나에 해당하는 경우에는 감항성개선지시서를 발행할 수 있다.

1. 「국제민간항공조약」 부속서 8에 따라 국내에서 운용 중인 항공기의 설계국가 또는 다른 운용국가에서 발행한 필수감항정보 또는 정비개선회보를 검토한 결과 필요하다고 판단한

경우

2. 국내에서 설계·제작된 항공제품에서 감항성에 중대한 영향을 미치는 설계·제작상의 결함 사항이 발견된 경우

3. 동일한 고장이 반복적으로 발생되어 부품의 교환, 수리·개조 등 근본적인 수정조치가 필요하거나 반복적인 점검 등이 필요한 경우

4. 「항공·철도 사고조사에 관한 법률」 제26조에 따른 항공기 사고조사 결과 또는 법 제132조에 따른 항공안전 활동 결과 감항성에 중대한 영향을 미치는 고장 또는 결함이 형식이 같은 항공기에서도 발생할 가능성이 높다고 판단되는 경우

5. 법 제23조 제5항에 따라 국토교통부장관이 고시한 「항공기기술기준」에서 감항성과 관련된 중요한 기준이 변경된 경우

6. 항공기의 안전운항을 위하여 운용한계(operating limitations) 또는 운용절차(operation procedures)를 개정할 필요가 있다고 판단한 경우

7. 그 밖에 국토교통부장관이 항공기 등의 안전을 확보하기 위하여 필요하다고 인정하는 경우

[감항성개선지시서 발행 및 관리 지침 제7조(감항성개선지시서 발행을 위한 기술검토)]

① 감항엔지니어는 외국에서 설계하고 승인한 항공제품의 필수감항정보를 검토한 후 그 결과를 별지 제1호 서식의 감항성개선지시서(AD) 기술검토서에 작성하여 국토교통부장관에게 보고하여야 한다.

② 우리나라에서 설계하고 승인한 항공제품에서 불안전 상태가 확인된 경우 또는 외국에서 수입한 항공제품이 불안전 상태에 있다고 판단되지만 해당 국가로부터 필수감항정보가 발행되지 않은 경우 국토교통부장관은 다음 각 호의 절차에 따라 기술검토를 한 후 감항성개선지시서를 발행할 수 있다.

1. 해당 항공제품을 설계한 책임기관의 장에게 정비개선회보(Service Bulletin)를 제출토록 요구한다.

2. 정비개선회보를 검토하기 위해 필요할 경우 설계책임기관 및 전문검사기관 및 내부 관련자에게 통보하여 의견을 수렴하고, 그 검토 결과를 별지 제2호 서식의 감항성개선지시서(AD) 기술검토서에 작성하여 국토교통부장관에게 보고하여야 한다.

3. 외국에서 설계하고 승인한 항공제품에 대하여 자체적으로 감항성개선지시서를 발행하려는 경우 사전에 해당 설계국가와 협의한다.

③ 국토교통부장관은 감항성개선지시서를 발행하기 전에 별지 제2호 서식에 따른 감항성개선지시서(AD) 기술검토서를 항공기 소유자 등 관계자에게 통보하고, 국토교통부 홈페이지에 게시하여 30일 이내에 의견을 수렴하여야 한다. 다만, 항공안전을 확보하기 위하여 긴급한 경우에는 이를 생략할 수 있다.

◈ 감항성개선지시서 발행

[감항성개선지시서 발행 및 관리 지침 제8조(감항성개선지시서 발행)]

① 국토교통부장관은 제7조에 따른 기술검토 결과 항공제품의 안전을 확보하기 위한 정비 등이 필요하다고 판단될 경우에는 별지 제3호 서식에 따른 감항성개선지시서를 발행하여야 한다. 다만, 제7조 제1항에 따라 외국에서 발행한 필수감항정보에 따른 감항성개선지시서를 발행할 경우에는 별지 제3호 서식 본문을 해당 필수감항정보의 원문으로 대체할 수 있다.

② 관리담당자는 감항성개선지시서를 통합항공안전정보시스템(NARMI)에 입력하여 항공제품 소유자 등이 인터넷으로 열람할 수 있게 하고, 이메일, 팩스 또는 우편으로 통보하여야 한다. 다만, 국산 항공제품에 대하여 감항성개선지시서를 발행한 경우에는 외국에 있는 해당 항공제품의 소유자 등 및 소유자 등의 소속 국가에도 통보하여야 한다.

◈ 감항성개선지시 대체수행방법 등의 신청 및 처리절차

[감항성개선지시서 발행 및 관리 지침 제9조(대체수행방법 등의 신청 및 처리절차)]

① 항공기 소유자 등은 감항성개선지시서에 따른 사항을 수행하기 곤란할 경우 대체수행방법 등을 국토교통부장관에게 신청할 수 있다.

② 국토교통부장관은 제1항에 따른 신청이 있을 경우 감항성개선지시 유효기간 등을 고려하여 감항엔지니어, 설계책임기관 및 전문검사기관 등과 협의하여 그 결과를 항공기 소유자 등에게 지체 없이 알려주되, 최대 30일을 초과하지 않아야 한다.

SECTION 02 | 기본작업

가 벤치작업

1) 기본 공구의 사용 (구술 또는 실작업 평가)

가) 공구 종류 및 용도

해머와 맬릿(hammer and mallet)

① 해머는 머리의 재질과 무게에 따라 구분된다. 금속성의 강한 머리 재질의 해머와 나무, 놋쇠, 납, 생가죽, 단단한 고무 또는 플라스틱 등의 부드러운 재질의 헤드를 가진 해머를 사용한다. 연성 헤드 해머는 손상되기 쉬운 연성 금속 또는 성형작업에 사용한다. 헤드 재질이 연성인 해머는 펀치 헤드, 볼트 또는 못을 때리는 데 사용할 수 없다.

② 생가죽 또는 고무 재질 헤드의 해머를 맬릿이라고 한다. 얇은 금속 판재의 끝부분의 급격한 구김 또는 찍힘 등이 발생하지 않도록 가공하는 데 편리하다. 나무로 만든 정을 때릴 경우는 항상 나무 맬릿을 사용하고, 손잡이가 단단히 조여져 있는지 확인한다. 해머로 타격을 가할 때는 팔뚝을 손잡이의 연장선으로 사용한다. 손목이 아니라 팔꿈치를 구부려 해머를 휘두른다. 금속해머를 사용할 때는 안전 안경이나 고글 사용을 권장한다. 해머와 맬릿의 머리 부분은 작업 시 가공물의 손상을 방지하기 위해 찌그러지거나 패인 부분이 없이 고른 면을 유지하도록 한다.

스크루드라이버(screwdriver)

① 스크루드라이버는 모양, 블레이드 유형 및 블레이드 길이에 따라 구분된다. 이 공구의 목적은 나사, 스크루, 볼트 등을 풀거나 조이는 것이다. 일반 드라이버를 사용할 때는 회전해야 하는 나사에 블레이드가 잘 맞는 가장 큰 드라이버를 선택해야 한다. 일반 드라이버는 적어도 나사 슬롯의 75%를 채우고, 조이거나 풀어야 한다. 스크루드라이버 블레이드의 크기가 적성하지 않으면 사용 시 미끄러짐이 발생하고 스크루 헤드의 손상이나 인접한 구조물 부분의

| 십자 블레이드 스크루드라이버 | 옵셋 스크루드라이버 | 일자 블레이드 스크루드라이버 |

[그림 2-2-1] 스크루드라이버

손상을 유발한다. 스크루 추출기를 사용해야 할 정도로 손상이 심각할 수도 있다.

② 필립스(Phillips)와 리드엔프린스(Reed & Prince) 스크루드라이버의 끝부분은 뾰족하게 가공되어 있다. 필립스 스크루는 십자 모양의 머리 중간 부분이 좀 더 큰 모양을 하고 있으며 필립스 스크루드라이버의 끝부분은 뭉뚝하게 마무리되어 있다. 필립스 스크루드라이버는 리드앤프린스 스크루드라이버와 호환으로 사용할 수 없다. 스크루드라이버를 잘못 사용하면 스크루드라이버와 스크루헤드가 손상된다. 오목머리 헤드 스크루를 돌릴 때는 적정 크기의 헤드 스크루 드라이버를 사용해야 한다. 가장 일반적으로 사용되는 십자 스크루드라이버는 No.1, No.2 필립스 드라이버이다.

③ 수직 공간이 제한된 경우 오프셋 스크루드라이버를 사용한다. 오프셋 스크루드라이버는 양쪽 끝이 섕크 손잡이(shank handle)에 90° 구부러진 상태로 제작된다. 다른 쪽 끝을 사용함으로써 작업공간이 제한되어 있어도 대부분의 스크루를 풀거나 조일 수 있다. 오프셋 스크루드라이버는 표준 헤드나사와 오목머리 나사용으로 제작된다. 직각 스크루드라이버도 사용할 수 있으며, 비좁은 곳에서 작업할 때 필수 공구이다.

플라이어(plier)와 플라이어 형태의 절단공구(cutting tool)

항공정비작업에서 사용되는 플라이어는 조의 모양에 따라, 다이아고날 커터(diagonal cutter), 덕빌 플라이어(duckbill plier), 니들노즈 플라이어(needlenose plier), 라운드노즈 플라이어(roundnose plier)가 있다. 플라이어의 크기는 전체 길이로 나타내며, 보통 5~12 in 플라이어를 사용한다.

펀치(punch)

펀치의 종류에는 판금가공의 천공 펀치, 드로잉 펀치, 단조용 펀치 등이 있다. 구멍의 중심이나 금긋기선의 교차점에 작은 점(펀치마크)을 찍는 데 사용한다. 원을 그릴 수 있는 중심점을 잡고, 드릴링 홀을 뚫기 위한 위치 표시, 판재 제작을 위한 홀 위치 표시, 구멍의 위치를 옮기는 패턴이 있는 홀 위치 복사와 손상된 리벳이나 볼트 제거에도 사용한다. 펀치는 속이 비어 있는 형태와 속이 꽉 찬(solid) 두 가지 형식이 사용한다.

렌치(wrench)

렌치는 볼트·너트나 파이프 등을 조이거나 풀 때 사용하는 공구를 말하며, 소켓 렌치, 몽키 렌치, 파이프 렌치, 스패너 등이 있다. 항공기 정비에 많이 사용되는 렌치는 오픈엔드, 박스엔드, 소켓, 조절식, 래칫 및 특수 렌치로 분류된다.

① 한쪽 끝이나 양쪽 끝에 조가 열려 있는 렌치를 오픈엔드 렌치라고 한다. 견고하고 조정 불가능하며 턱이 손잡이에 평행하거나 90°까지의 각도로 되어 있다. 대부분은 15°의 각도로 설정된다. 렌치는 너트, 볼트 헤드 또는 다른 물체를 비트는 작용을 할 수 있다.

② 박스엔드 렌치는 좁은 공간에서 유용하게 사용한다. 보통 박스렌치라고 불리며 너트나 볼트를 온전하게 감싸도록 만들어져 있다. 실제로 아주 잘 만들어진 박스렌치는 15° 각도보다 작은 공간에서도 움직임이 가능하도록 12각으로 제작된다.

③ 너트의 잠김이 풀리고 나면, 박스엔드 렌치보다 오픈엔드 렌치가 더 효과적이므로 콤비네이션 렌치(combination wrench)가 활용된다. 콤비네이션 렌치는 같은 크기의 렌치가 한쪽은 오픈엔드, 다른 한쪽은 박스엔드 렌치로 만들어져 있다.

④ 소켓 렌치(socket wrench)는 두 부분으로 만든다. 볼트 또는 너트의 꼭대기 부분을 감싸는 소켓과 소켓이 장착되는 핸들이다. 어떠한 위치와 공간에서도 유용하게 사용할 수 있도록 여러 가지 형태의 핸들, 익스텐션, 어댑터가 있다. 소켓은 고정형 핸들 또는 분리형 핸들과 함께 만든다. 고정형 핸들과 함께 만들어진 소켓 렌치는 보통 기계의 부품처럼 제공된다. 소켓은 너트 또는 볼트 헤드에 고정되도록 4각, 6각 또는 12각의 정다면체로 만든다.

⑤ 소켓과 분리 가능한 핸들은 세트로 제공되고, T, 래칫, 스크루드라이버 그립, 스피드 핸들과 함께 조합하여 사용한다. 소켓 렌치 핸들은 소켓 헤드에 있는 4각의 홈과 결합될 수 있는 4각 러그(lug)를 한쪽 끝부분에 가지고 있고, 약한 스프링 로디드 포핏(spring loaded poppet)에 의해 결합된다.

⑥ 조정렌치(adjustable wrench)는 조(jaw)의 폭을 자유로이 조정하여 사용할 수 있는 공구이며, 볼트·너트의 풀거나 조이는 작업에 사용한다. 조정렌치의 모양은 조와 자루의 중심선 경사 각도가 15°인 것과 23°인 것이 있다.

특수렌치(special wrench)

특수렌치에는 크로풋(crow foot), 플레어너트(flare nut), 스패너(spanner), 토크(torque), 알렌 렌치(allen wrech) 등이 있다.

① 크로풋 렌치는 다른 공구로 접근이 불가능한 곳에 장착된 스터드 또는 볼트에서 너트를 장탈하기 위해 접근이 필요한 부분에 일반적으로 사용되는 렌치이다.

② 플레어너트 렌치는 박스엔드 렌치의 형태로, 한쪽 끝이 잘려서 오픈되어 있는 렌치이다. 이렇게 오픈된 부분은 연료, 유압, 그리고, 산소계통의 튜브에 장착되는 B-너트에 사용한다.

플레어너트 렌치의 마운트에는 크로풋 렌치처럼 표준 사각 어댑터가 있어 토크렌치와 조합하여 사용할 수 있다.

③ 훅 스패너는 외경부분에 잘라내어 만들어진 홈(notch)이 있는 너트에 사용한다. 너트에 위치한 홈들 중 하나에 고정하는 훅(hook)이 구부러진 암에 있다. 이 훅은 홈 하나에 고정되고 핸들의 일부가 너트를 돌릴 방향으로 접촉하도록 위치시킨다. 어떤 훅 스패너 렌치는 너트 직경의 변화에 따라 조절 가능한 것도 있다. U자 모양의 훅 스패너는 스크루 플러그의 면에 있는 홈에 맞도록 두 개의 러그를 가지고 있다.

④ 대부분의 헤드가 없는 세트스크루는 알렌렌치에 의해 장착, 장탈되어야 하는 알렌타입 6각 머리 모양이다. 알렌 렌치는 L-자 모양의 여섯 면이 있는 육각기둥형태로, 핸드 래칫 모양의 어댑터에 장착하여 사용한다. 알렌렌치의 크기 범위는 세트스크루의 육각 홈에 맞도록 3/64~1/2 in 단위로 되어 있다.

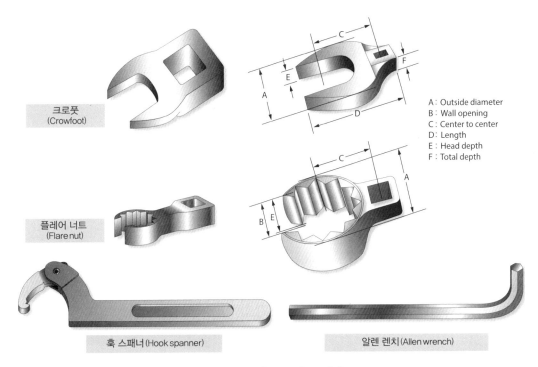

[그림 2-2-2] 특수 용도 렌치

🎯 항공가위(aviation snip)

항공가위는 판금에서 홀, 굴곡진 부분, 판재 조각 주위, 그리고 보강재(doubler; 더욱 단단하게 만들기 위해 부품 아래쪽 부분에 있는 금속조각)를 절단하는 데 사용된다. 항공가위는 절단 방향을 인지하기 위해 색이 있는 손잡이로 되어 있다. 노란색 항공가위는 직선으로 절단하고, 녹색 항공가위는 오른쪽 만곡으로 절단하고, 그리고 적색 항공가위는 왼쪽 만곡으로 절단한다.

[그림 2-2-3] 항공가위(aviation snip)

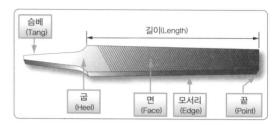

[그림 2-2-4] 줄의 각부 명칭

줄(file)

대부분의 줄은 경화, 뜨임 처리된 고급 공구강을 재료로 다양한 모양과 크기로 만든다. 줄은 사용 목적, 모양, 크기로 구분된다. 해당 작업과 대상 재료에 따라 적정한 눈금의 줄을 선택한다.

줄은 직각 모양의 끝부분, 굽은 구석, 금속에서 나오는 버(burr)와 슬라이버(sliver), 평평하지 않은 가장자리 다듬기, 구멍이나 홈 다듬기, 거친 끝부분을 매끄럽게 다듬는 작업 등에 사용한다.

쇠톱(hacksaw)

보편적인 쇠톱은 톱날(blade), 프레임(frame), 손잡이(handle)의 세 부분으로 구성되고, 손잡이는 두 종류가 있다. 쇠톱의 블레이드는 양쪽 끝에 홀을 가지고 있는데 이 홀들은 프레임에 장착된 핀에 고정된다. 쇠톱의 프레임에 블레이드를 장착할 때, 몸의 바깥쪽으로 밀 때 절삭이 되도록, 손잡이에서 전방 쪽으로 톱날 이(tooth)의 방향이 가도록 장착한다. 블레이드는 고품질의 공구강 또는 텅스텐강으로 만들어지고 길이는 6~16 in이며, 가장 일반적으로는 10 in가 사용된다.

정(chisel)

정은 자신보다 약한 재질의 금속을 대상으로 절단하거나 깎아내는 데 사용할 수 있는 경강(hard steel)을 절단하는 공구이다. 정은 제한된 공간 내에서, 볼트에 장착된 상태에서 망가진 너트 또는 달라붙은 금속을 떼어내거나 리벳을 제거하는 데 사용할 수 있다.

나) 기본자세 및 사용법

공구 취급 시 기본자세

① 공구를 가지고 장난을 해서는 절대 안 된다.
② 해당 작업에 맞는 공구를 사용하여 항공기와 장비에 손상이 가지 않도록 해야 한다.
③ 플라이어류 사용 시는 그립을 정확히 잡아야 하며 그렇지 않으면 미끄러져 다칠 수 있다.
④ 공구에 그리스 또는 오일 등이 묻었을 경우 깨끗이 닦아서 사용해야 한다.

⑤ 커터류 사용 시 피구조물을 본인 앞으로 절대 당기지 말아야 한다.

⑥ 작업이 끝났으면 반드시 잘 닦고 인벤토리(inventory) 후 보관한다.

공구(hand tool) 사용 시 주의사항

① 볼트와 너트를 죄거나 풀 때에는 치수에 맞는 공구를 사용하여 머리 부분이 손상되지 않도록 하여야 한다.

② 볼트와 너트를 죌 때, 처음에는 손으로 어느 정도 조인 다음 렌치를 사용하여야 한다.

③ 각종 렌치를 사용할 때에는 되도록 밀기보다는 당기는 방향으로 힘을 가하여야 하고, 작업 중 손을 다치지 않도록 주의하여야 한다.

④ 오픈엔드 렌치나 조정렌치를 사용할 때에는 힘을 가하는 방향에 유의하여야 한다.

⑤ 익스텐션 바를 사용할 때에는 한 손으로 바를 잡고 작업을 하여야 한다.

⑥ 사용한 공구는 반드시 제자리에 놓은 다음 다른 공구를 꺼내어 사용하여야 한다.

⑦ 토크렌치를 사용할 때에는 특별한 지시가 없는 한 볼트의 나사산에 절삭유를 사용하여서는 안 된다.

⑧ 토크값을 측정할 때에는 바른 자세로 천천히 힘을 가해서 해야 한다.

⑨ 볼트나 너트가 어느 정도 죄어진 상태에서, 규정된 토크값으로 토크렌치를 사용하여 죄어야 한다.

⑩ 규정된 토크값으로 조인 볼트나 너트에 안전결선이나 고정핀을 끼우기 위해서 볼트나 너트를 더 죄어서는 안 된다.

⑪ 측정공구는 상자에 넣어서 깨끗하게 보관하여야 한다.

⑫ 정 작업을 할 때, 쇳조각이 튀어 다른 사람이 다치지 않도록 조심하여야 하고, 해머의 자루에 쐐기가 단단히 박혀 있는지를 확인하여야 한다.

동력공구 사용 시 주의사항

① 동력공구 가동 시에는 자리를 비우지 않는다.

② 동력공구의 가동 중에는 정비, 청소를 하지 않는다.

③ 밸브는 서서히 열고, 잠그도록 한다.

④ 내용을 모르는 작업에 함부로 손대지 않는다.

⑤ 모든 동력공구는 담당자 이외에 손대지 않는다.

⑥ 작업장 내에서는 뛰어다니지 않는다.

⑦ 인기되지 않은 장비는 작동하지 않는다.

⑧ 작업 전에 안전방호장치에 이상이 없는지 확인한다.

⑨ 동력공구 작동 전에 안전점검을 실시한다.

⑩ 드릴머신을 조작할 때에는 장갑을 끼어서는 안 된다.

⑪ 작업에 꼭 필요한 공구만 두도록 하고, 사용하기에 편리하도록 잘 정리되어 있어야 한다.

◉ 스크루드라이버의 취급

① 스크루드라이버를 정이나 끌 대용으로 사용하면 안 된다. 또한, 전기 스파크가 발생하여 드라이버 끝부분이 녹아내릴 수도 있으므로 스크루드라이버를 전기회로의 점검용으로 사용하면 안 된다.

② 스크루드라이버를 작은 부품 위에서 사용할 때는 항상 바이스에 부품을 고정시키고 사용한다. 손으로 부품을 고정시키면 작업 도중 드라이버가 미끄러지면서 심각한 부상을 유발할 수 있다.

③ 스크루를 장착하고자 할 때 너무 세게 토크가 조절되면 스크루드라이버 팁이 스크루 머리 부분에서 헛돌아 손상을 입히게 된다.

④ 나사산이 통과하는 너트플레이트 또는 너트와 스크루를 장착할 때에는 전동 스크루드라이버로 곧바로 장착하는 것을 피하고 손으로 먼저 나사산이 자리를 잡은 후 동작시키도록 한다.

⑤ 탈착식 팁 드라이버가 장착된 무선 파워드릴을 사용하여 스크루를 장착하는 것은 권장할 수 없다. 드릴에는 슬립 클러치가 설치되어 있지 않기 때문이다.

◉ 플라이어의 취급

① 플라이어의 능력을 넘어서는 작업에는 사용하지 말아야 한다. 특히 롱노즈 플라이어는 노즈 끝이 손상되고 부러지거나 움직임이 헐거우면 사용해서는 안 된다.

② 너트를 돌리는 작업에 플라이어를 사용하지 말아야 한다. 이러한 순간적인 작업으로 인하여 수년을 쓰는 너트에 심한 손상을 줄 수 있다.

◉ 쇠톱을 사용할 때 지켜야 하는 절차

① 작업에 알맞은 블레이드를 선택한다.

② 블레이드를 프레임에 장착할 때 톱날의 톱니 방향이 손잡이로부터 먼 쪽을 향하도록 장착한다.

③ 프레임에 장착 후 블레이드가 구부러지거나 움직이지 않도록 팽팽함을 조절한다.

④ 가능한 한 최대한 많은 수의 톱니가 접촉하고, 가능한 한 많은 지지하는 면을 제공할 수 있도록 바이스에 작업물을 고정한다.

⑤ 톱니가 부러지지 않도록 줄의 모서리를 이용해서 재료의 표면에 시작점을 표시한다. 이러한 절차는 정확한 곳에서 톱질이 시작되도록 하기 위함이다.

⑥ 모든 작업 시간 동안에 최소한 톱니 두 개 이상이 작업물에 접촉하도록 각도를 유지하면서 톱을 붙잡는다.

⑦ 처음 몇 번의 스트로크 후 프레임이 허용하는 최대 거리로 스트로크를 유지한다. 이것은 블레이드가 열 받는 것을 방지한다. 각각의 톱니가 최소한의 금속을 제거할 수 있도록 앞으로 미는 스트로크에 충분한 힘을 적용한다. 스트로크는 분당 40~50회 일정한 간격으로 실시한다.

⑧ 절단작업이 마무리되면 블레이드로부터 금속 조각을 제거하고 블레이드의 텐션을 제거하며 정해진 장소에 쇠톱을 원위치시킨다.

🏹 줄의 취급(care of file)

① 수행할 작업과 재질에 맞는 줄을 선택하여야 한다.

② 줄은 서로 닿지 않도록 분리하거나 선반에 걸어서 보관하여야 한다.

③ 줄을 건조한 곳에 보관하여야 한다. 녹은 줄눈을 부식시키고 무디게 한다.

④ 줄을 깨끗하게 유지하여야 한다. 몇 번의 작업 후에는 줄의 끝부분을 가볍게 두드려 줄눈 사이에 있는 이물질을 제거하도록 한다. 줄을 깨끗하게 유지하기 위하여 줄솔(file card)을 사용한다. 더러운 줄은 다른 금속을 오염시킬 수 있는데, 한 개의 줄을 여러 재질의 금속 표면에 사용할 때 발생할 수 있다. 줄의 줄눈 사이에 남아 있는 금속 조각은 줄 작업의 대상물에 깊은 긁힘을 만들 수 있다. 줄을 가볍게 두드리는 것으로 제거되지 않고 깊숙이 박혀 있는 금속 조각은 줄솔이나 와이어 브러시로 제거한다. 솔이나 브러시를 이용하여 줄눈을 가로질러 문지르면 강모는 줄눈 사이의 골을 지나며 조각들이 제거된다.

2) 전자전기 벤치작업 (구술 또는 실작업 평가)

가) 배선작업 및 결함 검사

🏹 클램프 장착(clamp installation)

와이어와 와이어다발은 클램프 또는 플라스틱 케이블 스트랩(plastic cable strap)으로 지지되어야 한다. 클램프와 다른 1차 지지장치는 온도, 유체저항(fluid resistance), 자외선(UV, Ultraviolet Light)에 노출, 그리고 와이어다발에 걸리는 물리적 부하 등의 모든 면에서 적합한 재료로 구성되어야 한다. 이들은 24 in를 넘지 않는 간격으로 유지하여야 한다. 와이어다발의 클램프는 와이어 다발이 죄어지지 않고 꼭 맞도록 선택하여야 한다.

[그림 2-2-5] 와이어 클램프

동축무선주파수케이블(coaxial cable)에 금속 클램프(metal clamp)의 사용은 만약 클램프 고정이 무선주파수케이블(RF cable)의 단면을 왜곡시킬 경우 문제를 일으킬 수 있다.

🔊 플라스틱 클램프(plastic clamp) 또는 케이블 타이(cable tie)

플라스틱 클램프 또는 케이블 타이는 이들의 결함이 가동 조종면(movable control surface), 가동 장비와 와이어다발의 접촉, 보호되지 않은 배선의 벗겨짐 손상(chafing damage)의 간섭으로 발생할 수 있는 곳에서는 사용이 금지된다. 이들은 느슨함으로 인한 움직임이 벗겨짐 등을 포함한 배선의 손상을 일으킬 수 있는 수직배선에는 사용되지 않는다. 클램프는 와이어다발 무게 또는 와이어다발 벗겨짐의 결과로 회전할 가능성이 없도록 위쪽에 배치된 이들의 부착 하드웨어에 장착되어야 한다.

비금속성 재료(nonmetallic material)에 나란히 세워진 클램프는 배선을 따라 와이어다발을 지탱하도록 사용되어야 한다. 묶기는 클램프 사이에 사용할 수 있지만, 접착테이프는 노화 변질될 수 있기 때문에 클램핑(clamping)의 대용으로 고려해서는 안 된다.

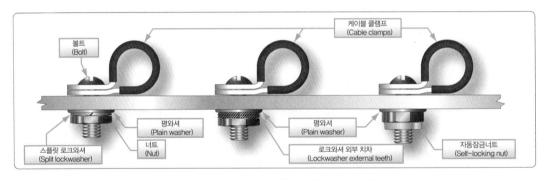

[그림 2-2-6] MS-21919 케이블 클램프용 장착 하드웨어

🔊 구조부재(structural member)의 클램프

작업할 때에는 언제나, 클램프의 뒤쪽 구조부재에 얹혀 있어야 한다. 격리애자(stand-off)는 와이

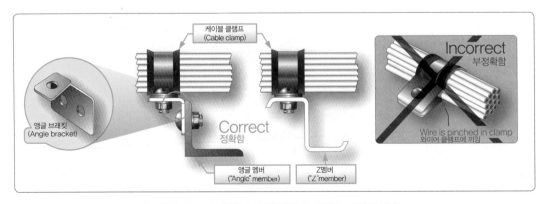

[그림 2-2-7] 항공기 기체 구조에 케이블 클램프 장착

어와 구조물 사이에 최소 여유공간을 유지하기 위해 사용한다. 클램프는 와이어가 진동을 받았을 때 항공기의 다른 부분에 접촉하지 않도록 장착되어야 한다. 충분한 느슨함은 단자(terminal)에서 변형을 방지하기 위해 그리고 완충 마운트식 장비에 악영향을 최소화하도록 마지막 클램프와 전기장치 사이에 놓여야 한다.

◉ 와이어와 케이블 클램프 검사(wire and cable clamp inspection)

① 와이어와 케이블 클램프가 적당히 조여졌는지 검사한다.

② 케이블이 구조물 또는 격벽(bulkhead)을 거쳐 지나가는 곳에, 적절한 클램프와 그로밋에 대해 검사한다.

③ 케이블단자(cable terminal)의 변형을 방지하고 완충 마운트식 장비에 악영향을 최소화하기 위해 마지막 클램프와 전기장치 사이에 느슨함이 충분한지 검사한다.

④ 와이어와 케이블은 홈통(trough), 덕트(duct), 또는 도관에 포함된 경우를 제외하고 24 in 이하의 간격으로 적절한 클램프, 그로밋 또는 기타 장치로 지지된다. 지지장치는 적절한 크기와 유형이어야 하며 와이어 및 케이블은 절연 손상 없이 단단히 고정되어 있어야 한다.

⑤ 와이어와 구조물 사이에 간격을 유지하기 위해 금속격리애자(metal stand-off)를 사용한다. 클리어런스 유지를 위한 스탠드 오프 대신 테이프 또는 튜브를 사용할 수 없다. 배선 간격을 유지하기 위해 오프 앵글(off-angle) 클램프를 설치할 수 없는 구멍, 벌크 헤드, 바닥 또는 구조부재에 페놀 블록(phenolic block), 플라스틱 라이너(plastic liner) 또는 고무 그로밋(rubber grommet)을 장착한다. 이러한 경우 플라스틱 또는 절연 테이프 형태의 추가 보호가 사용될 수 있다.

⑥ 와이어와 케이블의 움직임이 단자기둥(terminal post) 또는 커넥터에 지주와 납땜연결(solder connection) 또는 기계적 연결(mechanical connection) 범위로 제한되도록 클램프 고정 볼트(clamp retaining bolt)를 적절하게 고정시킨다.

◉ 가동비행조종 배선 주의사항(movable controls wiring precautions)

가동비행조종장치(movable flight control) 근처에 배선된 와이어의 고정은 스틸하드웨어(steel hardware)로 부착해야 하고 단일부착점(single attachment point)의 결함이 조종장치 간섭으로 귀착될 수 없도록 간격을 두어야 한다. 배선과 가동비행조종장치 사이의 최소 간격은 번들을 조종장치의 방향으로 가벼운 손 힘으로 옮겼을 때 적어도 1/2 in는 되어야 한다.

◉ 와이어 차폐(wire shielding)

기존의 배선 시스템에서 회로는 엔지니어링 문서에서 요구되는 각 회로의 차폐 요구사항에 따라 개별적으로 쌍, 삼중 또는 사중으로 차폐된다. 와이어 하네스의 다른 회로에 의해 회로가 영향을 받을 것으로 예상되면 와이어는 일반적으로 차폐된다. 전선이 서로 가까이 오면, 부착된 회로에 해를 끼치기에 충분한 간섭을 일으킬 수 있다. 이 효과를 종종 혼선(cross talk)이라고 한다.

와이어는 필드(전계)가 상호 작용할 수 있을 정도로 가까이 와야 하며 크로스 토크(cross talk) 효과를 생성하는 작동 모드에 있어야 한다. 그러나 크로스 토크의 가능성은 실제이며 혼선을 방지하는 유일한 방법은 와이어를 차폐하는 것이다.

[그림 2-2-8] 혼선(cross talk)

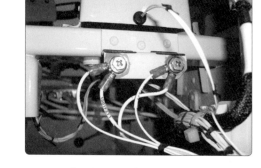

[그림 2-2-9] 접지 와이어

➤ 본딩과 접지(bonding and grounding)

항공기 전기계통의 설계와 정비에서 더욱 중요한 요인 중 한 가지는 적절한 본딩과 접지이다. 부적절한 본딩 또는 접지는 시스템의 신뢰할 수 없는 작동, 전자기간섭(EMI), 민감한 전자장비에 정전기방전(electrostatic discharge) 손상, 인명의 감전위험(shock hazard), 또는 낙뢰(lighting strike)로부터 손상을 이끌 수 있다.

➤ 접지(grounding)

접지는 정상회로이거나 또는 결함회로를 안전하게 완성하기 위한 목적으로 전도성 구조물(conductive structure)이나 또는 다른 전도성 귀환경로(conductive return path)에 전도성 물체를 전기적으로 연결하는 과정이다. 만약 직류발전기와 교류발전기의 신호와 같이, 다른 유형의 전원으로부터 귀선전류(return current)를 운반하는 와이어가 동일한 접지지점에 연결되었다면 또는 귀환경로(return path)에 공유접속(common connection)을 갖는다면, 전류의 상호작용이 일어난다. 하나의 공급원에서 다른 공급원으로 잡음이 연결되기 때문에 그리고 디지털시스템에 대해 주요 문제가 될 수 있기 때문에 여러 가지 전원으로부터 혼합귀선전류(mixing return current)는 피해야 한다. 다양한 리턴전류 사이의 상호작용을 최소화하려면 서로 다른 유형의 접지를 식별하고 사용해야 한다. 설계는 최소한 세 가지의 접지유형을 사용해야 하는데, 교류귀환접지(AC return ground), 직류귀환접지(DC return ground), 그리고 그 외 다른 유형(others)이 있다.

➤ 본딩(bonding)

본딩은 두 개 이상의 분리된 금속구조를 전기적으로 연결해서 양단 간의 전위차를 없애는 것을 말한다. 본딩으로 구조물 양단 간의 전위차를 없애서 정전기 발생을 방지한다. 본딩에 사용되는 전선을 본딩 와이어(bonding wire) 또는 본딩 점퍼(bonding jumper)라고 한다. 항공기 전기 · 전자 장비품도 장비품에 생기는 정전기를 방전하기 위해 본딩 와이어를 사용한다.

① 장비 본딩(equipment bonding)

전자장비가 무선 주파수 리턴 회로를 제공하고 전기장비가 전자기 간섭(EMI) 감소를 용이하게 하려면 항공기 구조에서 임피던스가 낮은 경로가 필요하다. 전자기 에너지(electromagnetic energy)를 생성하는 장비는 반드시 접지되어야 한다. 전자장비의 올바른 작동을 위해서는 상호 연결(interconnection), 본딩 및 접지를 할 때 시스템의 설치 사양을 준수하는 것이 특히 중요하다.

② 금속표면 본딩(metallic surface bonding)

기체의 외부에 있는 모든 전도성 물체는 정전기와 낙뢰를 일으킬 수 있는 기계적 조인트, 전도성 힌지 또는 본드 스트랩을 통해 기체에 전기적으로 연결되어야 한다. 안테나 요소와 같은 일부 부품은 기체와 전기적으로 절연되어야 하는 기능을 위해서는 예외지만 대신 정전기 충전 및 낙뢰 전류를 적절히 대처하기 위한 대체 수단이 제공되어야 한다.

③ 정적 본드(static bond)

$3 in^2$ 이상의 면적과 $3 in$ 이상의 길이 치수를 가지며, 강수, 유체 또는 움직이는 공기로 인해 상당한 정전기가 발생하는 항공기 내부 및 외부의 모든 격리된 전도부품은 정전기를 소멸시키기 위해 충분한 전도성이 되도록 항공기 기체 구조에 기계적으로 연결이 잘 되어야 한다. 깨끗하고 건조할 때 1Ω 미만의 저항은 일반적으로 더 큰 구조물에서 그러한 소산(정전기 방전)을 보장하며 이보다 작은 구조물을 기체 구조에 연결할 때도 높은 저항이 허용된다(1Ω 이상).

④ 본드와 접지 검사(testing of bonds and grounds)

모든 본드와 접지의 저항은 접속을 마무리하기 전에 시험하여야 한다. 본드와 접지접속의 저항은 통상 0.003Ω을 초과해서는 안 된다. 저항값을 정확하게 측정하려면 옴미터인 AN/USM-21A 또는 이와 동등한 본딩 미터(bonding meter)를 사용한다.

[그림 2-2-10] 본딩 점퍼(bonding jumper)

[그림 2-2-11] 와이어 묶기(wire lacing)

⑤ 본딩 점퍼 장착(bonding jumper installation)

본딩 점퍼는 가능한 한 짧게 만들어 각각의 접속 저항이 0.003 Ω을 초과하지 않는 방식으로 장착되어야 한다. 점퍼(jumper)는 비행조종면(surface control) 같은 가동항공기부품(movable aircraft element)의 작동을 방해하지 않아야 하며 이들 소자의 정상 움직임이 본딩 점퍼에 손상을 초래해서도 안 된다.

🔹 와이어 번들의 묶기와 매기(lacing and tying wire bundle)

매기(lacing), 묶기(tying), 그리고 스트랩(strap)은 정비, 검사, 그리고 장착의 용이성을 제공하기 위해 와이어그룹 또는 와이어 번들을 묶어 고정하는 데 사용된다. 휠웰, 날개 플랩의 근처, 또는 날개가 접히는 곳과 같이 바람 습기(swamp)영역에 스트랩은 사용할 수 없다. 스트랩이 고장 나면 절연에 손상을 줄 수 있는 부품에 대해 배선이 움직이고 기계적 연결 또는 기타 움직이는 기계적 부품이 손상될 수 있는 높은 진동지역에서는 사용할 수 없다. 또한, 비록 스트랩이 이런 노출에 저항력이 있다고 할지라도 자외선(UV, Ultraviolet Light)에 노출될 수 있는 곳에는 사용하지 않아야 한다.

나) 전기회로 스위치 및 전기회로 보호장치

🔹 전기회로(electric circuit)

① 다음 그림 (a)에서 스위치를 닫으면 전류는 전지의 양극 a에서 꼬마전구 b, c를 거쳐 전지의 음극 d로 흐른다. 이와 같이, 전류가 흐르는 통로를 전기회로(electric circuit) 또는 회로(circuit)라고 한다.

② 이때 전지와 같은 전기의 공급원을 전원(electric source)이라 하며, 꼬마전구와 같이 전원으로부터 전류를 공급받고 있는 것을 부하(load)라고 한다. 이 전원과 부하 사이를 연결하는 전선 및 스위치에 의해 회로가 완성된다.

③ 그림 (b)는 기호를 사용하여 그림 (a)를 알아보기 쉽게 나타낸 전기회로도(electric circuit diagram)이다.

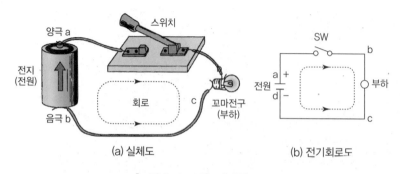

(a) 실체도   (b) 전기회로도

[그림 2-2-12] 전기회로

⊙ 전기 기초회로 부호(electrical symbol)

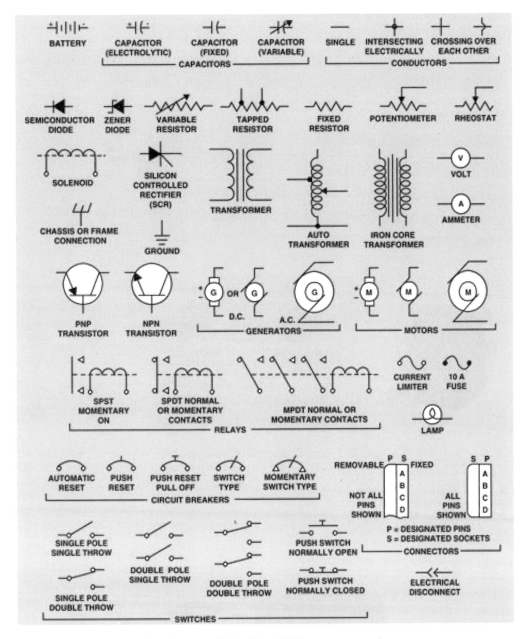

[그림 2-2-13] 전기회로 부호(electrical symbol)

⊙ 전기 부호의 필요성

① 회로의 복잡성을 제거한다.

② 회로의 식별을 용이하게 한다.

③ 회로도 설계가 간단하다.

✈ 회로제어장치

① 스위치(switch): 항공기의 전기회로에 전류가 흐르게 하거나 멈추게 하며 또는 전류의 방향을 바꾸는 데 사용한다.

② 릴레이(relay): 도체(core)에 코일을 감고 전류를 흐르게 하여 자력선 범위에 스위치를 개폐하게 만든 것이다.

✈ 토글 스위치(toggle switch)

① 항공기에 가장 많이 사용한다.

② 소형으로 조종실의 각종 조작 스위치로 사용한다.

③ 수동 속도에 관계없이 내부 스프링에 의해 신속히 작동한다.

④ 운동 부분이 공기에 노출되지 않도록 케이스로 보호한다.

⑤ 정격 전류에 견딜 수 있어야 한다.

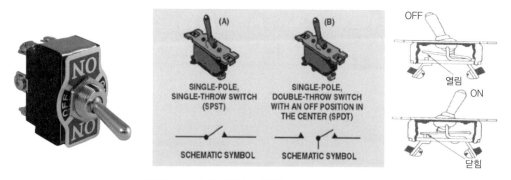

[그림 2-2-14] 토글 스위치(toggle switch)

✈ 푸시버튼 스위치(push button switch)

① 푸시할 때의 순으로 회로를 연결 및 차단한다.

② 항공기 엔진 시동 및 지시, 경보용으로 사용한다.

③ 해당 계통을 문자로 표시하여, 조종사 식별이 용이하다.

[그림 2-2-15] 푸시버튼 스위치(push button switch)

✈ 회전 선택 스위치(rotary selector switch)

① 수동으로 회전시켜 회로를 선택하는 회전 스위치이다.

② 소정의 각도에 따라 축(shaft)이 회전하여 회로를 차단하고 연결한다.

③ 주로 항공기 지원장비에 많이 사용(연료량 지시계 등에 사용)한다.

슬라이드 스위치(slide switch)

스위치를 슬라이드시킨 방향으로 접점이 연결된다.

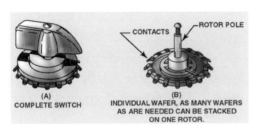

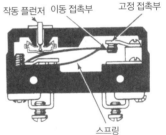

[그림 2-2-16] 회전 선택 스위치(rotary selector switch)   [그림 2-2-17] 슬라이드 스위치(slide switch)

limit switch(micro switch)

① 항공기의 기계적 작동을 감지한다.

② 기계의 순차적인 작동이나 지시경고회로에 널리 사용한다.

③ 바퀴다리 계통이나 스로틀(throttle), 플랩(flap) 계통 등에 많이 사용한다.

[그림 2-2-18] limit switch(micro switch)

근접 스위치(proximity switch)

① micro S/W는 사용하기는 간편하나 약 10,000회 이상 사용 시 스프링에 피로현상이 발생하여 작동불능 상태가 발생하며 이러한 문제 때문에 스위치와 피검출물과의 기계적 접촉을 없앤 구조의 스위치로 개발되었다.

② 승객의 출입문이나 화물칸의 문이 완전히 닫히지 않았을 때의 경고용 회로에 사용한다.

릴레이와 솔레노이드(전자석 스위치)[relay and solenoid(electromagnetic switch)]

릴레이는 적은 전류를 이용하여 큰 전류의 흐름을 제어하기 위해 사용된다. 저전력 직류회로(low-

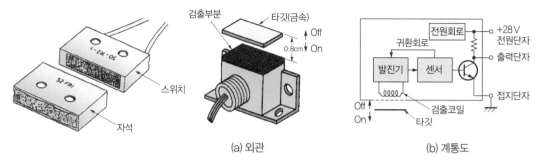

[그림 2-2-19] 근접 스위치(proximity switch)

power DC circuit)는 릴레이를 작동시키기 위해 사용되고 큰 교류전류의 흐름을 제어한다. 이들은 전동기와 다른 전기장치의 ON과 OFF를 전환하기 위해, 그리고 과열로부터 릴레이를 보호하기 위해 사용된다.

한편, 솔레노이드는 가동철편(moving core)을 갖고 있는 릴레이의 특별한 형태이다. 릴레이에 있는 전자석철편(electromagnet core)은 고정되어 있다. 또 솔레노이드는 거의 기계식 액추에이터 (mechanical actuator)처럼 사용되지만, 대용량(large current)을 전환하기 위해서도 사용되고, 릴레이는 오직 전류를 전환하기 위해 사용된다.

릴레이(계전기, relay)

① 릴레이의 두 가지 주요 유형은 전자기계식(electro-mechanical type)과 고체형(solid-state type)이다. 전자기계식 릴레이(electro-mechanical relay)에는 접촉이 있는 고정철심(fixed core)과 가동판(moving plate)을 갖고 있고, 반면에 고체릴레이(solid-state relay)는 트랜지스터와 유사하게 작동하며 가동판이 없다.

② 전자기계 릴레이의 코일을 통해 흐르는 전류는 레버(lever)를 끌어당겨 스위치 접촉(switch contact)을 바꾸어주는 자기장을 만들어낸다. 코일전류(coil current)는 릴레이가 2개의 스위치 위치(switch position)를 갖고 있기 때문에 연결하거나 또는 차단할 수 있고, 그래서 이들은 쌍투 스위치(double-throw switch)이다.

③ 잔류자기(residual magnetism)는 일반적인 사소한 문제이며 접촉은 잔류자기의 적은 양에 의해 접속(closed) 또는 개방 상태에 머무르게 한다.

④ 전기적으로 작동되는 스위치이므로 저계통전압조건(low system voltage condition)하에서 드롭 아웃(dropout; 자성체의 결함 등으로 결락되는 일)이 될 수 있다.

⑤ 릴레이는 하나의 회로가 첫 번째 회로로부터 완전히 분리될 수 있는 두 번째 회로에 전환될 수 있다. 예를 들어, 저전압 직류배터리회로(DC battery circuit)는 110 V 3상 교류회로(three-phase AC circuit)로 전환하기 위해 릴레이를 사용할 수 있다. 2개의 회로 사이에 릴레이의 안쪽에 전기접점은 없고 연결은 자석과 기계적인 구조이다.

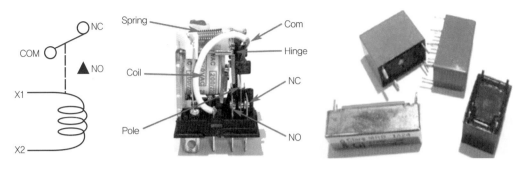

[그림 2-2-20] 릴레이(relay, 계전기)

✈ 솔레노이드(solenoid)

솔레노이드는 무게를 줄이거나 전기제어(electrical control)가 단순화될 수 있는 스위치장치 (switching device)로 사용된다. 앞서 논의한 스위치 정격은 대개 솔레노이드 접촉 정격(solenoid contact rating)에 적용할 수 있다. 솔레노이드는 보통 강 또는 철로 만들어진 가동철심(movable core)/전기자를 가지고 있으며, 코일은 전기자 주위에 감겨 있다. 솔레노이드에는 전자기관 (electromagnetic tube)이 있으며 전기자가 튜브 안팎으로 움직인다.

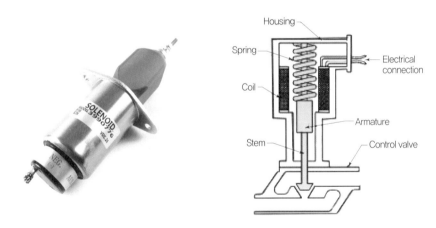

[그림 2-2-21] 솔레노이드(solenoid)

✈ 전기회로 보호장치

① 전류의 열작용을 이용하여 정격 이상의 전류가 흐르면 회로를 차단하는 부품으로, 계통 내 회로를 보호하기 위해 사용한다.

② 회로차단기(circuit breaker), 퓨즈(fuse), 전류제한기(current limiter) 등이 항공기에 사용된다.

✈ 회로차단기(circuit breaker)

① 회로차단기는 과부하 또는 단락으로 인한 전기회로의 손상을 방지하도록 설계된 자동작동 전기스위치이다. 이 스위치의 기본적인 기능은 고장상황을 감지하고 즉시 전기흐름을 중단하는 것이다.

② 퓨즈는 한 차례 작동하고 교체해야 하지만, 회로차단기는 정상작동하도록 재설정(reset)할 수 있다.

③ 모든 리셋가능 회로차단기는 과부하 또는 회로고장이 존재할 때 운영제어(operating control)의 위치에 관계없이 장착된 곳에서 회로를 개방시켜야 한다. 이러한 회로차단기를 "트립 프리 (trip free)"라고도 한다.

④ 자동재설정회로차단기(automatic reset circuit breaker)는 자동으로 재설정된다. 이들은 항공기에서 회로보호장치로 사용되어서는 안 된다. 회로차단기가 트립(trip)되었을 때, 전기회로를 점검하고 결함은 회로차단기를 재설정하기 전에 제거해야 한다.

⑤ 때때로 회로차단기가 명백한 이유 없이 트립되면, 회로차단기는 한 번 재설정할 수 있다. 만약 회로차단기가 다시 트립되면, 회로고장이 존재하는 것이므로 작업자는 회로차단기를 재설정하기 전에 회로 문제를 해결해야 한다.

⑥ 일부 신형 항공기 설계는 디지털회로보호구조(digital circuit protection architecture)를 사용한다. 이 시스템은 특정회로를 통해 감시한다. 이 회로가 최대전류량(maximum amperage)에 도달되었을 때 전원이 회로에서 떨어져 다시 배선된다. 이 시스템은 기계적 회로차단기의 사용을 줄이면서 기계부품의 무게 경감과 무게 부품을 줄이는 장점이 있다.

[그림 2-2-22] 회로차단기(circuit breaker)

🧭 퓨즈(fuse)

퓨즈는 전압원에 직렬로 연결되어 모든 전류가 퓨즈를 통해 흘러야 한다. 퓨즈는 유리외피 또는 플라스틱외피에 봉해 넣어진 금속의 스트립(strip)으로 이루어진다. 금속 스트립은 저(低)용해점(low melting point)을 갖고 있고 보통 납, 주석, 또는 구리로 만들어진다. 전류가 퓨즈의 용량을 초과할 때, 금속 스트립은 가열되어 끊어진다. 이 결과로, 회로에서 전류의 흐름은 정지한다.

퓨즈에는 두 가지 기본 유형이 있는데, 신속형(fast acting)과 지연형(slow blow)이다. 신속형은 특정한 전류정격이 초과되었을 때 매우 빠르게 개방된다. 이것은 아주 많은 전류가 매우 짧은 시간에 퓨즈를 통해 흐를 때 빠르게 망가질 수 있는 전기장치에 중요하다. 지연형 퓨즈(slow blow fuse)는 내부에 코일이 감긴 구조이다. 이들은 오직 단락회로와 같은 연속과부하(continued overload)에서만 열리도록 설계되어 있다.

① 규정용량 이상으로 전류가 흐르면 줄(joule)열에 의해 녹아 끊어지도록 함으로써 회로에 흐르

는 전류를 차단시킨다.

② 재질: 용해되기 쉬운 납이나 주석 등의 합금으로 제작한다.

③ 항공기에 사용되는 퓨즈는 합금을 유리봉 또는 자기 튜브(magnetic tube) 내부에 설치한 막대 퓨즈이며, 한 번 녹으면 재사용이 불가능하므로 최근에는 회로를 많이 사용한다.

④ 항공기 내에서는 정격마다 사용 수의 50%에 해당하는 예비 퓨즈를 준비하여야 한다.

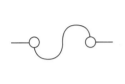 

[그림 2-2-23] 퓨즈(fuse)

[그림 2-2-24] 전류제한기(current limiter)

◉ **전류제한기(current limiter)**

① 퓨즈의 일종으로 볼 수 있으나, 퓨즈와는 달리 녹아 끊어지는 부분이 동으로 구성되었다.

② 정격전류의 2배에서는 무한정 견디고 정격전류 4~5배에서는 갑자기 녹아 끊어진다.

③ 초기 시동 시 많은 전류가 소요되는 장비의 회로보호용으로 사용한다.

④ 열보호장치(thermal protector) 또는 열스위치(thermal switch)라고도 하는데, 전동기와 같이 과부하로 인하여 기기가 과열되면 자동으로 공급전류가 끊어지도록 하는 스위치이다.

다) 전기회로의 전선규격 선택 시 고려사항

◉ **전기회로의 전선규격 선택 시 고려사항**

항공기 전선(wire)은 미국전선규격(AWG, American Wire Gauge)을 사용한다. 규격번호(gauge number)가 클수록 전선의 지름은 작아진다. 일반적으로 전선 크기는 No. 40에서 No. 0000까지 범위를 정하고, 항공기에서는 짝수번호를 사용한다. 전선의 규격을 선택할 때 고려해야 할 사항은 다음과 같다.

① 전선의 길이와 충분한 강도

② 전선에서 발생하는 줄(joule)열

③ 전선의 내부저항에 의한 전압강하

④ 전선에 흐르는 전류의 크기

◉ **도선(wire) 일반**

① 항공기용 전기부품은 전원에서 부하계통까지 전기가 흐르는 통로인 도선(wire)과, 케이블 터미널(cable terminal), 스플라이스(splice), 커넥터(connector)와 같은 연결 장치 및 과도한 전류

의 흐름이나 열로부터 도선을 보호하는 회로보호장치 등으로 구성된다.

② 배선은 도선과 이런 장치들을 서로 연결하여 회로를 구성하는 것으로서, 올바른 취급을 하여 사전에 고장 발생 원인을 줄여야 한다.

도선의 규격

① 항공기 전기계통에 사용되는 도선은 구리나 구리합금을 많이 사용하지만, 전도율보다 무게를 더 고려해야 할 때에는 알루미늄을 사용하기도 한다.

② 항공기에서 배선은 무게를 줄이기 위하여 단선계통방식(single wire system)을 사용하며, 양(+)의 선은 도선을 이용하고, 음(−)의 선은 기체의 구조재를 이용한다.

③ 도선의 규격은 미국도선규격(AWG, American Wire Gauge)으로 채택된 BS(Brown & Sharp) 도선 규격에 따른다.

④ 도선 규격에서는 가장 굵은 것인 4/0번(0000번)부터 가장 가는 것인 49번까지의 자연수를 사용한다.

⑤ 항공기의 배선에서는 2/0번(00번)부터 20번까지의 짝수 번의 도선만을 사용한다.

⑥ 도선 단면적의 크기 단위는 [cmil](circular mi1)을 사용하는데, 이것은 도선의 지름을 1/1000 in단위로 환산하여 이 중 분자의 수치를 제곱한 것이다. 예를 들어, 도선의 지름이 0.025 in인 도선을 [cmil]의 면적으로 환산할 경우, 0.25 in는 25/1000 in이고, 분자인 25를 제곱하면 625가 된다.

⑦ 따라서, 지름 0.025 in인 도선의 면적은 625 cmi1이 된다. 도선의 굵기를 측정하기 위해서는 와이어 게이지를 사용한다.

[그림 2-2-25] AWG(American Wire Gauge)

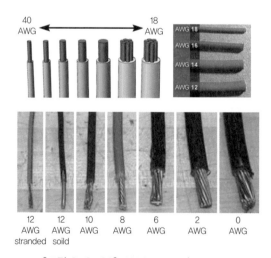

[그림 2-2-26] AWG cables/wire sizes

⊙ 도선(wire)의 표시방법

① 도선은 부호화된 문자와 숫자를 사용하여 어느 계통에 사용되는가, 매뉴얼상의 회로도의 어느 것에 해당하는가, 도선의 굵기는 얼마인가를 식별할 수 있게 한다.

② 도선의 부호화 방법은 제작회사에 따라 완전히 통일되어 있지는 않지만, 계통회로 부호, 회로도상의 대조번호 및 도선의 규격번호는 표시하는 방법이 거의 같다.

③ 도선의 크기를 색깔로도 표시하는데, 색깔로 표시할 때에는 거의 전체에 색을 입히거나, 명확한 띠 모양으로 색을 입혀서 표시한다.

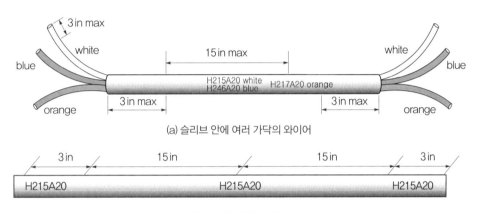

(a) 슬리브 안에 여러 가닥의 와이어

(b) 슬리브 없는 단선

> 예 H215A20
> ① H : 계통회로 부호(난방, 환기계통)　　② 215 : 회로도상의 대조번호
> ③ A : 도선의 분절문자　　　　　　　　　④ 20 : 도선의 규격번호

[그림 2-2-27] 도선의 표시방법

[표 2-2-1] 도선의 계통 부호

항공기계통	부호	항공기계통	부호
교류전원(AC power)	X	난방, 환기(heationg & ventilation)	H
제빙, 방빙(de-icing & anti-icing)	D	점화(ignition)	J
기관제어(engine control)	K	인버터 제어(inverter control)	V
기관계기(engine instrument)	E	조명(lighting)	L
비행제어(flight control)	C	항법, 통신(navigation)	R
비행계기(flight instrument)	F	경고장치(warning device)	W
연료, 오일(fuel & oil)	Q	전력(power)	P
접지(ground network)	N	기타(miscellaneous)	M

🧭 도선의 점검

① 도선은 전기 부품과 부품을 서로 연결하여 전류가 흐르는 것으로서, 전기기기와 연결할 경우와 도선과 도선끼리 접속해야 할 경우가 있다.

② 도선을 접속할 때에는 피복물을 벗겨야 하는데, 벗기는 방법으로는 절연체의 재질에 따라 차이가 있다. 절연물이 에나멜인 경우에는 샌드페이퍼로 문지르거나, 메틸 레이트 버너로 태운다.

③ 도선을 접속할 때에는 직접 도선을 접속해서 절연체로 감싸거나, 단자나 소켓, 플러그를 이용한다.

④ 도선이 접속되어 있는 부분은 그 접속 상태를 점검하여야 하는데, 이때 잘못된 접속으로 인하여 도선이 서로 단선이나 단락, 접지되었는지를 점검한다.

⑤ 그리고 도선이 구부러진 곳에서는 절연물질이 손상되지 않았는지를 점검해야 한다. 정비의 편리함이나 단자를 쉽게 교체하기 위하여, 또는 충격이나 진동을 흡수하기 위한 목적으로 도선을 늘어지게 설치한 곳에는 도선의 늘어짐이 정상인지를 점검해야 한다.

⑥ 돌출 표면에 도선이 접촉되어 있는 경우에는 도선의 피복이 손상되었는지를 점검해야 한다. 온도가 높은 곳을 통과하는 도선은 석면, 유리섬유 몇 테프론 등과 같은 내열성 재료로 절연 처리가 잘 되어 있는지를 점검해야 한다.

⑦ 연료, 윤활유, 산소계통 등을 지나는 도선은 화재 등의 위험이 있으므로, 충분한 거리를 유지하여야 한다.

🧭 항공기용 전선: 항공기용 표준 전선 AWG 20(American Wire Gage #20)

① Mil-W-5086

② Mil-W-25038 : 고온용 전선

③ Mil-W-22759/34

④ Mil-W-22759/6 : 고온용 전선

⑤ Mi-W-81381/12

⑥ Mil-W-7072 : 알루미늄 도체 전선

라) 전기시스템 및 구성품의 작동상태 점검

🧭 항공기 전기시스템(aircraft electrical system)

모든 항공기는 전기시스템을 갖추고 있다. 대부분의 항공기는 엔진의 점화시스템(ignition system)의 작동을 위한 전기를 생산해야 한다. 현대 항공기는 비행의 거의 모든 양상을 제어하는 복잡한 전기시스템을 갖추고 있는데, 일반적으로 시스템의 기능에 따라 전기계통을 여러 범주로 나눌 수 있다.

전기시스템은 발전시스템 및 배전시스템 그리고 상태를 모니터하고 부하를 제어하는 시스템으로 나누고, 정상전기계통과 예비용 비상전기계통의 2중 체계로, 교류발전과 직류발전으로 그리고 사용처에 따라 조명 및 오락 시스템, 엔진시동시스템(engine starting system), 그리고 항공기계통으로 나눌 수 있다.

✈ 소형 단발 항공기(small single-engine aircraft)

경량항공기는 비교적 간단한 전기시스템을 가지고 있다. 대부분의 경량항공기에서 엔진구동교류기(engine-driven alternator) 또는 발전기에 의해 동력이 공급되는 전기시스템이 있다. 항공기 배터리는 비상전원과 엔진시동을 위해 사용되고, 전력은 일반적으로 전기버스 또는 모선(bus bar)으로 알려진 1개 이상의 공통접점(common points)을 통해 배전된다. 버스는 대체적으로 전도성이 좋은 구리로 만들어진 하나의 막대 같은 바(bar)로, 회로차단기(CB)를 거쳐서 각 사용 부품에 연결된다. 그래서 전기버스는 대체적으로 회로차단기 패널 뒤에서 발견할 수 있다.

대부분의 전기회로는 시스템에서 일어날 수 있는 결함으로부터 보호되어야 한다. 전기결함은 개방(open) 또는 단락(short)으로, 개방회로는 회로가 분리되었을 때 일어나는 전기결함이다. 단락회로는 1개 이상의 회로가 원치 않는 접속을 만들 때 일어나는 전기결함이다. 가장 위험한 단락회로는 (+)전선이 원치 않는 (−)접속 또는 접지를 만들 때 일어난다. 이것은 일반적으로 합선 또는 접지라고 말한다.

결함으로부터 전기시스템을 보호하기 위한 방법으로 기계적 방법과 전기적 방법이 있다. 기계

[그림 2-2-28] 전기모선(bar), 모선과 회로차단기, 회로차단기 패널

적 방법은 전선과 부품을 적절하게 장착하고 보호덮개와 차폐(shield)를 추가하여 마찰과 과도한 마모를 방지한다. 전기적 방법은 회로차단기와 퓨즈를 사용하여 보호한다. 회로차단기는 단락회로인 경우 전류의 과도한 흐름으로 인한 손상으로부터 시스템을 보호한다. 퓨즈는 회로차단기 대신에 사용할 수 있으며 일반적으로 구형 항공기에서 사용한다.

◈ 외부전원회로(external power circuit)

지상전원을 항공기로 전력을 연결시키는 데는 외부전원회로가 이용된다. 외부전원은 엔진 작동 없이 항공기에서 정비 및 점검을 위해 필요한 전기 공급을 위해 사용한다. 이러한 시스템은 배터리를 방전하지 않고 여러 전기시스템을 작동하게 한다. 외부전원시스템은 일반적으로 동체 전방에 위치한 전기플러그, 버스에 외부전원을 연결하는 솔레노이드, 그리고 시스템에 관련된 배선으로 구성된다.

(a) 소형기 외부전원 리셉터클   (b) 대형기 외부전원 플러그 및 리셉터클(plug & receptacle)

[그림 2-2-29] 외부전원연결구-3핀

◈ 시동기회로(starter circuit)

실질적으로 모든 현대 항공기는 항공기 엔진 시동을 위해 전동기를 사용한다. 엔진 시동에는 많은 마력이 필요하여 실제 시동 시 시동전동기(starter motor)는 종종 100 A 이상 전류를 끌어들일 수 있다. 이런 이유로 모든 시동전동기는 솔레노이드를 통해 제어된다.

시동전동기에 전력을 공급하기 위해 굵은 와이어가 필요하고 배터리와 시동기가 항공기에서 서로 가까이 장착될 때 무게경감을 이룰 수 있어서 시동기회로는 배터리에 최대한 가까이에 연결되어야 한다. 시동기회로도(starter circuit diagram)와 같이 시동기스위치(starter switch)는 엔진마그네토(engine magneto; 내연기관의 고압자석발전기)를 제어하기 위해 사용되는 다기능스위치(multi-function switch)의 일부일 수 있다.

시동기는 항공기 배터리 또는 외부전원장치에 의해 동력이 공급될 수 있다. 종종 항공기 배터리가 약하거나 또는 충전을 필요로 할 때, 외부전원회로는 시동기에 동력을 공급하기 위해 사용된다. 일반적인 작동 시 시동기는 항공기 배터리에 의해 동력이 공급된다. 배터리 마스터스위치는 켜져야 하고 마스터 솔레노이드(master solenoid)는 배터리로 엔진을 시동하기 위해 연결되어야 한다.

시동기는 항공기 배터리 또는 외부전원장치에 의해 동력이 공급될 수 있다. 종종 항공기 배터리가 약하거나 또는 충전을 필요로 할 때, 외부전원회로는 시동기에 동력을 공급하기 위해 사용된다. 일반적인 작동 시 시동기는 항공기 배터리에 의해 동력이 공급된다. 배터리 마스터스위치는 켜져야 하고 마스터 솔레노이드는 배터리로 엔진을 시동하기 위해 접속되어야 한다.

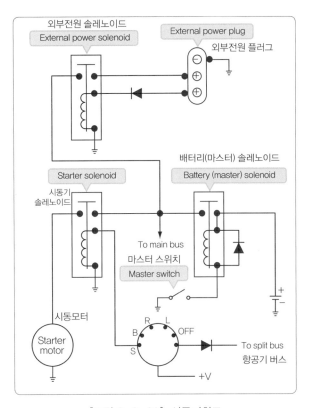

[그림 2-2-30] 시동기회로

[그림 2-2-31] 다기능 시동기스위치

나 계측작업

1) 계측기 취급 (구술 또는 실작업 평가)

가) 국가교정제도의 이해 (법령, 단위계)

➤ 국가표준기본법 제3조(정의)

이 법에서 사용하는 용어의 뜻은 다음과 같다.

① "측정"이란 산업사회의 모든 분야에서 어떠한 양의 값을 결정하기 위하여 하는 일련의 작업을 말한다.

② "측정단위" 또는 "단위"란 같은 종류의 다른 양을 비교하여 그 크기를 나타내기 위한 기준으로 사용되는 특정량을 말한다.

③ "국제단위계"란 국제도량형총회에서 채택되어 준용하도록 권고되고 있는 일관성 있는 단위계를 말한다.

④ "표준물질"이란 장치의 교정, 측정방법의 평가 또는 물질의 물성값을 부여하기 위하여 사용되는 특성치가 충분히 균질하고 잘 설정된 재료 또는 물질을 말한다.

⑤ "교정"이란 특정조건에서 측정기기, 표준물질, 척도 또는 측정체계 등에 의하여 결정된 값을 표준에 의하여 결정된 값 사이의 관계로 확정하는 일련의 작업을 말한다.

➤ 국가표준기본법 제14조(국가교정제도의 확립)

① 정부는 국가측정표준과 국가사회의 모든 분야에서 사용하는 측정기기 간의 소급성을 높이기 위하여 국가교정제도를 확립하여야 한다.

② 정부는 전국적 교정망을 통하여 중소기업을 포함한 모든 측정 현장에 주기적인 교정과 선진 측정 과학기술을 보급하도록 노력하여야 한다.

③ 산업통상자원부장관은 제1항의 교정제도 확립을 위하여 국가교정업무 전담기관을 지정하여 운영할 수 있다.

④ 제3항의 국가교정업무 전담기관의 지정 및 운영 등에 필요한 사항은 대통령령으로 정한다.

➤ 국가교정기관지정제도운영요령 제40조(교정대상 및 주기)

① 법 제14조 제1항 및 제2항에서 규정된 국가측정표준과 국가사회의 모든 분야에서 사용하는 측정기기 간의 소급성 제고를 위하여 측정기를 보유 또는 사용하는 자는 주기적으로 해당 측정기를 교정하여야 하며, 이를 위하여 합리적이고 적정한 주기로 수행될 수 있도록 교정대상 및 적용범위를 자체 규정으로 정하여 운용할 수 있다.

② 제1항의 규정에 의해 측정기를 보유 또는 사용하는 자가 자체적으로 교정주기를 설정하고자

할 때에는 측정기의 정밀정확도, 안정성, 사용목적, 환경 및 사용빈도 등을 감안하여 과학적이고 합리적으로 그 기준을 설정하여야 한다. 다만, 자체적인 교정주기를 과학적이고 합리적으로 정할 수 없을 경우에는 국가기술표준원장이 별도로 고시하는 교정주기를 준용한다.

③ 국가기술표준원장은 제2항의 규정에 의한 측정기의 교정대상 및 주기를 2년마다 검토하여 재고시할 수 있다.

교정제도의 의의

측정기의 정밀·정확도를 지속적으로 유지시키기 위하여 정밀정확도가 더 높은 표준기와 주기적으로 교정을 실시하여 국가측정표준과의 소급성을 유지시킴으로써, 측정기의 계속 사용, 마모, 내용연수 경과 및 사용환경 변화 등으로 발생할 수 있는 측정오차를 항시 허용공차 이내로 유지시키고, 제조공정에서 제품의 균질성과 성능을 보장하며 시험·연구기관에서 산출하는 측정결과의 대외 신뢰도를 확보하는 데 있다.

교정제도의 필요성

① 계량 및 측정에 사용되는 계측기는 일정 기간 사용하게 되면 환경, 사용빈도, 내구성 등 여러 요인에 의해 부정확하게 된다. 생산제품이 세계시장에서 인정받기 위해서는 정밀정확도 확보가 기본이다.

② 그러므로 계측기의 주기적인 교정 및 관리는 불량품 양산에 따른 추가비용 유발 및 음식료품 등의 실량부족, 각종 기기 제품의 잦은 고장 및 안전성 미흡, 오진으로 인한 고통 및 의료추가부담 등 우리 생활 곳곳에서 나타날 수 있는 피해를 사전에 예방하여 준다.

③ 올바른 측정을 하기 위해서는
   ㉮ 정확한 측정기 보유
   ㉯ 적합한 측정환경 유지
   ㉰ 국가측정표준과 소급성 유지
   ㉱ 측정 불확도에 대한 이해
   ㉲ 좋은 측정기술력 확보 등이 전제되어야 할 것이다.

교정대상

국가교정기관 지정제도 운영요령 제3조 "국가표준기본법 제14조 규정에 의한 국가측정표준과 측정기기 간의 소급성 제고를 위하여 측정기를 보유 또는 사용한 자는 주기적으로 해당 측정기를 교정하여야 하며, 이를 위하여 교정대상 및 적용범위를 자체 규정으로 정하여 운용할 수 있다"고 규정되어 있다

교정주기

국가교정기관 지정제도 운영요령 제41조를 참조하면 "측정기를 보유 또는 사용하는 자는 자체

적으로 교정주기를 정하여 운영함에 있어서 측정기의 정밀 정확도, 안정성, 사용목적, 환경 및 사용빈도 등을 감안하여 과학적이고 합리적으로 기준을 정하여야 한다. 다만, 자체적인 교정주기를 과학적이고 합리적으로 정할 수 없을 경우에는 기술표준원장이 별도로 고시하는 교정주기를 준용한다"라고 규정되어 있다

나) 유효기간의 확인

⊙ 교정(calibration)

① 계측기의 교정주기는 각 계측기마다 상이하므로 반드시 계측기 사용설명서를 참고한다.
② 계측기의 일반적인 교정주기는 1년이며, 1년의 교정주기를 갖는 계측기는 반드시 1년마다 교정을 받아야 하며, 이상이 없는 계측기는 교정 필증을 받아 부착해야 한다. 교정필증이 없는 계측기는 정확하지 않으므로 사용해서는 안 된다.

다) 계측기의 취급, 보호

⊙ 계측기의 취급절차 및 취급 시 주의사항

① 취급상 가장 주의해야 할 것은 계측기에 손상을 주지 않는 것이다. 손상이 생기면 꼭 주위에 돌기부가 생기는데, 이 상태로 측정을 하면 정확하게 측정하지 못한다.
② 손으로 계측기를 만지면 열이 전달되고 표면이 오염될 수 있으므로 반드시 장갑을 착용하고 측정해야 한다.
③ 측정기가 있는 곳 근처에 백열전등과 같은 열의 영향을 받을 수 있는 장치를 두지 않는다.
④ 떨어뜨리거나 부딪혀 측정 면에 손상이 생기지 않게 한다.
⑤ 먼지가 적고 건조한 실내에서 사용하도록 한다.
⑥ 목재 작업대, 천, 가죽 위에 취급하도록 한다.
⑦ 측정 면은 잘 세탁된 깨끗한 천이나 세무 가죽 등으로 닦아 사용한다.
⑧ 측정기기는 온도 변화에 민감하므로 측정 장소의 온도가 일정해야 한다.
⑨ 스핀들을 돌릴 때 무리한 힘을 가해서는 안 된다.
⑩ 측정기기를 정반 위에 놓을 때에는 조심하여 놓아야 한다. 특히, 바닥에 떨어뜨려서는 안 된다.
⑪ 사용 후에는 항상 깨끗이 닦아 나무 상자에 보관해야 하고, 앤빌(anvil)과 스핀들(spindle)이 밀착되지 않도록 해야 한다.
⑫ 마이크로미터를 취급할 때에는 특히 주의하여 손상되지 않도록 해야 한다.
⑬ 장기 보관 시에는 방청유를 헝겊에 묻혀서 각부(초경부분 제외)를 골고루 방청한다.
⑭ 보관/관리 시 준수할 사항은 가능한 한 전용 상자에 넣어 직사광선에 노출되지 않을 것, 습기가 적고 통풍이 잘되는 곳, 자성이 있는 물질이 없는 곳에 보관한다.

2) 계측기 사용법 (구술 또는 실작업 평가)

가) 계측(부척)의 원리

✈ 계측(부척)의 원리

측정이란 길이, 두께와 같은 변수를 기준량과 비교해서 그 크기를 수치로 나타내는 것을 말한다. 측정을 정밀하게 해야 부품을 정밀하게 만들거나 유지할 수 있고, 정밀한 부품을 사용해야 수백만 개의 부품으로 이루어진 항공기의 신뢰성과 안전성을 확보할 수 있다.

나) 계측 대상에 따른 선정 및 사용절차

✈ 버니어캘리퍼스 측정방법

① vernier calipers는 'calipers'와 'scale'을 조합한 것으로, 외측 측정면에 피측정물을 물리고 그것을 스케일에 맞추어 읽는데, 이것을 측정턱(jaw)과 본턱눈금(scale) 및 버니어눈금(vernier scale)에 의해 한번에 정확히 치수를 측정할 수 있는 구조로 되어 있다.

② 외경, 내경, 깊이 모두 측정이 가능하다.

③ 1/1000 in 이내의 정확성을 요구하는 측정물에 사용된다.

④ 측정물의 바깥치수의 측정은 버니어캘리퍼스의 jaw를 측정물에 대해 직각 방향으로 접촉시켜 각 면을 돌려가면서 측정한다.

⑤ 측정물의 깊이를 측정할 때에는 한 손으로는 기준면을 측정물의 면에 밀착시키고, 다른 손의 엄지손가락과 집게손가락으로 아들자를 밀어 측정물의 바닥에 깊이 바가 가볍게 밀착되었을 때의 측정값을 기록한다. 이때 버니어캘리퍼스는 기준면과 수직이어야 한다.

⑥ 내경의 측정은 버니어캘리퍼스의 측정면과 측정물의 측정면이 평행을 이루도록 접촉시켜 측정하고, 그 측정값을 기록한다. 내측면이 직선형일 경우에는 최솟값, 원형일 경우에는 최댓값이 정확한 측정값에 가깝다.

✈ 마이크로미터 측정방법

① "나사의 이동량은 회전각에 비례한다"는 원리를 이용한 측정기이다. 즉, 나사의 길이 변화를 나사의 회전각과 직경에 의해 확대하여 그 확대된 길이에 눈금을 붙여 미소의 길이 변화를 읽도록 한 측정기이다.

② 외경, 내경, 깊이 측정용이 있다.

③ 1/10,000 in 이내의 정확성을 요구하는 측정물에 사용된다.

④ 외경의 측정: 평행면의 측성에는 면에 대데 스핀들(spindle)의 축선을 수직으로 하는 것이 중요하며 앤빌(anvil)과 스핀들을 측정면에 일치시켜 측정력을 가한 후 최소 수치를 읽는다. 원통 외경의 측정에는 V블록에 올려놓고 측정하는 것이 편리하며, 스핀들을 약간씩 움직이면

서 원주 방향의 최대점, 축방향의 최소점을 찾아 측정력을 가하고 측정값을 읽는다.

⑤ 내경의 측정: 마이크로미터(micrometer)의 측정면과 피측정면은 반드시 수직이 되어야 한다. 즉, 원주 방향으로는 최대점을, 축방향으로는 최소점을 찾는 것이 다소 어렵다. 단체형 내측 마이크로미터는 rachet stop이 없기 때문에 영점을 확인할 때와 동일한 측정력을 가해야 한다. 측정력이 걸리는 경우는 손의 감각만으로 판단되므로 신중하게 측정을 가하지 않으면 안 된다.

버니어캘리퍼스		마이크로미터	
사 진	방 법	사 진	방 법
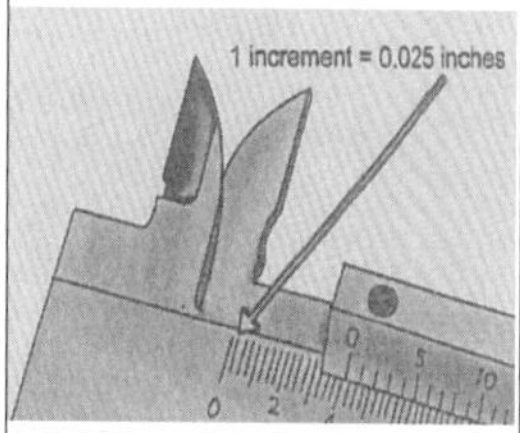	본자 1눈금의 단위 읽기 * 1 눈금 단위: 0.025 in	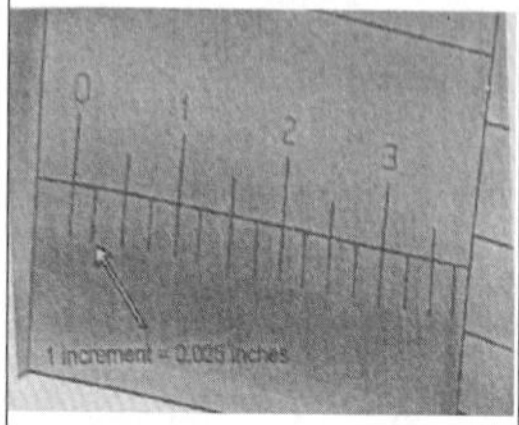	슬리브(sleeve) 1 눈금의 단위 읽기 * 1 눈금 단위: 0.025 in
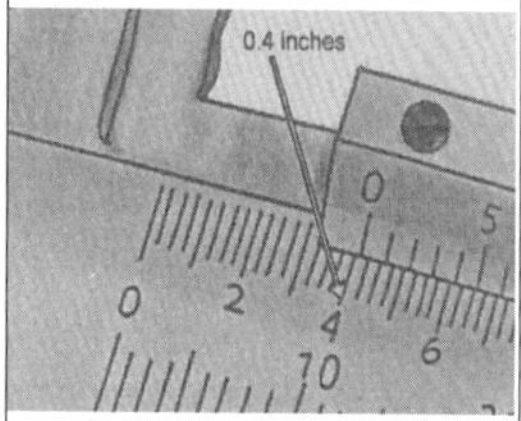	확인 가능한 본자 전체 눈금 읽기 * 예시: 0.4 in	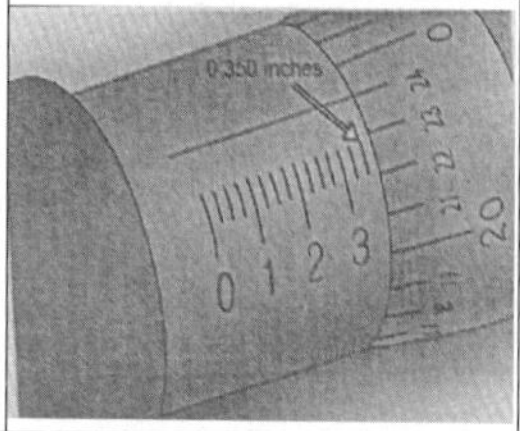	확인 가능한 슬리브 전체 눈금 읽기 * 예시: 0.350 in
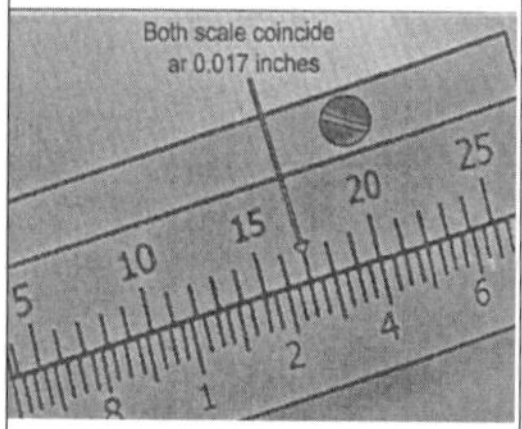	측정자 1눈금의 단위 읽기 * 1 눈금 단위: 0.001 in	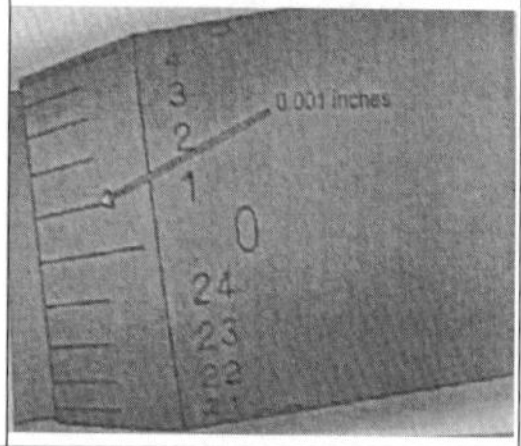	팀블(thimble) 1 눈금의 단위 읽기 * 1 눈금 단위: 0.001 in
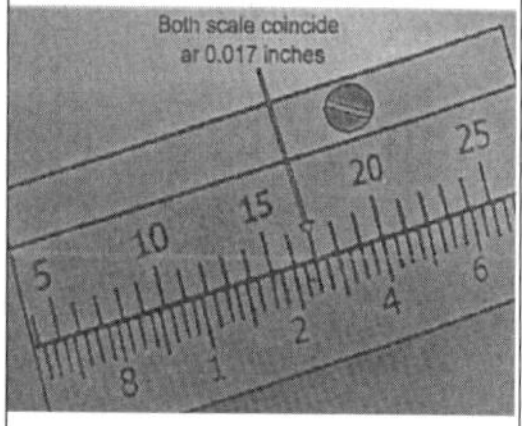	측정자 전체 눈금 읽기 * 예시: 0.017 = 0.417 in	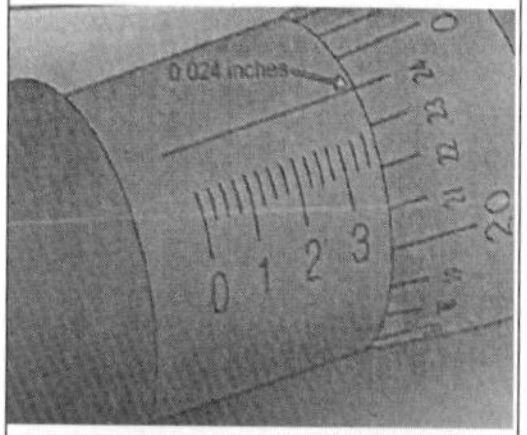	팀블 전체 눈금 읽기 * 예시: 0.024 in
정답 0.400 + 0.017 = 0.417 in		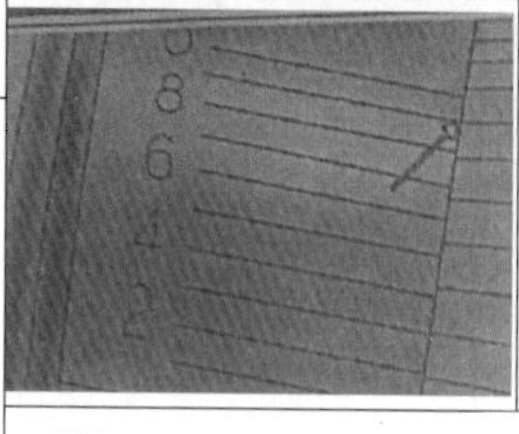	버니어(vernier) 눈금이 일치하는 선 읽기 * 예시: 0.0009 in
		정답 0.350 + 0.024 + 0.0009 = 0.3749 in	

[그림 2-2-32] 버니어캘리퍼스와 마이크로미터 측정방법

⑥ 깊이의 측정 : 로드(rod) 교환형 마이크로미터는 같은 치수의 게이지 블록 2개를 이용하여 영점을 조정한다. 깊이 측정은 기준면의 한쪽만 접촉해서 측정해야 하는 경우에는 base가 뜨지 않도록 하는 것이 중요하다.

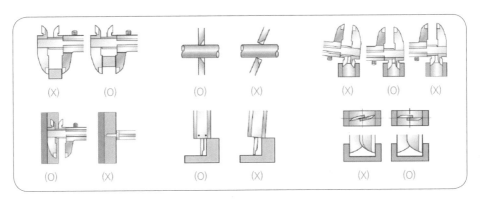

[그림 2-2-33] 버니어캘리퍼스의 올바른 사용방법

(a) 측정물이 작을 때   (b) 측정물이 넓을 때   (c) 축 측정

[그림 2-2-34] 마이크로미터의 올바른 사용방법

[그림 2-2-35] 다이얼게이지(dial gage)

⊙ 다이얼게이지 측정방법

① 다이얼게이지(dial gage)는 치수의 변화를 지침의 움직임으로 읽는 측정기이다.

② 일반적으로 스핀들(spindle)의 운동이 눈금판과 평행하게 움직이는 것을 spindle type dial gage라고 한다. 또한 스핀들 대신에 레버가 측정자의 일부를 형성하여 지렛대 움직임을 기계적인 회전운동으로 움직인 양을 눈금판에 표시하는 lever type dial gage가 있다.

③ 진원 및 축(shaft)의 휨 등을 측정한다.

④ 1/10,000 in까지 측정이 가능하며, 0.001 in, 0.0001 in, 0.0005 in 등으로 분류된다.

⑤ 직접 측정 : 측정 기준면에서의 길이를 직접 측정하는 방법으로, 측정 범위 내에 한하여 가능하다.

⑥ 비교 측정 : 측정물의 치수가 게이지의 측정 범위를 초과할 때 직접 측정을 할 수 없으므로 게이지 블록을 사용하여 게이지 블록과 측정물의 치수를 비교하는 측정방법이다.

다) 측정치 기입 요령

⊙ 측정값의 기입 요령

① 버니어캘리퍼스 : 예 0.123 in와 같이 1/1,000 in 단위로 기입한다.

② 마이크로미터 : 예 0.1234 in와 같이 1/10,000 in 단위로 기입한다.

③ 다이얼게이지 : 예 0.001 in, 0.0001 in, 0.0005 in 등으로 분류되며, 사용하는 다이얼게이지에 따라서 표기방법이 다르다.

다 전기전자작업

1) 전기선 작업 (구술 또는 실작업 평가)

가) 와이어 스트립(strip) 방법

⊙ 자동 피복기(automatic stripping tool) 와이어 벗기기(stripping wire)

와이어를 커넥터, 터미널, 스플라이스 등에 조립하려면 먼저 와이어 연결 끝에서 절연체를 벗겨서 도체를 노출시킨다. 구리 와이어는 크기와 절연체에 따라 여러 가지 방법으로 벗길 수 있다.

다수의 가는 와이어로 구성된 알루미늄 와이어는 매우 쉽게 끊어지므로 각별한 주의를 기울여 절연체를 제거해야 한다.

① 와이어 스트리퍼(wire stripper)를 사용할 때, 와이어가 절단날(cutting blade)에 직각이 되도록 유지한다.

② 자동피복기(automatic stripping tool)를 사용하여 알루미늄 와이어와 No. 10보다 가는 구리 와이어의 절연체를 벗길 때는 와이어의 손상을 방지하기 위하여 특히 주의하여 작업하여야 한다. 절연체를 제거하는 작업 중에 와이어의 손상이나 끊어진 가는 와이어의 수가 제작사 사용설명서의 허용한계를 초과하였다면 와이어를 잘라내고 다시 절연체를 벗기거나 와이어 자체를 교체한다.

③ 절연체가 해지거나 들쭉날쭉한 가장자리 없이 깨끗하게 절단한다. 필요하면 다듬는다.

④ 모든 절연체는 벗겨진 도체 영역에서 완전하게 제거하여야 한다. 일부 와이어는 도체와 1차 절연체 사이에 잘 보이지 않는 투명한 절연체가 있으므로 확인해서 제거하지 못한 절연체를 완전하게 제거한다.

⑤ 3/4 in 이상 절연체의 길이를 제거하기 위해 핸드-플라이어 스트리퍼(hand-plier stripper)를 사용하는 경우, 두 번 이상으로 나누어서 작업을 수행하는 것이 더 쉽다.

⑥ 구리 와이어의 가는 가닥을 손으로 또는 필요에 따라 플라이어 공구로 꼬아서 단단하고 견고하게 만든다.

(a) 자동피복기(automatic stripping tool)

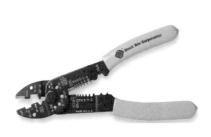 

(b) 핸드 스트리퍼(hand stripper)

[그림 2-2-36] 와이어 스트리퍼(wire stripper)

🧭 **핸드 스트리퍼(hand stripper) 와이어 벗기기(stripping wire)**

① 벗기고자 하는 와이어 크기(wire size)에서 절단 슬롯(cutting slot)의 중앙에 정확히 와이어를

삽입한다. 각 슬롯에는 와이어 크기 번호가 표시되어 있다.

② 손잡이를 최대한 닫는다.

③ 와이어홀더(wire holder)가 열린 위치(open position)로 되돌아갈 수 있도록 핸들을 놓는다.

④ 벗겨진 와이어를 빼낸다.

나) 납땜(soldering) 방법

➤ 납땜의 목적

① 납땜은 금속의 용융점보다 낮은 온도에서 2개 이상의 금속을 서로 접합시키는 과정이다.

② 항공기에서의 목적은 전기, 전자장비와 전선의 접촉을 견고하게 하여 전류의 흐름을 용이하게 하기 위함이다.

③ 납땜 후 요구되는 기계적·전기적 특성에 충분히 만족되어야 한다.

➤ 납땜의 종류

① 연납땜 : 연납땜은 은 및 기타 첨가제가 함유된 주석과 납으로 구성된 합금으로서 용융점이 700°F 이하이다.

② 경납땜 : brazing(황동) 합금이라 불리는 경납땜은 용융온도가 700~1,600°F이다. 항공기에는 서머커플 연결부에 사용되며 일반적으로는 사용하지 않는다.

➤ 인두의 선택

① 인두의 목적은 땜납을 녹이는 데 있다.

② 가열용량이 과도한 인두를 사용하면 절연재가 녹거나 타버리며 가열용량이 적은 인두를 사용하면 땜납이 작업 단품과 합금을 이루지 못하는 냉간 접합부가 된다.

[그림 2-2-37] 전기인두와 관련 자재

③ 항공기 전기배선에는 일반적으로 60, 100, 200 W 용량의 인두가 적당하다.

④ 소형 부분품을 납땜하는 데 20~60 W 용량의 펜형 인두가 적당하다.

solder 접합의 특성

① soldering은 융점 450℃ 미만의 용융된 solder를 피접합체의 틈새에 침투, 퍼지게 하여 접합하는 방식이다.

② soldering 중 모재는 녹지 않고 solder만 녹아 접합되는 것이 일반적인 용융용접과 다른 점이다.

③ 용융된 solder는 모재 표면에서 젖음(wetting)이라는 과정을 통하여 모재 표면에 막을 형성한다.

납땜작업 전 준비

① 인두의 팁이 거칠거나 불결한 경우 인두의 전원을 차단하고 밝은 구리색이 될 때까지 부드러운 줄로 표면을 줄질한다.

② 인두를 가열하여 밝은 청회색이나 황동색으로 변할 때 땜납이 녹아 인두팁에 밝은 은색 코팅이 형성되도록 한다.

③ 산화방지를 위해 코팅이 되어 있는 인두는 깨끗한 젖은 천으로 닦아내야 하며 팁이 패인 경우 팁을 교환한다.

④ 사용 시 작업 전에 인두팁을 젖은 세척용 스펀지로 감싼 다음 돌려가며 닦아낸 후 석면패드로 세척한다. 찌꺼기나 땜납방울을 제거하기 위해 인두를 흔들거나 털어내어서는 절대 안 되며 화재에 주의하고 피부에 닿지 않도록 주의해야 한다.

⑤ 와이어 준비

㉮ 와이어의 절연 피복은 스트리퍼(stripper)를 사용하여 제거한다.

㉯ 피복 제거 길이는 단자의 종류, 최대 또는 최소 wrap(감싸기) 사용 여부 및 절연 간극의 길이에 따라 결정한다.

㉰ 최소 절연 간극은 와이어 직경(피복을 포함한 지름) 길이이며, 최대 절연 간극은 직경의 2배이다.

⑥ 가열 및 땜납 위치시키기

㉮ 금속과 인두 사이에 땜납을 위치시키고, 금속에 직접 인두를 고정시킨다. 인두가 아닌 접합부에서 땜납을 녹인다.

㉯ 땜납을 녹이는 데 필요 이상의 시간으로 가열하지 않는다.

㉰ 땜납 사용 시 접합부에 필요 이상의 땜납이 쌓이지 않게 한다. 땜납을 많이 붙이는 것보다 얇게 도금하는 것과 같은 방법으로 하는 것이 효과적이다.

㉱ 인두를 접합부에 견고히 고정하지 않을 경우 납땜불량이 발생할 수 있다.

⊙ 일반적인 납땜작업 절차

① 납땜할 부분을 깨끗이 닦고 전선의 피복(insulation)을 벗겨 기판 위에 올려놓는다.

② 인두의 끝부분을 축축한 스펀지로 깨끗이 닦고 납을 올려놓는다.

③ 기판에 납이 흘러내리지 않을 정도로 인두의 끝부분을 납땜할 기판의 접점에 놓는다.

④ 인두의 끝부분에 있는 납을 접점에 옮긴다. 이때 2초 내에 작업을 하도록 하고, 기판 위에 전선이 지정된 위치에서 움직이지 않도록 한다.

⑤ 납땜한 부분에서 인두를 떼어낸다.

⑥ 납땜이 끝나면 인두를 인두 받침대에 올려놓는다.

⑦ 기판 납땜 작업을 끝낸 다음 검사를 하여 결과가 좋으면 스프레이로 코팅한다.

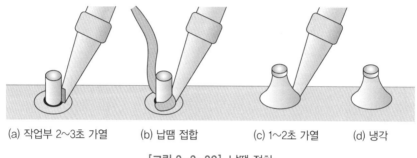

(a) 작업부 2~3초 가열   (b) 납땜 접합   (c) 1~2초 가열   (d) 냉각

[그림 2-2-38] 납땜 절차

⊙ 납땜 연결부 검사

① 세척 후 각각의 납땜 연결부를 검사한다.

② 납땜 연결부는 전선 및 단자 사이에 양호한 오목한 필릿(fillet)이 형성되어야 한다.

③ 과도한 납땜이 없어야 하며 피트(pit) 또는 기공이 없이 표면에 윤이 나야 한다.

④ 납땜 컵 및 커넥터 핀 이외의 모든 경우, 전선의 윤곽이 육안으로 관찰 가능하여야 하며 전선 끝단이 단자 치수를 초과하지 않아야 한다.

(a) 완벽   (b) 많은 땜납   (c) 땜납 부족   (d) 열 부족   (e) 과열   (f) 간격 좁음

[그림 2-2-39] 납땜 연결부 검사

다) 터미널 크림핑(crimping) 방법

⊙ 터니널 스트립(terminal strip)

① 와이어는 일반적으로 터미널 스트립에서 연결된다.

② 배리어가 장착된 단자대를 사용하여 인접한 스터드의 단자가 서로 접촉하는 것을 방지할 수 있다.

③ 스터드는 회전하지 않도록 고정되어야 한다.

④ 4개 이상의 터미널을 함께 연결하려면 작은 금속 버스를 두 개 이상의 인접한 스터드에 장착해야 한다.

⑤ 모든 경우에 전류는 스터드 자체가 아닌 단자 접촉면에 의해 전달되어야 한다.

⑥ 더 작은 크기의 터미널 스트립 스터드는 너트를 너무 세게 조이면 전단될 수 있으므로 결함이 있는 스터드는 동일한 크기와 재질의 스터드로 교체해야 한다.

⑦ 교체용 스터드는 터미널 스트립에 단단히 장착하고 터미널 고정 너트를 조여야 한다.

⑧ 단자 스트립은 느슨한 금속 물체가 단자 또는 스터드에 떨어지지 않도록 장착해야 한다.

⑨ 추후 회로 확장을 위해 또는 스터드가 파손된 경우 하나 이상의 예비 스터드를 제공하는 것이 좋다.

⑩ 무선 및 전자 시스템을 항공기 전기 시스템에 연결하는 터미널 스트립은 느슨하게 연결되어 있는지, 터미널 스트립을 가로질러 떨어질 수 있는 금속 물체, 먼지 및 그리스 축적 등을 검사해야 한다. 이러한 조건으로 인해 아크가 발생하여 화재나 시스템 고장이 발생할 수 있다.

⑦ 터미널 러그(terminal lug)

배선을 터미널 블록 스터드(stud) 또는 장비 터미널 스터드에 연결하려면 와이어 터미널 러그를 사용해야 한다. 하나의 스터드에 4개의 터미널 러그 또는 3개의 터미널 러그와 버스 바를 연결해서는 안 된다. 스터드당 총터미널 러그 수에는 인접한 스터드를 연결하는 공통 버스 바가 포함된다. 하나의 스터드에는 4개의 터미널 러그와 공통 버스 바가 허용되지 않는다. 터미널 러그는 스터드 직경과 일치하는 스터드 구멍 직경으로 선택해야 한다. 그러나 스터드에 부착된 단자 러그의 직경이 다를 경우 가장 큰 직경은 하단에 배치하고 가장 작은 직경은 상단에 배치해야 한다. 단자 연결을 조이면 단자 러그 또는 스터드가 변형되지 않아야 한다. 고정 나사나 너트를 제거하기 위해 터미널 러그를 구부릴 필요가 없도록 터미널 러그를 배치해야 하며 터미널 러그의 움직임으로 인해 연결 부분이 조여지는 원인이 될 수 있다.

① 구리 와이어 단자(copper wire terminal)

MIL-T-7928 규격의 단자는 솔더리스(비땜납) 압착형의 구리 와이어, 터미널 러그를 사용할 수 있다. 터미널 러그의 딩(tongue) 사이에 스페이서(spacer) 또는 와셔를 사용해서는 안 된다.

② 알루미늄 와이어 단자(aluminum wire terminal)

알루미늄 터미널 러그는 알루미늄 와이어에만 사용해야 한다. 알루미늄 터미널 러그의 텅(tongue) 적층 시 러그의 모든 텅은 터미널 스터드에서 두 개의 평와셔 사이에 끼워져야 한다. 터미널 러그의 텅 사이에 스페이서 또는 와셔를 사용해서는 안 된다. 접합부에서 과도한 전압 강하 및

높은 저항을 초래하여 접합부의 고장을 초래할 수 있는 조건을 방지하기 위해 알루미늄 와이어 및
케이블 설치에 특별한 주의를 기울여야 한다. 알루미늄 와이어 단자에 대한 잘못된 작업의 예는 단
자 및 와셔의 부적절한 장착, 비틀림(너트에 토크 발생) 및 부적절한 단자의 접촉이다.

[그림 2-2-40] 터미널 러그

[그림 2-2-41] 터미널 연결

➤ 링-텅 터미널(ring-tongue terminal) 연결

① 와이어-터미널 조인트(wire-to-terminal joint)의 인장강도는 적어도 와이어 자체의 인장강도와
동등해야 하고, 그리고 그 자체의 저항은 와이어의 정상적인 저항과 비교해서 무시할 수 있
을 정도여야 한다.

② 와이어단자(wire terminal)를 선정할 때 고려해야 할 점은 다음과 같다.

   ㉮ 전류정격

   ㉯ 와이어의 크기(규격) 및 절연 직경

   ㉰ 도체 재료의 호환성

   ㉱ 적용환경

   ㉲ 땜납 여부

③ 사전 절연 압착형 링-텅 터미널(pre-insulated crimp-type ring-tongue terminal)이 많이 사용

[그림 2-2-42] 링-텅 터미널(ring-tongue terminal)

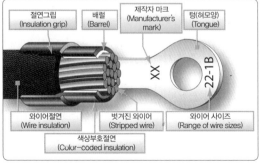

[그림 2-2-43] 와이어 터미널(wire terminal)

된다. 임의의 포스트 하나에 부착될 단자의 수를 결정할 때 스터드 및 바인딩 포스트의 강도, 크기 및 지지 수단 및 와이어 크기가 고려될 수 있다. 고온 적용 시 단자온도의 정격(temperature rating)은 주변 온도에 전류 관련 온도상승을 더한 값보다 커야 하며, 고온 절연 슬리브가 있는 니켈도금단자(nickel-plated terminal) 및 비절연단자(uninsulated terminal) 사용을 고려해야 한다.

라) 스플라이스(splice) 크림핑(crimping) 방법

➤ 크림핑 공구(crimping tool)

압착단자 러그에 휴대용 및 고정식 전동공구를 사용할 수 있다. 이 도구는 배럴을 도체로 압착하고 동시에 전선 절연재에 단열재 지지대를 형성한다.

[그림 2-2-44] 터미널 스플라이스(terminal splice)

[그림 2-2-45] 크림핑 공구(crimping tool)

➤ 스플라이스 연결(spliced connections in wire bundles)

① 스플라이싱(splicing)은 배선의 신뢰성과 전기·기계특성에 영향을 주지 않는 한 배선에 허용된다. 전력선, 동축케이블, 멀티버스(multiplex bus), 그리고 큰 규격의 와이어 스플라이싱은 제작사 사용설명서에 승인한 기준에 적합해야 한다. 와이어의 스플라이싱은 최소로 유지되어야 하며, 극심한 진동이 있는 장소에서는 피해야 한다. 그룹 또는 번들에 있는 개별 와이어의 스플라이싱은 전기공학적으로 안전성이 확인되어야 하고, 스플라이스(splice)는 정기검사를 고려하여 위치표시 확인이 가능해야 된다.

② 수많은 종류의 항공기 스플라이스 커넥터(splice connector)는 개개의 와이어를 스플라이싱할 때 사용할 수 있다. 자체 절연식 스플라이스(self-insulated splice)의 사용이 선호되지만, 비절연식 스플라이스(non-insulated splice) 커넥터는 스플라이스가 양쪽 끝단에 고정되는 플라스틱 슬리빙(plastic sleeving)으로 덮어 사용할 수 있다. 환경적으로 MIL-T-7928 규격을 갖춘 밀봉식 스플라이스(sealed splice)는 바람·습기문제(SWAMP)가 있는 곳에 사용하여도 스플라이싱

의 안전성을 보장한다. 일반적으로 비절연식 스플라이스 커넥터는 스플라이스에 적절한 재료의 2겹 시링크 슬리브(dual-wall shrink sleeving)를 사용한다.

③ 2개의 커넥터 또는 다른 분리지점 사이에 위치한 하나의 와이어 선상에서 1개 이상의 스플라이스가 있어서는 안 된다. 하지만 커넥터를 예비 피그테일 리드(spare pigtail lead)에 부착할 때, 단선에 다선(multiple wire)을 스플라이싱할 때, 커넥터 접점크림프배럴(contact crimp barrel)을 맞추기 위해 와이어 크기를 조정할 때, 그리고 사용설명서에서 인가된 수리절차를 따랐을 경우에는 예외이다.

④ 번들에 있는 스플라이스는 설계된 공간 내에 번들 조립을 방해하거나 번들의 크기에 증가를 최소로 하도록 서로 엇갈리게(staggered) 해야 한다.

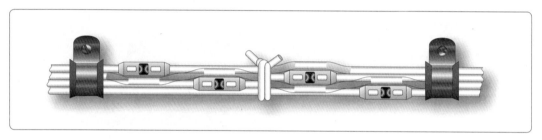

[그림 2-2-46] 와이어 번들에서 엇갈리는 스플라이스

⑤ 스플라이스는 단선에 다선을 합쳐 잇기 위해, 또는 접점크림프배럴 크기에 적합하도록 와이어 크기를 조정하기 위해서 종단장치(termination device)의 연결선 여분의 도선에 부착할 때를 제외하고, 종단장치에서 12 in 이내로 사용되어서는 안 된다.

사전 절연 스플라이스(pre-insulated splice) 장착

사전 절연된 터미널 러그 및 스플라이스는 고품질 압착공구를 사용하여 장착해야 한다. 이러한 도구에는 와이어 크기에 대한 위치표시(positioner)가 제공되며 각 와이어 크기에 맞게 조정된다. 압착 깊이는 각 와이어 크기에 적합해야 한다. 압착이 너무 깊으면 개별 스트랜드(strand)가 파손되거나 절단될 수 있다. 압착이 충분히 깊지 않으면 와이어가 단자나 커넥터에서 빠져 나올 수 있다. 그리고 압착 단자와 와이어 사이의 부식으로 인해 높은 저항이 발생할 수 있다.

접속배선함(junction boxes)

① 접속배선함은 장비에 부착된 적합한 하네스(harness)로 전선의 집합, 구성, 그리고 분배회로에 사용된다. 접속배선함은 또한 릴레이와 다이오드 같은 잡다한 구성품을 편리하게 간수하기 위해 사용된다. 고온지역에서 사용되는 접속배선함은 스테인리스강으로 제작되어야 한다.

② 교체 접속배선함은 원래의 것 또는 알루미늄과 같은 내화성·비흡수성 재료, 또는 기준에 맞

는 플라스틱 재료를 사용하여 조립해야 한다. 방염이 요구되는 곳에는 스테인리스강 접속배선함의 사용을 권고한다. 강성구조(rigid construction)는 접속배선함 내부의 전선 손상을 발생시킬 수 있는 케이스(case)의 오일캐닝(oil-canning)을 방지한다. 배수구는 항상 박스의 가장 낮은 부분에 장치되도록 한다. 전력장비(electrical power equipment)의 케이스는 접지결함관련 화재를 방지하기 위해 금속성 구조물로부터 절연되어야 한다.

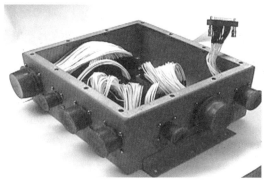

[그림 2-2-47] 접속배선함(junction box)

③ 접속배선함 배열은 설치된 모든 장비, 터미널 및 와이어에 쉽게 접근할 수 있어야 한다. 한계 여유가 불가피한 경우, 전류 전달 부품과 접지면 사이에 절연재료를 삽입해야 한다. 도어 또는 커버가 닫힌 위치에 있을 때 내부 간격을 검사 할 수 없으므로 접속배선함의 커버 또는 도어에 장비를 장착하는 것은 좋지 않다. 접속배선함은 내용물에 쉽게 접근할 수 있는 방식으로 항공기 구조물에 단단히 장착해야 한다. 가능하면 개방된 면이 아래쪽 또는 비스듬히 향해야 와셔 또는 너트와 같은 느슨한 금속물체가 접속배선함 밖으로 배출되는 데 도움이 된다.

④ 접속배선함은 적절한 배선 공간과 향후 추가에 대한 필요성을 고려하여 설치되어야 한다. 와이어 번들은 케이블이 다른 구성품에 닿지 않도록, 접근을 방해하지 않도록, 또는 표식 또는 라벨(label)을 덮어 감추지 않도록 접속배선함 내부에서 끈으로 묶거나 또는 고정시켜야 한다. 입구 구멍(entrance opening)에서 케이블은 그로밋 또는 다른 적절한 수단을 사용하여 벗겨짐에 대하여 보호되어야 한다.

AN/MS 커넥터(AN/MS connector)

① 커넥터, 즉 플러그와 리셉터클은 분리 시 정비를 손쉽게 한다. 여러 유형의 커넥터가 있는데, 압착식 컨택트(contact)가 일반적으로 항공기에 사용된다. 커넥터의 형상은 원형 캐논형(round cannon type), 직사각형, 그리고 모듈블록(module block)이 있다. 유체, 진동, 열, 기계석 충석, 또는 부식성 요소가 있는 곳에서 사용 시에는 환경 친화적인 커넥터(environmentally-resistant connector)를 사용해야 한다.

② 고강도 방사장(HIRF, High Intensity Radiated Fields)/번개보호(Lightning Protection)가 필요한 경우 개별 또는 전체 실드의 종단에 특별한 주의를 기울여야 한다. 배선 시스템의 수와 복잡성으로 인해 전기 커넥터의 사용이 증가하고 있다. 항공기에 최대의 안전성과 신뢰성을 제공하기 위해 커넥터는 최소한으로 선택하고 설치해야 한다. 특정 커넥터 어셈블리를 설치하려면 제조업체 또는 해당 관리기관의 사양을 따라야 한다.

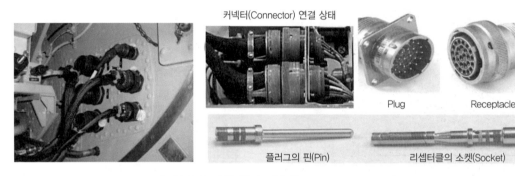

커넥터(Connector) 연결 상태

Plug   Receptacle

플러그의 핀(Pin)   리셉터클의 소켓(Socket)

[그림 2-2-48] 전기 커넥터(electrical connector)

마) 전기회로 스위치 및 전기회로 보호장치 장착

◉ 마찰로부터 보호(protection against chafing)

와이어와 와이어 그룹은 날카로운 표면 또는 다른 와이어와의 접촉으로 절연체를 마멸시키거나 다른 구성품에 의해 절연체의 벗겨짐이 발생할 수 있는 장소로부터 보호되어야 한다. 절연체의 손상은 단락회로, 기능불량, 또는 장비의 부적절한 작동의 원인이 된다.

◉ 고온으로부터 보호(protection against high temperature)

배선은 절연체의 변질을 방지하기 위해 고온장비 또는 고온와이어로부터 멀리 떨어져 배선되어야 한다. 와이어는 도선 온도가 전류용량(current-carrying capacity)에 관련된 외기온도와 열 상승을 고려할 때 최대와이어사양(wire specification maximum) 이내로 유지되도록 등급이 매겨져야 한다. 항공기가 장기간 주기될 때 햇빛 노출로 인한 잔열효과도 고려되어야 한다. 화재 시 그리고 화재 후에 작동해야 하는 화재감지계통, 소화계통, 연료차단계통, 플라이바이와이어(fly-by-wire) 비행 조종계통에 사용되는 와이어는 명시된 기간 동안 화재에 노출된 후에도 회로보존성이 제공되도록 등급이 갖추어진 종류로 선택되어야 한다. 와이어 절연은 고온에 노출되었을 때 급속히 저하한다.

절연파괴를 방지하기 위해 저항기, 배기통(exhaust stack), 히팅 덕트(heating duct)와 같은 고온장비로부터 와이어를 격리시킨다. 유리섬유 또는 폴리 테트라 플루오로 에틸렌(PTFE, Poly Tetra Fluoro Ethylene)과 같은 고온 절연재료로 고열지역을 통과해 지나가야 하는 와이어를 절연시킨다. 절연체의 재질은 상승된 온도에서 변질과 변형될 수 있기 때문에 폴리에틸렌과 같은 부드러운 플라스틱 절연체를 케이블에 사용하는 경우에는 고온지역을 피해야 한다. 수많은 동축케이블은 이러한 종류의 절연체로 제작되었다.

⊙ **솔벤트 및 유체에 대한 보호**(protection against solvents and fluids)

와이어와 금속 가연성 유체라인(metallic flammable fluid line) 사이에서 발생하는 아킹결함(arcing fault)은 라인에 구멍을 뚫고 화재의 원인이 될 수 있다. 산소, 오일, 연료, 유압유, 또는 알코올과 같은 유체를 이송하는 라인과 장비로부터 와이어를 물리적으로 분리하여 이러한 위험요소를 방지하도록 노력해야 한다. 배선은 가능하면 언제나 6 in 이상의 최소 간격으로 이들 라인과 장비 위에 배선되어야 한다. 이런 배열을 실행할 수 없을 때에는 유체라인(fluid line)에 평행하지 않도록 배선하여야 한다. 적어도 1/2 in 간격을 유지하도록 확실히 고정되었을 때와 유체 운반장비에 직접 연결할 때를 제외하고, 배선과 라인, 그리고 장비 사이에 최소한 2 in는 배선 간격이 유지되어야 한다.

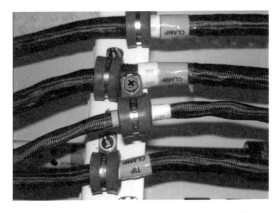
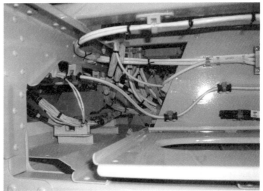

[그림 2-2-49] 유체라인과 와이어 클램프의 안전한 분리   [그림 2-2-50] 드립 루프(drip loop)

⊙ **휠웰 지역의 와이어 보호**(protection of wire in wheel well area)

① 착륙장치와 휠웰지역(wheel well areas)에 위치한 와이어는 적절하게 보호되지 않으면 위험한 여러 상황에 노출될 수 있다. 와이어다발이 구부린 지점을 지나가는 곳에서, 작동 부품이 펼쳐지고 수축될 때 부착물에 어떤 변형 또는 과도한 느슨함이 없어야 한다. 배선과 보호배관은 자주 검사해야 하고 마모의 흔적이 있으면 교환해야 한다.

② 와이어는 유체라인 커넥터로부터 멀리 떨어져 배선되어야 한다. 이 작업이 어려우면 커넥터는 별도의 보호장치가 필요하다. 휠웰 또는 다른 외부지역에 배선되는 와이어는 하네스 재킷(harness jacketing)과 커넥터 변형방지(strain relief)의 형태로서 추가 보호를 해주어야 한다. 배선을 보호하기 위해 사용된 와이어도관 또는 유연 슬리빙에는 습기의 축적을 방지하기 위해 배수구가 구비되어야 한다.

③ 정비사는 와이어와 케이블이 작은 돌, 얼음, 진흙 등과 같은 이물질의 충격으로 인한 손상이 발생하지 않도록 휠웰과 다른 구역에서 적절하게 보호되었는지를 검사해야 한다. 만약 와이

어 또는 케이블의 재배선이 실용적이지 않은 경우에는 보호피복을 설치할 수 있다. 이 유형의 설치는 최소로 유지해야 한다.

⊙ 전압과 전류 정격(voltage and current rating)

사용하는 커넥터는 외기온도와 회로전류부하(circuit current load)의 최대조합(maximum combination)하에 연속작동에 대한 안전성이 보장되는 등급이어야 한다. 높은 유입 전류와 관련된 회로의 적용 제품에 사용되는 밀폐형 커넥터는 정격 기준이 낮아야 한다. 커넥터가 최대 정격 전류 부하(load)에서 모든 접점으로 작동해야 하는 조건에서 예비 테스트를 수행하는 것이 전기공학적으로 안전을 보장 받기 위한 과정이다. 배선이 정격온도(rated temperature) 근처에서 높은 도체 온도(high conductor temperature)로 작동하는 경우 커넥터 접점의 크기는 회로부하(circuit load)에 대해 안전하게 정격화되어야 한다. 높은 도체 온도로 작동하는 경우에 와이어 크기를 늘려야 할 수도 있다. 비여압지역에서 커넥터를 높은 고도에서 사용하는 경우 전압 감소가 필요하다.

⊙ 커넥터에 와이어 설치(wire installation into the connector)

다중계통(redundant system)에서 동일한 기능을 수행하는 와이어는 별도의 커넥터를 통해 배선되어야 한다. 비행안전에 중대한 영향을 미치는 시스템에서 시스템작동배선(system operation wiring)은 시스템결함경보(system failure warning)를 위해 사용된 배선으로부터 분리된 커넥터를 통해 배선되어야 한다. 또한 시스템의 지시 배선을 고장 경고 회로와 분리된 별도의 커넥터에 배선하는 것이 좋다. 이러한 배선방법을 수행하면 커넥터 결함으로 인해 발생할 수 있는 사고에 대한 항공기의 취약성을 줄일 수 있다.

⊙ 인접한 커넥터(adjacent locations)

인접한 커넥터 간의 결합(mating)이 발생하지 않도록 해야 한다. 결합이 발생하지 않도록 하기 위해 인접한 커넥터 커플은 외형 크기(shell size), 커플링 연결수단, 삽입 배열(insert arrangement)과 키 배열(keying arrangement) 등이 달라야 한다. 이런 수단이 실행될 수 없을 때, 결합되는 두 커넥

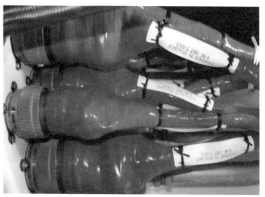

[그림 2-2-51] 잘못 연결을 방지하기 위한 커넥터 배열　　　[그림 2-2-52] 보호용 재킷을 입힌 커넥터

터가 서로 닿지 않도록 와이어를 배선하고 고정해야 한다. 표식 또는 색띠(color strip)의 경우 시간이 지날수록 변질되기 때문에 권고하지 않는다.

밀봉(sealing)

커넥터는 결합되었을 때 압착된 주위의 seal과 계면(interfacial, 두 면 사이에 낀) seal의 사용을 통해 습기가 유입되지 않는 유형이어야 한다. 커넥터의 배후를 통해 들어오는 습기는 커넥터의 후방 그로밋(rear grommet)의 밀봉범위(sealing range)로 와이어의 바깥지름에 정확하게 맞추어 막아야 한다. 크림프 스타일 접점에서 하나 이상의 와이어를 종단하지 않는 것이 좋다. 와이어 직경을 늘리기 위해 열수축 튜브를 사용하거나 후면 그로밋과 후면 호환성을 제공하는 추가 수단으로 와이어 입구 영역에 포팅을 적용하는 것이 좋다. 이들 추가 장착은 불리한 조건이 있으므로 다른 수단이 사용될 수 없는 경우에만 고려되어야 한다. 배선되지 않은 예비 접점(unwired spare contact)에는 정확한 크기의 플라스틱 플러그(plastic plug)를 끼워 막아야 한다.

배수(drainage)

커넥터는 결합되지 않은 상태에서 습기와 액체가 커넥터 밖으로 안전하게 배출하는 방식으로 장착되어야 한다. 번들에 축적된 습기가 커넥터에서 배출되도록 배선해야 한다. 선반이나 바닥을 통해 커넥터를 수직위치(vertical position)에 장착해야 하는 경우 커넥터를 용기에 넣은 상태(potted)로 장착하거나 환경적으로 밀봉해야 한다. 이 상황에서는 용기를 아래쪽으로 향하게 하여 결합되지 않은 상태에서 수분이 모이기 쉽지 않도록 한다.

와이어 지지(wire support)

후방 액세서리 커넥터 백셸(rear accessory backshell)은 감싸지 않은 커넥터에 사용되어야 한다. 배선크기가 매우 작거나 정비작업이 빈번하거나 진동이 많은 곳에 사용하는 커넥터는 변형방지형(strain-relief-type) 백셸(backshell)을 사용하여야 한다. 와이어 번들은 클램프에 의해 고정되는 적절한 쿠션재료를 사용하여 기계적 손상으로부터 보호해야 한다. 용기에 넣은 상태(potted)의 커넥

[그림 2-2-53] 변형방지기능이 있는 백셸

[그림 2-2-54] 동축케이블(coaxial cable)

터 또는 주조된 후방 어댑터(adapter)를 갖고 있는 커넥터는 일반적으로 별도의 변형방지장치(strain relief accessory)를 사용하지 않는다. 변형방지클램프(strain relief clamp)는 클램프와 접전 사이의 와이어에 장력을 주어서는 안 된다.

적절한 드립루프를 확보하기 위해 커넥터에 충분한 와이어 길이가 필요하며 커넥터와 접촉부의 완전한 교체 후에도 끝부분에 변형이 없어야 한다.

◉ 동축케이블(coaxial cable)

모든 배선은 손상으로부터 보호해야 한다. 특히 동축케이블 또는 3축케이블(triaxial cable)은 특정 유형의 손상에 특히 취약하다. 작업자는 동축케이블을 취급하거나 주위에서 작업하는 동안 주의해야 한다. 동축케이블의 손상은 너무 단단하게 고정되었을 때, 또는 커넥터나 커넥터 근처에서 급격하게 구부러졌을 때 발생할 수 있다. 손상은 또한 동축케이블 주위에서 관련 없는 정비행위 도중에 발생할 수 있다. 동축케이블은 외부에서 손상의 어떤 흔적 없이도 내부에 심각하게 손상될 수 있다. 단단한 중심 도체(solid center conductor)가 있는 동축케이블을 사용해서는 안 된다. 연선중심 동축케이블(stranded center coaxial cable)은 단단한 중심 동축케이블(solid center coaxial cable)을 직접 대체하는 데 사용할 수 있다.

동축케이블 사용 시 주의사항은 다음과 같다.

① 동축케이블을 절대로 비틀지 않는다.
② 동축케이블에 물건을 떨어뜨리지 않는다.
③ 동축케이블을 밟지 않는다.
④ 동축케이블을 급격하게 구부리지 말아야 한다.
⑤ 허용굴곡부반경(allowable bend radius)보다 더 세게 조이지 않는다.
⑥ 직선을 제외하고 동축케이블을 당기지 않는다.
⑦ 손잡이로 사용하거나, 동축케이블에 기대거나, 동축케이블에 어떤 다른 와이어를 걸지 않는다.

◉ 와이어 검사(wire inspection)

항공기 운항은 와이어에 심각한 환경조건을 부과한다. 만족한 서비스를 보장하기 위해 매년 마모, 절연 불량, 부식, 종단의 상태에 대해 와이어를 검사한다. 전원, 배전장비, 전자기차폐를 위한 접지접속을 할 때에는 전기결합저항이 접속의 헐거워짐 또는 부식으로 인해 크게 증가하지 않았는지 확인하기 위해 특별한 주의를 기울여야 한다.

◉ 전선 연결작업 시 주의사항

① 전선이 구부러지는 곳은 스플라이스로 연결하면 안 된다.
② 전선의 절연 피복을 벗길 때 내부의 가는 선이 허용값 이상으로 잘리지 않도록 한다.
③ 터미널을 연결할 때는 너트를 알맞게 조여야 한다. 너트가 느슨하면 접촉 불량으로 과열, 누전, 통신 계통에 잡음이 발생할 수 있고, 너무 세게 조이면 단자가 파손될 수 있다.

전선을 보호하는 방법

전선을 보호하는 이유는 전선의 절연된 부분이 손상되면 회로가 단락되어 기기가 작동하지 못하기 때문이다. 전선은 마찰, 고온, 솔벤트와 같은 유체로부터 보호해야 한다. 이때 전선을 보호하기 위해 클램프로 전선을 묶어서 고정하는 것을 클램핑(clamping)이라고 한다.

① 와이어가 벽과 같은 표면이나 다른 와이어와 접촉해서 마찰로 절연 피복이 손상되지 않도록 절연된 클램프를 사용해서 전선이 다른 구성품에 닿는 것을 막는다.

② 고온 부분을 통과하는 전선은 온도가 올라가면 전선 피복의 절연상태가 떨어지므로 유리섬유나 테플론과 같은 내고온성 재료로 절연하고, 배기 덕트와 같은 고온 부분에서는 와이어를 떨어뜨려서 배선한다.

③ 연료, 윤활유, 작동유가 흐르는 배관과 장비에서 와이어를 최소 6 in 이상 간격으로 배관과 장비 위에 배선하는 것이 좋지만, 어려우면 배관과 평행하지 않도록 배선해야 한다.

2) 솔리드 저항, 권선 등의 저항 측정 (구술 또는 실작업 평가)

가) 멀티미터(multimeter) 사용법

아날로그형 멀티미터(analog type multimeter) 기능

전류, 전압 및 저항을 하나의 계기로 측정할 수 있는 다용도 측정기기를 멀티미터(multimeter)라고 한다. 멀티미터는 제조회사에 따라 그 형태와 기능에 약간의 차이가 있으며, 아날로그 방식(analog type)과 디지털 방식(digital type)이 있다.

아날로그형 멀티미터의 기능은 다음과 같다.

① 트랜지스터 검사 소켓으로서, 트랜지스터 검사 시 소켓에 표시된 각 극성 간의 정확한 위치에 시험할 트랜지스터의 극성을 맞출 때에 사용한다.

② 트랜지스터 판정 지시 장치로서, 적색과 녹색 램프로 되어 있어서 적색이 켜지면 정상의 PNP 트랜지스터이고, 녹색이 켜지면 정상의 NPN 트랜지스터이다. 2개의 램프가 점멸하면 측정 트랜지스터의 극성 간의 단선 상태를 알려주며, 둘 다 점멸하지 않을 때에는 컬렉터-이미터 간의 단락 상태를 뜻한다.

③ 입력 잭으로서 멀티미터의 플러그를 꽂는 곳이며, 검은색 플러그는 반드시 COM 잭에 꽂아야 하고, 빨간색 플러그는 V·Ω·A 잭에 꽂아야 한다. 10 A 잭도 10 A 정도의 큰 전류를 측정할 때 플러그를 꽂아 사용한다.

④ 측정 범위 선택 스위치로서, 명확한 범위 선택을 해야 한다.

⑤ 0점 조절기로서 저항계의 지시바늘이 저항계 눈금의 0점에 정확히 오도록 조절한다.

⑥ 0점 조절기로서 측정 전에 반드시 지시바늘이 왼쪽 0점에 있는지를 확인하고, 필요할 때에 조절해야 한다.

⑦ 계기의 특성을 표시한 것으로, 계기의 종류, 감도, 정밀도 등을 표시해 놓은 것이다.

⑧ 눈금판이다.

⑨ 케이스이다.

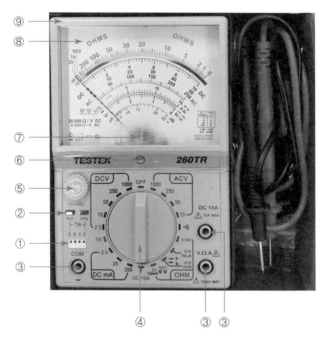

[그림 2-2-55] 아날로그형 멀티미터(analog type multimeter)

멀티미터 저항측정법

스위치는 측정 대상과 목적에 알맞게 조작해야 하고, 측정 범위를 바르게 선택함으로써 계기가 손상되지 않으며, 정확한 값을 측정할 수 있다.

① 전원이 제거되었는지를 확인한다.

② 저항의 대략적인 값을 추산하여 저항 측정 범위를 정한다(최대 예상 저항보다 더 높은 값으로 정한다.).

③ 멀티미터 도선을 터미널에 연결하고, 2개의 도선을 단락시킨 상태에서 0Ω 조정 노브를 이용하여 바늘을 눈금판의 0점에 일치시킨다.

④ 범위전환 스위치에 따른 측정값은 다음 표와 같다.

[표 2-2-2] 저항 측정 범위

범위전환 스위치 위치	눈 금	측정값
1R		지시값이 측정값
100R	눈금판 가장 위쪽	지시값을 100배 한다.
1000R	∞ ~ 0Ω	지시값을 1000배 한다.
10000R		지시값을 10000배 한다.

⑤ 저항 측정 범위를 작은 범위로 할수록 정밀한 값을 얻을 수 있다.

⑥ 테스터선의 빨간선은 (+), 검은선은 (−) COM에 연결한다.

⑦ 아날로그 테스트의 경우, 테스터의 빨간선과 검은선이 서로 닿게 한 후 영점을 조절한다(디지털의 경우 0Ω이 나오면 된다.).

멀티미터의 직류전압 측정법

① 테스터선의 빨간선은 (+), 검은선은 (−) COM에 연결한다.

② 전압의 대략적인 값을 추산하여 전압 측정 범위를 정한다(만약 추정할 수 없는 전압을 측정할 경우에는 먼저 전압 범위전환 스위치를 가장 높은 곳에 놓고 측정한 다음, 알맞은 범위를 선택하도록 한다.).

③ 범위전환 스위치에 따른 측정값은 다음 표와 같다.

[표 2-2-3] 직류전압 측정 범위

범위전환 스위치 위치	눈 금	측정값
1,000V	0~10	지시값을 100배 한다.
500V	0~5	지시값을 100배 한다.
250V	0~25	지시값을 10배 한다.
50V	0~5	지시값을 10배 한다.
2.5V	0~25	지시값을 0.1배 한다.

멀티미터 직류전류 측정법

① 전류의 대략적인 값을 추산하여 전류 측정 범위를 정한다(만약 추정할 수 없을 때에는 최댓값부터 단계적으로 측정한다.).

② 측정하고자 하는 전류가 흐르는 점을 끊은 후, 양단의 테스터의 빨간선(+), 검은선(−)을 각각 연결한다.

③ 이때 DCmA 전류의 경우, 반드시 전압이 높은 곳에 빨간선을 연결한다(직류전류이므로 극성을

주의해야 한다.).

④ DC10A 전류 측정 시 빨간색 리드봉을 DC10A 단자에 접속하여 500 mA range에서 사용한다.

⑤ 범위전환 스위치에 따른 측정값은 다음 표와 같다.

[표 2-2-4] 직류전류 측정 범위

범위전환 스위치 위치	눈 금	측정값
500 mA	0∼50	지시값을 100배 한다.
50 mA	0∼5	지시값을 100배 한다.
5 mA	0∼25	지시값을 10배 한다.

◆ 교류전압 측정

① 멀티미터 도선을 터미널에 연결한다. 이때 직류전압과 다르게 극성에 관계없이 연결해도 된다.

② 범위전환 스위치를 교류전압의 알맞은 위치에 놓는다(만약 추정할 수 없을 때는 최댓값부터 단계적으로 측정한다.).

③ 범위전환 스위치에 따른 측정값은 다음 표와 같다.

[표 2-2-5] 교류전압 측정 범위

범위전환 스위치 위치	눈 금	측정값
1,000 V	0∼10	지시값을 100배 한다.
250 V	0∼25	지시값을 10배 한다.
50 V	0∼5	지시값을 10배 한다.

◆ 멀티미터 사용 시 주의사항

① 전류계는 측정하고자 하는 회로 요소와 직렬로 연결하고, 전압계는 병렬로 연결해야 한다.

② 전류계와 전압계를 사용할 때에는 측정범위를 예상해야 하지만, 그렇지 못할 때에는 큰 측정범위부터 시작하여 적합한 눈금에서 읽게 될 때까지 측정범위를 낮추어간다. 바늘이 눈금판의 중앙 부근에 올 때 가장 정확한 값을 읽을 수 있다.

③ 전류계를 발전기나 축전지와 같은 전원에 연결하면 전류계에는 저항값이 매우 작은 션트 저항이 있으므로, 강한 전류가 흐르게 되어 기기를 손상시킬 위험이 있다.

④ 저항이 큰 회로에 전압계를 사용할 때에는 저항이 큰 전압계를 사용하여 계기의 션트 작용을 방지해야 한다.

⑤ 저항계는 사용할 때마다 0점 조절을 해야 하며, 측정할 요소의 저항값에 알맞은 눈금을 선택
해야 한다. 일반적으로 눈금판의 중앙에서 저항이 작은 쪽으로 읽을 수 있도록 해야 한다.

⑥ 저항계는 전원이 연결되어 있는 회로에 절대로 사용해서는 안 되며, 회로가 구성되어 있는 저
항체는 적어도 한쪽 끝을 떼어 내어 다른 것과 병렬로 연결되어 있는 일이 없도록 해야 한다.

➤ 절연저항계(mega ohmmeter) 사용법

절연물에 직류전압을 가하면 작은 전류가 흐르는데 이 전류를 누설전류라 하고, 누설전류와 가
한 전압의 비를 절연저항이라고 한다. 즉 절연저항 = 가한 직류전압/누설전류($R = V/I$)이다. 절연
저항을 측정하는 이유는 측정한 절연저항이 작으면 누설전류가 많다는 뜻이고, 누설전류가 많다는
것은 절연상태가 나쁘다는 뜻이므로 감전이나 과열에 의한 화재가 발생할 수 있다.

절연저항계(mega ohmmeter)는 메가옴[MΩ] 단위의 높은 저항을 측정하는 저항계이다. 절연저항
을 측정해서 절연재가 손상되지 않았는지 확인하기 위해 사용한다. 절연저항계는 500 V 이상의 직
류 고전압을 가했을 때 절연물에 흐르는 미소 전류로 절연저항을 측정한다. 주로 수 볼트의 전지전
압을 DC-DC 컨버터(converter)로 승압해서 사용한다.

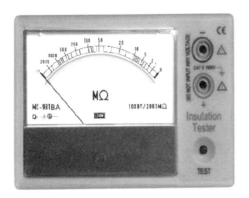

[그림 2-2-56] 절연저항계(mega ohmmeter)

➤ 절연저항 측정 시 주의사항

① 전기가 흐르고 있는 활선 상태(hot line)에서는 기기 파손이나 감전이 발생할 수 있으므로 측
정 대상의 전원을 끄고 측정 대상 단자에 전압이 가해지지 않는 것을 확인하고 측정한다.

② 절연저항 측정 중에는 측정 단자에 고전압이 발생하므로 감전을 방지하기 위해 시험선(test
lead)의 금속 부위에 접촉하지 않는다.

③ 고전압으로 충전된 전하로 감전될 수 있으므로 측정이 끝나고 바로 측정 대상을 만지지 않
는다.

➤ 멀티미터와 절연저항계 사용 시기

① 전동기(motor)의 구성품 중 전기자(armature)와 계자(field magnet)에는 코일이 감겨 있다. 전기

자와 계자 코일에 단선(open)이나 단락(short)이 생기면 전동기가 멈추거나 이상 현상이 발생한다. 그래서 전동기나 변압기 코일의 문제점을 찾아내기 위해 멀티미터와 절연저항계를 사용한다.

② 단선, 단락 검사는 일반적으로 전원을 끈 상태에서 한다. 단선이나 단락이 의심될 때 기기를 작동하면 기기의 다른 부분까지 손상을 입힐 수 있기 때문이다. 전원을 끈 상태에서는 전압이나 전류가 흐르지 않기 때문에 저항계로 확인한다. 단락의 경우 멀티미터의 기능 중 두 단자가 전기적으로 연결되면 소리로 알려주는 '도통시험(continuity test)'을 통해 확인할 수도 있다.

③ 계자 코일의 단선은 저항계로 브러시 사이의 도통(continuity) 상태를 확인했을 때 두 브러시 사이가 전기적으로 연결되지 않았다면 단선된 것이다.

④ 계자 코일의 단락(shorted to ground)은 브러시와 요크(yoke) 사이의 도통 상태를 확인했을 때 전기적으로 연결되었다면 단락된 것이다.

⑤ 전기자 코일의 단선시험은 멀티미터를 사용하고, 멀티미터의 저항 측정 기능을 선택한다. 리드 봉 중 하나를 정류자편(commutator segment) 한곳에 고정하고, 나머지 리드 봉을 다른 정류자편에 찍어 저항을 측정한다. 저항이 0이나 작은 값이 나오면 전류가 흐르는 것이므로 정상

Yoke

[그림 2-2-57] 계자 코일 단선시험

Field brush

Yoke

[그림 2-2-58] 계자 코일 단락시험

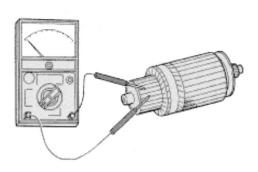

[그림 2-2-59] 전기자 단전시험

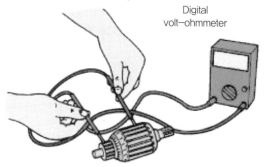

Digital volt-ohmmeter

[그림 2-2-60] 전기자 절연시험

이고, 저항이 무한대(∞)로 측정되면 전류가 흐르지 않는 것이므로 단선된 것이다.

⑥ 전기자의 절연시험(insulation test)은 리드봉 하나를 전동기 몸체나 회전축에 고정하고, 다른 리드봉으로 정류자편을 돌아가면서 찍어서 저항을 측정한다. 저항이 0이 나와 전류가 흐르면 비정상이고, 무한대(∞)나 MΩ 단위의 큰 저항값이 측정되면 정상적으로 절연된 상태이다.

⑦ 전기자의 단락시험은 그라울러(growler) 시험을 통해 알 수 있다.

권선저항과 절연저항

① 권선저항은 두 가지 의미로 해석할 수 있다. 먼저 권선의 저항값[Ω]을 말하거나, 저항값[Ω]이 아닌 도체를 감아서 만든 저항부품을 의미한다.

② 권선은 '선(線, wire)을 감아 말다(捲, winding)'라는 뜻이다. 전류가 흐를 수 있는 얇은 금속선을 여러 번 감아서 만든 코일(coil)도 권선이고, 변압기에 감은 에나멜선도 권선이다. 항공정비사 실기시험에서 말하는 권선저항 측정은 첫 번째 의미에서 전동기나 변압기에 감은 권선의 저항을 측정하는 것이다. 권선에 단선이나 단락이 생기면 기기 작동에 이상이 생기기 때문에 권선저항을 측정해서 단선 및 단락 여부를 확인한다.

③ 절연(絕緣, insulation)이란 높은 저항값(수 MΩ에서 수천 MΩ)을 가져서 전류가 거의 흐르지 않는 상태를 말한다. 절연저항은 절연물질의 저항을 말한다. 절연저항은 값이 매우 크기 때문에 메가옴[MΩ] 단위를 사용하고, MΩ 단위의 큰 저항을 측정할 수 있는 절연저항계를 사용한다.

④ 전기장치는 작동 중에 전기가 흐르는 부품과 흐르지 않아야 하는 부품으로 구분된다. 전기가 흐르지 않아야 하는 부품의 절연저항이 감소하면 누전이 발생한다. 누전은 감전의 직접적인 원인이 되고, 제품의 성능을 저하하고, 파손의 원인이 되기도 하므로 모든 전기기기는 절연저항을 측정해서 누전 여부를 확인해야 한다.

휘트스톤 브리지(Wheatstone bridge) 사용법

휘트스톤 브리지는 4개의 저항과 직류 검류계로 구성된 회로이다. 휘트스톤 브리지는 이미 알고 있는 세 개의 저항값을 이용해서 미지 저항값을 측정할 때 사용한다. 휘트스톤 브리지에 미지 저항(R_x)을 연결하고 R_a, R_1, R_2 값을 바꿔서 브리지를 평형 상태로 만든 다음, 대각선 방향으로 마주 보는 저항값의 곱이 같다는 것을 이용해서 미지 저항값을 구할 수 있다.

검류계를 흐르는 전류가 없을 때(null) 이 브리지는 평형상태에 있다고 한다.

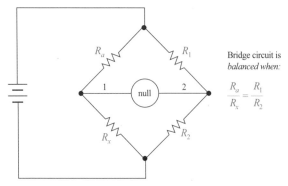

Bridge circuit is *balanced when:*

$$\frac{R_a}{R_x} = \frac{R_1}{R_2}$$

[그림 2-2-61] 휘트스톤 브리지(Wheatstone bridge)

3) ESDS 작업 (구술평가)

가) ESDS 부품 취급 요령

➤ ESDS 부품 취급 요령

ESDS(Electro Static Discharge Sensitive)란 정전기에 취약한 장비품·부품을 말하며 취급에 특별한 주의가 필요하다. ESDS 데칼(decal) 또는 라벨(label)이 붙어 있는 ESDS 부품을 작업할 때는 매뉴얼에 따라 작업해야 한다. 만일 ESDS 표시가 없지만 의심될 때는 작업 전에 ESDS 부품인지 확인해서 정전기로 인한 손상을 방지해야 한다.

(a) ESDS symbol

(b) 정전기방지용 백(conductive bag)

(c) ESD 용기(container)

[그림 2-2-62] ESDS symbol과 관련 제품

나) 작업 시 주의사항

➤ 작업 시 주의사항

① 작업 전에 해당 부품이 ESDS 부품인지 아닌지 확인한다. 확인이 안 될 경우를 대비해서 사전에 ESDS 부품을 숙지해야 한나.

② 작업 시 정전기 대책을 마련해야 한다. 손목에 리스트 스트랩(wrist strap)을 착용해서 몸에 쌓

인 정전기를 방출해야 하고, 이오나이저(ionized air blower)와 바닥(floor)과 테이블에 ESD 안전 매트(ESD safe mat), 접지선 등을 이용해서 정전기가 생기고 쌓이는 것을 방지한다.

③ ESDS 부품을 운반, 보관할 때는 정전기를 차폐시켜 주는 용기나 포장재를 사용한다.

④ 이오나이저는 균일하게 양이온, 음이온화된 공기를 방출해서 전도체에서 생기는 정전기를 중화시킨다.

⑤ ESD 안전 매트는 작업자의 몸에서 생기는 정전기를 내보내서 부품을 보호한다.

⑥ 바닥 매트와 테이블 매트는 접지선으로 접지한다. 모든 접지선에는 안전을 위해 1 MΩ의 저항을 연결한다.

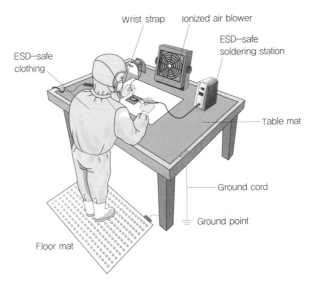

[그림 2-2-63] ESD 작업장(workstation)

🖙 리스트 스트랩(wrist strap) 사용법과 사용 전 점검방법

리스트 스트랩은 미세한 전도성 섬유로 만든 띠(band)로, 착용한 작업자를 접지시켜 작업자의 몸에 정전기 방전(ESD)을 일으킬 수 있는 정전기가 쌓이는 것을 방지한다. 리스트 스트랩을 사용하기 전에 검사기(tester)로 접지 경로가 끊어지지 않았는지 사용 가능 여부를 확인해야 한다. 리스트 스트랩은 피부에 닿도록 조절해서 착용해야 한다.

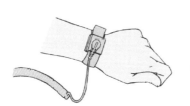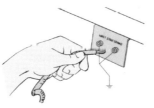

[그림 2-2-64] 리스트 스트랩 사용 가능 여부 테스트

4) 디지털회로 (구술평가)

가) 아날로그 회로와의 차이

⊘ 아날로그(analog)와 디지털(digital)의 차이

① 아날로그(analog)란 어떤 양 또는 데이터를 연속적으로 변환하는 물리량(전압, 전류 등)으로 표현하는 것이고, 디지털(digital)은 어떤 양 또는 데이터를 2진수로 표현하는 것을 말한다. 즉, 아날로그는 곡선의 형태로 정보를 전달하고, 디지털은 1과 0이라는 숫자를 통해 정보를 전달하는 것이다.

② 예를 들면 아날로그 신호는 전류의 주파수나 진폭 등 연속적으로 변화하는 형태로 전류를 전달하고, 디지털 신호는 전류가 흐르는 상태(1)와 흐르지 않는 상태(0)의 2가지를 조합하여 전달한다.

③ 디지털 방식은 연속적인 값들을 모두 세분해서 그 세분한 값들을 전부 하나의 값으로 표시한다. 이를테면 0부터 1 사이는 0, 1부터 2 사이는 1, 이런 식으로 표시하는 것이다. 이에 비해 아날로그 방식에서는 0.3은 0.3, 0.327은 0.327 그대로 표시한다.

④ 디지털의 어원은 디지트(digit)로서 손가락이란 의미인데, 그것이 변해서 손가락의 폭이란 의미로 되어 길이의 단위가 되었다. 즉, 옛 고대 이집트 때는 1디지트가 18.9 mm이었다. 그러다가 점차 손가락이란 의미가 변해서 숫자를 의미하게 되었는데, 옛날 사람들은 손가락으로 물건을 세었으며 물건을 세기 위한 손가락이 숫자 자체를 의미하게 되었다.

⑤ 디지털 제품인 CD(Compact Disk)는 전압이 있는가 없는가를 판별하여 없는 경우를 0, 있는 경우를 1로 한다. 이와 같은 숫자나 열을 전기신호, 즉 전류로 나타낼 수 있는데, 0일 때 전기가 흐르지 않게 하고 1일 때 전류를 흐르게 하는 장치가 있으면 간단하다. CD 표면에도 작은 홈이 있다. 이것은 실은 1과 0이다. 여기에 레이저빛을 쪼이면 그 반사를 읽어서 얻을 수 있다. 홈이 있으면 난반사시키고 홈이 없는 곳에서는 스트레이트로 반사하게 하는 것이다. CD는 빛의 반사로 음을 읽기 때문에 먼지는 별 문제가 되지 않는다. 이런 점에서 CD는 확실히 음이 좋다.

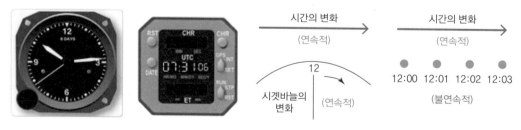

[그림 2-2-65] 아날로그(analog)와 디지털(digital) 시계

5) 위치표시 및 경고계통 (구술평가)

가) anti-skid system 기본 구성

🧭 anti-skid system 기본 구성

① 파워 브레이크를 가지고 있는 대형항공기는 미끄러짐 방지장치를 필요로 한다. 특히 멀티플 휠 주 착륙장치 어셈블리를 가지고 있는 항공기에서 바퀴가 회전을 멈추고 미끄러짐을 시작할 때 조종실에서 즉시 확인하는 것은 가능한 일이 아니다. 타이어의 미끄러짐은 타이어 펑크가 일어나 항공기에 손상을 줄 수 있으며, 항공기의 제어 상실로 이어질 수 있다.

② anti-skid system은 바퀴의 미끄러짐을 탐지할 뿐만 아니라 바퀴가 미끄러짐에 임박한 경우에도 탐지하여 자동적으로 유압시스템 귀환라인으로 가압 브레이크 압력을 잠깐씩 끊어 연결함으로써 해당 바퀴의 브레이크 피스톤에서 압력을 경감시켜서 바퀴를 회전하게 하여 미끄러짐을 피하게 한다. 그런 다음 바퀴로 하여금 미끄러지지 않게 하고 바퀴에 속도를 떨어뜨리게 하는 수준으로 브레이크의 압력은 낮게 유지된다.

③ 최대제동효율은 바퀴가 최대비율로서 감속하고 있지만 미끄러지지 않을 때 나타난다. 만약 바퀴가 너무 빠르게 감속한다면, 그것은 브레이크의 너무 큰 제동력이 미끄러짐의 원인이 되는 징조이다.

④ 타이어의 과도한 감속이 탐지되었을 때, 유압은 그 바퀴의 브레이크 압력을 감압시킨다.

⑤ anti-skid system을 작동시키기 위해, 조종실 스위치는 켜짐(ON) 위치에 있어야 한다.

⑥ 항공기가 착륙한 후 조종사는 러더 브레이크 페달에 최대압력을 가하고 유지한다.

⑦ anti-skid system은 항공기의 속도가 약 20 mph로 떨어질 때까지 자동적으로 작동한다.

⑧ anti-skid system은 느린 활주와 지상 방향 조종을 위해 수동제동 모드로 복귀한다.

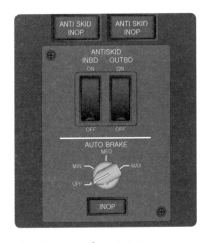

[그림 2-2-66] anti-skid switch

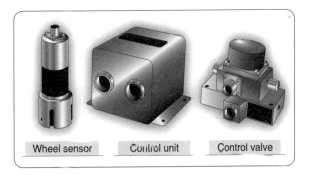

[그림 2-2-67] wheel sensor, control unit, control valve

🖝 anti-skid system 주요 구성품의 종류와 기능

대부분의 anti-skid system은 바퀴 속도 감지기(wheel speed sensor), 제어장치(control unit) 및 미끄러짐 방지 제어밸브(anti-skid control valve) 등으로 세 가지 중요한 형태의 구성요소로 이루어져 있다.

① 바퀴 속도 감지기는 브레이크 어셈블리를 갖춘 각각의 바퀴축에 설치되어 바퀴의 회전속도를 감지하여 제어장치로 보낸다.

② 제어 유닛(control unit)은 항공기의 항공전자장비실(avionics bay)에 위치하는 것이 일반적이다. 제어장치는 미끄러짐 방지장치의 두뇌로 생각할 수 있다. 바퀴 속도 감지기로부터 각각

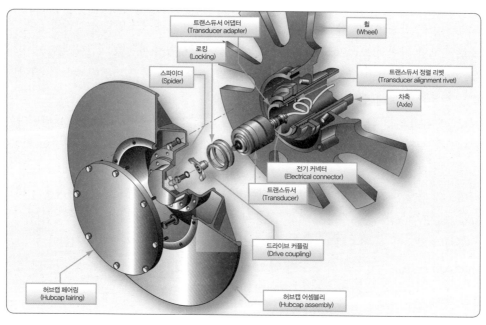

(a) wheel speed sensor

(b) Learjet-25B wheel speed sensor

[그림 2-2-68]

으로 신호를 받아 바퀴의 미끄러짐 등을 방지하거나 완화시키기 위해 미끄러짐 방지 제어밸브(anti-skid control valve)를 작동시킨다.

[그림 2-2-69] 제어장치(control unit)

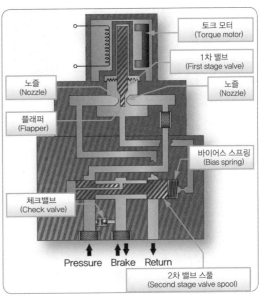

[그림 2-2-70] 제어밸브(control valve)

③ 미끄러짐 방지 제어밸브는 미끄러짐 방지 제어장치의 입력에 반응하는 빠른 전기제어식 유압밸브이다. 각각의 브레이크 어셈블리마다 하나의 제어밸브가 있다.

항공기가 착륙하여 활주 중에 브레이크에 압력이 작용하게 되었을 때, 바퀴 감지기 신호는 바퀴 속도를 조정하고, 제어장치는 변화를 처리한다. 출력은 제어밸브에서 압력을 가감하여 바퀴의 미끄러짐을 방지한다.

⚆ anti-skid system의 작동점검

anti-skid system 결함의 고장탐구는 시험회로를 거쳐 수행되거나 또는 시스템의 3가지 주요 작동 구성요소 중 하나로 결함을 분리하여 수행할 수 있다. 미끄러짐 방지 구성부품은 일반적으로 현장에서 수리되지 않는다. 결함이 있는 부품들은 작업이 필요할 때 제조사 또는 보증된 수리소로 보내진다. 미끄러짐 방지 시스템의 결함을 수리 작업하기 전에 브레이크 어셈블리가 블리딩되고 정상적으로 누설 없이 작동하는지 확인한다.

① 바퀴 속도 감지기(wheel speed sensor)

바퀴 속도 감지기는 확실하고 정확하게 축에 설치되어야 한다. 실란트(sealant) 또는 허브 캡(hub cap)과 같은 방법으로 오염에 노출되지 않도록 양호한 상태에서 있어야 한다. 감지기의 배선은 항공기가 이착륙과정의 가혹한 상황에 직면하게 되므로 안전에 대하여 검사해야 한다. 만약 손상되었다면 제작사 사용법설명서에 따라 수리 또는 교체해야 한다. 브레이크가 미끄러짐 방지시스템을 거쳐 작동하는지를 확인하기 위해 바퀴 속도 감지기에 접근하여 손으로 또는 다른 권고된 장치로

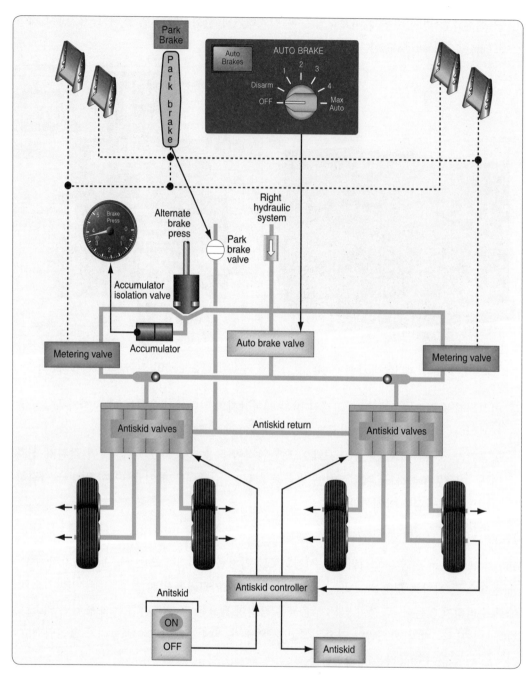

[그림 2-2-71] B737 항공기 브레이크 시스템의 자동 브레이크와 anti-skid system

그것을 공전시키는 것은 일반적인 방법이다.

② 제어장치(control unit)

제어장치는 확실히 장착되어 있어야 한다. 만약 시험스위치와 표시기가 있는 경우 제자리에 있어야 하고 작동되는 것이어야 한다. 제어장치에 배선이 안전하게 고정되어야 하는 것은 기본적인 것이다. 이들 구성부분에서 정비를 수행하기 위해 검사를 시도할 때 항상 제작사의 사용설명서를 따른다.

③ 제어밸브(control valve)

미끄러짐 방지 제어밸브와 유압시스템 여과기는 정해진 구간에 청소하고 교체해야 한다. 이 정비를 수행할 때 제작사의 사용설명서를 따른다. 밸브에 배관은 안전한 상태로 고정시켜야 하고 작동유 누출이 없어야 한다.

나) landing gear 위치/경고 시스템 기본 구성품

🧭 착륙장치 위치 지시계(landing gear position indicator)

착륙장치 위치 지시계는 gear selector handle에 인접한 계기판에 위치하여 기어의 UP, DOWN 상태를 조종사에게 알려주기 위해 사용된다. 착륙장치가 down lock되었을 때 가장 일반적인 표시는 green light가 켜지는 것이다. 3개의 green light는 착륙장치가 안전하게 down lock되었음을 의미한다. 모든 light가 꺼진 것은 기어가 up lock되었다는 것을 지시한다. 일부 항공기에는 기어가

(a) gear un lock 상태표시

(b) gear lock 상태표시

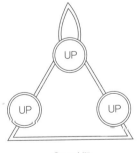

Gear UP

Gear in Motion

Gear DOWN

(c) barber pole symbol indication

[그림 2-2-72] 착륙장치 위치 지시계

올라가거나 내려가지 않고, 잠기지 않았을 때 기어 이동 중 light로 바버 폴(barber pole) 표시가 사용된다. 그 외 항공기에서는 작동 중이거나 lock되지 않은 상태일 때 gear handle에 red light가 켜진다. 착륙장치 지시 시스템의 완전한 설명에 대해서는 항공기 제작사 매뉴얼 또는 조작매뉴얼을 참고한다.

SECTION 03 | 항공기 정비작업

가 | 공기조화계통 [ATA 21 air conditioning]

1) 공기순환식 공기조화계통(air cycle air conditioning system) **(구술평가)**

가) 공기순환기(air cycle machine)의 작동원리

⊙ 공기조화계통(air conditioning system)의 기능

공기조화계통의 목적은 승객에게 쾌적한 객실 환경을 만드는 것이다. 공기조화계통에는 뜨거운 공기를 외부의 램 공기로 냉각하고, 적절한 온도로 섞어서 객실로 보내는 공기순환식 공기조화계통(air cycle air conditioning)과 공기 대신 냉매를 사용하는 증기순환식 공기조화계통(vapor cycle air conditioning)이 있다. 공기조화계통의 주요 기능은 다음과 같다.

① 항공기 여압 및 환기를 위한 공기 흐름 제어
② 조종실과 객실 온도 조절
③ 환기를 위해 객실 공기를 재순환(recirculation)

⊙ 공압계통 공급(pneumatic system supply)

공기순환식 공기조화계통은 항공기 공기압계통에 공기를 공급한다. 결과적으로, 공기압계통은 각각의 엔진압축기 구역에서 제공된 블리드 공기 또는 보조동력장치 공기압공급원으로부터 공급된다. 또한 외부공기압 공급원은 항공기가 지상에 정지되어 있는 동안 연결된다. 항공기가 정상비행 시에서, 공기압매니폴드(pneumatic manifold), 밸브, 조절기, 그리고 배관의 경유를 통해 엔진 블리드 공기가 공급된다. 공기조화팩은 방빙계통(anti-ice system)이나 유압계통과 같은, 다른 주요 기체계통처럼 매니폴드에 의해서 공급된다.

⊙ 공기순환기(air cycle machine)의 작동원리

고고도에서 겪게 되는 혹한의 온도에서조차도, 블리드 공기는 냉각 절차 없이 객실에서 사용하기에 너무 뜨겁다. 그래서 블리드 공기를 공기순환계통으로 유입시켜 램공기(ram air)로 냉각시키기 위해 열교환기(heat exchanger)를 경유하게 한다. 이렇게 냉각된 블리드 공기는 공기순환장치 내부로 유입된다. 거기에서 1차 냉각된 공기를 압축하여 냉각시키는 2차 열교환기로 유로를 형성시키는데, 2차 냉각 역시 램공기에 의해 냉각된다. 2차 냉각된 블리드 공기는 팽창터빈을 경유하여 더욱 더 냉각된다. 그때 수분이 제거되고 공기는 최종 온도 조정을 위해 바이패스된 블리드 공기와 혼합된다. 이렇게 최종 온도로 조절된 공기는 공기분배장치를 통해 객실로 보내진다.

➔ 팩밸브(pack valve)

팩밸브는 공기압매니폴드로부터 공기순환식 공기조화계통 내부로 추출공기를 조절하는 밸브이며 조종석에 있는 공기조화패널 스위치의 작동에 의해 제어된다. 팩밸브는 대부분 전기적 또는 공기압으로 제어되는 방식이다. 또한 팩밸브는 공기순환식 공기조화계통이 설계상 요구되는 온도와 압력의 공기량을 공급하도록 열리고, 닫히고, 그리고 조절된다. 과열 또는 다른 비정상 상황으로 공기조화패키지의 정지가 요구될 때, 팩밸브가 닫히도록 신호를 보낸다.

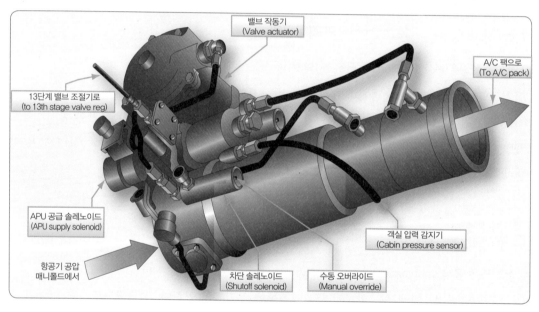

[그림 2-3-1] 팩밸브(pack valve)

➔ 블리드 공기 바이패스(bleed air bypass)

공급된 공기 중 일부는 공기순환식 공기조화통을 우회하여 계통에 공급되어 최종 온도를 조절한다. 따뜻한 우회공기는 객실로 제공되는 공기가 쾌적한 온도가 되도록 공기순환방식에 의해 생성된 냉각공기와 혼합되며 자동온도 제어기의 요구조건에 부합하도록 혼합밸브에 의해 제어된다. 또한 수동 모드에서 객실 온도조절기에 의해 수동으로 제어할 수 있다.

1차 열교환기(primary heat exchanger)

공기순환계통을 거쳐 지나가도록 독립적으로 제공된 따뜻한 공기는 우선 1차 열교환기를 통과하는데, 그것은 자동차의 방열기(radiator)와 유사한 방식으로 냉각작용을 한다. 계통 내부에 공기의 온도를 낮추기 위해, 램공기의 제어된 흐름은 교환기 외부 그리고 교환기 내부를 통과하여 덕트로 연결된다. 팬에 의해 강제로 유입된 공기는 항공기가 지상에서 정지되어 있을 때에도 열교환이 가능하도록 한다. 비행 중에 램공기 도어는 날개플랩의 위치에 따라 교환기로 유입되는 램공기 흐름을 증가시키거나 또는 감소시키도록 조절된다. 플랩이 펼쳐져 항공기가 저속으로 비행 시에 도어는 열려 요구되는 공기의 양을 보충해 주고, 플랩이 수축되어 고속으로 비행 시에는 도어는 교환기로 제공되는 램공기의 양을 줄여 요구되는 공기의 양을 조절한다.

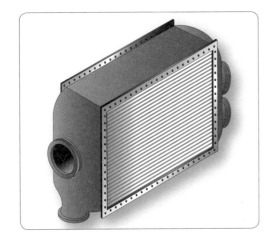

[그림 2-3-2] 1차 열교환기(primary heat exchanger)   [그림 2-3-3] ram air door

냉각터빈장치(refrigeration turbine unit) 또는 공기순환장치(air cycle machine)

공기순환식 공기조화계통의 핵심은 공기순환장치로 알려진 냉각터빈장치이다. 공기순환장치는 터빈에 의해 구동되며 공동축으로 연결된 압축기로 구성된다. 계통공기는 1차 열교환기로부터 공기순환장치의 압축기 내부로 유입된다. 공기가 압축되었을 때, 공기의 온도는 올라가는데 이때 가열된 공기를 2차 열교환기로 보낸다. 공기순환장치에서 압축된 공기의 상승된 온도를 램공기를 이용하여 열에너지를 쉽게 전환시킨다. 공기순환장치 압축기로부터 가압된 냉각계통공기는 2차 열교환기를 빠져나와 공기순환장치의 터빈으로 향한다. 공기순환장치 터빈의 가파른 로터 블레이드(rotor blade) 피치각(pitch angle)은 공기가 터빈을 거쳐 지나가고 터빈을 구동시킬 때 공기로부터 더 많은 에너지를 추출해낸다. 터빈을 통과하여 더욱 냉각된 공기는 공기순환장치 출구에서 팽창된다. 처음에는 터빈을 구동하고 그 다음에 터빈 출구에서 팽창하며 결빙에 근접하도록 계통공기온도를 낮춤으로써 열과 운동의 복합에너지가 낮아진다.

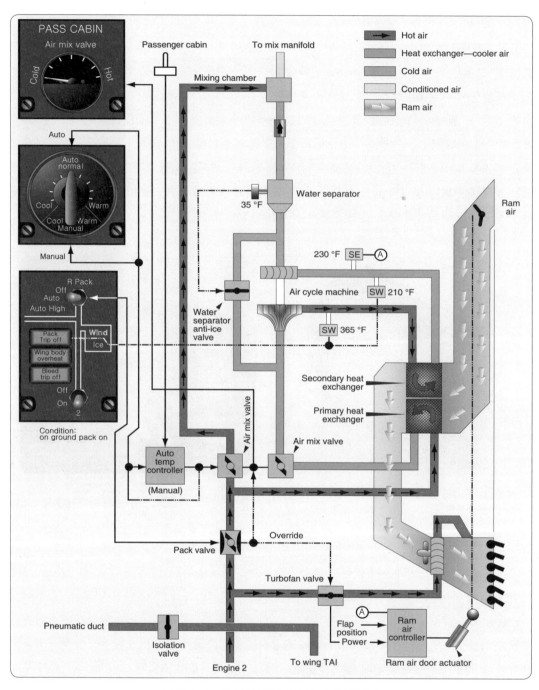

[그림 2-3-4] B737 공기순환식 공기조화계통

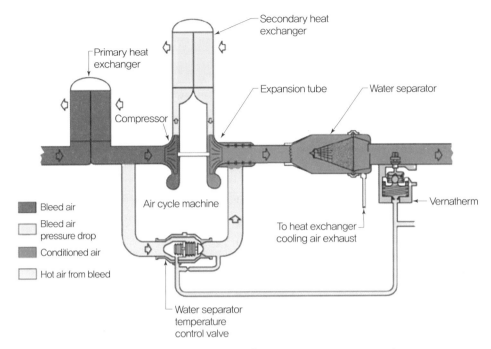

[그림 2-3-5] 공기순환기 도해(air cycle machine schematic)

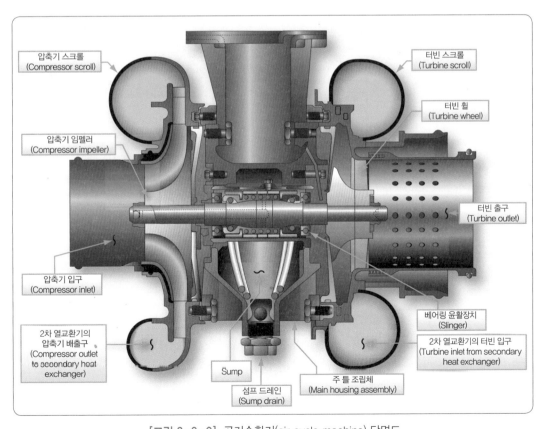

[그림 2-3-6] 공기순환기(air cycle machine) 단면도

🔹 수분분리기(water separator)

공기순환장치에서 냉각된 공기는 다시 고온 상태만큼 수분을 포화시킬 수 없기 때문에 공기를 항공기 객실로 보내기 전에 수분분리기를 이용하여 포화공기로부터 수분을 제거한다. 분리기는 작동부 없이 작동하는데 공기순환장치로부터 공급된 수증기가 포함된 공기가 섬유유리 삭(sock)을 통해 강제 유입되고 이때 수증기가 응축되어 물방울이 형성된다. 분리기의 나선형 내부구조물은 공기와 수분을 소용돌이치게 하여 수분은 분리기의 옆쪽에 모이고 아래쪽으로 흘러 외부로 배출되고, 반면에 건조공기는 통과된다.

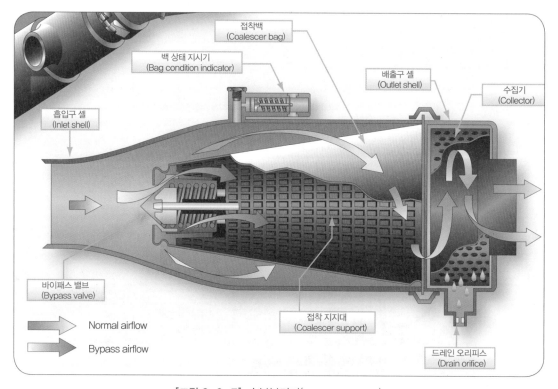

[그림 2-3-7] 수분분리기(water separator)

🔹 냉각 바이패스밸브(refrigeration bypass valve)

공기순환장치 터빈 내부에 있는 공기는 팽창하고 냉각된다. 공기가 너무 차가워져서 수분분리기에서 분리된 수분을 결빙시켜 공기흐름을 억제하거나 또는 막을 수 있다. 수분분리기에 위치한 온도센서는 공기가 결빙온도 이상에서 흐르도록 유지해주는 냉각 바이패스밸브를 제어하며 온도제어밸브, 35° 밸브, 방빙밸브 등으로 불린다. 열렸을 때 공기순환장치 주위에 따뜻한 공기를 우회시킨다. 우회된 공기는 수분분리기의 바로 상류인 팽창도관으로 이입되어 공기를 가열시킨다. 냉각 바이패스밸브는 공기가 수분분리기를 거쳐 지나갈 때 결빙되지 않도록 공기순환장치 방출공기의 온도를 소설한다.

모든 공기순환식 공기조화계통은 추출공기로부터 열에너지를 제거하기 위해 팽창터빈과 함께 적어도 하나의 램공기 열교환기와 공기순환장치를 사용한다. 그러나 항공기마다 조금씩 차이는 있을 수 있다.

🧭 공기조화계통 설명(B737 NG의 공기조화계통)

B737 NG는 두 개의 팩(air condition pack)으로 온도와 습도가 조절된 공기를 공급한다. 팩으로 유입되는 뜨거운 블리드 에어(199~277℃)는 블리드 에어 차단 밸브(BASOV, Bleed Air Shut-Off Valve)와 예냉기(pre-cooler)로 온도를 조절해서 들어온다. 뜨거운 블리드 에어는 객실에 공급하기 위한 온도 범위(18~30℃)로 맞추기 위해 두 개의 팩으로 냉각해야 한다.

① 블리드 에어는 팩 밸브(pack flow control valve)를 통해 팩으로 들어가 두 방향으로 갈라진다. 하나는 ACM을 거쳐 냉각되고, 다른 하나는 ACM을 거치지 않고 지나간다.

② 냉각 사이클은 블리드 에어를 냉각하는 1차 공기-공기 열교환기에서 시작한다. 열교환기는 뜨거운 블리드 에어와 램 공기의 열을 교환해서 블리드 에어를 냉각한다.

항공기가 지상에 있을 때 열교환에 필요한 공기 흐름은 ACM으로 구동되는 팬을 돌려 만든다.

③ 1차 열교환기에서 냉각된 공기는 ACM의 압축기로 들어가 압력과 온도가 증가한다.

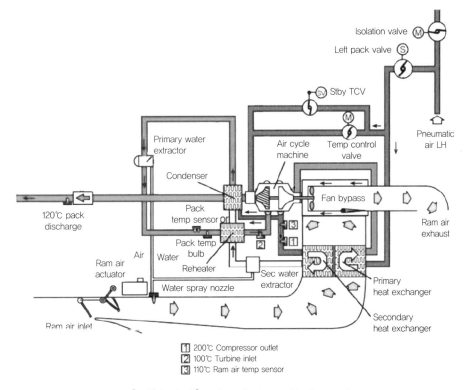

[그림 2-3-8] B737 NG air conditioning pack

④ 압축기를 지난 공기는 2차 열교환기에서 다시 냉각된다.

⑤ 2차 열교환기를 지난 공기는 2차 수분분리기를 거치면서 공기 중 포함된 물이 제거된다.

⑥ 2차 수분분리기를 지나 수분이 제거된 공기는 재열기(reheater)로 간다. 재열기는 2차 수분분리기를 거친 공기가 응축기(condenser)에 들어가기 전에 미리 온도를 낮추고, 응축기를 지나 터빈으로 들어가는 공기가 터빈으로 들어가기 전에 따뜻하게 만들어서 터빈 효율을 높인다.

⑦ 응축기는 공기 중의 수분을 응축시켜 물방울을 만들고 1차 수분분리기로 보낸다.

⑧ 1차 수분분리기는 회전할 때 생기는 원심력으로 물을 제거한다. 수분분리기에서 모은 물은 열교환기에 분사해서 냉각능력을 높인다. 1차 수분분리기를 지난 공기는 예열기를 지나면서 처음 예열기를 지나는 공기와 열을 교환해서 온도가 증가한 상태로 팽창터빈으로 간다.

⑨ 팽창터빈은 공기를 팽창시켜 공기 온도를 어는점 이하로 냉각시킨다.

⑩ 마지막으로 팽창터빈을 지나 냉각된 공기는 처음 팩밸브를 지나 ACM을 거치지 않은 뜨거운 블리드 에어와 혼합되어 설정한 온도를 맞춘다.

> • 공기는 재열기를 두 번 통과한다. 2차 열교환기를 지나 처음 재열기로 들어갈 때는 온도가 감소하고, 응축기를 지난 공기가 두 번째로 재열기를 지나 터빈으로 갈 때는 온도가 증가한다. 이때 터빈으로 들어가기 전에 온도를 높이는 것이 재열기의 주목적이다.
>
> • 마찬가지로 공기는 응축기를 두 번 통과한다. 재열기를 지나 처음 응축기를 통과할 때 수분을 응축시킨다. 두 번째는 터빈에서 냉각된 공기가 블리드 에어와 혼합되어 다시 응축기를 지나 객실로 들어간다. 응축기로 처음 공기가 들어갈 때 온도를 낮춰 수분을 액화시키는 것이 응축기의 주목적이다.
>
> • 이렇게 재열기와 응축기로 두 번씩 공기가 흐르게 하는 것은 두 공기를 교차시켜 서로 열을 교환해서 원래 목적인 터빈 냉각 효율 증가와 공기 중 수분 액화를 이루기 위해서이다.

◉ 온도제어계통에 사용된 객실온도 감지기(sensor)

온도제어계통에 사용된 객실온도 감지기는 서미스터(thermistor)이다. 온도변화에 따라 저항값이 변하며 온도선택 스위치 회전에 따라 저항값이 변화하는 가감저항기이다. 온도조절기 내에서 저항값은 브리지회로와 비교되고 브리지 출력값은 온도조절기능을 피드백하는데, 전기적인 출력이 밸브로 보내지면 뜨거운 공기와 찬 공기가 혼합된다.

◉ 예랭기(pre-cooler)

공기압 계통에 필요한 블리드 에어는 엔진의 고단(high stage) 압축기에 가져온다(5단 340℃, 9단 580℃). 압축기에서 가져온 블리드 에어의 온도는 너무 높아서 공기압이 필요한 계통에 바로 사용할 수 없어서 각 계통의 공기압 공급 덕트로 유입되기 전에 허용 가능한 수준으로 냉각해야 한다. 이러한 냉각은 공기-공기 열교환기인 예냉기에서 이루어진다. 예냉기는 팬 공기와 뜨거운 블리드 에어의 열을 교환해서 냉각하고, 팬 공기는 밖으로 배출한다.

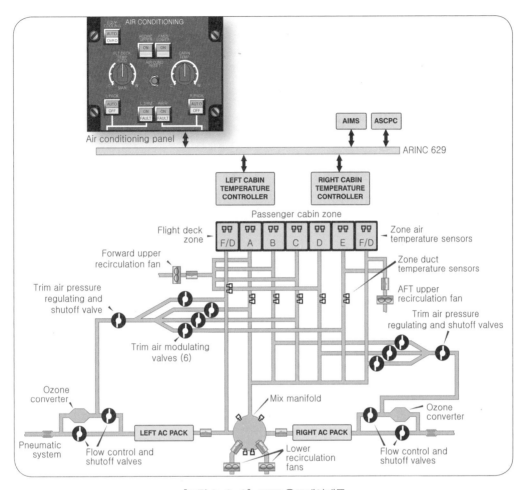

[그림 2-3-9] B777 온도제어계통

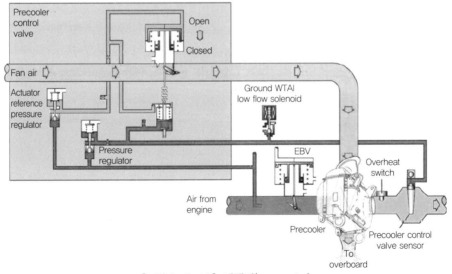

[그림 2-3-10] 예랭기(pre-cooler)

➤ 냉각한 공기를 ACM에서 다시 압축하는 이유

1차 열교환기를 지나 냉각된 공기를 다시 압축해서 압력과 온도를 높인 다음 2차 열교환기에서 다시 냉각하는 이유는 다음과 같다.

우선 압축 효과가 높을수록 터빈에서 팽창 효과가 커진다. 그리고 압축된 기체의 온도가 상승하는 것보다 압축기와 한 축으로 연결된 터빈이 더 빠른 속도로 회전해서 팽창 효과가 커져 더 효과적으로 온도를 낮출 수 있다.

추가로 항공기가 여름철에 지상에 있을 때를 상상해보자. 항공기 내부를 쾌적하게 만들려면 객실로 공급할 공기를 외기 온도보다 더 시원하게 만들어야 한다. 그런데 열역학 제2법칙에 따라 차가운 공기에서 따뜻한 공기로 열이 자연적으로 이동할 순 없다. 그래서 뜨거운 바깥 공기를 차갑게 만들어서 객실에 공급하기 위해 공기를 압축하고 팽창하는 방법을 쓴다. 압축기를 지나 가열된 공기가 뜨거울수록 2차 열교환기에서 열교환량이 많아진다. 즉 단순히 열교환기를 통과시키는 것보다 공기를 더 차갑게 만들 수 있다. 이는 열교환기를 더 작게 만들 수 있다는 것을 의미한다. 특히 공기-공기 열교환기는 효율이 낮아서 상대적으로 크기 때문에 크기를 줄이는 데 유용하다.

따라서 ACM을 사용한 공기조화계통은 다음과 같은 두 가지 장점이 있다.

① 외기 온도 이하로 공기를 식힐 수 있어서 지상이나 저고도에서도 항공기를 냉방할 수 있다.

② 비교적 작고 가벼운 열교환기로 뜨거운 블리드 에어를 냉각할 수 있다.

➤ ACM과 VCM

오늘날 가스터빈엔진을 사용하는 항공기는 객실과 조종실로 들어가는 공기 온도를 조절하기 위해 ACM을 사용한다. ACM이 처음 만들어졌을 때는 공간을 많이 차지하고 효율도 좋지 않아 VCM을 사용했다. 그러나 지금은 소형·고성능 압축기와 팽창터빈이 개발되어 VCM과 냉각능력을 비교했을 때 무게와 크기를 줄일 수 있어서 ACM을 사용한다. 또 공기를 사용하기 때문에 안전성이 높고, 구조가 간단하며 고장이 적고 경제적이라는 장점이 있다.

> 대형 항공기의 주방(galley)에서 사용하는 냉장고에는 VCM을 사용한다.

나) 온도 조절 방법

➤ 객실온도 제어계통(cabin temperature control system)

① 객실온도 제어계통은 대부분 유사한 방식으로 작동한다. 온도는 객실, 조종석, 조화공기덕트, 그리고 분배공기덕트에서 감지되어 전자장비실에 위치한 온도제어기 또는 온도제어조절기로 입력된다.

② 조종석에 있는 온도선택기(temperature selector)는 요구되는 온도를 입력하기 위해 조정할 수 있다.

③ 온도제어기(temperature controller)는 설정온도 입력과 함께 여러 가지 센서로부터 수신된 실제 온도신호를 비교한다.

④ 선택된 모드에 대한 논리회로는 이들 입력신호를 처리하고 출력신호는 공기순환식 공기조화 계통에 있는 밸브로 보낸다.

⑤ 생산된 냉각공기와 공기순환식 냉각과정을 우회한 따뜻한 추출공기를 혼합하여 온도제어기 로부터 신호에 상응하여 밸브를 조절하고 온도 조절된 공기는 공기분배장치를 통해 객실로 보낸다.

[그림 2-3-11] temperature control panel(좌측)과 temperature selector(우측)

2) 증기순환식 공기조화계(vapor cycle air conditioning system) (구술평가)

가) 주요 부품의 구성 및 기능

➤ 증기순환식 공기조화계통(vapor cycle air conditioning system) 작동원리

항공기의 증기순환 냉각계통(vapor cycle cooling)은 구성품과 작동원리가 가정에서 사용하는 에 어컨과 비슷하다. 증기순환 냉각계통은 액체가 기체로 기화할 때는 열을 흡수하고, 기체가 액체로 응축할 때는 열을 방출하는 원리를 이용한 냉각방법이다. 압축기로 압력을 높여 기체 상태인 냉매 를 액체로 응축한 다음, 팽창밸브에서 압력을 낮추고, 증발기에서 액체 상태의 냉매가 다시 증기로 기화할 때 열을 빼앗아 주변 온도를 낮춘다.

➤ 증기순환 냉각계통의 구성품

증기순환 냉각계통의 구성품으로는 건조용기(receiver dryer), 응축기(condenser), 팽창밸브(expansion valve), 냉매(refrigerant), 증발기(evaporator), 압축기(compressor) 등이 있다.

① 항공기는 HFC-134-a와 같은 프레온 대체 냉매를 사용한다. 냉매는 끓는점과 증기압이 낮아 서 표준 대기온도와 대기압에서 끓는데, 이때 기화하면서 주위의 열에너지를 흡수한다.

② 건조 용기는 증기순환계통의 저장소 역할을 한다. 응축기에서 들어온 냉매는 건조 용기 안에

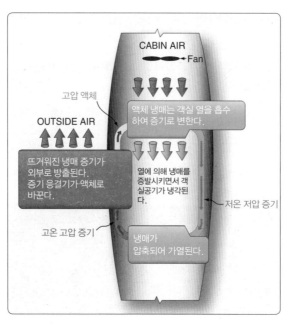

[그림 2-3-12] 증기순환 공기조화계통

있는 필터와 건조제를 통과하면서 여과되고 수분이 제거된다.

③ 증발기 입구에 있는 팽창밸브는 고압·고온의 액체 냉매의 압력을 낮춰 냉매의 온도를 더욱 낮추고, 증발기로 보낼 냉매의 양을 조절해서 객실 공기 온도를 맞춘다.

④ 팽창밸브에서 들어온 증발기의 냉매는 객실 공기로부터 열을 흡수해서 객실을 냉각하고 저압 증기로 변한 다음 압축기로 들어간다.

⑤ 압축기는 냉매가 계통을 순환하게 만들고, 증발기 출구에서 들어온 저압·저온 냉매 증기를 압축시킨다. 압력이 높아질수록 온도도 높아지므로 냉매 온도는 외부 공기 온도보다 높게 상승한다. 냉매는 압축기에서 응축기로 흘러가 외부 공기로 열을 발산한다.

⑥ 응축기는 그 위로 외부 공기가 흐르면서 압축기에서 받은 고압·고온 냉매의 열을 흡수하는 라디에이터(radiator)와 같은 열교환기이다. 외부 공기는 응축기를 통해 흐르는 냉매의 열을 흡수하고, 열을 잃은 냉매는 다시 액체 상태로 변한다. 고압 액체 냉매는 응축기에서 건조 용기로 흐른다.

> 증기순환 냉각계통은 크게 두 영역으로 나눌 수 있는데, 하나는 주위로부터 열을 흡수하는 영역(low side)이고 다른 하나는 주위로 열을 방출하는 영역(high side)이다. 열을 흡수하는 영역은 낮은 온도와 낮은 압력을 가지고 있고, 열을 방출하는 영역은 높은 온도와 높은 압력을 가지고 있다. 또 증기순환 냉각계통은 기체 상태의 냉매(refrigerant)를 압축시켜 압력과 온도를 증가시키는 압축기와 액체 상태의 냉매를 팽창시켜 압력과 온도를 감소시키는 팽창밸브 두 부분으로 나눌 수 있다.

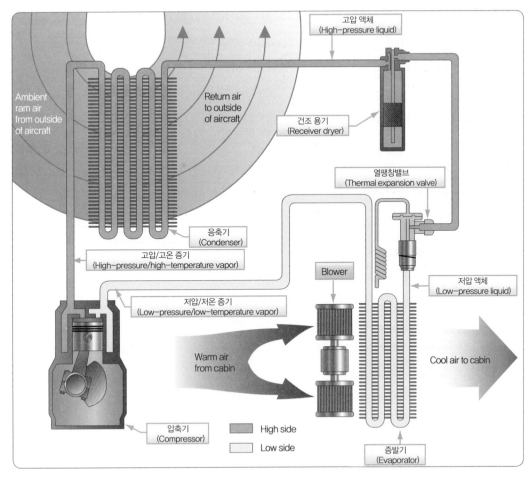

[그림 2-3-13] 기본 증기순환 공기조화계통

◈ 건조 용기(receiver dryer)

① 건조 용기는 증기순환계통에서 저장장치와 필터 역할을 하며 응축기의 하류 및 팽창밸브의 상류에 위치한다.

② 날씨가 매우 더울 때는 보통의 온도에서보다 더 많은 냉매가 사용되는데 이때를 위해 건조 용기에 여분의 냉매가 저장된다.

③ 응축기에서 온 액체 냉매가 건조 용기로 흘러와 내부에서 필터와 건조제를 통과한다. 필터는 계통 내에 있을 수 있는 모든 이물질을 제거하고 건조제는 냉매의 수분을 흡수한다.

④ 스탠드 튜브의 상단에 정비사가 육안으로 확인 가능한 글라스를 통해 냉매를 확인할 수 있나. 계통에 충분한 냉매가 있을 때, 사이트 글라스(sight glass)로 액체가 흐른다. 냉매가 부족한 경우, 건조 용기에 존재하는 모든 증기가 스탠드 튜브 위로 빨려 올라가서 사이트 글라스에 거품이 보일 수 있다. 따라서 사이트 글라스의 거품은 계통에 더 많은 냉매가 보충되어야 함을 의미한다.

🎯 증발기(evaporator)

대부분의 증발기는 코일형태의 구리 또는 알루미늄관으로 구성되어 있다. 핀(fin)은 표면적을 증가시키기 위해 부착되며, 팬(fan)과 냉매로 증발기 바깥쪽으로 불어오는 객실 공기 사이의 빠른 열전달을 용이하게 한다. 증발기 입구에 위치한 팽창밸브는 고압·고온의 액체 냉매를 증발기로 방출한다. 냉매는 객실 공기로부터 열을 흡수하면서 저압 증기로 변한다. 이것은 증발기 출구에서 증기순환계통인 다음 구성품인 압축기(compressor)로 방출된다. 팽창밸브를 조절하는 온도 및 압력 픽업(temperature and pressure pickup)은 증발기 출구에 위치한다. 증발기는 팬으로 객실 공기를 흡입할 수 있는 위치에 있다. 팬은 증발기 위로 공기를 불어 넣고 냉각된 공기를 다시 객실로 내보낸다.

🎯 팽창밸브(expansion valve)

① 냉매는 건조 용기를 빠져나와 팽창밸브로 흐른다. 온도조절 팽창밸브는 조절 가능한 오리피스를 가지고 있으며, 이를 통해 정확한 양의 냉매를 계량하여 최적의 냉각을 얻는다. 이는 순환계통의 다음 구성 요소인 증발기의 배출구에 있는 기체 냉매의 온도를 모니터링하여 수행된다. 이상적으로 팽창밸브는 증기로 완전히 전환될 수 있는 냉매를 분무해야 한다. 냉각될 객실 공기의 온도는 팽창밸브가 증발기(evaporator)로 분사해야 하는 냉매의 양을 결정한다.

② 대형 증발기가 있는 증기순환 공기조화계통은 냉매가 흐르는 동안 상당한 압력 하락을 경험한다. 외부 평형 팽창밸브는 증발기 출구에서 나오는 압력 탭을 사용하여 과열 스프링이 다이어프램의 균형을 유지하도록 돕는다. 이 타입의 팽창밸브는 증발기에서 밸브(2개)로 들어오는 추가 소형 직경 라인으로 쉽게 식별할 수 있다. 효율적인 제어를 위한 냉매의 적정량은

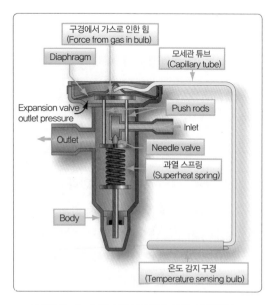

[그림 2-3-14] 내부 평형을 이룬 팽창밸브

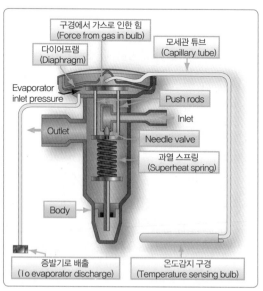

[그림 2-3-15] 외부 평형을 이룬 팽창밸브

증발기 냉매의 온도와 압력을 모두 고려하여 밸브를 통해 허용된다.

압축기(compressor)

① 압축기는 증기순환 공기조화계통의 심장 역할을 한다. 냉매를 증기순환 공기조화계통의 주위로 순환시키며 증발기 출구로부터 저압·저온 냉매 증기를 받아 압축한다. 압력이 높아질수록 기온도 높아지며 냉매 온도는 외부 공기 온도보다 높게 상승한다. 냉매는 압축기에서 외부 공기로 열을 발산하는 응축기로 흐른다.

② 압축기는 증기순환계통의 저압 측면과 고압 측면 사이의 압력 구분점이다. 종종 계통에 냉매를 공급하도록 설계된 연결 라인의 피팅과 일체화된다. 서비싱을 위해 계통의 저압과 고압의 접근이 요구되는데 이는 압축기의 하류와 상류의 피팅을 통해 수행 가능하다.

③ 현대식 압축기는 엔진 또는 전기모터에 의해 구동된다. 때때로 유압 구동식 압축기를 사용한다. 자동차에서 사용되는 것과 유사한 전형적인 엔진 구동식 압축기는 엔진 나셀에 위치하며 엔진 크랭크축의 구동 벨트에 의해 작동된다. 냉각이 필요할 때 전자기 클러치가 체결되어 압축기가 작동하게 된다. 냉각이 충분하면 클러치 전원이 차단되고 구동 풀리가 회전하지만 압축기는 그렇지 않다.

응축기(condenser)

응축기는 증기순환의 마지막 구성품이다. 외부 공기가 그 위로 흐르며 압축기에서 받은 고압·고온 냉매의 열을 흡수하는 라디에이터와 같은 열교환기 장치이다. 팬은 일반적으로 지상작동 중에 압축기를 통해 공기를 흡입하기 위해서 사용된다. 일부 항공기에서는 외부 공기가 압축기로 덕트를 통해 유입된다. 또 다른 일부 항공기는 스로틀 레버의 스위치에 의해 힌지가 달린 패널을 열어 동체로 외부 공기흐름을 유입시켜 압축기 수명을 증가시키고 고속에서 항공기 동체의 스트림라인 (stream line)을 유지시킨다.

외부 공기는 응축기를 통해 흐르는 냉매의 열을 흡수하고 열 손실로 인해 냉매는 다시 액체 상태로 변하게 된다. 고압 액체 냉매는 응축기에서 건조 용기로 흐른다. 적절히 설계된 정상작동 계통은 응축기를 통과하는 모든 냉매를 완전히 응축시킨다.

보급밸브(service valve)

R134a 밸브 피팅은 냉매의 부주의한 혼합을 방지하기 위한 안전장치가 있는 신속 분리형(quick-disconnect type)이다. 일부 항공기에서는 압축기 격리밸브(compressor isolation valve)라고 불리는 다른 유형의 밸브가 사용되는데 두 가지 목적을 가지고 있다. 첫째, 냉매를 사용하여 계통을 서비스할 수 있다. 둘째, 압축기를 격리하여 전체 계통을 개방하지 않아 충전된 냉매의 유실 없이 오일 레벨을 점검하고 보충할 수 있다. 이러한 밸브는 보통 압축기의 입구 및 출구에 견고하게 장착된다.

나) 냉매(refrigerant) 종류 및 취급요령(보관, 보충)

➤ 냉매(refrigerant)

① 디클로로디플루오로메탄(dichlorodifluoromethane, R12)은 여러 해 동안 항공기 증기순환식 공기조화계통에 사용된 표준냉매이며, 이들 계통 중 일부는 오늘날까지도 사용되고 있다. R12는 환경에 부정적 효과를 갖는다고 알려져 있는데, 특히 R12는 지구의 보호오존층을 손상시킨다.

② 환경에 더욱 안전한 테트라플루오로에탄(tetrafluoroethane, R134a)으로 대체되었다. 하지만 R12와 R134a가 혼합되어 사용되는 것은 금기시되고 있다. 또한, 어떤 냉매라도 다른 냉매로 설계된 계통에서 사용되어서도 안 된다. 호스와 실(seal) 같은, 부드러운 성분의 손상이 발생할 수 있으며 누출 또는 기능불량의 원인이 될 수 있다. 증기순환식 공기조화계통을 보급하기 위해 명시된 냉매를 사용한다.

③ R12와 R134a는 아주 유사하게 반응하고 따라서 R134a 증기순환식 공기조화계통과 구성품의 설명은 또한 R12 계통과 구성품에 적용할 수 있다.

[그림 2-3-16] R134a 냉매캔

➤ R134a 냉매 취급 절차

① R134a는 할로겐화합물(halogen compound, Cf_3CfH_2)이며 −15 °F의 비등점을 가진다.

② 소량을 흡입하는 것은 유독하지는 않다. 그러나 산소를 대치하기 때문에 많은 양을 흡입하면 질식할 수 있다.

③ 듀폰사(Dupont Company)의 상표명인 Freon®(프레온)으로 주로 불리며, 냉매를 취급할 때에는 반드시 주의를 기울여야 한다.

④ 저비등점 때문에 액체냉매는 표준 대기온도와 대기압에서 격렬하게 끓는다. 비등하면서 주위의 모든 물질로부터 열에너지를 빠르게 흡수한다.

⑤ 피부에 묻으면 냉각으로 인한 화상의 결과를 초래할 수 있으며 만약 사람의 눈에 들어가면 조

직손상의 결과를 초래할 수 있다.

⑥ 그렇기 때문에 장갑과 피부 보호복뿐만 아니라 작업 전에 반드시 안전보호안경을 착용해야
한다.

⑦ 정기적인 육안검사, 냉매량과 윤활유량 점검을 해야 하고 검사기준과 검사 간격은 제작사의
매뉴얼을 따른다.

⑧ 계통이 정상적으로 작동하면 냉매 손실이 전혀 없지만, 누설이 생기면 냉매가 손실되므로 냉
매를 보충해야 한다면 계통에 누설이 생겼는지 확인해야 한다.

⑨ 누설검사는 전자식 누설탐지기를 사용하거나 누설 의심 부위에 비눗물을 발라서 거품이 생
기는지 확인한다. 계통에 특수한 염료를 주입해서 누설이 생긴 부분을 외부에서 쉽게 확인할
수도 있다.

냉매로 프레온(R134a)을 사용한 이유

냉매로 사용하는 액체는 끓는점이 낮아야 하고 액체가 증기로 변했을 때 많은 열을 흡수해야 한
다. 프레온은 높고 낮은 온도에서 안정적이고, 계통의 어떤 물질과도 반응하지 않으며, 호스와 실
(seal)에 사용하는 고무에 영향을 주지 않는다. 이와 같은 이유로 과거 항공기나 가정의 에어컨, 냉
장고에 사용되는 증기순환 냉각장치는 액체 프레온을 사용했다. 그러나 1970년대 중반 프레온에
포함된 할로겐이 성층권의 오존층을 파괴한다는 사실이 알려져 사용을 규제하고 있다. 현재는 많
은 프레온 대체물질이 개발되어 사용되고 있다.

3) 여압조절장치(cabin pressure control system) (구술평가)

가) 주요 부품의 구성 및 작동원리

주요 부품의 구성 및 작동원리

① 여압(pressurization)은 고고도 비행 시 저산소증(hypoxia)을 방지하고, 승무원과 승객에게 쾌적
함을 주기 위해서 객실 내부에 압축공기를 계속 공급하는 것을 말한다.

② 객실 압력은 공기조화계통을 통해 객실로 계속 공급되는 공기를 아웃 플로 밸브를 통해 밖으
로 배출해서 조절한다.

③ 대형 항공기는 승객이 장시간 편안하게 이동할 수 있도록 객실고도가 8,000 ft 이하로 유지되
도록 객실 내부를 여압하고 있다.

여압에 필요한 공기(여압 공기의 재활용)

① 왕복엔진을 사용하는 항공기는 엔진의 구동력을 이용한 과급기(supercharger), 배기가스로 구
동되는 터빈의 힘을 이용한 터보 과급기(turbocharger)로 여압에 필요한 공기를 얻는다.

② 가스터빈엔진을 사용하는 항공기는 엔진 압축기에서 가져온 블리드 에어를 여압에 사용한다.

압축기에서 블리드 에어를 가져오면 엔진 출력이 약간 감소하는데, 출력 감소를 줄이기 위해 사용한 객실 공기를 여과하고 신선한 공기와 혼합해서 객실에 다시 공급한다. 객실에서 사용한 공기는 전자장비실로 보내서 전자장비를 냉각하고, 객실에서 사용한 공기와 전자장비실의 공기를 화물실로 보내서 온도를 조절하고 여압한다.

⊙ 대형 항공기에 여압이 필요한 이유

① 오늘날 대형 항공기가 고고도를 비행하는 이유는 두 가지가 있다. 먼저 높은 고도로 올라갈수록 공기밀도가 감소해서 항력이 감소하므로 저고도에서 같은 속도로 비행할 때보다 연료 소모량이 줄어든다. 그리고 고고도에서는 악기상(severe weather)과 난류(turbulence)를 피할 수 있다.

② 항공기가 고고도를 비행할 때 겪는 낮은 온도와 기압을 극복하기 위해 객실에 산소와 난방을 제공하기 위한 여압과 공기조화계통을 사용한다.

> • 객실고도(cabin altitude)는 객실 안의 기압에 해당하는 기압고도를 말한다.
> • 객실차압(cabin differential pressure)은 객실 내부의 공기압과 외부 공기압의 차이다. 단위는 [psid] 또는 Δ[psi]로 표시한다.

⊙ 항공기 객실압력

① 객실고도를 8,000 ft로 맞추는 이유는 차압으로 생기는 응력을 견딜 수 있는 기체구조의 강도에 제한이 있기 때문이다. 객실 내부 공기와 바깥 공기 사이의 차압과 반복되는 가압 및 감압으로 생기는 금속피로(metal fatigue)는 기체구조를 약하게 만든다.

② 항공기의 최대 비행고도는 최대 허용 객실 차압을 얼마로 설계했느냐에 따라 다르다. 허용 차압이 클수록 기체구조의 강도는 더 강해야 하는데, 객실고도를 낮추기 위해 강도를 높게

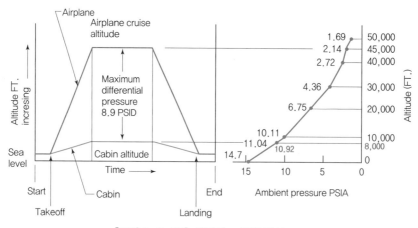

[그림 2-3-17] 항공기 고도와 객실고도

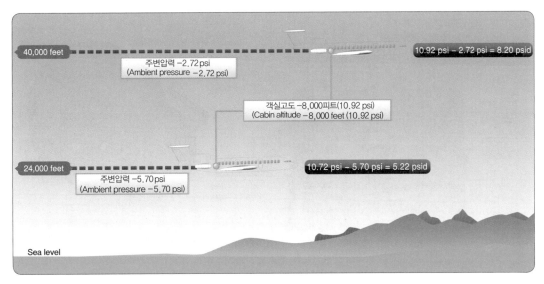

[그림 2-3-18] 차압(psid)은 객실 공기압력에서 비행고도의 공기압력을 빼서 측정

만들면 항공기 무게도 증가하는 문제가 생긴다.

③ 지금은 복합재료를 사용해서 가벼우면서 더 낮은 객실고도에서 견딜 수 있는 튼튼한 항공기를 만들 수 있어서 A380, B787, B777X와 같은 최신 항공기는 객실고도를 6,000 ft로 낮춰서 운항한다.

🧭 객실 압력을 조절하는 방법

객실 압력은 객실 압력 조절기(cabin pressure regulator)와 아웃 플로 밸브(out flow valve)로 조절한다.

① 객실 압력 조절기는 조종사가 설정한 객실고도가 되도록 아웃 플로 밸브의 위치를 조절한다. 등압 범위에서는 고도와 관계없이 일정한 객실 압력을 자동으로 유지하고, 차압 범위에서는 구조 강도가 허용하는 최대 차압을 넘지 않도록 미리 설정한 차압을 유지한다. 객실고도를 변경할 때는 설정 노브(knob)로 기준을 다시 선택할 수 있다.

② 아웃 플로 밸브는 기체 밖으로 배출하는 공기량을 조절해서 객실 내부의 압력을 조절한다. 고도가 높아지면 공기 배출량을 줄이기 위해 밸브가 점점 닫힌다. 객실고도의 높고 낮은 정도는 아웃 플로 밸브의 열린 각도에 따라 배출되는 공기량으로 정해진다. 착륙할 때 착륙장치를 내리면 마이크로 스위치가 작동해서 출입문을 열 때 기압 차에 의한 사고가 발생하지 않게 하려고 지상에서 아웃 플로 밸브가 완전히 열린다.

> 모든 여압계통은 자동제어보다 우선시되는 수동모드를 갖추고 있다. 여압 제어 패널에서 수동모드를 선택해서 비행 중 또는 정비 시 지상에서 수동모드로 작동할 수 있다.

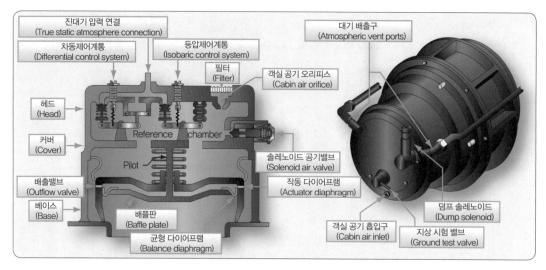

[그림 2-3-19] 공압식 객실압력 조절기 및 유량밸브

⟳ 아웃 플로 밸브(out flow valve)의 작동

최신 항공기는 조종석에 있는 여압 패널의 객실 압력 선택기(cabin pressure selector)를 통해 전기식으로 여압을 조절한다. 객실 압력 선택기는 객실 압력 조절기로 전기신호를 보내고, 조절기는 각종 정보를 처리해서 아웃 플로 밸브를 직접 작동시키는 토크모터로 전기신호를 보내 밸브가 열리는 각도를 조절해서 배출되는 공기량을 조절한다.

> 객실 압력 조절기는 패널의 선택기에서 전기신호와 조종사가 선택한 비행고도와 착륙고도 정보, 대기 자료 컴퓨터(ADC, Air Data Computer)에서 외부 압력, 객실 압력 정보를 받는다.

[그림 2-3-20] B737-800 계열 여압 패널의 비행고도 및 착륙고도의 입력 선택

객실 압력 안전밸브(cabin air pressure safety valve)

객실 압력 안전밸브는 객실 압력이 정상에서 벗어났을 때 작동하는 안전장치이다. 종류에는 객실 압력 릴리프 밸브(cabin pressure relief valve), 부압 릴리프 밸브(negative pressure relief valve), 덤프 밸브(dump valve)가 있다.

> 항공기에서 안전밸브는 대부분 8~10 psid에서 열리도록 설정된다.

① 객실 압력 릴리프 밸브는 아웃 플로 밸브가 고장 나거나 다른 원인으로 차압이 규정값을 초과했을 때 객실 안의 공기를 외부로 배출해서 기체 손상을 방지하는 장치이다.

> 객실 압력 릴리프 밸브는 아웃 플로 밸브와 함께 구성할 수도 있고, 따로 설치할 수도 있다.

② 부압 릴리프 밸브(negative pressure relief valve)는 외부 압력이 객실 압력보다 높을 때, 즉 객실고도가 비행고도보다 높을 때 대기 중의 공기가 객실로 들어오도록 자동으로 밸브가 열려서 외부 압력이 객실 압력을 초과하지 않도록 한다. 항공기가 객실고도보다 더 낮은 고도로 하강할 때나 지상에서 객실 압력과 대기압을 같게 만들 필요가 있을 때 열린다.

> 객실 압력보다 대기압이 커지면 밸브가 스프링을 밀고 열려서 대기 중의 공기가 기내로 들어오고, 객실 압력과 대기 압력이 같아진다.

③ 일부 항공기의 덤프 밸브(dump valve)는 조종사가 스위치로 수동으로 작동하거나 자동으로 작동하는 안전밸브로, 결함이 발생하거나 비상시 객실 압력을 신속하게 제거해서 객실 압력과 대기 압력이 같아지게 만드는 밸브이다.

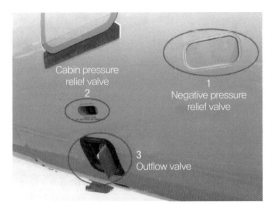
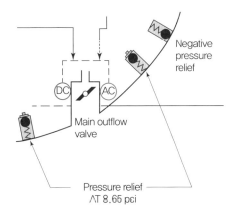

[그림 2-3-21] 객실 압력 안전밸브(cabin air pressure safety valve) 위치

나) 지시계통 및 경고장치

⚑ 여압계기(pressurization gauge)

① 여압계통은 객실고도계(cabin altimeter), 객실상승속도계(cabin rate of climb indicator), 승강계(vertical speed indicator), 또는 객실차압계(cabin differential pressure indicator)에 관한 경고(warning), 주의(alert) 그리고 권고(advise)사항을 라이트를 시현시켜 승무원에게 알려준다. 이 라이트들은 단독으로 지시하거나 2개 이상 게이지의 기능이 합쳐져서 시현될 수 있다. 때로는 다른 위치에 있기도 하지만 일반적으로 여압패널에 위치한다.

[그림 2-3-22] 객실 여압 게이지

⑦ 객실고도계(cabin altimeter)

비행 중 항공기의 고도가 높고 낮음에 관계없이 현재 객실의 고도를 [ft]로 나타낸다. 예를 들어 객실의 압력이 10.92 psi라면 객실고도는 8,000 ft를 지시한다.

⑭ 객실상승속도계(cabin rate of climb indicator) 또는 승강계(vertical speed indicator)

객실 압력의 변화율을 나타낸다.

⑮ 객실차압계(cabin differential pressure indicator)

현재 객실의 압력과 비행 중인 항공기 고도와의 압력 차이(psid)를 지시한다.

② 현대의 항공기는 엔진표시 및 승무원경고장치(EICAS, Engine Indicating and Crew Alerting System) 또는 전자집중식 항공기감시장치(ECAM, Electronic Centralized Aircraft Monitoring System)와 같은 액정화면 시현으로 된 디지털 항공기 지시계통을 탑재하고 있어서 여압패널에는 계기가 없다. 그중 환경제어시스템(ECS, Environmental Control System) 페이지에서는 계통에 필요한 정보를 시현해 준다. 논리회로(logic)의 사용으로 인해 여압계통의 작동은 단순화 및 자동화되었다. 그러나 객실여압패널은 수동제어를 위해 조종석에 남아 있다.

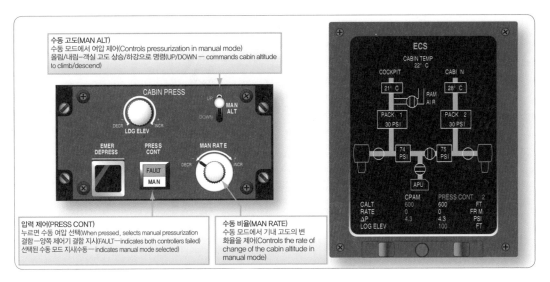

[그림 2-3-23] 운송용 항공기 여압 패널

나 객실계통 [ATA 25 equipment/furnishing]

1) 장비 현황(조종실, 객실, 주방, 화장실 등) (구술평가)

가) seat의 구조물 명칭

◉ 승객 및 승무원의 좌석 장착 기준

[항공안전법 시행규칙 제111조(승객 및 승무원의 좌석 등)]

① 법 제52조 제2항에 따라 항공기(무인항공기는 제외한다)에는 2세 이상의 승객과 모든 승무원을 위한 안전띠가 달린 좌석(침대좌석을 포함한다)을 장착해야 한다.

② 항공운송사업에 사용되는 항공기의 모든 승무원의 좌석에는 안전띠 외에 어깨끈을 장착해야 한다. 이 경우 운항승무원의 좌석에 장착하는 어깨끈은 급감속 시 상체를 자동적으로 제어하는 것이어야 한다.

◉ 조종실(flight compartment) 시트의 종류와 구성품

조종실에는 기장석(captain seat), 부조종사석(first officer seat), observer seat가 트랙(track)에 장착되어 있다. 조종실 후방에 있는 observer seat는 접고 펼 수 있다. 조종사 시트의 구성품에는 어깨끈(shoulder harness), 안전띠(seat belt), 팔걸이(armrest), 시브를 위, 아래, 앞, 뒤로 움직이는 레버가 있다.

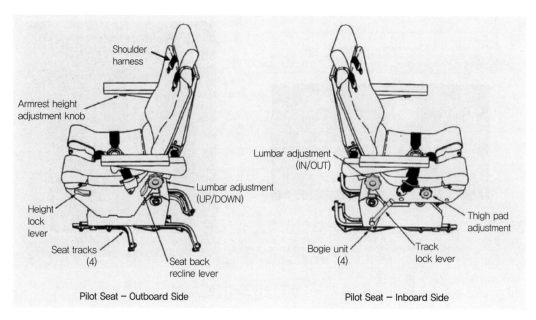

[그림 2-3-24] 조종실 승무원 좌석

◉ 승객 좌석(passenger seat)

승객 좌석은 바닥(floor)에 설치된 track 위에 고정되고, 용도에 따라 간격(pitch)을 바꿀 수 있다. 승객 좌석에는 안전띠(seat belt)만 있다. 좌석 커버는 내화성이 우수한 재료를 사용한다. 객실 전방, 후방에는 객실승무원을 위한 공간(attendant station)이 있다.

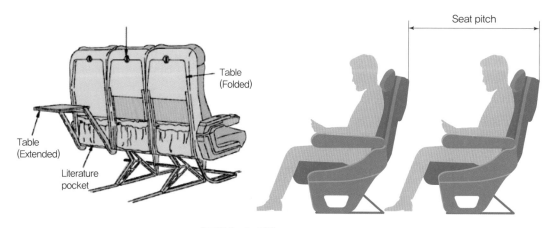

[그림 2-3-25] passenger seat

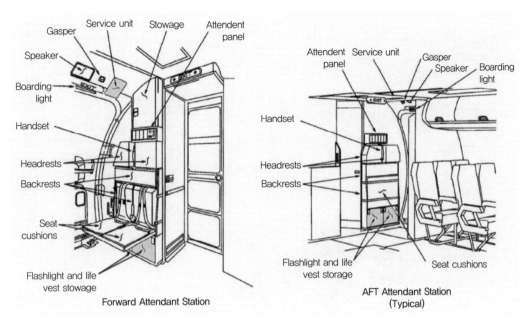

[그림 2-3-26] attendant seats

나) PSU(Pax Service Unit) 기능

⊙ PSU(Pax Service Unit) 기능

PSU는 승객 좌석 머리 위에 설치된 패널이다. 서비스를 받기 위해 객실승무원을 호출하거나 독서등(reading light)을 조절할 수 있고 금연, 안전띠 착용 사인(sign)이 표시된다. 비상시 패널이 열려서 산소마스크가 내려온다.

⊙ PES / AVOD / ISPS

기내 오락 계통(PES, Passenger Entertainment System)은 승객이 장시간 여행 시 즐겁고 쾌적한 시간이 될 수 있도록 영화, 방송, 음악, 게임 등 다양한 오락 프로그램을 제공하는 시스템이다. 주문형 오디오/비디오(AVOD, Audio and Video On Demand) 시스템이 적용되어 좌석마다 원하는 영화나 음악을 보고 들을 수 있다. PES는 메뉴 선택에 따라 비행경로, 목적지까지의 거리, 남은 비행시간, 현재 속도, 고도, 위치와 같은 비행정보도 제공한다.

> 기내 전원공급장치(ISPS, In-Seat Power Supply)는 일부 좌석에 설치된 콘센트(outlet)이다.

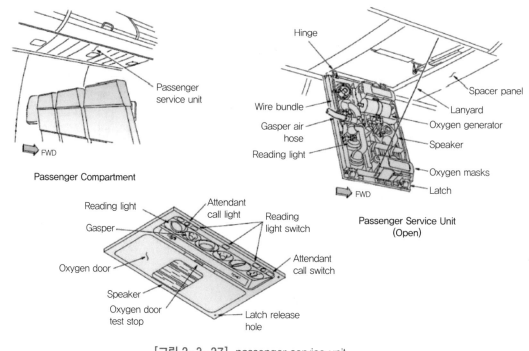

[그림 2-3-27] passenger service unit

다) emergency equipment 목록 및 위치

🔅 emergency equipment 설치 기준

[항공안전법 제52조(항공계기 등의 설치·탑재 및 운용 등)]

① 항공기를 운항하려는 자 또는 소유자 등은 해당 항공기에 항공기 안전운항을 위하여 필요한 항공계기(航空計器), 장비, 서류, 구급용구 등(이하 "항공계기 등"이라 한다)을 설치하거나 탑재하여 운용하여야 한다. 최대이륙중량이 600킬로그램 초과 5천 700킬로그램 이하인 비행기에는 사고예방 및 안전운항에 필요한 장비를 추가로 설치할 수 있다.

② 제1항에 따라 항공계기 등을 설치하거나 탑재해야 할 항공기, 항공계기 등의 종류, 설치·탑재기준 및 그 운용방법 등에 필요한 사항은 국토교통부령으로 정한다.

[항공안전법 시행규칙 제110조(구급용구 등)]

법 제52조 제2항에 따라 항공기의 소유자 등이 항공기(무인항공기는 제외한다)에 갖추어야 할 구명동의, 음성신호발생기, 구명보트, 불꽃조난신호장비, 휴대용 소화기, 도끼, 메가폰, 구급의료용품 등은 별표 15와 같다.

항공기에는 사고가 발생했을 때를 대비해서 승객과 승무원이 무사히 탈출하고 승객을 구조할 수 있는 비상장비(emergency equipment)가 갖춰져 있다. 비상상비의 종류에는 휴대용 소화기, 탈출용 미끄럼틀(escape slide), 로프(rope), 도끼, 메가폰, 구명보트(life raft), 구명조끼(life vest), 비상위치

송신기(emergency location transmitter), 적·백색 조명탄(red·white flare)과 같은 불꽃조난신호장치, 구급의료용품, 손전등, 비상호흡장비(PBE, Protective Breathing Equipment), 내열장갑(fire gloves), 휴대용 산소통(portable O$_2$ bottle), 스모크 고글(smoke goggles) 등이 있다.

- 운항승무원이 탈출용 미끄럼틀을 사용할 수 없을 때는 하강기(descent device)나 탈출로프(escape rope)를 사용해서 탈출한다. 이 장비는 조종실 천장의 짐칸(stowage holder) 안에 있다.
- 비상위치 송신기는 48시간 동안 비상 주파수 121.5, 243, 406 MHz 중 하나의 전파를 발신한다.

⊙ 탈출용 미끄럼틀(escape slide)

탈출용 미끄럼틀은 항공기가 비상 착륙했을 때 승객과 승무원을 안전하고 신속하게 기체 밖으로 탈출시키기 위한 장치이다. 대형 항공기는 탑승문을 비상문으로 사용하고 여기에 미끄럼틀이 장착되어 있다. 모든 사람이 90초 이내에 탈출할 수 있도록 비상구를 열면 고압의 질소가스로 10초 내에 자동으로 펼쳐지고 팽창해서 미끄럼틀의 형태가 된다. 어떤 미끄럼틀은 분리해서 구명보트(life raft)로 사용할 수도 있다.

B737 탈출용 미끄럼틀의 작동은 다음과 같다. girt bar를 'ARM' 위치에 놓은 상태에서 문을 열면 팩(pack)에서 미끄럼틀이 분리된다. 분리된 슬라이드는 자중으로 떨어지면서 케이블을 당기고, 팽창용기(inflation cylinder)의 밸브를 당겨서 밸브가 열리고 질소가스가 흐른다. 이때 흡입기(aspirator)의 벤투리 효과로 외부 공기를 빨아들여 슬라이드가 신속하게 팽창된다.

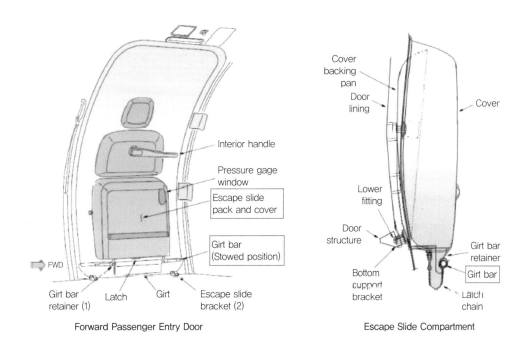

Forward Passenger Entry Door   Escape Slide Compartment

[그림 2-3-28] 전방 승객 탑승문(좌측)과 비상탈출용 미끄럼틀(우측)

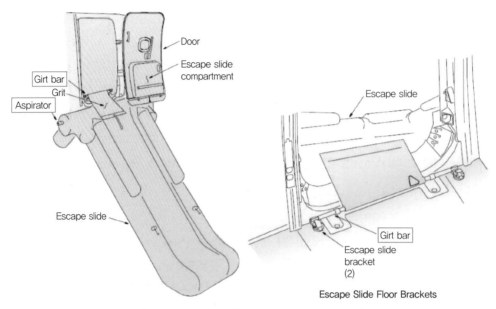

[그림 2-3-29] 탈출용 미끄럼틀(escape slide)

- 팽창용기의 압력은 압력게이지를 보고 알 수 있다. 초록색 범위에 있으면 정상이다.
- FAA와 EASA 규정은 객실 바닥(floor)이 지상 6피트(1.8) 이상인 모든 항공기는 출구(exit)에 승인된 탈출방법을 갖출 것을 요구한다. 대형 항공기는 사고 발생 시 90초 이내에 모든 승객이 대피할 수 있도록 규정한 설계 요건인 '90초 룰'이 있다.
- 90초 룰(ninety second rule)은 항공기 사고를 대비한 항공기 제작 기준과 관련된 규칙으로 44인승 이상 비행기는 사고 발생 시 모든 승객이 90초 이내에 탈출할 수 있도록 설계해야 한다는 규칙이다. 1965년 처음 개념을 만들었을 때는 120초를 기준으로 했으나, 1967년 FAA가 수정한 것으로 이후 모든 상업용 항공기는 이 기준을 준수하도록 구조설계를 하고 있다.

라) 객실 여압 시스템과 시스템 구성품의 검사

⭐ 객실 여압 시스템의 작동점검 및 검사

① 객실에 공급되는 여압 공기가 규정된 압력으로 유지되는가를 확인하기 위하여 압력조절기(pressure regulator)의 작동시험을 한다. 압력조절기의 작동시험을 하기 위해서는 객실 여압 시험대(cabin pressurization tester)를 이용하여 객실의 압력을 증가시켜 규정된 압력에서 일정하게 유지되는가를 시험한다. 만일 객실압력이 조절되지 않으면 먼저 배출밸브(out flow valve)가 이상이 없는가를 검사한 후 배출밸브 자체에 고장이 없으면 압력조절기를 교환한다.

② 안전밸브(safety valve)의 작동시험을 하기 위해서는 객실 여압 시험대(cabin pressurization tester)를 이용하여 객실의 압력을 증가시키면서 객실압력 선택스위치를 작동시켜 안전밸브를

통해 객실 내의 압력이 일정하게 유지되도록 한다. 이때 객실 내의 압력이 일정하게 유지되지 않으면 안전밸브가 정상적인 작동을 하지 못하고 있음을 의미하므로 안전밸브를 수리하거나 교환한다.

③ 객실 동압 시험(cabin dynamic pressure test)은 객실 여압 시험대에 의해서 객실의 압력을 증가시키면서 객실의 누설상태를 검사하는 것이다. 이때, 누설의 우려가 있는 부위를 소리나 촉감으로 확인하거나, 비눗물을 사용하여 찾아내기도 하고, 객실 누설 시험기로 탐지하여 찾아낸다.

④ 객실 정압 시험(cabin static pressure test)은 동체 구조가 안전한가를 검사하는 시험으로서 객실 여압 시험대에 의하여 객실의 압력을 동체 시험 압력까지 증가시킨 후 항공기 동체 표피의 외부 균열, 부풀어 오름, 찌그러짐 및 리벳 등의 상태를 점검한다.

[그림 2-3-30] 객실 여압 시험대(cabin pressurization tester)와 항공기 연결 장면

🎯 객실 여압 고장탐구(cabin pressurization troubleshooting)

① 항공기의 여압계통이 유사한 구성품이 장착되고 유사하게 동작하나 완전히 동일하게 작동하지는 않는다. 심지어 이들 계통이 하나의 제작사에 의해 조립되었다고 할지라도 다른 항공기에 장착되었을 때 조금씩은 차이가 있다. 그렇기 때문에 여압계통의 고장을 탐구하기 위해서는 항공기 제작사가 제공하는 정보를 확인하는 것이 중요하다.

② 압력공급 실패 또는 여압유지 실패와 같은 결함은 수많은 다른 원인이 있으므로 해당 항공기 제작사에서 발행한 정비 매뉴얼을 참고하여 수정한다.

③ 항공기는 고장탐구 시에 여압계통 점검키트(test kit)를 이용하거나 정상공급원에 의해 가압될 수 있으며 정비 완료 후 시험비행이 요구될 수도 있다.

다 **화재감지 및 소화계통** [ATA 26 fire protection]

1) 화재 탐지 및 경고장치 (구술 또는 실작업 평가)

가) 종류 및 작동원리

✈ 화재감지계통의 종류와 작동원리

화재감지계통은 과열이나 화재가 발생했을 때 승무원에게 알려주는 역할을 한다. 화재감지계통은 화재경고장치와 화재탐지기로 구성된다. 화재탐지기는 열에 민감한 재료를 사용해서 화재를 탐지하고, 화재경고장치에 전기신호를 보내서 조종사에게 알린다.

① 화재탐지기는 화재가 발생했을 때 전기신호를 보내서 조종석에 적색 경고표시등을 켜고 음향 경고를 울린다. 항공기에 사용하는 화재탐지기의 종류에는 열스위치식(thermal switch type) 탐지기, 열전쌍(thermocouple) 탐지기, 연속 루프 화재 탐지기(continuous loop type detector), 압력식 탐지기, 연기 탐지기, 화염 감지기가 있다.

② 화재경고장치는 적색 경고표시등과 음향 경고로 조종사에게 화재 발생을 알려준다. 적색 경고표시등은 화재가 어디에서 발생했는지 알려준다. 음향 경고는 조종사에게 청각적으로 경고하는 장치로, 조종사는 경고를 멈출 수 있지만, 화재가 진압되지 않으면 다시 경고해서 조종사가 화재에 신속하게 대처하도록 한다.

✈ 화재감지계통과 소화계통이 장착된 구역

항공기에서 화재감지계통과 소화계통이 장착된 구역은 다음과 같다.

① 엔진과 보조동력장치(APU)
② 화물실과 객실(cargo and cabin)
③ 운송용 항공기의 화장실
④ 전자장비실(electronic bay)
⑤ 착륙장치 휠웰(wheel well)
⑥ 블리드 에어 덕트(bleed air duct)

✈ 열스위치계통(thermal switch system)

① 열스위치계통은 정해진 온도에서 전기회로를 만드는 열감지장치이다. 병렬로 연결된 열스위치 중 하나라도 온도가 설정값 이상으로 상승하면 열스위치가 닫히고 회로를 만들어서 화재나 과열 상태를 지시한다.

② 스위치 부분이 가열되면 바이메탈(bimetal)이 휘어서 접점이 붙어서 회로를 구성한다. 열팽창률이 높은 스테인리스강 케이스 안에 열팽창률이 낮은 니켈-철 합금으로 만든 두 금속 스트립이 서로 휘어져 있어서 평상시에는 접촉점이 떨어져 있지만, 열을 받으면 스테인리스강 케이스가 더 많이 팽창하고 두 합금이 붙어서 회로가 작동한다.

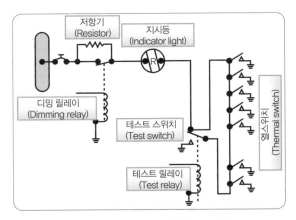

[그림 2-3-31] 열스위치 화재감지회로

🧭 열전쌍(thermocouple) 화재경고계통

① 열전쌍 화재경고계통은 서로 다른 두 금속 끝을 접합하고 거기에 온도 차를 주면 회로에 열기전력이 발생하는 제벡(Seebeck) 효과를 이용한 화재탐지기이다. 화재가 발생해서 온도가 급격하게 상승하면 화재에 직접 노출되는 열접점(hot junction)과 별도의 단열된 공간에 있는 기준 접점(reference junction) 사이에 온도 차가 발생해서 기전력이 생긴다. 이때 열전쌍에서 만들어진 기전력은 회로를 통해 경고장치를 작동시킨다.

② 열전쌍 화재경고계통은 열전쌍, 계전기(relay), 경고등으로 이루어져 있다. 화재가 발생해서 온도가 빠르게 상승하면 열접점이 기준 접점보다 더 빨리 뜨거워져서 두 접점 사이의 온도 차로 기전력이 생기지만, 온도가 천천히 상승해서 양쪽 접점이 같은 비율로 가열되면 전압은 발생하지 않아서 경고신호가 생기지 않는다.

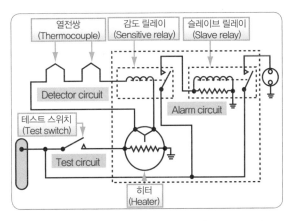

「그림 2-3-32] 열전쌍(thermocouple) 화재경보회로

🧭 연속 루프 감지계통(continuous loop system)과 작동원리

연속 루프 감지계통은 온도가 증가하면 저항이 감소하는 서미스터(thermistor)나 공융염(eutectic salt)을 사용해서 경고회로를 작동시킨다. 주로 사용되는 형식으로 키디식(Kidde type)과 펜월식 (Fenwal type)이 있다. 그리고 린드버그식(Lindberg type)과 같은 공압 연속 루프 탐지기도 있다. 운송용 항공기는 엔진과 착륙장치 휠웰에 사용한다.

① 키디(Kidde) 연속 루프 계통은 인코넬 튜브 안에 전선이 2개 있고, 그 사이에 서미스터가 채워져 있다. 서미스터는 정상 온도 범위에서 저항이 매우 높지만, 온도가 상승하면 저항이 급격하게 작아진다. 전선 하나는 튜브에 접지 연결되고, 다른 전선은 화재감지제어장치에 연결된다. 온도가 상승하면 접지된 전선의 저항이 감소하고, 화재감지제어장치는 저항이 설정값 이하로 감소하면 조종실에 화재나 과열을 경고한다. 화재나 과열 상태가 사라지면 서미스터의 저항은 처음 값으로 증가하고 조종실 지시는 사라진다.

② 펜월(Fenwal) 계통은 니켈 동축 전선과 열에 민감한 공용염(eutectic salt)으로 채워진 인코넬 (Inconel) 튜브를 사용한다. 공용염은 온도가 상승하면 저항값이 작아지는 성질을 갖고 있다. 어느 지점에서 화재나 과열이 발생하면 공용염의 저항이 급격하게 낮아져 바깥 피복과 니켈 전선 사이에 전류가 흐른다. 이 전류는 신호를 만드는 제어장치로 전달되고 화재 발생을 경고한다. 화재나 과열 상태가 사라져서 온도가 설정값 아래로 내려가면 자동으로 대기 상태로 돌아간다.

> 인코넬은 니켈 80%, 크롬 14%, 철 6%로 만든 고온, 부식에 강한 합금의 상품명이다.

[그림 2-3-33] Kidde type sensor

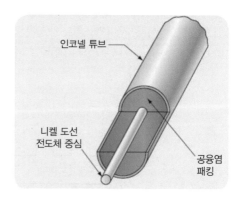

[그림 2-3-34] Fenwal type sensor

압력식 탐지기(pressure detector)

압력식 탐지기 또는 공압 연속 루프 계통(pneumatic continuous-loop system)에는 제조사의 이름인 린드버그식(Lindberg type)이 있다. 압력식 탐지기는 화재나 과열이 발생하면 가스의 압력이 올라가서 감지하는 방식이다. 특정 지역의 온도 상승이나 평균 온도 상승에 따라 화재를 감지한다.

① 특정 지역의 화재탐지(discrete function)는 스테인리스강 튜브가 가열되면 코일에 흡수된 수소가 방출되어 내부 압력이 높아지고, 스위치가 연결되어 화재 발생을 알린다.

② 평균 온도 상승(averaging function)은 평균 온도가 상승하면 스테인리스강 튜브 안에 있는 헬륨가스가 팽창해서 압력이 증가하고, 스위치가 작동해서 회로를 만들어서 화재를 탐지한다.

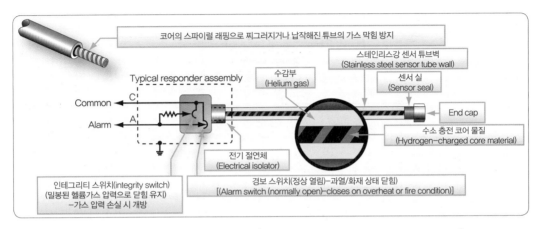

[그림 2-3-35] 공압 루프 탐지 계통(pneumatic pressure loop detector system)

⟩ 연기감지기(smoke detector) / 이온화식(ionization type)

연기감지기는 온도가 상승해서 과열 감지기가 작동하기 전에 많은 연기가 생길 것이 예상되는 화장실과 화물실에 사용한다. 사용하는 형식에는 빛반사식(light refraction type)과 이온화식(ionization type)이 있다.

① 빛반사식은 연기 입자에 반사된 빛을 받으면 전류를 만드는 광전지(photoelectric cell)로 화재를 탐지하는 장치이다. 공기 중에 연기가 10% 정도 존재하면 광전지가 전류를 만든다.

② 이온화식은 공기 중의 연기(smoke) 입자로 인한 공기의 이온(ion) 밀도 변화를 감지해서 화재를 경고하는 장치이다. 내부에 들어 있는 방사성 물질로 공기가 이온화되면 챔버 안의 이온화된 공기는 전도성(conductivity)을 가져서 (+), (−) 두 전극 사이에서 흐른다. 화재가 발생해서 연기가 챔버에 들어오면 공기의 전도성이 감소하는데, 전도성이 미리 정해진 수준으로 감소하면 경보가 울린다. 이온화식은 방사능에 노출될 수 있어서 분리해서는 안 된다.

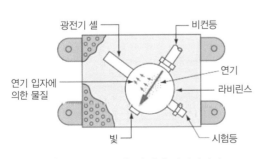

[그림 2-3-36] 광전기 연기탐지기

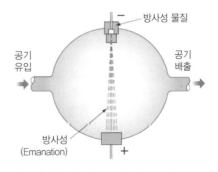

[그림 2-3-37] 이온화식 탐지기

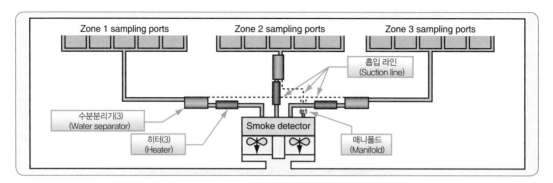

[그림 2-3-38] 연기감지계통(smoke detector system)

화염감지기(flame detector)

화염감지기는 광학센서로 탄화수소화염(hydrocarbon flame)에서 방사되는 파장을 측정해서 화염을 감지하는 방식이다. 적외선 방식과 자외선 방식 두 가지가 있으며, 주로 적외선 방식을 사용한다. 경량 터보프롭 항공기 엔진과 헬리콥터 엔진에서 많이 사용한다.

엔진에 사용하는 화재감지기

화재감지기는 엔진, APU, 착륙장치 휠웰, 전자장비실, 날개 앞전, 엔진 흡입구, 화장실, 화물실에 사용된다.

① 화장실, 화물실, 전자장비실에는 연기감지기(soke detector)를 사용한다.

② 엔진, APU, 착륙장치 휠웰에는 연속 루프 감지계통을 사용해서 화재와 과열을 탐지한다.

③ 날개 앞전, 엔진 흡입구에는 열 스위치를 사용한다. 방빙을 위해 사용하는 블리드 에어의 온도가 지나치게 높으면 과열로 항공기에 손상을 주거나 화재가 발생할 수 있어서 과열탐지기를 설치한다.

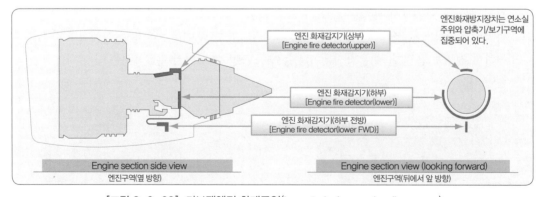

[그림 2-3-39] 터보팬엔진 화재구역(large turbofan engine fire zones)

화물실 등급

① A등급(class A) 화물실은 승무원이 착석한 상태로 화재를 발견할 수 있고 휴대용 소화기로 화

재를 진압할 수 있는 화물실이다.

② B등급(class B) 화물실은 연기탐지기나 화재탐지기로 화재를 발견하고, 승무원이 휴대용 소화기로 화재를 진압할 수 있는 화물실이다.

③ C등급(class C) 화물실은 연기탐지기나 화재탐지기로 화재를 발견하고, 조종석에서 고정식 소화기로 화재를 진압할 수 있는 화물실이다.

④ D등급(class D) 화물실은 공기 흐름이 적어서 화재가 발생해도 산소공급이 중단되어 화재가 더 이상 진행되지 않고 자연적으로 소화될 수 있는 화물실이다.

⑤ E등급(class E) 화물실은 화물 전용 항공기에 적용되는 등급으로, 연기탐지기나 화재탐지기로 화재를 발견하고 여압 및 환기 장치 작동을 중단해서 산소공급을 줄여 소화하는 화물실이다.

화재구역(fire zones)

화재구역은 동력장치실을 통과하는 공기 흐름에 따라 분류한 구역이다.

① A급 구역(class A zone)은 많은 공기가 비슷한 모양으로 규칙적으로 배열된 장애물을 지나 흐르는 지역을 말한다. 일반적으로 왕복엔진의 엔진실이 이에 해당한다.

② B급 구역(class B zone)은 대량의 공기가 공기역학적으로 방해가 없는 장애물을 흐르는 지역을 말한다. 이 형식에는 열교환기 덕트, 배기 매니폴드 보호덮개가 있다. 내부가 매끄럽게 마감되고, 누설된 인화성 물질이 고이지 않고 적절하게 배출되는 구역이다.

③ C급 구역(class C zone)은 공기가 비교적 느리게 흐르는 지역이다. 예를 들면 엔진의 동력 생성 부분에서 떨어져 있는 액세서리로 구성된 부분이 있다.

④ D급 구역(class D zone)은 공기 흐름이 아주 적거나 거의 없는 지역이다. 환기(vent)가 약간 되는 날개 구성품과 착륙장치 휠웰이 있다.

⑤ X급 구역(class X zone)은 대량의 공기 흐름과 특이한 구조 때문에 소화제를 균일하게 분사하기 어려운 곳이다. A급 구역보다 2배의 소화제가 필요하다.

소화계통 카트리지(cartridge)

[그림 2-3-40] 방출(discharge)밸브(좌측), 카트리지 또는 스퀴브(cartridge or squib)(우측)

카트리지는 소화 용기의 방출밸브(discharge valve)의 출구에 장착된 기폭제이다. 조종사가 스위치를 작동해서 용기 안에 있는 소화제를 방출할 때는 카트리지를 전기적으로 발화시켜 용기를 밀봉하는 다이어프램을 부순다. 다이어프램이 부서지면 용기 내부의 가압된 질소가 배출구로 소화제를 밀어낸다.

➤ 카트리지의 작동 여부를 확인하는 방법

용기에서 소화제가 방출된 것은 방출지시기(discharge indicator)를 보고 알 수 있다. 방출지시기에는 열 방출지시기와 황색 디스크 방출지시기가 있다.

① 열방출지시기(thermal discharge indicator, red disk)는 용기에 있는 소화제가 과도한 열을 받아 용기 밖으로 방출되었을 때 적색 디스크를 밀어내서 운항승무원과 정비사에게 알려준다. 이를 본 정비사는 다음 비행 전까지 소화 용기를 교체해야 한다.

② 황색 디스크 방출지시기(yellow disk discharge indicator)는 운항승무원이 소화장치를 작동했을 때 황색 디스크를 동체의 표면으로 밀어낸다. 정비사는 이를 보고 다음 비행 전까지 소화용기를 교체해야 한다.

[그림 2-3-41] 방출지시계(discharge indicator)

➤ 화재감지계통 정비

화재감지계통의 정비에는 육안 검사, 감지기 단자가 마찰로 마모되거나 단락되지 않도록 클램프로 고정, 손상된 감지기를 교환하는 작업이 있다. 화재감지계통을 정비할 때 좁은 장소에 장착된 수감부(sensing element)를 손상하지 않도록 주의한다.

① 점검창(inspection panel), 카울창 또는 엔진부분품(engine component) 사이에 짓눌리거나 조임으로 인해 균열(crack)이나 파손(broken)된 곳이 있는지 점검한다.

② 수감부가 엔진 구조물(engine structure)이나 보기류(accessories) 또는 카울 버팀대(cowl brace)에 닿아서 마모되거나 단락된 곳이 있는지 점검한다.

③ 열 스위치 단자를 단락(short)시킬 수 있는 안전결선이나 금속 조각이 있는지 점검한다.

④ 과도한 열에 의해 굳어졌거나, 윤활유와 닿아 흐물흐물해진 곳이 있는지 점검한다.

⑤ 수감부의 꼬임(kink)이나 찌그러짐(dent) 정도가 제작사가 허용한 범위를 넘지 않는지 검사한다.

⑥ 과도한 진동으로 인한 파손을 방지하기 위해 일정 거리마다 클램프를 설치한다. 클램프 사이의 간격은 제작사가 명시한 값을 따른다. 수감부의 배열과 클램프를 적절한 거리마다 설치했는지 확인한다.

2) 소화기계통 (구술평가)

가) 종류(A, B, C, D) 및 용도 구분

종류(A, B, C, D) 및 용도 구분

화재의 종류는 A급 화재, B급 화재, C급 화재, D급 화재로 분류한다.

① A급 화재는 종이, 나무, 섬유와 같은 인화성 물질에서 발생하는 연소 후에 재를 남기는 화재이다. A급 화재에는 냉각 소화가 가장 효과적이다.

② B급 화재는 유류 화재로, 그리스, 솔벤트, 페인트와 같은 가연성 석유제품에서 발생하는 화재이다. B급 화재에는 질식 소화가 효과적이다.

[표 2-3-1] 화재의 구분과 설명

명칭	구분	설명
일반 화재	A급 화재	종이, 나무, 가구 등 보통의 가연성 물질에서 발생하는 화재
기름 화재	B급 화재	연료, 그리스, 솔벤트와 같은 가연성 석유제품에서 발생하는 화재
전기 화재	C급 화재	전기가 원인이 되어 전기계통에 발생하는 화재
금속 화재	D급 화재	마그네슘, 분말금속과 같은 금속물질에서 발생하는 화재

③ C급 화재는 전기에 의한 화재로, 전선이나 전기기기에서 발생하는 화재이다. 소화 시 물과 같이 전도성을 가진 소화제를 사용하면 감전될 수 있으므로 사용해선 안 된다.

④ D급 화재는 금속재로, 마그네슘과 같은 가연성 금속에 의한 화재이다. 대부분 물과 반응하면 폭발성이 강한 수소를 만들기 때문에 물이 들어간 소화제를 사용할 수 없다.

객실에 갖춰야 할 소화기 수

[항공안전법 시행규칙 [별표 15] 항공기에 장비하여야 할 구급용구 등(제110조 관련)]

　2. 소화기

　　가. 항공기에는 적어도 조종실 및 조종실과 분리되어 있는 실에 각각 한 개 이상의 이동이 간편한 소화기를 갖춰 두어야 한다. 다만, 소화기는 소화액을 방사 시 항공기 내의 공

기를 해롭게 오염시키거나 항공기의 안전운항에 지장을 주는 것이어서는 안 된다.

　나. 항공기의 객실에는 다음 표의 소화기를 갖춰 두어야 한다.

[표 2-3-2] 승객 좌석 수와 소화기 수량

승객 좌석 수	소화기의 수량	승객 좌석 수	소화기의 수량
1. 6석부터 30석까지	1	5. 301석 부터 400석까지	5
2. 31석부터 60석까지	2	6. 401석 부터 500석까지	6
3. 61석 부터 200석까지	3	7. 501석 부터 600석까지	7
4. 201석 부터 300석까지	4	8. 601석 부터 700석까지	8

휴대용 소화기

　휴대용 소화기는 조종실에 한 개 이상 있고, 객실에는 승객 정원수에 따라 갖춰야 하는 소화기 수가 정해져 있다.

　모든 휴대용 소화기는 항상 수직으로 보관하고 사용한다. 항공기에 주로 사용하는 소화기의 종류에는 물, 이산화탄소, 분말, 할론 소화기가 있다.

① 물 소화기는 A급 화재에만 사용하고 B급, C급, D급 화재에는 사용하면 안 된다. 물 소화기는 부동액을 섞어서 동결을 방지한다. 핸들을 시계 방향으로 돌리면 핸들 안에 들어 있는 이산화탄소가 물을 가압하고, 분사 레버를 누르면 노즐을 통해 물이 분사된다.

② 이산화탄소 소화기는 A급, B급, C급 화재에 사용하는 소화기로, 가연물을 질식, 냉각해서 소화한다. 밀폐된 장소에서 사용하면 저산소증을 겪을 수 있어서 사용해서는 안 된다.

③ 분말소화기는 B급, C급, D급 화재에 사용하는 소화기로, 가압된 이산화탄소나 질소가스로 분말을 분사해서 가연물을 질식 소화한다. 조종실에 분말소화기를 사용해서는 안 된다. 분말이 시야를 방해하고, 조종실의 전기·전자기기에 분말이 붙을 수 있기 때문이다.

④ 할론 소화기는 B급, C급 화재에 효과적인 소화기로, 할로겐 원소로 이루어진 소화제를 사용해서 화학적으로 안정적이고 인체에 거의 해가 없다.

고정식 소화기

　운송용 항공기에서 고정식 소화기는 엔진실(engine compartment), APU 격실, 화물실, 화장실에 설치되어 있다.

　고정식 소화기는 짧은 시간에 다량의 불활성가스를 방출해서 화재를 진압한다. 헬리콥터를 포함한 T(Transport, 수송용)류 항공기에는 엔진 하나당 소화제를 2회 이상 방출할 수 있는 장치가 필요하다. T류 이외의 항공기에는 엔진 소화기 장착이 의무가 아니며, 소형기에는 거의 장착되어 있지 않다.

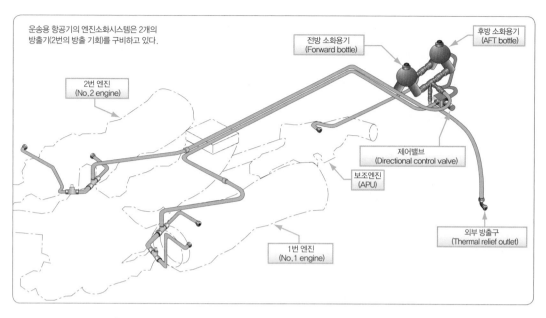

[그림 2-3-42] 화재 소화 시스템(typical fire extinguishing system)

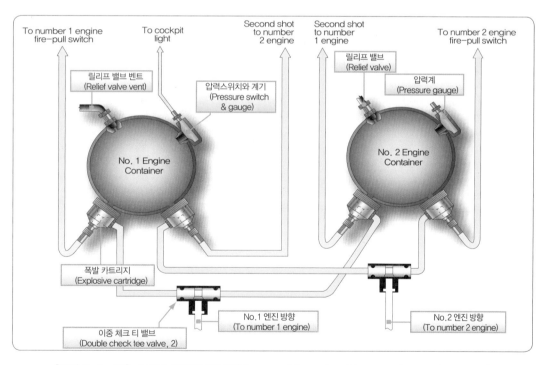

[그림 2-3-43] 소화기 용기의 계통도(diagram of fire extinguisher containers—HRD bottles)

- 왕복엔진을 장착한 구형 항공기는 소화제로 이산화탄소를 사용했지만, 터빈엔진을 장착한 모든 신형 항공기는 할로겐 탄화수소(halogenated hydrocarbon)와 같은 소화제를 사용한다.
- 소화 용기(container)는 액체 할로겐화 소화제와 가압질소를 저장한다. 용기에는 과도한 열에 노출되었을 때 용기 압력이 허용값을 초과하는 것을 방지하는 릴리프밸브가 있다.

🧭 자동으로 분사되는 소화장치

화장실의 쓰레기통에는 소화기 용기가 설치되어 있다. 쓰레기통 온도가 약 170℉(76.7℃)에 도달하면 노즐을 밀봉한 땜납이 녹고 소화제가 나온다. 용기가 채워져 있는지 확인할 때는 용기의 무게를 측정한다.

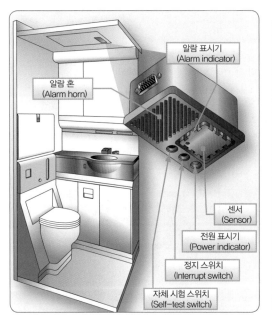

[그림 2-3-44] 화장실 연기감지기

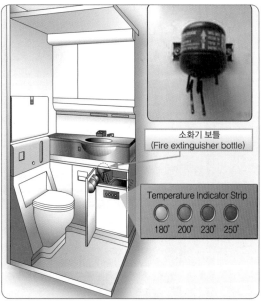

[그림 2-3-45] 화장실 소화계통

🧭 B급, C급, D급 화재를 소화할 때 물을 사용하면 어떻게 되는가?

① B급 화재에 물 소화기를 사용하면 기름은 물과 섞이지 않기 때문에 물이 끓어오르면서 기름과 함께 물이 폭발해서 튀어 오르는데, 이 기름에 붙어 있는 불이 주변으로 확산된다.

② C급 화재에 물 소화기를 사용하면 감전될 수 있고 물을 따라 전기가 흐르면서 화재가 확산될 수 있다. 전기 공급을 차단한 다음에는 A급 화재와 같은 방법으로 소화한다.

③ D급 화재에 물 소화기를 사용하면 화학반응으로 수소가 만들어져 폭발할 수 있다. 금속화재는 마른 모래와 같은 분말로 덮어서 소화한다.

유효기간 확인 및 사용방법 체크

고정식 소화기에서 점검할 사항에는 소화용기(container)의 상태와 압력, 카트리지 상태와 수명 등이 있다.

① 용기에 누설, 부식, 우그러짐(dent), 찍힘(nick) 등이 있는지 확인한다.

② 용기 압력이 규정된 한계 범위 안에 있는지 주기적으로 점검한다. 외기 온도에 따른 압력이 압력-온도 도표의 범위에 들어가지 않는다면, 용기를 교체한다.

③ 용기에 카트리지(cartridge)를 장착하기 전에 카트리지가 손상되었는지 검사하고, 카트리지에 표시된 제조날짜를 확인해서 카트리지의 사용 유효기간이 지나지 않았는지 확인한다.

> 제작사가 권고하는 카트리지 사용수명은 보통 연(year)단위로 하는데, 약 5년 이상 사용할 수 있다.

④ 동체 외피에 있는 적색 디스크와 황색 디스크가 파열되었다면 부식을 일으킬 수 있는 방출된 소화액을 깨끗하게 닦아내고 소화기를 교환한다.

[그림 2-3-46] 고정식(장착) 소화기(HRD bottle)

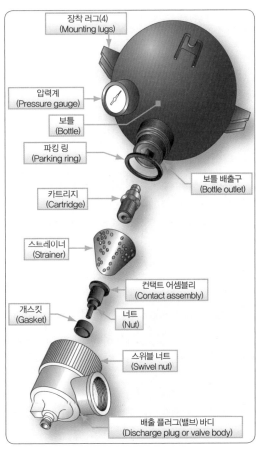

[그림 2-3-47] 소화기 용기 콤퍼넌트

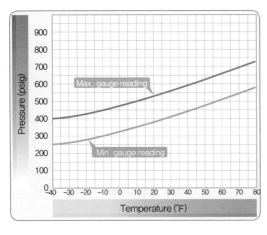

[그림 2-3-48] 소화기 용기 압력-온도 차트

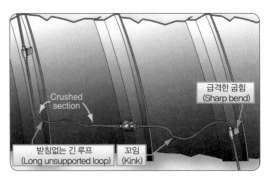

[그림 2-3-49] 수감부 결함(sensing element defects)

라 산소계통 [ATA 35 oxygen]

1) 산소장치작업(crew, passenger, portable ox. bottle) (구술평가)

가) 주요 구성부품의 위치

⊙ 산소계통의 필요성

① 고도가 높아지면 대기압이 감소하고 산소의 절대량도 감소한다. 승무원에게 산소 부족 현상이 발생하면 항공기를 안전하게 운항할 수 없고, 승객의 생명도 위험해진다. 높은 고도를 비행하는 항공기가 정상적으로 비행할 때는 객실이 여압되기 때문에 별도의 산소공급이 필요하지 않지만, 객실 여압계통이 고장 나면 산소계통으로 승무원과 승객에게 산소를 공급해야 한다.

② 산소가 부족하면 저산소증(hypoxia)이 발생한다. 저산소증의 증상에는 두통, 피로, 졸음, 맥박과 호흡이 가파르게 증가하고, 시력 약화, 의식불명 등이 있다. 저산소증을 막기 위해서는 항공기의 고도가 증가하는 만큼 객실 안에 포함된 산소의 농도를 높여야 한다.

⊙ 항공기 산소계통 분류

항공기 산소계통은 사용하는 산소의 상태에 따라 기체 산소계통, 액체 산소계통, 고체 산소계통으로 구분하고, 사용처에 따라 승무원 산소공급계통(crew oxygen system), 승객 산소공급계통(passenger oxygen system), 휴대용 산소공급장치(portable oxygen bottle)로 구분한다. 산소계통은 기본적으로 산소통(oxygen cylinder), 산소공급관, 산소 압력 조절기, 산소마스크, 압력 게이지, 릴리프밸브, 감압밸브 등으로 구성된다.

✈ 기체산소계통

기체산소계통은 압축된 산소가스를 용기(cylinder)에 보관해서 산소가 필요할 때 감압해서 사용하는 방식으로, 승무원 산소공급계통에 사용한다. 고압산소 용기는 충전압력이 1,800 psi 정도이고 표면은 녹색으로 칠해져 있으며, 높은 압력에 견딜 수 있도록 강한 재질로 만든다. 저압산소 용기는 고압산소 용기와 구분하기 위해 노란색으로 칠해져 있다.

용기 안의 고압 기체산소는 차단밸브를 지나 감압밸브에서 약 400 psi로 압력이 감소하고, 압력조절기에서 약 70 psi로 다시 조절한 다음에 공급관을 통해 흡입장치로 공급된다.

[그림 2-3-50] 고압 기체산소 충전 장면

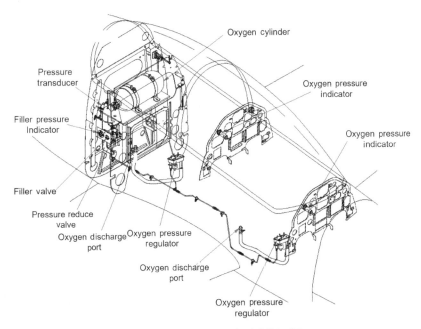

[그림 2-3-51] 항공기 고압 기체산소계통도

액체산소계통

액체산소계통은 기체산소를 −83℃ 이하의 저온의 액체 상태로 저장하고 있다가 필요할 때 기화시켜 산소를 공급하는 방식이다. 액체산소 1 L로 기체산소 798 L를 만들 수 있어서 산소통이 작아도 된다는 장점이 있지만, 액체산소 취급이 어려워서 공간이 작은 군용 항공기에서 사용한다. 액체산소는 극저온이기 때문에 주의해서 취급해야 한다.

화학 또는 고체산소(chemical or solid oxygen)

① 염소산나트륨(sodium chlorate)은 독특한 특성을 가지고 있는데, 점화되었을 때 연소하면서 산소를 발생시킨다. 생성된 산소는 필터에 의해 걸러져 호스를 통해 마스크로 이송되어 사용자에 의해 흡입된다.

② 고체산소 캔들(candle)은 활성화될 때 발생하는 열을 제어하기 위해 격리된 스테인리스강 하

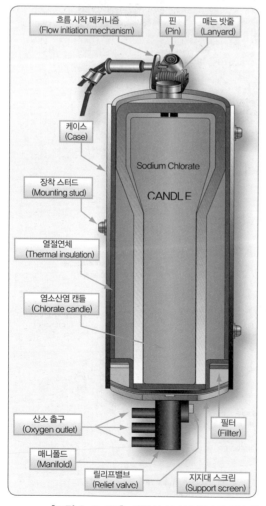

[그림 2-3-52] 화학식 산소발생기의 염소산나트륨 고체산소 캔들과 내부

우징(housing) 내부에 포장된 염소산나트륨 덩어리로 구성된다.

③ 스프링 작동식 점화핀 점화방식과 유도전기 고열 전기점화방식이 있으며 일단 점화가 되면 고체염소 산소발생기는 소화시킬 수 없고 일반적으로 10~20분 동안 호흡할 수 있는 산소를 발생시킨다.

④ 고체산소발생기는 여압이 되는 항공기의 예비 산소장치로서 사용되며 동일한 양의 기체산소 장치 저장탱크 무게의 1/3 정도를 차지한다.

⑤ 염소산나트륨 화학적 산소발생기는 유통기한이 길어서 예비 산소 형태로서 사용 가능하며 400°F 이하에서 비활성이며 사용 또는 유효기간이 도달할 때까지 정비와 검사로 계속 저장할 수 있다.

⑥ 고체산소는 한 번 사용하면 교체해야 하기 때문에 비용을 크게 증가시킬 수 있다. 더욱이 화 학적 산소 캔들은 위험물질로 특별한 주의를 기울여야 하며 이동 시 적절하게 포장되어야 하 고 점화장치는 불활성화시켜야 한다.

➤ 탑재용 산소 발생장치(OBOGS, Onboard Oxygen Generating System)

군용기에 적용하는 탑재용 산소발생장치는 공기 중의 다른 가스로부터 산소를 분리시키는 분자 여과방법(molecular sieve method)을 비행 중에도 적용시킨 장치이다. 무게가 비교적 가볍고 산소공 급을 위해 지상지원업무를 경감시켜준다. 터빈엔진으로부터 공급된 추출공기가 체(sieve)를 거쳐 호흡용 산소를 분리시킨다. 분리된 산소 중 일부는 체 정화를 위해 질소와 다른 잔류 가스를 날려 버린다. 민간 항공기에서 이러한 유형의 산소 생산이 사용될 것으로 예상된다.

➤ 연속 흐름 계통(continuous flow system)과 수요 흐름 계통(demand flow system)

산소계통은 산소를 분배할 때 사용하는 조절기(regulator) 형식에 따라 연속 흐름 계통과 수요 흐 름 계통으로 구분한다.

① 연속 흐름 계통은 밸브가 열리면 산소가 계속 흘러서 사용자가 숨을 내쉬거나 마스크를 사용 하지 않을 때도 밸브가 닫힐 때까지 산소가 미리 설정한 만큼 계속 흐른다. 산소요구량에 맞 춰 수동 또는 자동으로 산소량을 조절할 수 있는 조절기를 가진 연속 흐름 계통도 있다. 수동 연속 흐름 조절기는 고도가 변했을 때 승무원이 조절하고, 자동 연속 흐름 조절기는 안에 아 네로이드(aneroid)가 있어서 고도가 높아짐에 따라 아네로이드가 팽창해서 사용자에게 더 많 은 산소를 공급한다.

② 수요 흐름 계통(demand-flow system)은 사용자가 흡입할 때 산소를 공급하는 방식을 말한다. 호흡을 멈추거나 숨을 내쉬는 동안 산소 공급이 중단되므로 산소가 낭비되지 않고 사용시간 이 길다. 수요 흐름 계통은 운송용 항공기의 승무원이 주로 사용한다.

> 수요 흐름 계통은 희석-수요형(diluter demand type)과 압력-수요형(pressure demand type)이 있다.

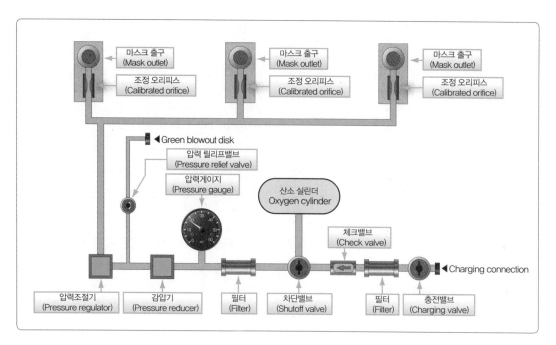

[그림 2-3-53] 중소형 항공기에 장착된 연속 흐름 산소계통

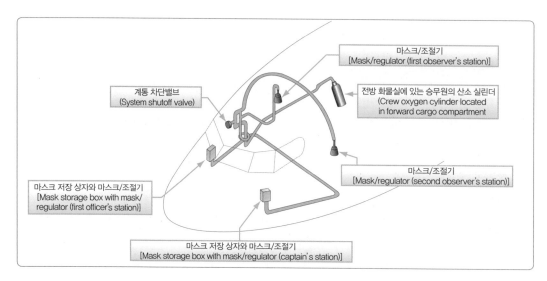

[그림 2-3-54] 운송 범주 항공기의 수요 흐름 산소구성품의 위치

㉮ 희석-수요형 조절기는 사용자가 호흡할 때마다 실내 공기와 순수한 산소를 희석해서 공급한다. 스위치를 정상(normal)으로 설정하면 고도가 증가함에 따라 아네로이드가 더 많은 산소와 더 적은 실내 공기를 혼합해서 공급한다. 비상스위치(emergency switch)를 'ON'하면 산소가 100% 계속 공급된다.

㉯ 압력-수요형 조절기는 숨을 쉴 때 가압된 100% 산소를 폐로 밀어 넣는다. 고도 40,000 ft에서는 100% 산소를 마셔도 폐가 안전한 수준의 산소를 흡수할 수 있을 만큼 대기압이 충

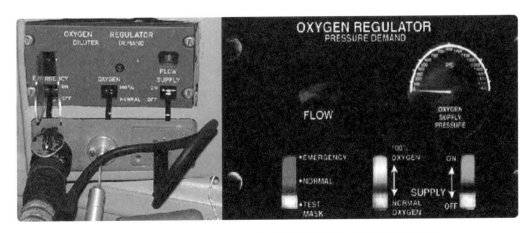

[그림 2-3-55] 수요 공급 산소계통에 사용되는 두 가지 유형의 조절기

분하지 않기 때문에 압력을 가한 산소를 공급한다.

▶ 취급상의 주의사항

① 윤활유, 석유제품과 거리를 유지하고 인화성 물질이 묻지 않은 작업복과 깨끗한 공구를 사용한다. 면장갑은 사용해선 안 되고, 화재에 대비해 소화기를 준비한다.

산소 자체는 가연성 물질이 아니지만 다른 인화성 물질에 불이 붙게 촉진하는 작용을 한다. 산소와 윤활유가 만나면 발열작용이 일어나고, 인화점에 도달하면 폭발이 일어난다.

② 작업구역에서 15 m 이내에서 흡연하지 않고, 작업 시 항공기 전원을 모두 'OFF'한다.
③ 차단밸브를 천천히 열어서 산소 실린더의 압력이 완전히 배출된 다음 작업을 수행한다.

밸브를 천천히 열지 않으면 용기 내부의 압축된 산소 분자가 조절기나 밸브와 부딪혀서 발화될 수 있는 열이 발생한다.

[그림 2-3-56] 산소계통 누설 점검 용액(oxygen system leak check solution)

④ 분리한 배관에 이물질이 들어가는 것을 방지하기 위해 캡(cap)이나 플러그(plug)로 밀봉한다.

⑤ 누설점검을 할 때는 인가된 누설점검 용액을 사용하고, 검사 후 마른 천으로 닦아낸다.

⑥ 산소 보급과 같이 산소를 취급하는 작업은 환기가 잘되는 곳에서 한다.

⑦ 액체산소를 취급할 때에는 동상을 방지하기 위해 장갑, 앞치마, 고무장화를 착용해야 한다.

🧭 산소 사용처

산소계통은 사용처에 따라 승무원 산소공급계통, 승객 산소공급계통, 휴대용 산소공급장치가 있다.

① 승무원 산소공급계통은 운항승무원에게 산소를 공급하는 계통이다. 운송용 항공기는 한 명의 조종사에게 전체 비행에 필요한 산소를, 나머지 조종사에게 전체 비행시간의 절반 동안 충분한 산소를 공급하게 되어 있다. 승무원 산소공급계통의 구성품에는 승무원 산소 실린더, 마스크 저장상자, 마스크, 조절기가 있다.

② 승객 산소공급계통은 객실고도가 14,000 ft 이상일 때 승객에게 산소를 공급하는 계통이다. 조종실의 스위치로 산소마스크가 떨어지게 하거나, 객실 내부의 기압이 낮아져 객실고도가 14,000 ft 이상이 되면 자동으로 PSU에서 산소마스크가 떨어진다. 마스크가 내려온 상태에서 잡아당겨 머리에 쓰면 산소가 공급된다.

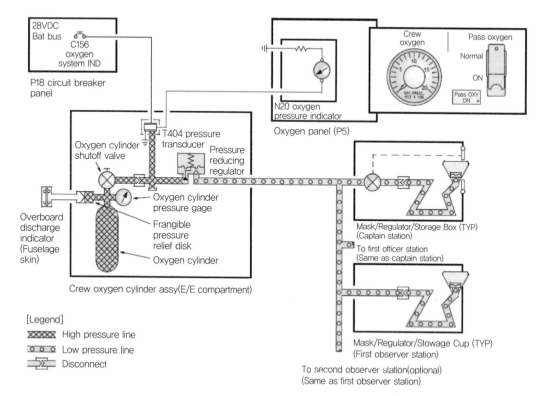

[그림 2-3-57] 운항승무원 산소계통(flight crew oxygen)

고체산소계통은 승객이 산소마스크를 당기면 마스크에 붙어 있는 끈에서 고체산소 발생기의 핀이 빠져 스프링 힘으로 뇌관을 작동시키고 화학반응을 일으켜서 만든 산소를 공급한다. 산소발생기에는 여러 개의 마스크가 연결되어 있는데, 그중에 하나라도 당기면 모든 마스크에 산소가 공급된다. 마스크를 당겨서 화학반응을 시작하면 중간에 멈출 수 없다.

③ 휴대용 산소공급장치(portable oxygen bottle)는 산소통과 마스크가 하나로 되어 있고, 조종실과 객실의 여러 장소에 비치되어 있다. 환자나 호흡에 문제가 생긴 승객에게 산소가 필요할 때 구급용으로 사용하거나 비상장비로 사용한다.

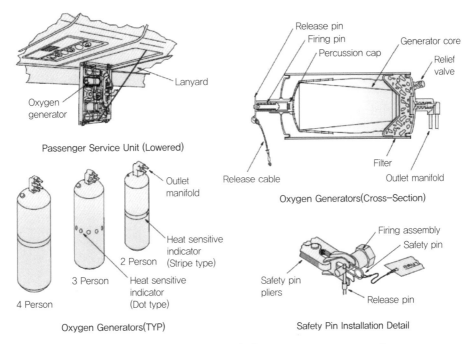

[그림 2-3-58] 승객용 산소계통(passenger oxygen system)

[그림 2-3-59] PSU에 내장된 노란색 연속 흐름 산소마스크

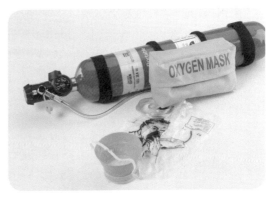

[그림 2-3-60] 휴대용 산소공급장치

▶ 파열판(blowout disk) 또는 프랜지블 디스크(frangible disc)

산소용기 압력이 과도하게 높으면 파열판 또는 프랜지블 디스크가 파열되고 릴리프밸브가 열려서 산소를 기체 밖으로 배출한다. 파열판은 대부분 녹색이며, 정비사는 녹색 디스크가 손상된 것을 보고 산소가 용기에서 배출된 것을 알 수 있다.

라 동결방지계통 [ATA 30 Ice and rain protection]

1) 시스템 개요(날개, 엔진, 프로펠러 등) (구술평가)

가) 방빙·제빙하고 있는 장소와 그 열원 등

▶ 방빙·제빙하고 있는 장소와 그 열원 등

비행 중 얼음을 제거하고 결빙을 방지하는 방법에는 제빙 부츠(de-icing boot), 뜨거운 공기를 이용한 방빙(thermal anti-icing), 전기적 가열(electric heating), 화학약품을 이용한 방빙이 있다.

① 뜨거운 공기로 표면을 가열
② 발열소자(heating element)로 전기적 가열

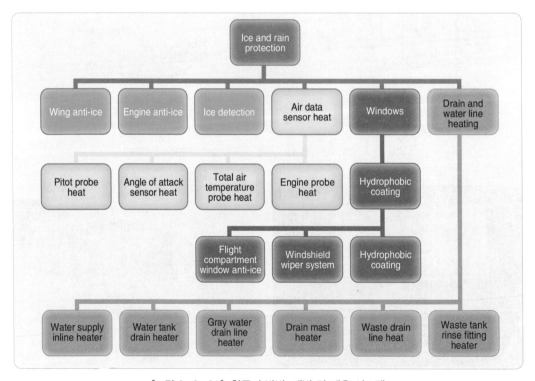

[그림 2-3-61] 항공기 방빙·제빙 및 제우 시스템

③ 팽창 부츠(inflatable boots)로 제빙

④ 화학적 처리(chemical application)

항공기에서 결빙이 발생하는 위치와 제·방빙하는 방법

① 뜨거운 공기를 이용한 방빙은 날개 앞전 안정판, 엔진 흡입구 등 넓은 면적을 방빙할 때 사용하는 방법이다. 가스터빈엔진을 사용하는 항공기는 엔진 블리드 에어를 사용하는데, 블리드 에어를 많이 쓰면 추력에 손실이 생기므로 필요할 때만 제한적으로 사용한다.

> 그 외에 뜨거운 공기의 공급원으로 램공기를 가열하는 연소가열기와 엔진 배기가스 열교환기가 있다.

② 전기열을 이용한 방빙은 피토 튜브나 대기 온도계, 받음각 센서와 같이 작은 구성품이나 물 공급라인, 오물 배출구, 프로펠러와 윈드실드를 방빙할 때 사용하는 방법이다.

③ 화학적 방빙은 이소프로필 알코올이나 에틸렌글리콜을 분사해서 물의 어는점을 낮춰서 결빙을 방지하는 방법이다. 프로펠러 앞전, 윈드실드, 기화기의 방빙 등에 사용되는데 날개와 안정판 방빙에 사용하는 항공기도 있다.

> 얼음은 눈으로 발견할 수도 있지만, 대형 항공기는 결빙탐지센서로 얼음이 생겼는지 감지해서 운항 승무원에게 경고하고, 결빙이 탐지되면 날개방빙계통을 자동으로 작동시킨다.

[표 2-3-3] 항공기 위치별 결빙 제어방식

결빙 위치	제어방법
날개 앞전	열공압식, 열전기식, 화학약품식 방빙/공기식 제빙
수직안정판 및 수평안정판 앞전	열공압식, 열전기식 방빙/공기식 제빙
윈드실드, 창	열공압식, 열전기식, 화학약품식 방빙
가열기 및 엔진 공기 흡입구	열공압식, 열전기식 방빙
피토 정압관 및 공기자료 감지기	열전기식 방빙
프로펠러깃 앞전과 스피너	열전기식, 화학약품식 방빙
기화기	열공압식, 화학약품식 방빙
화장실 배출 및 이동용 물 배관	열전기식 방빙

열공압식 방빙(thermal pneumatic anti-icing)

열공압식 방빙은 고온의 공기로 날개 잎진, 앞전 슬랫, 수평·수직안정판 앞전, 엔진 흡입구에 얼음이 생기는 것을 방지하는 방법이다. 날개 앞전 안쪽에 길이 방향으로 덕트를 설치하고 뜨거운 공기를 공급하면 이중판으로 만든 앞전 사이의 틈으로 뜨거운 공기가 통해서 얼음이 생성되는 것을 막는다.

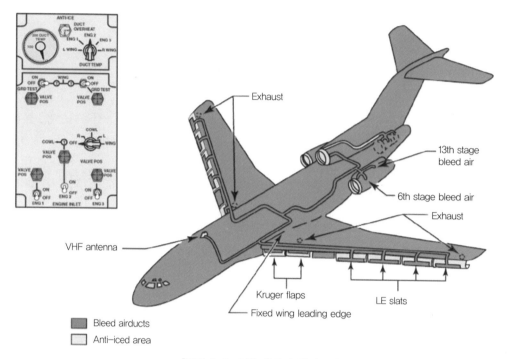

Bleed airducts
Anti-iced area

[그림 2-3-62] 항공기 방빙구역

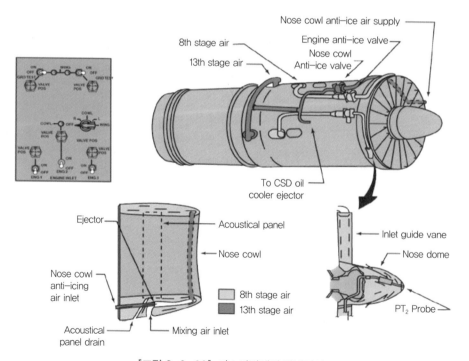

[그림 2-3-63] 가스터빈엔진 방빙장치

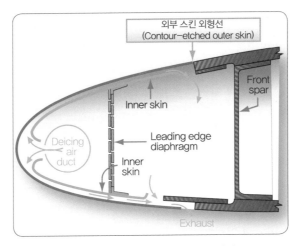

[그림 2-3-64] 날개 앞전 방빙장치

✈ 열공압식 날개 방빙계통(thermal wing anti-icing system) 작동 절차

상용제트와 대형 운송용 항공기에서 날개 열방빙계통 또는 꼬리부분 열방빙계통은 대용량의 아주 고온 공기를 충분하게 공급해야 하기 때문에 일반적으로 엔진압축기로부터 추출(bleed)된 뜨거운 공기를 사용한다. 공급된 뜨거운 공기는 덕트, 매니폴드(manifold), 그리고 밸브를 통해 방빙이

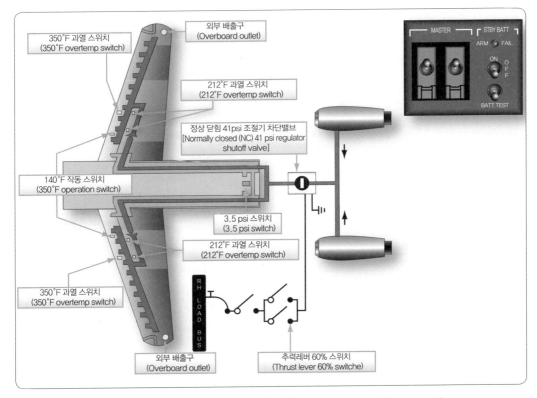

[그림 2-3-65] 열공압식 날개 방빙계통(thermal wing anti-icing system)

요구되는 구성품에 공급된다.

[그림 2-3-65]는 상용제트 항공기에 적용된 전형적인 날개 방빙계통 개략도를 보여준다.

① 엔진 압축기 추출공기(engine compressor bleed air)는 각각의 날개 내부 구역에 있는 배출기에 의해 각각의 날개 앞전으로 공급되고 분배를 위해 피콜로관(piccolo tube) 안으로 추출공기를 방출시킨다.

② 대기공기의 유입은 날개뿌리(wing root)와 날개 끝(wing tip) 근처에 매립설치식(flush-mounted) 램공기스쿠프(ram air scoop)에 의해 날개앞전 안으로 유입된다.

③ 배출기(ejector)는 대기공기를 혼합하여 흡입하고, 추출공기의 온도 감소와 피콜로관에서 대량의 공기흐름을 가능하게 한다.

④ 날개 방빙 스위치가 켜지면 압력조절기에 전원이 공급되고 차단밸브가 열린다.

⑤ 날개 앞전 온도가 약 140°F(60°C)에 도달하면 온도 스위치가 작동 표시등을 'ON'시킨다.

⑥ 날개 앞전 온도가 외부 약 212°F(100°C) 또는 내부 350°F(177°C)를 초과하면 패널의 빨간색 "WING OVHT" 경고등(warning light)이 켜진다.

🖙 열전기식 방빙(thermal electric anti-icing)

열전기식 방빙은 코일에 전류가 흐를 때 생기는 열을 이용한 방법이다. 피토관, 정압공(static port), 받음각 감지기(AOA probe)와 같은 소형 구성품에 주로 사용하고 급·폐수관, 일부 터보프롭 항공기의 엔진 흡입구(inlet cowl), 운송용 항공기의 윈드실드에도 사용한다.

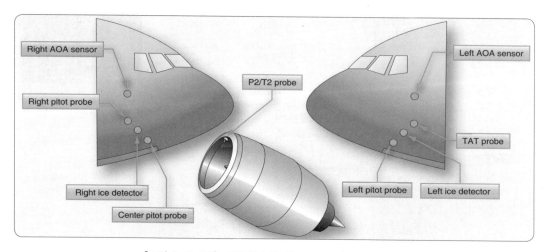

[그림 2-3-66] 대형 운송용 항공기의 열전기식 감지기

🖙 전열식 프로펠러 제빙계통(electrothermal propeller deice system)

① 프로펠러 앞전(propeller leading edge), 커프(cuff), 그리고 스피너(spinner)의 얼음 생성은 동력 장치계통의 효율을 감소시키므로 이를 방지하기 위해 전기식 제빙계통을 사용한다. 대부분 항공기에 장착된 전기식 프로펠러 제빙계통은 프로펠러의 블레이드(blade)에서 전기가열식

결빙으로 생길 수 있는 문제에는 양력 감소, 항력 증가, 조종면 작동 불능, 진동 발생, 무선통신 방해, 엔진성능 감소, 실속속도 증가, 이·착륙거리 증가, FOD 등이 있다.

📍 결빙탐지계통(ice detector system)

얼음은 시각적으로 발견할 수 있지만, 대부분 최신 항공기는 결빙상태를 탐지하여 운항승무원에게 경고하는 결빙탐지센서를 갖추고 있고, 결빙탐지계통은 결빙이 탐지되었을 때 날개방빙계통을 자동으로 작동시킨다.

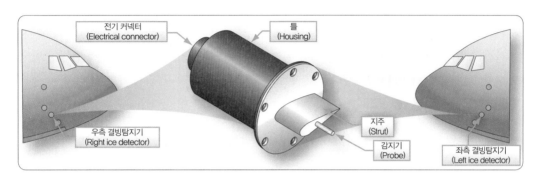

[그림 2-3-72] 비행 승무원에게 결빙상태를 경고하는 결빙탐지장치

📍 날개방빙 제어장치(WAI control system) 작동 시기

날개방빙계통 선택기(selector)는 AUTO, ON, 그리고 OFF 이렇게 세 가지 선택 모드를 가지고 있는데, 선택기가 AUTO 모드로 선택되면 날개방빙 ACIPS 컴퓨터 카드는 결빙탐지기가 얼음을 감지하면 날개방빙밸브를 열도록 신호를 보낸다. 밸브는 결빙탐지기가 더 이상 얼음을 감지하지 않을 때 3분 지연 후에 닫힌다. 시간지연은 간헐적인 결빙조건 시에 빈번한 ON/OFF의 반복을 방지한다. 선택기가 수동 모드인 ON 위치에 있으면 날개방빙밸브는 열리고, 선택기가 OFF 위치에서는 날개방빙밸브는 닫힌다. 날개방빙밸브에 대한 작동모드는 다른 설정에 의해 제한될 수 있다.

① 작동모드는 다음 조건이 모두 발생하면 제한된다.
  ㉮ AUTO 모드가 선택되었을 때
  ㉯ 이륙 모드가 선택되었을 때
  ㉰ 비행기가 10분 이하로 공중에 있을 때

② AUTO 또는 ON 선택 시, 작동모드는 아래의 조건 중 하나라도 발생하면 제한된다.
  ㉮ 비행기가 지상에 있을 때[초기 또는 주기적 내장 테스트 장비(BITE, Built-In Test Equipment) 시험 중 제외]
  ㉯ 기체표면온도(TAT, Total Air Temperature)가 50°F(10℃) 이상이고 이륙 이후 5분 이내
  ㉰ 자동슬랫 작동
  ㉱ 공기구동유압펌프 작동

㉮ 엔진시동

㉯ 추출공기온도가 200℉(93℃) 이하일 때

날개방빙 제어장치(WAI control system) 작동

날개방빙계통은 카울방빙계통(ACIPS, Cowl Ice Protection System) 컴퓨터 카드에 의해 제어된다. ACIPS 컴퓨터 카드는 양쪽 날개방빙밸브를 제어한다. 날개방빙밸브의 선택 위치와 고도의 변화에 따라 추출공기의 온도가 변경된다. 좌측과 우측 밸브는 양쪽 날개를 동일하게 가열하기 위해 동시에 작동한다. 이것은 결빙조건에서 공기역학적으로 안정된 비행자세를 유지시킨다. 날개방빙 압력센서(WAI pressure sensor)는 날개방빙밸브 제어와 위치표시를 위해 날개방빙 ACIPS 컴퓨터 카드로 피드백 정보를 제공한다. 만약 하나 이상의 압력센서가 고장 난다면, WAI ACIPS 컴퓨터 카드는 완전히 열리거나 또는 완전히 닫히도록 설정해 준다. 만약 어느 한쪽 밸브에서 결함이 발생하여 닫히면, 날개방빙 컴퓨터 카드는 다른 쪽 밸브를 닫는다.

날개방빙 지시장치(WAI indication system)

항공기 승무원은 탑재 컴퓨터 정비 페이지에서 날개방빙계통을 식별할 수 있으며 아래와 같은 정보가 시현된다.

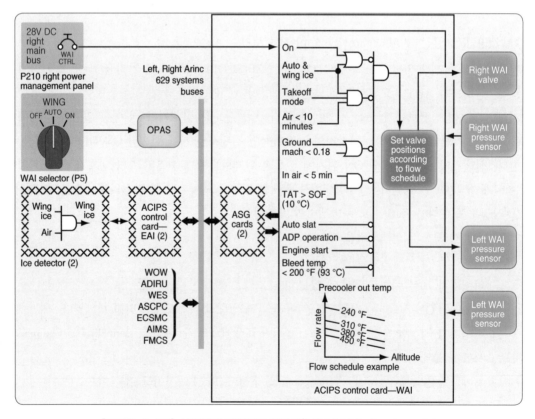

[그림 2-3-73] 날개방빙 제어회로 계통도(WAI inhibit logic schematic)

```
Ice Protection
  Altitude 10,000          Eng type —
  TAT        -2
                           L             R
  Ice detection:          Engine/wing    Engine/wing
Engine anti-ice:
  Fincase duct leak signal Normal        Normal
  Valve                   Regulating     Regulating
  Supply air temp         884            884
  Air pressure            13             13
  Air flow                13             13
Wing anti-ice:
  Wing manifold pressure 50              50
  Valve                   Regulating     Regulating
  Air pressure            19             19
  Air flow                85             85
```

[그림 2-3-74] 컴퓨터 탑재 결빙방지 정비 페이지

① wing manifold press – [psig] 단위의 공압덕트압력

② valve – 날개방빙밸브 열림, 닫힘, 또는 중간 위치

③ air press – [psig] 단위의 날개방빙밸브 하류의 압력

④ air flow – [ppm](pound per minute) 단위의 날개방빙밸브를 통과하는 공기 흐름량

다) 동압(pitot) 및 정압(static) 계통, 결빙방지계통 검사

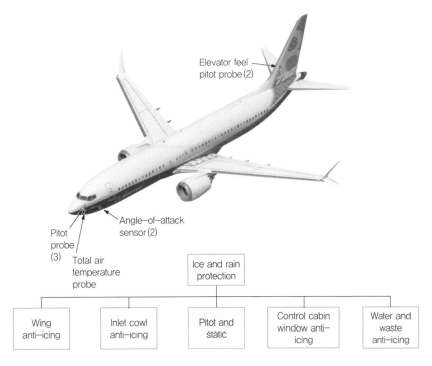

[그림 2-3-75] B737 pitot and static 소개

➤ B737 pitot and static anti-icing system

① probe anti-icing system

㉮ probe에는 가열을 위해 전력을 사용하는 히터가 있다.

㉯ static port는 probe anti-icing system의 일부가 아니다. port는 가열이 필요 없다.

㉰ probe anti-icing system은 다음의 구성품에 전기적으로 열을 공급한다.

- angle-of-attack sensor(2)

- TAT(Total Air Temperature) probe

- pitot probe(3)

- elevator feel pitot probe(2)

② pitot and static-pitot probe

㉮ probe anti-icing system은 pitot probe에 얼음이 형성되는 것을 방지한다.

㉯ pitot probe는 다음과 같이 구성되어 있다.

- 프로브 튜브(probe tube)(heater 포함)

- 압력 감지 라인 커넥터(pressure sense line connector)

- 전기 커넥터(electrical connector)

㉰ 왼쪽 전방 동체에는 하나의 pitot probe(기장)가 있다.

㉱ 오른쪽 전방 동체에는 2개의 pitot probe(부기장 및 보조)가 있다.

㉲ vertical stabilizer에는 2개의 elevator feel pitot probe가 있다.

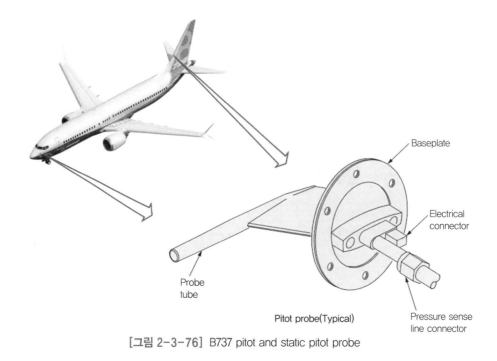

[그림 2-3-76] B737 pitot and static pitot probe

㉺ pitot probe에는 전기 저항형 heater가 있다. heater는 probe의 일부이다.

> 경고 pitot probe heat가 OFF되어 있는지 확인한다. 사람이 다칠 수 있다.

③ pitot and static-operation

㉮ probe heat 스위치는 probe anti-icing system을 제어한다.

㉯ probe heat A 스위치는 다음 시스템 A probe에 대한 열을 제어한다.

- capt pitot(기장 pitot)

- L elev pitot(L/H elevator pitot, elevator feel system용)

- L alpha vane(L/H alpha vane, AOA sensor)

- temp probe(temperature probe, TAT probe)

㉰ probe heat B 스위치는 다음 시스템 B 프로브에 대한 열을 제어한다.

- F/O(부기장 pitot)

- R elev pitot(R/H elevator pitot, elevator feel system용)

- R alpha vane(R/H alpha vane, AOA sensor)

- aux pitot(auxiliary pitot)

㉱ probe 가열을 중지하려면 스위치를 AUTO 위치에 놓는다. 스위치가 AUTO 위치에 있는 상태에서 엔진이 작동하면 probe열이 자동으로 ON된다.

㉲ probe 가열을 수동으로 작동하려면 스위치를 ON 위치로 이동한다.

㉳ TAT test 스위치는 지상의 전체 공기 온도 probe 히터를 테스트한다. 스위치를 누르면 probe에 열이 있는 경우 temp probe 표시등이 OFF 상태를 유지한다.

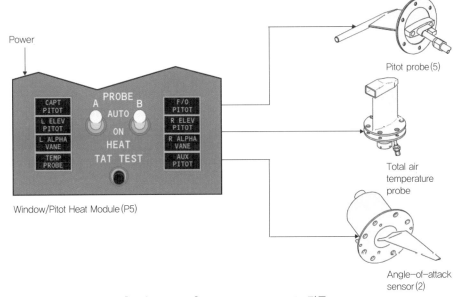

[그림 2-3-77] B737 pitot and static 작동

㉓ 각 probe에 대한 표시등이 있다. 다음은 표시이다.
  – 해당 probe에 전류가 흐르면 불이 OFF
  – 해당 probe에 전류가 흐르지 않을 때 ON

➤ 안테나의 방빙

무선통신에 사용하는 안테나의 모양은 동체 앞부분에 있는 레이돔, 와이어(wire)형, 핀(pin)형, 기체구조 일부를 이용하는 등 다양하고, 안테나의 위치도 제각각이다.

안테나마다 방빙을 필요로 하는 부분이나 모양, 재료, 램(ram) 효과에 의한 결빙조건이 다르므로 안테나마다 방빙하는 방법을 별도로 정해야 한다.

레이돔은 별도로 방빙하지 않고 공기 흐름으로 얼음이 떨어져 나간다.

라) 전기 wind shield 작동점검

➤ wind shield 방빙장치

윈드실드 방빙의 목적은 얼음, 이슬 맺힘, 김 서림이 생기는 것을 방지해서 조종사의 시야를 확보하는 것이다. 전기저항열, 화학적 방법, 가열 공기를 이용하는 방법이 있다.

① 윈드실드 유리 단면은 다층구조로 되어 있다. 다층구조의 중심 부분에 충격을 흡수하는 비닐층이 있고, 전도성 피막에 전류를 흘려서 30~40℃로 유지해서 얼음, 서리, 김이 생기는 것을 방지한다. 전열장치가 작동하지 않을 때는 엔진 블리드 에어나 환경조절계통(ECS, Environmental Control System)에서 가져온 뜨거운 공기를 유리 안쪽에 넣어서 방빙한다.

② 화학식 윈드실드 방빙은 윈드실드 외부의 노즐(nozzle)로 이소프로필 알코올이나 에틸렌글리콜과 알코올을 섞은 용액을 분사해서 어는 점을 낮춰서 결빙을 방지한다.

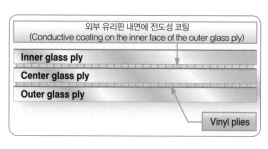

[그림 2-3-78] 운송용 항공기 윈드실드 단면

[그림 2-3-79] 화학식 제빙 분사도관

➤ 윈드실드 와이퍼 계통(windshield wiper system) 작동점검

① 전기식 윈드실드 와이퍼 계통에서, 와이퍼 블레이드(wiper blade)는 항공기의 전기계통으로부

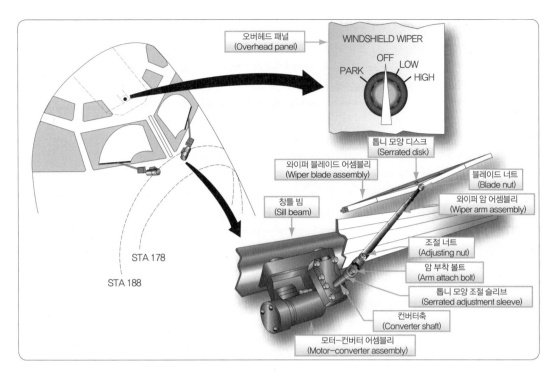

[그림 2-3-80] 운송용 항공기의 윈드실드 와이퍼 어셈블리

터 전원을 받는 전기모터에 의해서 작동한다. 일부 항공기에서, 만약 계통이 하나 고장 나더라도 깨끗한 시야를 확보하기 위해 조종사와 부조종사의 윈드실드 와이퍼가 분리된 계통에 의해 작동한다. 각각의 윈드실드 와이퍼 조립체는 와이퍼, 와이퍼 암(arm), 그리고 와이퍼 모터/컨버터(converter)로 이루어져 있다. 대부분의 항공기 윈드실드계통은 전기모터를 이용한다. 그러나 일부 구형 항공기는 유압식 와이퍼 모터를 장착하고 있다.

② 윈드실드 와이퍼계통에서 수행되는 정비는 작동점검, 조정, 그리고 고장탐구로 이루어지고 작동점검은 계통 구성품이 교체되었을 때 또는 계통이 적절하게 작동하고 있지 않을 때 수행한다. 조정작업은 와이퍼 블레이드 장력, 블레이드 작동 각도, 그리고 와이퍼 블레이드의 적절한 위치의 정지로 구성된다.

⟋ 윈드실드 제우계통(rain removal system)

제우계통은 조종사가 앞을 잘 볼 수 있도록 윈드실드의 물방울을 제거하는 계통이다. 제우계통에는 윈드실드 와이퍼(windshield wiper), 공기압을 이용한 제트분사(jet blast), 방우제(rain repellent), 소수성 코팅(hydrophobic coating)이 있다.

① 윈드실드 와이퍼는 유압이나 전기모터로 와이퍼를 움직여서 기계적으로 물방울을 제거한다. 와이퍼는 물방울을 제거히는 역할 외에 빙빙액이나 방우제를 뿌리는 역할노 한다. 윈드실드 표면이 건조할 때는 와이퍼를 사용해서는 안 된다.

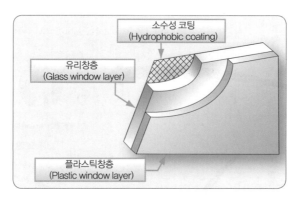

[그림 2-3-81] 소수성 코팅 윈드실드(hydrophobic coating on windshild)

② 제트분사는 고온·고압의 엔진 블리드 에어를 윈드실드 앞쪽에서 분사해서 빗방울이 표면에 붙기 전에 날려 버리는 방법이다.

③ 방우제는 와이퍼를 사용해도 효과가 없을 만큼 비가 많이 올 때 와이퍼와 같이 사용한다. 윈드실드 위에 분사된 방우제는 피막을 형성해서 빗방울이 퍼지지 않고 물방울 형태로 대기 중으로 흩어져 날아가도록 한다. 방우제는 가압된 용기에 들어 있어서 스위치나 버튼을 누르면 일정량이 분사된다. 강우량이 적거나 건조한 유리 표면에 방우제를 사용하면 오히려 시야를 방해하고 방우제가 유리에 달라붙기 때문에 사용하면 안 된다. 표면에 남은 방우제는 외피 오염과 부식의 원인이 될 수 있어서 물로 완전히 제거해야 한다.

④ 신형 항공기는 윈드실드 표면에 소수성 코팅이라고 하는 표면 밀폐 코팅(seal coating)을 한다. 코팅한 윈드실드 표면에 닿은 빗방울은 퍼지지 않고 물방울 형태로 표면을 굴러 대기 중으로 날아간다. 코팅한 윈드실드는 와이퍼 사용이 줄어들고 비가 많이 내릴 때도 시야를 확보할 수 있다.

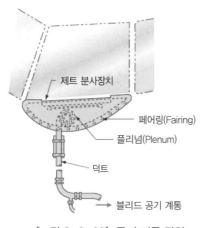

[그림 2-3-82] 공기 커튼 장치

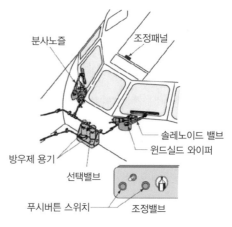

[그림 2-3-83] 방우제 계통

마) pneumatic de-icing boot 정비 및 수리

🛩 고무 제빙부트계통 점검, 정비 및

(inspection, maintenance, and troubleshooting of rubber deicer boot systems)

① 정비는 항공기 모델에 따라 상이하므로 제작사의 사용설명서를 따라야 한다. 일반적으로 정비는 작동점검(operational check), 조정(adjustment), 고장탐구(trouble shooting), 그리고 검사(inspection)로 구성된다.

② 작동점검은 항공기 엔진의 작동 또는 외부 공기의 공급으로 수행된다. 대부분의 항공기는 작동점검이 가능하도록 테스트 플러그(test plug)를 가지고 있다.

③ 점검 시 인증된 테스트 압력을 초과하지 않는지 확인해야 하며, 점검 전 진공식 계기의 작동 여부를 확인해야 한다.

④ 만약 게이지 중 어떤 하나가 작동한다면 1개 이상의 체크밸브가 닫히지 않아 계기계통으로 역류 현상이 일어나고 있음을 나타낸다.

⑤ 점검 시 팽창순서가 항공기정비매뉴얼에서 지시한 순서와 일치하는지 점검하고 몇 번의 완전한 순환을 통하여 계통의 작동시간을 점검한다. 또한 부트의 수축은 그 다음 팽창 이전에 완료되는지 관찰해야 한다.

⑥ 조정이 요구되는 작업의 예는 조종 케이블 링케이지, 계통압력 릴리프밸브와 진공 릴리프밸브, 흡입 릴리프밸브 등이 있으며 세부절차는 해당 항공기 정비 매뉴얼에 따른다.

⑦ 비행 전 점검(preflight inspection)에서 제빙장치계통의 절단(cut), 찢어짐(tear), 변질(deterioration), 구멍 뚫림(puncture), 그리고 안전상태(security)를 점검하고, 계획정비(scheduled inspection)에서는 비행 전 점검항목에 추가하여 부츠의 균열(crack) 여부를 세밀하게 점검해야 한다.

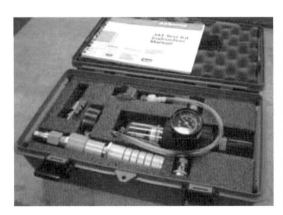 

[그림 2-3-84] 시험장비(좌측)와 항공기에 장착된 시험장비(우측)

제빙부트 정비(deice boot maintenance)

사용하지 않을 때 적절한 보관과 아래의 절차를 준수하여 제빙장치의 사용수명을 연장한다.

① 제빙장치 위에서 연료호스를 끌지 않는다.

② 가솔린, 오일, 윤활유, 오물, 그리고 기타 변질물질이 없도록 유지한다.

③ 제빙장치 위에 공구를 올려놓거나 정비용 장비를 기대어 놓지 않는다.

④ 마멸(abrasion) 또는 변질(deterioration)이 발견되었을 때 신속하게 제빙장치를 수리하거나 표면재처리(resurface)를 수행한다.

⑤ 미사용 보관 시 종이 또는 천막(canvas)으로 제빙장치를 포장한다.

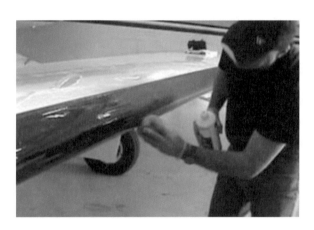

[그림 2-3-85] 제빙 부츠의 수리 장면

제빙부트(deice boot) 세척절차와 표면처리

제빙부츠 실제 작업은 세척, 표면재처리(resurfacing)와 수리로 구성된다. 제빙부츠의 모든 수리 절차는 제작사의 지침을 따라서 수행한다.

① 제빙부츠 세척은 기체 표면을 세척할 때 같이 한다. 나프타(naphtha)와 같은 세정제로 그리스와 윤활유를 제거한 다음 비누와 물로 세척할 수 있다.

② 제빙부츠는 무선통신 간섭을 줄이기 위해 정전기를 제거하기 위한 전도성 합성고무로 만든다. 제빙부츠 표면의 마모 정도가 전기전도성(electrical conductivity)이 손상될 만큼 되었을 때 표면재처리 작업을 한다. 표면재처리 재료는 전도성 네오프렌 시멘트를 사용한다.

③ 제빙부츠의 손상은 패치로 수리할 수 있다. 패치를 붙이기 전에 제빙부츠의 장력을 풀고, 수리할 부분을 세척하고 약간 거칠게 다듬어 준 다음, 손상 부위에 패치를 접착제로 붙인다.

통신 · 항법계통 [ATA 23 Communication, ATA 34 Navigation]

1) 통신장치(HF, VHF, UHF 등) (구술 또는 실작업 평가)

가) 사용처 및 조작방법

⊙ 항공기 통신업무의 분류

① 항공기와 지상국, 또는 항공기 상호 간의 무선통신업무를 총칭하여 항공이동통신업무라고 한다.

② 운용 주파수는 국내에서는 초단파(VHF)와 극초단파(UHF)를 사용하고, 국외에서는 초단파를 사용하는 것 이외에는 주로 단파(HF)를 사용한다.

③ 초단파 통신장치는 전파거리가 직선거리에 한정되기 때문에 각 항공로 관제센터(ACC, Area Control Center)의 관할 공역 내를 비행 중인 항공기와 항공 관제사가 직접 교신할 수 있도록 항공교통관제기관에서 떨어진 적당한 장소에 원격 대공 통신시설을 설치하여 원격조작에 의한 통신을 실시하고 있다.

[그림 2-3-86] 항공통신시스템의 업무 분류

⊙ HF(단파; High Frequency)

단파(HF)는 주파수 범위 3~30 MHz의 전파를 말한다. 단파는 항공기와 시상, 다른 항공기 간의 장거리 통신이나 VHF 통신에 결함이 생겼을 때 비상용으로 사용한다. 단파는 전리층에서 반사되

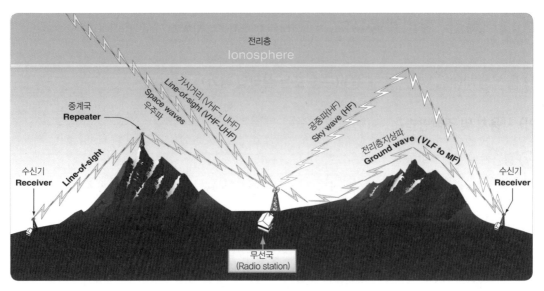

[그림 2-3-87] 단파 무선파(HF radio wave)

는 특징이 있어서 먼 거리까지 통신할 수 있지만, 잡음이나 페이딩(fading; 통신신호 감쇄현상)이 많고, 태양 흑점의 활동으로 전리층이 산란해서 통신할 수 없을 때가 있다.

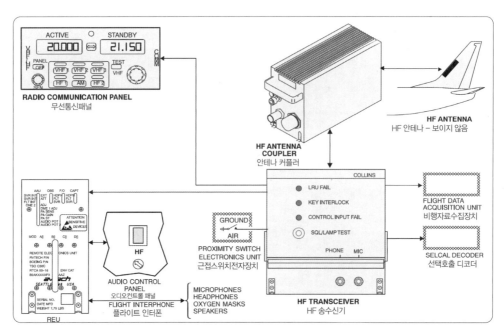

[그림 2-3-88] B737 단파 통신계통(B737 HF communication system)

현재 위성통신시스템(SATCOM)이 일반화되어 HF통신의 사용빈도가 줄었지만, 위도가 높은 극지방과 같이 위성통신을 사용할 수 없는 지역에서 유용하게 사용된다.

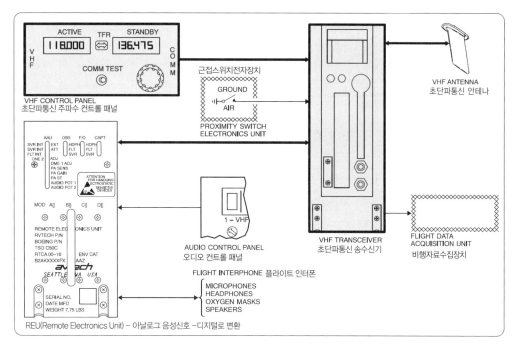

[그림 2-3-89] B737 항공기 초단파 통신계통(B737 VHF communication system)

⊙ VHF(초단파; Very High Frequency)

초단파(VHF)는 주파수 범위가 30~300 MHz의 전파를 말한다. 단파는 전리층에서 반사되지만, 초단파는 전리층에서 반사되지 않고 통과하는 성질이 있어서 단거리 통신에 사용한다. VHF는 항공기와 지상, 다른 항공기 간의 단거리 통신이나 VOR, ILS 중 로컬라이저(localizer), 마커비컨에 사용한다. 사용되는 주파수대는 118.000~137.975 MHz이다. VHF 통신은 반사파가 아닌 직접파라서 잡음이 적고 음질이 깨끗하다는 장점이 있다.

> VHF 통신은 데이터 통신(data communication)에도 사용된다. 데이터 통신 시스템에는 대표적으로 항공기와 지상 간의 메시지를 자동으로 전송하는 양방향 데이터 통신 시스템인 ACARS(Aircraft Communication Addressing and Reporting System)가 있다. 항공기가 공항 출발 전에 관제탑이나 항공사로부터 운항에 필요한 자료나 관련 공항의 기상 정보, 게이트 정보 등을 무선으로 받을 수 있는 양방향 통신장비이다.

⊙ 극초단파(UHF, Ultra High Frequency)

극초단파(UHF)는 주파수 범위가 300~3000 MHz의 전파를 말한다. 주로 군용항공기의 통신에 사용하고, ATC 트랜스폰더, DME, ILS의 G/S 주파수로 사용한다.

극극초단파(SHF, Super High Frequency)는 주파수 범위가 3~30 GHz의 전파로 SATCOM, 기상레이더, 전파고도계에 사용하는 주파수이다.

[표 2-3-4] 주파수 범위별 사용처

명칭	주파수 범위	사용처
초장파(VLF)	300 kHz 이하(100~10 km)	오메가 항법
장파(LF)	30~300 kHz(10~1 km)	ADF, 로란 C(Loran-장거리 항법)
중파(MF)	300 kHz~3 MHz(1km~100m)	ADF(AM 라디오), 로란 A
단파(HF)	3~30 MHz(100m~10m)	HF 통신 햄(HAM, 아마추어 무선통신)
초단파(VHF)	30~300 MHz(10m~1m)	FM 라디오, VOR, VHF 통신, LOC, 마커비컨
극초단파(UHF)	300~3,000 MHz(1m~10cm)	UHF 통신, G/S, ATC, TCAS, DME, TACAN
극극초단파(SHF)	3~30 kHz(10cm~1cm)	도플러 레이더, 기상레이더, 전파고도계
초극초단파(EHF)	3~300 GHz(1cm~1mm)	

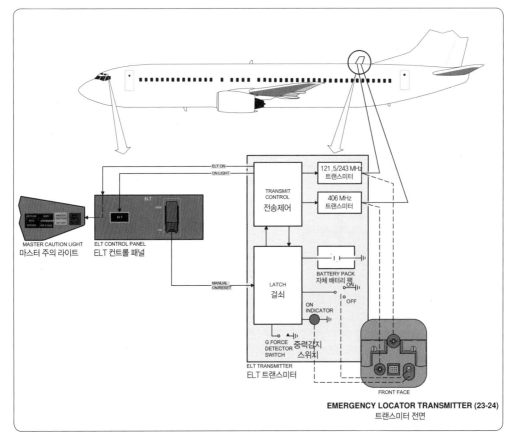

[그림 2-3-90] B737 ELT 시스템(B737 ELT system)

➤ 비상위치송신기(ELT, Emergency Locator Transmitter)

비상위치송신기(ELT)는 조난 항공기의 위치를 알려주는 장치이다. 위치는 후방 꼬리 부분에 장착한다. 내부에 중력을 감지하는 스위치가 있어서 정해진 중력 이상이 걸리면 작동하고, 항공기 전원을 이용하지 않고 자체 배터리로 구조신호를 발사한다. ELT는 적어도 24시간 동안 5 W 출력으로 50초 간격으로 406.025 MHz 신호를 송신한다.

> • ELT의 장착, 검사, 정비는 제작사 매뉴얼을 따른다. 일반적으로 12개월마다 ELT의 장착상태, 배터리의 부식, 제어감지기와 충격감지기의 작동상태, 안테나의 신호 송신상태 검사를 해서 배터리의 유효기간을 포함한 검사 결과를 항공일지와 ELT 외부에 기록한다.
>
> • 현재 406 MHz를 표준으로 사용하고 있지만, 2009년 이전에는 121.5 MHz가 널리 사용되는 비상주파수여서 조난신호를 121.5 MHz의 아날로그 신호로 전송하는 ELT도 있다. 군 비상주파수로 243.0 MHz의 비상신호를 전송할 수도 있지만, 디지털 ELT 신호와 위성 감시가 가능해져서 점차 폐지되고 있다.

➤ 블랙박스(black box) / 수중 위치 비컨(ULB, Underwater Locator Beacon)

① 블랙박스는 항공기 사고원인을 규명하기 위해 사고 직전까지 비행 및 음성 자료를 저장한 기록장치로, 비행기록장치(FDR, Flight Data Recorder)와 조종실 음성기록장치(CVR, Cockpit Voice Recorder)로 구성된다. 장착 위치는 사고 시의 충격과 화재로 인한 손상을 최소화하기 위해 ELT와 마찬가지로 후방 꼬리 부분에 장착된다.

> 테이프를 사용하는 CVR은 30분, 반도체 기록장치를 사용하는 CVR은 120분까지 녹음한다. 두 방식 모두 30분, 120분 녹음되면 이전 자료를 지우고 다시 처음부터 녹음한다.

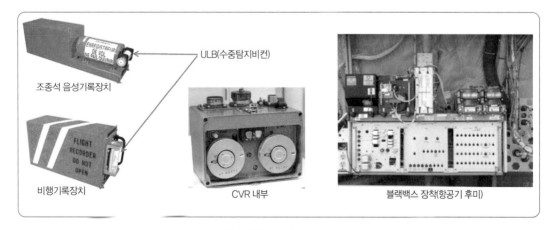

조종석 음성기록장치
ULB(수중탐지비컨)
비행기록장치
CVR 내부
블랙박스 장착(항공기 후미)

[그림 2-3-91] 블랙박스(black box = FDR + CVR)

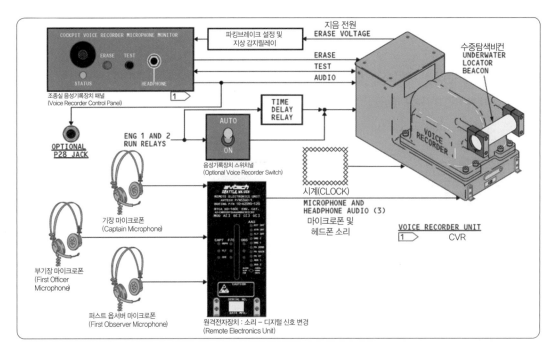

[그림 2-3-92] B737 조종실 음성기록장치계통(B737 CVR System)

② 사고 발생 시 블랙박스를 찾을 수 있도록 물에 잠기는 순간 수중위치비컨(ULB, Underwater Locator Beacon)이 비상 주파수를 30일간 발사한다. ULB는 항공기가 사고로 물에 잠겼을 때 찾을 수 있도록 초당 37.5 kHz의 음향신호를 방출하는 장치이다. 물에 잠기면 배터리로 자동으로 작동하고, 수명은 장비에 따라 최소 30일 또는 90일이다.

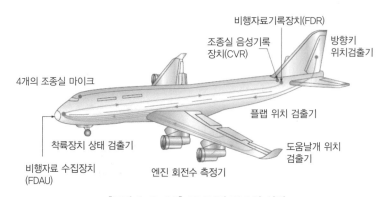

[그림 2-3-93] FDAU와 FDR의 설치

대형 항공기는 기록장치로 비행자료수집장치(FDAU, Flight Data Acquisition Unit), 비행자료기록장치(FDR, Flight Data Recorder), 조종실 음성기록장치(CVR, Cockpit Voice Recorder)를 사용한다. FDAU는 감지기(sensor)와 계통에서 얻은 자료를 디지털로 전환해 데이터버스를 통해 FDR로 전송한다.

⊙ 조종실 음성기록장치(CVR, Cockpit Voice Recorder)

조종실 음성기록장치(CVR)는 사고 발생 시 FDR과 함께 사고원인을 규명하기 위해 음성을 기록하는 장치이다. CVR은 사고 후 충돌이 있을 때 기록을 멈출 수 있도록 주 엔진으로 구동되는 발전기에서 전원을 공급받는다. 1966년 미국에서 처음 CVR 장착을 의무화했고, 그 후 모든 항공기에 탑재하는 장치이다.

[표 2-3-5] CVR(Cockpit Voice Recorder) 구비조건

기록되는 음성에 대한 규정	CVR의 구비조건
비행기 안에서 무선에 의해 송·수신되는 음성통신	장치가 정지된 때에는 최후 30분 동안의 녹음 내용이 남아 있을 것
조종실 안의 운항 승무원 간의 음성	1,100℃에서 30분 동안 유지되고, 충격 1,000 G에서 11 m/s까지 견디며, 해수, 항공연료, 작동유 속에서 48시간 침전되어도 이상이 없을 것
기내 인터폰 계통을 사용하는 조종실 안의 운항 승무원 간의 음성	파괴나 손상을 최소화하기 위해 비행기 동체 후방에 설치하도록 규정
승객 확성기 계통을 이용한 운항 승무원의 음성통신	밝은 등색(orange)이나 황색으로 도장할 것

⊙ 신속근접기록장치(QAR, Quick Access Recorder)

신속근접기록장치(QAR)는 FDR보다 훨씬 많은 자료를 더 짧은 시간 간격으로 저장하고, 저장할 수 있는 시간도 훨씬 긴 장치이다. 항공기 기체, 엔진, 전자장비, 자동비행제어장치에서 기록된 데이터를 지상에서 컴퓨터로 분석해서 항공기가 안전한 비행영역 안에서 비행했는지 점검하고 안전하게 운항할 수 있도록 감시한다.

⊙ 선택호출장치(SELCAL, Selective Calling system)

선택호출장치(SELCAL)는 지상에서 특정 항공기를 호출하는 시스템으로, 지상에서 호출이 오면 조종사에게 소리(tone)와 빛(light)으로 호출신호를 알려주는 장치이다. 조종사는 비행 중 지상에서 오는 호출에 계속 주의할 필요가 없으므로 업무량이 줄어든다.

항공기마다 선택호출장치를 작동하기 위한 고유의 4자리 SELCAL 코드를 가지고 있다. 지상에서 항공기를 호출할 때는 문자마다 소리가 다른 오디오톤을 HF, VHF 통신계통을 통해 보낸다. 항공기가 HF 또는 VHF 안테나를 통해 호출신호를 받으면 SELCAL 디코더가 신호를 해석해서 4자리 항공기 코드와 일치하는지 확인한다.

코드가 일치하는 것이 확인되면 HF/VHF 중 신호를 수신한 시스템 쪽의 음성조정패널(ACP,

Audio Control Panel)에 호출 라이트를 점등하고 차임(chime)으로 승무원에게 알려준다. 항공기에서 해당 주파수가 선택되어 있지 않으면 호출이 되지 않으므로 항공기는 관할 지역을 비행할 때 항상 지상국 주파수를 설정해야 한다.

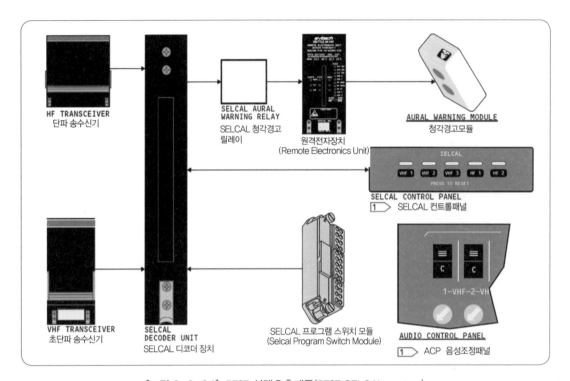

[그림 2-3-94] B737 선택호출계통(B737 SELCAL system)

✈ 인터폰 시스템(interphone system)

인터폰 시스템은 전파를 사용하지 않고 유선으로 통신하는 장치이다. 플라이트 인터폰 시스템 (FIS, Flight Interphone System), 서비스 인터폰 시스템(SIS, Service Interphone System), 캐빈 인터폰 시스템(CIS, Cabin Interphone System), 기내방송장치(PAS, Passenger Address System)가 있다.

① FIS는 비행 중 운항승무원 간에 통화할 때 사용하고, 지상에서 견인작업(towing)을 할 때 지상요원과 조종실 사이에 통화하기 위해 사용하는 인터폰이다.

② SIS는 비행 중 조종실과 객실승무원 또는 객실승무원 간에 연락하거나, 지상에서 작업할 때 멀리 떨어져 있는 지상요원(ground crew) 간에 연락하기 위해 사용한다.

③ CIS는 조종실과 객실승무원, 객실승무원 상호 간 통화하기 위한 장치이다.

> B737은 CIS가 따로 구분되지 않고 SIS에 포함되고, B777은 CIS를 독립된 계통으로 구분한다.

④ 기내방송장치는 운항승무원과 객실승무원이 승객에게 안내할 사항을 방송하는 계통이다.

⊙ 지상정비사호출계통(ground crew call system)

지상정비사호출계통은 조종실의 조종사와 지상에 있는 정비사 간에 상호 호출하여 통화하는 계통이다. 조종실의 조종사가 정비사를 호출하기 위하여 GRD CALL 스위치를 작동하면 항공기 노즈 휠웰(nose wheel well)에 있는 혼(horn)이 울린다. 지상에 있는 정비사는 이 소리를 듣고 외부 전기 연결 패널(external power panel)에 있는 인터폰 잭에 연결하여 통화를 할 수 있다. 또한 반대로 지상에서 조종실의 조종사를 호출하려면 외부 전기 연결 패널에서 헤드셋을 인터폰 잭에 연결 후 패널에 있는 PILOT CALL 스위치를 누르면 조종석에 차임소리와 함께 CALL 라이트가 켜진다.

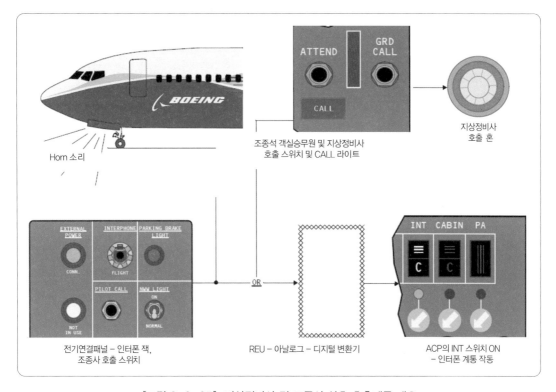

[그림 2-3-95] 지상정비사 및 조종사 상호 호출계통 개요

⊙ 항공교통관제(ATC, Air Traffic Control)

① 항공교통관제(ATC)는 지상국의 질문기(interrogator)로 항공기에 탑재된 트랜스폰더(transponder)에 질문해서 받은 응답신호를 통해 항공기의 방위, 거리, 식별코드 및 고도를 알 수 있는 장치로, 관제사가 항공기를 쉽게 구별할 수 있게 해준다.

② 항공기에 탑재된 ATC 트랜스폰더는 다른 항공기의 TCAS가 보낸 모드 S 질문에 자동으로 응답해서 충돌을 방지한다.

- 2차 감시 레이더(SSR, Secondary Surveillance Radar)는 지상국의 질문기(interrogator)로 항공기에 1,030 MHz의 질문신호를 송신하면 항공기의 ATC 트랜스폰더가 질문신호에 대응하는 1,090 MHz의 응답신호를 지상으로 보내서 항공기의 방위, 거리, 식별코드, 고도정보를 받아서 항공기를 구별한다. 그러나 교통량이 많은 공역에서는 응답펄스가 공간에서 중첩되어 간섭이 생길 수 있다. 이러한 문제를 해결하기 위해 모드 S를 사용한다.

  항공기마다 24 bit 고유 어드레스를 부여하고 모드 S 지상국과 모드 S가 장착된 항공기 간에 개별적으로 질문, 응답하는 1:1의 데이터링크를 구성해서 기존 SSR의 단점을 보완한다.

- SSR 기능은 1차 감시 레이더로 얻는 정보를 보완해서 관제사의 업무를 크게 줄이고, ATC를 운영할 때 관제량과 안전도를 높이는 것이다. 그런데 모든 국제선 항공기는 SSR 기능을 탑재하고 있어서 교통량의 증가에 따라 SSR 운용에 많은 문제점이 나타났다. SSR 시스템의 근본적인 문제는 모든 항공기가 단 두 개의 송수신 주파수(1,030 MHz, 1,090 MHz)만으로 질문과 응답을 한다는 것이다. 그래서 SSR 성능개선 방안으로 첫째, 기존의 SSR에 모노펄스(mono-pulse) 기법을 도입했고, 두 번째는 SSR 모드 S, 선택적 어드레싱 기법을 도입했다.

모노펄스 기법의 장점은 기존의 SSR 장비를 바꾸지 않아도 지상국에서 모노펄스 기법을 통해 방위각 측정 정확도를 대폭 개선해서 혼선을 줄이고 주파수 이용효율을 높일 수 있다는 것이다. 모노펄스 기법은 기존 SSR의 여러 가지 문제점들을 모두 개선할 수 있는 근본적인 해결책은 될 수 없지만, 교통량 증가에 따른 포화상태를 상당 기간 늦출 수 있었다. SSR 모드 S, 선택적 어드레싱이 기존 방식과 다른 것은 항공기를 개별적으로 호출해서 질문, 응답할 수 있다는 점이다.

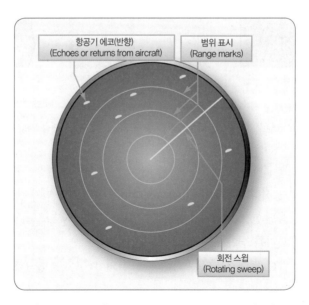

[그림 2-3-96] 교통관제 1차 감시레이더 계기(PPI)

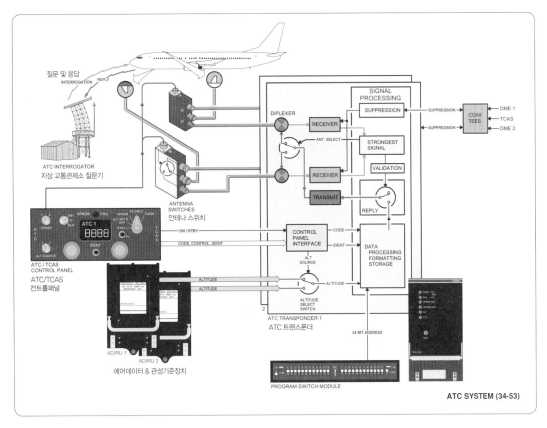

[그림 2-3-97] 항공교통관제계통(ATC system)

선택적 어드레싱은 항공기마다 고유의 어드레스가 부여되어 가능하다. SSR 모드 S는 24 bit를 사용해서 서로 다른 1,600만 개의 코드를 부여할 수 있으므로 같은 코드를 반복 사용하지 않으므로 혼선을 방지할 수 있고, 기존 ATC에서 발생하던 각종 오류 및 단점들을 극복할 수 있다. SSR 모드 S의 또 다른 장점은 기존의 주파수와 같은 주파수를 사용해서 기존 SSR 시스템(모드 A, C)과 같이 사용할 수 있다는 것이다.

그래서 장비를 바꾸지 않고 기존의 모드 A, C의 기능으로 SSR 모드 S 질문기의 서비스를 제공받을 수 있다. SSR 모드 S 지상국에서 모든 항공기를 호출(all call)할 때는 ICAO Annex 10에 규정된 형식(기존의 SSR 호출방식)으로 모든 항공기를 호출해서 모드 A, C와 모드 S를 탑재한 항공기도 이에 대해 응답할 수 있고, 마찬가지로 기존의 모드 A, C 지상국에서의 호출에 대해 모드 S를 탑재한 항공기도 응답이 가능하다.

⊙ 공중충돌방지장치(TCAS, Traffic Alert and Collision Avoidance System)

공중충돌방지장치(TCAS)는 항공기가 공중에서 충돌할 가능성을 미리 감지해서 조종사에게 시각적·청각적으로 경고해서 충돌을 방지하는 장치이다. ACAS(Airbone Collision Avoidance System)라고도 한다.

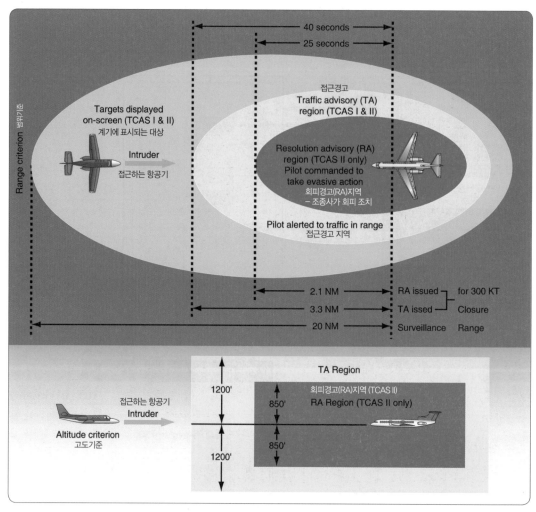

[그림 2-3-98] TCAS 작동 및 판정

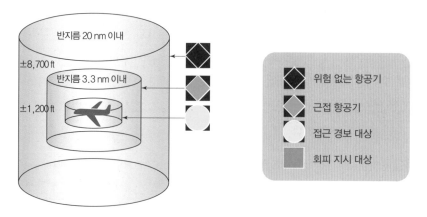

[그림 2-3-99] ACAS 감시 영역과 표시 기호

[그림 2-3-100] TCAS 표시장치와 조정 패널

- 좌석 수 30석 이상, 최대이륙중량이 15,000 kg을 초과하는 항공기는 TCAS 장착이 의무이다.

- 항공기 충돌 회피 시스템은 다음과 같이 세 가지로 분류한다.
  (1) ACAS Ⅰ: 침입한 항공기의 위치 정보만 제공한다.
  (2) ACAS Ⅱ: 침입한 항공기의 위치 정보와 수직 회피 정보를 제공한다.
  (3) ACAS Ⅲ: 침입한 항공기의 위치 정보와 수직, 수평 회피 정보를 제공한다.

- TCAS가 장착된 항공기의 ATC 트랜스폰더가 초당 1회씩 송신하는 신호를 수신한 주변 28 km 이내의 다른 항공기들은 응답신호를 보내는데, 이 응답신호를 통해 거리, 방위, 고도를 계산해서 충돌 가능성을 판정한다. TCAS Ⅱ는 접근하는 항공기의 거리, 방위 및 고도를 결정하기 위해 1,030 MHz 전파를 전 방향으로 송신한다. 질문 메시지를 받은 항공기의 응답기는 일정 지연시간이 지난 다음 질문에 대한 메시지를 1,090 MHz로 응답한다. 이렇게 질문 전송과 응답까지 경과시간을 통해 접근하는 항공기의 거리를 알 수 있다. 접근하는 항공기의 방위는 TCAS의 방향성 안테나를 이용해서 알 수 있다.

- TCAS가 판정하는 경고는 두 가지가 있는데, 접근하는 항공기가 충돌 약 35~45초 전으로 진입하는 경우인 경계영역에서는 접근경보(TA, Traffic Advisory)를 내려서 일정 거리 안에서 비행하는 모든 항공기의 비행 방향과 상대고도를 지시한다. 조종사는 접근경보를 들으면 위험공역으로 들어오는 항공기를 확인해서 고도를 바꿔서 피해야 한다. 다른 하나는 회피지시(RA, Resolution Advisory)로, 충돌 약 20~30초 전인 경고영역에 진입 시에는 RA를 발령해서 접근하는 항공기에 대한 표시(symbol), 색깔, 상대고도, 방위, 하강률/상승률 등을 계기에 표시하고 조종사에게 상승, 하강 또는 수평 유지를 지시해서 항공기끼리 충돌하지 않도록 한다. 항공기 둘 다 TCAS Ⅱ를 탑재하고 있다면 각 컴퓨터는 서로 어긋나지 않는 회피지시를 내린다.

나) 법적 규제에 대한 지식

◀ 항공교통업무 관련 항공안전법

[항공안전법 제83조(항공교통업무의 제공 등)]

① 국토교통부장관 또는 항공교통업무증명을 받은 자는 비행장, 공항, 관제권 또는 관제구에서

항공기 또는 경량항공기 등에 항공교통관제 업무를 제공할 수 있다.

② 국토교통부장관 또는 항공교통업무증명을 받은 자는 비행정보구역에서 항공기 또는 경량항공기의 안전하고 효율적인 운항을 위하여 비행장, 공항 및 항행안전시설의 운용 상태 등 항공기 또는 경량항공기의 운항과 관련된 조언 및 정보를 조종사 또는 관련 기관 등에 제공할 수 있다.

③ 국토교통부장관 또는 항공교통업무증명을 받은 자는 비행정보구역에서 수색·구조가 필요한 항공기 또는 경량항공기에 관한 정보를 조종사 또는 관련 기관 등에 제공할 수 있다.

④ 제1항부터 제3항까지의 규정에 따라 국토교통부장관 또는 항공교통업무증명을 받은 자가 하는 업무의 제공 영역, 대상, 내용, 절차 등에 필요한 사항은 국토교통부령으로 정한다.

[항공안전법 제84조(항공교통관제 업무 지시의 준수)]

① 비행장, 공항, 관제권 또는 관제구에서 항공기를 이동·이륙·착륙시키거나 비행하려는 자는 국토교통부장관 또는 항공교통업무증명을 받은 자가 지시하는 이동·이륙·착륙의 순서 및 시기와 비행의 방법에 따라야 한다.

② 비행장 또는 공항의 이동지역에서 차량의 운행, 비행장 또는 공항의 유지·보수, 그 밖의 업무를 수행하는 자는 항공교통의 안전을 위하여 국토교통부장관 또는 항공교통업무증명을 받은 자의 지시에 따라야 한다.

[항공안전법 제85조(항공교통업무증명 등)]

① 국토교통부장관 외의 자가 항공교통업무를 제공하려는 경우에는 국토교통부령으로 정하는 바에 따라 항공교통업무를 제공할 수 있는 체계(이하 "항공교통업무제공체계"라 한다)를 갖추어 국토교통부장관의 항공교통업무증명을 받아야 한다.

② 국토교통부장관은 항공교통업무증명에 필요한 인력·시설·장비, 항공교통업무규정에 관한 요건 및 항공교통업무증명절차 등(이하 "항공교통업무증명기준"이라 한다)을 정하여 고시하여야 한다.

③ 국토교통부장관은 항공교통업무증명을 할 때에는 항공교통업무증명기준에 적합한지를 검사하여 적합하다고 인정되는 경우에는 국토교통부령으로 정하는 바에 따라 항공교통업무증명서를 발급하여야 한다.

④ 항공교통업무증명을 받은 자는 항공교통업무증명을 받았을 때의 항공교통업무제공체계를 유지하여야 하며, 항공교통업무증명기준을 준수하여야 한다.

⑤ 항공교통업무증명을 받은 자는 항공교통업무제공체계를 변경하려는 경우 국토교통부령으로 정하는 바에 따라 국토교통부장관에게 신고하여야 한다. 다만, 제2항에 따른 항공교통업무규정 등 국토교통부령으로 정하는 중요 사항을 변경하려는 경우에는 국토교통부장관의 승인을 받아야 한다.

⑥ 제5항 본문에 따른 변경신고가 신고서의 기재사항 및 첨부서류에 흠이 없고, 법령 등에 규정된 형식상의 요건을 충족하는 경우에는 신고서가 접수기관에 도달된 때에 신고 의무가 이행된 것으로 본다.

⑦ 국토교통부장관은 항공교통업무증명기준이 변경되어 항공교통업무증명을 받은 자의 항공교통업무제공체계가 변경된 항공교통업무증명기준에 적합하지 아니하게 된 경우 변경된 항공교통업무증명기준을 따르도록 명할 수 있다.

⑧ 국토교통부장관은 항공교통업무증명을 받은 자가 항공교통업무제공체계를 계속적으로 유지하고 있는지를 정기 또는 수시로 검사할 수 있다.

⑨ 국토교통부장관은 제8항에 따른 검사 결과 항공교통안전에 위험을 초래할 수 있는 사항이 발견되었을 때에는 국토교통부령으로 정하는 바에 따라 시정조치를 명할 수 있다.

[항공안전법 제89조(항공정보의 제공 등)]

① 국토교통부장관은 항공기 운항의 안전성·정규성 및 효율성을 확보하기 위하여 필요한 정보(이하 "항공정보"라 한다)를 비행정보구역에서 비행하는 사람 등에게 제공하여야 한다.

② 국토교통부장관은 항공로, 항행안전시설, 비행장, 공항, 관제권 등 항공기 운항에 필요한 정보가 표시된 지도(이하 "항공지도"라 한다)를 발간(發刊)하여야 한다.

③ 제1항 및 제2항에서 규정한 사항 외에 항공정보 또는 항공지도의 내용, 제공방법, 측정단위 등에 필요한 사항은 국토교통부령으로 정한다.

⊙ **항공교통업무기준**

[국토교통부고시 제2019-47호, 2019. 1. 25. 일부 개정] 국토교통부(항공교통과)[시행 2019. 1. 25.]

제1조(목적, objectives) 이 기준은 항공안전법 제83조, 제84조에 따른 항공교통업무의 수행을 위한 안전기준을 정함을 목적으로 한다.

제2조(적용범위, applicability) 이 기준은 항행업무 규제기관인 국토교통부 항공정책실(항공교통과) 및 다음 각 호의 항공교통업무제공자, 항공교통업무지원자 및 항공기 운영자에게 적용한다.

1. 항공교통업무제공자(appropriate ATS authority)

가. 국토교통부 소속으로서 항공교통업무를 제공하는 다음에 해당하는 자

1) 항공교통업무 집행총괄부서 : 항공교통본부

2) 항공교통업무기관 : 항공교통관제업무기관, 비행정보업무기관 및 경보업무기관

나. 항공안전법 제85조에 따라 항공교통업무증명을 받은 항공교통업무기관

2. 항공교통업무지원자(assistant) : 항공교통업무시설 및 장비의 설치, 유지 및 보수를 담당하는 인천국제공항공사, 한국공항공사, 비행장(공항) 설치·운영자 등

3. 항공기 운영사(operator) : 항공기 운항에 종사하는 사람, 단체 또는 기업

제2조의 2(적용 규정, applied regulations)

① 항공교통업무제공자는 이 기준에서 정하지 아니한 사항에 대하여는 다음 각 호의 규정을 준용할 수 있다.

  1. 「국제민간항공조약」 및 같은 조약의 부속서에서 채택된 표준과 방식

  2. 국제민간항공기구(ICAO)에서 발행한 항공교통업무 관련 규정

  3. 그 밖에 항공교통업무 등을 수행하는 데 필요하다고 항행업무 규제기관이 인정하는 규정

② 항공교통업무제공자는 이 기준에 위반되지 않게 항공교통업무 수행에 필요한 운영규정 등을 정하여 사용할 수 있다.

제7조(항공교통업무의 목적, objectives of the ATS) 항공교통업무의 목적은 항공안전법 시행규칙 제228조에 따라 다음 각 호와 같다.

  1. 항공기 간의 충돌방지

  2. 기동지역 안에서 항공기와 장애물 간의 충돌방지

  3. 항공교통흐름의 질서유지 및 촉진

  4. 항공기의 안전하고 효율적인 운항을 위하여 필요한 조언 및 정보의 제공

  5. 수색·구조를 필요로 하는 항공기에 대한 정보를 관계기관에의 정보 제공 및 협조

제8조(항공교통업무의 구분, divisions of the ATS) 항공교통업무는 항공안전법 시행규칙 제229조에 따라 다음 각 호의 업무로 구분한다.

  1. 항공교통관제업무 : 제7조 제1호부터 제3호까지의 목적을 수행하기 위한 다음 각 목의 업무

    가. 지역관제업무 : 관제구역 안에서 관제비행을 하는 항공기에 대하여 제공하는 항공교통관제업무로서 접근관제업무 및 비행장관제업무를 제외한 항공교통관제업무

    나. 접근관제업무 : 접근관제구역 안에서 이륙이나 착륙으로 연결되는 관제비행을 하는 항공기에 대하여 제공하는 항공교통관제업무

    다. 비행장관제업무 : 비행장교통에 대하여 제공하는 항공교통관제업무로서 접근관제업무를 제외한 항공교통관제업무로서 계류장관제업무를 포함한 항공교통관제업무

  2. 비행정보업무 : 제7조 제4호의 목적을 수행하기 위하여 제공하는 업무

  3. 경보업무 : 제7조 제5호의 목적을 수행하기 위하여 제공하는 업무

제9조(항공교통업무 제공 필요성 결정, determination of the need for ATS)

① 국토교통부장관은 다음 각 호의 사항을 고려하여 제공할 항공교통업무를 정한다.

  1. 관련 항공교통의 항공기 종류

  2. 항공교통량

  3. 기상상태

  4. 기타 필요한 사항

② 국토교통부장관은 제1항에도 불구하고 항공기에 탑재된 공중충돌경고장치(ACAS)에 관한 사

항을 고려하여 결정하여서는 아니 된다.

다) 부분품 교환작업

⊙ 항공기 부분품 교환작업 절차

항공기에 장착된 부분품의 교환은 해당 정비 매뉴얼과 소속 항공사의 정비방식에 지시된 절차에 따라 작업이 진행된다.

일반적인 항공기 계기의 장탈과 장착 작업절차는 다음과 같다.

① 계기의 장탈

계기의 지시가 불량할 때에 이것이 곧바로 계기가 불량하다고 가정할 수가 없다. 이와 같은 경우에는 우선 계기 지시 불량의 원인을 계기계통 전체에 걸쳐 살펴보고, 그 결과 지시 불량의 원인이 계기인 것이 확인되면 다음과 같은 순서로 장탈한다.

㉮ 전원, 작동유 압력과 관련 있는 에너지원을 차단한다.

㉯ 장탈할 계기의 명칭, 형식, 제작사명, 제조번호, 최종 수리 연월일 및 수리자명을 기록한다.

㉰ 장탈할 계기에 연결된 배관, 전선을 재연결할 때에 혼돈하지 않도록 태그(tag)를 붙이고 회로명을 기입한다.

㉱ 계기 뒤쪽의 배관, 전선을 분리한 후에 배관 끝부분, 계기 쪽 구멍, 전선 연결부분에 이물질 등이 침투하는 것을 막기 위하여 전용 캡(cap) 또는 플러그(plug)를 사용한다. 전용 캡과 플러그가 없는 경우에는 비닐을 사용한다.

㉲ 계기를 손으로 잡은 상태에서 장착 스크루(screw)를 풀고 계기판에서 장탈한다.

㉳ 장탈된 계기에 '사용 불능' 또는 "UNSERVICEABLE"이라고 기록한 태그를 달고 장탈하는 이유를 기록하여 다음의 수리에 도움을 준다.

㉴ 지정된 케이스가 있을 경우에는 케이스에 넣어 운반한다.

② 계기의 장착

계기의 장착에 있어서 중요한 것은 그 계기에 "SERVICEABLE" 또는 '사용 가능'이라고 표시된 태그가 있는지 여부, 또는 다른 방법으로 사용 가능한 것인지를 확인하여야 한다. 장착 시 계기에 취급법 등이 첨부되어 있는 경우에는 그것을 반드시 읽고 필요한 조치를 할 필요가 있다.

장착절차는 일반적으로 장탈의 역순으로 진행한다. 장착이 종료된 후 다음의 확인이 필요하다.

㉮ 장탈할 때 붙인 태그에 의해서 잘못 연결된 것이 없는가를 확인한다.

㉯ 배관이 다른 배관이나 기체 구조재 등에 의해 마찰(chaffing)되거나 위험한 부자연스러운 굴곡 등이 있는가 확인한다.

㉰ 전선에 부자연스러운 굽음, 조임 등이 없는가들 확인한다.

㉱ 장착한 계기가 정상 작동하는지 시험 종료한 후에 배관, 전선에 단 태그를 떼어낸다.

㉲ 사용한 공구수량을 확인한다.

라) 항공기에 장착된 안테나의 위치 및 확인

⊙ 항공기의 HF 안테나 위치(antenna locations)

안테나 길이는 사용하는 전파의 파장(λ)에 비례한다. 주파수(Hz)가 높아지면 파장이 짧아지므로 안테나 길이는 짧아진다. HF는 파장이 길어서 안테나의 길이도 길어야 한다(B737에 장착되는 HF 안테나는 약 3 m 정도의 길이가 요구된다.). 그런데 빠른 속도로 비행하는 항공기에는 긴 안테나를 장착할 수 없어서 수직 꼬리날개 앞전에 짧은 안테나를 장착하고 U자 모양의 절연물질로 안테나를 감싼다. 이때 원래 주파수에서 요구되는 길이보다 짧은 안테나를 사용했을 때 주파수와 안테나 사이에 임피던스 정합(matching)이 이루어지도록 안테나와 HF 송수신기 사이에 안테나 커플러(antenna coupler)를 부착한다. 안테나 커플러는 선택한 주파수에서 안테나의 임피던스(impedance)와 송수신기의 출력 임피던스를 자동으로 정합해주는 역할을 한다.

> 임피던스 정합이란 부하에 전력을 최대로 공급하기 위해 부하 임피던스와 전원 임피던스를 맞추는 것을 말한다. 임피던스 정합이 안 되면 반사(reflection) 현상이 일어나서 전송 손실이 생겨 약한 신호가 전달된다.

⊙ 항공기 기종별 안테나 장착 위치

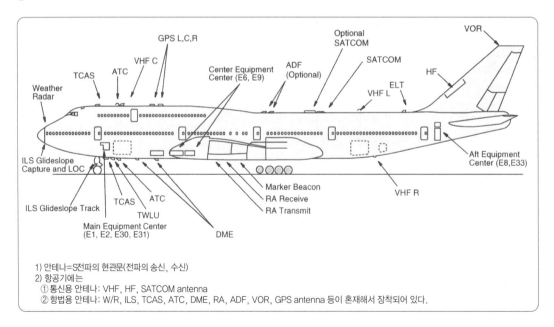

[그림 2-3-101] B747 antenna locations

◉ 항공기의 안테나 종류

① 무지향성 안테나: 모든 방향을 균일하게 전파를 송수신하는 안테나. 통신용 수직안테나

② 지향성 안테나: 특정 방향으로만 송수신하는 안테나. ADF의 루프안테나

③ 스캐닝 안테나(scanning antenna): 예민한 지향성을 가진 안테나를 회전이나 왕복운동으로 넓은 범위 탐지

④ 플러시형(flush type) 안테나: 기체 내부에 안테나 내장

⑤ 와이어 안테나(wire antenna): 저속기에서 장파, 중파, 단파용으로 기체 외부에 장착

⑥ 로드 안테나(rod antenna)

    ㉮ 경비행기에서 좋은 성능 발휘, 기계적 압력으로 인해 고속기에는 부적당

    ㉯ 송수신 시 전 방향 서비스를 위해 수직형태로 설계

⑦ 수평비 안테나

    ㉮ 토끼 귀 모양으로 된 TV 안테나와 유사

    ㉯ 완전하게 단일 방향으로 만들 수 없는 결점

    ㉰ 저속항공기 적합

⑧ 블레이드 안테나(blade antenna)

    ㉮ 광대역 특성을 얻기 위해 판형태로 만든 안테나. 초단파(VHF) 통신용 안테나로 많이 사용

    ㉯ 공기저항 최소로 설계, 유리섬유 구조의 밀폐된 매질

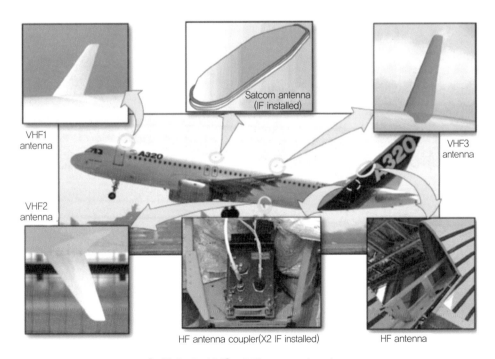

[그림 2-3-102] A320 antenna locations

ⓓ ATC 트랜스폰더, DME, VHF 안테나

⑨ 접시형 안테나(parabolic antenna)

ⓐ 지향성이 높은 예리한 전자파 빔 생산

ⓑ 레이더, 기상레이더 사용

⑩ 슬롯 안테나

ⓐ 접시형 안테나의 여진용, 항공기용 레이더 복사기로 사용

ⓑ 활공각 시설(glide slope) 수신용 안테나

⑪ 나팔형 안테나: 전파고도계(radio altimeter) 사용

⑫ 원통형 안테나: 마커비컨(marker beacon)

⑬ 탐침형(probe): 단파(HF)통신

⑭ 다이폴 안테나: VOR, LOC

2) 항법장치(ADF, VOR, DME, ILS/GS, INS/GPS 등) (구술평가)

가) 작동원리

🧭 진북과 자북

진북(true north)은 지구의 자전축상에 있으며 축의 연장선에 북극성(polaris)이 있는 지리적인 기

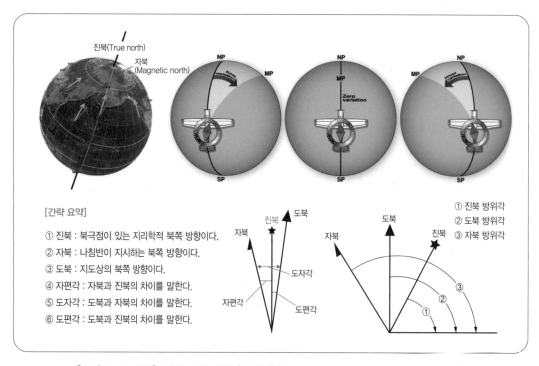

[그림 2-3-103] 진북, 자북, 도북(지도북) (true north, magnetic north, map north)

준점이다(항공지도는 진북을 기준으로 작성된다.). 자북(magnetic north)은 지구 자기장에 의해 실제 나침반이 가리키는 북극을 말한다. 자북은 진북 기준으로 작성된 지도의 81.5°N, 111.4°W에 있는 캐나다의 허드슨만 부샤 반도에 있으며, 진북과는 950 km 정도 떨어져 있다. 지구 자기의 극점은 진북과 자북이 일치하지 않기 때문에 지구 자전축에서 11.5° 기울어져 있다.

편각(magnetic variation)은 실제 나침반의 방향과 지도상의 진북 방향의 각도 차이를 말한다. 따라서 지도에 표시된 진북 방향으로 이동하기 위해 나침반이 가리키는 자북 방향으로 걸으면 실제 목적지와 다른 장소에 도착하는 거리오차가 발생한다. 이러한 오차를 수정하기 위해 나침반을 편각만큼 보정해야 한다. 항공지도에는 편각이 적혀 있는데, 극지방에 가까울수록 그 값이 커진다. 편각을 수정하려면, 즉 진북에서 자북으로 바꾸려면, 편각서(west variation)의 경우 진북 방위각에 편각을 더하고, 편각동(east variation)의 경우는 진북 방위각에서 편각을 빼면 된다. 예를 들어 비행하고자 하는 코스가 0°이고 편각이 13°W일 때 실제 조종사가 비행해야 할 나침반의 방위각(자북 방위각)은 13°(0+13=13)이다.

⟪ 방위

① 기수방위(heading) 또는 자방위(magnetic heading)는 자북에서 항공기 기수까지의 방위각이다.

② 상대방위(relative bearing)는 ADF가 지시하는 방위로, 항공기 기수에서 NDB까지 시계 방향으로 측정한 방위각이다. 즉 NDB의 전파 도래 방향을 말한다.

③ 자침방위(magnetic bearing)는 자북을 기준으로 항공기에서 전파를 송신하는 무선국의 위치를 시계 방향으로 측정한 방위각이다. 자침방위는 상대방위와 자침방위를 더한 값으로 계산할 수 있다.

④ 방사선 또는 전파방위각(radial or reciprocal bearing)은 무선국을 기준으로 항공기 위치를 자북을 기준으로 시계 방향으로 측정한 방위각이다. radial은 항공기 기수 진행 방향과 관계가 없

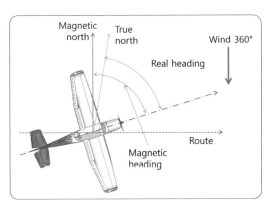

[그림 2-3-104] 자침방위(magnetic heading)

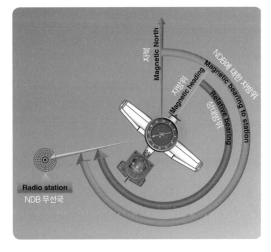

[그림 2-3-105] 상대방위(relative bearing)와 자방위

다. 전파방위각은 자침방위에 180°를 더하거나 뺀 값이다.

나) 용도

⊙ 무선항법시스템

무선항법은 지상의 무선항법지원시설에서 송신되는 전파를 이용해서 운항에 필요한 자기 위치, 방위, 거리 등의 정보를 얻는 방법이다. 무선항법장치에는 무지향표지시설(NDB, Non-Directional radio Beacon)의 수신기인 자동방향탐지기(ADF, Automatic Direction Finder), 초단파 전방향표지시설(VOR, VHF Omni-directional Range), 거리측정장치(DME, Distance Measuring Equipment), 계기착륙장치(ILS, Instrument Landing System) 등이 있다.

① NDB/ADF는 ADF로 NDB국에서 송신하는 무지향성(Non-Directional) 전파를 수신해서 NDB 방향을 지시한다. 즉 항공기의 상대방위를 알 수 있다.

② 항공기의 VOR 계기는 지상의 VOR국이 송신한 VHF 전파를 수신해서 항공기가 VOR국으로부터 자북을 기준으로 어느 방향에 있는지 알려준다.

③ DME는 지상의 DME국에 질문 전파를 송신해서 받은 응답전파의 지연시간으로 거리를 계산하는 장치이다. 보통 VOR국과 DME국은 함께 설치되어 VOR/DME라고 하며 조종사가 항공기의 방위와 거리 둘 다 알 수 있도록 한다.

④ ILS는 착륙 시 활주로 중앙선에 대한 정보를 제공하는 로컬라이저(localizer), 활공각 약 3° 정보를 제공하는 시설인 글라이드 슬로프(glide slope), 활주로까지의 거리 정보를 제공하는 마커비컨(marker beacon)을 통해서 항공기가 안전하게 착륙할 수 있도록 도와주는 시스템이다.

⊙ 관성항법시스템

관성항법시스템은 바다 위와 같이 지상의 항행지원시설이 없는 곳을 비행할 때 자이로와 같은 장치로 현재 위치와 방향을 스스로 계산해서 비행하는 방법으로, 자율항법이라고도 한다.

⊙ 위성항법시스템

위성항법시스템은 GPS(Global Positioning System)로 자기 위치를 측정하는 방법으로, 대부분 현대 항공기가 주로 사용하는 항법장치이다. 항공기는 자동차와 달리 3차원의 위치정보가 필요하므로 4개 이상의 GPS 위성을 이용해서 자기 위치와 고도를 알아낸다.

⊙ 비행관리시스템(FMS, Flight Management System)

비행관리시스템(FMS)은 조종사가 설정한 비행계획에 맞춰서 최적의 연료소비량과 시간으로 안전하게 비행할 수 있도록 비행과 관련된 자료를 계산하는 시스템이다.

FMS는 최적화된 속도, 상승률, 비행경로, 엔진추력 등을 계산한 자료를 자동비행조종시스템(AFCS, Autopilot Flight Control System)과 엔진의 자동추력시스템(Auto Throttle System)에 전달해서 항공기가 최적의 효율로 자동으로 비행하게 만든다.

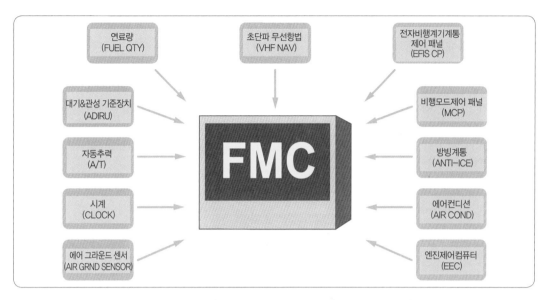

[그림 2-3-106] 비행관리계통 입력자료(FMC input data)

✈ 비행자세 지시계(ADI, Attitude Direction Indicator)

비행자세 지시계(ADI)는 자이로 계기 중 아날로그 자세계(attitude indicator)를 발전시켜 롤, 피치각과 같은 자세 정보와 자동비행조종시스템(AFCS)의 제어 명령과 ILS 정보도 같이 표시하는 계기

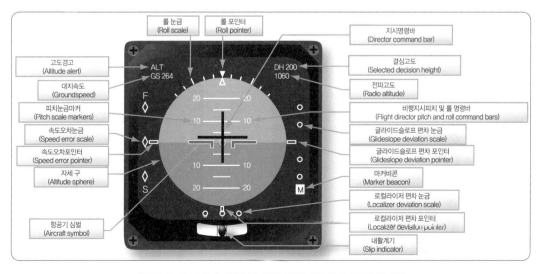

[그림 2-3-107] 전자식 자세 지시계기의 여러 파라미터

이다. ADI는 디지털 디스플레이 방식의 EADI(Electronic ADI)로 발전했고, 대형 항공기는 EADI를 PFD에 통합해서 사용한다.

✈ 수평자세 지시계(HSI, Horizontal Situation Indicator)

수평자세 지시계(HSI)는 VOR 계기, ILS 계기, 기수방위 지시계(heading indicator)의 기능을 통합해서 정보를 제공하는 계기이다. HSI는 디지털 디스플레이 방식의 EHSI로 발전했고, 대형 항공기는 EHSI를 ND에 통합해서 사용한다.

✈ 무선자기 지시계(RMI, Radio Magnetic Indicator)

무선자기 지시계(RMI)는 자기 컴퍼스, ADF, VOR 계기가 결합된 계기이다. 자기 컴퍼스로 항

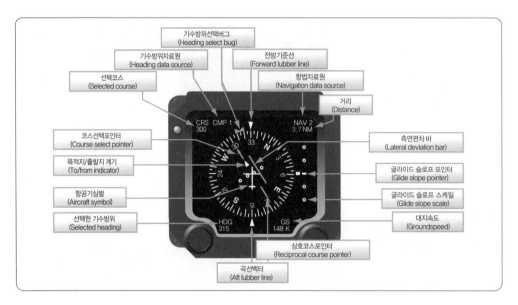

[그림 2-3-108] 전자식 비행 방향계의 접근 및 VOR 모드

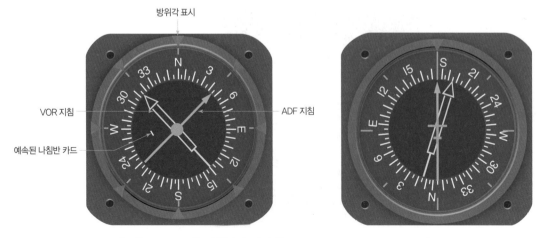

[그림 2-3-109] 무선자기 지시계(RMI, Radio Magnetic Indicator)

공기 기수방위를 알 수 있고, ADF 지시침으로 지상 NDB국의 방향을 알 수 있으며, VOR 지시침으로 지상 VOR국의 방향을 알 수 있다. 조종사는 RMI 계기를 보고 자기 컴퍼스에서 받은 자방위(magnetic heading)와 ADF나 VOR에서 받은 방위로 현재 위치를 파악할 수 있다.

> ADF는 NDB에 대한 상대방위(relative bearing)만 제공하기 때문에 운항에 필요한 자방위(magnetic heading)와 자침방위(magnetic bearing)를 알 수 없다는 문제가 있다. 이를 해결하기 위해 RMI는 ADF에 MH를 알 수 있는 자기 컴퍼스를 결합해서 MB를 제공한다(RB + MH = MB).

🧭 자동방향탐지기(ADF, Automatic Direction Finder)

자동방향탐지기(ADF)는 1937년부터 사용된 가장 오래된 무선항법으로, 지상에 설치한 무지향표지시설(NDB, Non-Directional Radio Beacon)에서 송신하는 전파를 항공기의 ADF 수신기(receiver)로 수신해서 전파의 도래 방향을 계기에 지시하는 장치이다.

> VOR의 보조수단으로 사용할 수 있지만, 현재 GPS 항법이 발전해서 국내에서 거의 사용하지 않는다. ADF는 지향성이 있는 루프 안테나(loop antenna)로 전파를 송신하는 NDB국의 방향을 알아낸다.

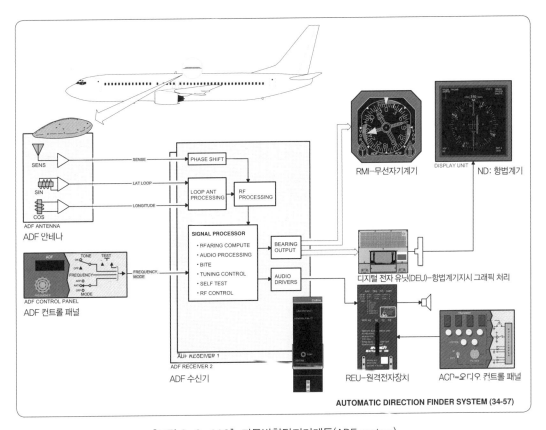

[그림 2-3-110] 자동방향탐지기계통(ADF system)

루프 안테나와 NDB국이 평행한 위치에 놓이면 수신 감도가 최대가 되어 8자 모양 루프 패턴을 만든다. 이때 루프가 옆으로 8자 모양으로 좌우대칭이 되면 수신 감도만으로는 NDB국이 왼쪽에 있는지 오른쪽에 있는지 알 수 없다. 여기에 무지향성 센스 안테나(sense antenna) 패턴을 합성하면 하트 모양의 지향성을 얻을 수 있는데, 이때 최소 감도 방향이 NDB국을 가리킨다.

- 전파는 직진하는 성질이 있는데, 전파가 송신되는 방향과 안테나의 방향이 일치해야 최대 수신신호를 얻을 수 있다. 이때 최대의 수신 효과를 얻기 위해서는 안테나를 회전시켜야 하는데, 일정 방향으로 비행하는 항공기는 물리적으로 안테나를 회전시킬 수 없다. 그래서 안테나가 회전하는 효과를 얻기 위해 사용하는 장치가 고니오미터(goniometer)이다. 즉 ADF에 사용하는 루프 안테나를 계속 회전시킬 수 없으므로 고니오미터를 사용해서 루프 안테나를 회전하는 효과를 얻어서 최소 감도 방향을 찾는다.
- 무지향 표지시설(NDB, Non-Directional Radio Beacon)은 과거에 널리 사용된 최초의 무선항법시설이다. NDB국은 160~415 kHz의 장·중파를 360° 전 방향으로 송신해서 항공기의 ADF의 지침이 NDB국의 방향을 가리키도록 하는 일종의 전파등대로, 통달 거리는 20~330 km 정도이다. 항공지도에는 NDB국의 위치와 주파수가 적혀 있고, 초기의 국내 항공로는 이러한 NDB국들을 연결하고 있다. 현재는 한국에서 거의 사용하지 않는 시설로, VOR로 대체되고 있다.

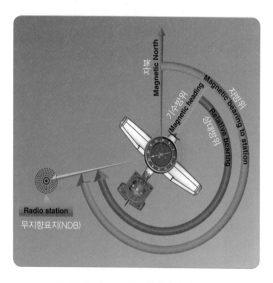

[그림 2-3-111] 상대방위와 자방위

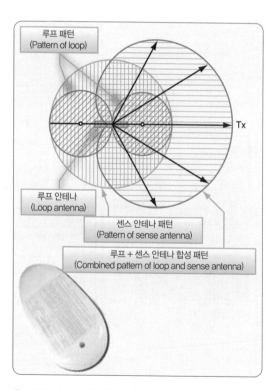

[그림 2-3-112] 루프 및 센스 안테나의 수신 필드

초단파 전방향 표지장치(VOR, VHF Omni-directional Range)

초단파 전방향 표지장치(VOR)는 VOR 지상국이 VHF로 송신한 자침방위(magnetic bearing)각 정보를 받아서 VOR 지상국에 대한 항공기의 자침방위를 지시하는 장치이다. 즉 VOR국에 해당하는 주파수를 선택하면 항공기가 VOR국으로부터 자북을 기준으로 어느 방향에 있는지 알 수 있다. VOR국은 360° 전방향으로 전파를 발사하는 등대로, 항공기는 전파를 받아 자기 위치를 확인하고 목적지의 방향을 알 수 있다.

> VOR은 NDB보다 정확도가 높아 계기비행규정(IFR)으로 비행하는 항공기는 의무적으로 VOR 수신기를 설치한다. 1949년 ICAO의 단거리 항행시설 국제표준방식으로 채택되었다.

VOR의 작동원리는 다음과 같다. VOR국은 자북을 기준으로 한 기준신호와 1°부터 360°까지 모든 방향으로 가변신호를 송신한다. 가변신호는 자북(0°)에 있을 때는 기준신호와 위상이 같지만, 90°일 때 위상차가 90° 나고, 계속 기준신호와 가변신호 사이에 위상 차이가 나다가 0°(자북)에서 다시 위상이 같아진다. 항공기의 VOR 수신기는 기준신호와 가변신호 사이의 위상 차이를 해독해서

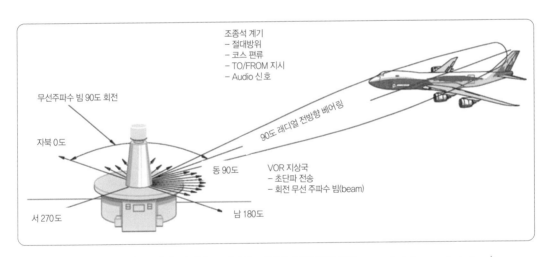

[그림 2-3-113] 초단파 전방향 표지장치 지상국과 항공기(VOR ground station and airplane)

[그림 2-3-114] 초단파 전방향 표지장치의 주요 구성품(VOR system components)

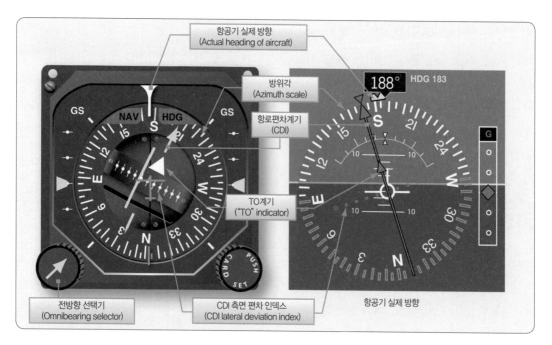

[그림 2-3-115] 초단파 전방향 표지장치 지시기(VOR indicator)

VOR국과 항공기 사이의 각도를 도(°) 단위로 결정한다.

ADF와 VOR의 차이

① ADF는 항공기 기수에서 NDB국까지 상대방위(relative bearing)를 나타내지만, VOR은 자북을 기준으로 VOR 지상국에 대한 항공기의 자침방위(magnetic bearing)를 나타낸다.

② ADF는 전리층에 반사되는 장파나 중파를 사용하기 때문에 야간 오차, 해안선 오차, 산악 지형 오차와 같은 여러 오차가 생기지만, VOR은 직진성이 강한 초단파를 사용하기 때문에 ADF보다 정밀하다.

전술항법장치(TACAN, Tactical Air Navigation)

전술항법장치(TACAN)는 군용 항법장치로, 960~1,215 MHz의 UHF 주파수를 사용해서 항공기에 방위와 거리 정보를 동시에 제공한다. 항공기로부터 질문 신호를 수신한 지상 TACAN 무선국은 응답신호를 송신할 때 방위정보를 같이 송신한다. TACAN의 거리측정방식은 DME와 같지만, DME보다 더 정밀한 거리정보를 얻을 수 있다.

> 민간 항공기는 표준 방위측정 방식인 VOR을 TACAN과 병설해서 VORTAC으로 사용하기도 한다.

거리측정장치(DME, Distance Measuring Equipment)

거리측정장치(DME)는 비행 중인 항공기에 조종사가 선택한 DME국까지 거리 정보를 제공하는 장치이다. 항공기에서 송신한 질문신호를 수신한 DME국은 항공기에게 응답신호를 전송하는데, 이 신호가 항공기에 도달할 때까지의 왕복시간을 거리로 환산해서 계기에 지시한다. 일반적으로 DME 송신기는 VOR 무선국과 같이 설치된다. 항공기는 VOR에서 방위 정보를, DME에서 거리정보를 받아서 더 정확한 항공기 위치와 방위를 알 수 있다.

> DME 주파수는 항공기에서 VOR이나 ILS 주파수를 선택하면 자동으로 정해진다. 항공기가 1,025~1,150 MHz로 질문신호를 송신하면 지상국에서는 50 μsec 후에 960~1,215 MHz로 항공기에 응답신호를 보낸다. 항공기의 수신기는 전파의 왕복시간을 계산해서 지상국에서 항공기까지 경사거리(slant distance)를 계산한다. 대부분의 DME 안테나는 블레이드 안테나로, 동체 하부에 설치된다.

◉ 계기착륙장치(ILS, Instrument Landing System)

계기착륙장치(ILS)는 항공기가 활주로에 정밀하고 안전하게 착륙할 수 있도록 돕는 무선지원시설을 말한다. ILS는 로컬라이저(localizer), 글라이드 슬로프(glideslope), 마커비컨(marker beacon)으로 구성된다.

> • 항공기의 LOC, G/S 안테나는 레이돔 내부에 있고, M/B 안테나는 동체 하부에 있다.
> • 디지털 항공기는 PFD에서 ILS가 지시하는 정보를 볼 수 있다.

① 로컬라이저(localizer)는 활주로 수평정보를 제공해서 항공기가 활주로 중심선을 맞추도록 유도한다.
② 글라이드 슬로프(glideslope)는 활주로 수직정보를 제공해서 착륙각도인 활공각 3°를 맞추도록 유도한다.
③ 마커비컨(marker beacon)은 항공기가 지점을 통과했을 때 지시등과 신호음으로 활주로 끝단까지 남은 거리를 알려준다.

◉ 계기착륙장치(ILS) 등급(category)

각 공항 활주로의 ILS 등급(CAT, category)은 기상관측소에서 제공되는 활주로 가시거리(RVR, Runway Visual Range)와 착륙 결심고도(DH, Decision Height)에 따라 부여된다. ILS 등급은 항공기가 공항에 접근할 때 기상관측소에서 제공하는 활주로 가시거리와 지상의 착륙 지원장비에 따라 착륙할 것인지 회항할 것인지 결정하는 판단 근거이다. 예를 들어, CAT IIIa 공항에 착륙할 때 결심 고도 30 m까지 접근했는데 안개 때문에 활주로가 보이지 않으면 회항해야 하고, 30 m까지 접근했을 때 활주로가 보이면 착륙할 수 있다.

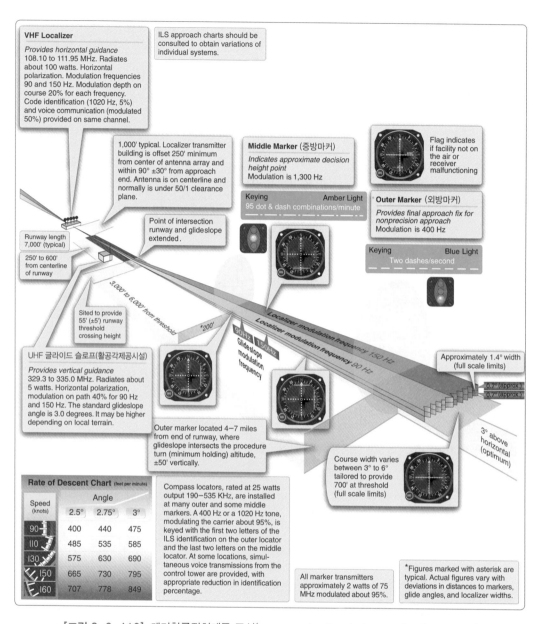

VHF Localizer

Provides horizontal guidance 108.10 to 111.95 MHz. Radiates about 100 watts. Horizontal polarization. Modulation frequencies 90 and 150 Hz. Modulation depth on course 20% for each frequency. Code identification (1020 Hz, 5%) and voice communication (modulated 50%) provided on same channel.

ILS approach charts should be consulted to obtain variations of individual systems.

1,000' typical. Localizer transmitter building is offset 250' minimum from center of antenna array and within 90° ±30° from approach end. Antenna is on centerline and normally is under 50/1 clearance plane.

Middle Marker (중방마커)

Indicates approximate decision height point
Modulation is 1,300 Hz

Flag indicates if facility not on the air or receiver malfunctioning

Keying   Amber Light
95 dot & dash combinations/minute

Outer Marker (외방마커)

Provides final approach fix for nonprecision approach
Modulation is 400 Hz

Keying   Blue Light
Two dashes/second

Point of intersection runway and glideslope extended.

Runway length 7,000' (typical)

250' to 600' from centerline of runway

3,000' to 6,000' from threshold

Sited to provide 55' (±5') runway threshold crossing height

UHF 글라이드 슬로프(활공각제공시설)

Provides vertical guidance 329.3 to 335.0 MHz. Radiates about 5 watts. Horizontal polarization, modulation on path 40% for 90 Hz and 150 Hz. The standard glideslope angle is 3.0 degrees. It may be higher depending on local terrain.

*200

Glideslope modulation frequency

90HZ 150HZ

Localizer modulation frequency 150 Hz

Localizer modulation frequency 90 Hz

Approximately 1.4° width (full scale limits)

0.7° (approx.)
0.7° (approx.)

Outer marker located 4~7 miles from end of runway, where glideslope intersects the procedure turn (minimum holding) altitude, ±50' vertically.

Course width varies between 3° to 6° tailored to provide 700' at threshold (full scale limits)

3° above horizontal (optimum)

Rate of Descent Chart (feet per minute)

Speed (knots)	Angle		
	2.5°	2.75°	3°
90	400	440	475
110	485	535	585
130	575	630	690
150	665	730	795
160	707	778	849

Compass locators, rated at 25 watts output 190~535 KHz, are installed at many outer and some middle markers. A 400 Hz or a 1020 Hz tone, modulating the carrier about 95%, is keyed with the first two letters of the ILS identification on the outer locator and the last two letters on the middle locator. At some locations, simultaneous voice transmissions from the control tower are provided, with appropriate reduction in identification percentage.

All marker transmitters approximately 2 watts of 75 MHz modulated about 95%.

*Figures marked with asterisk are typical. Actual figures vary with deviations in distances to markers, glide angles, and localizer widths.

[그림 2-3-116] 계기착륙장치계통 구성(components of an instrument landing system)

[표 2-3-6] 계기착륙시설(ILS)의 등급

성능/CAT	CAT-Ⅰ	CAT-Ⅱ	CAT-Ⅲ		
			CAT-Ⅲa	CAT-Ⅲb	CAT-Ⅲc
RVR (Runway Visual Range)	550 m 이상 (1,800 ft)	350 m 이상 (1,200 ft)	200 m 이상 (700 ft)	50 m 이상 (150 ft)	None
DH (Decision Height)	200 ft (60 m)	200~100 ft (30~60 m)	30 m	15 m	None

로컬라이저(LOC, Localizer)

로컬라이저(LOC)는 항공기가 착륙할 때 활주로 중앙선으로 안내하는 장치이다. 지상 LOC 송신기는 활주로에서 항공기가 진입하는 반대편에 있다. LOC 송신기의 주파수 범위는 108.10~111.975 MHz이다.

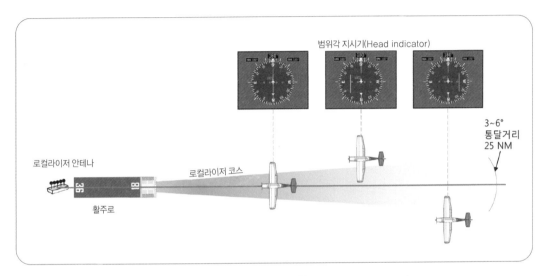

[그림 2-3-117] 로컬라이저 계기(indication of localizer)

LOC 안테나는 항공기에서 보았을 때 왼쪽으로 90 Hz의 변조파를, 오른쪽으로 150 Hz의 변조파를 발사한다. 항공기에서 LOC를 지시하는 계기는 지상의 안테나에서 송신한 좌·우 전파의 중심선에 대한 강약 차이에 따라 항공기가 활주로에서 수평으로 벗어난 정도를 알려주고, 조종사는 이를 보고 항공기를 활주로 중앙에 위치시킨다.

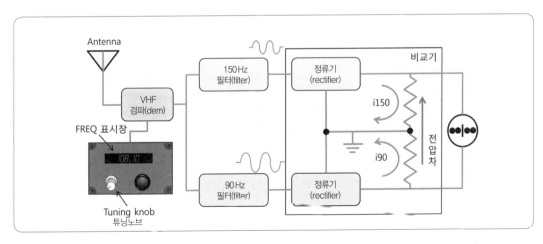

[그림 2-3-118] 로컬라이저 수신기의 기본 원리(basic principle of localizer receiver)

⊙ 글라이드 슬로프(G/S, Glide Slope)

글라이드 슬로프(G/S)는 착륙하는 항공기에 안전한 착륙각도인 활공각 3° 정보를 제공한다. G/S 주파수 범위는 UHF 328.6~335.4 MHz로, LOC 주파수를 선택하면 자동으로 선택된다. 지상 G/S 송신기는 경로(course) 중심선에서 위로 90 Hz, 아래로 150 Hz 변조된 전파를 발사한다. 항공기의 수신기는 두 변조 성분의 강약 차이에 따라 G/S 지시계를 위아래로 움직이게 만들고, 조종사는 이를 보고 활공각 3°를 맞출 수 있다.

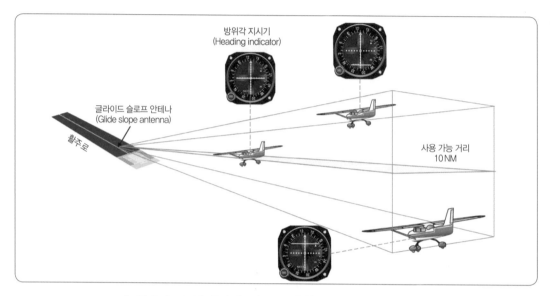

[그림 2-3-119] 글라이드 슬로프 계기(indication of glide slope)

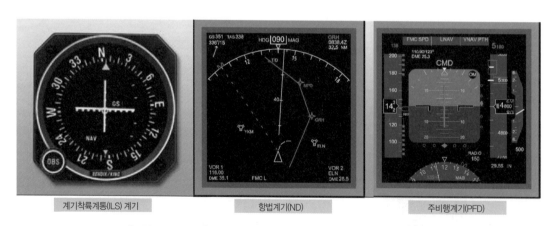

| 계기착륙계통(ILS) 계기 | 항법계기(ND) | 주비행계기(PFD) |

[그림 2-3-120] 계기착륙계통 계기-코스편차 및 LOC/GS 지시

⊙ 마커비컨(M/B, Marker Beacon)

마커비컨(M/B)은 수직으로 75 MHz의 역원추형 전파를 발사해서 일정 지점을 통과한 항공기에 활주로 끝단까지 거리를 알려준다. M/B에는 외방 마커(outer marker), 중방 마커(middle marker),

내방 마커(inner marker)가 있다.

① 외방 마커는 공항에서 4~7 NM(Nautical Mile) 떨어진 지점에서 400 Hz로 변조된 전파를 발사한다. 매초 2회씩 모스 신호의 dash(-)음을 연속으로 내서 조종사는 소리를 듣거나 'O' lamp에 파란색(blue) 등이 켜진 것을 보고 통과한 것을 알 수 있다.

② 중방 마커는 활주로 끝단에서 약 3,500 ft 전방에 설치하고 1,300 Hz로 변조되는 전파를 발사한다. 매초 2회씩 모스 신호의 dash(-)와 dot(·)음을 내서 조종사는 소리를 듣거나 'M' lamp

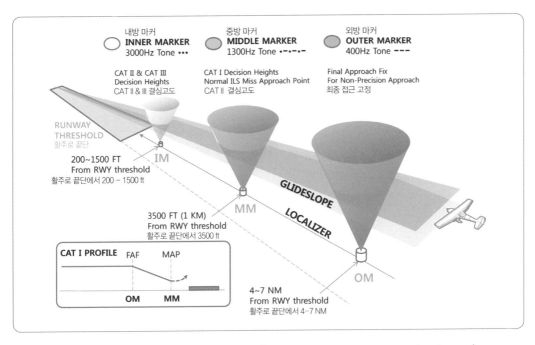

[그림 2-3-121] 마커비컨 위치 및 지시등(position and display light of marker beacon)

[그림 2-3-122] 마커비컨 계기 및 표시등(various marker beacon instrument panel display lights)

에 호박색(amber) 등이 켜진 것을 보고 통과한 것을 알 수 있다.

③ 내방 마커는 3,000 Hz로 변조된 전파를 발사한다. 매초 6회씩 모스 신호의 dot(•)음을 내서 조종사는 소리를 듣거나 'I' lamp에 white(흰색) 등이 켜진 것을 보고 통과한 것을 알 수 있다.

🧭 관성항법시스템(INS, Inertial Navigation System)

관성항법시스템(INS)은 출발점을 기준으로 자이로스코프로 회전각속도를 측정하고 가속도계로 선형가속도를 측정해서 외부 도움 없이 항공기의 비행자세, 현재 위치, 대지속도(ground speed) 및 기수 방향과 같은 항법정보를 제공하는 장치를 말한다. INS는 외부신호 교란이나 날씨와 시간의 영향을 받지 않는다는 장점이 있다. INS의 주요 구성품에는 자이로스코프(gyroscope)와 플랫폼(platform) 내부의 가속도계(accelerometer), INS 컴퓨터 내부의 적분기가 있다.

- INS의 주요 구성품인 자이로, 가속도계, 적분기는 INU(Inertial Navigation Unit)에 들어 있다.
- INS는 출발점을 기준으로 현재 위치를 계산하기 때문에 항공기가 출발하기 전에 FMS에 해당 공항의 위도와 경도를 입력한다. (예: 인천국제공항 – 위도: N37.4692, 경도: E126.451)

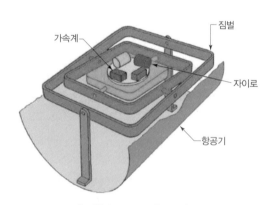

[그림 2-3-123] 플랫폼

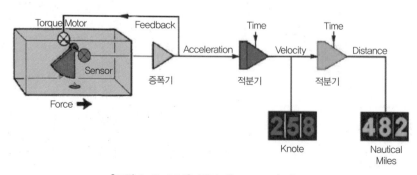

[그림 2-3-124] 적분기(integrator) 회로

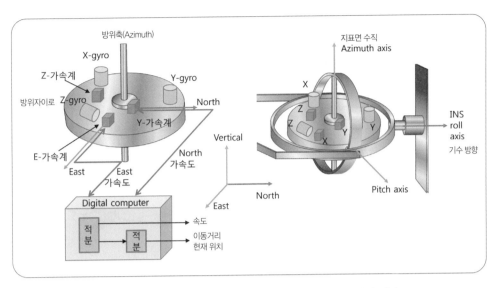

[그림 2-3-125] 가속도에 의한 항공기 비행거리 및 위치 계산

관성항법시스템(INS)의 구성요소 중 가속도계로 측정한 가속도를 적분기로 적분하면 속도를 알수 있고, 다시 속도를 적분하면 이동거리를 계산할 수 있다. 여기에 자이로의 섭동성(precession)을이용해서 항공기의 회전각속도를 측정해서 방향을 알 수 있다. 방향과 이동거리를 알면 처음 기준좌표에서 이동한 현재 위치를 계산할 수 있다.

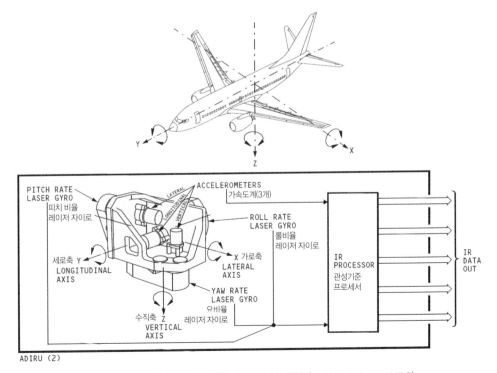

[그림 2-3-126] IRS의 안정성이 유지된 플랫폼(stable platform of IRS)

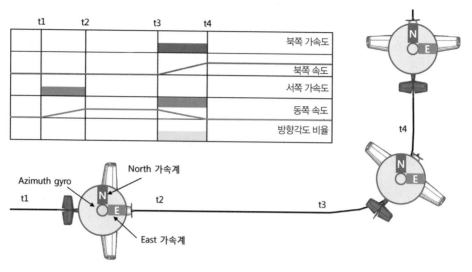

[그림 2-3-127] 관성항법장치의 속도 산출(principle of INS)

- 플랫폼(platform)에는 가속도계 3개가 서로 직각으로 고정되어 있다. 3개 중 하나는 진북을 향하고, 두 번째는 동서 방향으로 고정되어 있고, 세 번째는 플랫폼에 수직으로 세워져 있다. 북쪽(north) 가속도계는 수평으로 장착되어 항공기의 방향(heading)에 상관없이 항상 진북을 지시하고, 플랫폼과 가속도계는 항공기의 피치, 롤 운동과 관계없이 지면에 대해 항상 수평을 유지한다.
- 항공기가 동쪽으로 이동하면(t1), east 가속계는 east 가속도를 측정하고 INS 컴퓨터는 이를 적분해서 속도를 구하고, 다시 속도를 적분해서 동쪽으로 이동한 거리를 구한다(t1~t3). 선회할 때 기수 방향이 변하면(t3~t4) north와 east 가속계의 값도 변하고, 자이로를 이용해서 방향각도 비율을 계산한다. 선회 중에는 북쪽 속도는 증가하지만 동쪽 속도는 감소한다. 선회가 끝나면(t4) 일정한 북쪽 속도만 지시한다.

◉ 관성기준 항법장치(IRS, Inertial Reference System)

관성기준 항법장치(IRS)는 기계식 자이로를 사용한 INS와 달리 기계적으로 움직이는 부품이 없는 링 레이저 자이로(RLG, Ring Laser Gyro)와 반도체식 가속도계를 사용해서 신뢰성을 높인 항법장치이다. INS와 사용 부품만 다르고 작동원리는 같다.

- 링 레이저 자이로(RLG)의 원리는 자이로가 정지하고 있을 때는 시계 방향(CW, Clockwise) 빔과 반시계 방향(CCW, Counter-Clockwise) 빔의 일주 거리가 같다. 이때 자이로가 오른쪽으로 회전하면 도착점이 A점에서 B점으로 이동하는데, A점을 출발한 CW빔의 이동 거리는 자이로가 정지된 경우보다 길어지지만, CCW빔의 이동 거리는 짧아진다. 이러한 이동거리 차이로 생기는 레이저의 주파수 차이를 측정해서 각속도를 계산한다.

> • B777, B737 NG와 같은 현대 항공기는 IRU(Inertial Reference Unit)와 ADC(Air Data Computer)를 통합한 ADIRU(Air Data Inertial Reference Unit)를 사용한다.

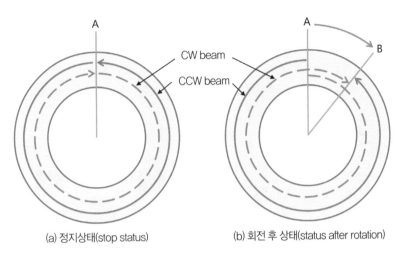

(a) 정지상태(stop status)　　(b) 회전 후 상태(status after rotation)

[그림 2-3-128] 링레이저 자이로 원리(principle of RLG)

[그림 2-3-129] 모드선택 패널 및 관성항법장치 시스템 표시장치(MSP & ISDU)

⊙ 위성항법시스템(GPS, Global Positioning System)

위성항법시스템(GPS)은 4개 이상의 위성에서 송신한 신호를 동시에 수신할 때 걸리는 시간으로, 항공기의 3차원적 위치를 측정하는 항법장치이다.

각 위성은 위치와 정확한 시각이 포함된 코드화된 신호를 송신한다. 3개의 위성이 보낸 신호를 수신할 때 생기는 교차점으로 항공기의 3차원 위치(위도, 경도, 고도)를 아는 데 필요한 세 좌표를 결정할 수 있다. 이때 수신기의 시계가 정확하지 않아서 생기는 시간 오차를 보정하기 위해 위성신호를 하나 더 수신한다.

> • GPS는 1970년대 미 국방성이 군사 목적으로 쓰기 위해 개발했다. 1983년 대한항공 여객기가 구소련의 영공을 침범해 격추된 사건을 계기로 민간에게 무료로 개방했다. GPS가 민간 부문에서 본격적으로 사용되기 시작한 것은 미국이 GPS 정밀도를 제한하기 위해 도입했던 SA(Selective Availability, 선택적 유용성)를 해제한 2000년부터이다. 이를 통해 수십 m의 오차가 나던 민간 위치정보의 정밀도가 크게 높아지면서, 자동차 내비게이션과 같은 민간항법장치가 본격적으로 발달하게 되었다.

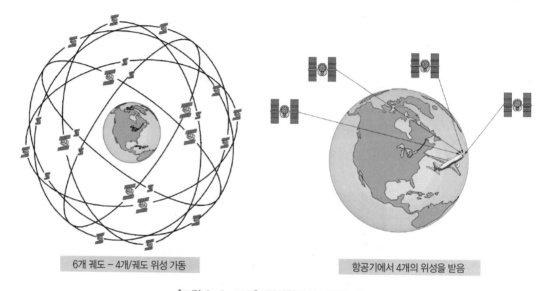

6개 궤도 – 4개/궤도 위성 가동   항공기에서 4개의 위성을 받음

[그림 2-3-130] 위성항법시스템(GPS)

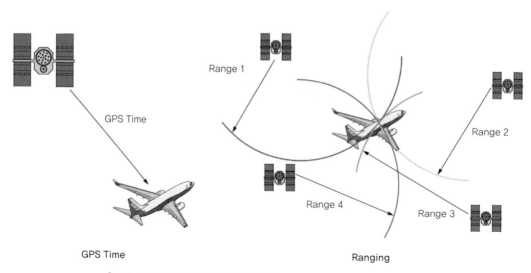

GPS Time   Ranging

[그림 2-3-131] 항공기 위치 계산(computation of aircraft position)

- 위성은 경도 60도 간격으로 6개의 궤도에 궤도마다 4개의 위성이 있고, 예비로 3개 정도 있다. 지구 어디에서나 수평선 15도 이상의 하늘에서 최소한 4개가 관측되도록 배치되어 있고 보통 위성이 5~8개 정도 보인다. 러시아의 GLONASS(Global Navigation Satellite System), 유럽의 GALILEO도 미국의 GPS와 같은 장치이다. 이러한 모든 항법시스템을 GNSS(Global Navigation Satellite System)라고 한다.
- GPS로 알 수 있는 정보는 다음과 같다.
  ① 위도(latitude)　　　② 경도(longitude)　　　③ 고도(altitude)
  ④ 정확한 시간(accurate time)　　⑤ 대지속도(ground speed)

✈ INS(Inertial Navigation System)와 GPS(Global Positioning System)

오늘날 군사용 무기를 비롯해 항공기, 우주 로켓 등은 모두 INS를 주된 항법장치로 사용하고, GPS를 오차를 바로잡는 보조수단으로 사용한다.

INS는 관성센서로 회전을 감지하는 자이로(gyro)와 위치이동을 감지하는 가속도계를 사용한다. 자이로와 가속도계로 감지한 회전과 위치이동을 계산하고 제어해 목적지를 찾아간다. INS는 외부의 힘이 작용하지 않는 한 물체는 계속 운동한다는 관성의 법칙과 운동 상태가 변할 때 외부의 힘에 비례한 가속도가 생기고 그 방향은 외부의 힘과 일치한다는 가속도의 법칙을 사용한다. 비행체의 속도나 고도에 변화가 생기면 INS에 관성의 힘이 작용해 3축 방향으로 가속도를 감지한다. 이동하는 비행체의 가속도를 측정하면 가속도를 시간으로 적분해서 속도를 구하고, 속도를 다시 적분해서 위치를 계산할 수 있다. 운항하는 동안 계속해서 속도와 위치를 구하면서 제어하기 때문에 자세를 유지하고 정해진 궤도를 이탈하지 않고 목표지점을 향해 비행할 수 있다.

INS는 계산 속도가 빠르고 비행체의 운동에 따른 영향을 거의 받지 않기 때문에 안정적으로 시스템을 유지할 수 있다는 장점이 있다. 실제 항공기에 사용하는 INS의 경우 1초에 100번 정도로 적분 계산을 한다. 즉 0.01초마다 위치와 속도, 자세 등의 정보를 제공한다. 그러나 INS는 운항 시간이 길어질수록 약간의 오차가 발생한다는 단점이 있다. 작은 오차라도 적분 계산이 반복되면 시간이 지날수록 오차 범위가 점점 커진다.

이러한 INS의 오차를 보정하기 위해 GPS를 사용한다. GPS는 위성과 수신기의 거리를 계산해 좌표를 구한다. 만약 GPS 위성의 위치와 거리를 정확하게 알 수 있다면 3개의 GPS 위성만 있어도 정확한 위치를 알 수 있다. 하지만 이것만으로는 실제 거리를 정확하게 계산할 수 없다. GPS 위성과 수신기의 거리는 위성에서 보내는 전파의 도달 시간을 바탕으로 계산하는데, 위성의 시계와 수신기의 시계가 일치하지 않아 오차가 발생하기 때문이다. 그래서 GPS는 4개 이상의 위성에서 전파를 수신해야 정확한 위치를 파악할 수 있다. GPS는 위치는 알려주지만 자세는 알려주지 못하고, 위성의 신호 주기에 맞춰야 하는 만큼 신호도 연속적이지 않고 끊길 수 있다는 단점이 있다.

🧭 기상레이더(weather radar)

기상레이더는 비행 중 만날 수 있는 악천후를 조종사가 미리 알고 피할 수 있게 해서 안전하게 비행할 수 있도록 하는 장치이다. 밤이나 시정이 나쁠 때도 항로와 주변 기상상태, 지상 윤곽, 난기류를 탐지하고 계기(ND)에 지시해서 안전운항을 할 수 있도록 한다.

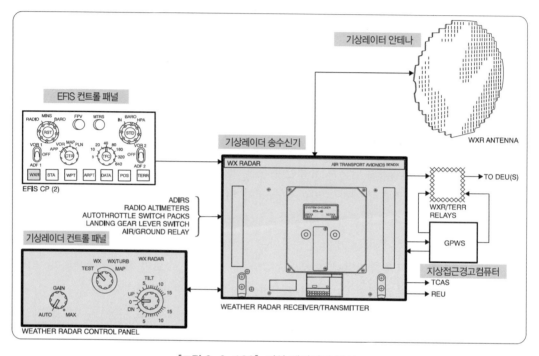

[그림 2-3-132] 기상 레이더의 구성

기상레이더는 전파가 구름에 포함된 물을 만나면 반사되는 성질을 이용한 장치이다. 강수량이 많을수록 반사 주파수가 더 강하다. 기상레이더는 수신한 반사파의 강도에 따라 적색, 황색 및 녹색으로 표시하고, 난기류는 마젠타(자홍색)로 표시한다. 기상레이더에 사용하는 주파수는 X-밴드(주파수 9.375 GHz)와 C-밴드(주파수 5.44 GHz) 대역을 주로 사용한다. 강우량이 많을 때는 감쇄가 적은 C-밴드를 사용하고, 강우지역이 좁거나 강우량이 적을 때는 유효거리가 긴 X-밴드를 사용한다.

안테나 지름이 일정할 때 빔 폭은 주파수에 반비례하므로 C-밴드보다 X-밴드가 빔폭이 좁아서 방위분해능이 커지므로 비구름을 정확히 알 수 있다.

🧭 전파고도계(radio altimeter)

전파고도계는 항공기에서 지형까지 거리를 측정해서 절대고도로 나타낸다. 주로 착륙 시 2,500 ft 이하의 낮은 고도에서 정확한 고도를 알기 위해 사용한다. 이 외에 GPWS나 기상레이너와 같이 다른 계통과 연결되어 지상에서 항공기까지의 높이 정보를 제공한다.

전파고도계 시스템은 송수신기(RA transciever), 송신 안테나, 수신 안테나, 계기로 구성된다. 전파고도계 안테나는 수신 안테나와 송신 안테나가 별도로 장착된다. 송신 안테나에서 발사된 전파는 지표면에서 반사되어 그 반사파가 수신 안테나를 거쳐 수신기로 오는데, 이때 송신한 전파를 수신하는 데 걸린 시간으로 높이를 측정한다.

ⓐ 지상접근경보장치(GPWS, Ground Proximity Warning System)

지상접근경보장치(GPWS)는 항공기가 지표면에 과도하게 접근해서 충돌할 수 있을 때 조종사에게 경고하는 장치이다. 전파고도계로 고도를 측정해서 정도에 따라 항법계기(ND)에 색(color)과 경고음으로 조종사에게 경보한다.

- 과거 항공사고의 분석을 통해 그 필요성이 인식되어 1975년부터 모든 여객기에 설치가 의무화되었다.
- GPWS는 항공기가 지상에 근접했을 때 원인에 따라 7가지 모드로 경고한다. 모드 7 전단풍 탐지기능이 추가된 것을 EGPWS(Enhanced GPWS)라고 한다.
  ① 모드 1 : 과도한 강하율(excessive descent rate)
  ② 모드 2 : 과도한 지표 접근율 – 지상에 빠르게 접근(excessive terrain closure rate)
  ③ 모드 3 : 이륙 후 과도한 고도 감소(altitude loss after take off)
  ④ 모드 4 : 불안전한 지형 거리(착륙이 아닌데 고도가 너무 낮음)(unsafe terrain clearance)

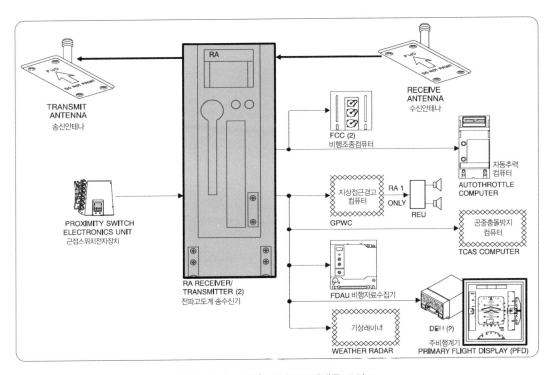

[그림 2-3-133] 전파고도계계통 구성도

⑤ 모드 5: 글라이드 슬로프 경로에서 밑으로 벗어남(excessive deviation below glide slope)

⑥ 모드 6: 전파도 불러주는 기능/과한 경사각(altitude callout/bank angle)

⑦ 모드 7: 전단풍 탐지, 경고(windshear warning detection)

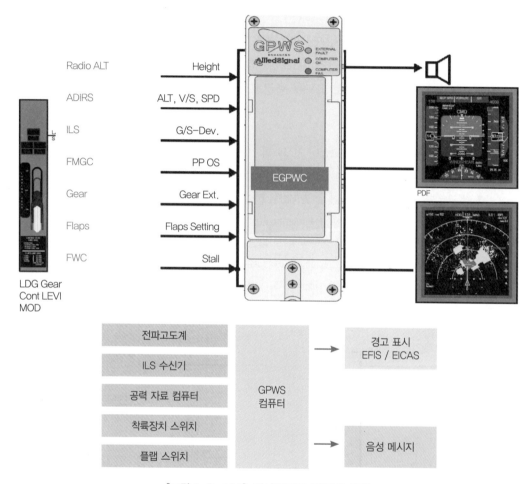

[그림 2-3-134] 지상접근경보장치의 구성

다) 자이로(gyro)의 원리

✈ 자이로(gyro)의 강직성(rigidity)과 섭동성(선행성, precession)

자이로스코프(gyroscope)는 고정된 축을 중심으로 회전하는 회전체를 말한다. 자이로 계기는 자이로가 가진 강직성과 섭동성을 이용한 계기이다.

① 강직성(rigidity)은 로터가 회전할 때 외력이 가해지지 않으면 회전축이 공간에 대해 일정한 방향을 유지하는 성질을 말한다. 강직성은 로터의 회전속도가 빠를수록, 로터의 질량이 회전축에서 멀리 있을수록 강하다.

[그림 2-3-135] 자이로의 강직성(rigidity)

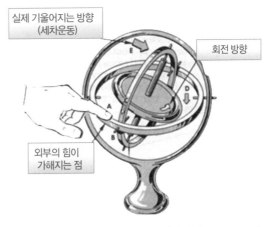

[그림 2-3-136] 자이로의 섭동성(선행성, precession)

② 섭동성(precession)은 회전하고 있는 로터에 힘을 가했을 때 회전 방향으로 90도 나아간 위치에 힘이 작용하는 성질을 말한다.

- 3축 자이로는 회전체가 3축에 대해 자유롭게 움직일 수 있는 자이로이다(자유도 3). 방향 자이로 지시계(directional gyro indicator)와 인공 수평의(artificial horizon indicator)에 사용한다. 2축 자이로는 3축 중 한 축이 고정된 자이로이다(자유도 2). 선회계(turn indicator)에 사용한다.
- 선회계(turn & slip indicator)는 자이로의 섭동성을 이용한 계기이고 자이로 수평 지시계는 자이로의 강직성과 섭동성을 모두 이용한 계기이다.
- 강직성과 섭동성을 가지려면 자이로 회전자는 계속 고속으로 회전해야 한다. 기계식 자이로 회전자를 돌리는 동력원으로 진공(소형 항공기), 공기압, 전기(대형 항공기)를 사용한다.

[그림 2-3-137] 진공식 자세지시계(좌)와 진공펌프를 이용한 자이로의 동력원

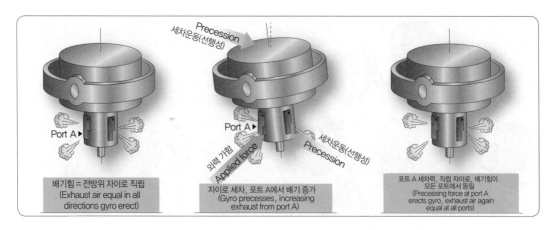

[그림Ⅱ-3-138] 진공식 비행 자세계의 직립장치

🧭 자이로의 성질을 이용한 계기

① 자이로 수평지시계는 항공기 기수 방향에 대해 수직인 회전축을 가진 3축 자이로이다. 강직성과 섭동성을 이용한 계기로, 회전축이 항상 지구 중심을 향하게 해서 지구 표면에 대한 자세인 피치와 경사각을 알 수 있게 하는 계기이다. 다른 이름으로 인공 수평의(artificial horizon indicator), 수평의, 자세계(ADI, Attitude Direction Indicator)라고도 한다.

② 방향 자이로 지시계는 회전축이 항공기 기수 방향에 수평으로 놓여 있는 3축 자이로를 사용한다. 자이로의 강직성을 이용해서 항공기의 기수방위(heading)를 지시한다. 자기 컴퍼스의 자차, 복각, 북선 오차로 생기는 불편을 없애기 위해 개발되었다. 지금은 플럭스 밸브와 연결해서 원격 지시 컴퍼스로 사용한다.

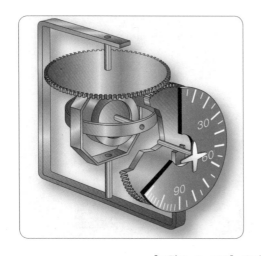

[그림 2-3-139] 공기 구동식 방향 자이로

방향 자이로 지시계는 자이로의 성질만 이용하므로 자기 컴퍼스처럼 복각이나 자차의 영향은 없지만, 계기 내부의 마찰에 의한 영향과 지구 자전에 의한 오차인 편위(drift)가 발생해서 시간에 따라 오차가 커진다. 그래서 자기 컴퍼스를 기준으로 15분마다 계기를 수정해야 한다.

③ 선회경사계는 선회계와 경사계가 같이 있는 계기이다. 선회계는 자이로의 섭동성을 이용해서 항공기의 분당 선회율, 즉 선회 각속도를 [°/min] 단위로 나타낸다. 정상비행 시 항공기의 경사도를 나타내고, 선회비행 시 정상선회, 내활선회(slipping), 외활선회(skidding) 여부를 나타낸다.

항공기가 수평비행 중일 때는 경사계 안에 있는 볼(ball)이 중앙에 있다가 항공기가 경사지면 기울어진 쪽으로 볼이 움직인다. 이때 항공기가 선회할 때 발생하는 원심력과 구심력이 균형을 이루며 정상선회를 할 때는 볼이 가운데에 있다. 볼이 선회계 바늘과 같은 방향으로 치우쳤을 때는 항공기가 선회 방향의 안쪽으로 미끄러지는 상태인 내활선회 상태이고, 선회계 바늘과 반대 방향으로 볼이 치우쳤을 때는 항공기가 원심력 때문에 선회 방향의 바깥쪽으로 밀리는 상태인 외활선회 상태인 것을 의미한다.

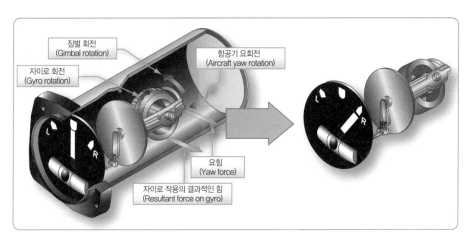

[그림 2-3-140] 선회경사계의 작동원리와 구조

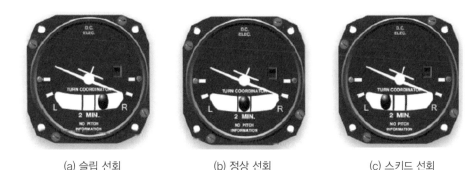

(a) 슬립 선회   (b) 정상 선회   (c) 스키드 선회

[그림 2-3-141] 슬립, 정상, 스키드 선회

라) 위성통신의 원리

위성통신(SATCOM, Satellite Communication) 시스템의 목적

위성통신(SATCOM) 시스템은 정보와 음성 메시지를 송수신하기 위해 위성통신망, 지상국과 항공기 위성통신장비를 사용한다. 위성통신은 단파·초단파 통신장치보다 더 멀리 승객과 승무원을 위한 정보와 음성 메시지 신호를 제공한다. 위성은 지상국과 항공기 사이에서 중계소처럼 작용하며, 지상국은 지상 기지 항공무선통신 접속 보고 장치와 공중전화 통신망에 위성통신 시스템을 연결한다. 2개의 고이득 안테나 시스템은 음성과 정보 신호를 송수신한다.

위성통신(SATCOM) 시스템의 원리와 목적

① 위성통신의 원리는 3~30 GHz 주파수 범위의 초고주파를 이용하여 전송하는 방법이다. 파장이 긴 전파들은 지구를 둘러싸고 있는 전리층에 의해 반사되는데, 이를 이용하여 가시거리 내에 있지 않아도 서로 통신할 수 있다.

② 위성통신 시스템의 구성은 위성자료 장치, 무선 주파수 장치, 무선 주파수 감쇠기, 고출력 증폭기, 무선 주파수 결합기, 고출력 릴레이(relay), 고이득 안테나로 구성되어 있다.

> 과거에는 항공기 운항관리를 위한 장거리 무선으로 HF를 사용했는데, 통신 품질이 떨어져 대체 수단으로 위성을 이용한 데이터 및 음성통신을 사용하기 시작했다. 1982년부터 선박을 대상으로 해사 위성통신을 운용하던 INMARSAT이 1985년 10월 항공위성통신을 운용할 수 있도록 '국제해

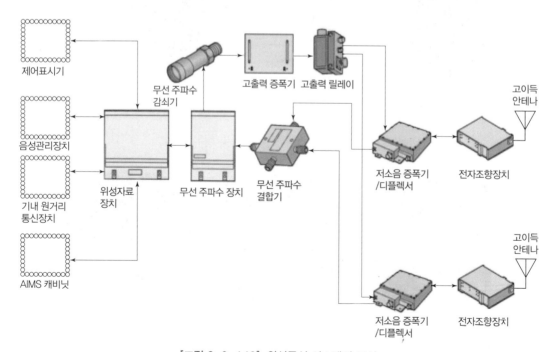

[그림 2-3-142] 위성통신 시스템의 구성

사위성기구에 관한 조약'을 개정하고 1989년 개정조약이 발효됨에 따라 최초로 항공위성통신 서비스가 시작되었다. 항공위성 데이터 통신은 항공사와 ATC 사이의 운항관리통신용으로 주로 사용되어 항공교통의 안전 및 정상 운행을 유지하기 위하여 사용된다. 항공위성통신 시스템은 통신위성, 항공기지구국(AES), 지상항공지구국(GES)으로 구성되는데, 우리나라는 KT가 충남 금산에 지구국을 운용하고 있다.

마) 일반적으로 사용되는 통신/항법 시스템 안테나 확인방법

📍 안테나(antenna)의 특성

안테나란 고주파 신호인 전파를 공간으로 내보내거나 받는 수단으로, 자유 공간과 송수신기 간의 신호 변환기이다. 안테나로부터 전파가 공간으로 방사되어 진행하는 방향을 지향 특성 또는 지향성이라고 한다. 즉, 지향성은 방사되는 전파의 세기가 어느 방향으로 강하고 약한지 그 분포 모양을 기하학적으로 표현한 것이다. 안테나에는 모든 방향으로 전파를 방사하는 전방향 안테나 또는 무지향성 안테나와 특정 방향으로 방사하는 지향성 안테나가 있다.

그리고 안테나의 길이는 전파의 파장에 비례하므로, 주파수가 높아지면 안테나의 길이는 짧아지게 된다.

📍 안테나의 종류

① 다이폴 안테나(dipole antenna)

다이폴 안테나는 안테나의 수평 길이가 반파장 또는 한파장이고, 그 중심에서 고주파 전력을 공급하는 가장 기본적인 단파용 안테나이다. 점선은 전류(I)의 분포를 나타내고, 실선은 전압(V)의 분포를 나타낸다. 지향성은 안테나 요소의 중심에서 가장 강하게 나타난다.

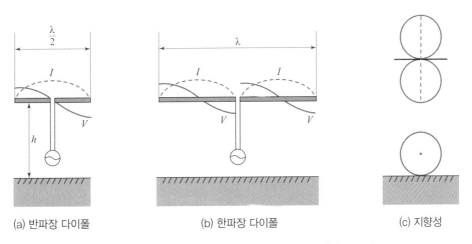

| (a) 반파장 다이폴 | (b) 한파장 다이폴 | (c) 지향성 |

[그림 2-3-143] 다이폴 안테나(dipole antenna)와 지향성

② 루프 안테나(loop antenna)

루프 안테나는 다이폴 안테나를 동그랗게 또는 사각으로 연결한 형태의 안테나로, 전체 길이가 파장과 비슷하다. 루프 안테나의 지향 특성은 수평면상에서 8자 형태이다. 따라서 루프 안테나의 수평면상의 지향 특성을 이용하면 수신되는 전파의 방향을 찾을 수 있다. 이 원리를 이용하는 항법 장치가 자동방향탐지기(ADF, Automatic Direction Finder)이다. 그러나 수평면상의 지향 특성이 전후 대칭이므로 전파가 탐지되더라도 두 방향 중 어느 쪽이 진짜 전파의 전송 방향인지 판단할 수가 없다.

이러한 문제점을 해소하기 위하여 단일 지향 특성을 갖도록 루프 안테나와 수직 다이폴 안테나를 조합하여 사용한다. 루프 안테나의 지향 특성과 수직 다이폴 안테나의 지향 특성이 합쳐지면 하트 모양의 지향 특성을 얻게 되므로 전파의 전송 방향을 결정할 수 있다.

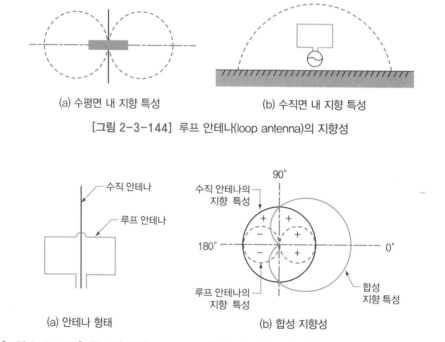

(a) 수평면 내 지향 특성   (b) 수직면 내 지향 특성

[그림 2-3-144] 루프 안테나(loop antenna)의 지향성

(a) 안테나 형태   (b) 합성 지향성

[그림 2-3-145] 루프 안테나(loop antenna)와 수직 다이폴 안테나(dipole antenna)의 지향성

③ 수직 접지 안테나

다이폴 안테나를 수직으로 세우고, 파장 길이의 1/4에 해당되는 안테나의 반쪽을 지면이나 접지된 다른 도체로 대체한 안테나가 접지 안테나이다. 접지 안테나는 수직으로 세워져 있어 수평면으로 모든 방위에 걸쳐 똑같은 세기로 전파가 방사되는 무지향 특성을 가진다. 접지 안테나는 구조가 간단하고 길이도 짧기 때문에 이동용 안테나로 가장 많이 사용된다.

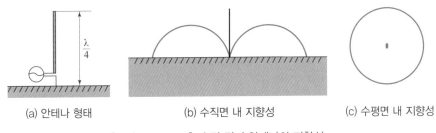

(a) 안테나 형태 　　(b) 수직면 내 지향성 　　(c) 수평면 내 지향성

[그림 2-3-146] 수직 접지 안테나의 지향성

④ 야기 안테나(yagi antenna)

야기 안테나는 안테나의 지향 특성을 강하게 만들기 위해서 다이폴 안테나의 방사기 앞에 반파장보다 조금 짧은 도체인 도파기를 배열하고, 방사기 뒤에 반파장보다 조금 긴 도체인 반사기를 배열하여 구성한다. 지향 특성은 방사기와 수직 방향으로 전방을 향한다. 야기 안테나는 초단파 이상의 주파수 대역에서 사용된다.

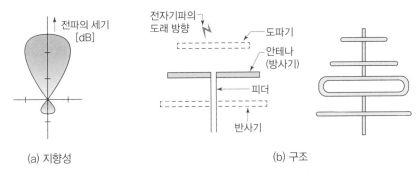

(a) 지향성 　　　　　　　　　　　(b) 구조

[그림 2-3-147] 야기 안테나(yagi antenna)

⑤ 포물선형 안테나(parabola antenna)

주파수가 높은 마이크로파(microwave)대 영역에서는 포물선형(parabola) 안테나가 지향성이 강한

[그림 2-3-148] 포물선형 안테나(parabola antenna)

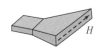

(a) H면 부채꼴 나팔

(b) E면 부채꼴 나팔

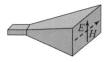

(c) 각뿔 나팔

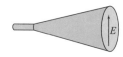

(d) 원뿔 나팔

[그림 2-3-149] 전자기 나팔의 종류

전파를 사용하는 위성통신용이나 레이더용으로 사용된다. 포물면 주반사기의 중앙 초점에 방사기를 놓으면 포물면에 의하여 반사파는 평형이 되어 정면으로 강하게 방사된다.

초점에 놓이는 안테나는 반파장 안테나 또는 전자기 나팔(horn)이 사용된다. 전자기 나팔은 전파 에너지가 전달되어 공간으로 방사되도록 만든 것으로, 한쪽 끝에서 전파를 전송하고 다른 한쪽 끝의 개방단에서 전파가 공간으로 방사되며, 도파관의 축 방향으로 예리한 지향성을 가지게 된다. 전자기 나팔에는 여러 가지 형태가 있다.

- 도파관(waveguide)은 마이크로파 이상의 높은 주파수의 전기신호를 전송하기 위해 구리 등의 도체로 만든 속이 빈 금속 도관이다.
- 등방성(isotropic)은 전파가 모든 방향으로 균일하게 방사되어 완전한 구의 형태로, 무지향성이 된다. 이론적인 가상의 안테나 형태이다.
- 전방향성(omnidirectional)은 수직면에서는 지향성이고 수평면에서는 무지향성인 방사 형태이다.

바) 충돌방지등과 위치지시등의 검사 및 점검

항공안전법 제54조(항공기의 등불)

항공기를 운항하거나 야간(해가 진 뒤부터 해가 뜨기 전까지를 말한다. 이하 같다)에 비행장에 주기(駐機) 또는 정박(碇泊)시키는 사람은 국토교통부령으로 정하는 바에 따라 등불로 항공기의 위치를 나타내야 한다.

항공안전법 시행규칙 제120조(항공기의 등불)

① 법 제54조에 따라 항공기가 야간에 공중·지상 또는 수상을 항행하는 경우와 비행장의 이동 지역 안에서 이동하거나 엔진이 작동 중인 경우에는 우현등, 좌현등 및 미등(이하 "항행등"이라 한다)과 충돌방지등에 의하여 그 항공기의 위치를 나타내야 한다.

② 법 제54조에 따라 항공기를 야간에 사용되는 비행장에 주기(駐機) 또는 정박시키는 경우에는 해당 항공기의 항행등을 이용하여 항공기의 위치를 나타내야 한다. 다만, 비행장에 항공기를 조명하는 시설이 있는 경우에는 그러하지 아니하다.

③ 항공기는 제1항 및 제2항에 따라 위치를 나타내는 항행 등으로 잘못 인식될 수 있는 다른 등불을 켜서는 아니 된다.

④ 조종사는 섬광등이 업무를 수행하는 데 장애를 주거나 외부에 있는 사람에게 눈부심을 주어 위험을 유발할 수 있는 경우에는 섬광등을 끄거나 빛의 강도를 줄여야 한다.

⟳ 외부등(exterior lights)

외부등계통은 항공기 식별, 방향 및 항공기의 안전한 운항을 돕기 위해 조명을 제공한다. 일반적으로 대부분의 민항 항공기 외부 조명등(light)은 다음과 같다.

① wing illumination(날개검사등): wing & engine scan light라고도 한다.

② landing lights(착륙등): 빔이 가장 강하다. 지상에서의 작동을 지양한다.

③ white anti-collision lights(백색 충돌방지등): 스트로브 라이트(strobe light)라고도 한다.

④ red anti-collision lights(적색 충돌방지등): 비컨 라이트(beacon light)라고도 한다. towing, 엔진 작동 중 반드시 ON한다.

⑤ position lights(위치등): 항법등(navigation light)이라고도 한다. 비행 중 반드시 ON한다.

⑥ taxi lights(유도등)

⑦ takeoff lights(이륙등)

⑧ runway turnoff lights(활주로 옆길등)

⑨ logo lights(로고등)

일부 라이트(light)는 계기비행 및 야간비행 시 반드시 ON되어야 하는 라이트(light)와 엔진 작동, 토잉(towing), 활주(taxing) 때 반드시 ON해야 하는 라이트(light)가 있다.

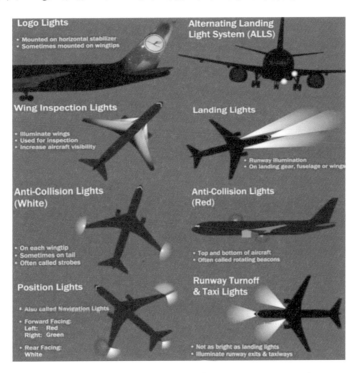

[그림 2-3-150] 항공기 외부등(airplane exterior lights)

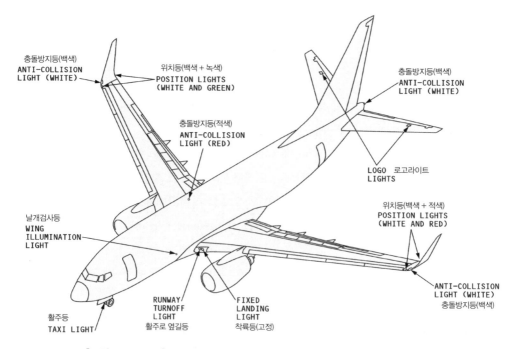

[그림 2-3-151] B737 항공기 외부 라이트(B737 airplane exterior lights)

✈ 위치등(position lights)

① 야간에 항공기 비행은 미연방규정집(CFR, Code of Federal Regulations)의 title 14에 명기된 최소한의 요구사항에 합당하는 위치등(position light)을 갖추고 있어야 한다. 항법등이라고도 하는 위치등의 한 조는 적색 1개, 녹색 1개, 그리고 흰색 1개로 이루어진다. 이 위치등의 목적은 항공기 위치, 비행 방향 및 자세 등을 알 수 있게 한다. 항법등인 이 위치등은 비행 중에 반드시 ON되어야 한다. 대부분 민항기에서는 결함을 대비해 램프 2세트 또는 2개의 라이트 계통으로 구성되어 있다. 결함이 발생하면 나머지 하나가 대체용으로 사용된다.

[그림 2-3-152] 좌측 날개 끝 위치등(적색)/우측 날개 끝 위치등(녹색)

② 일부 유형의 항공기(B737)에서, 위치(항법)스위치는 2세트 준비 대신 위치등(position) 및 섬광작동(flashing) 2 position으로 선택할 수 있다. STEADY 위치에서는 위치등만 ON되고 STOBE & STEADY 위치에 스위치를 선택하면 위치등과 충돌방지등이 동시에 ON된다.

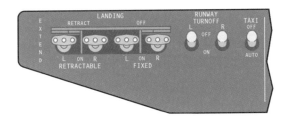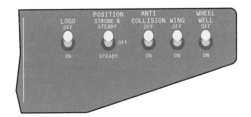

[그림 2-3-153] B737 외부 라이트 스위치(B737 exterior lighting switches)

③ 우측 날개 끝에 녹색등장치(green light unit)가 장착되고, 좌측 날개 끝에는 적색등장치가, 그리고 항공기 후미에 백색등장치가 장착된다. 최근 민항기에서는 훨씬 선명하고 전력이 적으며 신뢰성이 좋은 LED가 기존 램프를 대신하고 있다.

충돌방지등(anti-collision lights)

① 충돌방지등계통(anti-collision light system)은 하나 이상의 라이트로 구성된다. 충돌방지등장치는 동체 또는 꼬리날개 위에 설치되어 보통 승무원의 시야에 영향을 주지 않으면서 위치등의 가시성(visibility)을 방해하지 않은 위치에 설치되는 회전 빔 조명이다. 대형 항공기의 경우 충돌방지등은 동체 상하에 장착되어 작동한다.

② 충돌방지등장치(anti-collision light unit)는 보통 전동기에 의해 작동되는 1개 또는 2개의 회전등(rotating light)으로 이루어진다. 빛은 고정되지만 돌출된 붉은 유리(red glass)틀 내부의 회전반사경 아래에 설치될 수도 있다. 반사경이 원호(arc)로 회전하며 섬광률(flash rate)은 분당 40~100 cycle이다. 최신의 항공기 설계는 발광다이오드유형(LED-type)의 충돌방지등을 사용

[그림 2-3-154] 충돌방지등(백열 스트로브 라이트 & 적색 비컨라이트) (anti-collision lights)

한다. 충돌방지등은 특히 과밀지역에서 다른 항공기에 경고하기 위한 안전등(safety light)이다.

③ 백색 섬광등(white strobe light)은 또 다른 충돌방지등의 유형이다. 보통 날개 끝(wing tip)이나 꼬리부 말단에 설치된 섬광등(strobe light)은 백색광(white light)의 매우 밝은 간헐적 섬광(intermittent flash)을 만들어낸다. 빛은 커패시터의 고전압방전(high-voltage discharge)에 의해 생기게 한다. 전용 전원팩(dedicated power pack)은 커패시터가 있고 밀봉식 제논충전튜브(sealed xenon-filled tube)에 전압을 공급한다. 제논(xenon)은 전압이 공급되었을 때 섬광으로 이온화한다.

착륙등과 유도등(landing and taxi lights)

① 착륙등은 야간착륙 시에 활주로를 비추기 위하여 항공기에 장착된다. 이 라이트는 매우 강력하며 조명의 최대도달거리(maximum range)를 제공하는 각도로 포물면 반사장치(parabolic reflector)에 의해 전달된다. 소형 항공기의 착륙등은 보통 양쪽 날개 앞전의 중간에 위치하거나 항공기 표면 안에 유선형으로 되어 있다. 대형 운송용 항공기에서 착륙등은 보통 날개의 leading edge에 위치한다.

[그림 2-3-155] 유도등(taxi lights)

② 유도등은 활주로, 유도로(taxi strip)로부터, 또는 격납고지역(hangar area)으로 항공기를 유도 또는 견인하는 동안 지상에 조명을 제공하도록 설계되었다. 삼륜식 착륙장치(tricycle landing gear)를 가지고 있는 항공기에서, 단일라이트 유도등(single taxi light) 또는 다등형 유도등(multiple taxi light)은 전방착륙장치(nose landing gear)의 비조향 부분(non-steerable part)에 설치된다. 이들은 항공기 앞쪽에 직접조명을, 그리고 항공기 경로의 오른쪽과 왼쪽으로 조명을 제공하기 위해 항공기의 중심선에 비스듬한 각도로 적당한 장소에 위치한다.

날개검사등(wing inspection lights)

날개 및 엔진검사등(wing & engine scan light)이라고도 하며 이는 비행 중에 날개의 리딩에지 결빙이나 FOD 여부 등을 검사하기 위해 비추는 라이트이다. 이러한 조명등은 야간에 비행하는 동안에 날개 리딩에지에 결빙 형성의 육안탐지를 가능케 한다. 이들은 보통 조종석에 있는 ON/OFF 토글스위치(toggle switch)에 의해 릴레이를 통해 제어된다. 일부 날개검사등 계통(wing inspection light system)은 때때로 엔진 카울(cowl), 플랩 또는 착륙장치와 같은 인접지역을 비추는 나셀등(nacelle light)이라고도 한다. 이들은 대개 동일한 형태의 등이고 동일한 회로에 의해 제어된다.

➤ 활주로 옆길등(runway turnoff light) 및 로고등(logo light)

야간에 착륙 후 활주로(runway)를 벗어나 유도로(taxiway)로 회전할 때 유도로 상태를 먼저 볼 수 있도록 비추어주는 라이트이다. 로고등(logo light)은 특히 야간에 항공사의 로고나 상징(emblem)이 잘 보이도록 비추는 라이트이다. 이 라이트는 수직안정판(vertical stabilizer)에 있는 로고를 비추도록 수평안정판(horizontal stabilizer)에 장착되어 있다.

➤ 내부등(interior lights)

항공기는 객실을 조명하기 위해 내부등을 갖추고 있다. 종종 흰색등과 적색등 설치가 제공된다. 사업용 항공기는 주 객실을 비추는 조명계통, 전체 승객의 객실 등을 어둡게 조절했을 때 개인적으로 독서 등을 할 수 있도록 하는 독립조명계통(independent lighting system), 그리고 비상사태 시에 승객의 탈출을 돕기 위해 항공기의 바닥 등에 비상조명계통(emergency lighting system)을 갖추고 있다. 이 비상조명계통은 비행기에서 밖으로 빠져나가는 통로와 비상출구(EXIT) 위치를 비추어 준다. 항공기 정상 전원에 문제가 있어도 자체 배터리에 의해서 15분 정도 계속 작동할 수 있는 비상조명계통이 준비되어 있다.

 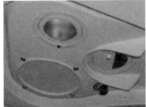 

[그림 2-3-156] 다양한 객실 내부등 및 비상등(cabin interior and emergency lights)

바 전기 · 조명계통[ATA 24 Electrical Power, ATA 33 Lights]

1) 전원장치(AC, DC) (구술평가)

가. 전원의 구분과 특징, 발생원리

➤ 전원장치(AC, DC)

① 직류(direct current)는 시간 변화에 따라 크기(진폭)와 방향(극성)이 일정한 전류를 말한다.

② 교류(alternating current)는 시간 변화에 따라 크기(진폭)와 방향(극성)이 주기적으로 변하는 전류를 말한다. 직류와 교류를 비교하면 다음과 같다.

[표 2-3-7] 직류와 교류의 특징

직류(DC)	교류(AC)
(+), (−) 극성이 있다.	(+)극과 (−)극이 주기적으로 변해 극성이 없지만, 위상(phase)과 주파수[Hz]가 있다.
전압을 바꾸는 데 많은 에너지가 필요해서 전력전송이 비효율적이다.	변압기로 전압을 쉽게 바꿀 수 있어서 전력손실이 적고 원거리 송전이 가능하다.
배터리에 저장할 수 있다.	저장할 수 없다.
모든 전력을 사용할 수 있다.	사용할 수 없는 무효전력(VAR)이 있다.
전압/전류의 크기가 일정해서 통신장애가 없다.	전압/전류가 변해서 통신장애를 일으킨다.

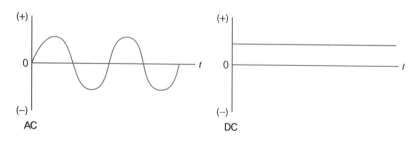

[그림 2-3-157] 교류(AC), 직류(DC)

원거리 송전을 할 때는 손실전력($P = V \times I$)을 고려해서 더 많은 전력을 공급해야 한다. 전력(P)을 높이려면 전압(V)을 높이거나 전류(I)를 높여야 하는데, 전류를 높이는 방법은 굵은 전선을 사용해야 해서 전선의 무게가 증가한다는 단점이 있다. 그래서 전압을 높이는 방법을 사용하고, 전압을 바꾸기 쉬운 교류를 원거리 송전에 사용한다. 무게가 중요한 항공기도 전선 무게를 줄일 수 있는 교류를 사용한다.

교류를 사용하는 이유

전기를 보낼 때 같은 전력에 대해 전압을 높이고 전류를 낮추면 송전선에서 발생하는 손실을 줄일 수 있다. 예를 들어, 1000 W를 보내고자 할 때 전선저항이 1 Ω이라 가정하고 100 V×10 A로 보내면 전선에서 발생하는 손실은 $P = I^2 × R = 100$ W가 된다. 그런데 전압을 높여서 1,000 V×1 A로 보내면 전선에서 발생하는 손실은 I^2[A] × 1Ω = 1 W가 된다. 즉 손실이 1/100만큼 줄어든다. 직류는 전압을 바꾸는 것이 어렵지만 교류는 변압기를 통해 쉽게 전압을 높이고 낮출 수 있다. 그래서 발전기부터 사용처까지 전력손실을 줄여서 보낼 수 있다는 장점이 있어서 교류를 사용한다.

전기계통을 400 Hz로 구동할 때 장점은 전원장치(power supply)가 더 작고 가벼워도 된다는 것이다. 그래서 전기기기의 크기와 무게가 줄어서 항공기 무게를 줄일 수 있다. 400 Hz를 썼을 때 60 Hz를 사용했을 때보다 무게가 감소하는 이유는 다음과 같다.

변압기 기전력(E)의 계산식 $E = 4.44 × f × N × \Phi m$이고, $\Phi m = Bm × A$이다.

- E : 실효전압(applied usually primary RMS voltage)
- f : 주파수(frequency[Hz])
- n : 권선 수(turns on the winding, where the voltage E is applied)
- Φm : 최대 자속(maximum magnetic flux [Wb])
- A : 코일의 단면적(cross sectional area enclosed by the winding)
- Bm : 최대 자속밀도(maximum flux density)

따라서 $E = 4.44 × f × N × Bm × A$가 된다. 이 식을 단면적($A$)에 대해 정리하면 단면적($A$)은 주파수($f$)에 반비례한다는 것을 알 수 있다. 주파수가 높을수록 그만큼 코일의 단면적도 감소한다. 그리고 유도전동기는 주파수에 비례하는 속도로 회전하므로 높은 주파수를 사용하는 전원장치는 같은 부피와 무게를 가진 전동기(motor)보다 더 많은 전력(power)을 얻을 수 있다.

높은 주파수를 사용할 때 단점은 주파수에 비례하는 히스테리시스 손실과 와전류 손실이 생기고, 유도 리액턴스도 증가해서 전압강하(reactive drop)도 커진다. 이러한 단점 때문에 전원장치에 높은 주파수를 사용하는 데는 제한이 있다. 그러나 항공기는 주파수를 높여서 발생하는 문제보다 무게를 줄이는 것이 더 중요하기 때문에 400 Hz를 사용한다. 반대로 무게를 고려할 필요가 없는 주택에 전기를 공급할 때는 60 Hz를 사용한다.

① 히스테리시스 손실: 철심을 사용한 코일에 교류 전류를 흘리면 철심의 히스테리시스 루프 면적에 비례하는 양의 에너지를 잃게 되는데, 이 손실을 말한다.

② 와전류 손실: 맴돌이 전류가 도체의 저항으로 인해 줄(joule)열이 발생해서 생기는 전력손실을 말한다.

③ 유도 리액턴스: 코일에 교류를 보냈을 때 코일은 일종의 저항 역할을 해서 전류의 흐름을 방해하는 작용을 하는데, 이를 유도 리액턴스라 하고, 단위는 저항과 같은 Ω(옴)을 사용한다.

✈ 항공기에서 115 V 3상 400 Hz AC를 사용하는 이유

① 교류는 변압이 쉽고 굵은 전선을 사용하지 않아도 되어 무게를 줄일 수 있다.

② 3상(three-phase) 전력은 단상(single-phase)보다 전류 크기가 1/3로 줄어서 더 많은 전력을 사

용해도 전선에 부담을 덜 주기 때문에 많은 전력을 필요로 하는 항공기에 적합한 방식이다. 그리고 같은 전압의 단상 전력보다 전선의 단면적이 작아도 되므로 더 경제적이고 무게를 줄일 수 있다.

③ 주파수 400 Hz를 사용하는 이유는 전기기기나 변압기를 만들 때 필요한 철심이나 구리선이 상용 전원의 1/6에서 1/8 정도만 필요해 무게를 줄일 수 있기 때문이다.

> 객실에서 사용하는 전기는 AC 110 V 단상(single-phase) 60 Hz로 바꿔서 사용한다.

110 V에서 220 V로 변경한 이유

110 V에서 220 V로 변경한 이유는 주상변압기에서 각 가정으로 전기를 공급할 때 배전선로에서 발생하는 전력손실을 줄이고, 같은 굵기의 전선으로 더 많은 양의 전력을 공급하기 위해서이다. 전력(P)=전압(V)×전류(I) 식에서 전압을 높이면 같은 전력을 소비하는 가정에 공급되는 전류량은 줄일 수 있다. 이때 전선의 도선저항(R)으로 인한 전력손실은 전류의 제곱에 비례($P = I^2 \times R$)하므로, 전류량이 적으면 전기 공급선의 전력손실을 줄일 수 있다.

3상 전력

3상 회로는 위상이 120°씩 다른 3개의 교류 기전력으로 전력을 공급하는 회로를 말한다. 3상 회로는 3선식(Δ-결선)이나 4선식(Y-결선)으로 만든다. 3상 전력은 교류를 발전, 송전, 분배할 때 가장 보편적으로 사용하는 방법으로, 대형 모터와 같이 큰 부하에 동력을 공급할 때 사용한다. 3상은 전력을 전달하기 위한 도체 재료를 적게 사용하기 때문에 같은 전압의 단상이나 2상보다 경제적이다. 3상에서 3개의 회로는 같은 주파수를 가진 3개의 교류를 전달한다. 이때 각 교류는 서로 1/3 주기로 순간 최댓값(instantaneous peak value)에 도달한다.

한 전선을 기준으로 했을 때 나머지 두 전류는 한 전류의 1/3과 2/3시간만큼 지연된다. 이러한 위상 사이의 지연은 전류의 각 사이클 동안 일정한 전력을 전달하는 효과가 있으며, 전기 모터에서 회전하는 자기장을 만드는 것도 가능하게 한다.

Y-결선과 Δ-결선

Y-결선(Y-connection)과 Δ-결선(delta-connection)은 3상 교류회로에서 변압기나 발전기에 있는 코일의 기점을 연결하는 방법을 말한다. Y-결선은 각 코일의 기점을 Y자 중심의 한곳에 묶은 결선방법이고, Δ-결선은 삼각형 모양으로 연결한 결선방법이다.

① 3상, Y-결선(Y-connection, three phase)

3상 교류발전기의 리드가 6개가 아닌 각 위상의 리드 중 하나가 연결되어 공통 접점을 형성할 수 있다. 그러면 고정자를 와이(Y) 또는 별(star) 연결이라고 한다. 공통 리드는 교류발전기에서 나오거나 나오지 않을 수 있다. 그것이 나오면 중립 리드라고 한다. 각 부하는 2개의 위상이 직렬로 연결된다. 따라서 RAB는 위상 A와 B에 걸쳐 직렬로 연결된다. RAC는 위상 A와 C에 직렬로 연결되어 있다. RBC는 위상 B와 C에 걸쳐 직렬로 연결된다. 따라서 각 부하의 전압은 단일 위상의 전압보다 크다. 두 위상의 총전압 또는 라인전압은 개별 위상전압의 벡터합이 된다. 균형의 조건의 경우 라인전압은 위상전압(상전압)의 1.73배가 된다. 라인 와이어에는 전류에 대한 경로와 연결된 위상이 하나뿐이므로 라인전류는 위상전류(상전류)와 같다.

② 3상, Δ-결선(delta-connection, three phase)

3상 고정자가 연결되어 위상의 끝단과 끝단을 붙여 연결할 수 있다. 이 배열을 Δ-결선이라고 한다. Δ-결선에서 전압은 상전압과 같다. 선간전류는 상전류의 벡터합과 동일하다. 부하전류가 균형을 잡을 때 선간전류는 상전류의 1.73배가 된다. 동일한 부하(동일 출력)의 경우, Δ-연결은 상전압과 동일한 선전압값에서 증가된 라인전류를 공급하고, Y-연결은 상전류와 동일한 신간전류값에서 증가된 선간전압을 공급한다. Δ-결선에서 전압은 상전압과 같고, 선간전류는 상전류의 벡터합과 같다. 그리고 선간전류는 부하가 균형을 잡았을 때 상전류의 1.73배와 같다. 동등한 부하, 즉 동등한 출력에서 Δ-결선은 상전압과 같은 선간전압의 값으로 증가된 선간전류를 공급하고, 그리고 Y-결선은 상전류와 같은 선간전류의 값으로 증가된 선간전압을 공급한다.

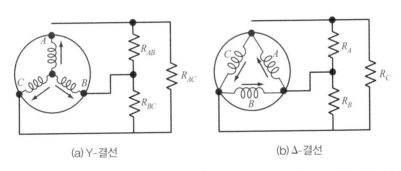

(a) Y-결선   (b) Δ-결선

[그림 2-3-158] Y-결선 및 Δ-결선 교류기(Y-connected and Δ-connected alternators)

항공기 전기계통의 특징

항공기 전기계통은 항공기 운항에 필요한 전기를 공급하는 시스템이다. 항공기의 전원은 주 전원(AC/DC power), 보조동력장치전원(APU), 외부전원(external power), 비상전원(emergency power)이 있다.

① 주 전원에는 교류전원과 직류전원이 있다. 항공기에 필요한 교류전력(3상 115 V 400 Hz)은 엔진 구동 발전기(engine driven generator)나 APU 발전기에서 얻는다. 지상에 주기 중일 때는 APU나 지상동력장치(GPU, Ground Power Unit)로 교류전력을 얻는다. 직류전원(28 V)은 기내에 설치된 배터리와 TRU(Transformer Rectifier Unit, 변압정류기)를 통해 얻는다.

- 엔진이 2개 이상인 항공기는 각 발전기를 병렬 운전해서 전력을 공급한다. 병렬 운전하고 있는 발전기 중 하나가 고장 나면 고장 난 발전기 계통의 전력은 다른 발전기가 담당한다.
- 모든 계통은 메인버스(main bus)로부터 전력을 공급받는다. 전원에서 공급되는 전력이 부족할 때는 우선순위를 정해서 중요한 부분에만 전력을 공급하고 중요성이 낮은 계통에는 전력 공급을 차단한다.
- 교류전력은 모터, 밸브, 히터(heater)나 항법 등 통신계통과 같이 많은 전기가 필요한 계통에 사용하고, 직류전력은 계기와 같이 적은 전기가 필요한 계통에 사용한다.

② 보조동력장치전원은 APU 발전기에서 얻는 교류를 주 전원이나 외부전원을 사용할 수 없을 때 사용한다. APU는 항공기에 필요한 압축공기를 공급하는 역할도 한다.

③ 외부전원은 항공기가 지상에 있을 때 필요한 전력을 공급한다. 항공기 리셉터클(receptacle)에 GPU와 같은 외부전원장치의 플러그를 연결해서 전력을 공급한다.

④ 비상전원은 주 전원에서 전력을 공급할 수 없을 때 배터리에서 공급받는 직류전력으로, 대기전원(standby power)이라고도 한다. 교류전원이 필요한 계통은 배터리의 직류를 인버터(inverter)를 통해 교류로 변환해서 사용한다. 비상전원은 항법계통, 통신계통, 비행제어시스템, 계기와 같이 운항에 필요한 일부 계통에 전력을 공급한다.

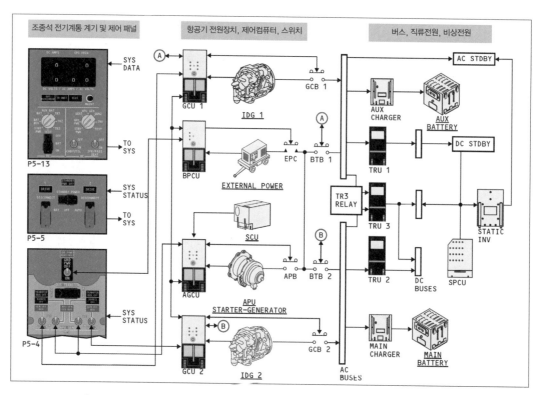

[그림 2-3-159] 전기계통 전원 및 제어(electrical system power and control)

대기전원은 비행 중 엔진 구동 발전기나 APU 발전기에서 전력을 공급받을 수 없을 때 배터리로 비행에 반드시 필요한 전력을 공급한다. 계통이 정상적으로 작동할 때는 직류 버스에서 전력을 공급받아 항상 배터리를 충전된 상태로 만든다. 비상상태가 되면 배터리는 대기 버스에 직류전력을 공급한다. 교류전력은 인버터(inverter)로 직류를 교류로 변환해서 공급한다.

✈ 항공기에 공급되는 외부전원

항공기에 공급되는 외부전원(AC 3상 115/200 V 400 Hz)은 항공기 리셉터클에 플러그를 연결해서 외부전력 접속기(EPC, External Power Contactor)와 로드 버스를 통해 각 부하계통에 전력을 공급한다.

외부전원은 항공기계통에 공급되기 전에 버스 제어장치에서 전압, 주파수, 위상의 이상 유무를 판단해서 이상이 없으면 조종실에 있는 외부전원 스위치를 'ON' 해도 좋다는 표시를 한 다음에 공급한다.

외부전원 리셉터클은 항공기마다 다양한 위치에 있으나 일반적으로 대형 항공기는 노즈 기어 오른쪽 위에 있고 'AC CONNECTED' 표시등과 'POWER NOT IN USE' 표시등이 있다. 'AC CONNECTED' 표시등은 리셉터클에 전원 플러그가 접속되었다는 뜻이고, 'POWER NOT IN USE' 표시등은 외부전원을 항공기계통에 사용하고 있지 않다는 뜻이다.

항공기에 직류전력을 공급하기 위한 외부전원은 배터리 카트와 같은 장치를 사용한다. 이 장치에서 출력되는 전력은 직류 28V로, 전원 플러그를 통해 메인버스에 접속되어 계통에 공급된다.

[그림 2-3-160] GPU 플러그(plug)와 항공기 리셉터클(receptacle)을 연결해서 전력을 공급

✈ 교류발전기(AC generator)의 원리

교류발전기는 플레밍의 오른손 법칙을 이용해서 교류를 만드는 장치이다. 교류발전기는 엔진 회전축에 연결된 자기장을 만드는 회전자(계자)를 회전시켜 고정자(전기자)로 기전력을 만든다.

- 플레밍의 오른손 법칙은 발전기에서 생기는 유도기전력의 방향을 알 수 있는 법칙으로, 자기장 속에 있는 도체를 움직이면 도체에는 유도기전력이 발생하고 이 유도기전력에 의해 도체에 전류가 흐른다는 법칙이다.
- 플레밍의 왼손법칙은 전동기 회전자가 움직이는 방향을 알 수 있는 법칙으로, 자기장 안에 있는 도체에 전류가 흐를 때 생기는 힘은 자기장과 전류의 세기에 비례한다는 법칙이다.

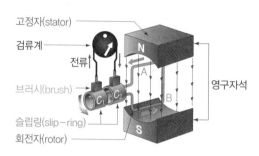

고정자(stator)
검류계
전류
브러시(brush)
슬립링(slip-ring)
회전자(rotor)
N
A
B
영구자석
S

[그림 2-3-161] 회전 전기자형 교류발전기

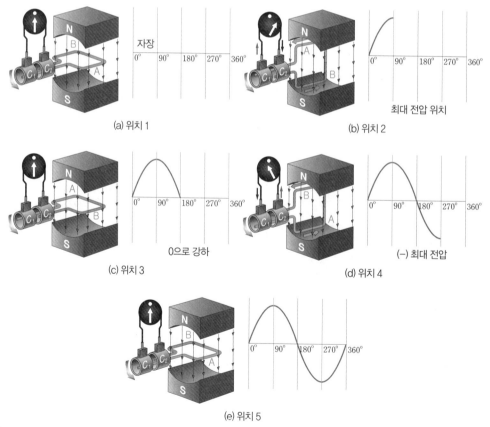

(a) 위치 1

(b) 위치 2
최대 전압 위치

(c) 위치 3
0으로 강하

(d) 위치 4
(−) 최대 전압

(e) 위치 5

[그림 2-3-162] 교류발전기의 전압 발생 원리

자기장 안에 도선을 놓고 자기장에 변화를 주면 도선에 전압과 전류가 유도된다. 이때 유도기전력의 크기는 패러데이의 전자유도법칙으로, 방향은 렌츠의 법칙으로 알 수 있다.

① 유도기전력의 크기는 코일을 지나는 자속의 시간 변화율과 코일을 감은 수에 비례한다.

② 렌츠의 법칙은 코일에서 생기는 유도기전력은 원래 자계의 변화를 방해하는 방향으로 발생한다는 법칙이다.

회전 전기자형 교류발전기에서 회전자에 감긴 코일이 회전하는 동안 발생한 유도전류는 슬립링에 접촉된 브러시를 통해 외부로 나간다. 이때 같은 브러시의 극성이 계속 바뀌면서 사인파(sine wave) 형태의 교류가 만들어진다. 교류발전기는 직류발전기의 정류자 대신 슬립링을 사용해서 크기와 극성이 바뀌는 교류 파형을 그대로 사용한다.

⊙ 교류발전기(AC generator)의 구조

교류발전기는 고정자, 회전자, 슬립링, 브러시로 구성된다. 직류발전기와 다른 점은 정류자 대신 슬립링을 사용한다는 것이다. 회전자를 계자 코일, 전기자 코일 중 어느 것으로 만들었는가에 따라 회전 계자형과 회전 전기자형으로 구분한다. 교류발전기는 주로 회전 계자형을 사용한다.

- 계자로 전자석을 사용하는 경우에는 코일에 전원을 공급해야 하므로 슬립링과 브러시가 필수이다.
- 1개의 단상 교류를 얻는 단상 교류발전기와 120° 위상차를 가지는 3개 교류를 만드는 3상 교류발전기로도 구분한다.

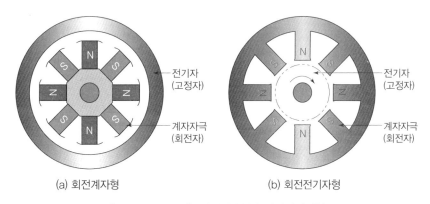

[그림 2-3-163] 회전계자형과 회전전기자형

① 회전계자형은 전기자 권선이 고정되어 있고 계자 권선이 회전하는 발전기이다. 전기자 권선이 고정되어 있어서 절연이 쉽고 발생한 기전력을 전기자 권선을 통해 그대로 가져올 수 있다는 장점이 있어서 대부분의 교류발전기가 사용하는 방식이다.

② 회전전기자형은 계자 권선이 고정되어 있고 선기사 권신이 회전하는 방식이다. 발전전압이 높아지면 슬립링과 브러시 접촉 부위에서 아크(arc)가 발생해서 제작이 어렵기 때문에 저전압·소용량 발전기에 사용한다.

㉮ 계자(field magnet)는 발전기에 필요한 자기장을 만드는 데 사용하는 영구자석이나 전자석을 말한다.

㉯ 여자기(excitor)는 계자(회전자) 코일에 전류를 보내 자기장을 만드는 장치를 말한다. 여자전류를 조절해서 발전기 전압이나 무효전력을 제어한다.

㉰ 브러시(brush)는 회전하는 기구에 전기를 공급하거나 가져오는 역할을 한다. 교류전동기, 교류발전기에서는 슬립링과 접촉해서 사용되고, 직류 전동기/발전기에서는 정류자와 접촉해서 사용된다.

◉ 브러시리스 교류발전기(brushless AC generator)

대형 항공기는 브러시리스(brushless) 교류발전기를 사용한다. 브러시리스 교류발전기는 회전계자형 교류발전기에서 회전자(계자)로 전자석을 사용하지 않고 영구자석을 사용하는 발전기이다. 회전축에 영구자석을 연결해서 회전시키기 때문에 계자에 전원을 공급하기 위한 슬립링과 브러시가 필요 없다. 브러시리스 교류발전기의 장점은 다음과 같다.

① 교류를 사용해서 변압이 쉽고 도선 굵기를 줄일 수 있어서 무게를 줄일 수 있다.

② 슬립링과 브러시가 없어서 접촉 부위에서 생기는 아크가 없고, 브러시 마모가 없어 관리가 편하다.

③ 슬립링과 브러시 사이의 저항 및 전도율 변화가 없어서 안정된 출력을 유지할 수 있다.

④ 고고도에서 공기밀도가 감소해서 절연성이 떨어져 생기는 아크 현상이 없다.

> 구조가 복잡하고 가격이 비싸다는 단점이 있다.

◉ 직류발전기(DC generator)

직류발전기는 회전자(전기자), 고정자(계자), 정류자, 브러시로 구성된다. 자기장 안에서 코일을 회전시켜 기전력을 만들고, 만든 기전력을 정류자를 통해 직류로 바꾼 다음, 브러시를 통해 외부로 보낸다. 전기자에 묶인 코일의 수와 정류자 수를 늘리면 평탄한 파형을 가진 기전력이 만들어진다.

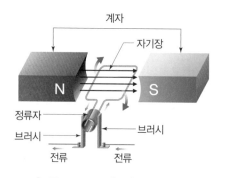

[그림 2-3-164] 직류발전기

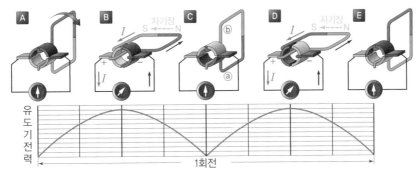

[그림 2-3-165] 직류 발생 원리

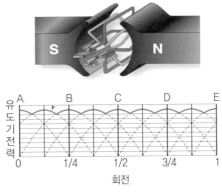

[그림 2-3-166] 직류발전기의 출력 파형

이때 잔물결처럼 남아 있는 교류성분을 맥류(ripple)라 하는데, 더 평탄한 직류성분을 얻기 위해 평활회로를 넣어서 맥류성분을 제거한다.

엔진 구동 교류발전기(AC generator)의 출력 제어

엔진 구동 교류발전기의 출력은 발전기 회로 차단기(GCB)를 거쳐 해당 교류 버스에 접속되어 각 계통에 전력을 공급한다. 버스 타이 차단기(BTB)를 거쳐 동기 버스에 접속되어 다른 발전기와

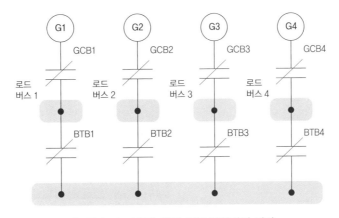

[그림 2-3-167] 엔진 구동 발전기의 전력

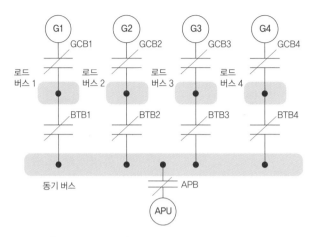

[그림 2-3-168] 보조동력장치 발전기의 전력

병렬 운전할 수도 있다. 발전기 회로 차단기와 버스 타이 차단기는 해당 발전기 제어장치와 조종실 안에 있는 전력 제어 스위치에 의해서 제어된다.

보조동력장치 발전기는 항공기가 지상에 있을 때 사용하지만 일부 항공기는 비행 중에도 사용한다. APU 발전기는 엔진 구동 발전기의 구조와 같고, 발전기 출력도 엔진 구동 발전기의 출력과 같은 AC 3상 115/200 V 400 Hz이다. 보조동력발전기의 출력은 보조동력차단기(APB, Auxiliary Power Breaker)에 접속되어 로드 버스에 공급된다. 발전기 출력이 부하 계통에 접속되기 전에 보조발전기 제어장치(GCU, Generator Control Unit)가 출력전압과 주파수가 만족하는 범위 안에 있는지 감시한다.

◉ 전기계통의 버스(bus, 모선)

버스(bus)는 항공기 전원의 전력을 회로차단기를 통해서 계통에 배전하는 장치이다.

① 로드 버스(load bus)는 전기를 사용하는 부하에 전력을 공급하는 버스이다. 엔진 구동 발전기의 출력, 보조동력 발전기의 출력, 외부전원의 전력 등이 모두 이 버스에 접속된다.

② 대기버스(standby bus)는 항공기가 비행하고 있는 동안 주 전원으로 전력을 공급할 수 없는 경

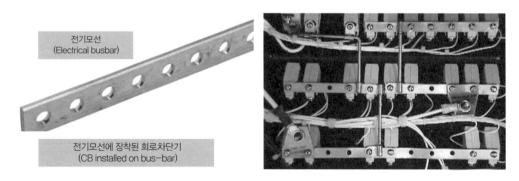

[그림 2-3-169] 전기모선(bus)과 모선에 연결된 회로차단기

우에 비상전원을 확보하기 위한 버스이다.

③ 동기버스(synchronizing bus)는 엔진으로 구동되는 발전기들을 병렬 운전하기 위한 버스이다.

- 발전기 회로 차단기(GCB, Generator Circuit Breaker)는 발전기 전원을 버스에 연결/분리하는 스위치이다.
- 버스 타이 차단기(BTB, Bus Tie Breaker)는 버스와 버스 사이를 연결 또는 분리하는 스위치이다.

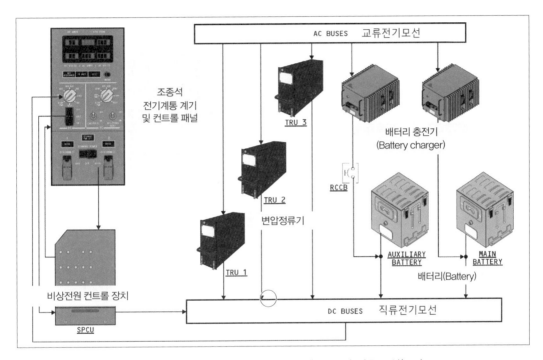

[그림 2-3-170] B737 직류전원계통의 교류 및 직류 모선(bus)

◉ 발전기 전압조절기(generator voltage regulator)

전압조절기는 엔진 회전수와 부하 변동에 따라 변하는 계자코일의 전류를 조절해서 발전전압을 일정하게 유지하는 역할을 한다. 계자코일의 전류조절방식에는 카본 파일식, 진동식, 릴레이식이 있다. 지금은 반도체를 이용한 방식을 이용하고 있다.

◉ 변압기(transformer)

변압기는 철심에 1차 코일과 2차 코일을 감아서 코일의 상호유도(mutual induction) 현상을 이용해서 전압을 바꾸는 장치이다. 상호유도는 1차 코일에 전류를 가해 자기장을 변화시키면 2차 코일에서 1차 코일의 자속 변화를 방해하는 방향으로 유도기전력이 발생하는 현상을 말한다.

1차 코일에 감은 코일의 권선수를 N_1, 전압을 V_1, 전류를 I_1이라 하고 2차 코일에 감은 권선수를 N_2, 전압을 V_2, 전류를 I_2라고 했을 때 에너지 보존법칙에 따라 1차 코일과 2차 코일의 전력은 같아야 하므로 다음과 같이 정리할 수 있다.

$$P_1 = P_2 \Rightarrow V_1 I_1 = V_2 I_2 \Rightarrow \frac{V_1}{V_2} = \frac{I_2}{I_1}$$

코일에 걸리는 전압(e)은 전류와 코일의 인덕턴스(L)에 비례한다. 이때 변압기에 입력되는 전류가 일정하므로 각 코일에 걸리는 전압은 인덕턴스의 영향만 받는다. 인덕턴스는 코일을 감은 권선수에 비례하므로 코일에 걸리는 전압은 권선수에 비례한다. 이를 권선비(turn ratio)라고 한다.

$$a(권선비) = \frac{N_1}{N_2} = \frac{V_1}{V_2} = \frac{I_2}{I_1}$$

1차 코일과 2차 코일의 전압비는 코일을 감은 권선수 N_1과 N_2의 권선비에 비례한다. 1차 코일의 전압을 2배로 승압하려면 2차 코일은 1차 코일에 감은 권선수의 2배를 감아야 한다. 이때 에너지 보존법칙에 따라 전력은 일정하므로 전압이 2배가 되면 전류는 1/2배가 된다.

⟩ 변압정류기(TRU, Transformer Rectifier Unit)

변압정류기(TRU)는 변압기와 정류기를 하나로 합친 장치이다. 교류전력을 받아서 전압을 낮추고 정류해서 DC 28 V를 공급한다.

> 1차측은 Y-결선, 2차측은 Y-결선과 Δ-결선으로 된 3상 변압기로, 교류 3상 115/200 V 400 Hz가 입력되면 출력은 28 V가 된다. 이 출력이 정류 다이오드를 통과하면 직류 28 V가 된다.

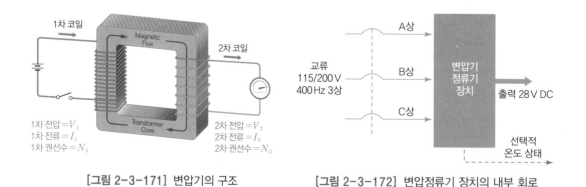

[그림 2-3-171] 변압기의 구조   [그림 2-3-172] 변압정류기 장치의 내부 회로

⟩ 인버터(inverter)

인버터는 직류를 교류로 바꾸는 장치로, 회전형(rotary) 인버터와 스태틱(static) 인버터가 있다. 현대 항공기는 가동부 없이 전자회로 소자를 사용해서 가볍고 신뢰성과 효율이 높은 스태틱 인버터를 사용한다. 스태틱 인버터는 비상시 배터리의 24 V 직류전원을 받아서 115 V 400 Hz 단상 교류로 바꿔서 필수 계통에 공급한다.

직류
28 V → 스위치 회로 → 변압기 → 구동회로 → 115 V 400 Hz

[그림 2-3-173] 스태틱 인버터

[그림 2-3-174] 스태틱 인버터의 내부 구성 회로

나) 발전기의 주파수 조정장치

정속구동장치(CSD, Constant Speed Drive)

정속구동장치(CSD)는 엔진과 발전기 사이에 설치되어 엔진의 회전수가 높거나 낮아도 발전기의 회전수를 일정하게 유지해서 출력 주파수를 일정하게 만드는 장치이다.

교류발전기의 출력 주파수는 발전기의 회전수와 비례한다. 항공기의 교류발전기는 엔진에 의해 구동되기 때문에 엔진의 회전수가 변하게 되면 발전기의 출력 주파수도 변한다. 그래서 엔진과 발전기 사이에 정속구동장치를 설치해서 엔진 회전수와 관계없이 발전기를 일정한 속도로 회전시켜 출력전압과 주파수를 일정하게 유지한다.

정속구동장치(CSD)의 작동원리는 아주 간단하게 설명하면 다음과 같다. CSD는 유압장치, 차동기어(differential gear), 거버너(governor), 윤활유로 구성된다. 엔진 회전수가 증가하거나 감소하면 거버너가 경사판(swash plate)을 기울여서 한쪽 유로에는 고압의 윤활유를, 다른 유로에는 저압의 윤활유를 보낸다. 서로 다른 압력의 윤활유 흐름은 중간 과정을 거쳐 발전기와 연결된 기어를 돌려 엔진 회전수가 빠를 때는 발전기 회전수를 줄이고, 엔진 회전수가 느릴 때는 발전기 회전수를 늘린다.

[그림 2-3-175] 정속구동장치(CSD, Constant Speed Drive)와 IDG(Integrated Drive Generator)

◈ IDG(Integrated Drive Generator)

IDG는 CSD(Constant Speed Drive)와 발전기를 하나로 통합한 교류발전기이다. 최근 항공기는 CSD만 따로 장착하지 않고 IDG를 사용한다.

IDG가 정상적으로 작동하려면 윤활유가 충분히 있어야 한다. 윤활유는 IDG 외부에 설치된 냉각기(oil cooler)로 가서 연료와 열을 교환해서 냉각된 다음 다시 돌아온다. 윤활유 보급은 내부의 불필요한 공기(air pocket)를 제거하는 목적도 있다.

> 윤활유량이 과도하면 작동온도가 올라가서 비행 중 IDG 연결이 해제될 수 있다. 윤활유량이 부족하면 윤활유 압력이 낮아져 출력 주파수에 변동이 생긴다.

IDG 윤활유 보충작업(servicing)은 형식에 따라 다르므로 반드시 매뉴얼에 따라 작업해야 한다. IDG의 사이트 글라스를 봤을 때 윤활유량이 적정 이하면 윤활유를 보급한다. 엔진 가동 후에 작업할 때는 엔진을 멈추고 IDG가 식을 때까지 기다린 다음 보충작업을 진행한다. IDG 서비싱 절차를 요약하면 다음과 같다.

① IDG의 압력을 제거하고 호스를 연결한 다음 펌프로 용기(container)에 윤활유가 일정량 나올 때까지 윤활유를 공급한다.

② 공급한 윤활유량이 사이트 게이지의 기준선보다 많으면 배출(drain)해서 윤활유량을 맞춘다.

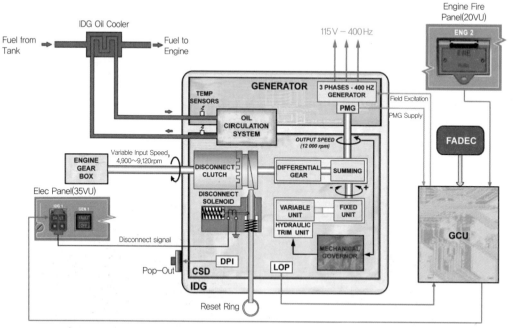

[그림 2-3-176] IDG(Integrated Drive Generator)

- IDG의 윤활유 필터에도 차압지시기(DPI, Differential Pressure Indicator)가 있다. 필터가 막혀서 차압이 일정 수치(50±8 psi)를 넘으면 지시기(pop-out indicator)가 튀어나와서 필터가 막힌 것을 알려준다.

- A320의 IDG 서비싱 절차는 다음과 같다.

① IDG 밑에 보급 중 넘쳐흐르는 윤활유를 모으기 위한 용기(container)를 놓는다.

② drain port의 마개(dust cap)를 제거하고 윤활유 상태를 확인할 수 있는 투명한 드레인 호스(overflow drain hose)를 연결하고, 호스의 다른 쪽을 용기에 넣는다.

③ pressure fill port의 마개를 제거하고 펌프를 연결해서 IDG에 윤활유를 공급한다.

④ 윤활유량이 스탠드파이프 이상으로 높아지면 drain port로 윤활유가 넘쳐흐르다가 초록띠(green band) 범위로 들어오면 더 배출되지 않고 최적의 윤활유량으로 안정된다.

⑤ 모든 호스를 제거하고 각 포트(port)에 마개를 씌운다.

⑥ 보급이 끝나면 최소 2분 동안 드라이 모터링을 하거나 엔진을 자립 회전속도(idle RPM)로 시동을 걸어 윤활유가 계통 내부를 순환할 수 있도록 한다.

- B737 NG의 IDG 윤활유 보급 관련 주의사항 및 절차는 다음과 같다.

① warning IDG에 압력이 차 있으면 윤활유가 튀어 다칠 수 있으므로 보급 전에 벤트 밸브를 15초 이상 눌러서 압력을 제거해야 한다.

② servicing instructions 실버 밴드(silver band) 윗부분까지 윤활유를 보급하고 드레인 라인보다 더 공급된 경우 실버 밴드까지 윤활유를 배출한다.

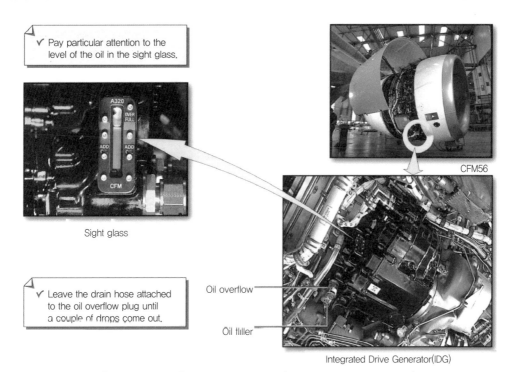

✔ Pay particular attention to the level of the oil in the sight glass.

Sight glass

✔ Leave the drain hose attached to the oil overflow plug until a couple of drops come out.

CFM56

Oil overflow

Oil filler

Integrated Drive Generator(IDG)

[그림 2-3-177] CFM56 engine IDG(Integrated Drive Generator)

2) 배터리 취급 (구술 및 실작업 평가)

가) 배터리 용액 점검 및 보충작업

➤ 배터리(battery)

배터리는 화학반응으로 생기는 에너지를 전기에너지로 바꿔서 직류전원을 공급하는 장치이다. 배터리는 지상에서 APU 시동이나 비행 중 발전기가 고장 났을 때 비상전원(emergency power)으로 사용한다.

배터리는 양(+)과 음(-)의 금속판인 전극판(electrode)과 전해액(electrolytic solution)으로 구성된다. 전해액 속에 두 종류의 전극판을 넣고 화학반응을 일으키면 이온화된 전자가 이동하면서 전기를 만든다. 항공기 배터리는 사용하는 극판(plate)의 재료에 따라 납산 배터리(lead-acid battery), 니켈-카드뮴 배터리(Ni-Cd battery), 리튬-이온 배터리(lithium-ion battery)로 구분한다.

> • 방전은 화학에너지를 전기에너지로 바꾸는 것을 말하고, 충전은 전기에너지를 화학에너지로 바꾸는 것을 말한다.
> • 양극판은 2개의 음극판 사이에 있으므로 양극판보다 음극판이 하나 더 많다.

(a) lead-acid battery   (b) Ni-Cd battery   (c) lithium-ion battery

[그림 2-3-178] 항공기용 배터리 종류

➤ 납산 배터리(lead-acid battery)

납축전지 또는 황산납 배터리(lead-acid battery)는 전해액으로 묽은 황산(H_2SO_4), 양극판으로 이산화납(PbO_2), 음극판으로 납(Pb)을 사용한다. 납 배터리는 다른 배터리보다 안정적이고 경제적이지만, 같은 성능을 가진 다른 배터리보다 무겁고 수명이 짧다는 단점이 있다. 납 배터리는 각 셀전압이 2 V이고, 각 셀을 금속 스트랩으로 직렬로 연결해서 전압을 높여서 배터리를 만든다.

➤ 니켈-카드뮴 배터리(Nickel-Cadmium battery, NiCd battery)

니켈-카드뮴 배터리는 납 배터리보다 무게당 효율이 높고 수명이 길어서 항공기 배터리로 많이 사용한다. 니켈-카드뮴 배터리는 양극판으로 수산화 제2니켈[$Ni(OH)_3$]을, 음극판으로 카드뮴(Cd)

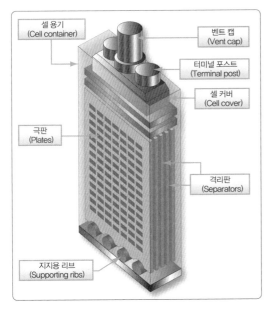

[그림 2-3-179] 황산납 배터리 셀의 구성

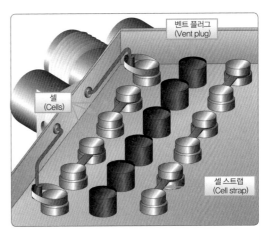

[그림 2-3-180] 배터리 스토리지의 연결

을, 전해액으로 수산화칼륨(KOH)을 사용한다. 니켈-카드뮴 배터리의 셀전압은 1.2 V이고, 각 셀을 금속 스트랩으로 직렬로 연결해서 전압을 높여서 배터리를 만든다.

니켈-카드뮴 배터리는 기억 효과(memory effect)라는 단점이 있다. 기억 효과란 한 번 충전한 배터리를 완전히 방전하지 않고 충전하면 남은 배터리를 사용하지 못해서 배터리 용량이 줄어드는 현상을 말한다. 기억 효과가 발생하면 전부 방전하고 다시 충전해야 한다.

기억 효과는 초기에 있었던 문제로, 지금은 기술이 발전해서 배터리를 사용할 때 고려하지 않는다.

리튬-이온 배터리(lithium-ion battery, Li-ion battery)

리튬-이온 배터리는 방전 시 리튬-양이온(Li)이 (−)극에서 (+)극으로 이동하고, 충전 시 다시 (+)극에서 (−)극으로 이동해서 충전된다. 기존의 배터리보다 더 가볍고 더 빨리 충전되고 수명이 더 길어서 많이 사용하는 배터리이다. 리튬-이온 배터리의 단점은 가격이 비싸고 열과 충격에 약해 폭발과 화재 위험성이 크다는 것이다. 리튬-이온 배터리를 처음 사용한 대형 항공기는 B787이다. B787 항공기는 2개의 대형 32 V 8셀 리튬-이온 배터리를 사용해서 같은 크기의 니켈-카드뮴 배터리보다 훨씬 가볍고 높은 성능을 가진다.

배터리 충전법

① 정전압 충전법(constant voltage method)은 전압조절기를 통해 일정한 전압으로 배터리를 충전하는 방법이다. 정전류 충전법보다 충전에 걸리는 시간이 짧고 과충전 위험이 적다.

정전압 충전법은 납 배터리 충전에 사용한다. 충전 초기에 많은 전류가 공급되다가 충전이 진행되면서 점점 감소한다. 충전 완료 시간을 예측할 수 없어서 계속 충전상태를 확인해서 과충전을 방지해야 하지만, 현재 사용하는 충전기들은 BMS(Battery Management System) 기능을 통해 충전 중 전압, 전류, 온도 등을 계속 감시하고 과충전 보호기능을 가져서 배터리를 자동으로 보호한다.

② 정전류 충전법(constant current method)은 정류기로 교류를 직류로 바꿔 일정한 전류로 배터리를 충전하는 방법이다. 배터리를 완전히 충전하는 데 더 긴 시간이 필요하고, 충전 마무리단계에서 주의하지 않으면 과충전될 위험이 있다.

- 정전류 충전법은 니켈-카드뮴 배터리를 충전할 때 사용한다. 다양한 전압의 여러 배터리를 한 번에 충전할 수 있어서 배터리 공장 등에서 배터리를 충전하기에 가장 좋은 방법이다.
- 니켈-카드뮴 배터리의 셀전압은 (−) 온도계수를 가져서 정전압 충전법을 사용하면 셀이 단락된 니켈-카드뮴 배터리가 과충전으로 인해 과열되고 배터리가 파손될 수 있다.
- 충전 중인 배터리에서 폭발할 수 있는 수소와 산소가 발생하기 때문에 벤트 마개를 열어 놓거나 주변의 점화원(source of ignition)을 제거하는 등의 조치가 필요하다.

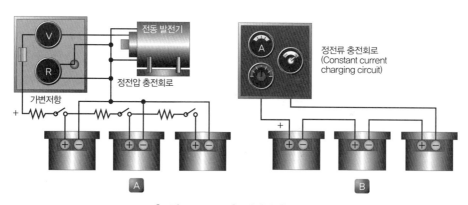

[그림 2-3-181] 배터리 충전방법

⊙ 배터리 환기장치

배터리 환기장치는 램 공기로 배터리를 냉각해서 온도를 조절하고, 화학반응에서 생기는 가스를 배출해서 화재를 막고 손상을 방지한다. 배터리 용기의 양 끝에는 관이 연결되어 한쪽으로 공기가 들어와서 배터리에서 발생한 가스를 반대쪽으로 내보낸다. 환기장치 뒤쪽에는 배터리 섬프 용기(sump jar)를 설치해서 배터리 가스를 탄산수소나트륨($NaHCO_3$)으로 적신 펠트 받침을 거쳐 중화시켜 외부로 배출한다.

섬프 용기는 배터리에서 넘친 전해액을 담는 역할도 한다.

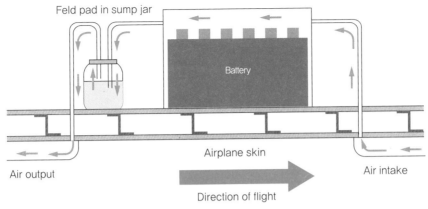

[그림 2-3-182] 배터리 환기장치

납 배터리의 전해액과 비중

납 배터리의 전해액인 묽은황산(H_2SO_4)은 증류수에 황산을 희석해서 만든다. 납 배터리의 전해액은 방전과정에서 황산을 소비하고 물을 만들기 때문에 비중이 감소하고, 충전과정에서 물을 소비하고 황산을 만들기 때문에 비중이 증가한다. 충전과 방전을 반복하면 전해액의 농도가 변해서 화학반응이 제대로 일어나지 않게 되므로 주기적으로 전해액의 비중을 측정해서 보충해야 한다. 납 배터리에 증류수를 넣을 때는 완전히 충전하고 3~4시간이 지난 다음에 넣는다.

> 납 배터리의 전해액인 묽은황산(H_2SO_4)을 만들 때는 반드시 증류수에 황산을 조금씩 부어서 섞어야 한다. 황산에 증류수를 부으면 많은 산(acid) 증기가 발생하고 황산의 수소가 물과 결합해서 에너지를 방출해 폭발할 수 있다.

납 배터리의 비중 측정

항공기에 장착된 납 배터리와 니켈-카드뮴 배터리는 주기적으로 비중계(hydrometer)로 비중을

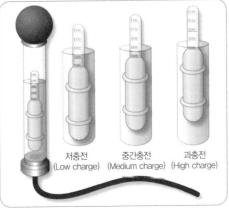

저충전 (Low charge)　　중간충전 (Medium charge)　　과충전 (High charge)

[그림 2-3-183] 비중계(hydrometer)

측정한다. 비중계에 1.100~1.300 범위의 눈금이 새겨진 유리관이 떠오를 만큼 충분한 양의 전해액을 넣어서 눈금을 읽어 비중을 측정한다. 유리관이 떠오르는 정도는 전해액의 밀도에 따라 결정되므로 전해액의 밀도가 높을수록 비중계 내부의 유리관이 더 높게 뜰 것이다. 완전히 충전된 납배터리 전해액의 비중은 1.300이다. 방전 시 전해액의 밀도가 감소해서 비중이 1.300 이하로 떨어진다.

온도 변화에 따라 비중도 변하므로 액체비중계로 비중을 측정할 때는 전해액의 온도를 고려해야한다. 온도가 70~90℉(21~32℃) 사이일 때는 변화가 크지 않아서 보정이 필요가 없지만, 온도가 범위 밖일 때는 제작사에서 만든 도표를 참고해서 보정계수를 적용한다.

> 납 배터리의 충전상태는 비중계로 전해액의 비중을 측정해서 알 수 있다. 1.300~1.275는 높은 충전상태이고, 1.275~1.240은 중간 충전상태, 1.240~1.200은 낮은 충전상태를 지시한다.

나) 세척 시 작업안전 주의사항 준수 여부

◉ 세척 시 작업안전 주의사항 준수 여부

① 배터리 전해액을 취급할 때는 보안경과 앞치마, 장갑을 착용한다. 작업 중 황산이 닿으면 옷이나 피부가 타기 때문에 조심스럽게 다루어야 한다. 피부에 황산이 닿으면 그 부위를 물로 충분히 씻어내고 탄산수소나트륨을 발라야 한다. 수산화칼륨이 닿았을 경우 아세트산이나 식초, 묽은 붕산 용액으로 중화시킨 다음 깨끗한 물로 헹궈준다.

② 세척 전에 반드시 배기 마개(vent cap)를 막고, 산(acid), 솔벤트, 화학용액을 사용하지 않는다.

③ 철사 브러시(wire brush)는 방전(arcing)을 일으킬 수 있어서 사용하지 않는다.

④ 니켈-카드뮴 배터리의 누출된 전해액이 이산화탄소와 반응하거나 배터리가 과충전되면 탄산칼륨(K_2CO_3)이 생긴다. 솔(fiber brush)로 닦은 다음 젖은 천으로 제거한다.

다) 배터리 정비 및 장·탈착작업

◉ 배터리 검사와 정비

배터리 검사와 정비절차는 제작사의 승인된 절차를 따른다. 일반적인 절차는 다음과 같다.

① 배터리 수명과 사용시간을 알기 위해 배터리 장착날짜와 사용시간을 기록한다.

② 배터리에 손상이 없는지, 전해액이 누출된 흔적이 없는지, 올바르게 장착되어 있는지 확인한다.

③ 단자(terminal)와 내부 극판에 부식이 생겼는지 확인한다.

④ 배터리 섬프 용기(sump jar)의 상태와 벤트 라인이 막혔는지 검사한다.

⑤ 납 배터리 셀 사이의 비중을 측정했을 때 0.050 이상 차이가 나면 유효수명이 거의 다된 것으로, 배터리를 교체해야 한다.

🛩 배터리 장착작업(installation practices)

① 외부 표면

항공기에 장착하기 전에 배터리의 외부 표면을 깨끗하게 세척한다.

② 황산납 배터리 교체

황산납 배터리를 니켈-카드뮴 배터리로 교체할 때, 배터리 온도 감시장치 또는 전류 감시장치를 장착한다. 배터리 박스 또는 배터리 격실을 중화시키고 물로 완전히 세척하고 건조시킨다. 비행 매뉴얼 부록에도 니켈-카드뮴 배터리 장착에 대해 보충설명이 제공되어야 한다. 알카라인은 황산납 배터리에 대한 것이므로 산 잔유물(acid residue)은 니켈-카드뮴 배터리의 올바른 기능에 해를 끼칠 수 있다.

③ 배터리 환기(ventilation system)

배터리 연무와 가스가 폭발성 혼합물 또는 오염된 격실의 원인이 되므로 적절한 환기로 분산되어야 한다. 환기장치는 가끔 배터리케이스를 통해 신선한 공기로 세척하거나 안전한 외기방출지점으로 분출하도록 램 압력(ram pressure)을 이용한다. 배기장치 차동압력은 항상 양(+)의 수치여야 하며 권고된 최솟값과 최댓값 사이를 유지해야 한다. 라인(line) 설치는 자유로운 기류가 갇히거나 방해하여 배터리 유동체 범람 또는 응축이 없도록 한다.

④ 배터리 섬프 용기(battery sump jar)

배터리 섬프 용기는 배터리 전해액 범람을 처리하기 위해 환기장치와 함께 연결하여 장착한다. 섬프 용기는 적절히 설계되어야 하며 적당한 중화제를 사용해야 한다. 또한 섬프 용기는 배터리 환기장치의 배출 측에 위치해야 한다.

⑤ 배터리 장착

항공기에 배터리를 장착할 때, 배터리 단자의 부주의한 단락을 방지하기 위해 조심하도록 한다. 결과적으로 높은 전기에너지 방출로 인해 항공기 구조(프레임, 외피와 다른 서브시스템, 항공전자기기, 전선, 연료)에 심각한 손상을 입힐 수 있다. 이 상태는 일반적으로 설치과정에서 단자 포스트를 절연시켜 피할 수 있다. 배터리 제거를 위해 먼저 접지선을 제거한 다음 양극을 제거한다. 설치 중에 배터리의 (+)단자가 단락될 위험을 최소화하려면 배터리의 접지선을 마지막에 연결한다.

⑥ 배터리 홀드다운장치(battery hold down device)

배터리 죔쇠장치(홀드다운장치)가 단단한지 확인하라. 그러나 배터리의 내부 단락의 원인이 되는 배터리를 뒤틀리게 하는 초과압력이 가해지도록 너무 단단히 조여서는 안 된다.

⑦ 신속분리형 배터리

배터리 도선의 교차 연결 방지 신속분리형(quick-disconnect type) 배터리 커넥터(battery connector)를 사용하지 않았다면, 항공기 배선이 적당한 배터리 단자에 연결되었는지 확인한다. 전기시스템에서 극의 뒤바뀜은 배터리와 다른 전기부품에 심각한 피해를 입힐 수 있다. 배터리 케이블 접속이 아크와 고저항 접속 방지를 위해 단단히 연결되었는지 확인한다.

라) 배터리 시스템에서 발생하는 일반적인 결함

➤ 배터리 시스템에서 발생하는 일반적인 결함

니켈-카드뮴 배터리를 사용하는 항공기는 배터리의 상태를 감시하는 결함보호장치(fault protection system)를 갖추고 있다. 배터리 충전기는 충전뿐만 아니라 배터리의 작동상태를 감시해서 다음과 같은 결함 상황을 감시한다. 만약 배터리 충전기의 결함을 발견하면 충전을 멈추고 전기 부하 관리시스템(ELMS, Electrical Load Management System)으로 결함신호를 보낸다.

① 과충전(overcharge)

② 저온조건(-40℃ 이하, low temperature condition)

③ 셀 불균형(cell imbalance)

④ 개방회로(open circuit)

⑤ 단락회로(shorted circuit)

여기에 추가로 배터리 결빙(battery freezing)이 있다. 방전된 납 배터리의 전해액에 결빙이 생기면 극판(plate)이 손상될 수 있다. 결빙으로 인한 손상을 방지하려면 비중을 1.275로 유지한다.

니켈-카드뮴 배터리 전해액은 충전과 방전될 때 화학변화가 없어서 결빙에 민감하지 않다. 수산화칼륨(KOH) 전해액은 약 -59℃(-75℉)에서 언다.

니켈-카드뮴 배터리는 외기온도가 16~32℃(60~90℉) 범위에 있을 때 정격으로 작동한다. 이 범위를 벗어나면 충전용량이 줄어든다. 71℃(160℉)를 초과하는 높은 온도와 과충전은 배터리를 열폭주(thermal runaway) 상태로 만들어서 화재나 폭발이 일어날 수 있다. 그래서 안전을 위해 배터리 온도를 계속 감시해야 한다.

---

3) 비상등 (구술평가)

➤ 종류 및 위치

비상등은 비상사태가 발생했을 때 승객이 안전하게 탈출하기 위한 빛을 제공하고 승무원이 필요한 행동을 할 수 있도록 도와주기 위한 조명이다. 항공기 정상 전원에 문제가 있어도 비상전원(battery)으로 최소 10분 동안 작동할 수 있다.

항공기 비상등에는 내부 비상등(interior emergency light)과 외부 비상등(exterior emergency exit lighting)이 있다. 내부 비상등에는 aisle area light, ceiling area light, seat proximity light, exit sign이 있다. 외부 비상등에는 door-mounted escape slide light와 over-wing emergency light가 있다.

① aisle area light는 통로를 밝히기 위해 좌석 위 짐칸(overhead bin)에 있는 비상등이다.

② ceiling area light는 승무원과 승객이 대피로를 따라 항공기에서 탈출할 때 통로를 밝히기 위해 객실 천장에 있는 비상등이다.

③ seat proximity light는 비상구에 인접한 시트에 설치되어 비상구 위치를 알려준다.

④ exit sign은 도어 위, 통로 위 천장 등에 있고 승무원, 승객에게 대피로를 알려준다.

⑤ door-mounted escape slide light는 객실 도어(passenger compartment door)의 안쪽에 장착되어 있고, 도어를 열었을 때 펼쳐지는 비상탈출 슬라이드를 밝혀준다.

⑥ over-wing emergency light는 비상상황 시 날개 위 대피로를 밝혀준다.

B737 NG의 비상조명계통

B737 NG는 배터리로 작동하는 독립된 비상조명계통을 가지고 있다.

① 내부 비상등(interior emergency light)은 통로를 밝히기 위해 객실 보관함 아래에 있고(aisle area light), 천장에 있는 비상등(ceiling area light)은 출구 근처를 비추고 있다. 통로 우측 시트에는 탈출 경로 조명(escape path light, floor proximity light)이 있고, 모든 비상구의 천장과 측면 패널에 화살표(illuminated arrow)와 출구 표시(exit sign)가 있다.

② 외부 비상출구 조명(exterior emergency exit lighting)에는 전방, 후방 출입문의 탈출 슬라이드 조명(escape slide light)이 있다. 동체에 장착된 두 개의 조명이 날개 위 탈출로와 지상을 향해 켜진다. 각 조명에는 대피하는 동안 전력을 공급하는 배터리가 있다. 비상등은 forward overhead panel에 있는 3위치(three position) 스위치로 제어한다. 비행 전에 스위치를 "ARMED" 위치에 놓으면 DC 버스 1번 전원이 꺼져 있어도 모든 비상출구등이 켜진다. "ON" 위치는 수동으로 비상등을 켤 때 사용한다. 후방 객실승무원 패널의 스위치로도 비상등을 켤 수 있다.

사 전자계기계통 [ATA 31 Indicating/Recording System]

1) 전자계기류 취급 (구술 또는 실작업 평가)

가. 전자계기류 종류

전자계기(electronic instrument)

전자계기는 기존의 아날로그 방식 대신 디지털 방식으로 화면에 정확하고 정밀한 정보를 나타내고, 다른 장치나 시스템으로 정보를 전송할 수 있는 계기를 말한다.

✈ 통합전자계기(integrated electronic instrument)

현대 항공기에 사용하는 통합전자계기 또는 통합표시장치(IDU, Integrated Display Unit)는 각 계통의 여러 가지 정보를 디지털 신호로 바꿔서 컴퓨터로 처리한 결과를 화면[초기에는 음극선관(CRT, Cathode Ray Tube)에 정보를 나타냈지만, 지금은 LCD를 사용한다.]에 숫자, 기호, 도면으로 표시한다.

제작사마다 조금씩 다르지만, 기본적으로 항공기는 주 비행표시장치(PFD, Primary Flight Display), 항법표시장치(ND, Navigation Display), 엔진지시 및 승무원 경고계통(EICAS, Engine Indication and Crew Alerting System)으로 구성된다.

① 에어버스사 항공기는 전자계기계통(EIS, Electronic Instrument System)이라 하고 전자비행계기계통(EFIS, Electronic Flight Instrument System)과 전자중앙항공기감시계통(ECAM, Electronic Centralized Airplane Monitoring)으로 구성된다.

② 보잉사 항공기는 종합계기계통(IDS, Integrated Display System)이라 하고, EFIS와 엔진지시 및 승무원 경고계통(EICAS, Engine Indicating and Crew Alerting System)으로 구성된다. 에어버스사의 ECAM과 보잉사의 EICAS는 계기와 기능이 거의 같다.

> • B737은 CDS(Common Display System), B777은 PDS(Primary Display System)라고 부른다.
> • 집합계기의 장점은 필요한 정보를 필요할 때 지시할 수 있고, 여러 정보를 한 화면에 나타낼 수 있고, 다양한 정보를 도면을 이용해서 표시할 수 있고, 항공기 상태를 그림, 숫자로 표시할 수 있다는 것이다. 조종사의 업무량을 줄이고 계기를 간소화해서 무게를 줄일 수 있다는 장점도 있다.

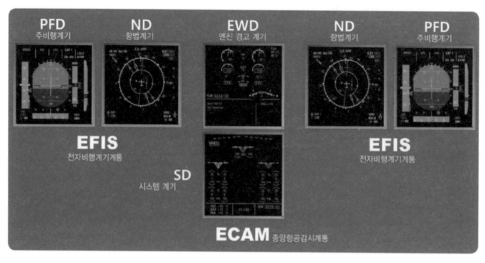

[그림 2-3-184] A330 항공기 전자계기계통[A330 Airplane EIS(Electronic Instrument System)]

🎯 주 비행표시장치(PFD, Primary Display System)와 계기에서 지시하는 사항

주 비행표시장치(PFD)는 비행자세지시계(ADI)에 속도계, 기압고도계, 전파고도계, 승강계, 선회계, 기수방위지시계를 통합한 계기이다. 여기에 자동비행조종시스템(AFCS)의 비행 모드와 ILS 관련 정보를 한 화면에 표시해서 조종사는 현재 비행상태를 쉽게 알 수 있다.

PFD에 표시되는 화면은 비행자세 지시부, 속도 지시부, 기압고도 지시부, 자동비행모드 지시부, 전파고도 지시부 등으로 나누어져 있다. 착륙 시 항공기의 정상적인 진입로를 계기에 나타내서 조종사가 현재 항공기의 정상적인 진입 각도와 진입로를 비행하고 있는지 확인할 수 있다.

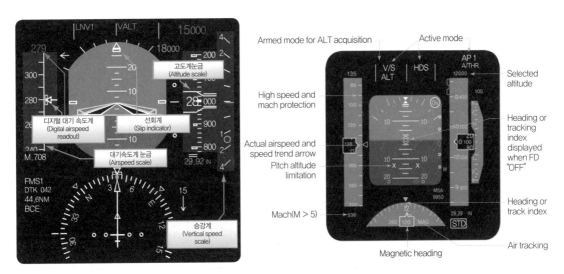

[그림 2-3-185] 주 비행장치(PFD)의 대기속도계 지시

🎯 항법표시장치(ND, Navigation Display)와 계기에서 지시하는 사항

항법표시장치(ND)는 항법과 항행에 필요한 정보를 나타내는 계기이다. 수평자세지시계(HSI)의 기능에 항공기의 현재 위치, 기수방위, 비행 방향, 비행 예정 코스, 비행 도중 통과지점까지의 거리, 방위, 소요 시간 계산, 풍향, 풍속, 대기속도, 구름 등에 대한 정보를 표시한다.

ND에는 MAP 모드, PLAN 모드, VOR 모드, approach 모드가 있다. 화면에 항로상의 VOR국, NDB국, 항공기가 통과하는 지점(way-point) 등이 표시되며, 조종사가 선택하면 비행하고 있는 주위의 비행장도 표시해 준다. 항로상 비행할 수 있는 최저 고도를 표시하고 비상시 충돌회피장치와 연동되어 비행기 부근에 있는 항공기를 표시하며, 충돌 가능 요소가 발생하면 조종사에게 경고하여 충돌을 피할 수 있도록 표시해 준다. 그리고 기상 레이더(radar)를 작동하면, 기상상태를 표시해서 조종사가 비행하기 이려운 지역을 피할 수 있도록 한다.

(a) 확장 APP 모드

(b) 중앙 APP 모드

[그림 2-3-186] APP 모드

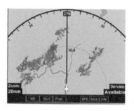
(a) 확장 APP 모드 (b) 중앙 모드

[그림 2-3-187] MAP 모드

(⌖) 엔진 지시 및 승무원 경고계통(EICAS, Engine Indication and Crew Alerting System)과 확인할 수 있는 정보

엔진 지시 및 승무원 경고계통(EICAS)은 엔진과 각 계통의 이상 유무를 감시하고 현재 상태를 지시 및 경고하는 계기이다. 주 지시장치(main EICAS)는 엔진의 주요 파라미터인 진대기온도(TAT), 엔진압력비(EPR), N_1 및 N_2 회전수, 연료량, 연료유량, 배기가스온도(EGT), 윤활유 압력 및 온도를 지시한다. 보조지시장치(auxiliary EICAS)는 유압계통, 연료계통, 전기계통, 여압계통, 환경조절계통(ECS), 플랩과 착륙장치의 위치, 조종계통의 조종면 변위 정보를 나타낸다.

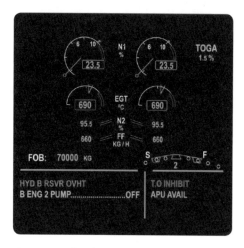

[그림 2-3-188] 엔진 계기 및 경고 지시계기-A330

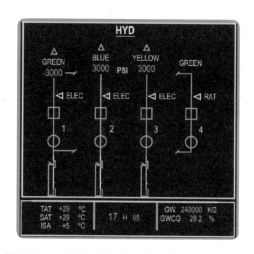

[그림 2-3-189] 유압계통 시놉틱(synoptic) 페이지

(⌖) 예비용 비행계기(standby flight instrument)

비행 중 항공기 전기계통에 문제가 생겨서 계기가 작동하지 않을 때를 대비해서 공기압과 자이로를 이용하는 기계식이나 비상전원으로 작동하는 예비용 비행계기(standby flight instrument)가 있다. 예비용 비행계기는 FAA와 같은 감항당국에서 항공기 제작 및 형식승인을 받을 때 반드시 갖추어야 하는 요건이다. 예비용 비행계기는 다음과 같다.

① 기압고도계(pneumatic altimeter)

② 대기속도계(airspeed indicator)

③ 비행자세지시계(attitude direction indicator)

④ 자기 컴퍼스(magnetic compass)

[그림 2-3-190] 주비행장치(PFD), 항법계기(ND) 및 3개의 스탠바이계기(three standby indicators)

🧭 항공계기의 분류

① 제공하는 정보에 따른 분류는 비행상태를 알려주는 비행계기, 엔진의 작동상태를 나타내는 기관계기, 항공기의 위치, 방위, 진로 등의 정보를 제공하는 항법계기로 나눌 수 있다.

   ㉮ 비행계기는 항공기의 고도, 속도, 자세와 같은 비행상태를 나타낸다. 비행계기에는 고도계, 대기속도계, 승강계, 선회경사계, 실속탐지기, 마하계가 있다.

   ㉯ 기관계기는 항공기에 장착된 엔진의 작동상태를 나타낸다. 기관계기에는 기관회전계(N_1, N_2), 회전동조계, 매니폴드 압력계, 연료압력계, 실린더 헤드 온도계, 연료유량계, EPR 계기, EGT 계기가 있다.

   ㉰ 항법계기는 항공기의 진로, 위치, 방위 등을 알려주는 계기이다. 항법계기의 종류에는 자기 컴퍼스(magnetic compass), 절대고도계(radio altimeter), 무선방향탐지기(automatic direction finder), 초단파 전방향 무선표지(VHF omni-directional range) 등이 있다.

   ㉱ 그 외에 기타 계기로 전압계, 전류계, 작동유 압력계, 객실고도계, 산소 압력계 등이 있다.

[표 2-3-8] 항공계기의 정보에 따른 분류

정보에 따른 분류	해당 계기
비행계기	속도계, 고도계, 승강계, 자세계, 선회경사계, 실속탐지기, 외기온도계, 마하계
기관계기	엔진회전수 계기(tachometer), 동기계(synchroscope), 매니폴드, 오일, 연료, 작동유 압력계, 실린더 헤드, 오일, 배기가스 온도계, 연료량계, 연료유량계
항법계기	자기 컴퍼스, ADI, ADF, VOR, TACAN, DME, INS, GPS

(a) 왕복기관 속도계   (b) 가스터빈기관 속도계   (c) 실린더 헤드 온도계   (d) 기화기 공기 온도계

[그림 2-3-191] 기관과 관련된 계기

(a) 방향 자이로 지시계   (b) 방향지시계   (c) 전자항법표시장치

[그림 2-3-192] 항법과 관련된 계기

② 작동원리에 따른 분류는 계기가 제공하는 정보(물리량)의 측정방법에 따라 구분하는 방식이다.

[표 2-3-9] 항공계기의 작동원리에 따른 분류

작동원리에 따른 분류	해당 계기
동정압계기	속도계, 고도계, 승강계
전기계기	가동코일형 계기, 가동철판형 계기
압력계기	오일, 연료, 작동유 압력계, EPR 계기
온도계기	증기압식, 바이메탈식, 전기저항식, 열전쌍식 온도계
액량계기	사이트 게이지, 플로트식, 딥스틱식, 정전용량식 액량계
유량계기	차압식, 베인식, 동기전동기식 유량계
회전계기	기계식, 전기식, 전자식 회전계, 동기계(synchroscope)
자기계기	자기 컴퍼스, 마그네신, 자이로신 컴퍼스
자이로계기	자세계, 기수방위 지시계, 선회 지시계

⊙ 항공계기의 색 표시

① 붉은색 방사선은 범위 밖으로 항공기를 운용해서는 안 되는 최대 및 최소 운용한계를 나타 낸다.

② 녹색 호선은 항공기를 계속 운전할 수 있는 안전 운용범위를 나타낸다.

③ 노란색 호선은 안전 운용범위에서 초과 금지까지의 경계, 경고, 주의를 의미한다.

④ 흰색 호선은 대기속도계에만 표시되고, 플랩을 조작할 수 있는 속도 범위를 나타낸다. 즉 플 랩을 내려도 구조강도상 무리가 없는 최소 속도와 최대 속도를 나타낸다.

⑤ 푸른색 호선은 기화기를 장비한 왕복엔진에 사용하는 기관계기에 표시하는 색이다. 연료와 공기혼합비가 오토린(auto-lean)일 때 안전 운용범위를 나타낸다. 흡기압력계, 기관회전계, 실 린더 헤드 온도계 등에 표시한다.

⑥ 흰색 방사선은 계기 유리판과 케이스와 정확히 맞물려 있는지 나타내는 미끄럼 방지 표시 이다.

[그림 2-3-193] 항공계기의 색 표시

⊙ 압력계기(pressure indicator)

압력계기는 공함이 수축, 팽창되는 변위를 연결기구를 통해 표시하는 계기이다. 사용하는 공함 의 종류에는 아네로이드, 다이어프램, 벨로즈, 버든튜브가 있다. 항공기에서 사용하는 압력계기에 는 윤활유 압력계, 연료압력계, 작동유 압력계, 매니폴드 압력계, EPR 계기가 있다.

⊙ 온도계기(temperature indicator)

항공기는 측정할 부분에 수감부를 설치해서 온도를 감지하는 직접 측정법으로 온도를 측정한다. 온도계기는 측정원리에 따라 증기압식, 바이메탈식, 전기저항식, 열전쌍식으로 구분한다. 항공기

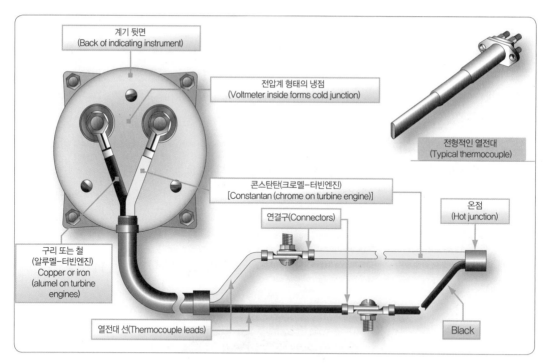

[그림 2-3-194] 2개의 이질금속으로 된 열전대(thermocouples combine two unlike metals)

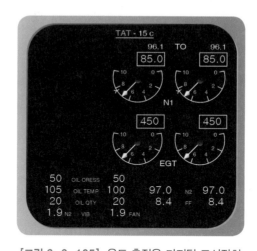

[그림 2-3-195] 온도 측정용 디지털 표시장치

에 사용하는 온도계기에는 실린더 헤드 온도계, 배기가스 온도계, 외부 대기 온도계, 윤활유 온도계, 연료 온도계, 흡입공기 온도계, 압축기 입구 온도계 등이 있다.

🎯 액량계기(quantity indicator)

액량계기는 항공기에서 사용하는 연료, 윤활유, 작동유와 같은 유체의 양을 부피나 중량으로 측정해서 지시하는 계기이다. 소형 항공기는 눈으로 직접 확인하는 방식을 사용하지만, 대형 항공기는 원격 지시방식을 사용한다. 액량은 부피단위인 갤런(gallon)이나 중량단위인 파운드(pound)로 표시한다.

- 부피는 온도에 따라 변하므로 연료량은 중량으로 지시한다.
- 액량계기의 종류에는 직독식, 부자식, 전기저항식, 액압식, 전기용량식이 있다.

[그림 2-3-196] 항공기의 연료량 및 연료 유량계기

◉ 유량계기(flow indicator)

유량계기 중 연료유량계는 연료탱크에서 엔진으로 흐르는 연료의 유량을 측정해서 나타낸다. 조종사는 계기를 보고 엔진에 연료가 제대로 공급되는지 알 수 있다. 유량계기의 단위는 시간당 부피를 나타내는 GPH(Gallon Per Hour)나 시간당 무게를 나타내는 PPH(Pound Per Hour)를 사용한다.

- 유량계기의 종류에는 차압식, 베인식, 동기전동기식이 있다.
- 엔진으로 공급되는 연료유량을 알면 왕복엔진의 혼합기를 조절하는 기준으로 삼아 엔진을 경제적으로 운전할 수 있고, 가스터빈엔진에서는 추력을 높이는 기준이 된다.

◉ 원격지시계기(remote sensing and indicating instrument)

원격지시계기는 수감부에서 측정한 값을 멀리 떨어진 지시부에 나타내는 계기이다. 원격지시계기의 수감부와 지시부는 동기화되어 작동하므로 자기동조(self synchronous)계기, 셀신(selsyn), 싱크로 계기라고 한다. 원격지시계기의 종류에는 직류 셀신(DC selsyn)과 교류 셀신인 오토신(autosyn)과 마그네신(magnesyn)이 있다.

◉ 자차 수정

자기 컴퍼스의 정적 오차인 자차를 수정하는 방법은 다음과 같다.
① 불이차는 항공기 기축선과 자기 컴퍼스의 중심축이 일치하도록 만들어서 수정한다.
② 반원차는 자기 컴퍼스의 보정나사(N-S 나사, E-W 나사)를 돌려서 수정한다.
③ 사분원차는 항공기 제작 후 특별한 개조를 하지 않는 한 수정하지 않는다.

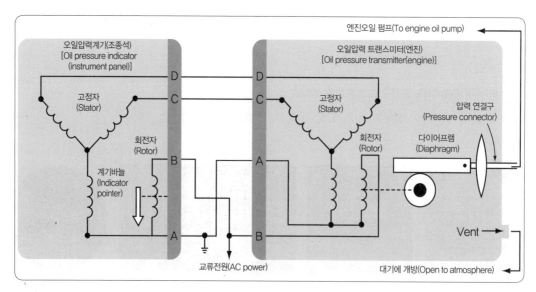

[그림 2-3-197] 원격식 압력감지계기

　자차 수정 후에도 자기 컴퍼스에는 오차가 있으므로 컴퍼스 스윙(compass swing)을 한다. 컴퍼스 스윙은 컴퍼스 로즈 위에 항공기를 놓고 일정 각도 간격으로 360° 회전시키면서 컴퍼스 로즈의 방위각과 자기 컴퍼스의 지시값을 비교해서 오차를 기록한다. 기록한 자차는 자기 컴퍼스에 붙여서 조종사가 비행 중 참고하도록 한다.

> 지상에서 자차 수정을 할 때는 비행상태와 가장 가까운 상태를 만들어야 한다.

　㉮ 항공기를 수평상태로 유지하고, 조종계통을 중립 위치에 놓는다.
　㉯ 엔진을 가동하고 전기장치와 기기에도 전원을 공급해서 비행상태와 같은 환경을 만든다.
　㉰ 자차 범위는 ±10° 이하여야 하고, 자차 수정은 100시간 주기로 한다.

[그림 2-3-198] 컴퍼스 로즈 및 스윙(compass rose & swing on airport ramp)

나) 전자계기 장·탈착 및 취급 시 주의사항 준수 여부

⊙ 계기 전선을 꼬아서 사용하는 이유

전선에서 생기는 전자적 간섭(EMI, Electro Magnetic Interference)으로 인한 계기오차를 최소로 하기 위해 전선을 꼬아서 사용한다(twisted pair).

> 전선을 꼬는 작업(twisting wire)은 도면에 명시되어 있으며 자기 컴퍼스나 플럭스 밸브(flux valve) 근처에 있는 배선을 꼬아 준다.

⊙ 전자계기 장탈 시 주의사항

계기에 이상이 생겼을 때 해당 계통의 매뉴얼에 따라 고장탐구를 수행한 다음 계기가 확실하게 불량인 것을 확인하고 장탈한다. 계기의 장탈착과 작동시험은 해당 매뉴얼에 기술된 내용대로 하는 것이 가장 중요하다. 계기에 따라 장탈방법이 다르지만, 일반적인 방법은 다음과 같다.

① 장탈할 계기의 장착방식을 확인하고 계기계통에서 전원과 유압을 차단한다.
② 장탈한 계기의 이름, 부품번호, 제작사명, 장탈 위치 등을 기록한다.
③ 계기에 연결된 배선과 배관은 다시 연결할 때 혼동되지 않도록 꼬리표(tag)를 붙인다.
④ 배관, 배선을 장탈한 구멍은 캡(cap)이나 플러그(plug)로 막는다.
⑤ 장탈한 계기는 결함 사항 등을 기록한 사용 불능(unserviceable) 꼬리표를 붙인다.
⑥ 외부충격과 정전기 방지조치를 한 다음 전용 케이스에 넣어서 운반한다.

⊙ 전자계기 장착 시 주의사항

계기를 장착할 때는 꼬리표에 사용 가능(serviceable)이라고 적혀 있는지 반드시 확인하고, 장탈할 때의 반대 순서로 장착한다. 장착이 끝난 후에는 다음 사항을 확인한다.

① 꼬리표를 보고 배선과 배관을 연결한 다음 뒤틀림이 없는지, 제대로 조여 있는지 확인한다. 장착이 완료되면 전원이나 동력원을 공급하고 작동시험을 한다.
② 시험이 끝나면 항공일지에 정확히 기록하고 서명한 다음 항공기를 원상복구한다.

⊙ 정전기 방전장치(static discharger)

① 정전기 방전장치는 방전이 생길 수 있는 전압 수준에 도달하기 전에 누적된 정전기를 대기 중으로 방출해서 정전기로 인한 장비 손상과 통신 잡음, 낙뢰로 인한 피해를 방지하는 날개 끝에 있는 장치이다. 날개 끝에 있는 이유는 정전기는 날카로운 끝단에 모이는 성질이 있기 때문이다.
② 항공기가 고속으로 비행하면 공기 중의 먼지나 비, 눈, 얼음과 마찰해서 외피가 대전되고 정전기가 쌓인다. 정전기가 점점 쌓이면 코로나 방전이 일어나는데, 코로나 방선은 매우 짧은 간격의 펄스 형태로 방전해서 항공기의 무선통신기기에 잡음 방해를 준다. 이러한 잡음을 없

애기 위해 날개 끝에 핀(pin) 모양의 정전기 방전장치를 장착한다. 항공기의 동체 부분은 모두 접지되어 있고, 안테나 돔(antenna dome)이나 조종면의 일부와 같이 비전도성 복합재료를 사용하고 있는 부분은 표면에 전도성 페인트를 사용해서 기체 전체를 완전히 접지시켜 부분적인 방전을 방지한다.

[그림 2-3-199] 항공기 wing에 장착된 정전기 방전장치(static discharger)

🎯 비행 중 번개 방지장치

항공기에 떨어진 번개 전류는 전도성이 좋은 외피를 흘러서 날개와 꼬리 끝단의 정전기 방전장치를 통해 대기 중으로 빠져나가 전자장비와 항공기 손상을 방지한다.

> 항공기 외피는 전기전도성이 아주 좋은 알루미늄합금으로 만들지만, 최근에는 복합소재를 많이 사용하고 있다. 복합소재는 전도성이 없어서 전기가 흐를 수 있도록 전도성 섬유(fiber)를 넣는다.

2) 동정압(pitot-static tube)계통 (구술평가)

가) 계통 점검 수행 및 점검 내용 체크

🎯 동정압(pitot-static tube)계통

동정압계통 또는 피토-정압계통은 피토-정압관으로, 항공기 외부의 공기 흐름에 따른 압력을 측정해서 속도, 고도, 승강률을 지시하는 계통이다. 피토-정압관은 전압(total pressure)을 측정하는 피토관(pitot tube)과 정압(static pressure)을 측정하는 정압공으로 이루어져 있다.

피토-정압계통에 연결된 계기에는 고도계·속도계·승강계가 있다. 각 계기는 피토관 또는 정압공에 연결되어 그 압력값으로 항공기의 상태를 알려준다. 피토관은 속도계와 마하계에 연결되어 항공기가 앞으로 나아갈 때 전압을 제공하고, 정압공은 고도계·속도계·승강계에 모두 연결되어 정압을 제공한다. 대형 항공기는 기장과 부조종사의 피토-정압계통이 분리되어 있어 어느 한쪽이

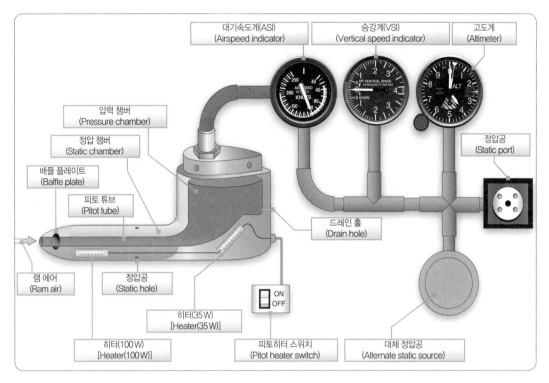

[그림 2-3-200] 전형적인 피토-정압계통 피토관(a typical pitot-static system head)

고장 나더라도 운항에 영향이 없도록 하고 있다.

피토관 앞에 뚫린 구멍으로 공기가 들어가고, 바로 뒤에 피토관 내부로 들어가는 습기와 먼지를 걸러 주는 배플 플레이트가 있다. 이곳에서 걸러진 습기는 배출구멍(drain hole)을 통해 밖으로 빠져나간다. 피토-정압관에는 비행 중 결빙이 생기지 않도록 가열하는 전기히터가 있다. 전기히터는 조종실에 있는 스위치로 작동한다.

> 히터의 전기배선은 점화스위치를 통해 연결되어 있어서 스위치가 "ON" 위치에 있어도 엔진이 돌지 않으면 히터가 작동하지 않아 배터리 소모를 막을 수 있다.

⊙ 기압고도계(pressure altimeter)

기압고도계는 일종의 절대압력계로, 측정한 기압 대신 대기압에 해당하는 고도를 나타낸다. 고도계는 피토-정압관으로 측정한 정압을 받아서 아네로이드(aneroid)로 대기의 절대압력을 측정해서 이를 고도로 환산해서 나타낸다. 고도계의 작동원리는 다음과 같다.

고도계는 고도에 따라 변하는 정압을 수감해서 이를 1기압(29.92 inHg) 또는 진공으로 된 아네로이드를 통해 기계저 변위로 바뀌서 연결부와 지시부를 움직여 계기에 고도를 지시한다. 실제 정압공(static port)으로 들어오는 정압은 밀봉된 계기 케이스로 들어가서 아네로이드 밖에 작용한다. 항

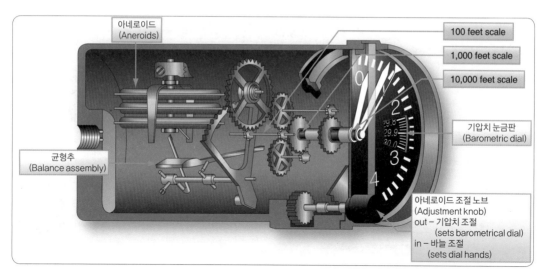

[그림 2-3-201] 아네로이드 고도계 내부 구조(the internal arrangement of a aneroid operated altimeter)

공기가 상승하면 대기압은 감소해서 아네로이드는 확장하게 되고, 여기에 연결된 고도계 바늘이 올라간다. 반대로 고도가 낮아지면 압력은 다시 올라가고 계기 바늘은 내려간다.

고도계 오차에는 눈금오차, 온도오차, 탄성오차, 기계적 오차가 있다.

🔘 고도의 종류

① 기압고도(pressure altitude)는 29.92 inHg일 때 해면인 표준대기압 기준선으로부터 항공기까지의 수직거리를 말한다. 모든 항공기는 전이고도 이상(대한민국은 14,000 ft)에서 이 고도를 기준으로 비행한다.

② 진고도(true altitude)는 실제 해면에서 항공기까지의 수직거리이다. 전이고도 이하에서 비행할 때 기준으로 하는 고도이다.

③ 절대고도(absolute altitude)는 지면에서 항공기까지의 수직거리를 말한다.

- 밀도고도(density altitude)는 기압고도에서 비표준 온도와 압력을 수정해서 얻은 고도로, 항공기 이륙 및 상승성능에 직접적인 영향을 미친다. 표준대기압 상태에서는 기압고도와 밀도고도가 일치한다.

- 객실고도(cabin altitude)는 객실 내 압력을 표준대기압을 기준으로 한 기압고도로 나타낸 고도이다. 객실고도가 8,000 ft일 때 객실 내 압력은 지상보다 3.8 psi 낮은 10.91 psi 정도이다.

- 전이고도(transitional altitude)는 비행장마다 근처 기압이 달라서 항공기의 비행고도를 통일하기 위해 결정된 고도로 국가마다 다르다. 전이고도에 들어선 항공기는 기압을 29.92 inHg로 세팅해서 그 지역을 비행하는 다른 항공기와 같은 기준에서 안전하게 비행할 수 있다.

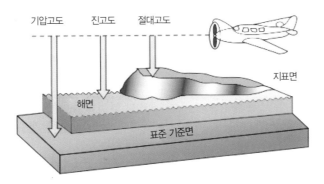

[그림 2-3-202] 고도의 종류

고도계 수정방법

고도계는 대기 중의 정압을 측정해서 표준대기표를 기준으로 측정된 정압에 해당하는 고도를 ft 단위로 지시한다. 대기압의 상태가 표준대기와 다르다면 고도계의 지시값이 다르게 나타나고, 고도 0 ft의 기준도 변한다. 따라서 고도계는 고도계 수정 노브(knob)를 돌려서 0 ft 기준을 맞추는 고도계 수정을 해줘야 한다.

① QNE 세팅: 표준대기 29.92 inHg인 가상의 해수면을 0 ft로 수정하는 방법으로, 고도계는 기압고도를 지시한다. 전이고도(14,000 ft) 이상의 고도로 비행할 때 항공기 간의 수직분리를 유지할 때 사용한다. 고도계 수정창이 표준대기 1기압인 29.92 inHg가 되도록 수정 노브를 돌려서 세팅한다.

② QNH 세팅: 당시의 해면기압으로 고도계를 수정하는 방법으로, 고도계는 진고도를 지시한다. 전이고도(14,000 ft) 미만의 고도로 비행할 때 사용하고, 이륙할 때 QNH 세팅을 해서 이륙한다. 운항 중에 근처 관제탑에서 대기 정보를 수시로 받아 기압 눈금을 수정하면서 비행하면 모든 항공기는 기준면이 일치해서 다른 항공기와 일정한 고도 차이를 유지할 수 있다.

③ QFE 세팅: 활주로의 기압으로 고도계를 수정하는 방법으로, 고도계는 절대고도를 지시한다.

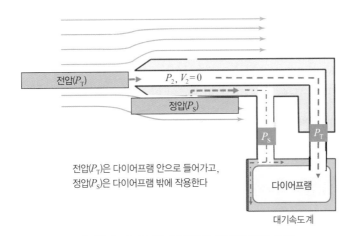

[그림 2-3-203] 피토관의 전압과 정압 측정

항공기가 활주로 위에 있을 때 고도계는 0피트를 지시하므로 같은 비행장으로 이·착륙하는 단거리 비행을 할 때 사용하는 방법이다.

✈ 대기속도계(airspeed indicator)

대기속도계는 피토-정압관으로 측정한 전압과 정압의 차이인 동압을 속도로 환산해서 항공기의 속도를 지시하는 계기이다. 이때 사용하는 원리는 정압과 동압의 합은 전압으로 일정하다는 베르누이 정리이다. 속도계의 작동은 다음과 같다.

속도계에 있는 다이어프램(diaphragm) 내부로 전압이 들어가고, 계기 케이스에는 정압이 들어간다. 이때 전압과 정압의 차이로 다이어프램이 수축 또는 팽창하고, 다이어프램에 연결된 기구가 움직여서 계기 바늘이 눈금판 위에서 속도를 지시한다.

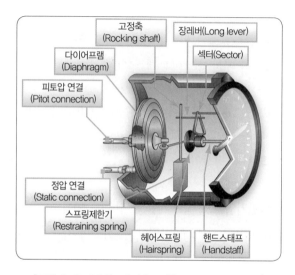

[그림 2-3-204] 대기속도계(airspeed indicator)

✈ 속도의 종류

① 지시대기속도(IAS, Indicated Air Speed)는 피토-정압관에서 받은 압력 차이인 동압을 환산한 속도로, 아날로그 속도계가 지시하는 속도이다.

② 수정대기속도(CAS, Calibrated Air Speed)는 IAS에서 피토-정압관의 장착 위치와 계기 자체에 의한 오차를 수정한 속도이다. 디지털 항공기의 PFD에 지시하는 속도이다.

③ 등가대기속도(EAS, Equivalent Air Speed)는 CAS에서 공기의 압축성 효과를 고려한 속도이다.

④ 진대기속도(TAS, True Air Speed)는 EAS에서 밀도를 보정한 속도이다. 디지털 항공기의 항법 표시장치(ND)에 지시하는 속도로, 실제 비행시간과 도착 예정시간(estimated time of arrival)을 계산하는 데 사용하는 속도이다.

대지속도(GS, Ground Speed)는 TAS에 바람의 영향을 고려한 것으로, 지상의 고정위치에서 본 항공기
의 이동속도이다.

➤ 승강계(vertical speed indicator)

승강계는 항공기의 상승률과 하강률을 [ft/min]으로 나타내는 계기이다. 조종사가 엔진 작동 범
위 내에서 상승하도록 도와주고 저고도로 하강하거나 착륙할 때 정확한 하강률을 알 수 있도록 알
려준다.

승강계의 작동원리는 다음과 같다. 승강계는 다이어프램 내부와 외부에 작용하는 압력 차에 따
라 승강률을 지시하는 일종의 차압계이다. 다이어프램 외부, 즉 계기 케이스 내부 격실로 들어오는
정압은 모세관(pin hole)을 통해 천천히 들어와서 다이어프램 내부로 바로 들어오는 정압과 압력 차
가 생기는데, 이 압력 차를 연결기구를 통해 계기에 나타낸다.

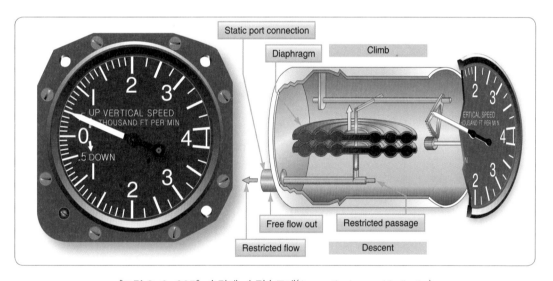

[그림 2-3-205] 승강계-수직속도계(the vertical speed indicator)

① 항공기가 상승할 때는 다이어프램 내부에는 바로 고도가 높아져 감소한 정압이 작용하고, 바
깥쪽은 모세관 때문에 대기압 감소가 바로 반영되지 않고 상승 전 고도의 압력을 유지하므로
다이어프램은 두 압력 차에 의해 수축하고 상승률을 지시한다.

② 항공기가 하강할 때는 압력 차가 반대로 작용해서 다이어프램이 팽창하는 변위를 지시한다.
승강률을 지시하는 민감도는 모세관 구멍의 크기(restricted passage)로 결정된다. 구멍이 크면
지시지연 시간이 짧지만, 감도가 작아지고 구멍이 작으면 감도는 높아지지만, 지시지연시간
이 길어진다.

몇 초의 지시지연이 생기는 것을 해결하기 위해 가속펌프(dashpot piston)를 설치한 순간 수직속도계가 있다.

나) 누설 확인작업

⊙ 동정압 계기누설 확인작업

누설시험은 계기에 이상이 있거나 피토-정압계통의 구성품을 장탈착했을 때 한다. 계기비행규칙(IFR, Instrument Flight Rules) 인가를 받은 항공기는 24개월마다 누설시험을 해야 한다.

피토-정압계통과 계기를 점검할 때 사용하는 장비는 ADTS(Air Data Test System)이다. ADTS 장비에 고도와 속도를 입력하면 표준대기표에 따른 정확한 전압과 정압이 나온다. 이렇게 나온 전압과 정압을 피토관과 정압공에 어댑터를 연결해서 공급한 다음, 조종실 계기판의 속도계, 고도계, 승강계가 입력된 전압과 정압에 해당하는 속도와 고도를 지시하는지 확인한다. 계통에 누설이 있는지는 계기에 지시된 속도와 고도가 일정 시간이 지나도 감소하지 않고 유지되는지 확인해서 점검한다. 누설이 있다면 부속품 연결 부위나 배관을 점검한다.

예전에는 MB-1 시험기(tester)를 사용해서 누설을 점검했다. MB-1 시험기를 사용한 누설검사는 다음과 같다.

① 고도계 누설검사는 기압고도 1000 ft에 해당하는 부압(negative pressure)을 정압공에 넣고 고도계를 주시한다. 1분 지났을 때 고도의 낙차가 100 ft 미만이면 허용하고, 그 이상 누설된다면 누설 부위를 찾는다.

② 속도계 누설검사는 피토관에 정압(positive pressure), 정압공에 부압을 넣고 1분이 지났을 때 속도계 바늘의 낙차가 10 mph 이내면 누설을 허용하고, 그 이상이면 누설 부위를 찾아서 수리한다.

[그림 2-3-206] ADTS 405

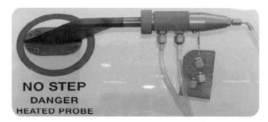

[그림 2-3-207] pitot-static test adaptor

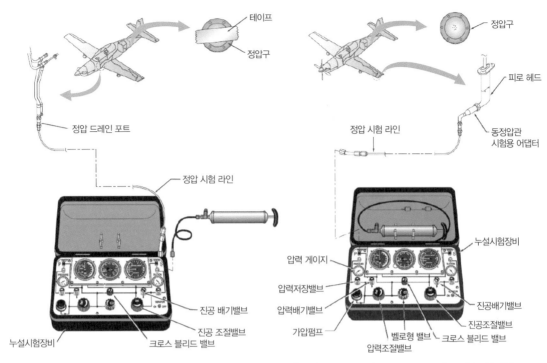

[그림 2-3-208] MB-1 tester 고도계 누설시험   [그림 2-3-209] MB-1 tester 속도계 누설시험

◈ 누설검사 시 주의사항

① 누설시험을 할 때 압력을 천천히 가하거나 빼내서 계기 손상을 방지한다.

② 누설시험이 끝나면 모든 계통이 정상 비행 상태로 되돌아갔는지 반드시 확인한다.

③ 누설시험 동안 사용한 플러그, 어댑터, 접착테이프를 뗐는지 확인한다.

다) vacuum/pressure, 전기적으로 작동하는 계기의 동력 시스템 검사 고장탐구

◈ vacuum/pressure, 전기적으로 작동하는 계기의 동력 시스템 검사 고장탐구

진공 자이로계기에 나타난 지시오차의 의미는 설계한 흡인한도(design suction limit) 내에서 작동하도록 하는 진공장치를 방해하는 어떤 요소의 결과일 수 있다. 또한 이 지시오차는 계기 내에서 발생하는 어떤 마찰, 닳아진 부품, 또는 부러진 부분품으로 인해 오차를 일으킬 수도 있다. 설계속도에서 자이로의 자유회전을 방해하는 동력원은 과도한 세차운동(precession)을 일으키고 또한 계기의 고장으로 연결되는 결과일 것이다. 항공기 정비사는 진공계통 기능불량의 예방 또는 유지보수 정비에 책임이 있다. 예방 및 정비에는 여과기 세척 또는 교체, 진공압력 점검 또는 정비, 진공펌프 또는 계기 장탈 또는 교환작업 등으로 이루어진다.

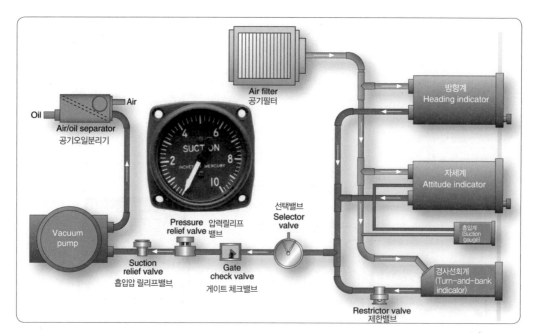

[그림 2-3-210] 진공(흡입)압력계(vacuum or suction pressure gauge)

[표 2-3-10] 진공계통 고장 및 원인, 고장탐구 및 작업방법

결함 및 원인 (Problem and Potential Causes)	고장탐구 절차 (Isolation Procedure)	수정 절차 (Correction)
1. 무진공 또는 저압(No vacuum pressure or insufficient pressure)		
Defective vacuum gauge	Check opposite engine system on the gauge	Replace faulty vacuum gauge
Vacuum relief valve incorrectly adjusted	Change valve adjustment	Make final adjustment to correct setting
Vacuum relief valve installed backward	Visually inspect	Install lines properly
Broken lines	Visually inspect	Replace line
Lines crossed	Visually inspect	Install lines properly
Obstruction in vacuum line	Check for collapsed line	Clean & test line; replace defective part(s)
Vacuum pump failure	Remove and inspect	Replace faulty pump
Vacuum regulator valve incorrectly adjusted	Make valve adjustment and note pressure	Adjust to proper pressure
Vacuum relief valve dirty	Clean and adjust relief valve	Replace valve if adjustment fails
2. 과한 진공(Excessive vacuum)		
Relief valve improperly adjusted		Adjust relief valve to proper setting
Inaccurate vacuum gauge	Check calibration of gauge	Replace faulty gauge
3. 자이로 자세계바 미반응(Gyro horizon bar fails to respond)		
Instrument caged	Visually inspect	Uncage instrument
Instrument filter dirty	Check filter	Replace or clean as necessary
Insufficient vacuum	Check vacuum setting	Adjust relief valve to proper setting
Instrument assembly worn or dirty		Replace instrument
4. 경사선회계 미반응(Turn-and-bank indicator fails to respond)		
No vacuum supplied to instrument	Check lines and vacuum system	Clean and replace lines and components
Instrument filter clogged	Visually inspect	Replace filter
Defective instrument	Test with properly functioning instrument	Replace faulty instrument
5. 경사선회 바늘 진동(Turn-and-bank pointer vibrates)		
Defective instrument	Test with properly functioning instrument	Replace defective instrument

참고자료

1. 개정판 항공정비사 표준교재 항공기 기체 제1권 기체구조/판금, 국토교통부, 2020.

2. 개정판 항공정비사 표준교재 항공기 기체 제2권 항공기 시스템, 국토교통부, 2020.

3. 개정판 항공정비사 표준교재 항공기 엔진 제1권 왕복엔진, 국토교통부, 2020.

4. 개정판 항공정비사 표준교재 항공기 엔진 제2권 가스터빈엔진, 국토교통부, 2020.

5. 개정판 항공정비사 표준교재 항공기 전자전기계기(기본), 국토교통부, 2020.

6. 개정판 항공정비사 표준교재 항공기 전자전기계기(심화), 국토교통부, 2020.

7. 개정판 항공정비사 표준교재 항공법규, 국토교통부, 2020.

8. 개정판 항공정비사 표준교재 항공정비일반, 국토교통부, 2020.

9. 고등학교 항공기 일반, 경상남도교육청, 2014.

10. 고등학교 항공기 기체, 경상남도교육청, 2014.

11. 고등학교 항공기 기관, 경상남도교육청, 2014.

12. 고등학교 항공기 장비, 경상남도교육청, 2014.

13. 국가법령정보센터(www.law.go.kr), 항공안전법, 항공안전법 시행규칙, 항공사업법, 항공사업법 시행규칙

14. 항공기술과 정보 2015년 제1호 통권 75호, 김영선, 항공기 정비프로그램의 개발 및 적용

15. 대한항공 발표자료, 정비방식(Maintenance Program), 2012. 7.

16. UK Aerospace Maintenance, Repair, Overhaul & Logistics Industry Analysis, 2016. 1.

17. 인천국제공항 항공기 제방빙 매뉴얼 Rev 4, 2019.

18. 항공전기전자, 이상종, 성안당, 2019.

19. 항공계기시스템, 이상종, 성안당, 2019.

20. 항공정비사 실기, 이형진, 성안당, 2021.

21. 항공산업기사 필기, 날틀, 성안당, 2023.

22. 항공산업기사 실기, 날틀, 성안당, 2023.

23. 한국교통안전공단 항공종사자 자격증명 실기시험표준서

24. Manual - B737 계열

25. Manual - A320 계열

26. 정비프로그램 개발 지침[국토교통부 고시 제2013-531호, 2013. 9. 2. 제정]

27. 감항성개선지시서 발행 및 관리 지침[국토교통부훈령 제1095호], 국토교통부(항공기술과)

28. 국가표준기본법[시행 2018. 12. 13.] [법률 제15643호, 2018. 6. 12., 일부 개정]

29. 국가교정기관지정제도운영요령[시행 2012. 2. 17.] [기술표준원고시 제2012-54호, 2012. 2. 17, 폐지 제정]

30. 항공교통업무기준[시행 2019. 1. 25.] [국토교통부고시 제2019-47호, 2019. 1. 25., 일부 개정]

31. USAF TO 32B14-3-1-101(TECHNICAL MANUAL OPERATION AND SERVICE INSTRUCTIONS TORQUE INDICATING DEVICES)

항공전문가가 되기 위한 **필독서**

항공전기전자

이상종 지음 / 4·6배판 변형 / 584쪽 / 4도 / 34,000원

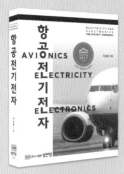

항공전자 분야는 항공기시스템 중 가장 혁신적인 기술발전을 이루고 있는 분야로 그 중요성이 더욱 강조되고 있다. 이 책은 항공정비를 준비하는 항공기계 전공자들이 필수적으로 갖추어야 할 항공전기전자 이론을 알기 쉽게 설명하고 있다. 전기의 기본개념, 회로이론, 전자기 유도, 반도체, 교류회로, 디지털 시스템의 이론을 포함하여 축전지, 전동기 및 발전기는 물론 항공기 전기계통의 구성에 대한 전공지식을 갖출 수 있도록 구성되어 있다.

항공전기전자실습

이상종 지음 / 4·6배판 / 360쪽 / 4도 / 28,000원

이 책은 항공공학 및 기계·항공정비를 전공하는 학생들이 항공전기전자 실습 과정과 원리를 쉽게 이해할 수 있도록 다양한 그림과 사진을 게재하고, 친절하게 강의하는 형식으로 기술하였다. 특히, 항공산업기사 및 항공정비사 등 국가자격시험을 준비하는 데 필요한 범위와 내용을 빠짐없이 포함시켜 이 책 한 권으로 부족함이 없도록 구성하였다.

항공계기시스템

이상종 지음 / 4·6배판 변형 / 560쪽 / 4도 / 32,000원

이 책은 항공공학도는 물론 항공정비사를 준비하는 항공기계 전공자들이 필수적으로 갖추어야 할 항공계기시스템 및 CNS/ATM 분야의 지식을 강의식으로 알기 쉽게 설명하고 있다. 피토-정압계기, 회전계기, 자기계기 등 개별 독립계기를 포함하여 통신시스템, 항법시스템, 감시시스템, 항행보조장치 및 자동비행조종시스템에 대한 전공지식을 갖출 수 있도록 구성하였다.

항공기시스템

남명관 지음 / 크라운판 / 312쪽 / 4도 / 25,000원

인간이 먹고 마시고 소화를 통해 에너지를 공급 받아 생활하듯, 항공기도 이와 크게 다르지 않다. 항공기가 움직이기 위해서는 연료를 공급 받아서 엔진에서 연소과정을 거쳐 에너지원을 얻고, 이 에너지를 기계적인 일로 전환하여 안정되고 효과적인 비행을 수행하게 된다. 사람의 소화기관을 따라가듯, 항공기 주요 계통의 유기체적 작동 관계를 중심으로 항공기 전체의 모습을 살펴본다.

항공용어사전

남명관 지음 / A5 / 280쪽 / 4도 / 23,000원

이 책은 현장 실무자는 물론, 예비 항공종사자들까지 쉽게 사용할 수 있도록 필요한 부분에는 삽화를 그려서 넣었고, 삽화작업으로 표현이 어려운 부분은 현장에서 촬영한 사진을 함께 넣어 이해도를 높이고자 노력하였다.
현행 항공안전법을 중심으로 한 항공법규에서 정의하고 있는 용어와 국토교통부 표준교재에 사용된 핵심용어들을 엄선하여 항목을 구성하였다.

비행의 원리

진원진 지음 / 4·6배판 / 460쪽 / 4도 / 32,000원

비행역학은 물리적 개념과 수학적 표현을 토대로 하지만, 이 책은 비행역학의 기본 개념을 독자들에게 쉽게 전달할 수 있도록 복잡한 수학적 표현은 최소화하고, 기본 개념 설명에 필수적인 주요 공식과 수식만을 수록하였다. 특히, 필자가 항공역학과 비행역학 수업에서 만나는 학생들이 이해하기 어려워하는 개념들에 대해서는 보다 자세한 설명을 덧붙였다.

항공산업기사 필기

장성희 지음 / 4·6배판 / 852쪽 / 38,000원

이 책은 항공 분야의 기본 기술자격인 항공산업기사(역학+정비+기체+기관+장비) 필기 시험에 대비해 꼭 알아두어야 할 필수적인 이론 지식을 요점정리와 연습문제 그리고 회차별 필기 기출문제 중심으로 정리하여 서술하였다.

항공산업기사 실기

장성희 지음 / 4·6배판 / 524쪽 / 28,000원

이 책은 항공분야의 기본 기술자격인 항공산업기사 실기[필답고사](정비일반/항공역학/항공기관/항공기체/항공장비)에 대비해 꼭 알아두어야 할 필수적인 실무지식을 핵심문제와 연도별 필답테스트 기출복원문제를 정리하여 수록하였다.

항공역학

윤선주 지음 / 4·6배판 / 396쪽 / 23,000원

항공역학은 공기 중을 비행하는 비행체가 갖는 공기역학적인 특성과 비행역학적인 성능에 관한 전문지식을 다루는 학문으로, 공학 분야에서도 상당히 수준이 높은 지식이 요구된다. 이 책은 항공에 관한 전문지식을 얻기 위해 필요한 공기역학적인 원리와 비행성능에 대한 내용을 서술하고 있다. 항공에 관한 기본 지식은 물론, 국가자격을 취득하는 데 밑거름이 되는 자료를 수록하였다.

항공기 기체 Ⅰ·Ⅱ

이형진, 한용희 지음 / 4·6배판 / 4도
Ⅰ권 456쪽 / 30,000원 **Ⅱ권** 400쪽 / 28,000원

이 책은 국토교통부에서 발간한 항공정비사 표준교재 《항공기 기체》, 《항공정비일반》의 내용을 충실하게 반영하였다. 아울러 항공기 기체분야에서 필수적으로 요구되는 내용을 담아 항공 분야에 입문하는 종사자들이 새로운 항공기술을 체계적으로 습득하는 데 큰 도움이 되도록 하였다.

항공법규

남명관 지음 / 4·6배판 / 716쪽 / 2도 / 30,000원

이 책은 법령 그대로를 수록하는 기존의 항공법규 교재와는 다르게 만들었다. 정비 현장에서 마주하게 되는 항공법령 조항은 무엇인지, 한국교통안전공단에서 다루고 있는 항공법령 키워드는 무엇인지를 파악한 뒤 이 조항과 키워드를 중심으로 내용을 구성하여 담아낼 법령의 범위를 좁혔다. 핵심 키워드를 제시해 소제목으로 노출시키고, 해당 법령조항을 필두로 하위 관련 법령들을 한곳에 모아 관련 내용을 한눈에 확인할 수 있도록 구조화하였다.

항공인적요인

오이석, 김성철, 홍성록 지음 / 4·6배판 / 236쪽 / 2도·4도 / 22,000원

이 책은 항공기 정비작업에 있어서 인적요인의 중요성·개념 등 기초적인 사항을 설명하고, 실제 항공기 사고 사례를 통해서 보다 현실적으로 인식할 수 있도록 구성하였다. 또한, 인적요인 분석 및 분류 시스템(HFACS), 항공기 정비오류 판별기법(MEDA) 등을 부록으로 첨부하여 보다 현장감을 높이고자 하였으며, 기출문제를 수록하여 시험에 대비할 수 있도록 하였다.

한 권으로 끝내는

항공정비사 실기 구술평가 표준서 해설

2023. 12. 20. 초 판 1쇄 인쇄
2023. 12. 27. 초 판 1쇄 발행

저자와의
협의하에
검인생략

지은이 | 이형진, 채성병
펴낸이 | 이종춘
펴낸곳 | **BM** (주)도서출판 **성안당**
주소 | 04032 서울시 마포구 양화로 127 첨단빌딩 3층(출판기획 R&D 센터)
     | 10881 경기도 파주시 문발로 112 파주 출판 문화도시(제작 및 물류)
전화 | 02) 3142-0036
     | 031) 950-6300
팩스 | 031) 955-0510
등록 | 1973. 2. 1. 제406-2005-000046호
출판사 홈페이지 | www.cyber.co.kr
ISBN | 978-89-315-1137-6 (13550)
정가 | 40,000원

이 책을 만든 사람들
책임 | 최옥현
진행 | 이희영
전산편집 | 유선영
표지 디자인 | 유선영
홍보 | 김계향, 유미나, 정단비, 김주승
국제부 | 이선민, 조혜란
마케팅 | 구본철, 차정욱, 오영일, 나진호, 강호묵
마케팅 지원 | 장상범
제작 | 김유석